实用管工手册

■ 胡忆沩 杨梅 李鑫 等编

第四版

Fourth Edition

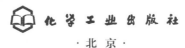

化学工业出版社

·北京·

《实用管工手册》主要内容包括：常用知识，管工材料，管道支吊架，管道阀门，管道补偿器，管工制图与识图，管道件展开、下料及测绘，管工常用工具与设备，管工基本操作技能，管工专业操作技能，管道检验、试压、吹洗和脱脂，管工作业常见缺陷及处理方法，管道的泄漏与带压密封，不动火现场液压快速配管技术，管道带压开孔及封堵技术，管道在线机械加工修复技术，管道碳纤维复合材料修复技术，管道安全阀在线检测技术，带压断管技术，共十九章。资料主要取自国家现行标准和技术法规，为管工提供了必备、权威、最新的技术资料和成熟的操作技能知识，后七章着重介绍管道施工及检修方面的新技术和新工艺。

《实用管工手册》内容丰富、取材权威，可供从事管道工程安装、维修的管工技术工人使用，也可作为从事一般管道工程设计、施工的专业技术人员及相关职业技术院校师生的参考用书。

图书在版编目（CIP）数据

实用管工手册/胡忆沩等编．—4 版．—北京：化学
工业出版社，2017.4（2023.2重印）
ISBN 978-7-122-29000-7

Ⅰ.①实… Ⅱ.①胡… Ⅲ.①管道施工-技术手册
Ⅳ.① TU81-62

中国版本图书馆 CIP 数据核字（2017）第 021144 号

责任编辑：袁海燕　　　　　　　　装帧设计：韩　飞
责任校对：王素芹

出版发行：化学工业出版社（北京市东城区青年湖南街 13 号　邮政编码 100011）
印　　装：天津盛通数码科技有限公司
850mm×1168mm　1/32　印张 26　字数 701 千字
2023 年 2 月北京第 4 版第 8 次印刷

购书咨询：010-64518888　　　　　售后服务：010-64518899
网　　址：http://www.cip.com.cn
凡购买本书，如有缺损质量问题，本社销售中心负责调换。

定　　价：128.00 元　　　　　　　版权所有　违者必究

前　　言

本手册是在原《实用管工手册》第三版基础上修订完成的精练版。再版过程中充分依据我国现行国家职业标准《管道工》应当掌握的知识和技能要求，广泛收集最新的资料，采用现行国家标准和技术法规，更新了相关标准年号，删除了各章中相对陈旧的内容，增加了新技术和新工艺，篇幅适中，便于读者理解和使用。编写中大量采用图表形式，对所选资料反复核对和精心选编，使其技术难度适宜，语言较简练。选编内容比较全面，对重要的章节选择了较完整的国家标准或行业标准，基本覆盖了《管道工》所涉及的基础知识和专业知识，数据翔实，方便读者查证。

进入"十三五"期间，国家加大了标准更新修订的力度。为使本手册提供的数据准确无误，编者选择的数据资料全部取自国家现行标准，有利于广大读者对国家金属结构工程方面技术法规和标准的理解和掌握。在编写相应的数据和表格时，均给出国家现行标准编号及被代替标准编号。如考虑到国家标准 GB/T 1047 和 GB/T 1048 分别在 2005 年进行了修订，并与国际标准接轨或等效采用等因素，2006 年后实施的新标准或新修订的标准，已经采用"公称尺寸和公称压力"新的术语内涵，而在 2006 年前实施的现行国家标准则依旧采用公称直径、公称通径等术语，存在着同义不同语的问题。再如早期的金属表面光洁度"▽"演变为 GB/T 131-1983（第一版）的表面粗糙度"$\overset{1.6}{\diagdown}$"，发展为 GB/T 131—1993（第二版）"$\overset{1.6}{\diagdown}\quad\overset{1.6}{\diagup}$"，而如今的 GB/T 131—2006（第三版）的表面结构参数为"$\sqrt{\quad Ra\,1.6}$"等，本手册均给予了详细的介绍。

管工施工作业时，都是按照施工方案来进行。不同行业的技术人员所撰写的施工方案所依据标准也有所不同。为能够满足不同行业管工的需求，本手册尽可能给出同一内容不同标准的术语和解释。限于篇幅，手册中不可能给出标准中的详细数据，但给出了各类标准的编号和年号，便于读者比较、借鉴和查寻。

《实用管工手册》由胡忆沩、杨梅、李鑫、吴巍编写，主要内容包括：第1章　常用知识，第2章　管工材料，第3章　管道支吊架，第4章　管道阀门，第5章　管道补偿器，第6章　管工制图与识图，第7章　管道件展开、下料及测绘，第8章　管工常用工具与设备，第9章　管工基本操作技能，第10章　管工专业操作技能，第11章　管道检验、试压、吹洗和脱脂，第12章　管工作业常见缺陷及处理方法，第13章　管道的泄漏与带压密封，第14章　不动火现场液压快速配管技术，第15章　管道带压开孔及封堵技术，第16章　管道在线机械加工修复技术，第17章　管道碳纤维复合材料修复技术，第18章　管道安全阀在线检测技术，第19章　带压断管技术，后七章为目前管道施工方面的新技术和新工艺，有利于启迪读者的创造灵感。

由于编者水平所限，手册中难免存在不足之处，敬请广大读者批评指正。

编者

2017 年 1 月

目　　录

第1章　常用知识 ………………………………………………………… 1

1.1　管工专业术语 ……………………………………………………… 1

1.1.1　设计部分 …………………………………………………… 1

1.1.2　管子 ………………………………………………………… 4

1.1.3　管道 ………………………………………………………… 7

1.1.4　管件 ………………………………………………………… 15

1.1.5　管法兰、垫片及紧固件 …………………………………… 18

1.1.6　阀门 ………………………………………………………… 19

1.1.7　管道绝热 …………………………………………………… 21

1.1.8　管道伴热 …………………………………………………… 21

1.1.9　管道支架与吊架 …………………………………………… 22

1.1.10　管道腐蚀 ………………………………………………… 24

1.1.11　管道防护 ………………………………………………… 25

1.1.12　管道加工 ………………………………………………… 27

1.1.13　作业方法及工器具 ……………………………………… 29

1.2　管工计算 …………………………………………………………… 31

1.2.1　管件尺寸计算 ……………………………………………… 31

1.2.2　构件和支架的强度计算 …………………………………… 32

1.2.3　管道及连接强度计算 ……………………………………… 38

1.2.4　流体物理特性计算 ………………………………………… 41

1.2.5　运动流体计算 ……………………………………………… 43

1.2.6　热力管道计算 ……………………………………………… 44

1.3　管道元件的公称尺寸和公称压力 ………………………………… 45

1.3.1　管道元件的公称尺寸 ……………………………………… 45

1.3.2　管道元件公称压力 ………………………………………… 46

1.4　工业管道涂色标识 ………………………………………………… 48

1.4.1 概述 ……………………………………………………… 48

1.4.2 基本识别色 …………………………………………… 48

1.4.3 识别符号 ……………………………………………… 49

1.4.4 安全标识 ……………………………………………… 50

1.5 管道的分类与分级 ………………………………………… 50

1.5.1 管道分类 ……………………………………………… 50

1.5.2 管道分级 ……………………………………………… 52

1.5.3 压力管道 ……………………………………………… 53

1.6 常用管道工程材料物理性质 ……………………………… 53

1.6.1 金属材料的主要性能指标及含义 …………………… 53

1.6.2 常用材料相对密度 …………………………………… 56

1.6.3 常用金属材料的硬度 ………………………………… 58

1.6.4 常用材料的线胀系数 ………………………………… 60

1.7 常用标准及法规简介 ……………………………………… 60

1.7.1 实施标准的目的和作用 ……………………………… 61

1.7.2 标准封面的信息 ……………………………………… 61

1.7.3 标准识读方法 ………………………………………… 64

1.7.4 管道工程设计相关标准 ……………………………… 65

1.7.5 管道工程施工相关标准 ……………………………… 66

1.7.6 管材相关标准 ………………………………………… 66

1.7.7 管件相关标准 ………………………………………… 67

1.7.8 常用板材和型钢相关标准 …………………………… 67

1.7.9 法兰、垫片相关标准 ………………………………… 67

1.7.10 阀门标准 …………………………………………… 69

1.7.11 管道支架与架吊相关标准 ………………………… 69

1.7.12 管道焊接材料相关标准 …………………………… 70

1.7.13 管道工程相关特种设备技术规范 ………………… 70

第2章 管工材料 ……………………………………………… 71

2.1 黑色金属材料 ……………………………………………… 71

2.1.1 钢的分类 ……………………………………………… 71

2.1.2 钢材的分类 …………………………………………… 72

2.1.3 铸铁 …………………………………………………… 74

2.2 有色金属材料 ···································· 75

  2.2.1 铝 ······································· 75

  2.2.2 铅 ······································· 76

  2.2.3 铜 ······································· 76

2.3 非金属材料 ···································· 76

  2.3.1 塑料 ····································· 76

  2.3.2 橡胶 ····································· 77

  2.3.3 石棉 ····································· 77

  2.3.4 水泥 ····································· 77

2.4 型钢 ··· 78

  2.4.1 热轧扁钢（GB 704—2008） ··············· 78

  2.4.2 热轧圆钢、方钢、六角钢（GB 702—2008、

      GB 705—1989） ·························· 78

  2.4.3 角钢 ····································· 78

  2.4.4 热轧工字钢（GB 706—2008） ············· 78

  2.4.5 热轧槽钢（GB 707—2008） ·············· 78

  2.4.6 H 型钢和剖分 T 型钢（GB/T 11263—2010） ··· 78

2.5 管材 ··· 79

  2.5.1 无缝钢管尺寸、外形、重量及允许偏差（GB/T

      17395—2008） ···························· 79

  2.5.2 石油化工企业钢管尺寸系列（SH 3405—2012） ··· 86

  2.5.3 低压流体输送用焊接钢管（GB/T 3091—2008） ··· 86

  2.5.4 矿山流体输送用电焊钢管（GB/T 14291—2006） ·· 86

  2.5.5 流体输送用无缝钢管（GB/T 8163—2008） ······ 86

  2.5.6 低压流体输送管道用螺旋缝埋弧焊钢管（SY/T

      5037—2012） ······························ 87

  2.5.7 低中压锅炉用无缝钢管（GB 3087—2008） ····· 87

  2.5.8 低温管道用无缝钢管（GB/T 18984—2003） ···· 87

  2.5.9 流体输送用不锈钢焊接钢管（GB/T 12771—2008） ·· 87

  2.5.10 流体输送用不锈钢无缝钢管（GB/T 14976—2012） ·· 87

  2.5.11 水及燃气管道用球墨铸铁管、管件和附件（GB/T

      13295—2013） ···························· 87

2.6　管件 ··· 88

　2.6.1　钢制法兰管件（GB/T 17185—2012） ··········· 88

　2.6.2　钢制对焊无缝管件（GB/T 12459—2005） ······ 89

　2.6.3　钢板制对焊管件（GB/T 13401—2005） ·········· 92

　2.6.4　锻制承插焊和螺纹管件（GB/T 14383—2008） ····· 96

　2.6.5　可锻铸铁管件（GB/T 3287—2011） ············ 97

　2.6.6　给水用硬聚氯乙烯（PVC-U）管件（GB/T

　　　　 10002.2—2003） ······························ 101

　2.6.7　建筑排水用硬聚氯乙烯（PVC-U）管件（GB/T

　　　　 5836.2—2006） ······························· 104

　2.6.8　丙烯腈-丁二烯-苯乙烯（ABS）压力管件（GB/T

　　　　 20207.2—2006） ······························ 107

2.7　管法兰 ··· 108

　2.7.1　法兰设计理论、标准体系、类型及密封面形式 ····· 109

　2.7.2　钢制管法兰的类型与参数 ······················ 117

　2.7.3　钢制管法兰的技术条件 ························· 120

　2.7.4　整体钢制管法兰（GB/T 9113—2010） ········· 128

　2.7.5　带颈螺纹钢制管法兰（GB/T 9114—2010） ····· 133

　2.7.6　对焊钢制管法兰（GB/T 9115—2010） ········· 134

　2.7.7　带颈平焊钢制管法兰（GB/T 9116—2010） ····· 137

　2.7.8　带颈承插焊钢制管法兰（GB/T 9117—2010） ··· 140

　2.7.9　对焊环带颈松套钢制管法兰（GB/T 9118—2010） ··· 143

　2.7.10　板式平焊钢制管法兰（GB/T 9119—2000） ····· 146

　2.7.11　对焊环板式松套钢制管法兰（GB/T 9120—2010） ··· 147

　2.7.12　平焊环板式松套钢制管法兰（GB/T 9121—2010） ··· 148

　2.7.13　翻边环板式松套钢制管法兰（GB/T 9122—2010） ··· 150

　2.7.14　钢制管法兰盖（GB/T 9123—2010） ··········· 152

　2.7.15　机械行业法兰标准简介 ······················· 155

　2.7.16　化工行业法兰标准简介 ······················· 156

　2.7.17　石化行业法兰标准简介 ······················· 156

　2.7.18　标准使用注意事项 ··························· 156

2.8　管道密封垫片 ·· 159

2.8.1 垫片密封原理 ·· 159

2.8.2 垫片的种类 ·· 162

2.8.3 垫片的选用 ·· 164

2.8.4 非金属垫片 ·· 166

2.8.5 金属复合垫片 ·· 168

2.8.6 金属垫片 ··· 172

2.9 管道螺纹紧固件 ·· 175

2.9.1 螺纹的形成及种类 ·· 175

2.9.2 螺纹标准 ··· 175

2.9.3 螺纹术语 ··· 176

2.9.4 螺纹的表示法 ·· 176

2.9.5 管螺纹 ··· 176

2.9.6 装配图中螺纹紧固件的画法 ·· 176

2.9.7 国标管法兰用紧固件 ··· 179

第3章 管道支吊架 ·· 188

3.1 管架概述 ··· 188

3.1.1 固定支架 ··· 188

3.1.2 活动支架 ··· 189

3.1.3 吊架 ··· 191

3.1.4 管道系统分级 ·· 191

3.1.5 管道支吊架材料 ··· 192

3.1.6 连接要求 ··· 194

3.1.7 辅助钢结构 ·· 195

3.1.8 多管共用支架 ·· 196

3.2 管道支吊架间距（GB/T 17116.2—1997）······························ 196

3.3 管道支吊架尺寸（GB/T 17116.2—1997）······························ 197

3.3.1 水平管道管部结构形式 ··· 197

3.3.2 垂直管道管部结构形式 ··· 209

3.3.3 弯头管部结构形式 ·· 212

第4章 管道阀门 ·· 221

4.1 阀门概述 ··· 221

4.1.1 阀门的种类 ·· 221

　　4.1.2　阀门的基本参数 ·· 223

　　4.1.3　阀门的压力-温度等级 ····································· 223

　　4.1.4　阀门的型号编制方法 ······································ 223

　　4.1.5　国家标准通用阀门标志（GB 12220—2015）·········· 228

　　4.1.6　阀门产品标志及识别涂漆（JB 106—2004）·········· 229

4.2　金属阀门结构长度（GB/T 12221—2005）················· 231

　　4.2.1　术语 ·· 232

　　4.2.2　结构长度尺寸与极限偏差 ································ 232

　　4.2.3　结构长度尺寸 ··· 232

4.3　阀门检验与管理 ··· 232

　　4.3.1　阀门检验（SH 3518—2013）························· 232

　　4.3.2　石化标准阀门试验（SH 3518—2013）··············· 235

　　4.3.3　国家标准阀门试验（GB/T 12224—2015）············ 238

　　4.3.4　安全阀调整试验（SH 3518—2013）················· 240

　　4.3.5　其他阀门调整试验 ······································ 241

　　4.3.6　阀门管理 ··· 241

4.4　闸阀 ··· 242

　　4.4.1　闸阀的主要优点 ·· 242

　　4.4.2　闸阀的主要缺点 ·· 242

　　4.4.3　闸阀的结构形式 ·· 243

　　4.4.4　闸阀的主要标准 ·· 243

　　4.4.5　闸阀的安装与维护 ······································ 244

　　4.4.6　闸阀结构图 ··· 245

4.5　截止阀、节流阀 ··· 245

　　4.5.1　截止阀 ··· 245

　　4.5.2　节流阀 ··· 246

　　4.5.3　截止阀、节流阀结构图 ·································· 247

4.6　蝶阀 ··· 247

　　4.6.1　蝶阀的主要优点 ·· 247

　　4.6.2　蝶阀的主要缺点 ·· 247

　　4.6.3　蝶阀的主要标准 ·· 248

　　4.6.4　蝶阀的安装与维护 ······································ 248

　　4.6.5　蝶阀结构图 ……………………………………………… 249
4.7　止回阀 …………………………………………………………… 249
　　4.7.1　止回阀的种类 ……………………………………………… 249
　　4.7.2　止回阀的主要标准 ………………………………………… 250
　　4.7.3　止回阀的安装及使用 ……………………………………… 250
　　4.7.4　止回阀结构图 ……………………………………………… 250
4.8　球阀 ……………………………………………………………… 251
　　4.8.1　球阀的优点 ………………………………………………… 251
　　4.8.2　球阀的缺点 ………………………………………………… 251
　　4.8.3　球阀的主要标准 …………………………………………… 251
　　4.8.4　球阀的安装 ………………………………………………… 251
　　4.8.5　球阀结构图 ………………………………………………… 252
4.9　隔膜阀 …………………………………………………………… 252
　　4.9.1　隔膜阀的特点及用途 ……………………………………… 252
　　4.9.2　隔膜阀常用标准 …………………………………………… 254
　　4.9.3　隔膜阀的安装 ……………………………………………… 254
　　4.9.4　隔膜阀结构图 ……………………………………………… 254
4.10　旋塞阀 ………………………………………………………… 254
　　4.10.1　旋塞阀的特点及用途 …………………………………… 254
　　4.10.2　旋塞阀结构图 …………………………………………… 254
4.11　柱塞阀 ………………………………………………………… 255
　　4.11.1　柱塞阀的特点 …………………………………………… 255
　　4.11.2　柱塞阀结构图 …………………………………………… 257
4.12　安全阀 ………………………………………………………… 257
　　4.12.1　安全阀的分类 …………………………………………… 257
　　4.12.2　安全阀的选用 …………………………………………… 257
　　4.12.3　安全阀的主要标准 ……………………………………… 257
　　4.12.4　安全阀的安装和使用 …………………………………… 257
　　4.12.5　安全阀结构图 …………………………………………… 259
4.13　减压阀 ………………………………………………………… 261
　　4.13.1　减压阀的分类 …………………………………………… 261
　　4.13.2　减压阀的选择与使用 …………………………………… 261

　　　4.13.3　减压阀结构图 ·························· 262

　4.14　疏水阀 ··· 262

　　　4.14.1　疏水阀的分类 ·························· 262

　　　4.14.2　疏水阀的动作原理及技术特征 ······ 263

　　　4.14.3　疏水阀的选用 ·························· 264

　　　4.14.4　疏水阀的结构图 ······················ 265

　4.15　排污阀 ··· 266

　4.16　调节阀 ··· 266

第5章　管道补偿器 ··· 267

　5.1　概述 ·· 267

　　　5.1.1　管道热补偿 ····························· 267

　　　5.1.2　自然补偿 ······························· 268

　　　5.1.3　金属波纹管膨胀节 ····················· 268

　　　5.1.4　套管式补偿器 ·························· 275

　　　5.1.5　球形补偿器 ···························· 276

　5.2　自然补偿器 ······································· 277

　5.3　方形补偿器 ······································· 278

　5.4　多层金属波纹膨胀节 ···························· 282

　　　5.4.1　标记 ···································· 282

　　　5.4.2　品种与参数 ···························· 282

　　　5.4.3　技术要求 ······························· 285

　5.5　金属波纹管膨胀节 ······························ 286

　　　5.5.1　标记 ···································· 286

　　　5.5.2　形式 ···································· 287

　　　5.5.3　技术要求 ······························· 290

　5.6　不锈钢波形膨胀节 ······························ 291

　　　5.6.1　标记 ···································· 291

　　　5.6.2　基本参数 ······························· 291

　　　5.6.3　类型与尺寸 ···························· 292

　　　5.6.4　技术要求 ······························· 292

第6章　管工制图与识图 ····································· 295

　6.1　制图概述 ·· 295

6.2 图纸幅面和格式 ·················· 299

6.3 标题栏 ·················· 300

6.4 明细栏 ·················· 301

6.5 比例 ·················· 301

6.6 字体 ·················· 302

6.7 图线 ·················· 303

    6.7.1 基本线型及其变形 ·················· 304

    6.7.2 图线宽度 ·················· 305

    6.7.3 机械图样上图线的应用 ·················· 305

    6.7.4 图线画法 ·················· 307

    6.7.5 两线的平行或相交 ·················· 308

6.8 剖面区域的表示法 ·················· 308

    6.8.1 通用剖面线的表示 ·················· 308

    6.8.2 特定材料的表示 ·················· 310

6.9 尺寸标注 ·················· 311

    6.9.1 基本规则 ·················· 312

    6.9.2 尺寸要素 ·················· 312

    6.9.3 尺寸数字 ·················· 315

    6.9.4 标注尺寸的符号和缩写词 ·················· 318

6.10 尺寸公差与配合注法 ·················· 322

    6.10.1 在零件图中标注线性尺寸公差的方法 ·················· 322

    6.10.2 标注角度公差的方法 ·················· 325

6.11 形状和位置公差表示法 ·················· 325

    6.11.1 概述 ·················· 325

    6.11.2 公差框格 ·················· 327

    6.11.3 符号 ·················· 329

6.12 中心孔表示法 ·················· 330

    6.12.1 中心孔的符号 ·················· 331

    6.12.2 在图样上标注中心孔的方法 ·················· 331

6.13 金属结构件表示法 ·················· 332

    6.13.1 孔、螺栓及铆钉的表示法 ·················· 332

    6.13.2 条钢、型钢及板钢的标记 ·················· 335

6.13.3　孔、倒角、弧长等尺寸的注法 ···································· 337

6.13.4　节点板的尺寸注法 ··· 337

6.13.5　简图表示法 ··· 338

6.14　螺纹及螺纹紧固件表示法 ··· 339

6.14.1　螺纹概述 ·· 339

6.14.2　螺纹术语 ·· 341

6.14.3　螺纹的表示法 ··· 344

6.14.4　普通螺纹和梯形螺纹在图纸中的标注方法 ······················· 347

6.14.5　管螺纹 ··· 349

6.14.6　装配图中螺纹紧固件的画法 ······································· 351

6.15　管道视图 ··· 353

6.15.1　管道的三视图及规定画法 ·· 353

6.15.2　管道的剖视图 ·· 360

6.15.3　管道的轴测图 ·· 363

6.15.4　管道布置空视图 ·· 367

6.16　管道施工图的分类方法 ··· 372

6.16.1　按管道类别分类 ·· 372

6.16.2　按施工图图形和作用分类 ··· 372

6.17　管道、设备符号及图例 ··· 374

6.17.1　常用图线及其应用范围 ··· 374

6.17.2　设备代号与图例 ·· 374

6.17.3　管段的标注与物料代号 ··· 377

6.17.4　仪表控制点的表示方法及代号、符号 ································ 379

6.17.5　管架的表示方法与符号 ··· 381

6.17.6　比例 ··· 381

6.17.7　标高的表示方法与符号 ··· 382

6.17.8　管道的坡度及坡向 ·· 383

6.17.9　方位标记及风向玫瑰图 ··· 384

6.17.10　管子、管件、阀门及其他常用图例符号 ···························· 384

6.18　焊接图识读 ··· 389

6.18.1　焊接符号 ·· 389

6.18.2　焊缝标注方法 ··· 399

6.19　管道施工图的识读要领 ················· 400
　6.19.1　识图方法 ························· 401
　6.19.2　识图的内容 ······················· 401
6.20　石化管道施工图识读 ··················· 402
　6.20.1　石化工艺流程图的识读 ·············· 402
　6.20.2　设备布置图的识读 ················· 405
　6.20.3　管道布置图的识读 ················· 408
6.21　锅炉管道施工图识读 ··················· 410
　6.21.1　管道流程图的识读 ················· 410
　6.21.2　平、剖面图的识读 ················· 411
　6.21.3　锅炉管道工程图识读实例 ············ 412
6.22　采暖施工图识读 ······················ 418
　6.22.1　采暖的布管方法 ··················· 418
　6.22.2　采暖工程施工图的种类和内容 ········· 419
　6.22.3　采暖外线图识读 ··················· 419
　6.22.4　采暖平面及立管图识读 ·············· 420
　6.22.5　暖气施工详图 ···················· 422
　6.22.6　暖气施工图识读实例 ················ 422
6.23　给排水施工图识读 ····················· 426
　6.23.1　给排水施工图概论 ················· 426
　6.23.2　给排水管道布置的总平面图 ··········· 427
　6.23.3　给排水平面图和透视图识读 ··········· 428
　6.23.4　给排水安装详图识读 ················ 430

第7章　管道件展开、下料及测绘 ············· 435
7.1　概述 ······························· 435
　7.1.1　放射线法 ························· 435
　7.1.2　平行线法 ························· 437
　7.1.3　三角形法 ························· 437
7.2　马蹄弯展开图 ························· 438
　7.2.1　直角马蹄弯展开图 ·················· 438
　7.2.2　任意角马蹄弯展开图 ················· 440
7.3　虾壳弯展开图 ························· 441

7.3.1　90°单节虾壳弯展开图 ･････････････････ 441

7.3.2　90°两节虾壳弯展开图 ･････････････････ 442

7.4　三通管展开图 ････････････････････････････ 444

7.4.1　同径直交三通管的展开图 ････････････････ 444

7.4.2　异径直交三通管的展开图 ････････････････ 444

7.4.3　同径斜交三通管的展开图 ････････････････ 446

7.4.4　异径斜交三通管的展开图 ････････････････ 447

7.4.5　异径一侧直交三通管的展开图 ･････････････ 450

7.4.6　等角等径裤裆三通管的展开图 ･････････････ 451

7.4.7　任意角度的等径裤裆三通管的展开图 ･･････････ 452

7.5　异径管展开图 ･･････････････････････････ 453

7.6　展开下料的壁厚处理 ･･････････････････････ 455

7.6.1　圆管下料展开长度的计算 ････････････････ 455

7.6.2　圆管弯头铲V形坡口壁厚处理 ････････････ 456

7.6.3　圆管弯头不铲坡口壁厚处理 ･･･････････････ 456

7.6.4　异径三通管壁厚处理 ･･･････････････････ 457

7.6.5　等径三通管壁厚处理 ･･･････････････････ 458

7.7　管道工程测绘图 ･･･････････････････････････ 458

7.7.1　测绘的目的 ･････････････････････････ 458

7.7.2　测绘工具 ･･･････････････････････････ 459

7.7.3　测绘的基本原理和方法 ･････････････････ 459

7.7.4　现场测绘实例 ･･･････････････････････ 460

7.7.5　管道测绘与加工长度的确定 ･･････････････ 464

第8章　管工常用工具与设备 ･････････････････････ 467

8.1　常用量具的使用与维护 ････････････････････ 467

8.1.1　钢尺 ･･･････････････････････････････ 467

8.1.2　布卷尺 ････････････････････････････ 468

8.1.3　直角尺（弯尺） ･･･････････････････････ 469

8.1.4　卡钳 ･･･････････････････････････････ 470

8.1.5　游标卡尺 ･･････････････････････････ 472

8.1.6　焊接测量器 ････････････････････････ 476

8.1.7　水平仪 ････････････････････････････ 476

8.1.8　线锤 ······ 477

8.2　常用手动工具的使用与维护 ······ 478

8.2.1　手锤 ······ 478

8.2.2　錾子 ······ 479

8.2.3　钢锯 ······ 479

8.2.4　锉刀 ······ 480

8.2.5　管子割刀 ······ 481

8.2.6　扳手 ······ 482

8.2.7　管子钳和链条钳 ······ 483

8.2.8　台虎钳 ······ 484

8.2.9　管子铰板 ······ 486

8.2.10　螺纹铰板 ······ 487

8.2.11　丝锥 ······ 487

8.3　钻孔设备 ······ 488

8.3.1　台钻 ······ 489

8.3.2　手电钻 ······ 491

8.3.3　冲击电钻 ······ 494

8.4　切管设备 ······ 496

8.4.1　金刚砂锯片切管机 ······ 496

8.4.2　简易锯床 ······ 498

8.5　弯管设备 ······ 501

8.5.1　手动液压弯管机 ······ 501

8.5.2　蜗杆蜗轮弯管机 ······ 503

8.5.3　中频电热弯管机 ······ 505

8.6　起重吊装设备 ······ 507

8.6.1　手动葫芦 ······ 508

8.6.2　电动葫芦 ······ 511

第9章　管工基本操作技能 ······ 512

9.1　工件划线 ······ 512

9.1.1　划线前的准备工作 ······ 512

9.1.2　划线工具 ······ 513

9.1.3　划线的方法 ······ 516

9.2 锯割 …… 516

  9.2.1 锯弓 …… 516

  9.2.2 锯条 …… 517

  9.2.3 锯条的安装 …… 518

  9.2.4 锯割方法 …… 518

  9.2.5 锯割方法实例 …… 519

  9.2.6 锯条崩齿的修理 …… 520

  9.2.7 锯割安全技术 …… 521

9.3 錾削 …… 521

  9.3.1 錾削的概念 …… 521

  9.3.2 錾削工具 …… 522

  9.3.3 錾削方法 …… 526

9.4 锉削 …… 530

  9.4.1 锉削的概念 …… 530

  9.4.2 锉刀 …… 530

  9.4.3 锉削的操作方法 …… 536

9.5 钻孔 …… 543

  9.5.1 钻孔的概念 …… 543

  9.5.2 钻头 …… 544

  9.5.3 钻头的装夹工具 …… 549

  9.5.4 钻孔方法 …… 551

  9.5.5 钻孔产生废品、钻头损坏的预防及安全技术 …… 558

9.6 螺纹基础 …… 560

  9.6.1 螺旋线的概念 …… 560

  9.6.2 螺纹要素及螺纹主要尺寸 …… 561

  9.6.3 螺纹的应用及代号 …… 563

  9.6.4 螺纹的测量 …… 566

9.7 攻螺纹 …… 567

  9.7.1 丝锥的构造 …… 567

  9.7.2 丝锥种类和应用 …… 568

  9.7.3 攻螺纹扳手（铰手、铰杠） …… 569

  9.7.4 攻螺纹前螺纹底孔直径的确定 …… 570

9.7.5 攻螺纹方法及注意事项 ·· 573

9.7.6 丝锥手工刃磨方法 ·· 574

9.7.7 丝锥折断在孔中的取出方法 ······································ 575

9.7.8 攻螺纹时产生废品及丝锥折断的原因及防止方法 ·············· 577

9.8 套螺纹 ··· 578

9.8.1 套螺纹工具 ·· 578

9.8.2 套螺纹圆杆直径的确定 ··· 580

9.8.3 套螺纹方法及注意事项 ··· 581

9.8.4 套螺纹时产生废品的原因及防止方法 ···························· 583

9.9 矫直 ··· 584

9.9.1 矫直工具 ··· 584

9.9.2 矫直方法 ··· 584

9.10 弯曲 ·· 587

9.10.1 弯形件展开长度计算方法 ·· 588

9.10.2 弯形方法 ·· 589

9.11 手工电弧焊操作技能 ·· 601

9.12 气焊操作技能 ··· 604

9.12.1 焊前准备 ··· 604

9.12.2 焊接 ··· 607

9.13 气割操作技能 ··· 608

9.13.1 气割前的准备工作 ··· 608

9.13.2 切割操作 ··· 609

9.14 管道起重吊装操作技能 ·· 609

9.14.1 起重吊装常用工具与机具 ·· 609

9.14.2 常用的起重工具 ··· 613

9.14.3 吊装工具的选用 ··· 614

9.14.4 绳索的系结 ··· 614

9.14.5 吊装搬运的基本方法 ··· 615

9.14.6 吊装作业的安全注意事项 ·· 616

第 10 章 管工专业操作技能 ··· 618

10.1 管子清洗 ··· 618

10.1.1 管子除锈 ··· 618

　　　10.1.2　酸洗除锈 ･･････････････････････････････ 620
　10.2　管子修整 ･･････････････････････････････････ 621
　　　10.2.1　冷调法 ･･･････････････････････････････ 621
　　　10.2.2　热调法 ･･･････････････････････････････ 623
　　　10.2.3　校圆 ･････････････････････････････････ 624
　10.3　管子划线 ･･････････････････････････････････ 626
　　　10.3.1　划线基准的选择 ･････････････････････ 626
　　　10.3.2　划线工具与涂料 ･････････････････････ 627
　　　10.3.3　划线操作 ･････････････････････････････ 629
　10.4　管子切割 ･･････････････････････････････････ 629
　　　10.4.1　锯割 ･････････････････････････････････ 630
　　　10.4.2　磨割 ･････････････････････････････････ 630
　　　10.4.3　錾切 ･････････････････････････････････ 631
　　　10.4.4　等离子切割 ･･･････････････････････････ 632
　10.5　管子弯曲 ･･････････････････････････････････ 633
　　　10.5.1　弯管变形 ･････････････････････････････ 633
　　　10.5.2　冷弯弯管 ･････････････････････････････ 635
　　　10.5.3　热弯弯管 ･････････････････････････････ 639
　　　10.5.4　手工热弯 ･････････････････････････････ 643
　　　10.5.5　机械热弯 ･････････････････････････････ 647
　　　10.5.6　热推弯管 ･････････････････････････････ 649
　10.6　翻边制作 ･･････････････････････････････････ 650
　　　10.6.1　卷边圈制作 ･･･････････････････････････ 650
　　　10.6.2　卷边短管的制作 ･･･････････････････････ 650
　10.7　拉制三通的加工 ･･･････････････････････････ 651
　　　10.7.1　工艺过程 ･････････････････････････････ 651
　　　10.7.2　拉模结构尺寸 ･････････････････････････ 651
　　　10.7.3　拉制三通的开孔 ･･･････････････････････ 651
　10.8　夹套管道的加工 ･･･････････････････････････ 653
　10.9　管螺纹加工 ･･･････････････････････････････ 662
　　　10.9.1　手工管螺纹加工 ･･･････････････････････ 662
　　　10.9.2　机械加工螺纹 ･････････････････････････ 664

10.10 管子的坡口加工 ·················· 665
  10.10.1 坡口的形式 ·················· 665
  10.10.2 管子坡口加工方法 ·················· 665
  10.10.3 坡口的技术要求 ·················· 667
  10.10.4 管端坡口的保护 ·················· 667
10.11 补偿器制作 ·················· 668
  10.11.1 方形补偿器的制作 ·················· 668
  10.11.2 波形补偿器制作 ·················· 669
  10.11.3 填料函式补偿器制作 ·················· 670

第 11 章　管道检验、试压、吹洗和脱脂 ·················· 672

11.1 管道检验 ·················· 672
  11.1.1 外观检验 ·················· 672
  11.1.2 焊缝表面无损检验 ·················· 673
  11.1.3 射线照相及超声波检验 ·················· 673
11.2 管道检试压 ·················· 676
  11.2.1 试压的一般规定 ·················· 676
  11.2.2 管道强度试验及严密性试验 ·················· 677
  11.2.3 工业管道的试压 ·················· 677
  11.2.4 民用管道的试压 ·················· 680
11.3 管道系统的吹洗 ·················· 683
  11.3.1 吹洗介质的选用 ·················· 684
  11.3.2 吹洗的要求 ·················· 684
  11.3.3 水冲洗 ·················· 684
  11.3.4 空气吹扫 ·················· 685
  11.3.5 蒸汽吹扫 ·················· 685
  11.3.6 油清洗 ·················· 685
11.4 管道脱脂 ·················· 686
  11.4.1 脱脂剂的选择 ·················· 686
  11.4.2 脱脂方法 ·················· 687
  11.4.3 脱脂检验 ·················· 688

第 12 章　管工作业常见缺陷及处理方法 ·················· 689

12.1 管道连接部位常见缺陷及防治措施 ·················· 689

12.1.1　螺纹接口渗漏 ·· 689

12.1.2　法兰接口漏水 ·· 690

12.1.3　承插接口渗漏 ·· 691

12.1.4　管口焊接缺陷或渗漏 ······································ 693

12.1.5　焊口位置不合适 ·· 697

12.2　阀门及管件安装质量缺陷及防治 ································ 698

12.2.1　阀门填料函处泄漏 ·· 698

12.2.2　阀门关闭不严 ·· 699

12.2.3　疏水器排水不畅、漏气过多 ································ 700

12.2.4　Π形补偿器投运时管线挪位 ································ 700

12.2.5　波形补偿器安装时未严格进行预拉或预压 ·················· 701

12.2.6　套筒补偿器渗漏 ·· 702

12.2.7　煨制弯管椭圆率超标或出现皱折 ···························· 703

12.3　煤气管道施工的质量缺陷及防治 ································ 703

12.3.1　碳钢管投运后堵塞 ·· 703

12.3.2　采暖水平干管的偏心异径管安装不符合要求 ················ 704

12.3.3　圆翼型散热器安装不符合要求 ······························ 705

12.3.4　散热器安装缺陷 ·· 706

12.3.5　煤气管道安装缺陷 ·· 708

12.4　给排水管道施工的质量缺陷及防治 ······························ 709

12.4.1　埋地给水管道漏水 ·· 709

12.4.2　消防栓安装不符合要求影响使用 ···························· 709

12.4.3　排水管道排水不畅或堵塞 ···································· 710

12.4.4　蹲式大便器与给水、排水管连接处漏水 ···················· 711

12.4.5　卫生器具安装不牢 ·· 712

12.5　工业管道施工的质量缺陷及防治 ································ 714

12.5.1　不锈钢管道与碳钢支架无隔离垫 ···························· 714

12.5.2　不锈钢管道焊口不进行酸洗钝化处理 ························ 714

12.5.3　氧气及乙炔管道安装未做静电接地 ·························· 715

12.5.4　硬聚氯乙烯塑料管安装质量缺陷 ···························· 716

12.6　管道防腐、保温施工的质量缺陷及防治 ·························· 718

12.6.1　漆膜返锈 ·· 718

　　　12.6.2　漏刷 ·· 718

　　　12.6.3　油漆流淌 ·· 719

　　　12.6.4　管道保温效果不良 ····························· 720

　12.7　断丝取出技术 ·· 721

　　　12.7.1　断丝取出器工作原理 ························· 721

　　　12.7.2　断丝取出器使用方法 ························· 721

第13章　管道的泄漏与带压密封 ···················· 724

　13.1　管道的泄漏形式 ·· 724

　　　13.1.1　泄漏的定义 ······································ 724

　　　13.1.2　泄漏分类 ··· 725

　　　13.1.3　法兰及法兰泄漏 ······························· 726

　　　13.1.4　设备及管道泄漏 ······························· 729

　　　13.1.5　阀门及阀门泄漏 ······························· 731

　13.2　带压密封技术的机理 ·································· 733

　　　13.2.1　带压密封技术概述 ····························· 733

　　　13.2.2　带压密封技术定义与机理 ··················· 733

　13.3　注剂式带压密封技术 ·································· 733

　　　13.3.1　注剂式带压密封技术基本原理 ············· 733

　　　13.3.2　注剂式带压密封技术机具总成 ············· 734

　　　13.3.3　专用密封注剂 ··································· 735

　　　13.3.4　带压密封夹具 ··································· 735

　　　13.3.5　高压注剂枪 ····································· 737

　　　13.3.6　带压密封现场操作方法 ······················ 738

　13.4　紧固法堵漏技术 ·· 744

　13.5　塞楔法堵漏技术 ·· 745

　13.6　气垫止漏法 ·· 746

　13.7　缠绕法 ··· 747

　13.8　磁压法堵漏技术 ·· 748

　13.9　带压焊接密封技术 ····································· 750

　　　13.9.1　逆向焊接方法 ··································· 750

　　　13.9.2　带压引流焊接密封技术 ······················ 750

　13.10　冷冻堵漏技术 ··· 752

　　　　13.10.1　冷冻堵漏技术基本原理 ·················· 752

　　　　13.10.2　冷冻堵漏技术的特点 ·················· 753

　　　　13.10.3　冷冻堵漏操作工艺 ·················· 753

　　13.11　管道泄漏事故带压密封技术应用实例 ·········· 754

　　　　13.11.1　某化工厂熔盐法兰泄漏 ·················· 754

　　　　13.11.2　某化工厂低温丙烯法兰泄漏 ·············· 756

　　　　13.11.3　带压焊接堵漏实例 ·················· 757

　　　　13.11.4　橡胶磁密封块带压堵漏实例 ·············· 758

　　　　13.11.5　水下带压密封应用实例 ·················· 760

第14章　不动火现场液压快速配管技术 ·················· 762

　　14.1　工作机理 ·································· 762

　　14.2　专业术语 ·································· 762

　　14.3　液压快速配管技术机具总成 ·················· 766

　　14.4　液压快速配管技术工艺 ·················· 766

　　14.5　液压快速配管技术参数 ·················· 768

　　14.6　液压快速配管技术特点 ·················· 768

　　14.7　应用领域及实例 ·························· 768

第15章　管道带压开孔及封堵技术 ·················· 770

　　15.1　管道带压开孔及封堵技术国家现行标准 ········ 770

　　15.2　术语和定义 ································ 770

　　15.3　带压开孔 ································ 771

　　　　15.3.1　概述 ·································· 771

　　　　15.3.2　工作原理 ·························· 772

　　　　15.3.3　基本参数 ·························· 772

　　　　15.3.4　工艺要求与使用规定 ·················· 772

　　　　15.3.5　操作规程简述 ·················· 773

　　15.4　带压封堵 ································ 776

　　15.5　产品用途及适用范围介绍 ·················· 777

　　15.6　应用实例 ································ 778

第16章　管道在线机械加工修复技术 ·················· 780

　　16.1　在线机械加工修复技术原理 ·················· 780

16.2　现场密封面加工 ·························· 780

16.3　现场铣削加工 ····························· 781

16.4　现场镗孔 ································· 782

16.5　现场轴颈加工 ····························· 784

16.6　现场厚壁管道切割坡口 ······················ 784

第 17 章　管道碳纤维复合材料修复技术 ··············· 787

17.1　碳纤维复合材料修复技术原理 ···················· 787

17.2　施工材料及主要用途 ························· 788

17.3　碳纤维复合材料修复技术特点 ···················· 788

17.4　碳纤维复合材料修复工艺及实例 ··················· 789

第 18 章　管道安全阀在线检测技术 ················ 792

18.1　安全阀在线检测原理 ························· 792

18.2　安全阀在线检测装置 ························· 793

18.3　安全阀在线检测步骤 ························· 794

18.4　安全阀在线检测的意义及应用 ···················· 796

第 19 章　带压断管技术 ···················· 798

19.1　带压断管技术的基本原理 ······················ 798

19.2　带压断管技术使用方法 ······················· 799

19.3　PE 管带压断管方法 ························· 800

参考文献 ······························ 803

第 1 章　常 用 知 识

1.1　管工专业术语

在管道工程作业时，经常要进行语言交流。在交流中涉及较多的是专业术语的定义问题，如果无统一的定义，就会出现词义混淆、一词异义或一义异词等现象。本章内容全部摘自国家现行标准。由于管工所涉及的行业较多，其术语的风格略有差异。

根据国家标准 GB/T 15237.1—2000《术语工作　词汇》，术语的定义是：在特定专业领域中一般概念的词语指称。指称的定义是：概念的表达方式。概念的定义是：通过对特征的独特组合而形成的知识单元。特征的定义是：一个客体或一组客体特性的抽象结果。客体的定义是：可感知或可想象到的任何事物。而根据术语学的原理，术语和定义是可以互相替换的。两者的差异是术语应简短，而定义可冗长。

1.1.1　设计部分

① 工程设计。由操作要求发展而来的，并符合本规范要求的详细设计，包括用以指导管道安装的全部必要的图纸和说明书。

② 设计压力。在正常操作过程中，在相应设计温度下，管道可能承受的最高工作压力。

③ 工作压力。为了保证管路工作时的安全，而根据介质的各级最高工作温度所规定的一种最大压力。最大工作压力是随着介质工作温度的升高而降低的。用 P 表示，单位为 MPa。

④ 波动压力。由管道系统中液体的流速发生突然变化所产生

的大于工作压力的瞬时压力，亦称水锤压力，通常发生在突然关闭阀门或停泵的情况。

⑤ 静水压力。在静止状态下由水位高差产生的作用在管内壁或外壁上的压力。

⑥ 动水作用力。由管外部水的流动产生的作用在水下管道上的推力、吸力及浮力等作用力。

⑦ 真空压力。压力运行管道在突然降压导致管道内瞬时真空状态下，由大气压力作用在管外壁上的压力。

⑧ 设计温度。在正常操作过程中，在相应设计压力下，管道可能承受的最高或最低温度。

⑨ 工作温度。管道在正常操作条件下的温度。

⑩ 适用介质。在正常操作条件下，适合于管道材料的介质。

⑪ 屈服温差。管道在伸缩完全受阻的工作状态下，钢管管壁开始屈服时的工作温度与安装温度之差。

⑫ 设计寿命。设计计算的使用时间，来验证一种可调换的或永久性的部件是否适宜于预期的使用时间。设计寿命不是管线系统的寿命，因为经适当维护和保护的管线系统可以长期地进行液体输送。

⑬ 单线图。将每条管道按照轴侧投影的绘制方法，画成以单线表示的管道空视图。

⑭ 轴测图。将物体长、宽、高三个方向形状在一个投影面上同时反映出的图样称为轴测图。

⑮ 管道载荷。设计时应考虑的各种可能出现的施加在管道结构上的集中力或分布力的统称，包括恒（永久）载荷、活（可变）载荷和其他载荷。

⑯ 管道恒载荷。指在设计基准期内不随时间变化（或其变化与平均值相比可以忽略不计的）直接作用在管道上的集中力或分布力，包括结构自重、预加应力、竖向和侧向土压力、管道外部水压力及浮力等。

⑰ 管道活载荷。指在设计基准期内随时间变化的直接作用在

管道上的集中力或分布力，包括地面车辆、施工机械及其引起的冲击力、地面堆积载荷、人群载荷以及管内静水压力及其引起的波动压力、动水作用力、真空压力、温度作用等。

⑱ 计算壁厚（理论壁厚）。是根据压力，按强度条件计算得到的壁厚。

⑲ 管端公称厚度。指管件端部坡口处的厚度，是标识管件压力等级的厚度。当管件材料标准屈服强度大于或等于相接管线时，一般等于相接管线的壁厚。

⑳ 流体工况。管道系统应用的一个综合性术语。它综合考虑了流体的性质、操作条件以及其他因素，构成了管道系统设计的基础条件。

㉑ 材料。一般指板、无缝管、焊管、板焊管、管件、棒、型材、锻件、铸件等。

㉒ 结构钢。指按 GB 700 和 GB 1591 生产，用于一般工程结构的钢材。结构钢按其脱氧方法可分为沸腾钢、半镇静钢、镇静钢、特殊镇静钢；结构钢按其质量等级分为 A、B、C、D 四级。

㉓ 流体输送管道。指设计单位在综合考虑了流体性质、操作条件以及其他构成管理设计等基础因素后，在设计文件中所规定的输送各种流体的管道。流体可分为剧毒流体、有毒流体、可燃流体、非可燃流体和无毒流体。

㉔ 公称尺寸 DN。用于管道元件的字母和数字组合的尺寸标识。它由字母"DN"后跟无因次（无量纲）的整数数字组成。这个数字与端部连接件的孔径或外径（用 mm 表示）等特征尺寸直接相关。详见第 1 章 1.3.1 节。

㉕ 公称压力 PN。与管道元件的力学性能和尺寸特性相关、用于参考的字母和数字组合的标识。它由字母"PN"后跟无因次的数字组成。详第 1 章 1.3.2 节。

㉖ 压力试验。以液体或气体为介质，对管道逐步加压，达到规定的压力，以检验管道强度和严密性的试验。

㉗ 强度试验压力。管道强度试验的规定压力。

㉘ 泄漏性试验。以气体为介质，在设计压力下，采用发泡剂、显色剂、气体分子感测仪或其他专门手段检查管道系统中泄漏点的试验。

㉙ 密封试验压力（严密性试验压力）。管道密封试验的规定压力。

㉚ 稳压。指在压力试验达到规定压力时，在规定时间内以泵或压缩机维持规定的压力。

㉛ 停压。指在压力试验达到规定压力时，切断气源（或液源），以检查管道泄漏状况。

㉜ 复位。已安装合格的管道，拆开后重新恢复原有状态的过程。

㉝ 水露点。气体在一定压力下析出第一滴水时的温度。

㉞ 烃露点。气体在一定压力下析出第一滴液态烃时的温度。

㉟ 热熔连接。用专用加热工具加热连接部位，使其熔融后，施压连接成一体的连接方式。热熔连接方式有热熔承插连接、热熔对接连接等。

㊱ 电熔连接。管材或管件的连接部位插入内埋电阻丝的专用电熔管件内，通电加热，使连接部位熔融，连接成一体的连接方式。

㊲ 机械式连接。由金属材料或高强度塑料制作的管件，用专用工具通过机械紧固和密封，使管材与管件紧密连接的连接方式。

㊳ 采暖。使室内获得热量并保持一定温度，以达到适宜的生活条件或工作条件的技术，也称供暖。

㊴ 集中采暖。热源和散热设备分别设置，由热源通过管道向各个房间或各个建筑物供给热量的采暖方式。

1.1.2 管子

① 管子。用以输送流体或传递流体压力的密封中空连续体称为管子。管道用管子按国际标准分为两类。

a. 管子（pipe）。按照相关标准规格制造的圆截面管子，其规格用"公称尺寸"表示，同一公称尺寸的管子，壁厚可以不同，但其外径均相同，国际上称为"pipe"。

b. 管子（tube）。不按上述标准制造的，可以是圆截面也可以是任意其他截面（如矩形、多边形等）的管子。圆管的规格由外径、内径和壁厚三者中之二确定，国际上称为"tube"。

② 钢管。由铁和碳等元素炼制的圆管的统称。

③ 无缝钢管。钢坯经穿孔轧制或拉制成的管子。

④ 有缝钢管。由钢板、钢带等卷制，经焊接或熔接而成的管子。

⑤ 不锈钢管。用少量铬和镍等金属元素炼制的合金钢制作的圆管。具有高度耐蚀能力，并耐高温和高压，属合金钢管范畴。

⑥ 铸铁管。用铁水浇铸的圆管的统称。按管子成形工艺可分为离心铸铁管和连续铸铁管。

⑦ 灰口铸铁管。用普通铁水浇铸的圆管，亦称普通铸铁管。用于压力流体输送的称承压铸铁管，用于无压输送液体的称排水铸铁管。

⑧ 稀土铸铁管。指在普通铁水中掺入少量稀土元素浇铸的圆管。具有比灰口铸铁管高的强度。

⑨ 球墨铸铁管。可延性铸铁管。指由经过球化和孕育处理的优质铁水（其中石墨组织已由片状变成球状）采用离心浇铸制作的圆管。具有较高强度，较好的韧性（延伸率大于10%）和耐蚀性能。

⑩ 电阻焊接钢管。以管子（带卷）本身作为电流回路，利用电阻产生的热量加热金属，并施加压力，连续形成纵向对接焊缝，然后切成一定长度的管子。

⑪ 电熔焊接钢管。具有纵向对接焊缝的钢管，利用人工或自动电弧焊将预先成形的管坯焊合而成。

⑫ 双面埋弧焊接钢管。具有纵向对接焊缝的钢管，利用埋弧焊双面焊接而成。

⑬ 高频焊接钢管。通过将钢带成形，并将相对接边缘以不带填充金属焊接在一起的方式制造的管状产品。纵向焊缝由感应或接

触方式施加的高频电流焊接而成。

⑭ 螺旋焊缝钢管。用钢带卷制成的、焊缝为螺旋形的管子。

⑮ 镀锌焊接钢管。管壁镀锌的焊接钢管。

⑯ 渗铝钢管。管壁表面层渗铝的钢管。

⑰ 金属软管。用金属薄板等制成、管壁呈波纹状的柔性管。

⑱ 有色金属管。用铝、铜、铅等非铁金属材料制成的管子。

⑲ 非金属管。用玻璃、陶瓷、石墨、塑料、橡胶、石棉水泥等非金属材料制成的管子。

⑳ 衬里管。在管道内壁设置保护层或隔热层的管道。

㉑ 混凝土管。用混凝土制作的圆管。按成型工艺可分为离心管、悬辊管、立式挤压管和立式振捣管等。

㉒ 钢筋混凝土管。用配有环筋和纵筋的混凝土制作的圆管。按成形工艺可分为离心管、悬辊管、立式挤压和立式振捣管等。

㉓ 石棉水泥管。用石棉纤维和水泥抄取成型的圆管。

㉔ 陶土管。用黏土制作成型后在窑中烧成的圆管。管表面不上釉的俗称缸瓦管；管表面上釉的称陶瓷管。

㉕ 硬聚氯乙烯塑料管。以氯乙烯树脂单体为主，用挤出成型法制成的热塑性塑料圆管。具有一定的耐蚀性能，无味，一般用于输送介质为常温的有压和无压管道。根据使用要求不同，有室内给水、排水用管，埋地给水、排水用管，农排灌溉用管，化工用管等不同品种和规格。

㉖ 聚乙烯塑料管。以聚乙烯树脂单体为主，用挤出成型法制成的热塑性塑料圆管。具有强度（与重量）比值高，耐高温和低温性能好及韧性优良等性能。按其材质不同分为高密度聚乙烯、中密度聚乙烯和低密度聚乙烯三种管材，可用于输送燃气、热水、饮用水等管道。

㉗ 工程塑料管。以丙烯腈、丁二烯、苯乙烯三种单体为主，用挤出成型法制成的热塑性塑料圆管。具有良好的耐化学腐蚀性及表面硬度和韧性，较高的抗拉强度和抗冲击和耐高低温性能，无毒、无味。可用于工业管道和水质处理工程管道。

㉘ 复合管。用两种或两种以上材料或由不同材质的同种材料组成管壁结构的圆管的统称。如玻璃纤维管、预应力钢筒混凝土管、钢塑（钢管外包塑料）管、塑玻（塑料管外包玻璃钢）管等属于两种材料组成的复合管；UPVC、ABS 等发泡塑料管（内外层为硬质，中间层为发泡塑料）属于同种材料组成的复合管。

㉙ 裸管。无外隔热层的管道。

㉚ 总管（主管）。由支管汇合的或分出支管的管道。

㉛ 支管（分管）。从总管上分出的或向总管汇合的管道。

㉜ 袋形管。呈"U"形，液体不能自流排尽的管段。

㉝ 盘管。螺旋形或排管形的管子。

1.1.3 管道

① 管道。用以输送、分配、混合、分离、排放、计量或截止流体流动的管道组成件总成。管道除管道组成件外，还包括管道支承件，但不包括支承构筑物，如建筑框架、管架、管廊和底座（管墩或基础）等。

② 管道组成件。用于连接或装配成压力密封的管道系统机械元件，包括管子、管件、法兰、垫片、紧固件、阀门、安全保护设施以及诸如膨胀节、挠性接头、耐压软管、过滤器、管路中的仪表（如孔板）和分离器等。

③ 管道系统（简称"管系"）。受相同设计条件制约的互相连接的管道。

④ 平衡管道系统。应变分布均匀，不存在过量应变的点，应力正比于总位移应变的管道系统。

⑤ 安装件。将负荷从管子或管道附着件上传递至支承结构或设备上的元件。它包括吊杆、弹簧支吊架、斜拉杆、平衡锤、松紧螺栓、支撑杆、链条、导轨、锚固件、鞍座、垫板、滚柱、托座和滑动支架等。

⑥ 管道支承件。是将管道载荷，包括管道的自重、输送流体的重量、由于操作压力和温差所造成的载荷以及振动、风力、地震、雪载、冲击和位移应变引起的载荷等传递到管架结构上去的元

件。它分为固定件和结构附件两类。

a. 固定件。包括悬挂式固定件，如吊杆、弹簧吊架、斜拉杆、平衡锤、松紧螺栓、支撑杆、链条、导轨和固定架，以及承载式固定件，如鞍座、底座、滚柱、托座和滑动支座等。

b. 结构附件。指用焊接、螺栓连接或夹紧方法附装在管道上的元件，如吊耳、管吊、卡环、管夹、U形夹和夹板等。

⑦ 工业管道。由金属管道元件连接或装配而成，在生产装置中用于输送工艺介质的工艺管道、公用工程管道及其他辅助管道。

⑧ 工艺管道。输送原料、中间物料、成品、催化剂、添加剂等工艺介质的管道。

⑨ 公用系统管道。工艺管道以外的辅助性管道，包括水、蒸汽、压缩空气、惰性气体等的管道。

⑩ 长输管道。指产地、储存库、使用单位间的用于输送商品介质的管道。

⑪ 副管。为增加管道输量，在输油站间的瓶颈段敷设与原有线路相平行的管段。

⑫ 输油管道工程。用管道输送油品的建设工程，一般包括钢管，管道附件和输油站等。

⑬ 输气管道工程。用管道输送天然气或人工煤气的工程。一般包括：输气管道、输气站、管道穿越及辅助生产设施等工程内容。

⑭ 压力管道。指利用一定的压力，输送气体或者液体的管状设备，其范围规定为最高工作压力大于或者等于 0.1MPa（表压力）的气体、液化气体、蒸汽介质或者可燃、易爆、有毒、有腐蚀性、最高工作温度高于或者等于标准沸点的液体介质，且公称直径大于 25mm 的管道。

⑮ 在用压力管道。已经投入运行的压力管道。

⑯ 高压管道。管内介质表压力大于 9.81MPa（100kgf/cm²）的管道。

⑰ 中压管道。管内介质表压力为 1.57～9.81MPa（16～

100kgf/cm²）的管道。

⑱ 低压管道。管内介质表压力为 0～1.57MPa（0～16kgf/cm²）的管道。

⑲ 无压管道。指输送的液体是在其自重重力作用下运行的管道，且其管内液体的最高运行液面不超过管道截面内顶。

⑳ 真空管道。管内压力低于绝对压力（1atm）0.1MPa 的管道。

㉑ 自流管道、重力流管道。指输送的液体是在其自重重力作用下运行的管道，其运行最高水头不超过管道截面内顶者为无压管道；其运行最高水头超过管道截面内顶者为有压管道。

㉒ A 级管道。管内为剧毒介质，或设计压力大于或等于 9.81MPa（100kgf/cm²）的易燃、可燃介质的管道。

㉓ B 级管道。管内为闪点低于 28℃ 的易燃介质或爆炸下限低于 5.5% 的介质或操作温度高于或等于自燃点的介质的管道。

㉔ C 级管道。管内为闪点 28～60℃ 的易燃、可燃介质或爆炸下限高于或等于 5.5% 的介质的管道。

㉕ 给水管道。输送原水或成品水管道的统称。

㉖ 输水管道。一般指输送原水的有一定长度的管道。

㉗ 配水管道。一般指输送成品水的管道。

㉘ 排水管道。输送城镇雨、污水或农田排水的管道的统称。

㉙ 雨水管道。一般指输送城镇截流雨水的管道。

㉚ 合流管道。一般指输送城镇截流雨水、生活污水、工业废水等合流排放的管道。

㉛ 污水管道。一般指输送经过处理或未经处理的城镇或工矿企业的生活污水或工业废水的管道。

㉜ 涵洞。为宣泄地面水流而设置的穿越路堤或河堤的排水管道构筑物的统称，一般由洞身管道结构和进出水洞口构筑物组成。有管涵、拱涵、箱涵、盖板涵等涵洞结构类型。

㉝ 建筑给水管道。用于工业与民用建筑物内部明设或暗设的给水管道的统称。

㉞ 建筑排水管道。用于工业与民用建筑物内部明设或暗设的排放生活污水、工业废水管道的统称。

㉟ 雨落管。指将建筑物屋顶或平台上的雨水引到地下排水管道或其他处理手段的安装在室内外的竖向排水管道,有圆形和矩形等截面形式。

㊱ 冷却水管道。冷却物质与冷却装置之间输送未经冷却和经过冷却的水的管道及其附属设施的统称。

㊲ 输油管道。由生产、储存等供油设施向用户输送原油或成品油的管道及其附属设施的统称。

㊳ 输气管道。由生产、储存等供气设施向用户输送天然气、煤气等燃气的管道及其附属设施的统称。

㊴ 供热管道。由热电厂、锅炉房等热原向用户输送供热介质的管道及其附属设施的统称,有地上敷设、地下敷设、管沟敷设、直埋敷设等敷设方式。

㊵ 采暖管道。建筑物采暖用的由热源或供热装置到散热设备之间输送供热介质的管道及其附件的统称。

㊶ 通风管道。输送空气和空气混合物的管道及其附件的统称。有架空敷设和地下敷设等敷设方式。

㊷ 自流管道、重力流管道。指输送的液体是在其自重重力作用下运行的管道,其运行最高水头不超过管道截面内顶者为无压管道;其运行最高水头超过管道截面内顶者为有压管道。

㊸ 钢塑复合压力管。以焊接钢管为中间层,内外层为聚乙(丙)烯塑料,采用专用热熔胶,通过挤出成型方法复合成一体的管材。

㊹ 暖泵管道。为避免切换泵时,较高温度的液体急剧涌入备用泵内使泵受到损坏,在泵出口跨越切断阀与止回阀之间的一根小直径管道。

㊺ 泵入口平衡管道。输送的液体处于泡点或真空状态,为防止产生气蚀或为平衡压力,在泵前容器的上部与泵入口的高点之间连接的管道。

㊻ 塔顶热介质气相旁通管。为保持塔顶或塔顶受液罐的压力，连接于塔顶出口管道与塔顶受液罐之间的管道。

㊼ 泵防凝管道。为防止常温下易凝的液体堵塞备用泵，在泵出口管道上，跨越于切断阀与止回阀之间的一根小直径管道。

㊽ 沿地管道。贴地或接近地面敷设的管道。

㊾ 管沟管道。敷设在管沟中的管道。

㊿ 埋地管道、地下管道。敷设在天然或人工回填地面以下或周围覆盖有一定厚度土体的管道。

(51) 地上管道。指直接敷设在地面上或地面支礅上的管道。

(52) 架空管道。指架设在地面以上的管道，由跨越结构和支承结构（支架、托架等）两部分组成。一般在其下方可通过行人或车辆。

(53) 水下管道。指敷设在水面以下水体中或水底土体中的管道。

(54) 水下管段稳定。水下管段不产生漂浮或移位。

(55) 海底管道。指敷设在海面以下海水中或海底的管道。

(56) 穿墙（板）管道。穿过建筑物的墙、板等的管道。

(57) 管道穿越工程。原油和天然气输送管道从人工或天然障碍下部通过的建设工程。

(58) 穿越管道。在铁路、公路、河、沟等下方通过的管道。

(59) 定向钻穿越。用定向钻机敷设穿越管段。

(60) 带套管管道。用套管穿越铁路或公路，在套管中安装输送管的管道。

(61) 弹性套管。可承受永变形或改变形状而管壁不破裂的套管，如钢管。

(62) 跨越管道。架空通过铁路、公路、河、沟等的管道。

(63) 主跨。管道跨越工程的主要跨越管段。

(64) 挂越管道。挂在桥上越过河流等的管道。

(65) 梁式管道跨越。以输送管道作为梁的跨越。

(66) “I”形刚架管道跨越。以输送管道构成“I”形刚架的跨越。

(67) 架式管道跨越。以输送管道和其他构件组成托架结构的跨越。

(68) 轻型架式管道跨越。以管道作为上弦杆、钢索作为下弦杆组成托架结构的跨越。

(69) 单管拱跨越。以单根输送管道做成拱形的跨越。

(70) 组合管拱跨越。以输送管道及其他构件组成拱形的跨越。

(71) 悬缆式管道跨越。输送管道以悬垂形状吊挂在承重主索上的跨越。

(72) 悬垂式管道跨越。输送管道以悬垂状构成自承式的跨越。

(73) 悬索式管道跨越。输送管道以平直形状吊挂在承重主索上的跨越。

(74) 斜拉索管道跨越。输送管道用多根斜向张拉钢索连接于塔架和锚固墩上的跨越。

(75) 气液两相流管道。输送气液混相流体的管道。

(76) 平衡液体管道。输送泡点状态的液体管道。

(77) 暖泵管道。为避免切换泵时较高温度的液体急剧涌入备用泵内使泵受到损坏，在泵出口跨越切断阀与止回阀之间的一根小直径管道。

(78) 泵入口平衡管道。输送的液体处于泡点或真空状态，为防止产生气蚀或为平衡压力，在泵前容器的上部与泵入口的高点之间连接的管道。

(79) 塔顶热气相介质旁通管。为保持塔顶或塔顶受液罐的压力、连接于塔顶出口管道与塔顶受液罐之间的管道。

(80) 泵防凝管道。为防止常温下易凝的液体堵塞备用泵，在泵出口管道上，跨越于切断阀与止回阀之间的一根小直径管道。

(81) 取样管。为取出管道或设备内介质用于分析化验而设置的管道。

(82) 排液管。为管道或设备低点排液而设置的管道。

(83) 放气管。为管道或设备高点放气而设置的管道。

(84) 旁通管（旁路）。从管道的一处接出，绕过阀门或设备，又从另一处接回，具有备用或调节等功能的管段，如调节阀的旁通管。

(85) 输送干线。自热源至主要负荷区且长度超过 2km 无分支管的干线。

(86) 输配干线。有分支管接出的干线。

(87) 自由管段。在管道预制加工前，按照单线图选择确定的可以先行加工的管段。

(88) 封闭管段。在管道预制加工前，按照单线图选择确定的、经实测安装尺寸后再进行加工的管段。

(89) 管子表号。工作压力与工作温度下的管子材料许用应力的比值乘以一个系数，并经圆整后的数值，是表征管子壁厚系列的代号。

(90) 管沟。用以敷设和更换输送水-气（汽）等管道设施的地下管道，也是被敷设管道设施的围护结构。敷设输送供热介质管道俗称“暖气沟”，有矩形、圆形、拱形等管道结构形式。

(91) 跨线。连通两条管道（非端点）的管段。

(92) 裸露敷设。穿越管段直接敷设于水域底床上。

(93) 管道和仪表流程图。简称 P&ID（或 PID）。此图上除表示设备外，主要表示连接的管道系统、仪表的符号及管道识别代号等。

(94) 输差。指平衡商品天然气中间计量与交接计量之间流量的差值，是管道运行中由漏失、损耗、计量误差等原因造成的。

(95) 输气站。输气管道工程中各类工艺站场的总称。一般包括输气首站、输气末站、压气站、气体接收站和气体分输站等站场。

(96) 输气首站。输气管道的起点站。一般具有分离、调压、计量、清管等功能。

(97) 输气末站。输气管道的终点站。一般具有分离、调压、计量、清管、配气等功能。

(98) 输气中间站。是设在场气管道首站和末站之间的站场。一般分为压气站、气体接收站、气体分输站、清管分离站等几种类型。

○99 气体分输站。在输气管道沿线，为分输气体至用户而设置的站，一般具有分离、调压、计量、清管等功能。

○100 压气站。在输气管道沿线，为用压缩机对管输气体增压而设置的站。

○101 输气干线。由输气首站到输气末站间的主运行管道。

○102 输气支线。向输气干线输入或由输气干线输出管输气体的管线。

○103 过渡段最小长度。直埋管道第一次升温到工作循环最高温度时受最大单长摩擦力作用形成的由锚固点至活动端的管段长度。

○104 过渡段最大长度。直埋管道经若干次温度变化，单长摩擦力减至最小时，在工作循环最高温度下形成的由锚固点至活动端的管段长度。

○105 输油站。输油管道工程中各类工艺站场的统称。如，输油首站、输油末站、中间泵站、中间热泵站、中间加热站及分输站等。

○106 输油末站。输油管道的终点站。

○107 中间泵站。在输油首站、末站之间设有加压设施的输油站。

○108 中间热泵站。在输油首站、末站之间设有加热、加压设施的输油站。

○109 中间加热输油站。在输油首站、末站之间设有加热设施的输油站。

○110 分输站。以管道支线向用户分输的输油站。

○111 中间站。中间泵站、中间热泵站及中间加热站的统称。

○112 减压站。由于位差形成的管内压力大于管道设计压力或由于动压过大，超过下一站的允许进口压力而设置减压装置的站。

○113 管带。成排敷设的管道。

○114 管桥（管廊）。成排架空管道及其多跨、框架式支承结构的总称。

○115 管道间距（管间距）。相邻两管道中心线间或管道中心线与墙壁、柱边、容器外表面等之间的距离。

⑯ 管道净距。相邻两管道最外表面间或管道最外表面与墙壁、柱边、容器外表面等之间的距离。

⑰ 管底标高。管道中管子外表面底部与基准面间的垂直距离。

⑱ 管中心标高。管道中心线与基准面间的垂直距离。

⑲ 管顶标高。管道中管子外表面顶部与基准面间的垂直距离。

⑳ 管桥上部结构。管桥架空部分的总称，即管桥支座以上或从管拱起拱线以上的结构部分。

㉑ 管桥下部结构。管桥上部结构支承结构部分的总称，即塔架、桥墩、基础、锚固墩等。

1.1.4 管件

① 管件。管道系统中用于直接连接、转弯、分支、变径以及用作端部等的零部件，包括弯头、三通、四通、异径管接头、管箍、内外螺纹接头、活接头、快速接头、螺纹短节、加强管接头、管堵、管帽、盲板等（不包括阀门、法兰、紧固件）。

② 管道附件。管件、补偿器、阀门及其组合件等管道专用部件的统称。

③ 管道特殊件。指非普通标准组成件，是按工程设计条件特殊制造的管道组成件，包括膨胀节、补偿器、特殊阀门、爆破片、阻火器、过滤器、挠性接头及软管等。

④ 焊接钢管件。是管件加工厂用无缝钢管或焊接钢管（大小头也可用钢板）经下料焊接加工而成的管件。常见的焊接钢管件有焊接弯头、焊接弯头管段、焊接三通和焊接大小头等。

⑤ 锻制管件。利用锻压机械的锤头、砧块、冲头或通过模具对管件坯料施加压力，使之产生塑性变形，从而获得所需形状和尺寸的管件。

⑥ 铸造管件。将金属熔炼成符合一定要求的液体并浇进管件铸型里，经冷却凝固、清整处理后得到有预定形状、尺寸和性能的管件。

⑦ 弯头。管道转向处的管件。

⑧ 异径弯头。两端直径不同的弯头。

⑨ 长半径弯头。弯曲半径等于 1.5 倍管子公称直径的弯头。

⑩ 短半径弯头。弯曲半径等于管子公称直径的弯头。

⑪ 45°弯头。使管道转向 45°的弯头。

⑫ 90°弯头。使管道转向 90°的弯头。

⑬ 180°弯头（回弯头）。使管道转向 180°的弯头。

⑭ 无缝弯头。用无缝钢管加工的弯头。

⑮ 焊接弯头（有缝弯头）。用钢板成形焊接而成的弯头。

⑯ 斜接弯头（虾米腰弯头）。由梯形管段焊接的形似虾米腰的弯头。

⑰ 弯管。在常温或加热条件下将管子弯制成所需要弧度的管段。

⑱ 热弯。温度高于金属临界点 A_{c1} 时的弯管操作。

⑲ 冷弯。温度低于金属临界点 A_{c1} 时的弯管操作。

⑳ 三通。一种可连接三个不同方向管道的呈 T 形的管件。

㉑ 等径三通。直径相同的三通。

㉒ 异径三通。直径不同的三通。

㉓ 四通。一种可连接四个不同方向管道的呈十字形的管件。

㉔ 等径四通。直径相同的四通。

㉕ 异径四通。直径不同的四通。

㉖ 异径管接头（大小头）。两端直径不同的直通管件。

㉗ 同心异径管接头（同心大小头）。两端直径不同但中心线重合的管接头。

㉘ 偏心异径管接头（偏心大小头）。两端直径不同、中心线不重合、一侧平直的管接头。

㉙ 管箍。用于连接两根管段的、带有内螺纹或承口的管件。

㉚ 双头螺纹管箍。两端均有螺纹的管箍。

㉛ 单头螺纹管箍。一端有螺纹的管箍。

㉜ 双承口管箍。两端均有承口的管箍。

㉝ 单承口管箍。一端有承口的管箍。

㉞ 内外螺纹接头（内外丝）。用于连接直径不同的管段，小端为内螺纹，大端为外螺纹的管接头。

㉟ 活接头。由几个元件组成的，用于连接管段，便于装拆管道上其他管件的管接头。

㊱ 快速接头。可迅速连接软管的管接头。

㊲ 螺纹短节。带外（内）螺纹的直通管件。

㊳ 单头螺纹短节。一端带外螺纹的短节。

㊴ 双头螺纹短节。两端带外螺纹的短节。

㊵ 加强管接头。焊接在主管分支处，起加强作用的管接头。

㊶ 螺纹加强管接头。用螺纹连接支管的加强管接头。

㊷ 焊接加强管接头。用对焊连接支管的加强管接头。

㊸ 承口加强管接头。用承插焊连接支管的加强管接头。

㊹ 弯头加强管接头。焊接在弯头上的加强管接头。

㊺ 斜接加强管接头。与主管 45°斜接的加强管接头。

㊻ 管堵（丝堵）。用于堵塞管子端部的外螺纹管件，有方头管堵、六角管堵等。

㊼ 管帽（封头）。与管子端部焊接或螺纹连接的帽状管件。

㊽ 碟形管帽。有折边的球形管帽。

㊾ 椭圆形管帽。呈椭圆形的管帽。

㊿ 螺纹管帽。螺纹连接的管帽。

(51) 盲板。插在一对法兰中间，将管道分隔开的圆板。

(52) 8 字盲板。形似 8 字的隔板，8 字一半为实心板用于隔断管道，一半为空心在不隔断时使用。

(53) 管箍。用于连接两根管段的、带有内螺纹或承口的管件。

(54) 双头螺纹管箍。两端均有螺纹的管箍。

(55) 单头螺纹管箍。一端有螺纹的管箍。

(56) 双承口管箍。两端均有承口管箍。

(57) 单承口管箍。一端有承口管箍。

(58) 断开式管箍。安装在管线上的部件，当管箍受到预设的轴向载荷时允许管线分离。

(59) 连接器。除法兰之外的部件，用于机械连接管子的两个截面。

⑥ 刚性环。为加强钢管刚度，用带钢、角钢、槽钢等焊在管外壁上的等距离圆环。

1.1.5 管法兰、垫片及紧固件

① 法兰。用于连接管子、设备等的带螺栓孔的突缘状元件。

② 平焊法兰。须将管子插入法兰内圈焊接的法兰。

③ 对焊法兰。带颈的、有圆滑过渡段的、与管子为对焊连接的法兰。

④ 承插焊法兰。带有承口的、与管子为承插焊连接的法兰。

⑤ 螺纹法兰。带有螺纹，与管子为螺纹连接的法兰。

⑥ 松套法兰。活套在管子上的法兰，与翻边短节组合使用。

⑦ 特殊法兰。非圆形的法兰，如菱形法兰、方形法兰等。

⑧ 异径法兰（大小法兰）。同标准法兰连接，但接管公称直径小于该标准法兰接管公称直径的法兰。

⑨ 平面法兰。密封面与整个法兰面为同一平面的法兰。

⑩ 凸台面法兰（光滑面法兰）。密封面略高出整个法兰面的法兰。

⑪ 凹凸面法兰。一对法兰其密封面，一个呈凹形，一个呈凸形。

⑫ 榫槽面法兰。一对法兰其密封面，一个有榫，一个有与榫相配的槽。

⑬ 环连接面法兰。法兰的密封面上有一环槽。

⑭ 法兰盖（盲法兰）。与管道端法兰连接，将管道封闭的圆板。

⑮ 紧固件。紧固法兰等用的机械零件。

⑯ 螺栓。一端有头，一端有螺纹的紧固件，如六角头螺栓等。

⑰ 螺柱。两端或全长均有螺纹的柱形紧固件。

⑱ 螺母。与螺栓或螺柱配合使用，有内螺纹的紧固件，如六角螺母等。

⑲ 垫圈。垫在连接件与螺母之间的零件，一般为扁平形的金属环。

⑳ 垫片。为防止流体泄漏设置在静密封面之间的密封元件。

㉑ 非金属垫片。用石棉、橡胶、合成树脂等非金属材料制成的垫片。

㉒ 非金属包垫片。在非金属垫外包一层合成树脂的垫片。

㉓ 半金属垫片。用金属和非金属材料制成的垫片，如缠绕式垫片、金属包垫片等。

㉔ 缠绕式垫片。由 V 形或 W 形断面的金属带夹非金属带螺旋缠绕而成的垫片。

㉕ 内环。设置在缠绕式垫片内圈的金属环。

㉖ 外环。设置在缠绕式垫片外圈的金属环。

㉗ 金属包垫片。在非金属内芯外包一层金属的垫片。

㉘ 金属垫片。用钢、铜、铝、镍或蒙乃尔合金等金属制成的垫片。

1.1.6 阀门

① 阀门。用以控制管道内介质流动的、具有可动机构的机械产品的总称。

② 闸阀。启闭件为闸板，由阀杆带动，沿阀座密封面做升降运动的阀门。

③ 截止阀。启闭件为阀瓣，由阀杆带动，沿阀座（密封面）轴线做升降运动的阀。

④ 节流阀。通过启闭件（阀瓣）改变通路截面积，以调节流量、压力的阀门。

⑤ 球阀。启闭件为球体，绕垂直于通路的轴线转动的阀门。

⑥ 蝶阀。启闭件为蝶板，绕固定轴转动的阀门。

⑦ 隔膜阀。启闭件为隔膜，由阀杆带动，沿阀杆轴线做升降运动，并将动作机构与介质隔开的阀门。

⑧ 旋塞阀。启闭件呈塞状，绕其轴线转动的阀门。

⑨ 止回阀。启闭件为阀瓣，能自动阻止介质逆流的阀门。

⑩ 安全阀。当管道或设备内介质的压力超过规定值时，启闭件（阀瓣）自动开启排放，低于规定值时自动关闭，对管道或设备

起保护作用的阀门。

⑪ 减压阀。通过启闭件（阀瓣）的节流，将介质压力降低，并借阀后压力的直接作用，使阀后压力自动保持在一定范围内的阀门。

⑫ 疏水阀。自动排放凝结水并阻止蒸汽通过的阀门。

⑬ 调节阀。根据外来信号或流体压力的传递推动调节机构，以改变流体流量的阀门。

⑭ 延伸杆阀。将阀门的阀杆接长以便操作的阀门。

⑮ 链轮阀。用链条带动手轮进行操作的阀门。

⑯ 齿轮阀。由齿轮传动启闭的阀门。

⑰ 气动阀。用压缩空气启闭的阀门。

⑱ 电动阀。用电动机启闭的阀门。

⑲ 电磁阀。用电磁力启闭的阀门。

⑳ 换向阀。能改变管内流体流动方向的阀门。

㉑ 衬里阀。为防止阀门内部腐蚀或磨损，在阀门内壁设保护层的阀门。

㉒ 带吹扫孔阀。阀体上设有吹扫孔的阀门。

㉓ 夹套阀。阀体外带有夹套的阀门。

㉔ 底阀。设置在离心泵吸入口管端部，内有止回机构的阀门。

㉕ 呼吸阀。设置在储罐顶部，当气温和液面变动时，将罐外气体吸入或罐内油气排出，并自动将罐内气压保持在规定值的阀门。

㉖ 自动放气阀。安装在管路或散热器上，自动排除空气的装置。

㉗ 手动放气阀。安装在散热器上，手动排除空气的装置。

㉘ 壳体试验。对阀体和阀盖等联结而成的整个阀门外壳进行的压力试验。目的是检验阀体和阀盖的致密性及包括阀体与阀盖联结处在内的整个壳体的耐压能力。

㉙ 阀井。为了在流体管线上或其分支点处设置调控阀件而砌筑的地下井室，如管道穿越河流时，为岸边的截断阀设置的阀井；

水、气管线进入用户时，在楼边分支处设置的阀井。

1.1.7　管道绝热

① 绝热。保温与保冷的统称。保温是为减少管道设备及其附件向周围环境散热，在其外表面采取的包覆措施。保冷是为减少周围环境中的热量传入低温设备和管道内部，防止低温设备和管道外壁表面凝露，在其外表面采取的包覆措施。

② 隔热。为减少管道或设备内介质热量损失或冷量损失，或为防止人体烫伤、稳定操作等，在其外壁或内壁设置隔热层，以减少热传导的措施。

③ 保温。为减少管道或设备内介质热量损失而采取的隔热措施。

④ 保冷。为减少管道或设备内介质冷量损失而采取的隔热措施。

⑤ 防烫伤隔热。为防止高温管道烫伤人体而采取的局部隔热措施。

⑥ 裸管。没有隔热层的管道。

1.1.8　管道伴热

① 伴热。为防止管内流体因温度下降而凝结或产生凝液或黏度升高等，在管外或管内采用的间接加热方法。

② 蒸汽伴热。以蒸汽为加热介质的伴热。

③ 蒸汽外伴热。在管道外设置蒸汽管的伴热。

④ 隔离外伴热管伴热。在管道与外蒸汽伴热管之间采取隔离措施，防止局部过热的一种伴热。

⑤ 蒸汽内伴热。在管道内设置蒸汽伴热管的伴热。

⑥ 蒸汽夹套伴热。在管道外设蒸汽套管的伴热。

⑦ 电伴热。以电能为热源的伴热。

⑧ 直接法电伴热。直接向管道通电以电阻热为热源的伴热。

⑨ 中间法电伴热。以高频电流在钢管的表皮产生的感应电流为热源的伴热。

⑩ 间接法电伴热。利用电热带等提供热量的伴热。

⑪ 热载体伴热（热流体伴热）。以热流体（如热水、热油等）为加热介质的伴热。

⑫ 伴热管。用于间接加热管内介质，伴随在管道外或内的供热管。

1.1.9 管道支架与吊架

① 管道支架（管架）。支承管道的结构。支承管道的构筑物，管道通过支承件将荷重和推力传递到管架上。管架由钢结构或钢筋混凝土结构的立柱、横梁或框架所构成，独立固定在基础上，也可固定在设备上或墙上。按类型分有：独柱式、双柱式和悬臂式等。

② 固定支架。使管道在支承点上无线位移和角位移的支架。

③ 次固定支架。承受由管段热变形产生的弹性力、摩擦力及管段自重、风力载荷的支架，其总载荷值为作用在固定点上的这些作用力的矢量和。

④ 主固定支架。除承受次固定支架所承受的各种载荷外，还承受管段和补偿器的不平衡内压推力的支架，其总载荷值为作用在固定点上的所有作用力的矢量和。

⑤ 重载固定支架（尽端固定支架）。设置在直管段末端或设备附近的固定支架。

⑥ 减载固定支架（中间固定支架）。设置在直管段中部的固定支架，其所受的推力为不同方向作用力的矢量和。

⑦ 滑动支架。管道可以在支承平面内自由滑动的支架。

⑧ 导向支架。限制管道径向位移，但允许轴向位移的支架。

⑨ 带附加裕量的导向支架。对有轴向位移又有径向位移和角偏转的管段，除可在轴向位移外，还在指定的方向上允许有一定位移量的导向支架。

⑩ 滚动支架。装有滚筒或球盘使管道在位移时产生滚动摩擦的支架。

⑪ 可变弹簧支架。装有弹簧使管道在限定范围内可竖向位移的支架。

⑫ 恒力弹簧支架。根据力矩平衡原理，利用杠杆及圆柱螺旋弹簧来平衡外载的支架。支承点产生竖向位移时，支架载荷变化很小。

⑬ 衡锤支架。利用平衡锤提供恒定支承力的支架。

⑭ 液压支架。利用液压装置提供恒定支承力的支架。

⑮ 铰接支架。支架的柱脚与基础铰接以适应架顶管道位移的支架。

⑯ 柔性支架。当管道产生位移时，支架本体（柱子）可以产生相应变形以适应架顶管道位移要求的支架。

⑰ 刚性支架。当管道产生位移时支架本体基本不变形的支架。

⑱ 可调支架。高度可以调节的支架。

⑲ 止推支架。可以阻止管道向某一方向位移的支架。

⑳ 假管支架。在管端或弯头处焊接一段与管道不连通的直管，延伸到另一支承结构上的支架。

㉑ 管道支耳。焊接在管道外壁的径向支承件。

㉒ 管托。固定在管道底部与支承面接触的构件。

㉓ 管卡。用以固定管道、防止管道脱落、为管道导向等的构件。

㉔ 隔热管卡。用于隔热层外部的管卡。

㉕ 管墩。一般高出地面几百毫米，支承管道的枕状结构。

㉖ 管道吊架。吊挂管道的结构。

㉗ 刚性吊架。基本无位移的吊架。

㉘ 可变弹簧吊架。装有弹簧，允许管道在限定范围内做竖向位移的吊架。

㉙ 恒力弹簧吊架。根据力矩平衡原理，利用杠杆及圆柱螺旋弹簧来平衡外载的吊架，支承点产生竖向位移时，吊架载荷变化很小。

㉚ 斜拉架。限止管道向某一方向位移的构件。

㉛ 吊耳。固定在管道上用以与吊杆连接吊挂管道的元件。

㉜ 吊杆。与其他元件连接用以吊挂管道的金属直杆。

㉝ 花篮螺母（调节螺母）。两端分别具有左右螺纹用以调节吊

杆长度的零件。

㉞ 载荷。施加在支架或吊架上的力、力矩。

㉟ 静载荷。管道组成件、隔热材料以及其他加在管道上的永久性载荷。

㊱ 动力载荷。由管道振动等产生的载荷。

㊲ 集中载荷。管道上设置小型设备、阀门、平台及支管等处的载荷。

㊳ 均布载荷。沿管道长度呈均匀分布的载荷。

㊴ 垂直载荷（竖向载荷）。垂直于水平面的载荷，包括管道组成件、隔热结构、管内输送或试压介质以及冰、雪、积灰、平台和行人等形成的载荷。

㊵ 轴向水平载荷。沿着水平管道轴线方向的载荷，包括补偿器的弹力、不平衡内压力、管道移动的摩擦力或支吊架变位弹力等。

㊶ 侧向水平载荷。与水平管道轴线方向侧向垂直的载荷，包括风载荷、弯曲管道或支管传来的推力、管道侧向位移产生的摩擦力等。

㊷ 补偿器反弹力。管道伸缩时补偿器变形产生的弹性反力。

㊸ 牵制系数。在设置多根管道的同一管架上，无热变形或热变形已经稳定的管道阻止变形管道推动管架，使管道的水平推力部分抵消。表示这种牵制作用的系数，称为牵制系数。

㊹ 管道跨度。管道两个相邻支承点之间的距离。

㊺ 管道挠度。两相邻支点间的管道因自重或受外力引起弯曲变形的程度。

㊻ 限位架。可限制管道在某点处指定方向的位移（可以是一个或一个以上方向线位移或角位移）的支架。规定位移值的限位架，称为定值限位架。

1.1.10　管道腐蚀

① 管道腐蚀。由于化学或电化学作用，引起管道的消损破坏。

② 化学腐蚀。不导电的液体及干燥的气体造成的腐蚀。

③ 电化学腐蚀。由有电子转移的化学反应（即有氧化和还原的化学反应）造成的腐蚀。

④ 应力腐蚀。金属在特定腐蚀性介质和应力的共同作用下所引起的破坏。

⑤ 晶间腐蚀。沿金属晶粒边界发生的腐蚀现象。

⑥ 均匀腐蚀。在与腐蚀环境接触的整个金属表面上几乎以相同速度进行的腐蚀。

⑦ 局部腐蚀。在金属管道等的某些部位的腐蚀。

⑧ 沟状腐蚀。具有腐蚀性的某种腐蚀产物由于重力作用流向某个方向时所产生的沟状局部腐蚀。

⑨ 点蚀。产生点状的腐蚀且从金属表面向内部扩展，形成孔穴。

⑩ 缝隙腐蚀。由于狭缝或间隙的存在，在狭缝内或近旁发生的腐蚀。

⑪ 轻微腐蚀。年腐蚀速率不超过 0.1mm 的腐蚀。

⑫ 中等腐蚀。年腐蚀速率在 0.1mm 以上、1.0mm 以下的腐蚀。

⑬ 强腐蚀。年腐蚀速率等于或大于 1.0mm 的腐蚀。

⑭ 气体腐蚀。在金属表面上无任何水相条件下所发生的腐蚀。

⑮ 大气腐蚀。在环境温度下，以地球大气作为腐蚀环境的腐蚀。

⑯ 微生物腐蚀。与腐蚀体系中存在的微生物作用有关的腐蚀。

⑰ 海洋腐蚀。在海洋环境中所发生的腐蚀。

⑱ 土壤腐蚀。在环境温度下，以土壤作为腐蚀环境的腐蚀。

⑲ 腐蚀裕度（腐蚀裕量）。在确定管子等壁厚时，为腐蚀减薄而预留的厚度。

1.1.11　管道防护

① 管子表面处理。在防腐施工前对管子表面进行的处理。

② 脱脂。清除管道表面沾有的油脂。

③ 除锈。清除管道表面的金属氧化物。

④ 涂料。涂覆于管道等表面构成薄的液态膜层，干燥后附着于被涂表面起保护作用。

⑤ 调和漆。人造漆的一种，由干性油和颜料为主要成分调制而成。

⑥ 底漆。施涂于经过表面处理的管道外壁上作为底层的涂料。

⑦ 施涂。将涂料涂覆于管道表面上。

⑧ 阴极保护。通过降低腐蚀电位，使管道腐蚀速率显著减小而实现电化学保护的一种方法。

⑨ 牺牲阳极。与被保护管道连接而形成电化学电池，并在其中呈低电位的阳极，通过阳极溶解释放负电流以对管道实现阴极保护的金属组元。

⑩ 牺牲阳极阴极保护。通过与作为牺牲阳极的金属组元偶接而对管道提供负电流以实现阴极保护的一种电化学保护方法。

⑪ 强制电流阴极保护。通过外部电源对管道提供负电流以实现阴极保护的一种电化学保护方法。也称为外加电流阴极保护。

⑫ 辅助阳极。在强制电流阴极保护系统中，与外部电源正极相连并在阴极保护电流回路中起导电作用构成完整电流回路的电极。

⑬ 色标。为表明管道内介质的特征，在管道外表面施涂的颜色标记。

⑭ 管道电绝缘。通过在管道中、在管道支承构筑物上或在管道附件上装设专门的电绝缘装置，避免在管道和其他金属构筑物间形成金属的导电通路。

⑮ 绝缘管接头。用来提供永久电绝缘的机械管接头。

⑯ 绝缘涂层。不导电的覆盖层。

⑰ 绝缘法兰。通过绝缘垫片、套筒和垫圈将毗邻的一对法兰进行电绝缘的一种法兰接头。

⑱ 绝缘短管。安装在输送盐水（卤水）或其他导电流体的管道中的绝缘装置。

⑲ 绝缘活接头。一种装有绝缘材料的活（管）接头。

⑳ 整体型绝缘接头。一种在工厂制作，带有两片绝缘环和密封垫圈的分离体，通过焊接或用卡头固定而结合在一起的绝缘接头。这种接头需进行电性能和工作压力测试，且安装后不能拆卸。

㉑ 装配型绝缘接头。安装在两个管段间提供电隔离的管接头。这种装配型绝缘接头是由工厂制造和测试，并可以迅速安装在管道上的成套装置。它可以是预组装的绝缘法兰接头。该绝缘接头通常不宜拆卸。

1. 1. 12　管道加工

① 现场。管道等施工的场所。

② 制造。管子、管道组成件或管道支承件等产品的生产过程。产品应符合相应产品标准、有关规范及设计文件的要求。

③ 制作。管道安装前的准备工作，包括切割、加工螺纹、开坡口、成形、弯曲、焊接和将组件装配成部件。制作可在车间或现场进行。

④ 装配。按照工程设计的规定将两个以上管道组成件用螺栓、焊接、黏结、螺纹、硬钎焊、软钎焊或使用密封元件的方法连接在一起。

⑤ 安装。根据工程设计的规定，将一个管道系统完整地安装在指定的位置和支架上。包括该系统按规范要求的所有现场（包括管道预制）装配、制作、检查和试验等工作。

⑥ 管道加工。管道装配前的预制工作，包括切割、套螺纹、开坡口成形、弯曲、焊接等。

⑦ 配管。按工艺流程、生产操作、施工、维修等要求进行的管道组装。

⑧ 放线。确定沿线路方向的管道实地安装的中线位置，并划定管道施工带界线的过程。

⑨ 自由管段。在管道制作加工前，按照轴测图选择确定的可以先行加工的管段。

⑩ 封闭管段。在管道制作加工前，按照轴测图选择确定的、经实测安装尺寸后再进行加工的管段。

⑪ 现场交桩。设计部门将所设计的管道控制桩、测量成果表及水准点资料在现场移交给施工单位。

⑫ 管道施工带。为管道施工临时征用的带状土地。

⑬ 管道施工带清理。清除管道通行带内的各种施工障碍物，平整出一条能供敷管作业场地的过程。

⑭ 布管。把运到现场的管子逐根地分布于管道沿线的组装场地上的过程。

⑮ 清管。管子组装前，检查管子是否通畅并清除管内杂物的过程。

⑯ 管的径向刚度。管子安装后在负荷条件下抗椭圆的特性。

⑰ 容许偏差。标准规定的施工或制造误差的限定范围。

⑱ 管子冷弯。温度低于金属临界点 Ac1 时的弯管操作。

⑲ 管子热弯。温度高于金属临界点 Ac1 时的弯管操作。

⑳ 支管补强。在支管接头处增加强度的一种措施。

㉑ 铅封关。表示铅封着的阀门是关闭的（此阀门不能随意开启）。

㉒ 铅封开。表示铅封着的阀门是开启的。

㉓ 静电接地。将管道上的静电荷导入大地的措施。

㉔ 热态紧固。防止管道在工作温度下，因受热膨胀导致可拆连接处泄漏而进行的紧固操作。

㉕ 冷态紧固。防止管道在工作温度下，因冷缩导致可拆连接处泄漏而进行的紧固操作。

㉖ 对口。按照规范要求，用专用器具将两段管子的管口对好。

㉗ 碰固定口（碰死口）。已组装好的不能移动的管段连接时，进行的对口和焊接。

㉘ 同沟敷设。两条或两条以上的管道按设计要求敷设在同一条沟内的施工方法。

㉙ 螺栓热紧。介质温度高于 250℃ 的管道的螺栓，除在施工时紧固外，还要在达到工作温度或规定温度时再进行的紧固。

㉚ 螺栓冷紧。介质温度低于 -20℃ 的管道的螺栓，除在施工时紧固外，还要在达到工作温度或规定温度时再进行的紧固。

㉛ 一次回填。为保埋地管道不受损伤，管道下沟后首次用细软土回填管沟的过程。

㉜ 二次回填。在第一次回填的细软土上，再次将管沟回程填到设计要求标高的过程。

㉝ 隐蔽工程。施工后被封闭无法直接观测和检查的工程。

1.1.13 作业方法及工器具

① 成套设备。指将单体设备或部件安装在一起的组装件，并将单体之间的管道连接起来，留出与外部管道连接的管口。交货前可以安装在滑动板块上或其他可移动的构架上。

② 开槽施工、沟槽敷设。指在开挖的沟槽内敷设管道。

③ 不开槽施工、隧道法敷设。指在地层内开挖成型的洞内敷设或浇筑管道，有顶管法、盾构法、新奥法、管棚法等。

④ 顶管法。不开槽施工的一种方法。在开挖成型的工作坑内用千斤顶将管子逐节顶入切挖成与管外径同样大小的土孔内。顶管段两端必须设工作坑，长距离顶管还须设中继间。

⑤ 顶进工作坑、起始工作坑。为顶进管子而开挖的操作间，用于下管和顶进用机械，安装导轨、千斤顶和后背等设施和浇筑管道构筑物。必须有坚固的钢、木、钢筋混凝土等制作的围护结构。

⑥ 接收工作坑、终端工作坑。为顶进管段到位后在其前方终点开挖的操作间，用于取出顶进用机械、导管等设施和浇筑管道构筑物。必须有坚固的围护结构。

⑦ 中继间。长距离顶管中用于分段顶进而设在管段中间的封闭的环形小室。一般用钢材制作，沿管环设置千斤顶。

⑧ 导管。安装在顶进管端部用以导向、切土和防止塌土用的钢制坡形短管。一般用于人工挖土。

⑨ 止推墙、反力墙。设置在顶进工作坑后部以支承千斤顶顶力的紧贴在抗壁上用混凝土、方木、型钢等砌筑的支承墙体，俗称后背。

⑩ 顶力。指管子顶进过程中所需的最大顶进压力，设计顶力一般根据理论或经验确定，实际顶力根据千斤顶油压测定。

⑪ 盾构法。不开槽施工的一种方法。在开挖的工作坑内，用钢制圆形盾构设施在土体中挖土成型后安装钢筋混凝土或铸铁等衬

砌砌块。砌块在顶进过程中在盾构内安装，一般用于大管径的管道。

⑫ 新奥法。不开槽施工的一种方法。在软弱岩层中或经灌浆加固土层中开挖成型后，喷射水泥混凝土临时支撑稳定围岩，再浇筑管道结构。

⑬ 管棚法。不开槽施工的一种方法。先在管道上部土层中顶进一排挡土围护结构，再在其下挖土浇筑管道，一般用于城市道路下矩形或拱形地沟的施工。

⑭ 沉管法施工。水下管道施工的一种方法。将岸上加工好的管道沉入水底或水底开挖的沟槽内。管道在水面浮运（拖）到位后下沉的称浮拖法。

⑮ 弹性敷管法。快速敷设管道的一种方法。将管子在沟槽外连接到一定长度后，利用在其自重作用下产生的弹性弯曲变形将管道连续敷设在开挖成型的沟槽内。可用于焊接或熔接接头类管道。

⑯ 水平定向钻机。可按设计曲线穿孔，并能扩孔拖入工作管的一种钻机。

⑰ 吊管带。起吊管子时，为了防止防腐层损坏，用帆布或尼龙带制成的一种专用吊具。

⑱ 定向转法。用定向钻机定向钻孔，使管道从大型河流或其他障碍物下穿越的方法。

⑲ 囊式封堵。在压力管道上从孔处送入囊式封堵器以安全堵塞介质的流动。

⑳ 内对口器。一种机械装置，专用于管子拼接对口。用吊车将要拼接的管子吊起并与管段口对好后，即可用机械式或液压式对口器将管子夹紧以备施焊。由内对口器或外对口器两种，内对口器多用于单根管子向管段拼接，其优点是从管内将管子胀紧，并可将两个管口胀到同等圆度。外对口器多用于两大管段相拼接的焊口，或在无法使用内对口器时使用。

㉑ 管段吹扫。用气体吹扫清除管段内的杂物。

㉒ 分段试压。将管道分成几段，按规范要求进行试压。

㉓ 通球扫线。用具有一定压力的水或空气推动清管球以清除管内杂物。

1.2 管工计算

1.2.1 管件尺寸计算

管件尺寸计算方法如表 1-1 所示。

表 1-1 管件尺寸计算方法

序号	名称	计算公式	符号说明
1	弯曲壁厚减薄率 φ	钢管弯曲时壁厚的减薄率计算公式为 $$\varphi = \frac{\delta - \delta_0}{\delta} \times 100\%$$ 示意图:	φ——钢管弯曲时壁厚的减薄率,% δ——钢管弯管前管壁厚度,mm δ_0——钢管弯管后管壁厚度,mm 高压管弯曲时壁厚的减薄率不超过 10%,中低压管不超过 15%,且不小于设计壁厚
2	截面椭圆率 ψ	钢管截面椭圆率的计算公式为 $$\psi = \frac{D_{max} - D_{min}}{D_{max}} \times 100\%$$ 示意图:	ψ——钢管截面椭圆率,% D_{max}——钢管的最大外直径,mm D_{min}——钢管的最小外直径,mm 高压管椭圆率不超过 5%;中低压管椭圆率不超过 8%;铜管和铝管不超过 9%;铜合金管和铝合金管不超过 8%

序号	名称	计算公式	符号说明
3	弯曲缩径度 Δ	管子弯曲时,由于受热应力的作用,截面有时会变小的现象称为缩径,缩径度的计算公式为 $$\Delta = \frac{D_{max} - D_{min}}{2D} \times 100\%$$	Δ——管子缩径度,% D_{max}——管子最大外径,mm D_{min}——管子最小外径,mm D——管子外直径,mm
4	弯曲长度 L	钢管弯曲长度的计算公式为 $$L = \frac{\alpha \pi R}{180}$$	L——管子弯曲长度,mm α——管子弯曲角度,(°) R——管子弯曲半径,mm π——圆周率,$\pi \approx 3.14$
5	方形胀力长度 L	方形胀力是由四个 90° 的弯头组成其下料长度,计算公式为 $$L = 2A + B - 6R + 2\pi R$$ 示意图:	L——弯曲部分总长度,mm A——方形胀力垂直臂长,mm B——方形胀力平行臂长,mm R——弯曲部分的弯曲半径,mm 按公式计算出长度 L 后再加上端头所需直管长度,就是制作方形胀力的下料长度

1.2.2 构件和支架的强度计算

构件和支架强度的计算方法如表 1-2 所示。

表 1-2 构件和支架强度的计算方法

序号	名称	计算公式	符号说明
1	许用应力 $[\sigma]$	设计温度下,为保证安全规定材料的极限强度值 $$[\sigma] = \frac{\sigma_0}{K}$$	$[\sigma]$——材料的许用应力,Pa σ_0——材料的极限强度,Pa K——一个大于 1 的数,称安全系数,表示材料的强度的储备量,即杆件的安全可靠程度,其值大小由设计规范规定

序号	名称	计算公式	符号说明
2	拉压强度 σ	拉杆和压杆使用时实际应力不应超过材料的许用应力 $$\sigma = \frac{N}{F} \leqslant [\sigma]$$	σ——杆件横截面上的实际使用应力,Pa N——杆件横截面上的轴力,N F——杆件横截面的面积,m^2 $[\sigma]$——材料的许用应力,Pa
3	剪切强度 τ	剪切强度必须保证实际剪应力小于或等于材料的许用剪应力 $$\tau = \frac{Q}{F} \leqslant [\tau]$$	Q——剪切面上的剪力,N F——剪切面的面积,m^2 τ——杆件剪切面上的实际剪应力,Pa $[\tau]$——材料的许用剪应力,塑性材料$[\tau]=$ $(0.6\sim0.8)[\sigma_1]$,脆性材料$[\tau]=$ $(0.8\sim1.0)[\sigma_1]$,Pa $[\sigma_1]$——材料的许用拉应力,Pa
4	薄壁圆管扭转应力	薄壁圆管受扭时,横截面上剪应力的计算公式为 $$\tau = \frac{M_0}{2\pi\delta R^2} \quad \text{或} \quad \tau = \frac{M_0}{RF}$$	τ——圆管受扭时横截面上的剪应力,Pa M_0——对应截面上的转矩,N·m F——圆管按平均半径 R 所计算的圆管横截面积,$F=2\pi R\delta$,m^2 R——圆管的平均半径,m δ——圆管的壁厚,m

常用活动支架间距如表 1-3～表 1-11 所示。

表 1-3　钢管管道支架的最大间距

公称直径/mm		15	20	25	32	40	50	70	80	100	125	150	200	250	300
支架的最大间距/m	保温管	2	2.5	2.5	2.5	3	3	4	4	4.5	6	7	7	8	8.5
	不保温管	2.5	3	3.5	4	4.5	5	6	6.5	7	8	9.5	11		12

表 1-4　塑料管及复合管管道支架的最大间距

管径/mm			12	14	16	18	20	25	32	40	50	63	75	90	110
最大间距/m	立管		0.5	0.6	0.7	0.8	0.9	1.0	1.1	1.3	1.6	1.8	2.0	2.2	2.4
	水平管	冷水管	0.4	0.4	0.5	0.5	0.6	0.7	0.8	0.9	1.0	1.1	1.2	1.35	1.55
		水管	0.2	0.2	0.25	0.3	0.3	0.35	0.4	0.5	0.6	0.7	0.8	—	—

表 1-5　铜管管道支架的最大间距

公称直径/mm		15	20	25	32	40	50	65	80	100	125	150	200
支架的最大间距/m	垂直管	1.8	2.4	2.4	3.0	3.0	3.0	3.5	3.5	3.5	3.5	4.0	4.0
	水平管	1.2	1.8	1.8	2.4	2.4	2.4	3.0	3.0	3.0	3.0	3.5	3.5

表 1-6　塑料排水管道支、吊架最大间距　　　　m

管径/mm	50	75	110	125	160
立管	1.2	1.5	2.0	2.0	2.0
水平管	0.5	0.75	1.10	1.3	1.6

表 1-7　无保温层管道支架最大间距

介质参数及管道类别	管子规格 $\phi \times \delta$ /mm	管子自重 /(kg/m)	管道单位质量(充满水) /(kg/m)	最大允许间距 L_{max}/m		
				按强度条件计算	按刚度条件计算	推荐值
无保温的碳钢管道	32×3.5	2.46	2.9	4.93	3.24	3.2
	38×3.5	2.98	3.63	5.37	3.68	3.7
	45×3.5	3.58	4.53	6.2	3.86	3.9
	57×3.5	4.62	6.63	6.24	4.9	4.9
	73×4	6.81	10.22	7.2	6.07	6.0
	89×4	8.38	13.86	7.45	6.7	6.7
	108×4	10.26	18.33	8.98	7.66	7.6
	133×4	12.73	25.13	9.56	8.8	8.8
	159×45	17.15	34.82	10.4	9.8	9.8
	219×6	31.52	65.17	12.13	9.93	9.9
	273×7	45.92	100.25	12.8	14.7	12.8
	325×7	54.90	157.50	13.1	16.6	13.0
	377×7	63.87	159.67	14.3	17.0	14.3
	426×7	72.33	193.23	14.8	18.8	14.8
	478×7	81.31	242.31	15.6	19.2	15.6
	529×7	90.11	291.01	16.0	20.4	16.0
	630×7	107.5	405.5	16.4	21.0	16.4

表 1-8　蒸汽管道支吊架最大间距

介质参数及管道类别	管子规格 $\phi \times \delta$ /mm	保温厚度 /mm	管子自重 /(kg/m)	保温结构质量 /(kg/m)	管道单位质量 /(kg/m)		最大允许间距 L_{max}/m		
					充满水	无水	按强度条件计算	按刚度条件计算	推荐值
蒸汽管道 $P=1$MPa $t=175$℃	32×3.5	60	2.46	14.79	17.69	17.25	2.09	1.86	1.8
	38×3.5	70	2.98	18.91	22.54	21.89	2.32	1.88	1.9
	45×3.5	80	3.58	23.81	28.34	27.39	2.62	2.08	2.1
	57×3.5	90	4.62	30.15	36.79	34.77	2.80	2.5	2.5
	73×4	100	6.81	33.55	43.83	40.36	3.66	3.4	3.4
	89×4	100	8.38	40.97	54.26	49.35	3.91	3.7	3.7
	108×4	100	10.26	50.92	68.25	61.18	4.65	4.18	4.2
	133×4	100	12.73	56.28	80.07	69.01	5.55	5.01	5.0
	159×4.5	110	17.15	63.79	103.61	85.94	6.31	5.80	5.8
	219×6	100	31.52	82.55	147.72	114.07	8.71	8.01	8.0
	273×7	120	45.92	103.85	190.71	148.07	9.85	9.6	9.6
	325×7	120	54.90	116.63	244.40	171.53	10.7	11.2	10.7
	377×7	130	63.87	140.39	304.10	204.26	11.2	11.7	11.2
	426×7	130	72.33	153.15	354.38	225.48	12.8	12.9	12.8
	478×7	130	81.31	166.75	413.01	248.06	13.2	13.8	13.2
	529×7	130	90.11	179.91	570.00	270.10	14.9	15.9	14.9

表 1-9　不通行地沟内管道支架最大允许跨距

公称直径/mm	25	32	40	50	65	80	100	125	150	200	250	300	350	400
蒸汽、热水管跨距/m	1.7	2.0	2.0	2.5	3.0	3.5	4.0	4.5	5.0	6.5	7.5	8.0	8.5	9.5
不保温凝结水管跨距/m	3.0	4.0	4.5	5.0	6.0	6.0	7.0	7.5	8.0	9.5	10.5	11.5	11.5	13.0

表1-10　热力管道固定支架最大允许跨距

公称直径/mm		25	32	40	50	65	80	100	125	150	200	250	300	350	400	450	500	600
方形补偿器	地沟或架空敷设/m	30	35	45	50	55	60	65	70	80	90	100	115	130	145	160	180	200
	无沟埋设/m	—	—	45	50	55	60	65	70	80	90	90	110	110	100	125	125	125
套管补偿器	通行地沟或架空敷设①/m	—	—	25	25	35	40	40	50	55	60	70	80	90	100	120	120	140
	无沟埋设①/m	24	30	36	36	48	56	56	72	72	108	120	144	144	144	144	168	192
波纹补偿器	地沟或架空敷设/m	—	—	—	—	—	8	10	12	12	18	18	18	25	25	30	30	30
	无沟埋设①/m	—	30	36	36	48	56	56	72	72	108	120	144					
球形补偿器	地沟或架空敷设/m	100~500(一般400~500)																
L形补偿器	地沟、架空　长边/m（≤15）	18	20	24	24	30	30	30	30	30								
	短边/m（≥2）	2.5	3.0	3.5	4.0	5.0	5.5	6.0	6.0	6.0								
	无沟、埋设　长边/m（≤6）	11.5	12	12	13	13	14	15	15	15	16.5	16.5	17	17	18	18	20.5	21
	短边/m（≥2）	2.5	3	3	3.5	4	4	5	5	5	6.5	7.5	8.5	9	10	10.5	11.5	13

① 套管及波纹补偿器无沟埋设的固定支架最大允许跨距为直埋一次性补偿，并采用浮动式布管方式时的数值。

表 1-11　煤气管道固定支架最大间距

公称通径/mm	固定支架最大间距/m					
	波形补偿器			鼓形补偿器		
	120℃	100℃	80℃	120℃	100℃	80℃
250	50	60	75	55	65	85
300	50	60	75	55	65	85
350	70	80	100	55	65	85
400	70	80	100	55	65	85
450	65	75	95	55	65	85
500	65	75	95	55	65	85
600	65	75	95	55	65	85
700	60	70	90	55	65	85
800	60	70	90	55	65	85
900	60	70	90	55	65	85
1000	45	55	75	80	100	125
1100	45	55	70	80	100	125
1200	45	55	70	80	100	125
1300	45	55	70	80	100	125
1400	45	55	70	80	100	125
1500	40	50	65	80	100	125
1600	40	50	65	80	100	125
1700	40	50	65	80	100	125
1800	40	50	65	80	100	125
2000	40	50	65	80	100	125

1.2.3 管道及连接强度计算

管道及连接强度的计算方法如表 1-12 所示。

表 1-12 管道及连接强度计算方法

序号	名称	计算公式	符号说明
1	管壁厚度 S 或 S_s	按管道外径确定壁厚时的公式为 $$S = \frac{pD_w}{2[\sigma]_t \varphi + p}$$ 按管子内径确定壁厚时的公式为 $$S = \frac{pd_n}{2[\sigma]_t \varphi - p}$$ 管道设计壁厚按下式计算： $$S_s = S + c = S + c_1 + c_2 + c_3$$	S——管道计算壁厚，mm S_s——管道设计壁厚，mm p——计算压力，MPa D_w——管子外径，mm d_n——管子内径，mm $[\sigma]_t$——钢管在设计温度下的许用应力，MPa，可查相关表选用 φ——纵向焊缝系数，对无缝钢管 $\varphi = 1$，焊接钢管 $\varphi = 0.8$，螺旋焊接钢管 $\varphi = 0.6$ c——附加厚度，$c = c_1 + c_2 + c_3$，mm c_1——管壁制造负偏差值，mm c_2——介质腐蚀减薄值，mm c_3——螺纹加工深度值，mm c_1、c_2、c_3 数值及计算见表 1-13
2	管道直径 d_n	根据已知流量和允许流速范围确定管径，按质量流量计算管径： $$d_n = 527\sqrt{\frac{q_m}{\rho v}}$$ 按体积流量计算管径： $$d_n = 16.7\sqrt{\frac{q_V}{v}}$$ 根据流量和允许的压力降及摩擦阻力系数计算管径： $$d_n = \sqrt{\frac{6.38\lambda q_V^2}{10^8 \Delta h}}$$	d_n——管道内径，mm q_m——工作状态下的质量流量，t/h q_V——工作状态下的体积流量，m³/h v——工作状态下的流速，m/s ρ——工作状态下的密度，kg/m³ λ——摩擦阻力系数 Δh——允许的压力降，Pa/m
3	钢管静水压试验压力 p	钢管静水压试验压力计算公式： $$p = \frac{2sR}{D}$$	p——试验压力，MPa s——钢管公称壁厚，mm D——钢管公称外径，mm R——允许应力，根据各种钢管标准确定，MPa

序号	名称	计 算 公 式	符 号 说 明
4	钢管压扁试验 H	各种钢管是否需要进行压扁试验以及具体试验要求,根据各种钢管标准确定。但压扁试验后均要求试样不得出现裂纹和裂口。压扁后平板间距离 H 按下式计算: $$H=\frac{(1+a)s}{a+s/D}$$	s——钢管公称壁厚,mm D——钢管公称外径,mm a——单位长度变形系数,奥氏体型钢管 $a=0.09$,奥氏体-铁素体型及铁素体型钢管 $a=0.07$,优质碳素结构钢、合金结构钢 $a=0.08$;不同钢管标准对同一钢种的 a 值的规定尚不完全相同,计算时应与选用标准核对
5	对接焊缝强度 σ	对接焊缝主要承受轴向拉力时,且焊缝端部强度较弱,计算时可将实际长度减去 10mm,作为焊缝的计算长度: $$\sigma=\frac{N}{l\delta}\leqslant[\sigma]$$	N——作用于焊缝上的计算内力,N $[\sigma]$——焊缝材料的许用拉应力,Pa,其值可查相关表 σ——焊缝实际承受的应力,Pa δ——焊缝的厚度,mm l——焊缝的计算长度,其值等于每条焊缝的实际长度减去 10mm
6	角焊缝强度 τ	角焊缝的横截面可视为一直角三角形,小直角边的边长为 h_f,计算时可取焊缝的最小高度 $0.7h_f$ 作为焊缝工作截面的计算: $$\tau=\frac{Q}{0.7h_f l}\leqslant[\tau_n]$$	τ——焊缝内的剪切应力,Pa $[\tau_n]$——贴角焊缝的许用剪应力,Pa,其值可查相关表获得 Q——作用在焊缝上的剪切内力,N h_f——等腰直角三角形的直角边,m l——焊缝的计算长度,其值等于每条焊缝的实际长度减去 10mm
7	螺栓强度 $\sigma_拉$	松连接是指螺栓在工作载荷未作用之前不受力的工作状态。受轴向载荷松连接(拉应力)时的螺栓强度计算公式为 $$\sigma_拉=\frac{P_0}{\frac{\pi d_0^2}{4}}\leqslant[\sigma_拉]$$	P_0——轴向载荷(拉应力),N $\sigma_拉$——拉应力,Pa d_0——螺栓螺纹处内径,m $[\sigma_拉]$——螺栓材料的许用拉应力,Pa,当螺栓为 Q235 钢时,$[\sigma_拉]=60\times10^6$Pa,当螺栓为 35 钢时,$[\sigma_拉]=80\times10^6$Pa
		紧连接是指螺栓在工作载荷未作用前就已承受了预紧力工作状态。受轴向载荷紧连接(拉应力)时的强度计算: $$\sigma_拉=1.3\frac{P}{\frac{\pi d_0^2}{4}}\leqslant[\sigma_拉]$$	$\sigma_拉$——拉应力,Pa d_0——螺栓螺纹处内径,m $[\sigma_拉]$——螺栓材料的许用拉应力,Pa 式中 P 值按 F 的不同情况选取: 当 F 为静载荷时,$P=(1.2\sim1.6)F$ 当 F 为变载荷时,$P=(1.6\sim2.0)F$ 对于压力容器的连接 $P=(2.0\sim2.5)F$ F——外施载荷,N

序号	名称	计算公式	符号说明
7	螺栓强度 $\sigma_{拉}$	当螺栓同时受到拉伸和扭转时,根据经验将拉应力提高30%,按简单拉伸进行计算。受横向载荷紧接(剪应力)时的强度计算: $$\sigma_{拉}=1.3\dfrac{P_0}{\dfrac{\pi d_0^2}{4}}\leqslant[\sigma_{拉}]$$	P_0——预紧力,$P_0=1.2\dfrac{F}{f}$,N F——外施载荷,N f——摩擦系数,对于钢可取 0.15 d_0——螺栓螺纹处内径,m $[\sigma_{拉}]$——螺栓材料的许用拉应力,Pa
8	螺纹法兰强度 σ	螺纹法兰强度可参考下式计算: $$\sigma=\dfrac{5.72Qax}{D_2 b}\leqslant[\sigma]$$ $$a=\dfrac{D_1-D_2}{2}$$ $$x=\dfrac{1}{M-1}\left(\dfrac{M^2\lg M}{M^2-1}+0.177\right)$$ $$M=\dfrac{D}{D_2}$$	σ——计算应力,Pa $[\sigma]$——许用应力,Pa Q——螺栓载荷,N b——法兰厚度,m D——法兰外径,m D_1——法兰螺栓孔中心圆直径,m D_2——法兰螺纹中径,m
9	焊接法兰强度 σ	焊接法兰的强度计算如下: $$\sigma_1\leqslant[\sigma]_t$$ $$\sigma_2\leqslant[\sigma]_t$$ $$\sigma_3\leqslant[\sigma]_t$$ $$\dfrac{1}{2}(\sigma_1+\sigma_2)\leqslant[\sigma]_t$$ $$\dfrac{1}{2}(\sigma_1+\sigma_3)\leqslant[\sigma]_t$$	$[\sigma]_t$——在设计温度下,法兰材料的许用应力,Pa σ_1——法兰颈部的轴向应力,Pa σ_2——法兰所受切向应力,Pa σ_3——法兰所受径向应力,Pa
10	盲板厚度 b	盲板的厚度可按下式计算: $$b=0.4D\sqrt{\dfrac{P}{[\sigma]}}$$	b——盲板厚度,m D——盲板直径,m P——计算压力,Pa $[\sigma]$——许用应力,Pa,选用时要依据很多条件,在管道工程中施工用临时盲板建议采用$[\sigma]=100\times10^6$Pa

表 1-13　管壁附加厚度 c 值选用表　　　　　mm

管壁制造偏差 c_1	直管及弯管 $R \geqslant 3.5D$ 时		$c_1 = 0.185S + 0.5$
	弯管且 $R < 3.5D$ 时		$c_1 = 0.22S + 0.5$
介质腐蚀减薄值 c_2	低腐蚀性介质		$c_2 = 1 \sim 1.5$
	腐蚀速度 $\leqslant 0.05$mm/年	单面腐蚀	$c_2 = 1$
		双面腐蚀	$c_2 = 2$
	腐蚀速度 > 0.05mm/年 $\leqslant 0.1$mm/年	单面腐蚀	$c_2 = 2$
		双面腐蚀	$c_2 = 4$
	腐蚀速度 < 0.1mm/年		c_2 由具体腐蚀速度和使用年限确定
螺纹加工深度 c_3			$c_3 = 1.5$

1.2.4　流体物理特性计算

流体物理特性的计算方法如表 1-14 所示。

表 1-14　流体物理特性计算方法

序号	名称	计　算　公　式	符　号　说　明
1	流体密度 ρ	单位体积流体的质量称为流体的密度,用符号 ρ 表示,单位是 kg/m³。密度的计算公式如下: $$\rho = \frac{m}{V}$$	ρ —— 流体的密度,kg m —— 体积为 V 的流体的质量,kg V —— 质量为 m 的流体的体积,m³
2	流体重度 ρ_g	单位体积流体所受的重力,称为流体的重度,简称容重,用符号 ρ_g 表示,单位是 N/m³。重度的计算公式如下: $$\rho_g = \frac{G}{V}$$	ρ_g —— 流体的重度,N/m³ G —— 体积为 V 的流体所受的重力,$G = mg$,N V —— 所受重力为 G 的流体的体积,m³

序号	名称	计 算 公 式	符 号 说 明
3	液体压缩系数 β	液体压缩性的大小用体积压缩系数 β 表示,其意义是指在温度不变的条件下,压强每增加 1atm(101325Pa)时,液体体积的相对缩小量: $$\beta = \frac{V_1 - V_2}{V_1 \Delta P}$$	β——液体的体积压缩系数,m^2/N V_1——压缩前液体的体积,m^3 V_2——压缩后液体的体积,m^3 ΔP——压强增加值,Pa 或 N/m^2
4	液体膨胀系数 α	液体的膨胀性一般用体积膨胀系数 α 表示,其意义是指在压强不变的条件下,温度每增加 1℃ 时,液体体积的相对增大量: $$\alpha = \frac{V_2 - V_1}{V_1 \Delta t}$$	α——液体的体积膨胀系数,$1/℃$ V_1——液体膨胀前的体积,m^3 V_2——液体膨胀后的体积,m^3 Δt——液体温度升高值,℃
5	理想气体常数 R	一定质量的理想气体,由第一种状态变化到第二种状态时,其压强和体积的乘积与绝对温度的比值是不变的: $$\frac{p_1 V_1}{T_1} = \frac{p_2 V_2}{T_2}$$ $$R = \frac{pV}{T}$$ $$pV = mRT$$	p_1——理想气体在状态 1 时的绝对压强,Pa V_1——理想气体在状态 1 时的体积,m^3 T_1——理想气体在状态 1 时的热力学温度,K p_2——理想气体在状态 2 时的绝对压强,Pa V_2——理想气体在状态 2 时的体积,m^3 T_2——理想气体在状态 2 时热力学温度,K R——气体常数,$J/(kg \cdot K)$ V——质量为 m 的气体的体积,m^3 m——体积为 V 的气体的质量,kg p——气体的绝对压强,Pa T——气体的热力学温度,K
6	流体浮力 P_y	浸在液体里的物体会受到一个向上的托力,这种向上的托力称为浮力。浮力的大小等于被物体排开的液体的重量: $$P_y = G = \gamma V$$ 本公式同样适用于气体	P_y——物体受到的浮力,N G——被物体排开的液体的重量,N γ——液体的重度,N/m^3 V——物体浸在液体中的体积,m^3
7	液体内部静压强 P	静止液体内任一点的压强由加在液面上的压强和该点的深度与液体重力密度的乘积两部分组成: $$P = P_0 + \gamma h$$	P——液体内部某处的静压强,Pa P_0——加在液体表面上的压强,Pa γ——液体的重度,N/m^3 h——液体内部某处在液面下的深度,m

1.2.5 运动流体计算

运动流体的计算方法如表 1-15 所示。

表 1-15 运动流体计算方法

序号	名称	计算公式	符号说明
1	流体流量 Q 或 m	运动流体在单位时间内通过任一有效断面的数量称为流量 体积流量是指单位时间内运动流体通过任一有效断面流体的体积数量： $$Q=Fw$$ 质量流量是指单位时间内运动流体通过任一有效断面的质量数量： $$m=\rho Fw$$	Q —— 体积流量，L/s 或 m^3/h m —— 质量流量，kg/s 或 t/h F —— 过流断面的面积，m^2 w —— 过流断面的平均流速，m/s ρ —— 流体的密度，kg/m^3
2	圆管沿程阻力 h_1	沿程阻力是流体沿流动方向运动时，克服内外摩擦力，造成本身能量不断减少的运动阻力： $$h_1=\lambda\frac{lw^2}{2dg}$$	h_1 —— 沿程阻力，mH_2O(米水柱) l —— 管道长度，m d —— 管道直径，m w —— 沿程断面的平均流速，m/s g —— 重力加速度，m/s^2 λ —— 沿程阻力系数，测量或查表可得
3	非圆管沿程阻力 h_1	矩形断面管道沿程阻力的计算公式： $$h_1=\frac{\lambda l}{\frac{2ab}{a+b}}\times\frac{w^2}{2g}$$ 对于边长为 a 的正方形断面管道沿程阻力计算公式如下： $$h_1=\lambda\frac{l}{a}\times\frac{w^2}{2g}$$	h_1 —— 矩形断面管道的沿程阻力，kPa a —— 矩形断面的长度，m b —— 矩形断面的宽度，m w —— 管内介质平均流速，m/s l —— 矩形管段长度，m λ —— 沿程阻力系数，测量或查表可得 g —— 重力加速度，9.81m/s²
4	局部阻力 h_j	当流体流经管道上的阀门、弯头、异径接头(大小头)等处时，由于边界条件发生急剧变化而引起流体本身流速的变化，并随之产生旋涡而造成的阻力称局部阻力。局部阻力的计算公式如下： $$h_j=\xi\frac{w^2}{2g}(mH_2O)=\xi\frac{w^2}{2g}\times10(kPa)$$	h_j —— 局部阻力，kPa ξ —— 局部阻力系数，查表 1-16 w —— 通过局部障碍后的流速，m/s g —— 重力加速度，9.81m/s²
5	管道总阻力 h_Σ	管道的总阻力等于沿程阻力与局部阻力之和： $$h_\Sigma=h_1+h_j$$	h_Σ —— 管道的总阻力，kPa h_1 —— 管道的沿程阻力，kPa h_j —— 管道的局部阻力，kPa

表 1-16　局部阻力系数的平均数值

局部装置名称	示意图	局部阻力系数						
进水管口 管口未做圆 管口略做圆 管口做圆		$\xi=0.5$ $\xi=0.20\sim0.5$ $\xi=0.05\sim0.10$						
从导管流入水面较高的水池		$\xi=1.0$						
弯头或弯曲管： 在 $R<3d$ 时 在 $R=(3\sim7)d$ 时		$\xi=0.5$ $\xi=0.3$						
圆管中的闸形开关： 在全开时 在开约 3/4 时，$h/d=3/4$ 在开约1/2时		$\xi=0.10$ $\xi=0.26$ $\xi=2.0$						
管中的旋塞开关： 在 $\alpha=30°$ 时		$\xi=5\sim7$						
在水泵装有滤水网和阀门的进水管口		$\xi=5\sim10$						
从小管骤然流入大管 $\xi=\left(\dfrac{\Omega}{w}-1\right)^2$		$\dfrac{\Omega}{w}$	10	8	6	4	3	2	1
		ξ	81	64	25	9	4	1	0
从大管骤然流入小管 $\xi=0.5\left(1-\dfrac{w}{\Omega}\right)$		$\dfrac{w}{\Omega}$	0.00	0.1	0.2	0.4	0.6	0.8	1.0
		ξ	0.5	0.45	0.4	0.3	0.2	0.1	0.00

1.2.6　热力管道计算

热力管道的计算方法如表 1-17 所示。

表 1-17　热力管道计算方法

序号	名称	计 算 公 式	符 号 说 明
1	管道热伸长 Δl	管道的热伸长量的大小与管材的种类、管段的长度及温差数值有如下关系：$$\Delta l = a\,\Delta tl = al(t_1 - t_2)$$	Δl——管段的热伸长量，m a——管材的线胀系数，m/(m·℃) l——管段长度，m t_1——安装时环境温度，℃ t_2——管内介质最高工作温度，℃
2	管道热应力 σ	管道受热时所产生的热应力的大小与管材的性质、管段长度及热伸长的大小有如下关系：$$\sigma = E\,\frac{\Delta l}{l}$$	σ——管道受热所产生的热应力，Pa E——管道的弹性模量，m Δl——管段热伸长，m l——管段的长度，m
3	热推力 P	当管道受热时的应力知道后，乘以管道截面面积，就是整个截面积所产生的总的热推力，即 $$P = \sigma F \times 10^6$$	P——管道的热推力，N F——管道截面积，m² σ——管道热应力，Pa

1.3　管道元件的公称尺寸和公称压力

1.3.1　管道元件的公称尺寸

管道元件公称尺寸，现行国家标准 GB/T 1047—2005《管道元件　DN（公称尺寸）的定义和选用》给出了准确的定义，该标准采用了 ISO 6708:1995《管道元件　DN（公称尺寸）的定义和选用》的内容。管道元件公称尺寸术语适用于输送流体用的各类管道元件。

（1）管道元件公称尺寸术语定义　DN 用于管道元件的字母和数字组合的尺寸标识。它由字母"DN"和后跟无因次（无量纲）的整数数字组成。这个数字与端部连接件的孔径或外径（用 mm 表示）等特征尺寸直接相关。

一般情况下公称尺寸的数值既不是管道元件的内径，也不是管道元件的外径，而是与管道元件的外径相接近的一个整数值。

应当注意的是并非所有的管道元件均须用公称尺寸标记，例如钢管就可用外径和壁厚进行标记。

（2）标记方法　公称尺寸的标记由字母"DN"后跟一个无因次的整数数字组成，如外径为80mm的无缝钢管的公称尺寸标记为"DN80"。

（3）公称尺寸系列规定　公称尺寸的系列规定如表1-18所示。表中黑体字为GB/T 1047—2005优先选用的公称尺寸。

表 1-18　管道元件公称尺寸优先选用数值表　　mm

公称通径系列							
3	**50**	225	**450**	750	**1200**	**2000**	**3800**
6	**65**	**250**	475	**800**	1250	**2200**	**4000**
8	**80**	275	**500**	850	1300	**2400**	
10	90	**300**	525	**900**	1350	**2600**	
15	**100**	325	550	950	**1400**	**2800**	
20	**125**	**350**	575	**1000**	1450	**3000**	
25	**150**	375	**600**	1050	**1500**	**3200**	
32	175	**400**	650	**1100**	**1600**	**3400**	
40	**200**	425	**700**	1150	**1800**	**3600**	

GB/T 1047—2005对原标准名称、范围、定义进行了修改，对公称尺寸的数值进行了简化，删去了原标准中的标记方法。

管道元件的公称尺寸在我国工程界也有称其为公称通径或公称直径的，但三者的含义完全相同。与国际标准接轨后，将逐步采用"公称尺寸"这一国际通用术语。

1.3.2　管道元件公称压力

管道元件公称压力，国家标准GB/T 1048—2005《管道元件 PN（公称压力）的定义和选用》给出了准确的定义，该标准采用了ISO 7268:1996《管道元件 PN（公称压力）的定义和选用》的内容。

（1）管道元件公称压力术语定义　PN与管道元件的力学性能

和尺寸特性相关、用于参考的字母和数字组合的标识。

① 字母"PN"后跟的数字不代表测量值，不应用于计算目的，除非在有关标准中另有规定。

② 除与相关的管道元件标准有关联外，术语PN不具有意义。

③ 管道元件允许压力取决于元件的PN数值、材料和设计以及允许工作温度等，允许压力在相应标准的压力-温度等级中给出。

④ 具有同样"PN"数值的所有管道元件同与其相配的法兰应具有相同的配合尺寸。

（2）标记方法　公称压力的标记由字母"PN"后跟一个无因次的数字组成，如公称压力为 1.6MPa 的管道元件，标记为"$PN16$"。

（3）公称压力系列　公称压力的数值应从表 1-19 中选择。必要时允许选用其他"PN"数值。

表 1-19　管道元件公称压力系列

DIN	ANSI	DIN	ANSI
$PN2.5$	$PN20$	$PN25$	$PN260$
$PN6$	$PN50$	$PN40$	$PN420$
$PN10$	$PN110$	$PN63$	
$PN16$	$PN150$	$PN100$	

GB/T 1048—2005 删去了原标准中的公称压力的标记方法，删去了"PN"数值的单位（MPa），明确了"PN"（公称压力）只是"与管道元件的力学性能和尺寸特性相关、用于参考的字母和数字组合的标识"的基本概念，并在注解进一步说明了字母"PN"后跟的数字不代表测量值，不应用于计算。

目前国内许多标准还处于新旧交替阶段，GB/T 1048—2005《管道元件　PN（公称压力）的定义和选用》已经与国际标准 ISO 7268:1996《管道元件　PN（公称压力）的定义和选用》接轨，一些与公称压力相关的管道元件的国家现行标准将随之修订，应当引起读者的高度关注。

在国家最新的标准 GB/T 1047 和 GB/T 1048 中的公称尺寸和公称压力都是由字母及后跟无因次的数字组成。这一点是与被替代标准的本质区别。

1.4 工业管道涂色标识

1.4.1 概述

输送气体和液体的工业管道涂色是为了安全、防腐、醒目、美观和整洁。国家标准 GB 7231—2003《工业管道的基本识别色、识别符号和安全标识》对管道工程做了统一规定，颜色按 GB 2893.4—2013《安全标志材料的色度属性和光度属性》规定施工。管道标识只适用于工业生产中的非地下埋设的气体和液体输送管道。

1.4.2 基本识别色

① 识别色规定。根据管道内物质的一般性能分为八类，并相应规定了八种基本识别色和相应的颜色标准编号及色样，如表 1-20 所示。

表 1-20　八种基本识别色及颜色标准编号

物质种类	基本识别色	颜色标准编号	物质种类	基本识别色	颜色标准编号
水	艳绿	G03	酸或碱	紫	P02
水蒸气	大红	R03	可燃液体	棕	YR05
空气	淡灰	B03	其他液体	黑	
气体	中黄	Y07	氧	淡蓝	PB06

② 基本识别色标识方法。工业管道的基本识别色标识方法从图 1-1 所示五种方法中选择。

③ 当采用图 1-1(b)、(c)、(d)、(e) 所示的方法时，两个标识之间的最小距离应为 10m。

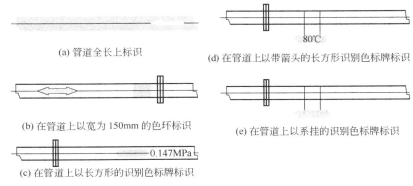

(a) 管道全长上标识

(d) 在管道上以带箭头的长方形识别色标牌标识

(b) 在管道上以宽为150mm的色环标识

(e) 在管道上以系挂的识别色标牌标识

(c) 在管道上以长方形的识别色标牌标识

图 1-1　基本识别色和流向、压力、温度等标识方法参考图

④ 图 1-1(c)、(d)、(e)中标牌最小尺寸应以能清楚观察识别色来确定。

⑤ 当管道采用图 1-1(b)、(c)、(d)、(e)所示的基本识别色标识方法时，其标识的场所应该包括所有管道的起点、终点、交叉点、转弯处、阀门和穿墙孔两侧等管道上和其他需要标识的部位。

1.4.3　识别符号

工业管道的识别符号由物质名称、流向和主要工艺参数等组成，其标识应符合下列要求。

① 物质名称的标识。

a. 用物质全称标识。例如，氮气、硫酸、甲醇。

b. 用化学分子式标识。例如，N_2、H_2SO_4、CH_3OH。

② 物质流向的标识。

a. 工业管道内物质的流向用箭头表示，如图 1-1(a)所示；如果管道内物质的流向是双向的，则以双向箭头表示，如图 1-1(b)所示。

b. 当基本识别色的标识方法采用图 1-1(d)、(e)时，则标牌的指向就表示管道内的物质流向。

③ 物质的压力、温度、流速等主要工艺参数的标识，使用可按需自行确定采用。

④ 标识中的字母、数字的最小字体，以及箭头的最小外形尺寸，应以能清楚观察识别符号来确定。

1.4.4 安全标识

（1）危险标识

① 适用范围：管道内的物质，凡属于 GB 13690—2009《化学品分类和危险性公示通则》中所列的危险化学品，其管道应设置危险标识。

② 表示方法：在管道上涂 150mm 宽黄色，在黄色两侧各涂 25mm 宽黑色的色环或色带，如图 1-2 所示。安全色范围应符合 GB 2893 的规定。

图 1-2 危险化学品和物质名称标识方法参考图

③ 表示场所：基本识别色的标识上或附近。

（2）消防标识 工业生产中设置的消防专用管道应遵守 GB 13495.1—2015《消防安全标志 第 1 部分：标志》的规定，并在管道上标识"消防专用"识别符号。

1.5 管道的分类与分级

1.5.1 管道分类

现代工业装置中安装了大量不同规格、不同用途的管道。这些管道的输送介质和操作参数不尽相同，其危险性和重要程度差别很大。为了保证各类管道在设计条件下均能安全可靠地运行，对不同重要程度的管道应当提出不同的设计、制造和施工检验要求。目前在工程上主要采用对管道分类或分级的办法来解决这一问题。

① 管道工程按其服务对象的不同，可大体分为两大类：一类是在工业生产中输送介质的管道，称为工业管道；另一类是在设施中或为改变劳动、工作或生活条件而输送介质的管道，主要指暖卫管道或水暖管道，有时又统称卫生工程管道。

② 工业管道有些则是按照产品生产工艺流程的要求，把生产设备连接成完整的生产工艺系统，成为生产工艺过程中不可分割的组成部分。因此，通常有些又可称为工艺管道。

③ 输送的介质是生产设备的动力媒介（动力源）的工业管道又称为动力管道。生产或供应这些动力媒介物的站房，称为动力站。

④ 工业管道和水暖管道在企业生产区里有时很难区分，常常既为生活服务，又承担输送生产过程中的介质。例如上水管，它既输送饮用和卫生用水，又是表面处理用水和冷却水供应系统。

⑤ 根据我国《特种设备安全技术规范》（TSG R1001—2008《压力容器压力管道设计许可规则》），压力管道的类别和级别如表 1-21 所示。

表 1-21　压力管道的类别和级别

名称	类别	级别	级别划分的范围
长输管道安装	GA	GA1 甲	(1)输送有毒、可燃、易爆气体或者液体介质,设计压力大于 8MPa 的长输管道 (2)输送距离大于或者等于 200km 且公称尺寸大于或者等于 700mm 的长输管道
		GA1 乙	(1)输送有毒、可燃、易爆气体介质,设计压力大于 4.0MPa 但小于 8MPa 的长输管道 (2)输送有毒、可燃、易爆液体介质,设计压力大于或者等于 6.4MPa 但小于 8MPa 的长输管道 (3)输送距离小于 200km 且公称尺寸小于 700mm 的长输管道
		GA2	GA1 级以外的长输管道

名称	类别	级别	级别划分的范围
公用管道安装	GB	GB1	公用燃气管道
		GB2	(1)设计压力大于2.5MPa的公用燃气管道 (2)设计压力小于或者等于2.5MPa的公用热力管道
工业管道安装	GC	GC1	(1)输送现行国家标准《职业接触毒物危害程度分级》(GB 5044)中规定的毒性程度为极度危害介质(苯除外)、高度危害气体介质(包含苯)和工作温度高于标准沸点的高度危害液体介质的管道 (2)输送现行国家标准《石油化工企业设计防火规范》(GB 50160)及《建筑防火规范》(GBJ 16)中规定的火灾危险性为甲、乙类可燃气体或甲类可燃液体(包括液化烃),并且设计压力大于或者等于4.0MPa的管道 (3)输送流体介质并且设计压力大于或者等于10.0MPa,或者设计压力大于或者等于4.0MPa,且设计温度大于或者等于400℃的管道
		GC2	除GC3级管道外,介质毒性危害程度、火灾危害(可燃性)、设计压力和设计温度低于GC1级的管道: (1)输送《石油化工企业设计防火规范》(GB 50160)及《建筑设计防火规范》(GBJ 16)中规定的火灾危险性为甲、乙类可燃气体或甲类可燃液体介质且设计压力小于4.0MPa的管道 (2)输送可燃流体介质、有毒流体介质,设计压力小于4.0MPa,且设计温度大于或者等于400℃的管道 (3)输送非可燃流体介质、无毒流体介质,设计压力小于10.0MPa,且设计温度大于或者等于400℃的管道 (4)输送流体介质,设计压力小于10.0MPa,且设计温度小于400℃的管道
		GC3	输送无毒、非可燃流体介质,设计压力小于或者等于1.6MPa,且设计温度大于-20℃但小于或者等于186℃的管道

1.5.2　管道分级

工业管道输送的介质种类繁多、性质差异大,其分级不仅要考虑操作参数的高低,而且还要考虑介质危险程度的差别。

目前我国管道分级是根据美国标准 ANSI/ASME B31.3，并结合我国的习惯做法来进行分级的。目前有效的管道分级依据是国家标准、国家行业标准及国家特种设备技术规范。如表 1-21 所示。

1.5.3 压力管道

根据质检总局关于修订《特种设备目录》的公告（2014 年第 114 号）令，压力管道的最新定义是：压力管道，是指利用一定的压力，用于输送气体或者液体的管状设备，其范围规定为最高工作压力大于或者等于 0.1MPa（表压），介质为气体、液化气体、蒸汽或者可燃、易爆、有毒、有腐蚀性、最高工作温度高于或者等于标准沸点的液体，且公称直径大于或者等于 50mm 的管道。公称直径小于 150mm，且其最高工作压力小于 1.6MPa（表压）的输送无毒、不可燃、无腐蚀性气体的管道和设备本体所属管道除外。其中，石油天然气管道的安全监督管理还应按照《安全生产法》、《石油天然气管道保护法》等法律法规实施。

1.6 常用管道工程材料物理性质

1.6.1 金属材料的主要性能指标及含义

金属材料的主要性能指标包括物理性能指标、材料力学性能指标、热力学性能指标和电性能指标。如表 1-22 所示。

表 1-22 金属材料的主要性能指标及含义

性能		指标		含义说明
类别	名称	符号	单位	
物理性能指标	密度	γ	kg/m³	密度是金属材料的特性之一，它表示某种金属材料单位体积的质量，不同金属材料的密度是不相同的。在机械制造业上，通常利用"密度"来计算零件毛坯的质量（习惯上称为质量）。金属材料的密度也直接关系到由它所制成的零件或构件的质量或紧凑程度，这点对于要求减轻机件自重的航空和航天工业制件具有特别重要的意义
			g/cm³	

性能		指标		含义说明
类别	名称	符号	单位	
弹性指标	弹性模量	E	MPa	金属材料在弹性范围内,外力和变形成比例地增长,即应力与应变成正比例关系时(符合胡克定律),这个比例系数就称为弹性模量。根据应力、应变的性质通常又分为弹性模量(E)和切变模量(G),弹性模量的大小,相当于引起物体单位变形时所需应力之大小,所以,它在工程技术上是衡量材料刚度的指标,弹性模量愈大,刚度也愈大,亦即在一定应力作用下,发生的弹性变形愈小。任何机器零件,在使用过程中,大都处于弹性状态,对于要求弹性变形较小的零件,必须选用弹性模量大的材料
	切变模量	G	MPa	
	比例极限	σ_p (R_p)	MPa	指伸长与负荷成正比地增加,保持直线关系,当开始偏离直线时的应力称比例极限,但此位置很难精确测定,通常把能引起材料试样产生残余变形量为试样原长的 0.001% 或 0.003%、0.005%、0.02% 时的应力,规定为比例极限
	弹性极限	σ_e	MPa	这是表示金属材料最大弹性的指标,即在弹性变形阶段,试样不产生塑性变形时所能承受的最大应力,它和 σ_p 一样也很难精确测定,一般多不进行测定,而以规定的 σ_p 数值代替之
强度性能指标	强度极限	σ	MPa	指金属材料受外力作用,在断裂前,单位面积上所能承受的最大载荷
	抗拉强度	σ_b (R_m)	MPa	指外力是拉力时的强度极限,它是衡量金属材料强度的主要性能指标
	抗弯强度	σ_{bb} 或 σ_w	MPa	指外力是弯曲力时的强度极限
	抗压强度	σ_{be} 或 σ_y	MPa	指外力是压力时的强度极限,压缩试验主要适用于低塑性材料,如铸铁等
	抗剪强度	τ	MPa	指外力是剪切力时的强度极限

性能		指标		含义说明
类别	名称	符号	单位	
强度性能指标	抗扭强度	τ_b	MPa	指外力是扭转力时的强度极限
	屈服点	σ_s	MPa	金属材料受载荷时,当载荷不再增加,但金属材料本身的变形,却继续增加,这种现象称为屈服,产生屈服现象时的应力,称为屈服点
	屈服强度	$\sigma_{0.2}$	MPa	金属材料发生屈服现象时,为便于测量,通常按其产生永久残余变形量等于试样原长0.2%时的应力作为"屈服强度",或称"条件屈服极限"
	持久强度	$\sigma^{\text{工作温度}}_{\text{时间}}$	MPa	指金属材料在一定的高温条件下,经过规定时间发生断裂时的应力,一般所指的持久强度,是指在一定温度下,试样经十万小时后的破断强度,这个数值,通常也是用外推的方法取得的
	蠕变极限	$\sigma^{\text{工作温度}}_{\text{变形量(\%)}}$	MPa	金属材料在高温环境下,即使所受应力小于屈服点,也会随着时间的增长而缓慢地产生永久变形,这种现象称为蠕变,在一定的温度下,经一定时间,金属材料的蠕变速度仍不超过规定的数值,此时所能承受的最大应力,称为蠕变极限
硬度性能指标	布氏硬度(GB/T 231.1—2009)	HBS HBW	kgf/mm²	用淬硬小钢球或硬质合金球压入金属材料表面,以其压痕积除以加在钢球上的载荷,所得之商,以相应的试验压力,经规定保持时间后即为金属材料的布氏硬度数值。使用钢球测定硬度小于等于450HBS。使用硬质合金球测定硬度小于等于650HBW。当试验力单位为N时,布氏硬度值为 $$0.102 \times \frac{2F}{\pi D(D - \sqrt{D^2 - d^2})}$$
塑性指标	伸长率 $l_0 = 5d$ $l_0 = 10d$	$\delta(A)$ $\delta_5(A)$ δ_{10} $(A_{11.3})$	%	金属材料受外力作用被拉断以后,在标距内总伸长长度同原来标距长度相比的百分数,称为伸长率。根据试样长度的不同,通用符号δ_5或δ_{10}来表示。δ_5是试样标距长度为其直径5倍时的伸长率,δ_{10}是试样标距长度为其直径10倍时的伸长率
	断面收缩率	$Z(\psi)$	%	金属材料受外力作用被拉断以后,其横截面的缩小量与原来横截面积相比的百分数,称为断面收缩率。δ、ψ的数值愈高,表明这种材料的塑性愈好,易于进行压力加工

性能		指标		含义说明
类别	名称	符号	单位	
塑性指标	冲击韧度	a_{kU} 或 a_{kV}	J/cm²	冲击韧度是评定金属材料于动载荷下承受冲击抗力的力学性能指标,通常都是以大能量的一次冲击值(a_{kU} 或 a_{kV})作为标准的。它是采用一定尺寸和形状的标准试样,在摆锤式一次冲击试验机上来进行试验,试验结果,以冲断试样上所消耗的功(A_{kU} 或 A_{kV})与断口处横截面积之比值大小来衡量。
	冲击吸收功	A_{kU} 或 A_{kV}	J	冲击试样的基本类型有:梅氏、夏氏、艾氏、DVM等数种,我国目前一般多采用 GB/T 229—2007《夏比摆锤冲击试验方法》为标准试样,其形状、尺寸和试验方法参见标准中的规定。由于 a_k 值的大小,不仅取决于材料本身,同时还随试样尺寸、形状的改变及试验温度的不同而变化,因而 a_k 值只是一个相对指标。目前国际上许多国家直接采用冲击功 A_k 作为冲击韧度的指标

1.6.2 常用材料相对密度

管工常用材料的相对密度如表 1-23 所示。

表 1-23　常用材料的相对密度

材料名称	相对密度	材料名称	相对密度
铸铁	6.6～7.7	铅板	11.37
工业纯铁	7.87	工业镍	8.9
钢材	7.85	镍铜合金	8.8
高速钢	8.3～8.7	钨钴合金	14.4～15.3
不锈钢(含铬 13%)	7.75	5 钨钴钛合金	12.3～13.2
铜材(紫铜材)、白铜、黄铜、锡青铜	8.45～8.9	15 钨钴钛合金	11～11.7
		锡基轴承合金	7.34～7.75
60-1-1 铝黄铜、铝青铜、铍青铜	7.5～8.3	铝基轴承合金	9.33～10.67
硅青铜	8.47	锡	7.3
铝、铝合金	2.5～2.95	钨	19.3
镁合金	1.74～1.81	钴	8.9
锌铝合金	6.3～6.9	钛	4.51
铸锌	6.86	汞	13.6
锌板	7.2	锰	7.43
		铬	7.19

材料名称	相对密度	材料名称	相对密度
钒	6.11	铁杉、山杨	0.486～0.5
钼	10.2	马尾松、榆木	0.533～0.548
铌	8.57	云南松、柏木	0.588
锇	22.5	桦木、楠木、兴安落叶松	0.61～0.625
陶瓷	2.3～2.45	水曲柳(柃木)	0.686
碳化钙(电石)	2.22	柞栎(柞木)	0.766
电木(胶木)	1.3～1.4	软木	0.1～0.4
电玉	1.45～1.55	胶合板	0.50
聚氯乙烯	1.35～1.4	刨花板	0.4
聚苯乙烯	1.05～1.07	竹材	0.9
聚乙烯	0.92～0.95	木炭	0.3～0.5
聚丙烯	0.9～0.91	聚砜	1.24
聚甲醛	1.41～1.43	氟塑料	2.1～2.2
聚苯醚	1.06～1.07	赛璐珞	1.35～1.4
锑	6.62	有机玻璃	1.18
镉	8.64	泡沫塑料	0.2
钡	3.5	尼龙	1.04～1.15
铍	1.85	石棉板	1～1.3
铋	9.84	石棉线	0.45～0.55
铱	22.4	石棉布制动带	2
铈	6.9	磷酸	1.78
钽	16.6	石墨	1.9～2.3
碲	6.24	石膏	2.3～2.4
钍	11.5	混凝土	1.8～2.45
银	10.5	普通黏土砖	1.7
金	19.30	黏土耐火砖	2.1
铂	21.4	硅质耐火砖	1.8～1.9
钾	0.86	镁质耐火砖	2.6
钠	0.97	镁铬质耐火砖	2.8
钙	1.55	高铬质耐火砖	2.2～2.5
硼	2.34	大理石	2.6～2.7
硅	2.33	花岗岩	2.6～3
硒	4.84	石灰石、滑石	2.6～2.8
砷	5.7	石板石	2.7～2.9
华山松、红松红皮云杉	0.417～0.44	砂岩	2.2～2.5
臭冷杉、杉木	0.376～0.384	石英	2.5～2.8

材料名称	相对密度	材料名称	相对密度
天然浮石	0.4～0.9	皮革	0.4～1.2
金刚石	3.5～3.6	纤维纸板	1.3
金刚砂	4	普通玻璃	2.4～2.7
普通刚玉	3.85～3.9	实验器皿玻璃	2.45
白刚玉	3.9	耐高温玻璃	2.23
碳化硅	3.1	石英玻璃	2.2
云母	2.7～3.1	盐酸	1.2
地蜡	0.96	硫酸(87%)	1.8
地沥青	0.9～1.5	硝酸	1.54
石蜡	0.9	汽油	0.66～0.75
纤维蛇纹石石棉	2.2～2.4	煤油	0.78～0.82
角闪石石棉	3.20～3.3	石油(原油)	0.82
工业橡胶	1.3～1.8	各类机油	0.9～0.95
平胶板	1.6～1.8	水(4℃)	1

1.6.3 常用金属材料的硬度

管工常用金属材料的硬度如表 1-24 所示。

表 1-24 常用金属材料的硬度

材料	状态	硬度(HB)	材料	状态	硬度(HB)
08(F)	热轧	≤131	12CrMo(管料)		≤156
10(F)	热轧	≤137	15CrMo	退火或高温回火	≤179
10	热轧	≤137	15CrMo(管料)		≤156
15(F)	热轧	≤143	1Cr13	退火或高温回火	≤187
20(F)	热轧	≤156	2Cr13	退火或高温回火	≤197
20	热轧	≤156	1Cr18Ni9Ti	淬火	≤192
25	热轧	≤170	40Mn	热轧/退火	≤229/≤207
30	热轧	≤179	30CrMo	退火或高温回火	≤229
35	热轧	≤187	35CrMo	退火或高温回火	≤229
40	热轧/退火	≤217/≤187	35CrMoA	退火或高温回火	217～321
45	热轧/退火	≤241/≤197	25Cr2MoVA	退火或高温回火	241～302
15MnV	退火或高温回火	≤187	Cr5Mo	退火	≤163
12CrMo	退火或高温回火	≤179	Cr5Mo(管料)		≤170
12CrMoV	退火或高温回火	≤179			

58

表 1-25　不同温度下钢材的平均线胀系数值

材料	任下列温度与20℃之间的平均线胀系数 $a/10^{-6}℃^{-1}$																				
	−196	−150	−100	−50	0	50	100	150	200	250	300	350	400	450	500	550	600	650	700	750	800
碳素钢、碳钼钢、低铬钼钢（至Cr3Mo）	9.1	9.44	9.89	10.39	10.76	11.12	11.53	11.88	12.25	12.56	12.90	13.24	13.58	13.93	14.22	14.42	14.62	14.74	14.90	15.02	—
铬钼钢（Cr5Mo~Cr9Mo）	8.46	8.90	9.36	9.77	10.16	10.52	10.91	11.15	11.39	11.66	11.90	12.15	12.38	12.63	12.86	13.05	13.18	13.35	13.48	13.58	—
奥氏体不锈钢（Cr18-Ni9）	14.67	15.08	15.45	15.97	16.28	16.54	16.84	17.06	17.25	17.42	17.61	17.79	17.99	18.19	18.34	18.58	18.71	18.87	19.07	19.29	—
高铬钢（Cr13,Cr17）	7.74	8.10	8.44	8.95	9.29	9.59	9.91	10.20	10.45	10.67	10.96	11.19	11.41	11.61	11.81	11.97	12.11	12.21	12.32	12.41	—
Cr25-Ni20	—	—	—	—	15.84	15.98	16.07	16.13	16.31	16.51	16.66	16.91	17.14	17.20	—	—	—	—	—	—	—
蒙纳尔（Monel）Ni67-Cu30	9.99	11.06	12.13	12.83	13.26	13.69	14.16	14.51	14.74	15.06	15.36	15.67	15.98	16.28	16.60	16.90	17.15	17.47	17.77	18.07	—
铝	17.82	18.73	19.58	20.79	21.73	22.79	23.38	23.94	24.42	24.94	25.42	—	—	—	—	—	—	—	—	—	—
灰铸铁	—	—	—	—	10.39	10.68	10.97	11.26	11.55	11.85	12.14	12.42	12.71	—	—	—	—	—	—	—	—
青铜	15.12	15.47	15.76	16.35	16.97	17.51	18.07	18.23	18.40	18.55	18.73	18.88	19.04	19.19	19.34	19.49	19.71	19.85	—	—	—
黄铜	14.76	15.03	15.34	15.92	16.56	17.11	17.62	18.19	18.38	18.77	19.14	19.50	19.89	20.02	20.66	21.05	21.34	21.77	—	—	—
Cu70-Ni30	11.97	12.65	13.43	13.99	14.48	14.94	15.41	15.69	15.99	—	—	—	—	—	—	—	—	—	—	—	—

1.6.4 常用材料的线胀系数

不同温度下钢材的平均线胀系数值如表 1-25 所示。

非金属材料的线胀系数如表 1-26 所示。

表 1-26 非金属材料的线胀系数

材料名称	线胀系数 $a/℃^{-1}$
砖(20℃)	9.5×10^{-6}
水泥、混凝土(20℃)	$(10 \sim 14) \times 10^{-6}$
胶木、硬橡胶(20℃)	$(64 \sim 77) \times 10^{-6}$
赛璐珞(20~100℃)	100×10^{-6}
有机玻璃(20~100℃)	130×10^{-6}
辉绿岩板	1×10^{-6}
耐酸陶砖、陶板	$(4.5 \sim 6) \times 10^{-6}$
不透性石墨板(浸渍型)	5.5×10^{-6}
硬聚氯乙烯(10~60℃)	59×10^{-6}
玻璃管道(0~500℃)	$\leqslant 5 \times 10^{-6}$
玻璃(20~100℃)	$4 \sim 11.5 \times 10^{-6}$
黏土质耐火制品(20~1300℃)	5.2×10^{6}
硅质耐火制品(20~1670℃)	7.4×10^{6}
高品质耐火制品(20~1200℃)	6×10^{6}
刚玉制品	8.1×10^{-6}
陶瓷、工业瓷(管)	$(3 \sim 6) \times 10^{-6}$
石英玻璃	5.1×10^{-7}
花岗石	$< 8 \times 10^{-6}$
聚酰胺(尼龙 6)	$(11 \sim 14) \times 10^{-5}$
聚酰胺(尼龙 1010)	$(1.4 \sim 1.6) \times 10^{-5}$
聚四氟乙烯(纯)	$(1.1 \sim 2.56) \times 10^{-4}$

1.7 常用标准及法规简介

管道工程多数涉及危险、高温、高压和低温流体介质的输送，必须按国家现行法规和标准进行设计、备料、施工、监理、验收。法规是由权力机构颁布的有约束力的法律文件，而标准是对重复性事物和概念所做的统一规定的约束性文件。

1.7.1　实施标准的目的和作用

① 产品系列化，使产品品种得到合理的发展。通过产品标准，统一产品的类型、尺寸、化学成分、物理性能、功能等要求，保证产品质量的可靠性和互换性，使有关产品间得到充分的协调、配合、衔接，尽量减少不必要的重复劳动和物质损耗，为社会化专业大生产和大中型产品的组装配合创造了条件。

② 通过生产技术、试验方法、检验规则、操作程序、工作方法、工艺规程等各类标准统一了生产和工作的程序和要求。保证了每项工作的质量，使有关生产、经营、管理工作走上正常轨道。

③ 通过安全、卫生、环境保护等标准，减少疾病的发生和传播，防止或减少各种事故的发生，有效地保障人体健康，人身安全和财产安全。

④ 通过术语、符号、代号、制图、文件格式等标准消除技术语言障碍，加速科学技术的合作与交流。

⑤ 通过标准传播技术信息，介绍新科研成果，加速新技术、新成果的应用和推广。

⑥ 促使企业实施标准。依据标准建立全面的质量管理制度，推行产品质量认证制度，健全企业管理制度，提高和发展企业的科学管理水平。

1.7.2　标准封面的信息

标准封面提供的信息包括如下几个方面。

（1）标准的标志　图 1-3 所示是 GB/T 20173—2013 国家推荐性标准封面信息。在标准封面的右上角是标准的标志——GB。各行业标准的标志分别为由行业标准代号的美术字形成的标志。该标志起到了迅速识别标准的作用。

（2）国际标准分类号　以图 1-3 为例，在标准封面的左上角是国际标准分类号——ICS 75.180，和中国标准文献分类号——E 98。由于从中国标准和国际标准（ISO 标准、IEC 标准）的标准编

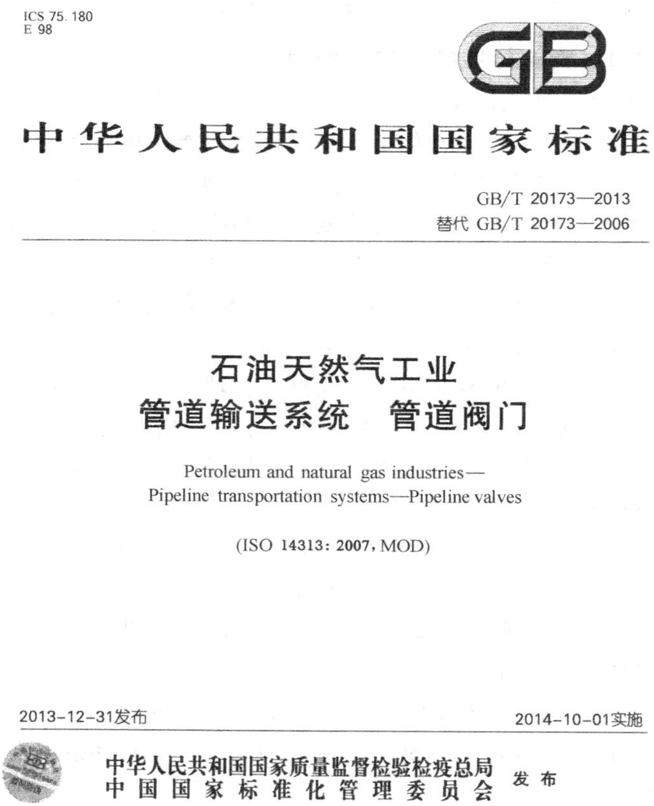

ICS 75.180
E 98

GB

中华人民共和国国家标准

GB/T 20173—2013
替代 GB/T 20173—2006

石油天然气工业
管道输送系统　管道阀门

Petroleum and natural gas industries—
Pipeline transportation systems—Pipeline valves

(ISO 14313:2007, MOD)

2013-12-31发布　　　　2014-10-01实施

中华人民共和国国家质量监督检验检疫总局
中国国家标准化管理委员会　发布

图 1-3　国家标准封面信息

号中分辨不出标准所涉及的行业或专业，因此，国际标准化组织(ISO）特意为标准文献编制了ICS号，并在国际标准上进行标识。我国标准封面上也给出ICS号，实现我国标准文献分类工作与国际的接轨，满足标准信息的国际交换。

（3）中国标准文献分类号　在国际标准分类号（ICS号）下面，标注的是按照《中国标准文献分类法》规定的中国标准文献分类号——E 98。中国标准文献分类号更加适合中国的管理体制的特点。

可以通过国际标准分类号查找同一类目的标准；同样，通过中国标准文献分类号也可以查到相应类目的标准。

（4）标准类别　标准封面上部居中位置是标准类别的说明——中华人民共和国国家标准。也可以是其他类别的标准，如行业标准是"中华人民共和国××行业标准"，地方标准是"××××（地方名称）地方标准"，企业标准是"××××（单位名称）企业标准"。

（5）标准编号　在标准封面中标准类别的右下方是标准编号——GB/T 20173—2013。标准编号由标准代号、顺序号和年号三部分组成。

（6）被代替标准编号　在标准编号之下可能有"代替"两字，以及之后的一个或几个标准编号。这就是被代替标准编号。这一信息一般表明所看到的标准不是首次发布，是在修订上一版本的基础上形成的。当然，也有新制定的标准代替了以前某个或某些标准的情况。被代替的标准编号被列在了"代替"两字之后。如 GB/T 20173—2013 代替 GB/T 20173—2006。

（7）标准名称　在标准封面的居中位置是标准名称——石油天然气工业管道输送系统　管道阀门。标准的名称，宜由标准对象的名称、表明标准用途的术语和标准的类别属名三部分组成。从标准的名称也可分辨出其类别属性，如是产品标准，技术规范或规程等。

（8）标准英文名称　在中文标准名称下方是标准的英文名称——Petroleum and natural gas industries—Pipeline transportation systems—Pipeline valves。

（9）与国际标准一致性程度的标识　在标准名称下方是与国际标准一致性程度的标识——ISO 14313:2007，MOD。我国标准在制定的过程中，其中部分标准是参考国际标准制定的，此时应在标准的英文名称之下，标注出我国标准与国际标准的一致性程度。一致性程度分为三种情况。

① 等同：代号为 IDT。

② 修改：代号为 MOD。

③ 非等效：代号为 NEQ。

其中等同、修改属于采用国际标准。

（10）标准的发布和实施日期　在封面的下部左侧是标准的发布日期——2013-12-31发布；右侧是标准的实施日期——2014-10-01实施。

（11）标准的发布部门或单位　在封面的最下部是标准的发布部门或单位——中华人民共和国国家质量监督检验检疫总局、中国国家标准化管理委员会。

1.7.3　标准识读方法

（1）发布标准的通知　发布通知是标准的批准部门对标准进行确认的说明，也是标准实施的指令，由标准的批准部门以文件的形式对标准的组织制定和实施做出的有关内容确定。包括下列内容。

① 标题及文号。

② 制定标准的任务来源、主编部门或单位以及标准的类别、级别和编号。

③ 标准的施行日期。

④ 标准修订后，被代替标准的名称、编号和废止日期。

⑤ 批准部门需要说明的事项。

⑥ 标准的管理部门或单位以及解释单位。

需要注意的是发布标准通知的多为国家建设部发布的工程建设标准，其他标准形式可能没有这一项。

（2）前言　是由标准的主编部门或主编单位阐述有关内容的说明，为标准的使用者提供标准制定和实施的有关具体信息，一般由标准的编制组代主编部门或主编单位起草。前言可包括下列内容。

① 制定（修订）标准的依据。

② 简述标准的主要技术内容。

③ 对修订的标准，应简述主要内容的变更情况。

④ 经授权负责本标准具体解释单位及地址。

⑤ 标准编制的主编单位和参编单位。

⑥ 参加标准编制的主要起草人名单。

（3）目次　在我国标准中目次和目录都会看到。较早的标准习惯采用"目录"，现在标准中则称为"目次"，其理由如下：目次一词中的"目"，指项目、题目、栏目、条目等，源自眼目和网目。"次"指次序、次第等，有排序的意思；而"录"，则是记载。我国辞书"目录"的定义是按一定次序开列出来的以供查考事务的名目。而"目次"是目录的一种，专指文章内容之前所列的标题索引。在标准编制中，单项标准编成"目次"，多项标准汇编成册时编成"目录"。

（4）总则　该部分可读到下列内容。

① 制定标准的目的。

② 标准的适用范围。

③ 标准的共性要求。

④ 相关标准。

（5）术语和符号　在术语和符号一章中可以读到与本标准相关的词语定义和符号。当国家现行标准中尚无统一规定，且在标准中必须出现相关词语需要给出定义或含义时，标准中就会出现术语和符号一章。在标准中同一术语或符号应表达同一概念，同一概念应始终采用同一术语或符号。

1.7.4　管道工程设计相关标准

序号	标准名称、编号
1	管道元件 DN（公称尺寸）的定义和选用（GB/T 1047—2005）（代替 GB/T 1047—1995）
2	管道元件 PN（公称压力）的定义和选用（GB/T 1048—2005）（代替 GB/T 1048—1990）
3	工业管道的基本识别色、识别符号和安全标识（GB 7231—2003）
4	管路系统的图形符号管路、管件和阀门等图形符号的轴测图画法（GB/T 6567.5—2008）
5	普通螺纹　管路系列（GB/T 1414—2013）
6	工业金属管道设计规范（GB 50316—2008）
7	给水排水工程管道结构设计规范（GB 50332—2002）
8	输气管道工程设计规范（GB 50251—2015）
9	输油管道工程设计规范（GB 50253—2014）

1.7.5　管道工程施工相关标准

序号	标准名称、编号
1	压力管道规范—工业管道(GB/T 20801—2006)
2	工业金属管道工程施工规范(GB 50235—2010)(GB 50235—1997 废止)
3	现场设备、工业管道焊接工程施工规范(GB 50236—2010)(代替 GB 50236—98)
4	给水排水管道工程施工及验收规范(GB 50268—2008)(GB 50268—97 废止)
5	通风与空调工程施工及验收规范(GB 50243—2013)(GB 50243—97 废止)
6	工业金属管道工程施工质量验收规范（GB 50184—2010）(GB 50184—1993 废止)
7	工业设备及管道绝热工程质量检验评定标准(GB 50185—2010)(GB 50185—93 废止)

1.7.6　管材相关标准

序号	标准名称、编号
1	无缝钢管尺寸、外形、质量及允许偏差(GB/T 17395—2008)(GB/T 17395—1998 废止)
2	石油化工企业钢管尺寸系列(SH 3405—2012)(SH 3405—1996 废止)
3	低压流体输送用焊接钢管(GB/T 3091—2008)(GB/T 3091—2001 废止)
4	矿山流体输送用电焊钢管(GB/T 14291—2006)(代替 GB/T 14291—1993)
5	输送流体用无缝钢管(GB/T 8163—2008)(GB/T 8163—1999 废止)
6	低中压锅炉用无缝钢管(GB 3087—2008)(GB 3087—1999 废止)
7	高压化肥设备用无缝钢管(GB 6479—2013)(GB 6479—2000 废止)
8	低温管道用无缝钢管(GB/T 18984—2003)
9	流体输送用不锈钢焊接钢管(GB/T 12771—2008)(GB/T 12771—2000 废止)
10	流体输送用不锈钢无缝钢管(GB/T 14976—2012)(GB/T 14976—2002 废止)
11	给水用硬聚氯乙烯（PVC-U）管材（GB/T 10002.1—2006）（代替 GB/T 10002.1—1996）
12	建筑排水用硬聚氯乙烯(PVC-U)管材(GB/T 5836.1—2006)
13	丙烯腈-T 二烯-苯乙烯(ABS)管材(GB/T 20207.1—2006)

1.7.7 管件相关标准

序号	标准名称、编号
1	钢制对焊无缝管件(GB/T 12459—2005)(代替 GB/T 12459—1990)
2	钢板制对焊管件(GB/T 13401—2005)(代替 GB/T 13401—1992)
3	锻钢制承插焊管件(GB/T 14383—2008)(GB/T 14383—1993 废止)
4	水及燃气管道用球墨铸铁管、管件和附件(GB/T 13295—2013)(GB/T 13295—2003 废止)
5	给水用硬聚氯乙烯(PVC-U)管件(GB/T 10002.2—2003)(代替 GB/T 10002.2—1988)
6	建筑排水用硬聚氯乙烯(PVC-U)管件(GB/T 5836.2—2006)(代替 GB/T 5836.2—1992)
7	丙烯腈-丁二烯-苯乙烯(ABS)压力管件(GB/T 20207.2—2006)

1.7.8 常用板材和型钢相关标准

序号	标准名称、编号
1	钢分类 第1部分:按化学成分分类(GB/T 13304.1—2008)(GB/T 13304—1991 废止)
2	钢产品分类(GB/T 15574—2016)(GB/T 15574—1995 废止)
3	钢铁产品牌号表示方法(GB/T 221—2008)(GB/T 221—2000 废止)
4	优质碳素结构钢(GB/T 699—2015)(GB/T 699—1999 废止)
5	碳素结构钢(GB 700—2006)(GB 700—88 废止)
6	花纹钢板(GB/T 3277—91)

1.7.9 法兰、垫片相关标准

序号	标准名称、编号
1	钢制管法兰 类型与参数(GB/T 9112—2010)(代替 GB/T 9112—2000)
2	整体钢制管法兰(GB/T 9113—2010)(代替 GB/T 9113.9~9113.4—2000)
3	带颈螺纹钢制管法兰(GB/T 9114—2D10)(代替 GB/T 9114—2D00)
4	对焊钢制管法兰(GB/T 9115—2010)(代替 GB/T 9115.1~9114.4—2000)
5	带颈平焊钢制管法兰(GB/T 9116—2010)(代替 GB/T 9116.1~9116.4—2000)

序号	标准名称、编号
6	带颈承插焊钢制管法兰(GB/T 9117—2010)(代替 GB/T 9117.1～9117.4—2000)
7	对焊环带颈松套钢制管法兰(GB/T 9118—2010)(代替 GB/T 9118.1～9118.2—2000)
8	板式平焊钢制管法兰(GB/T 9119—2010)(代替 GB/T 9119—2000)
9	对焊环板式松套钢制管法兰(GB/T 9120—2010)(代替 GB/T 9120.1～9120.3—2000)
10	平焊环板式松套钢制管法兰(GB/T 9121—2010)(代替 GB/T 9121.1～9121.3—2000)
11	翻边环板式松套钢制管法兰(GB/T 9122—2010)(代替 GB/T 9122—2000)
12	钢制管法兰盖(GB/T 9123.1—2010)(代替 GB/T 9123.1～9123.4—2000)
13	钢制管法兰 技术条件(GB/T 9124—2010)(代替 GB/T 9124—2000)
14	铸铁管法兰类型(GB/T 17241.1—1998)
15	铸铁管法兰盖(GB/T 17241.2—1998)
16	带颈螺纹铸铁管法兰(GB/T 17241.3—1998)
17	带颈平焊和带颈承插焊铸铁管法兰(GB/T 17241.4—1998)
18	管端翻边带颈松套铸铁管法兰(GB/T 17241.5—1998)
19	整体铸铁管法兰(GB/T 17241.6—2008)(代替 GB/T 17241.6—1998;GB/T 2503—1989)
20	铸铁管法兰技术条件(GB/T 17241.7—1998)
21	缠绕式垫片 分类(GB/T 4622.1—2009)(代替 GB/T 4622.1—2003)
22	缠绕式垫片 管法兰用垫片尺寸(GB/T 4622.2—2008)(代替 GB/T 4622.2—2003)
23	缠绕式垫片 技术条件(GB 4622.3～2007)(代替 GB 4622.3～93)
24	管法兰用非金属平垫片 尺寸(GB/T 9126—2008)(代替 GB/T 9126—2003)
25	钢制管法兰用金属环垫 尺寸(GB/T 9128—2003)
26	管法兰用非金属平垫片 技术条件(GB/T 9129—2003)
27	大直径碳钢管法兰用垫片(GB/T 13403—2008)(代替 GB/T 13403—92)
28	管法兰用聚四氟乙烯包覆垫片(GB/T 13404 2008)(代替 GB/T 13404 92)

序号	标准名称、编号
29	缠绕式垫片试验方法(GB/T 14180—93)
30	管法兰用金属包覆垫片(GB/T 15601—2013)(代替 GB/T 15601—1995)
31	柔性石墨金属波齿复合垫片　尺寸(GB/T 19066.1—2008)(代替 GB/T 19066.1—2003)
32	柔性石墨金属波齿复合垫片 技术条件(GB/T 19066.3—2008)
33	管法兰用金属冲齿板柔性石墨复合垫片　尺寸(GB/T 19675.1—2005)
34	管法兰用金属冲齿板柔性石墨复合垫片 技术条件(GB/T 19675.2—2005)

1.7.10　阀门标准

序号	标准名称、编号
1	管线阀门技术条件(GB/T 19672—2005)
2	钢制阀门一般要求(GB/T 12224—2015)(GB/T 12224—2005 废止)
3	石油天然气工业管道输送系统管道阀门(GB/T 20173—2006)
4	金属阀门 结构长度(GB/T 12221—2005)(代替 GB/T 12221—1989,GB/T 15188.1~15188.4—1994)
5	安全阀 一般要求(GB/T 12241-2005)(代替 GB/T 12241-1989)
6	蒸汽疏水阀 术语 标志 结构长度(GB/T 12250—2005)(代替 GB/T 12248—1989,GB/T 12249—1989,GB/T 12250—1989)
7	工业阀门 压力试验(GB/T 13927—2008)(GB/T 13927—1992 废止)

1.7.11　管道支架与架吊相关标准

序号	标准名称、编号
1	管道支吊架 第1部分　技术规范(GB/T 17116.1—1997)
2	管道支吊架 第2部分　管道连接部件(GB/T 17116.2—1997)
3	管道支吊架 第3部分　中间连接件和建筑结构连接件(GB/T 17116.3—1997)

1.7.12　管道焊接材料相关标准

序号	标准名称、编号
1	非合金钢及细晶粒钢焊条碳钢焊条（GB/T 5117—2012）(GB/T 5117—1995 废止)
2	热强钢焊条(GB/T 5118—2012)(GB/T 5118—1995 废止)
3	焊缝符号表示法(GB 324—2008)(GB 324—88 废止)
4	技术制图焊缝符号的尺寸、比例及简化表示法(GB 12212—2012)(GB 12212—90 废止)
5	气焊、焊条电弧焊、气体保护焊和高能束焊的推荐坡口(GB/T 985.1—2008)(GB/T 985—88 废止)
6	埋弧焊的推荐坡口(GB/T 985.2—2008)
7	铝及铝合金气体保护焊的推荐坡口(GB/T 985.3—2008)
8	复合钢的推荐坡口(GB/T 985.4—2008)

1.7.13　管道工程相关特种设备技术规范

序号	技术规范名称、编号
1	压力管道安全技术监察规程—工业管道(TSG D0001—2009)
2	压力管道安全管理人员和操作人员考核大纲(TSG D6001—2011)
3	压力容器压力管道带压密封作业人员考核大纲(TSG R6003—2006)
4	固定式压力容器安全技术监察规程(TSG-21—2016)

第2章 管 工 材 料

管道工程常用材料包括金属和非金属型材、管材和管件。

2.1 黑色金属材料

2.1.1 钢的分类

2.1.1.1 碳素钢

① 低碳钢：含碳量一般小于 0.25%。

② 中碳钢：含碳量一般在 0.25%～0.60%之间。

③ 高碳钢：含碳量一般大于 0.60%。

碳素结构钢与优质碳素结构钢的标记方法如表 2-1 和表 2-2 所示。

表 2-1　碳素结构钢标记方法

牌　号	说　明
Q215A Q215B Q235A Q255A Q275	"Q"为屈服点的屈字的第一个拼音字母；数字为屈服点数值；字母"A"、"B"为质量等级

2.1.1.2 合金钢

① 低合金钢：合金元素总含量一般小于 3.5%。

② 中合金钢：合金元素总含量一般在 3.5%～10%之间。

③ 高合金钢：合金元素总含量一般大于 10%。

2.1.1.3 建筑钢

① 结构钢：碳素结构钢、合金结构钢。

表 2-2　优质碳素结构钢标记方法

牌　号	说　明
15 35 45 50 60 20Mn 40Mn 60Mn	两位数字表示平均含碳量,含碳量≤0.25%的为低碳钢,含碳量在0.25%～0.6%之间的为中碳钢。含锰量较高的钢须加注化学元素符号"Mn"

　② 工具钢：碳素工具钢、合金工具钢、高速工具钢。

　③ 特殊性能钢：不锈钢、耐酸钢、耐热钢、磁钢等。

2.1.2　钢材的分类

2.1.2.1　钢轨

　① 重轨：每米质量大于24kg的钢轨。

　② 轻轨：每米质量小于或等于24kg的钢轨。

　③ 重轨配件：包括重轨用的鱼尾板及垫板,不包括道钉等配件及轻轨配件。

2.1.2.2　型钢

（1）大型型钢

　① 圆钢、方钢、六角钢、八角钢：直径或对边距离大于或等于81mm。

　② 扁钢：宽度大于或等于101mm。

　③ 工字钢、槽钢（包括I、V、T、Z字钢）：高度大于或等于180mm。

　④ 等边角钢：边宽大于或等于150mm。

　⑤ 不等边角钢：边宽大于或等于100mm×150mm。

（2）中型型钢

　① 圆钢、方钢、螺纹钢、六角纲、八角钢：直径或对边距离为38～80mm。

　② 扁钢：宽度为60～100mm。

③ 工字钢、槽钢（包括 I、V、T、Z 字钢）：高度小于180mm。

④ 等边角钢：边宽为 50～149mm。

⑤ 不等边角钢：边宽为（40mm × 60mm）～（99mm × 149mm）。

（3）小型型钢

① 圆钢、方钢、螺纹钢、六角钢、八角钢：直径或对边距离为 10～37mm。

② 扁钢：宽度小于或等于 59mm。

③ 等边角钢：边宽为 20～49mm。

④ 不等边角钢：边宽为（20mm×30mm)～(39mm×59mm)。

⑤ 异形断面钢：钢窗料包括在此类。

2.1.2.3　线材

线材指直径为 5～9mm 的盘条及直条线材（由轧钢机热轧的），包括普通线材和优质线材。各种钢丝（由拉丝机冷拉的）不论直径大小，均不包括在内。

2.1.2.4　带钢（钢带）

带钢包括冷轧和热轧的。分为普通碳素带钢、优质带钢及镀锡带钢三种。

2.1.2.5　中厚钢板

中厚钢板指厚度大于4mm的钢板。包括普通厚钢板（如普通碳素钢钢板、低合金钢钢板、桥梁钢板、花纹钢板及锅炉钢板等）和优质钢厚钢板（如碳素结构钢钢板、合金结构钢钢板、不锈钢钢板、弹簧钢钢板及各种工具钢钢板等）。

2.1.2.6　薄钢板

薄钢板指厚度小于或等于4mm的钢板。包括普通薄钢板（如普通碳素钢薄钢板、花纹薄钢板及酸洗薄钢板等）、优质薄钢板（如碳素结构钢薄钢板、合金结构钢薄钢板、不锈钢薄钢板及各种工具钢薄钢板等）和镀层薄钢板（如镀锌薄钢板、镀锡薄钢板及镀铅薄钢板等）。

2.1.2.7 优质型材

优质型材指用优质钢热轧、锻压和冷拉而成的各种型钢（圆、方、扁及六角钢）。包括碳素结构型钢（如易切结构钢、冷镦钢等）、碳素工具型钢、合金结构型钢、合金工具型钢、高速工具钢、滚珠轴承钢、弹簧钢、特殊用途钢、低合金结构钢及工业纯铁。

2.1.2.8 无缝钢管

无缝钢管指热轧和冷轧、冷拔的无缝钢管和镀锌无缝钢管。

2.1.2.9 接缝钢管

接缝钢管包括焊接钢管（如电焊管、气焊管、炉焊管及其他焊接钢管等）、冷拔焊接钢管、优质钢焊接管和镀锌焊接管等。

2.1.2.10 其他钢材

指不属于上述各项的钢材，如轻轨配件、轧制车轮等其他钢材。但不包括由钢锭直接锻成的锻钢件及钢丝、钢丝绳、铁丝等金属制品。

2.1.3 铸铁

（1）灰铸铁（HT） 标记方法如表 2-3 所示。

表 2-3 灰铸铁标记方法

牌　号	说　明
HT100	
HT150	
HT200	"HT"为灰、铁两字汉语拼音的第一个字母,数值表示最小抗
HT250	拉强度 σ_b(N/mm^2 或 MPa)
HT300	
H1350	

（2）可锻铸铁（KT） 标记方法如表 2-4 所示。

（3）球墨铸铁（QT） 标记方法如表 2-5 所示。

（4）铸钢 是用废钢在炼钢电炉中熔化成废钢液，注入铸模，经调质或正火后使用，具有较高的强度。如 ZG25 表示铸钢平均含碳量为 0.25%。

表 2-4　可锻铸铁标记方法

牌　　号	说　　明
KTH300-06	
KTH330-08	
KTH350-10	
KTH370-12	"KTH"为黑心可锻铸铁,"KTZ"为珠光体可锻铸铁。前
KTZ450-06	一组数为抗拉强度,后一组数为伸长率
KTZ550-04	
KTZ650-02	
KTZ700-02	

表 2-5　球墨铸铁标记方法

牌　　号	说　　明
QT600-2	
QT500-7	"QT"为球、铁两字汉语拼音的第一个字母。前一组数
QT450-10	为抗拉强度,后一组数为伸长率
QT 400-18	

2.2　有色金属材料

有色金属指除铁、锰、铬以外的 83 种元素,在许多场合下具有特殊性能,如导电性、导热性、抗磨性及在各种条件下的不锈蚀能力。我国 10 种有色金属一般指铜、铝、镍、铅、锌、钨、钼、锡、锑、汞,其中铝、铅、铜等为管道中几种常用的有色金属。

2.2.1　铝

铝呈银白色,质软,相对密度为 2.70,熔点为 660℃。铝在空气中能形成一层氧化铝薄膜,能防止继续氧化。铝的塑性较高,耐蚀性较好,但纯铝的强度和硬度均较低。为改善铝的力学性能,常在铝中加入一种或多种其他的有色金属元素(如铜、镁、硅、锰等)构成铝合金。

根据 GB/T 16474—2011《变形铝及铝合金牌号表示方法规定》,纯铝合金用 1000 系列表示,L_2 相当于 1060;热处理型合金、铝铜镁合金用 2000 系列表示；铝锰合金用 3000 系列表示；铝矽合金用 4000 系列表示；铝镁合金用 5000 系列表示。

2.2.2　铅

铅呈暗灰色，质软，塑性好，相对密度较大为 11.4，熔点低为 327℃。常制成铅管和铅板。铅的牌号如 Pb-4，表示化学成分 Pb 含量大于或等于 99.95%，杂质含量小于或等于 0.05%。

力学性能：抗拉强度 $\sigma_b = 1.3 \sim 1.81MPa$，屈服强度 $\sigma_s = 0.5MPa$，硬度 $= 4 \sim 4.2HB$。

铅合金牌号：PbSb4，含 Sb3.5% ～ 4.5%；PbSb8，含 Sb7.2% ～ 9.5%。

2.2.3　铜

铜呈紫红色，具有较高的塑性和足够的强度，导电、导热性好，并具有较好的耐蚀性。相对密度为 8.9，熔点为 1080℃。为提高铜的力学性能，在铜内加入其他金属组成铜合金。

（1）青铜　为铜、锡合金。牌号如 QAl9-4（9-4 铝青铜）含 Al 8.0% ～ 10.0%，含 Fe 2.0% ～ 4.0%，抗拉强度 $\sigma_b = 500MPa$。

（2）黄铜　为铜、锌合金。牌号如 H62（62 黄铜）含 Cu 60.5% ～ 63.5%，余量为 Zn，杂质含量小于 0.5%，管材的抗拉强度 $\sigma_b = 300 \sim 840MPa$。

2.3　非金属材料

管道工程中，除了需要大量的金属材料外，还用到各种各样的非金属材料。

2.3.1　塑料

塑料是一种以高分子化合物为主要组成部分的有机合成材料。塑料质量轻，密度一般在 $1.0 \sim 2t/m^3$ 之间。与金属材料相比，塑料比铝还轻，其密度仅为钢、铜、铝等金属的 $1/6 \sim 1/4$；塑料的机械强度高，如用玻璃丝作填充料制成的玻璃增强塑料（又称玻璃钢），其抗拉强度可达 600～900MPa，超过普通钢强度；塑料化学稳定性高，大部分塑料对酸、碱、盐、蒸汽和水分等都有较高的抵抗能力。因此，在石化工业管道工程中，输送腐蚀性介质的管道、阀门、设备几乎都可选用塑料制作；塑料的导热性很低，仅为金属材料的 1%，热损失小，可节省大量能源；另外，塑料加工性能好，容易加工成任意形状，可铸造、模压、焊接或铆接，可提高机械化程度，降低造价。塑料的缺点是耐热性差，最高使用温度在 60～260℃，易老化，不耐久。管道工程中常用的塑料管多数是用硬质聚氯乙烯制成的，其主要成分是氯化乙烯树脂。用它制成的塑料管，软化温度在 80℃左右，具有极好的耐蚀性和稳定性，不需要防水层和绝热层，管壁光滑、阻力损失小，可用于给水、排水、煤气和通风管道，代替钢管，节省金属。

2.3.2 橡胶

橡胶富有弹性，不易断裂，防水性能好，可塑性强，可制成输送各种介质的胶管。常用的有夹布空气、输油、蒸汽胶管，高压钢丝编织胶管等。橡胶的绝缘性能好，在施工和操作设备时常用来作绝缘垫板、垫片。橡胶板还可用作法兰垫片、活接头垫片等。

常用橡胶、橡胶板、橡胶管、石棉橡胶板详见《机械工人常用资料手册》第 5 章。

2.3.3 石棉

石棉是矿物纤维，隔热性良好，耐腐蚀，不燃烧。石棉可用作法兰垫片、阀门填料盒中的填料、管道接口填料、管道和设备的保温层等。用石棉和硅酸盐水泥，按一定重量比（一般为 1：5～1：6）经加工可制成石棉水泥管，具有较高的抗拉和抗弯强度。

2.3.4 水泥

常用的水泥是硅酸盐水泥，是由石灰质原料如石灰石、白垩等与黏土质原料按适当比例在高温下煅烧成熟料，然后将熟料与适量石膏混合研磨而成。水泥在工业与民用建筑中应用十分普遍，几乎所有的工程都要用到水泥。

硅酸盐水泥按其强度分为 6 个标号，即 625、525、425、325、275、225。标号通常是按标准试块，在标准养护条件下养护 28 天后的抗压强度定出的。

在管道工程中，常用水泥制成混凝土管、预应力钢筋混凝土管、石棉水泥管。此外，还用于管道接口、支架和设备基础，以及防水层、保温层外壳等。

2.4 型钢

2.4.1 热轧扁钢（GB 704—2008）

详见化学工业出版社出版的《机械工人常用资料手册》第 4 章第 172 页。

2.4.2 热轧圆钢、方钢、六角钢（GB 702—2008、GB 705—1989）

详见化学工业出版社出版的《机械工人常用资料手册》第 4 章第 170 页。

2.4.3 角钢

详见化学工业出版社出版的《机械工人常用资料手册》第 4 章第 175 页。

2.4.4 热轧工字钢（GB 706—2008）

详见化学工业出版社出版的《机械工人常用资料手册》第 4 章第 189 页。

2.4.5 热轧槽钢（GB 707—2008）

详见化学工业出版社出版的《机械工人常用资料手册》第 4 章第 192 页。

2.4.6 H 型钢和剖分 T 型钢（GB/T 11263—2010）

详见化学工业出版社出版的《机械工人常用资料手册》第 4 章第 195 页。

2.5　管材

管材包括金属管材和非金属管材两大类。

金属管材是以金属材料为主要成分制成的管材。主要有无缝钢管、有缝钢管、不锈钢管、铸铁管、金属软管和有色金属管。

非金属管材是用玻璃、陶瓷、石墨、塑料、橡胶、石棉、水泥等非金属材料制成的管子。

关于管材的术语详见第 2 章 2.2 节。

2.5.1　无缝钢管尺寸、外形、重量及允许偏差（GB/T 17395—2008）

GB/T 17395—2008 适用于制定各类用途的平端无缝钢管标准时，选择尺寸、外形、重量及允许偏差。

2.5.1.1　钢管尺寸

钢管尺寸分为普通钢管尺寸组、精密钢管尺寸组和不锈钢管尺寸组。

钢管外径分为三个系列。第一系列：标准化钢管。第二系列：非标准化钢管。第三系列：特殊用途钢管。

普通钢管的外径分为系列 1、2、3，精密钢管的外径分为系列 2、3，不锈钢管的外径分为系列 1、2、3，如表 2-6 所示。

表 2-6　钢管外径系列　　　　　　　　mm

普通钢管			精密钢管		不锈钢管		
系列 1	系列 2	系列 3	系列 2	系列 3	系列 1	系列 2	系列 3
			4				
			5				
	6		6			6	
	7					7	
	8		8			8	
	9					9	

普通钢管			精密钢管		不锈钢管		
系列 1	系列 2	系列 3	系列 2	系列 3	系列 1	系列 2	系列 3
10 (10.2)			10				
					10 (10.2)		
	12		12			12	
	13 (12.7)		127			127	
13.5					13 (13.5)		
		14					14
			16				
17 (17.2)					17 (17.2)		
		18		18			
	19						
	20		20		19 20		
21 (21.3)					21 (21.3)		
		22		22			22
	25		25			24 25	
	25.4						25.4
27 (26.9)					27 (26.9)		
	28			28			
		30		30			30
	32 (31.8)		32			32 (31.8)	
34 (33.7)					34 (33.7)		
		35					35

普通钢管			精密钢管		不锈钢管		
系列 1	系列 2	系列 3	系列 2	系列 3	系列 1	系列 2	系列 3
	38		38			38	
	40		40			40	
42 (42.4)			42		42 (42.4)		
		45 (44.5)		45			45 (44.5)
48 (48.3)			48		48 (48.3)		
	51		50			51	
		54		55			54
	57					57	
60 (60.3)			60		60 (60.3)		
	63 (63.5)		63			64 (63.5)	
	65						
	68					68	
	70		70			70	
		73				73	
76 (76.1)			76		76 (75.1)		
	77						
	80		80				
		83 (82.5)					83 (82.5)
	85						
89 (88.9)				90	89 (88.9)		
	95					95	
	102 (101.6)		100			102 (101.5)	

普通钢管			精密钢管		不锈钢管		
系列1	系列2	系列3	系列2	系列3	系列1	系列2	系列3
		108		110		108	
114 (114.3)					114 (114.3)		
	121		120				
	127		130			127	
	133					133	
140 (139.7)				140	140 (139.7)		
		142 (141.3)				146	
	146					152	
		152 (152.4)	150				
		159	160			159	
168 (168.3)			170		168 (168.3)		
		180 (177.8)		180		180	
		194 (193.7)	190			194	
	203		200				
219 (219.1)				220	219 (219.1)		
		245 (244.5)		240		245	
273			260	273			
	299						
325 (323.9)					325 (323.9)		
	340 (339.7)						

普通钢管			精密钢管		不锈钢管		
系列 1	系列 2	系列 3	系列 2	系列 3	系列 1	系列 2	系列 3
	351					351	
356 (355.6)					356 (355.6)		
	377					377	
	402						
406 (406.4)					406 (406.4)		
	426					426	
	450						
457							
	480						
	500						
508							
	530						
		560 (559)					
610							
	630						
		560					

注：括号中为相应的英制规格。

2.5.1.2 钢管壁厚

钢管壁厚系列如表 2-7 所示。

2.5.1.3 钢管尺寸偏差

（1）外径偏差 外径允许偏差分为标准和非标准两种，应优先选用的标准化外径允许偏差如表 2-8 所示，推荐选用的非标准化外径允许偏差如表 2-9 所示。

表 2-7　钢管壁厚系列　　　　　　　　　　　　mm

钢管种类	壁 厚 系 列
普通钢管	0.25、0.30、0.40、0.50、0.60、0.80、1.0、1.2、1.4、1.5、1.6、1.8、2.0、2.2(2.3)、2.5(2.6)、2.8(2.9)3.0、3.2、3.5(3.6)、4.0、4.5、5.0、5.4(5.5)、6.0、6.3(6.5)、7.0(7.1)、7.5、8.0、8.5、(8.8)9.0、9.5、10、11、12(12.5)、13、14(14.2)、15、16、17(17.5)、18、19、20、22(22.2)、24、25、26、28、30、32、34、36、38、40、42、45、48、50、55、60、65
精密钢管	0.5、(0.8)、1.0、(1.2)、1.5、(1.8)、2.0、(2.2)、2.5、(2.8)、3.0、(3.5)、4、(4.5)5、(5.5)、6、(7)、8、(9)、10、(11)、12.5、(14)、16、(18)、20、(22)、25
不锈钢管	1.0、1.2、1.4、1.5、1.6、2.0、2.2(2.3)、2.5(2.6)2.8(2.9)、3.0、3.2、3.5(3.6)、4.0、4.5、5.0、5.5(5.6)、6.0、6.5(6.3)、7.0(7.1)、7.5、8.0、8.5、9.0(8.8)、9.5、10、11、12(12.5)、14(14.2)15、16、17(17.5)、18、20、22(22.2)、24、25、26、28

注：1. 括号内尺寸表示相应的英制规格。
2. 通常应采用公制尺寸，不推荐采用英制尺寸。

表 2-8　标准化外径允许偏差

偏差等级	标准化外径允许偏差	偏差等级	标准化外径允许偏差
D1	±1.5%，最小±0.75mm	D3	±0.75%，最小±0.3mm
D2	±1.0%，最小±0.5mm	D4	±0.5%，最小±0.1mm

表 2-9　非标准化外径允许偏差

偏差等级	非标准化外径允许偏差/%	偏差等级	非标准化外径允许偏差/%
ND1	+1.25 −1.50	ND3	+1.25 −1.0
ND2	±1.25	ND4	±0.8

注：特殊用途的钢管和冷轧（拔）钢管外径允许偏差可采用绝对偏差。

（2）壁厚偏差　壁厚允许偏差分为标准化和非标准化两种，分别如表 2-10、表 2-11 所示。应优先选择标准化壁厚允许偏差。

2.5.1.4　重量

钢管按实际重量交货，也可按理论重量交货。实际重量交货可分单根重量或每批重量两种。

按理论重量交货的钢管，单根钢管理论重量与实际重量的允许偏差分为五级，如表 2-12 所示。

84

表 2-10　标准化壁厚允许偏差

偏差等级		壁 厚 允 许 偏 差			
		$S/D>0.1$	$0.05<S/D\leqslant0.1$	$0.025<S/D\leqslant0.05$	$S/D\leqslant0.025$
S1		±15.0%S 或 ±0.60,取其中的较大值			
S2	A	±12.5%S 或 ±0.40,取其中的较大值			
	B	-12.5%S			
S3	A	±10.0%S 或 ±0.20,取其中的较大值			
	B	±10%S 或 ±0.40,取其中的较大值	±12.5%S 或 ±0.40,取其中的较大值	±15.0%S 或 +0.40,取其中的较大值	
	C	-10%S			
S4	A	±7.5%S 或 ±0.15,取其中的较大值			
	B	±7.5%S 或 ±0.20,取其中的较大值	±10.0%S 或 ±0.20,取其中的较大值	±12.5%S 或 ±0.20,取其中的较大值	±15.0%S 或 ±0.20,取其中的较大值
S5		±5.0%S 或 ±0.10,取其中的较大值			

注:S 为钢管的公称壁厚;D 为钢管的公称外径。

表 2-11　非标准化壁厚允许偏差

偏差等级	非标准化壁厚允许偏差/%	偏差等级	非标准化壁厚允许偏差/%
NS1	+15 -12.5	NS3	+12.5 -10
NS2	+15 -10	NS4	+12.5 -7.5

表 2-12　重量允许偏差

重量允许偏差等级	单根钢管重量允许偏差/%	重量允许偏差等级	单根钢管重量允许偏差/%
W1	+10	W4	+10 -3.5
W2	±7.5		
W3	+10 -5	W5	+6.5 -3.5

2.5.1.5　长度

通常长度:热轧(扩)钢管为 3000～12000mm;冷轧(拔)

钢管为 2000～10500mm。热轧（扩）短尺寸管长度不小于 2m，冷轧（拔）短尺寸管长度不小于 1m。

定尺寸长度和倍尺寸长度应在通常长度范围内，全长允许偏差分为 L1、L2、L3 三级，全长允许偏差分别为 0～20mm、0～10mm、0～5mm。特殊用途钢管，如不锈耐酸钢极薄壁钢管、小直径钢管的长度要求另行规定。每个倍尺长度按以下规定留出切口余量：外径不大于 159mm 为 5～10mm；外径大于 159mm 为10～15mm。

2.5.2　石油化工企业钢管尺寸系列（SH 3405—2012）

石油化工企业钢管是指公称直径 $DN10～DN2000$ 的碳素钢、合金钢、奥氏体不锈钢无缝钢管及焊接钢管，适用于石油化工企业一般钢制管道，但不适用于仪表用管道。详见国家行业标准 SH 3405—1996。

2.5.3　低压流体输送用焊接钢管（GB/T 3091—2008）

低压流体输送用焊接钢管适用于水、污水、燃气、空气、采暖蒸汽等低压流体输送用。

GB/T 3091—2008《低压流体输送用焊接钢管》代替 GB/T 3091—2001。详见国家标准 GB/T 3091—2008。

2.5.4　矿山流体输送用电焊钢管（GB/T 14291—2006）

矿山流体输送用电焊钢管适用于矿山压风、排水和矿浆输送用等直缝电焊钢管。

GB/T 14291—2006《矿山流体输送用电焊钢管》非等效采用 ISO 559:1991《清水和污水用钢管》，并代替 GB/T 14291—1993。详见标准内容。

2.5.5　流体输送用无缝钢管（GB/T 8163—2008）

流体输送用无缝钢管标准适用输送流体的一般无缝钢管。

GB/T 8163—2008《输送流体用无缝钢管》非等效采用 EN 10216-1:2004《下水道用碳素钢钢管》，并代替 GB/T 8163—1999。详见标准内容。

2.5.6　低压流体输送管道用螺旋缝埋弧焊钢管（SY/T 5037—2012）

低压流体输送管道用螺旋缝埋弧焊钢管适用于水、污水、空气、采暖蒸汽和可燃性流体等普通低压流体输送管道用钢管，也适用于具有类似要求的其他流体输送管道用钢管。代替 SY/T 5037—2000。详见标准内容。

2.5.7　低中压锅炉用无缝钢管（GB 3087—2008）

低压和中压锅炉用无缝钢管标准适用于制造各种结构低压和中压锅炉及机车锅炉用的优质碳素结构钢热轧（挤、扩）和冷拔（轧）无缝钢管。非等效采用 ISO 9329—1：1989，并代替 GB 3087—1999。详见标准内容。

2.5.8　低温管道用无缝钢管（GB/T 18984—2003）

低温管道用无缝钢管适用于−100℃级～−45℃级低温压力容器及低温热交换器管道。非等效采用日本 JIS G3460—1988《低温配管用钢管》和 JIS G3464—1988《低温热交换器用钢管》。详见标准内容。

2.5.9　流体输送用不锈钢焊接钢管（GB/T 12771—2008）

流体输送用不锈钢焊接钢管标准适用于输送中低压流体用的耐蚀不锈钢焊接钢管。代替 GB/T 12771—2000。详见标准内容。

2.5.10　流体输送用不锈钢无缝钢管（GB/T 14976—2012）

流体输送用不锈钢无缝钢管标准适用于流体输送用不锈钢无缝钢管。详见标准内容。

2.5.11　水及燃气管道用球墨铸铁管、管件和附件（GB/T 13295—2013）

水及燃气管道用球墨铸铁管、管件和附件标准适用于以下用途的球铁管件和附件。

① 输送水（饮用水、污水等）。

② 管道输送压力级别为中压 A 级及以下的燃气（如人工煤气、

天然气、液化石油气等）。

③ 有/无压力。

④ 地下/地上铺设。

代替 GB/T 13295—2008。详见标准内容。

2.6　管件

管件是管道系统中用于直接连接、转弯、分支、变径以及用作端部等的零部件，包括弯头、三通、四通、异径管接头、管箍、内外螺纹接头、活接头、快速接头、螺纹短节、加强管接头、管堵、管帽、盲板等，一般不包括阀门、法兰、紧固件。

① 焊接钢管件：是管件加工厂用无缝钢管或焊接钢管（大小头也可用钢板）经下料焊接加工而成的管件。常见的焊接钢管件有焊接弯头、焊接弯头管段、焊接三通和焊接大小头等。

② 锻制管件：利用锻压机械的锤头、砧块、冲头或通过模具对管件坯料施加压力，使之产生塑性变形，从而获得所需形状和尺寸的管件。

③ 铸造管件：将金属熔炼成符合一定要求的液体并浇进管件铸型里，经冷却凝固、清整处理后得到有预定形状、尺寸和性能的管件。

2.6.1　钢制法兰管件（GB/T 17185—2012）

适用于公称压力为 Class150 和 Class300 的钢制法兰管件。

2.6.1.1　标记

① 公称尺寸为 NPS4（DN100），公称压力 Class150，材料为 WCB 的 45°等径弯头标记为：

F45ES　NPS4（或 DN100）-Class150 20 WCB GB/T 17185—2012

② 公称尺寸为 NPS4×2（DN100×50），公称压力 Class300，材料为 ZG12Cr2Mo1G 的同心异径接头标记为：

FRC NPS4×2（DN100×50）-Class300 ZG12Cr2Mo1G GB/T 17185—2012。

2.6.1.2 种类

钢制法兰管件种类及代号如表 2-13 所示。

表 2-13　钢制管法兰管件种类及代号

品种	类别	代号
45°弯头	等径	F45ES
		F45ER
等径 90°弯头	等径	F90ES
	异径	F90ER
	长半径等径	F90EL
	短半径异径	F90ELR
三通	等径	FTS
	异径	FTR
四通	等径	FCRS
	异径	FCRR
45°斜三通	等径	F45TS
	异径	F45TR
异径接头（大小头）	同心	FRC
	偏心	FRE
Y 型三通	等径	FYTS
	异径	FYTR

2.6.1.3 形式

钢制法兰管件形式如图 2-1 所示。钢制法兰管件法兰端部如图 2-2 所示。

2.6.2 钢制对焊无缝管件（GB/T 12459—2005）

钢制对焊无缝管件规定了 $DN15 \sim DN800$（NPS1/2～NPS24）碳钢、合金钢、奥氏体不锈钢制管件的符号和代号、尺寸与公差、材料、制造、检验、试验、标志、防护与包装等要求。

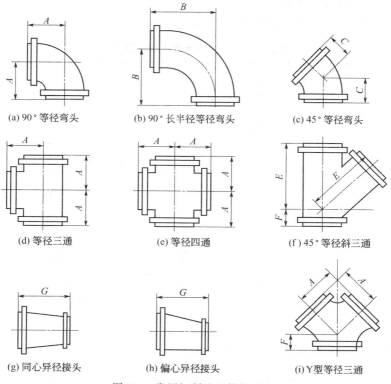

(a) 90°等径弯头

(b) 90°长半径等径弯头

(c) 45°等径弯头

(d) 等径三通

(e) 等径四通

(f) 45°等径斜三通

(g) 同心异径接头

(h) 偏心异径接头

(i) Y型等径三通

图 2-1　常用钢制法兰管件形式

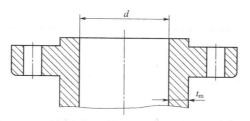

图 2-2　钢制法兰管件法兰端部示意图

2.6.2.1　代号

对焊无缝管件的种类和代号如表 2-14 所示。

表 2-14　管件的种类和代号

品种	类别	代号
45°弯头	长半径	45E(L)
90°弯头	长半径	90E(L)
	短半径	90E(S)
	长半径异径	90E(L)R
180°弯头	长半径	180E(L)
	短半径	180E(S)
异径接头	同心	R(C)
（大小头）	偏心	R(E)
三通	等径	T(S)
	异径	T(R)
四通	等径	CR(S)
	异径	CR(R)
管帽	—	C
翻边短节	长型	SE(L)
	短型	SE(S)

2.6.2.2　管件的标志方法

管件可采用低应力钢印、喷涂、雕刻或标签等方式进行标志。

2.6.2.3　管件的标志位置

只要管件规格许可，都应在管件上直接标志。无论何种标志方法，标志的位置应在管件的侧面中心线附近，且易于观察的部位，钢印应避开高应力区。

2.6.2.4　标志的内容

① 制造商的名称或商标；

② 公称尺寸（包括外径系列，外径为Ⅰ系列时，不单独标记；外径为Ⅱ系列时，应进行标记）；

③ 壁厚等级（或壁厚值）；

④ 材料牌号；

⑤ 产品代号如表 2-11 所示；

⑥ 标准编号。

2.6.2.5 标志示例

① 公称尺寸 $DN100$、外径为 Ⅰ 系列、壁厚等级 Sch40、材料牌号为 15CrMo 的 90°短半径弯头，其标志为：

制造商的名称或商标　$DN100$-Sch40-15CrMo　90E（S）GB/T 12459

② 公称尺寸 $100mm \times 80mm$、外径为 Ⅱ 系列、壁厚等级 Sch80、材料牌号为 16Mn 的同心异径接头，其标志为：

制造商的名称或商标　$DN100 \times 80$ Ⅱ-Sch80 R（C）GB/T 12459

③ 公称尺寸 $DN150$、外径为 Ⅰ 系列、壁厚为 4.5mm、材料牌号为 0Cr18Ni9 的 90°长半径弯头，其标志为：

制造商的名称或商标　$DN150$-4.5-0Cr18Ni9 90E（L）GB/T 12459

其他详见国家标准 GB/T 12459—2005。

2.6.3 钢板制对焊管件（GB/T 13401—2005）

2.6.3.1 代号

钢板制对焊管件的种类和代号如表 2-15 所示。

表 2-15　钢板制对焊管件的种类和代号

品种	类别	代号
45°弯头	长半径	45E(L)
90°弯头	长半径	90E(L)
	短半径	90E(S)
	长半径异径	90E(L)R
异径接头（大小头）	同心	R(C)
	偏心	R(E)
三通	等径	T(S)
	异径	T(R)

品种	类别	代号
四通	等径	CR(S)
	异径	CR(R)
管帽		C

2.6.3.2 管件的制造

管件可采用钢板或钢带经过冷加工或热加工成形。根据公称尺寸和制造方法的不同，允许在壳体上有一条或两条及两条以上纵向焊缝。

（1）管件上焊缝的位置应符合下列要求。

① 对弯头、异径接头和三通，当公称尺寸≤450mm 时，其本体上宜有一条纵焊缝；当公称尺寸≥500mm 时，其本体上可有两条或两条以上的纵焊缝。当采用多条焊缝时，焊缝的位置和焊接要求应符合 GB 150 的相关要求。

② 管件焊缝位置如图 2-3 所示。

③ 管帽可由两块对接的钢板制成，对接焊缝距管帽中心线不应大于管帽外径的 1/4。

管件的焊接应符合下列要求。

① 应符合 GB 150、JB 4708、JB 4709 的有关要求。

② 管件本体的焊缝应为对接焊缝。焊缝的对接坡口尺寸应符合 GB/T 985 或 GB/T 986 标准的要求。

③ 坡口的加工宜采用机械方法。如用热切割法，必须去除坡口表面的氧化皮，并将影响焊接质量的凸凹不平处打磨平整。

④ 焊缝的对口错边量 b≤10%S，且不得大于 2mm，如图 2-4 所示。

（2）制造工艺应保证管件在成形时，其圆弧过渡部分外形圆滑。

（3）管件端部应加工坡口，其尺寸和形状应符合表 2-16 和图 2-5 的要求。

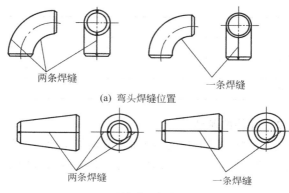

两条焊缝

一条焊缝

(a) 弯头焊缝位置

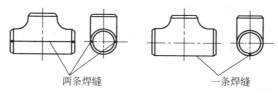

两条焊缝

一条焊缝

(b) 异径接头焊缝位置

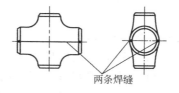

两条焊缝

一条焊缝

(c) 三通焊缝位置

两条焊缝

(d) 四通焊缝位置

图 2-3　管件焊缝位置

图 2-4　焊缝对口错边量

表 2-16　管件的焊接坡口和钝边

公称壁厚 t	端部制备
小于 X	直角或轻微倒角,由制造商确定
$X \sim 22\text{mm}$	简单坡口,如图 10-5(a)所示
大于 22mm	组合坡口,如图 10-5(b)所示

注：对碳素钢或铁素体合金钢 $X=5\text{mm}$，对奥氏体合金钢 $X=3\text{mm}$。

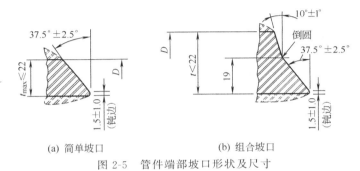

(a) 简单坡口　　　　　　　(b) 组合坡口

图 2-5　管件端部坡口形状及尺寸

（4）管件焊接端部过渡段的最大包络线应符合图 2-6 的要求。

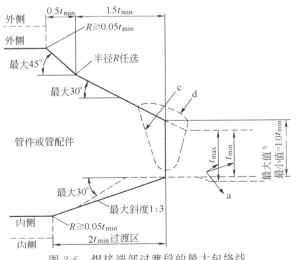

图 2-6　焊接端部过渡段的最大包络线

95

2.6.3.3 标志

（1）管件做标志方法 管件可采用低应力钢印、喷涂等方式做标志。

（2）管件的标志位置 只要管件规格许可，都应在管件上直接做标志。无论何种标志方法，标志的位置应在管件的侧面中心线附近，且易于观察的部位，钢印应避开高应力区且不得损害到管件的最小壁厚。

（3）标志的内容

① 制造商的名称或商标。

② 公称尺寸（包括外径系列，外径为Ⅰ系列时，不单独标记；外径为Ⅱ系列时，应进行标记）。

③ 壁厚等级（或壁厚值）。

④ 材料牌号。

⑤ 产品代号如表 10-1 所示。

⑥ 标准编号。

（4）标志示例

① 公称尺寸 $DN200$、外径为Ⅰ系列、壁厚等级 Sch40、材料牌号为 15CrMoR 的 90°短半径弯头，标记为

制造商的名称或商标 $DN200$-Sch40-15CrMoR 90E（S）GB/T 13401

② 公称尺寸 $DN300 \times 80$、外径为Ⅱ系列、壁厚等级 Sch80、材料牌号为 16MnR 的同心异径接头，标记为

制造商的名称或商标 $DN300 \times 80$-Sch80-16MnR R（C）GB/T 13401

③ 公称尺寸 $DN350$、外径为Ⅰ系列、壁厚为 4.0mm、材料牌号为 0Cr18Ni9 的 90°长半径弯头，标记为

制造商的名称或商标 $DN350$-4.0-0Cr18Ni9 90E（L）GB/T 13401。其他详见国家标准 GB/T 13401—2005。

2.6.4 锻制承插焊和螺纹管件（GB/T 14383—2008）

适用于工业管道系统中公称尺寸不大于 DN100 的金属材料锻

制的承插焊和螺纹管件。

2.6.4.1 标记

（1）材料牌号为 20、级别为 3000、公称尺寸为 $DN40×40$ 的弯头标志为：

制造商的名称或商标 20 材料熔炼炉号 3000 $DN40×40$ GB/T 14383。

（2）材料牌号为 15CrMo、级别为 3000、公称尺寸为 $DN40×40×25$ 的三通标志为：

制造商的名称或商标 15CrMo 材料熔炼炉号 3000 $DN40×40×25$ GB/T 14383。

（3）材料牌号为 0Cr18Ni9、级别为 6000、公称尺寸为 $DN40×40×32×15$ 的四通标志为：

制造商的名称或商标 0Cr18Ni9 材料熔炼炉号 6000 $DN40×40×32×15$ GB/T 14383。

2.6.4.2 品种及代号

锻钢制承插焊管件品种及代号如表 2-17 所示。

2.6.5 可锻铸铁管件（GB/T 3287—2011）

适用于公称尺寸 $DN6～150$ 输送水、油、空气、煤气、蒸汽用的一般管路上连接的管件。

2.6.5.1 标记

（1）等径弯头，管件规格 2，黑色表面，设计符号 A：

弯头 GB/T 3287 A1-2-Fe-A。

（2）异径三通，主管管件规格 2，支管管件规格 1，热镀锌表面，设计符号 C：

三通 GB/T 3287 B1-2×1-Zn-C。

（3）异径三通，主管管件规格 1 和规格 3/4，支管管件规格 1/2，黑色表面，设计符号分别为 B 和 D：

使用方法（a） 三通 GB/T 3287 B1-1×1/2×3/4-Fe-B。

使用方法（b） 三通 GB/T 3287 B1-1×3/4×1/2-Fe-D。

表 2-17　管件的品种及代号

连接形式	品种	代号	连接形式	品种	代号
承插焊	承插焊 45°弯头	S45E	螺纹	螺纹 45°弯头	T45E
	承插焊 90°弯头	S90E		螺纹 90°弯头	T90E
	承插焊三通	ST		内外螺纹 90°弯头	T90SE
	承插焊 45°三通	S45T		螺纹三通	TT
	承插焊四通	SCR		螺纹四通	TCR
	双承口管箍(同心)	SFC		双螺口管箍(同心)	TFC
	双承口管箍(偏心)	SFCR		双螺口管箍(偏心)	TFCR
	单承口管箍	SHC		单螺口管箍	THC
	单承口管箍(带斜角)[①]	SHCB		单螺口管箍(带斜角)[①]	THCB
	承插焊管帽	SC		螺纹管帽	TC
	—			四方头管塞	SHP
	—			六角头管塞	HHP
	—			圆头管塞	RHP
	—			六角头内外螺纹接头	HHB
	—			无头内外螺纹接头	FB

①　当要求与主管焊接相连的端部加工成带 45°斜角的形状时，在代号后加"B"；即一端带斜角的单承口管箍的代号为 SHCB，一端带斜角的单螺口管箍的代号为 THCB。

2.6.5.2　按表面状态分类

主要分为：①黑品管件符号：Fe。②热镀锌管件符号：Zn。

2.6.5.3　按结构形式分类

可锻铸铁管件形式和符号如表 2-18 所示。

表 2-18　管件形式和符号

形式	符　　号			
A 弯头	A1 (90)	A1/45° (120)	A4 (92)	A4/45° (121)
B 三通			B1 (130)	
C 四通	C1 (180)			
D 短月弯	D1 (2a)	D4 (1a)		

形式	符　号

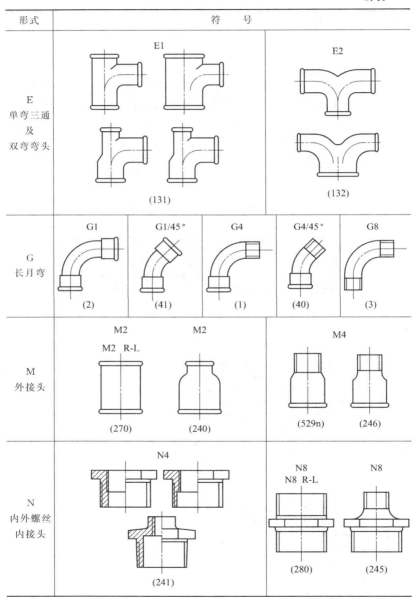

E1

E2

(131)

(132)

E
单弯三通
及
双弯弯头

G1

G1/45°

G4

G4/45°

G8

(2)

(41)

(1)

(40)

(3)

G
长月弯

M2

M2

M2　R-L

M4

(270)

(240)

(529n)

(246)

M
外接头

N4

N8
N8　R-L

N8

(241)

(280)

(245)

N
内外螺丝
内接头

形式	符 号			
P 锁紧螺母	P4 (310)			
T 管帽 管堵	T1 (300)	T8 (291)	T9 (290)	T11 (596)
U 活接头	U1 (330)	U2 (331)	U11 (340)	U12 (341)

2.6.6 给水用硬聚氯乙烯（PVC-U）管件（GB/T 10002.2—2003）

给水用硬聚氯乙烯管件适用于压力下输送饮用水和一般用途水，水温不超过 45℃ 的建筑物内或埋地给水用硬聚氯乙烯管件，

101

与 GB/T 10002.1《给水用硬聚氯乙烯（PVC-U）管材》中规定的管材配套使用。本管件不适用于热气焊和热板焊接管件。本标准代替 GB/T 10002.2—1988。

2.6.6.1 材料

① 生产管件的材料为 PVC-U 混合料。混合料应以 PVC 树脂为主，加入为生产符合本部分要求的管件所需的添加剂。

② 树脂必须是卫生级，加入的添加剂不得使输送介质产生毒性、引起感官不良感觉或助于微生物生长。同时不得影响产品的粘接性能以及影响本部分中规定的其他性能。

③ 允许使用满足本部分性能要求的本厂的回用料，不允许使用外部得到的再加工料。

2.6.6.2 产品分类

① 管件按连接方式不同分为粘接式承口管件、弹性密封圈式承口管件、螺纹接头管件和法兰连接管件。

② 管件按加工方式不同分为注塑成型管件和管材弯制成形管件。

③ 管件的公称压力及温度的折减系数：公称压力（PN）指管件输送 20℃ 水的最大工作压力。当输水温度不同时，应按表 2-19 给出的不同温度的折减系数（f_t）修正工作压力。用折减系数乘以公称压力得到最大允许工作压力。

表 2-19 折减系数

温度/℃	折减系数 f_t
$0 < t \leqslant 25$	1
$25 < t \leqslant 35$	0.8
$35 < t \leqslant 45$	0.63

2.6.6.3 技术要求

（1）外观 管件内外表面应光滑，不允许有脱层、明显气泡、痕纹、冷斑以及色泽不均等缺陷。

（2）注塑成型管件尺寸

① 管件承插部位以外的主体壁厚不得小于同规格同压力等级管材壁厚。

② 管件插口平均外径应符合 GB/T 10002.1 对管材平均外径及偏差的规定。

（3）粘接式承口管件

① 承口配合深度和承口中部平均内径应符合表 2-20 的规定。

② 承口部分的最大锥度如表 2-21 所示。

③ 粘接式承口的壁厚应不小于主体壁厚要求的 75%。

（4）弹性密封圈式承口管件

① 单承口深度应符合 GB/T 10002.1 对承口尺寸的规定。

② 双承口深度应符合表 2-22 的规定。

③ 弹性密封圈承口的密封环槽以外任一点的壁厚应不小于主体壁厚，密封环槽处的壁厚应不小于主体壁厚的 80%。

表 2-20　粘接式承口配合尺寸　　　　　　mm

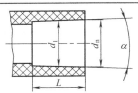

公称外径	最小深度	承口中部平均内径 d_1	
d_n	L	最小值	最大值
20	16.0	20.1	20.3
25	18.5	25.1	25.3
32	22.0	32.1	32.3
40	26.0	40.1	40.3
50	31.0	50.1	50.3
63	37.5	63.1	63.3
75	43.5	75.1	75.3
90	51.0	90.1	90.3
110	61.0	110.1	110.4

注：管件中部承口平均内径定义为承口中部（承口全部深度的一半处）互相垂直的两直径测量值的算术平均值。

表 2-21 承口锥度

公称外径/mm	最大承口锥度 α
$d_n \leqslant 63$	$0°40'$
$75 \leqslant d_n \leqslant 315$	$0°30'$
$355 \leqslant d_n \leqslant 400$	$0°15'$

表 2-22 弹性密封圈式承口深度　　　　　　mm

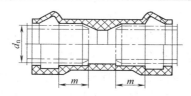

公称外径 d_n	最小深度 m	公称外径 d_n	最小深度 m
63	40	90	44
75	42	110	47

2.6.7 建筑排水用硬聚氯乙烯（PVC-U）管件（GB/T 5836.2—2006）

建筑排水用硬聚氯乙烯管件适用于建筑物内排水用管件。在考虑到材料的耐化学性和耐热性的条件下，也可用于工业排水用管件。本标准代替 GB/T 5836.2—1992。

本标准规定的管件与 GB/T 5836.1—2006《建筑排水用硬聚氯乙烯（PVC-U）管材》规定的管材配套使用。

2.6.7.1 符号

A——配合长度；　　　　　d_{sm}——承口平均内径；

d_e——任一点外径；　　　　e_y——任一点壁厚；

d_{em}——平均外径；　　　　e_1——管件主体壁厚；

d_n——公称外径；　　　　　e_2——承口壁厚；

d_s——承口公称直径；　　　e_3——密封环槽处壁厚；

104

L_1——承口深度; z——管件安装长度;

L_2——插口长度; α——管件公称角。

R——管件转弯处曲率半径;

2.6.7.2 材料

生产管件的原料为硬聚氯乙烯（PVC-U）混配料。混配料应以聚氯乙烯（PVC）树脂为主,加入为生产符合本部分要求的管件所必需的添加剂,添加剂应分散均匀。

管件混配料中聚氯乙烯（PVC）树脂的质量百分含量宜不低于85%。

2.6.7.3 产品分类

管件按连接方式不同分为胶黏剂连接型管件和弹性密封圈连接型管件。

2.6.7.4 要求

（1）颜色 管件一般为灰色和白色,其他颜色可由供需双方商定。

（2）外观 管件内外壁应光滑,不允许有气泡、裂口和明显的痕纹、凹陷、色泽不均及分解变色线。管件应完整无缺损,浇口及溢边应修除使其平整。

（3）规格尺寸 管件承口部位以外的主体壁厚 e_1 不应小于同规格管材的壁厚。

允许异径管件过渡部分的壁厚从一个尺寸渐变到另一个尺寸,但其余部分的壁厚应符合相应的规定。

型芯偏移的情况下,允许管件最薄处壁厚比相应的规定值减少5%,但同一截面上两个相对壁厚的平均值应不小于相应的规定值。

（4）胶黏剂连接型管件 承口壁厚 e_2 应不小于管件承口部位以外的主体壁厚 e_1 的75%。

（5）弹性密封圈连接型管件 承口壁厚 e_2 应不小于管件承口部位以外的主体壁厚的90%,密封环槽处的壁厚 e_3 应不小于管件承口部位以外的主体壁厚 e_1 的75%。

（6）管件的承口和插口的直径和长度

① 胶黏剂连接型管件：承口和插口的直径和长度应符合表2-23的规定。

表 2-23　胶黏剂连接型管件承口和插口的直径和长度　　　mm

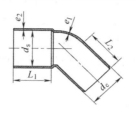

公称外径 d_n	插口的平均外径		承口中部平均内径		承口深度和插口长度（$L_{1,min}$ 和 $L_{2,max}$）
	$d_{em,min}$	$d_{em,max}$	$d_{sm,min}$	$d_{sm,max}$	
32	32.0	32.2	32.1	32.4	22
40	40.0	40.2	40.1	40.4	25
50	50.0	50.2	50.1	50.4	25
75	75.0	75.3	75.2	75.5	40
90	90.0	90.3	90.2	90.5	46
110	110.0	110.3	110.2	110.6	48

② 弹性密封圈连接型管件：承口和插口的直径和长度应符合表2-24的规定。

2.6.7.5　标志

产品至少应有下列永久性标志。

① 厂名或商标。

② 材料名称：PVC-U。

③ 产品规格：公称外径。

④ 本部分标准编号。

表 2-24 弹性密封圈连接型管件承口和插口的直径和长度　mm

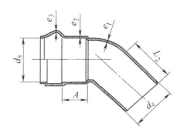

公称外径	插口的平均外径		承口端部平均内径	承口配合深度和插口长度	
d_n	$d_{em,min}$	$d_{em,max}$	$d_{sm,min}$	A_{min}	$L_{2,min}$
32	32.0	32.2	32.3	16	42
40	40.0	40.2	40.3	18	44
50	50.0	50.2	50.3	20	46
75	75.0	75.3	75.4	25	51
90	90.0	90.3	90.4	28	56
110	110.0	110.3	110.4	32	60

2.6.8 丙烯腈-丁二烯-苯乙烯（ABS）压力管件（GB/T 20207.2—2006）

丙烯腈-丁二烯-苯乙烯（ABS）压力管件适用于承压给排水输送、污水处理与水处理、石油、化工、电力电子、冶金、采矿、电镀、造纸、食品饮料、空调、医药等工业及建筑领域粉体、液体和气体等流体的输送。应与 GB/T 20207.1《丙烯腈-丁二烯-苯乙烯（ABS）压力管道系统　第 1 部分：管材》一起配套使用。

当用于输送易燃易爆介质时，应符合防火、防爆的有关规定。

2.6.8.1 产品分类

① 管件按对应的管系列 S 分为 8 类：S20、S16、S12.5、S10、

S8、S6.3、S5、S4。

② 管件按连接方式分为溶剂粘接型和法兰连接型管件。法兰分为活法兰、呆法兰等。

2.6.8.2　要求

（1）颜色　一般为灰色，也可由供需双方协商确定。

（2）外观　管件的内外管件表面应光滑平整、清洁，不允许有气泡、划伤、凹陷、明显杂质及颜色不均等缺陷。

（3）不透光性　给水用管件应不透光。用相同原料生产的管件已做过不透光性试验则管件可不做。

（4）壁厚　管件的承口中部以里及管件的主体壁厚的最小壁厚不得小于同等规格的管件壁厚。

2.6.8.3　管件的基本类型及安装长度

详见国家标准 GB/T 20207.2—2006。

2.7　管法兰

法兰是为了满足生产工艺的要求，或者制造、运输、安装检修的方便而采用的一组带有均布螺栓孔圆盘的一种可拆的连接形式。法兰一词来自英文"flange"一词音译，其使用大约有 200 年以上的历史。由于法兰连接有较好的强度和紧密性，而且可选用的公称尺寸范围十分广泛，在设备和管道上都能应用，故法兰连接应用得最为普遍。

法兰密封一般是依靠其连接螺栓所产生的预紧力，通过各种固体垫片（如橡胶、石棉橡胶垫片、植物纤维垫片、缠绕式金属内填石棉垫片、波纹状金属内填石棉垫片、波纹状金属夹壳内填石棉垫片、波纹状金属垫片、平金属夹壳内填石棉垫片、槽形金属垫片、金属平垫片、金属圆环垫片、金属八角垫片等）或液体垫片（一定时间或一定条件下转变成一定形状的固体垫片）达到足够的工作密封比压，来阻止被密封流体介质的外泄，属于强制密封范畴，如图2-7 所示。

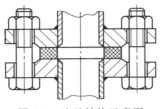

图 2-7　法兰结构示意图

2.7.1　法兰设计理论、标准体系、类型及密封面形式

法兰基于其所依据的理论基础，可概括地分为三类。而法兰标准体系则可大体分为四类。

2.7.1.1　法兰设计理论

法兰设计理论主要依据材料力学、塑性力学、弹性力学的理论计算方法。

（1）材料力学计算方法　材料力学计算方法是一种较为原始的计算方法，以巴赫法及札哈林科法为代表。此两种计算方法计算模型过于简化，通过大量计算比较和实践表明，结果偏于危险，目前已不采用。

（2）塑性极限强度理论计算方法　原德国的 AD 规范，英国的 BS 1500—58 法及前苏联的 PTM 42—62 法都属于塑性极限强度理论的计算方法。

（3）弹性分析计算方法　主要代表有铁摩辛柯法、华特氏法、龟田法等。其中华特氏法相继为美国、英国、法国、日本等国规范所采用。

2.7.1.2　国际管法兰标准体系简介

国际上管法兰标准主要有两个体系，即德国 DIN 管法兰体系和美国 ANSI 管法兰体系。除此之外，还有日本 JIS 管法兰等。

2.7.1.3　法兰的类型及密封面形式

2.7.1.3.1　法兰的类型

（1）平焊法兰　法兰与设备或管道采用平面角焊缝连成一整

体。如图 2-8 所示。平焊法兰根据其结构的差异可进一步分为以下几种。

① 板式平焊法兰。如图 2-8 所示。

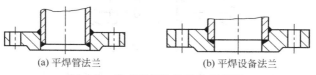

(a) 平焊管法兰   (b) 平焊设备法兰

图 2-8 板式平焊法兰结构示意图

② 带颈平焊法兰。如图 2-9 所示。

③ 带颈承插平焊法兰。如图 2-10 所示。

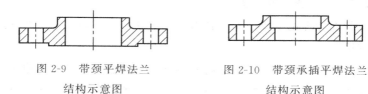

图 2-9 带颈平焊法兰   图 2-10 带颈承插平焊法兰

结构示意图   结构示意图

（2）整体法兰 法兰与设备或管道不可拆地固定在一起时，称为整体法兰。如图 2-11 所示。

（3）对焊法兰 法兰与管道采用对接环焊缝的形式连成一整体，所形成的焊缝可以进行无损探伤检验，焊缝质量有保证。如图 2-12 所示。

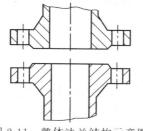

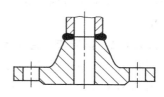

图 2-11 整体法兰结构示意图   图 2-12 对焊法兰结构示意图

（4）螺纹法兰 其特点是法兰与管壁通过螺纹进行连接，二者之间既有一定连接，又不完全形成一个整体。这种法兰对管壁产生的附加应力较小。如图 2-13 所示。

（5）松套法兰　其特点是法兰和设备或管道不直接连成一体，而是把法兰盘套在设备或管道的外面，如图 2-14 所示。这种结构法兰无须焊接，法兰盘和与其相连接的设备及管道可以采用各种性能完全不同的材料制造。因此，活套法兰适用于铜制、铝制、陶瓷、石墨、衬玻璃钢以及其他非金属材料制造的设备或管道上。这类法兰受力不会对筒壁或管壁产生附加的弯曲应力，这也是它的一个优点。从结构上可以看出，松套法兰一般只能适用于压力较低的场合。

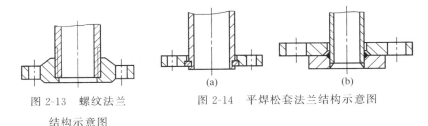

图 2-13　螺纹法兰　　　　　图 2-14　平焊松套法兰结构示意图
　　结构示意图

松套法兰根据其结构形式的差异可进一步分为如下几种
① 平焊环松套板式法兰。如图 2-14（b）所示。
② 对焊环松套板式法兰。如图 2-15 所示。
③ 对焊环松套带颈板式法兰。如图 2-16 所示。

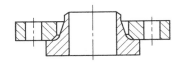
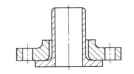

图 2-15　对焊环松套板式　　　　图 2-16　对焊环松套带颈板式
　　法兰结构示意图　　　　　　　　法兰结构示意图

④ 板式翻边松套法兰。如图 2-17 所示。

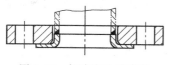

图 2-17 板式翻边松套法
兰结构示意图

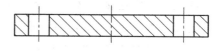

图 2-18 法兰盖结构示意图

（6）法兰盖　与同种规格型号法兰连接，形成切断密封形式，又称为盲板法兰。如图 2-18 所示。

法兰绝大多数的几何形状都是圆形的，但在特殊场合下，也可以把法兰设计成其他的几何形状。如方形法兰有利于把管子排列紧凑；椭圆形法兰通常用于阀门和小直径的高压管上。如图 2-19 所示。

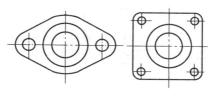

图 2-19 椭圆形与方形法兰结构示意图

2.7.1.3.2 法兰密封面形式

法兰的密封性能与法兰压紧垫片的密封面形式有直接的关系。密封面形式主要根据工艺条件（温度、压力、流体介质的性质）、密封口径以及准备采用的垫片情况进行选择。密封面的几何尺寸和表面加工的质量要求必须与相应的垫片相配合。下面将按照国家标准的顺序依次介绍各种类型，如整体式、螺纹式、对焊式、承插式、板式等，以及与之相对应的平面法兰密封面、突面法兰密封面、凹凸面法兰密封面、榫槽面法兰密封面、环连接面法兰密封面形式。

（1）平面整体钢制管法兰（FF）　平面型密封面是光滑的或在其上车加工有 2～3 条三角形断面沟槽的平面。这种密封面一般与平垫片或缠绕垫片配合使用。由于这种密封面结构简单，加工方便，便于防腐衬里，应用最为广泛。但这种压紧面与垫片接触面积较大，预紧时垫片容易往两侧伸展，不易压紧。故这种密封面所需压紧力较大，而密封性能较差。平面型密封面的表面粗糙度数值不宜过低，而与缠绕垫片配合使用时，不必车加工沟槽，以免影响第二次使用。如图 2-20 所示。

（2）突面整体钢制管法兰（RF） 突面整体钢制法兰的形式和尺寸标注如图 2-21 所示。

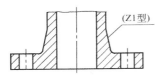

图 2-20 平面整体钢制管法兰
结构示意图

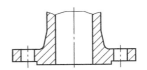

图 2-21 突面整体钢制管法兰
结构示意图

（3）凹凸面整体钢制管法兰（MF） 这种密封面是由一个凸面（M）和一个凹面（F）相配合而成，安装时在凹面上放置垫片。其优点是便于对中，能够防止软质垫片被挤出，这种密封面比平面密封面窄，故较易实现密封。但和榫槽面密封面相比，密封面还是比较宽，要达到密封要求，还需要较大的压紧力。另外，在焊接这种类型的低压薄法兰时，要特别注意防止密封面翘曲，以免造成凹凸形不对口。一般可采用先将法兰用螺栓把紧，然后再组焊的方法加以克服。如图 2-22 所示。

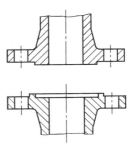

图 2-22 凹凸面整体钢
制管法兰结构示意图

（4）榫槽面整体钢制管法兰（TG）这种密封面是由一个榫面（T）和一个槽面（G）相配合组成，垫片置于槽内。由于密封面面积小，又受槽的阻挡不会被挤出，而且压紧垫片所需的螺栓力也比较小。即使用于压力较高之处，螺栓尺寸也不致过大。因此，榫槽面密封面比前两种密封面均易获得良好的密封效果。这种密封结构中的垫片可以少受介质的冲刷和腐蚀，安装时又便于对中，使垫片受力均匀，故密封可靠。

榫槽面密封适用于处理易燃、易爆、有毒介质的密封场合，也可以用于压力较高的重要场合。当压力不太大时，即使直径较大，也能很好地密封。这种密封面的缺点是结构与制造比较复杂，更换挤在槽内的垫片也相当费事。为了保证榫和槽良好配合，必须防止密封面变形或翘曲。此外，榫形部分容易损坏，故设备上的法兰应采用槽面。如图 2-23 所示。

（5）环连接面整体钢制管法兰（RJ） 环连接密封面利用内外锥面与垫片接触而形成的一种密封结构，而槽底不起密封作用。这种密封面一般与槽的中心线夹角为 23°。当它与椭圆形或八角形截面的金属垫圈配合使用时，形成"线"接触的弹性密封，有一定的自紧作用；所需螺栓紧力不大，密封可靠；加工比透镜垫片容易，尺寸也较小。环连接密封面多用于操作条件比较苛刻的地方。如温度和压力联合作用而波动较大、介质渗透性大或渗漏有危险性的场合。适用于高压容器和高压管道，使用压力一般为 7～70MPa。如图 2-24 所示。

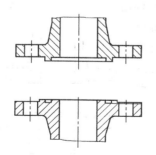

图 2-23　榫槽面整体钢制管法兰
结构示意图

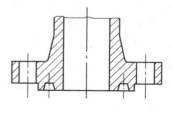

图 2-24　环连接面整体钢制管
法兰结构示意图

2.7.1.4　管法兰国家标准

我国的法兰设计及分析方法，多参照国外相应标准而制定。1958 年，原化工部的 HG 5003～5028—1958《管法兰标准》是我国制定的第一套法兰标准。随后又由化工部、一机部（中华人民共和国第一机械工业部的简称）联合制定了 TH 3009—1959《设备法兰标准》及一机部制定的 JB 75—1959 等法兰标准。此类标准仅是前苏联法兰标准的"翻版"，是一种依据材料力学理论的简便设计方法。20 世纪 70 年代我国一机部、石油部、化工部共同制定了新的压力容器法兰标准——JB 1157～1164—1973。由于试图使"标准法兰"具有较小的结构尺寸，充分挖掘法兰强度的承载潜力，采用了以塑性分析理论为基础的设计方法，类比英国的 BS 1515—1965 法兰计算方法制定。但在 8 年的应用中，在连接密封性方面，发现了某些问题。因此，我国一机、石油、化工三部决定重新对该标准进行修订，变为 JB 1157～1164—1982，采用了以弹性理论为基础的设计方法，即"华特氏法"。我国新近制定的《压力容器法兰》国家标准即以此为基础进行编制的。同时在国际上，华特氏法已愈来愈多地被各国规范和工程公司采用。

1988 年我国出台的国家标准 GB 9112～9125—1988《钢制管法兰》，采纳了 ISO/DIS 7005-Ⅰ 这个国际标准草案的原则。即 $PN \leqslant 4.0\mathrm{MPa}$ 的管法兰采用德国管法兰标准，而对于 $PN \geqslant 4.0\mathrm{MPa}$ 的管法兰（$PN2.0\mathrm{MPa}$、$PN5.0\mathrm{MPa}$、$PN10.0\mathrm{MPa}$、$PN15.0\mathrm{MPa}$、$PN25.0\mathrm{MPa}$、$PN40.0\mathrm{MPa}$）则采用美国 ANSI 16.5 的管法兰，同时还根据 ANIS 法兰系列增加了 $PN2.0\mathrm{MPa}$ 这一压力等级。

2000 年我国出台的国家标准是 GB/T 9112～9124—2000《钢制管法兰》系列标准，该标准是 GB/T 9112～9131—1988《钢制管法兰》综合标准的修订版，包括法兰尺寸标准 31 个，法兰型式与参数、法兰技术条件标准各 1 个，共计 33 个标准，替代了 GB/T 9112～9124—1988 和 GB/T 9125—1988 共计 169 个标准。主要修改要点如下。

① 对原标准的构成做了较大调整。由原来的一种法兰型式、一种密封面形式和一个压力等级构成一个标准，改为一种法兰形式、一种或两种密封面形式和所有压力等级构成一个标准，这样将

原来的 165 个法兰尺寸标准压缩到 31 个。

② 对原标准的内容做了较大的增补和扩充。原标准中压力等级属于欧洲体系的法兰尺寸仅为 $PN0.25MPa$、$PN0.6MPa$、$PN1.0MPa$、$PN1.6MPa$、$PN2.5MPa$ 和 $PN4.0MPa$ 六个压力等级，并且只适用于"英制管"的连接，不能满足使用要求。修订后的法兰标准除增加了 $PN6.3MPa$、$PN10.0MPa$ 和 $PN16.0MPa$ 三个压力等级的法兰尺寸外，还补充了适用于"米制管"连接的钢管尺寸，扩大了标准的适应范围。

③ 参照 ISO 7005-Ⅰ:1992，对原标准中的压力等级进行了适当调整，如将原标准中属于美洲体系的公称压力 $PN10.0MPa$ 和 $PN25.0MPa$ 分别调整为 $PN11.0MPa$ 和 $PN26.0MPa$，调整的目的是避免与欧洲体系相应压力等级混淆。除此之外，还对原标准中的某些尺寸，如法兰厚度、密封面尺寸、螺栓规格、螺栓孔径等尺寸按 ISO 7005-Ⅰ:1992 做了适当的修改。

④ 参照 ISO 7005-Ⅰ:1992，将 GB/T 9124—1988《钢制管法兰　对焊端部》、GB/T 9125—1988《钢制管法兰　技术条件》和 GB/T 9131—1988《钢制管法兰　压力-温度等级》三个标准的内容，纳入 GB/T 9124—2000《钢制管法兰　技术条件》中；附录 A 和附录 B 的内容也做了较大的修改。

⑤ 参照 ISO 7005-Ⅰ:1992，扩大了整体、对焊、平焊、螺纹法兰等标准的适用范围。如扩充尺寸系列，扩大压力等级范围，增加密封面形式等。

⑥ 参照 ISO 7005-Ⅰ:1992，对技术条件的内容进行了修改，增加了法兰材料，修改了尺寸公差，补充了法兰制造要求等。

我国现行标准中 $PN0.25MPa$、$PN0.6MPa$、$PN1.0MPa$、$PN1.6MPa$、$PN2.5MPa$、$PN4.0MPa$、$PN6.3MPa$、$PN10.0MPa$ 和 $PN16.0MPa$ 法兰尺寸属于欧洲法兰体系；$PN2.0MPa$、$PN5.0MPa$、$PN11.0MPa$、$PN15.0MPa$、$PN26.0MPa$ 和 $PN42.0MPa$ 法兰尺寸属于美洲法兰体系。这些法兰尺寸均与欧洲和美洲相应压力等级的法兰尺寸互换。

我国现行标准中 $PN0.25MPa$、$PN0.6MPa$、$PN1.0MPa$、$PN1.6MPa$、$PN2.5MPa$、$PN4.0MPa$（系列 A）和 $PN2.0MPa$、$PN5.0MPa$、$PN11.0MPa$、$PN15.0MPa$、$PN26.0MPa$、$PN42.0MPa$ 的法兰尺寸与 ISO 7005-I:1992 法兰尺寸等同。

目前国家最新的法兰标准是 GB/T9112～9124—2010《钢制管法兰》系列标准，该标准是 GB/T9112～9131—2000《钢制管法兰》综合标准的修订版。

2.7.2 钢制管法兰的类型与参数

本节内容摘自 GB/T 9112—2010 钢制管法兰 类型与参数

钢制管法兰的类型与参数包括钢制管法兰和法兰盖的公称压力、公称尺寸与钢管外径、法兰类型及代号、密封面形式及代号以及各种类型法兰的适用范围，适用于 GB/T 9113～9123 中所规定的钢制管法兰和法兰盖。

2.7.2.1 公称压力

我国目前采用的是公称压力 PN 标记的 12 压力等级和 Class 标记的 6 个压力等级。在管道工程图中选用欧洲体系的较多，但进口项目图纸中各种体系都会涉及到，要注意区分和识别。两个体系的公称压力标记如下：

欧洲体系	美洲体系
PN2.5	Class150
PN6	Class300
PN10	Class600
PN16	Class900
PN25	Class1500
PN40	Class2500
PN63	
PN100	
PN160	
PN250	
PN320	
PN400	

2.7.2.2 公称尺寸与钢管外径

我国选用的钢管外径为Ⅰ、Ⅱ两个系列，Ⅰ系列为国际通用系列（俗称英制管）；Ⅱ系列为国内常用系列（俗称米制管）。两个体系管法兰的公称尺寸与钢管外径应符合表 2-25 的规定。

表 2-25　公称尺寸与钢管外径　　　　　　　　mm

公称尺寸 DN	用 PN 标记的法兰		用 Class 标记的法兰		
	钢管外径（PN2.5～PN160）		公称尺寸		钢管外径
	系列Ⅰ	系列Ⅱ	NPS	DN	系列Ⅰ
10	17.2	14	—	—	—
15	21.3	18	1/2	15	21.3
20	26.9	25	3/4	20	26.9
25	33.7	32	1	25	33.7
32	42.4	38	11/4	32	42.4
40	48.3	45	11/2	40	48.3
50	60.3	57	2	50	60.3
65	76.1	76	21/2	65	76.1
80	88.9	89	3	80	88.9
100	114.3	108	4	100	114.3
125	139.7	133	5	125	139.7
150	168.3	159	6	150	168.3
(175)①	193.7	—	—	—	—
200	219.1	219	8	200	219.1
(225)①	245	—	—	—	—
250	273.0	273	10	250	273.0
300	323.9	325	12	300	323.9
350	355.6	377	14	350	355.6
400	406.4	426	16	400	406.4
450	457	480	18	450	457
500	508	530	20	500	508

118

用 PN 标记的法兰			用 Class 标记的法兰		
公称尺寸 *DN*	钢管外径(*PN*2.5～*PN*160)		公称尺寸		钢管外径
	系列 I	系列 II	NPS	*DN*	系列 I
600	610	630	24	600	610
700	711	720			
800	813	820			
900	914	920			
1000	1016	1020			
1200	1219	1220			
1400	1422	1420			
1600	1626	1620			
1800	1829	1820			
2000	2032	2020			
2200	2235	2220			
2400	2438	2420			
2600	2620				
2800	2820				
3000	3020				
3200	3220				
3400	3420				
3600	3620				
3800	3820				
4000	4020				

① 带括号尺寸不推荐使用，并且仅适用于船用法兰。

2.7.2.3 法兰类型

法兰类型应符合图 2-25 的规定。

2.7.2.4 密封面形式及代号

法兰的密封面形式及代号应符合表 2-26 的规定。

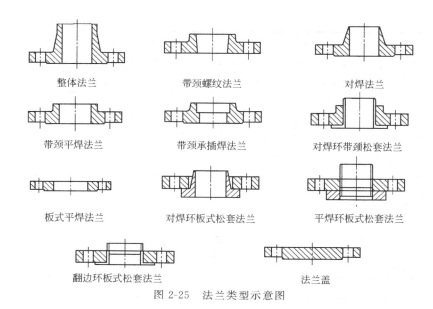

整体法兰　　　　　　带颈螺纹法兰　　　　　　对焊法兰

带颈平焊法兰　　　　带颈承插焊法兰　　　对焊环带颈松套法兰

板式平焊法兰　　　对焊环板式松套法兰　　平焊环板式松套法兰

翻边环板式松套法兰　　　　　　　　　法兰盖

图 2-25　法兰类型示意图

表 2-26　法兰密封面形式及代号

密封面形式		代　号	
平面		FF	
突面		RF	
凹凸面	凸面	MF	M
	凹面		F
榫槽面	榫面	TG	T
	槽面		G
环连接面		RJ	

2.7.3　钢制管法兰的技术条件

钢制管法兰的技术条件包括材料、尺寸公差、密封面表面粗糙度及试验、检验和验收等技术要求，适用于 GB/T 9113～9123 中所规定的钢制管法兰和法兰盖。

表 2-27　公称压力等级属于欧洲体系的钢制管法兰用材料

材料组号	材料类别	钢板 钢号	钢板 标准号	锻件 钢号	锻件 标准号	铸件 钢号	铸件 标准号	钢管 钢号	钢管 标准号
1.0	Q235	Q235A Q235B	GB/T 3274 (GB/T 700)	—	—	—	—		
2.0	20	20	GB/T 711	20	JB 4726	WCA	GB/T 12229		
		20R	GB 6654						
		09Mn2VDR	GB 3531	09Mn2VD	JB 4727				
		09MnNiDR		09MnNiD					
3.0	16MN	16MnR	GB 6654	16Mn	JB 4726	ZG240/450AG	GB/T 16253		
	15MnV	16MnDR	GB 3531	16MnD	JB 4727	LCB	JB/T 7248		
		15MnVR	GB 6654	15MnV	JB 4726	WCB	GB/T 12229		
		—	—	—	—	WCC	GB/T 12229		
5.0	1Cr-0.5Mo	15Cr-MoR	GB 6654	15Cr-Mo	JB 4726	ZG15Cr1Mo	GB/T 16253		
6.0	2¼Cr-1Mo	12Cr2Mo1R	GB 150 附录A (GB 6654)	12Cr2Mo1	JB 4726	ZG12Cr2Mo1G	GB/T 16253		
6.1	5Cr-0.5Mo	—	—	1Cr5Mo	JB 4726	ZG16Cr5MoG	GB/T 16253		

材料组号	材料类别	钢板 钢号	钢板 标准号	锻件 钢号	锻件 标准号	铸件 钢号	铸件 标准号	钢管 钢号	钢管 标准号
10.0	304L	00Cr19Ni10	GB 4237	00Cr19Ni10	JB 4728	ZG03Cr18Ni10 / CF3	GB/T 16253 / GB/T 12230	00Cr19Ni10	GB/T 14976 / HG 20537
11.0	304	0Cr18Ni9		0Cr18Ni9		ZG07Cr20Ni10 / CF8	GB/T 16253 / GB/T 12230	0Cr18Ni9	
12.0	321	0Cr18Ni10Ti (1Cr18Ni9Ti)		0Cr18Ni10Ti (1Cr18Ni9Ti)		ZG08Cr20Ni10Nb / CF8C	GB/T 16253 / GB/T 12230	0Cr18Ni10Ti (1Cr18Ni9Ti)	
13.0	316L	00Cr17Ni14Mo2		00Cr17Ni14Mo2		ZG03Cr19Ni11Mo2 / CF3M	GB/T 16253 / GB/T 12230	00Cr17Ni14Mo2	
14.0	316	0Cr17Ni12Mo2		0Cr17Ni12Mo2		ZG07Cr19Ni11Mo2 / CF8M	GB/T 16253 / GB/T 12230	0Cr17Ni12Mo2	

注：1. 表列钢板仅适用于法兰盖和板式法兰。

2. 表列铸件仅适用于整体法兰。

3. 表列钢管仅适用于采用钢管制造的奥氏体不锈钢翻边环。

4. Q235A 仅适用于 PN1.0MPa（包括 PN1.0MPa）以下的法兰和法兰盖。

表 2-28　公称压力等级属于美洲体系的钢制管法兰用材料

材料组别	材料类别	钢板 钢号	钢板 标准号	锻件 钢号	锻件 标准号	铸件 钢号	铸件 标准号	钢管 钢号	钢管 标准号
1.0	Q235	Q235B	GB/T 3274 (GB/T 700)	—					
1.0	20	20	GB/T 711	20	JB 4726	WCA	GB/T 12229		
		20R	GB 6654						
1.1	WCB	—	—	—	—	WCB	GB/T 12229		
1.2	WCC	—	—	—	—	WCC	GB/T 12229		
1.3	16Mn	16MnR	GB 6654	16Mn	JB 4726	ZG210/450AG	GB/T 16253		
		16MnDR	GB 3531	16MnD	JB 4727				
1.4	09Mn	09Mn2VDR	GB 3531	09Mn2VD	JB 4727	LCB	JB/T 7248		
		09MnNiDR		09MnNiD					
1.9a	1Cr-0.5Mo	15CrMoR	GB 6651	15CrMo	JB 4726	ZG15Cr1Mo	GB/T 16253		
1.10	2¼Cr-1Mo	12Cr2Mo1R	GB 150 附录 A (GB 6651)	12Cr2Mo1	JB 4726	ZG12Cr2Mo1G	GB/T 16253		
1.13	5Cr-0.5Mo	—		1Cr5Mo	JB 4726	ZG16Cr5MoG	GB/T 16253		

材料组号	材料类别	钢板 钢号	钢板 标准号	锻件 钢号	锻件 标准号	铸件 钢号	铸件 标准号	钢管 钢号	钢管 标准号
2.1	304	0Cr18Ni9	GB 4237	0Cr18Ni9	JB 4728	ZG07Cr20Ni10	GB/T 16253	0Cr18Ni9	GB/T 14976 HG 20537
						CF8	GB/T 12230		
2.2	316	0Cr17Ni12Mo2	GB 4237	0Cr17Ni12Mo2	JB 4728	ZG07Cr19Ni11Mo2	GB/T 16253	0Cr17Ni12Mo2	GB/T 14976 HG 20537
						CF8M	GB/T 12230		
	304L	00Cr19Ni10	GB 4237	00Cr19Ni10	JB 4728	ZG03Cr18Ni10	GB/T 16253	00Cr19Ni10	GB/T 14976 HG 20537
						CF3	GB/T 12230		
2.3	316L	00Cr17Ni14Mo2	GB 4237	00Cr17Ni14Mo2	JB 4728	ZG03Cr19Ni10Mo2	GB/T 16253	00Cr17Ni14Mo2	GB/T 14976 HG 20537
						CF3M	GB/T 12230		
2.4	321	0Cr18Ni10Ti (1Cr18Ni9Ti)	GB 4237	0Cr18Ni10Ti (1Cr18Ni9Ti)	JB 4728	ZG08Cr20Ni10Nb	GB/T 16253	0Cr18Ni10Ti (1Cr18Ni9Ti)	GB/T 14976 HG 20537
						CF8C	GB/T 12230		

注: 1. 表列钢板仅适用于法兰盖法兰和板式法兰。

2. 表列铸件仅适用于整体法兰。

3. 表列钢管仅适用于采用钢管制造的奥氏体不锈钢翻边环。

2.7.3.1 材料

公称压力等级属于欧洲体系的钢制管法兰用材料应符合表2-27的规定；公称压力等级属于美洲体系的钢制管法兰用材料应符合表2-28的规定。

法兰材料的化学成分、力学性能、使用温度和其他技术要求应符合表 2-27 和表 2-28 所列有关标准的规定。

锻件（包括锻轧件）的级别及其技术要求应符合 JB 4726～4728 的相应要求。

① 公称压力 $PN \leqslant 2.0$MPa 的法兰用低碳钢和奥氏体不锈钢锻件，允许采用 I 级锻件。

② 公称压力 $PN \leqslant 5.0$MPa 的法兰用锻件应符合 II 级或 II 级以上锻件的要求，①和③规定除外。

③ 符合下列情况之一者，法兰用锻件应符合 III 级锻件的要求：a. 公称压力 $PN \geqslant 10.0$MPa 的法兰用锻件；b. 公称压力 $PN \geqslant 5.0$MPa 的法兰用铬钼钢锻件；c. 公称压力 $PN \geqslant 2.5$MPa 且工作温度低于或等于 -20℃ 的法兰用铁素体钢锻件。

2.7.3.2 法兰连接密封面

① 法兰密封面的加工表面粗糙度应符合表 2-29 的规定。根据供需双方协商，用户也可按表 2-30 的规定选用密封面表面粗糙度，

表 2-29 未注要求时密封面的表面粗糙度

密封面形式	密封面代号	$Ra/\mu m$		密纹水线尺寸/mm		
		min	max	深度	水线节距	加工刀具圆角
全平面、突面、凹凸面	FF、RF、FM	3.2	6.3	—		
全平面 突面 （加工密纹水线，仅用于软垫片）	FF(A) RF(A)	3.2	12.5	0.05	0.8	1.6
榫槽面	TG	0.8	3.2			
环连接面	RJ	0.4	1.6			

表 2-30　订货要求时密封面的表面粗糙度

垫片形式	$Ra/\mu m$	垫片形式		$Ra/\mu m$
非金属平垫片	6.3、12.5(加工水线)	金属包覆垫片	碳钢	1.6、3.2
柔性石墨复合垫片	6.3、12.5(加工水线)		不锈钢	0.8、1.6
聚四氟乙烯包覆垫片	6.3、12.5(加工水线)	金属环垫	碳钢、铬钢	0.8、1.6
齿形组合垫片	3.2、6.3		不锈钢	0.4、0.8
缠绕式垫片	3.2、6.3			

但应在订货合同中注明。环连接密封面的环槽最低硬度值应比所用的金属环垫的最大硬度值高 30HB。

② 突面法兰的密封面允许按 $f \times 45°$ 倒角（f 为密封面高度）。

③ 当使用非金属软垫片时，突面法兰密封面上允许加工水线，但应在订货合同中注明。

2.7.3.3　法兰连接用螺栓

用户应根据法兰的压力、温度、材料和所选择的垫片来选择螺栓材料，以保证法兰连接在预期的操作条件下保持紧密。

螺纹规格小于或等于 M45 的螺栓，建议使用 GB/T 193 中的粗牙系列；螺纹规格大于或等于 M48 的螺栓，建议使用 GB/T 193 中相同螺距为 4mm 的细牙系列。

2.7.3.4　法兰颈

带颈的平焊、对焊、螺纹、承插焊和松套法兰，其法兰颈应为圆柱形。允许在法兰颈外侧具有不超过 7°的拔模斜度。

法兰与钢管焊接的坡口形式及尺寸规定如下。

① 板式平焊法兰和平焊环松套板式法兰与钢管连接的焊接接头形式和坡口尺寸应符合图 2-26 和

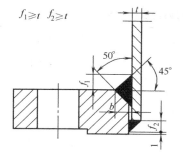

图 2-26　平焊法兰坡口
尺寸示意图

t—管子公称壁厚；b—坡口宽度

126

表 2-31 的规定。

表 2-31　法兰坡口尺寸　　　　　　　　　　mm

公称尺寸 DN	10～20	25～50	85～150	200	250～300	350～600
坡口宽度 b	4	5	6	8	10	12
公称尺寸 DN	700～1200	1400	1600	1800	2000	
坡口宽度 b	13	14	16	18	20	

②　小于或等于 $PN2.5MPa$ 的带颈平焊法兰与钢管连接的焊接
接头形式和坡口尺寸应符合图 2-27 和表 2-32 的规定。

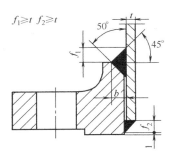

图 2-27　带颈平焊法兰坡口
尺寸示意图
t—管子公称壁厚；b—坡口宽度

表 2-32　小于或等于 $PN2.5MPa$ 法兰坡口尺寸　　　　mm

公称尺寸 DN	10～20	25～50	85～150	200	250～300	350～600
坡口宽度 b	4	5	6	8	10	12

③　大于或等于 $PN4.0MPa$ 的带颈平焊法兰与钢管连接的焊接
接头形式和坡口尺寸应符合图 2-27 和表 2-33 的规定。

④　对焊法兰的焊接坡口形式及尺寸应符合图 2-28 的规定。

⑤　当法兰与薄壁、高强度管子连接时，其焊接坡口形式及尺
寸应符合图 2-29 的规定。

表 2-33　大于或等于 *PN*4.0MPa 法兰坡口尺寸　　　　mm

公称尺寸 *DN*	10～20	25～50	85～100	125～150	200～250
坡口宽度 *b*	4	5	6	8	10
公称尺寸 *DN*	300～350	400	450	500	600
坡口宽度 *b*	14	14	16	18	20

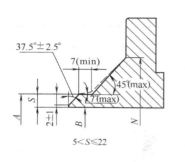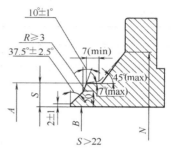

图 2-28　对焊法兰坡口尺寸示意图

A—焊颈端部外径（管子外径）；*B*—法兰内径（等于管子的公称内径）；

S—法兰焊端壁厚（等于管子的公称壁厚）

　　⑥ 承插焊法兰与钢管连接的焊接坡口形式及尺寸应符合图 2-30 的规定。

　　⑦ 对焊环松套法兰和翻边环板式松套法兰的翻边环与钢管连接的焊接坡口形式及尺寸应符合图 2-31 的规定。

2.7.4　整体钢制管法兰（GB/T 9113—2010）

　　整体法兰广泛应用于阀门、泵和配管设计中。法兰的密封面形式有平面、突面、凹凸面、榫槽面和环连接面五种。适用于公称压力为 *PN*2.5～*PN*400 以及 Class 150～Class 2500 的整体钢制管法兰。

2.7.4.1　用 *PN* 标记的整体钢制管法兰的形式与尺寸

　　用 *PN* 标记的整体钢制管法兰的密封面形式及适用的公称压力和公称尺寸范围如表 2-34 所示。

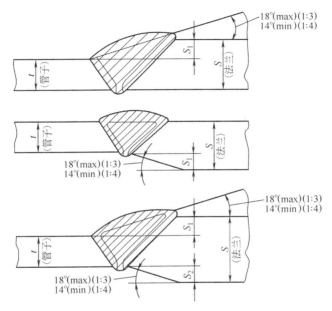

图 2-29 法兰与薄壁、高强度管子连接时的
坡口尺寸示意图

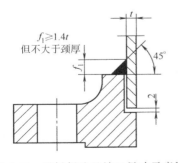

图 2-30 承插焊法兰坡口尺寸示意图
t—管子公称壁厚

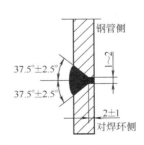

图 2-31 翻边环与钢管焊接的
法兰的坡口尺寸示意图

129

表 2-34　整体钢制管法兰的密封面形式及适用的公称压力和公称尺寸范围

密封面型式	公称压力											
	PN 2.5	PN 6	PN 10	PN 16	PN 25	PN 40	PN 53	PN 100	PN 160	PN 250	PN 320	PN 400
平面 (FF)	—	DN10~DN2000				DN10~DN500						
突面 (RF)	—	DN10~DN2000				DN10~DN600	DN10~DN400	DN10~DN350	DN10~DN300		DN10~DN250	DN10~DN200
凹凸面 (MF)	—		DN10~DN2000			DN10~DN600	DN10~DN400	DN10~DN350	DN10~DN300		DN10~DN250	DN10~DN200
榫槽面 (TG)	—		DN10~DN2000			DN10~DN600	DN10~DN400	DN10~DN350	DN10~DN300		DN10~DN250	DN10~DN200
O形圆面 (OSG)	—		DN10~DN2000			DN10~DN600						
环连接面 (RJ)							DN15~DN400	DN15~DN350	DN15~DN300		DN15~DN250	DN15~DN200

2.7.4.2 整体钢制管法兰结构图

限于篇幅，整体钢制管法兰只给出国家标准编号及名称、公称压力及相应的公称尺寸范围、法兰结构图示。如表 2-35 所示。具体的法兰尺寸参数请根据提供的国家标准编号查阅对应的国家标准。

表 2-35 国标钢制管法兰

序号	国家标准编号及名称	适用范围	法兰结构图示
1	GB/T 9113—2010 平面、突面整体钢制管法兰	适用于公称压力及公称尺寸： $PN2.5$：$(DN10\sim DN2000)$ $PN6$：$(DN10\sim DN2000)$ $PN10$：$(DN10\sim DN2000)$ $PN16$：$(DN10\sim DN2000)$ $PN25$：$(DN10\sim DN2000)$ $PN40$：$(DN10\sim DN600)$	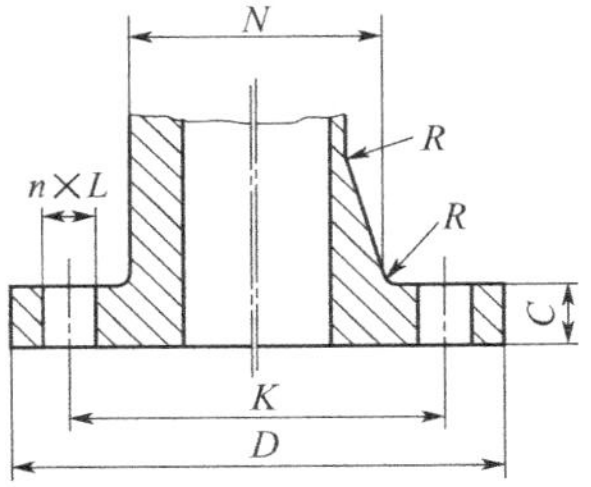 平面(FF)整体钢制管法兰
		适用于公称压力及公称尺寸： $PN2.5$：$(DN10\sim DN2000)$ $PN6$：$(DN10\sim DN2000)$ $PN10$：$(DN10\sim DN2000)$ $PN16$：$(DN10\sim DN2000)$ $PN25$：$(DN10\sim DN2000)$ $PN40$：$(DN10\sim DN600)$ $PN63$：$(DN10\sim DN400)$ $PN100$：$(DN10\sim DN300)$ $PN160$：$(DN10\sim DN300)$ $PN250$：$(DN15\sim DN300)$ $PN320$：$(DN10\sim DN250)$ $PN400$：$(DN10\sim DN200)$	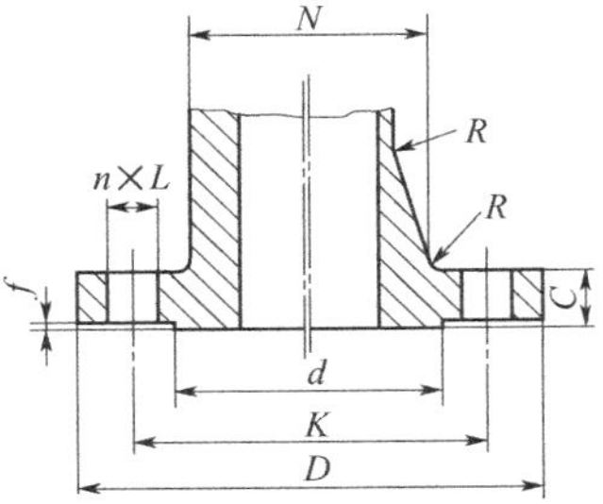 突面(RF)整体钢制管法兰

序号	国家标准编号及名称	适用范围	法兰结构图示
2	GB/T 9113—2010 凹凸面整体钢制管法兰	适用于公称压力及公称尺寸： $PN10(DN10\sim DN2000)$ $PN16:(DN10\sim DN2000)$ $PN25:(DN10\sim DN2000)$ $PN40:(DN10\sim DN600)$ $PN63:(DN10\sim DN400)$ $PN100:(DN10\sim DN350)$ $N160:(DN10\sim DN300)$ $PN250:(DN15\sim DN300)$ $PN320:(DN10\sim DN250)$ $PN400:(DN10\sim DN200)$	 凹凸面(MF)整体钢制管法兰
3	GB/T 9113—2010 榫槽面整体钢制管法兰	适用于公称压力及公称尺寸： $PN10(DN10\sim DN2000)$ $PN16:(DN10\sim DN2000)$ $PN25:(DN10\sim DN2000)$ $PN40:(DN10\sim DN600)$ $PN63:(DN10\sim DN400)$ $PN100:(DN10\sim DN350)$ $N160:(DN10\sim DN300)$ $PN250:(DN15\sim DN300)$ $PN320:(DN10\sim DN250)$ $PN400:(DN10\sim DN200)$	 榫槽面(TG)整体钢制管法兰

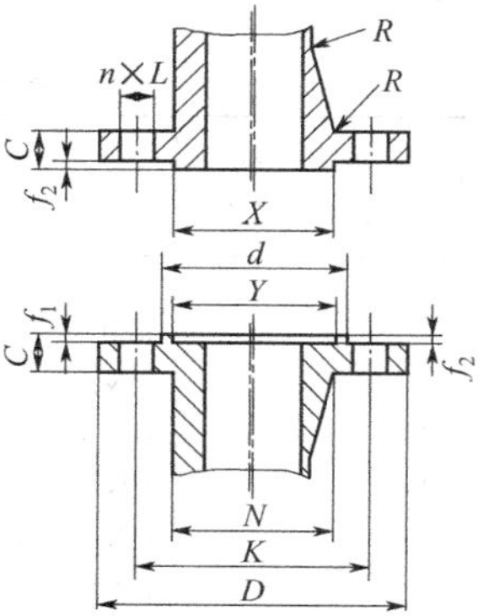

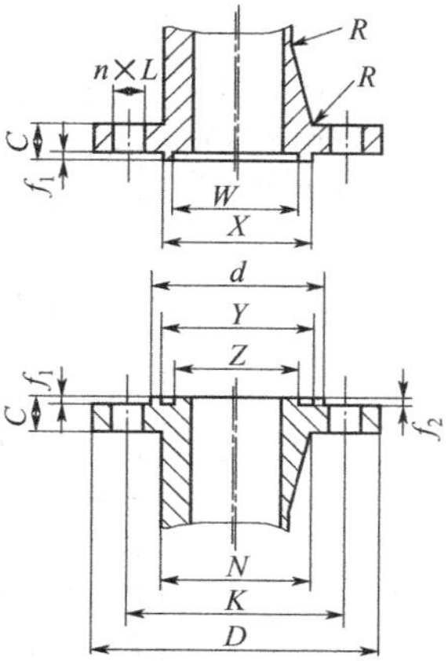

2.7.5 带颈螺纹钢制管法兰（GB/T 9114—2010）

螺纹法兰是工程建设中广泛使用的法兰结构形式之一，具有现场安装方便，不需焊接的优点。由于螺纹法兰的结构特性，使其不宜用于易燃、易爆以及极度危害的场合。螺纹法兰为突面密封形式。适用于公称压力 $PN6 \sim PN100$ 以及 Class 150～Class 2500 的带颈螺纹钢制管法兰。

2.7.5.1 标记

① 公称尺寸 $DN80$、公称压力 $PN10$、突面（RF）带颈螺纹钢制管法兰（Th）、螺纹采用 55°圆锥管螺纹（Rc）、材料为 20 钢，其标记为：

法兰 $DN80—PN10$ Th RF Rc 20 GB/T 9114

② 公称尺寸 NPS8（$DN200$）、公称压力 Class300、突面带颈螺纹钢制管法兰（Th）、螺纹采用 60°圆锥管螺纹（NPT）、材料为 0Cr19Ni10，其标记为：

法兰 NPS8（或 $DN200$）- Class300 Th RF NPT 0Cr19Ni10 GB/T 9114

2.7.5.2 带颈螺纹钢制管法兰结构图

① 适用于 $PN6$、$PN10$、$PN16$、$PN25$、$PN40$ 平面（FF）带颈螺纹钢制管法兰如图 2-32 所示。

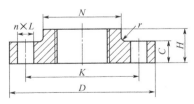

图 2-32 平面（FF）带颈螺纹钢制管法兰

② 适用于 $PN6$、$PN10$、$PN16$、$PN25$、$PN40$、$PN63$、$PN100$ 突面（RF）带颈螺纹钢制管法兰结构如图 2-33 所示。

③ 适用于 Class150、Class300、Class600、Class900、Class1500 和 Class2500 突面（RF）带颈螺纹钢制管法兰结构如图 2-34 所示。

133

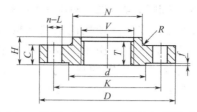

图 2-33　突面（RF）带颈螺纹钢制管法兰

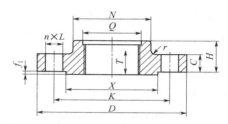

图 2-34　突面（RF）带颈螺纹钢制管法兰

2.7.6　对焊钢制管法兰（GB/T 9115—2010）

对焊法兰又叫高颈法兰，适用于压力、温度较高和管子直径较大的场合。对焊法兰的密封形式有平面、突面、凹凸石、榫槽面和环连接面等五种。适用于公称压力为 $PN2.5$-$PN400$ 以及 Class 150-Class 2500 的对焊钢制管法兰。

2.7.6.1　标记

① 公称尺寸 $DN400$、公称压力 $PN25$、突面（RF）对焊钢制管法兰（WN）、配用米制管（系列Ⅱ）、材料为 Q235 其标记为：

法兰 $DN400$-$PN25$ WN RF Ⅱ Q235 GB/T 9115

② 公称尺寸 NPS6（$DN150$）、公称压力 Class900、环连接面（RJ）对焊钢制管法兰（WN）、英制管、管表号 Sch20、材料为 06Cr17Ni12Mo2，其标记为：

法兰 NPS6（或 $DN150$）-Class900　WN RJ　Sch2006Cr17Ni12Mo2 GB/T 9115

2.7.6.2　对焊钢制管法兰结构图

① 适用于 $PN2.5$、$PN6$、$PN10$、$PN16$、$PN25$、$PN40$ 平

面（FF）对焊钢制管法兰结构如图 2-35 所示。

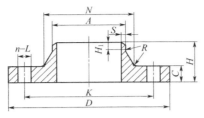

图 2-35　平面（FF）对焊钢制管法兰

② 适用于 $PN2.5$、$PN6$、$PN10$、$PN16$、$PN25$、$PN40$、$PN63$、$PN100$、$PN160$、$PN250$、$PN320$、$PN400$ 突面（RF）对焊钢制管法兰结构如图 2-36 所示。

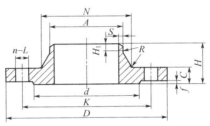

图 2-36　突面（RF）对焊钢制管法兰

③ 适用于 $PN10$、$PN16$、$PN25$、$PN40$、$PN63$、$PN100$、$PN160$、$PN250$、$PN320$、$PN400$ 凹凸面（MF）对焊钢制管法兰结构如图 2-37 所示。

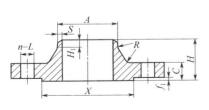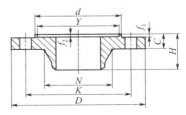

图 2-37　凹凸面（MF）对焊钢制管法兰

④ 适用于 $PN10$、$PN16$、$PN25$、$PN40$、$PN63$、$PN100$、

$PN160$、$PN250$、$PN320$、$PN400$ 榫槽面（TG）对焊钢制管法兰结构如图 2-38 所示。

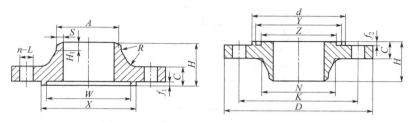

图 2-38　榫槽面（TG）对焊钢制管法兰

⑤ 适用于 $PN10$、$PN16$、$PN25$、$PN40$ O 形圈（OSG）对焊钢制管法兰结构如图 2-39 所示。

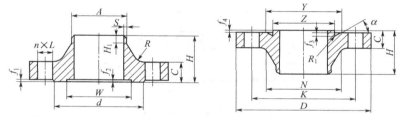

图 2-39　O 形圈（OSG）对焊钢制管法兰

⑥ 适 用 于 $PN63$、$PN100$、$PN160$、$PN250$、$PN320$、$PN400$ 环连接面（RJ）对焊钢制管法兰结构如图 2-40 所示。

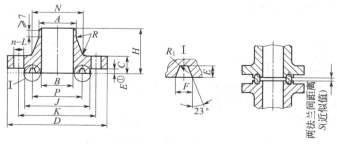

图 2-40　环连接面（RJ）对焊钢制管法兰

136

⑦ 适用于 Class150 平面（FF）对焊钢制管法兰结构如图 2-41 所示。

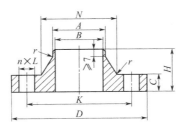

图 2-41　平面（FF）对焊钢制管法兰

⑧ 适用于 Class150、Class300、Class600、Class900、Class1500 和 Class2500 突面（RF）对焊钢制管法兰结构如图 2-42 所示。

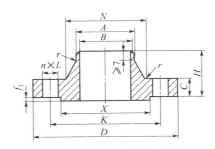

图 2-42　突面（RF）对焊钢制管法兰

2.7.7　带颈平焊钢制管法兰（GB/T 9116—2010）

平面平焊法兰简称平焊法兰，是管道工程中最常用的一种法兰，适用于公称压力为 $PN6$-$PN100$ 以及 Class 150-Class 1500 的碳素钢及不锈耐酸钢管道连接。

带颈平焊法兰与带颈对焊法兰相比，颈部高度较低，所以法兰的生产采用滚轧或模锻工艺，比高颈法兰简单。法兰上增加了短颈，对提高法兰的刚度、改善法兰的承载能力都大有益处。带颈平焊钢制管法兰。在引进的石油化工装置中普遍使用。带颈平焊法兰采用角焊或部分焊透填角焊缝的结构，现场安装较方便，对施工单位可省略焊缝拍片探伤的工序，所以较受欢迎。带颈平焊法兰不应使用于有频繁的大幅度温度循环的配管系统。

2.7.7.1 标记

① 公称尺寸 $DN200$、公称压力 $PN100$、凹凸面（MFM）带颈平焊钢制管法兰（SO）、配用米制管（系列 Ⅱ）、材料为 06Cr19Ni10 其标记为：

法兰 $DN200$- $PN100$ SO MFM Ⅱ 06Cr19Ni10 GB/T 9116

② 公称尺寸 NPS12（$DN300$）、公称压力 Class300、凸面（RF）带颈平焊钢制管法兰（SO）、配用英制管、材料为 06Cr17Ni12Mo2，其标记为：

法兰 NPS12（或 $DN300$）-Class300 SO RF 06Cr17Ni12Mo2 GB/T 9116

2.7.7.2 带颈平焊钢制管法兰结构图

① 适用于 $PN6$、$PN10$、$PN16$、$PN25$、$PN40$ 平面（FF）带颈平焊钢制管法兰结构，如图 2-43 所示。

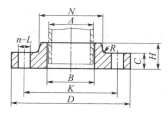

图 2-43 平面（FF）带颈平焊钢制管法兰

② 适用于 $PN6$、$PN10$、$PN16$、$PN25$、$PN40$、$PN63$、$PN100$ 突面（RF）带颈平焊钢制管法兰结构，如图 2-44 所示。

③ 适用于 $PN10$、$PN16$、$PN25$、$PN40$、$PN63$、$PN100$ 凹凸面（MF）带颈平焊钢制管法兰结构，如图 2-45 所示。

④ 适用于 $PN10$、$PN16$、$PN25$、$PN40$、$PN63$、$PN100$ 榫槽面（TG）带颈平焊钢制管法兰结构，如图 2-46 所示。

⑤ 适用于 $PN10$、$PN16$、$PN25$、$PN40$ O 形圈（OSG）带颈平焊钢制管法兰结构，如图 2-47 所示。

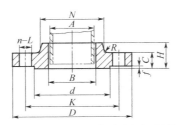

图 2-44　突面（RF）带颈平焊钢制管法兰

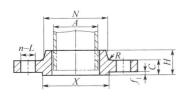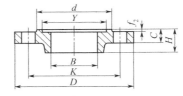

图 2-45　凹凸面（MF）带颈平焊钢制管法兰

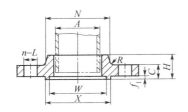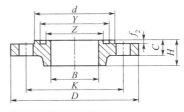

图 2-46　榫槽面（TG）带颈平焊钢制管法兰

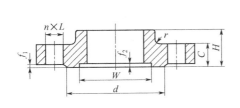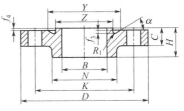

图 2-47　O 形圈（OSG）带颈平焊钢制管法兰

⑥ 适用于 Class150 平面（FF）带颈平焊钢制管法兰结构，如图 2-48 所示。

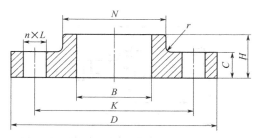

图 2-48　平面（FF）带颈平焊钢制管法兰

⑦ 适用于 Class150、Class300、Class600、Class900、Class1500 突面（RF）带颈平焊钢制管法兰结构如图 2-49 所示。

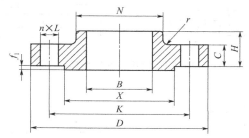

图 2-49　突面（RF）带颈平焊钢制管法兰

⑧ 适用于 Class150、Class300、Class600、Class900、Class1500 环连接面（RJ）带颈平焊钢制管法兰结构如图 2-50 所示。

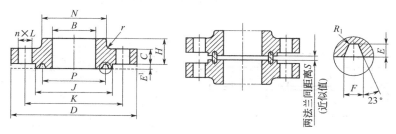

图 2-50　环连接面（RJ）带颈平焊钢制管法兰

2.7.8　带颈承插焊钢制管法兰（GB/T 9117—2010）

带颈承插焊钢制管法兰与带颈平焊钢制管法兰的特点与应用场

合基本相同。法兰的密封形式有突面、凹凸面、榫槽面、环连接面四种。适用于公称压力为 $PN10\sim PN100$ 以及 Class 150～Class 1500 的带颈承插焊钢制管法兰。

2.7.8.1 标记

① 公称尺寸 $DN50$、公称压力 $PN25$、突面（RF）带颈承插焊钢制管法兰（SW）、材料为 0Cr18Ni9，其标记为：

法兰 $DN50$- $PN25$ SW RF MFM Ⅱ 0Cr18Ni9 GB/T 9117

② 公称尺寸 NPS3（$DN80$）、公称压力 Class 600、环连接面（RJ）带颈承插焊钢制管法兰（SW）、管表号 Sch80、材料为 06Cr17Ni12Mo2，其标记为：

法兰 NPS3（或 $DN80$）- Class 600 SW RJ   06Cr17Ni12Mo2 GB/T 9117

2.7.8.2 带颈承插焊钢制管法兰结构图

① 适用于 $PN10$、$PN16$、$PN25$、$PN40$ 平面（FF）带颈承插焊钢制管法兰结构如图 2-51 所示。

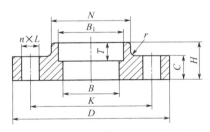

图 2-51　平面（FF）带颈承插焊钢制管法兰

② 适用于 $PN10$、$PN16$、$PN25$、$PN40$、$PN63$、$PN100$ 突面（RF）带颈承插焊钢制管法兰结构如图 2-52 所示。

③ 适用于 $PN10$、$PN16$、$PN25$、$PN40$、$PN63$、$PN100$ 凹凸面（MF）带颈承插焊钢制管法兰结构如图 2-53 所示。

④ 适用于 $PN10$、$PN16$、$PN25$、$PN40$、$PN63$、$PN100$ 榫槽面（TG）带颈承插焊钢制管法兰结构如图 2-54 所示。

⑤ 适用于 $PN10$、$PN16$、$PN25$、$PN40$ O 形圈（OSG）带

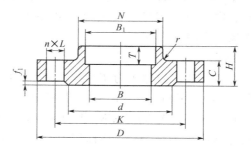

图 2-52 突面（RF）带颈承插焊钢制管法兰

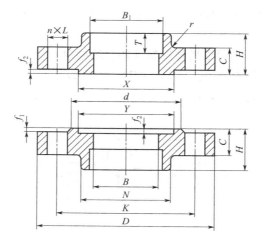

图 2-53 凹凸面（MF）带颈承插焊钢制管法兰

颈承插焊钢制管法兰结构如图 2-55 所示。

⑥ 适用于 Class150 平面（FF）带颈承插焊钢制管法兰结构如图 2-56 所示。

⑦ 适用于 Class150、Class300、Class600、Class900、Class1500 突面（RF）带颈承插焊钢制管法兰结构如图 2-57 所示。

⑧ 适用于 Class150、Class300、Class600、Class900、Class1500 环连接面（RJ）带颈承插焊钢制管法兰结构如图 2-58 所示。

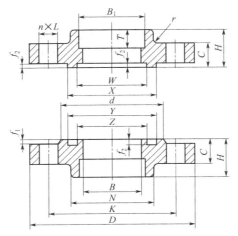

图 2-54　榫槽面（TG）带颈承插焊钢制管法兰

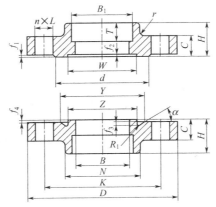

图 2-55　O 形圈（OSG）带颈承插焊钢制管法兰

2.7.9　对焊环带颈松套钢制管法兰（GB/T 9118—2010）

对焊环带颈松套法兰主要适用于具有腐蚀性介质的管道系统。法兰和对焊环可以采用不同的材料，所以能节省不锈钢的用量，降低法兰成本，提高使用性能。法兰的密封形式有突面和环连接面。适用于公称压力 Class 150～Class 2500 的对焊环带颈松套钢制管

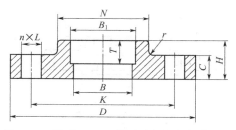

图 2-56 平面（FF）带颈承插焊钢制管法兰

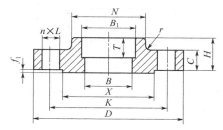

图 2-57 突面（RF）带颈承插焊钢制管法兰

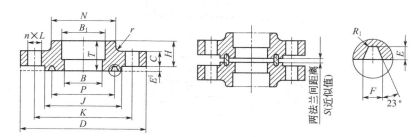

图 2-58 环连接面（RJ）带颈承插焊钢制管法兰

法兰。

2.7.9.1 标记

① 公称尺寸 NPS20（DN500）、公称压力 Class 150、突面（RF）管表号 Sch40、材料为 06Cr19Ni10，其标记为：

法兰 NPS20 （或 DN500）-Class 150 HL/W RF Sch40 06Cr19Ni10 GB/T 9118

② 公称尺寸 NPS10（$DN250$）、公称压力 Class 2500、环连接面（RJ）对焊环带颈松套钢制管法兰（HL/W）、管表号 Sch160、材料：松套法兰 20、对焊环 06Cr17Ni12Mo2，其标记为：

法兰 NPS10（或 $DN250$)-Class 2500　HL/W RJ Sch160 20/06Cr17Ni12Mo2 GB/T 9118

2.7.9.2　对焊环带颈松套钢制管法兰结构图

① 适用于 Class150、Class300、Class600、Class900、Class1500、Class2500 突面（RF）对焊环带颈松套钢制管法兰结构如图 2-59 所示。

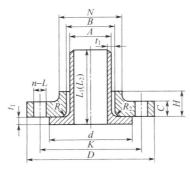

图 2-59　突面（RF）对焊环带颈松套钢制管法兰

② 适用于 Class150、Class300、Class600、Class900、Class1500、Class2500 环连接面（RJ）对焊环带颈松套钢制管法兰结构如图 2-60

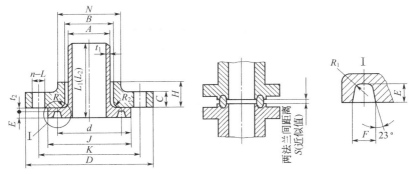

图 2-60　环连接面（RJ）对焊环带颈松套钢制管法兰

所示。

2.7.10 板式平焊钢制管法兰（GB/T 9119—2000）

板式平焊法兰，取材方便，由于板式平焊法兰的刚性较差，在螺栓力作用下，法兰变形引起密封面的转角而导致接头泄漏，因此板式平焊法兰不得用于有毒、易燃、易爆和较高真空度要求的化工工艺配管系统和高度、极度危险的场合。密封形式有突面和平面两种。适用于公称压力 $PN2.5 \sim PN100$ 的板式平焊钢制管法兰。

2.7.10.1 标记

① 公称尺寸 $DN600$、公称压力 $PN16$、平面（FF）板式平焊钢制管法兰（PL）、配用米制管（系列Ⅱ）、材料为 Q235A，其标记为：

法兰 $DN600$-$PN16$ PL FF Ⅱ Q235A GB/T 9119

② 公称尺寸 $DN150$、公称压力 $PN100$、突面（RF）板式平焊钢制管法兰（PL）、配用英制管（系列Ⅰ）、材料为 06Cr19Ni10，其标记为：

法兰 NPS150（或 $DN100$）PL RF   06Cr19Ni10 GB/T 9119

2.7.10.2 平焊钢制管法兰结构图

① 适用于 $PN2.5$、$PN6$、$PN10$、$PN16$、$PN25$、$PN40$ 平面（FF）板式平焊钢制管法兰结构如图 2-61 所示。

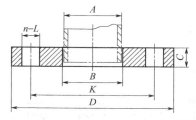

图 2-61 平面（FF）板式平焊钢制管法兰

② 适用于 $PN2.5$、$PN6$、$PN10$、$PN16$、$PN25$、$PN40$、$PN63$、$PN100$ 突面（RF）板式平焊钢制管法兰结构如图 2-62 所示。

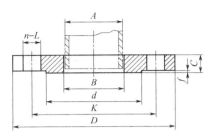

图 2-62 突面（RF）板式平焊钢制管法兰

2.7.11 对焊环板式松套钢制管法兰（GB/T 9120—2010）

对焊环松套法兰主要适用于具有腐蚀性介质的管道系统。法兰和对焊环可以采用不同材料，可节省不锈钢的用量，降低法兰成本，提高使用性能。法兰的密封形式有突面、凹凸面、榫槽面三种，适用于公称压力 $PN2.5 \sim PN40$ 的对焊环板式松套钢制管法兰。

2.7.11.1 标记

① 公称尺寸 $DN300$、公称压力 $PN16$、突面（RF）A 型对焊环板式松套钢制管法兰（PL/W）、配用米制管（系列Ⅱ）、材料为 Q235A，其标记为：

法兰 $DN300$- $PN16$ PL/W-A RF Ⅱ Q235A GB/T 9120

② 公称尺寸 $DN600$、公称压力 $PN25$、榫槽面（TG）B 对焊环板式松套钢制管法兰（PL/W）、配用英制管（系列Ⅰ）、材料为 06Cr17Ni12Mo2，其标记为：

法兰 $DN600$—$PN25$ PL/W-B TG Ⅰ 06Cr17Ni12Mo2 GB/T 9120

2.7.11.2 对焊环板式松套钢制管法兰结构图

① 适用于 $PN10$、$PN16$、$PN25$、$PN40$ A 型突面（RF）对焊环板式松套钢制管法兰结构如图 2-63 所示。

② 适用于 $PN10$、$PN16$、$PN25$、$PN40$ A 型凹凸面（MFM）对焊环板式松套钢制管法兰结构如图 2-64 所示。

③ 适用于 $PN10$、$PN16$、$PN25$、$PN40$ A 型榫槽面（TG）

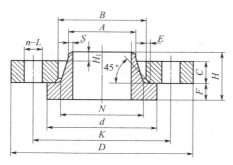

图 2-63 A 型突面（RF）对焊环板式松套钢制管法兰

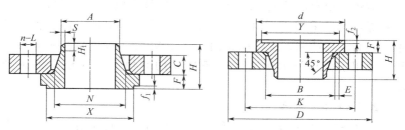

图 2-64 A 型凹凸面（MFM）对焊环板式松套钢制管法兰

对焊环板式松套钢制管法兰结构如图 2-65 所示。

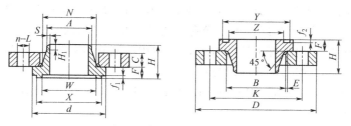

图 2-65 A 型榫槽面（TG）对焊环板式松套钢制管法兰

④ 适用于 $PN10$、$PN16$、$PN25$、$PN40$ A 型 O 形圈（OSG）对焊环板式松套钢制管法兰结构如图 2-66 所示。

2.7.12 平焊环板式松套钢制管法兰（GB/T 9121—2010）

平焊环松套法兰的制作较为简单，尤其适合设备制造厂单件生

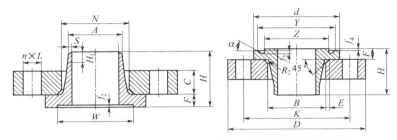

图 2-66   A 型 O 形圈（OSG）对焊环板式松套钢制管法兰

产，避免单件、小批采购困难。主要适用于有腐蚀介质的管道系统。法兰和平焊环可以采用不同的材料，可节省不锈钢的用量，降低法兰成本，提高使用性能。平焊环现场组焊，不易保证密封面的尺寸精度且给施工带来麻烦。法兰的密封形式有突面、凹凸面和榫槽面三种。适用于公称压力 $PN2.5 \sim PN40$ 的平焊环板式松套钢制管法兰。

2.7.12.1   标记

① 公称尺寸 $DN250$、公称压力 $PN16$、突面（RF）平焊环板式松套钢制管法兰（PL/C）、配用米制管（系列 Ⅱ）、材料为 Q235A，其标记为：

法兰 $DN250$- $PN16$ PL/C   RF Ⅱ Q235A GB/T 9121

② 公称尺寸 $DN400$、公称压力 $PN40$、凹凸面（MF）平焊环板式松套钢制管法兰（PL/C）、配用英制管（系列Ⅰ）、材料为 06Cr19Ni10，其标记为：

法兰 $DN600$— $PN25$ PL/W-B TG Ⅰ 06Cr19Ni10 GB/T 9121

2.7.12.2   平焊环板式松套钢制管法兰结构图

① 适用于 $PN2.5$、$PN6$、$PN10$、$PN16$、$PN25$、$PN40$ 突面（RF）平焊环板式松套钢制管法兰结构如图 2-67 所示。

② 适用于 $PN10$、$PN16$、$PN25$、$PN40$ 凹凸面（MFM）平焊环板式松套钢制管法兰结构如图 2-68 所示。

③ 适用于 $PN10$、$PN16$、$PN25$、$PN40$ 榫槽面（TG）平焊环板式松套钢制管法兰结构如图 2-69 所示。

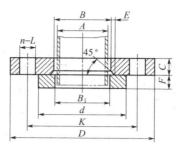

图 2-67 突面（RF）平焊环板式松套钢制管法兰

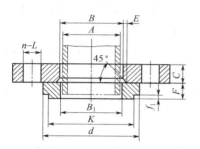
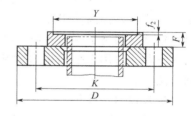

图 2-68 凹凸面（MFM）平焊环板式松套钢制管法兰

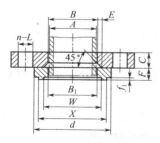
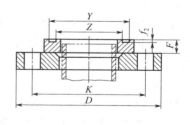

图 2-69 榫槽面（TG）平焊环板式松套钢制管法兰

④ 适用于 $PN10$、$PN16$、$PN25$、$PN40$ O 形圈（OSG）平焊环板式松套钢制管法兰结构如图 2-70 所示。

2.7.13 翻边环板式松套钢制管法兰（GB/T 9122—2010）

翻边松套法兰又称卷边松套法兰或翻边活动法兰，由于翻边表

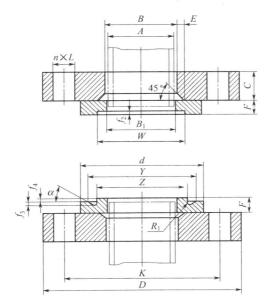

图 2-70　O 形圈（OSG）平焊环板式松套钢制管法兰

面不易进行机械加工，故密封性不高，仅适用于公称压力 PN
2.5～$PN16$ 的管端翻边板式松套钢制管法兰、翻边短节板式松套
钢制管法兰和长颈翻边短节板式松套钢制管法兰。

2.7.13.1　标记

① 公称尺寸 $DN150$、公称压力 $PN10$、A 型管端翻边板式松
套钢制管法兰（PL/P-A）、配用米制管（系列 Ⅱ）、法兰材料为
Q235A，其标记为：

　　法兰 $DN150$-$PN10$ PL/P-A　RF Ⅱ Q235A GB/T 9122

② 公称尺寸 $DN100$、公称压力 $PN6$、B 型翻边短节板式松套
钢制管法兰、配用英制管（系列 Ⅰ）、法兰材料为 Q235A，翻边短
节材料为 06Cr19Ni10，其标记为：

　　法兰 $DN100$—$PN6$ PL/P-A　RF　Q235A/06Cr19Ni10 GB/
T 9122

2.7.13.2 翻边环板式松套钢制管法兰结构图

适用于 $PN2.5$、$PN6$、$PN10$、$PN16$ A 型管端翻边板式松套钢制管法兰结构如图 2-71 所示。

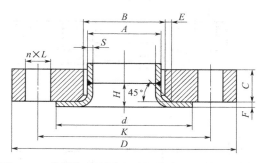

图 2-71 管端翻边板式松套钢制管法兰（A 型 RF）

2.7.14 钢制管法兰盖（GB/T 9123—2010）

法兰盖又称盲板，它的作用是封闭管路或隔断管路，主要用于管道端部或作封头用。为了与法兰匹配，基本是一种法兰配一个法兰盖，由此确定法兰盖的压力等级和密封面形式、公称尺寸。钢制管法兰盖的密封形式有平面、突面、凹凸面、榫槽面和环连接面五种。适用于公称压力 $PN2.5\sim PN160$ 以及 Class 150～Class 2500 的钢制管法兰盖。

2.7.14.1 标记

① 公称尺寸 $DN600$、公称压力 $PN25$、突面（RF）钢制管法兰盖（BL）、法兰材料为 Q235A，其标记为：

法兰 $DN600$-$PN25$ BL RF Q235A GB/T 9123

② 公称尺寸 NPS12（$DN300$）、公称压力 Class 900、环连接面（RJ）钢制管法兰盖（BL）、材料为 06Cr19Ni10，其标记为：

法兰 NPS12（或 $DN300$)-Class 900 BL RJ 06Cr19Ni10 GB/T 9123

2.7.14.2 钢制管法法兰盖结构图

① 适用于 $PN2.5$、$PN6$、$PN10$、$PN16$、$PN25$、$PN40$ 平

面（FF）钢制管法兰盖结构如图 2-72 所示。

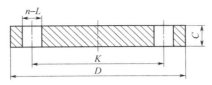

图 2-72　平面（FF）钢制管法兰盖

② 适用于 $PN2.5$、$PN6$、$PN10$、$PN16$、$PN25$、$PN40$、$PN63$、$PN100$ 突面（RF）钢制管法兰盖结构如图 2-73 所示。

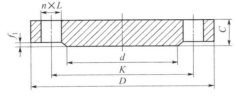

图 2-73　突面（RF）钢制管法兰盖

③ 适用于 $PN10$、$PN16$、$PN25$、$PN40$、$PN63$、$PN100$ 凹凸面（MF）钢制管法兰盖如图 2-74 所示。

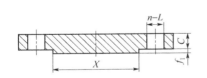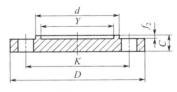

图 2-74　凹凸面（MF）钢制管法兰盖

④ 适用于 $PN10$、$PN16$、$PN25$、$PN40$、$PN63$、$PN100$ 榫槽面（TG）钢制管法兰盖如图 2-75 所示。

⑤ 适用于 $PN10$、$PN16$、$PN25$、$PN40$ O 形圈面（OSG）钢制管法兰盖如图 2-76 所示。

⑥ 适用于 $PN63$、$PN100$、$PN160$ 环连接面（RJ）钢制法兰盖如图 2-77 所示。

⑦ 适用于 Class150　平面（FF）钢制管法兰盖结构如图 2-78

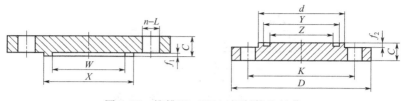

图 2-75　榫槽面（TG）钢制管法兰盖

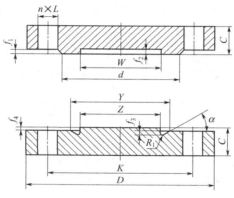

图 2-76　O 形圈面（OSG）钢制管法兰盖

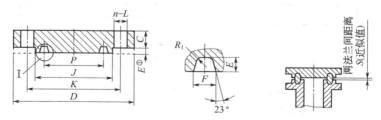

图 2-77　环连接面（RJ）钢制法兰盖

所示。

⑧ 适 用 于 Class150、Class300、Class600、Class900、Class1500、Class2500 突面（RF）钢制管法兰盖如图 2-79 所示。

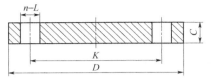

图 2-78 平面（FF）钢制管法兰盖

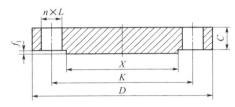

图 2-79 突面（RF）钢制管法兰盖

2.7.15 机械行业法兰标准简介

JB/T 74～86-2015《钢制管路法兰》标准是 JB/T 74～86.2—
1994《管路法兰》的修订版。JB/T 74～86—2015《钢制管路法
兰》系列标准将钢制管路法兰分为两个系列，其中系列Ⅰ法兰的尺
寸与 EN1092-1：2007 标准连接尺寸互换，但法兰适用的钢管外径
与 EN1092-1：2007 标准不同，另外本系列标准没有包括 EN 1092-
1：2007 的 $PN250$ 及 $PN400$ 三个公称压力等级，也没有包括 EN
1092-1：2007 的 O 型圈密封面形式。本标准的系列Ⅰ法兰尺寸与
GB/9112～9124 中相同形式、相同压力级的系列Ⅱ法兰尺寸相同，
本标准的系列Ⅰ法兰优先推荐使用，系列Ⅱ法兰尺寸与原标准系列
Ⅱ法兰的尺寸基本相同，适用于老设备的维修与更换。发布日期：
2015-10-10；实施日期：2016-03-01。目前有如下标准：

JB/T 74—2015《钢制管路法兰 技术条件》

JB/T 75—2015《钢制管路法兰》

JB/T 79—2015《整体钢制管路法兰》

JB/T 81—2015《板式平焊钢制管路法兰》

JB/T 82—2015《对焊钢制管路法兰》

JB/T 83—2015《平焊环板式松套钢制管路法兰》

JB/T 84—2015《对焊环板式松套钢制管路法兰》

JB/T 85—2015《翻边板式松套钢制管路法兰》

JB/T 86—2015《钢制管路法兰盖》

2.7.16　化工行业法兰标准简介

HG/T 20592～20635—2009《钢制管法兰》标准是 HG 20592～20635—1997《钢制管法兰》的修订版。本标准适用于公称压力 $PN2.5$-$PN160$ 的钢制管法兰和法兰盖；法兰公称压力等级采用 PN 表示，包括下列九个等级：$PN2.5$、$PN6$、$PN10$、$PN16$、$PN25$、$PN40$、$PN63$、$PN100$、$PN160$；公称尺寸和钢管外径。本标准适用的钢管外径包括 A、B 两个系列，A 系列为国际通用系列（俗称英制管）、B 系列为国内沿用系列（俗称公制管）；采用 B 系列钢管的法兰，应在公称尺寸 DN 的数值后标记"B"以示区别；但采用 A 系列钢管的法兰，不必在公称尺寸 DN 的数值后标记"A"；本标准也适用于采用法兰作为连接形式的阀门、泵、化工机械、管路附件和设备零部件；本标准不包括特殊流体工况下材料的选择原则。

2.7.17　石化行业法兰标准简介

SH/T 3406-2013《石油化工钢制管法兰》是在 SH 3406—1996《石油化工钢制管法兰》修订的。本标准规定了钢制管法兰的公称直径、公称压力、结构形式、尺寸、公差、材料、压力-温度额定值、制造、检验和标志等要求。本标准适用于石油化工钢制管法兰的制造及验收。

2.7.18　标准使用注意事项

① 尽管国内外法兰标准之间存在一致性和互换性，但使用者应了解各标准中共性的内容和特殊的规定，这样才能灵活使用标准，在生产、设计工作中充分体现标准法兰的互换性和一致性。

② 我国法兰标准不论是国家标准还是行业标准，不外乎欧洲法兰体系和（或）美洲法兰体系。这两大体系的法兰尺寸、

156

压力温度等级均没有互换性和可比性。工程设计中应确定主要选用体系，对于非大型、复杂的管道工程，建议选用单一的法兰体系。

③ 与法兰连接管子的外径尺寸（俗称接管外径）是选择法兰标准的主要参数，也是保障法兰与工程中采购的钢管连接匹配的重要尺寸。供需双方在订货合同中除了提供法兰的公称压力、公称通径、材料、标准编号等信息外，必要时可提供接管外径尺寸，以避免因实际使用的钢管外径与标准中规定的钢管外径不一致而造成的经济损失。

（1）国际管法兰标准体系

国际上管法兰标准主要有两个体系，即以德国 DIN（包括原苏联）为代表的欧洲管法兰体系和以美国 ANSI 管法兰为代表的美洲管法兰体系。除此之外，还有日本 JIS 管法兰，但在石油化工装置中一般仅用于公用工程，而且在国际上影响较小。

① 以德国及原苏联管法兰为代表的欧洲体系管法兰德国管法兰标准的公称压力（MPa）为 0.1、0.25、0.6、1.0、1.6、2.5、4.0、6.3、10.0、16.0、25.0、32.0、40.0 共 13 档，公称通径为 6～4000mm。法兰的结构形式有：板式平焊、带颈对焊、整体、螺纹、翻边松套、对焊环松套、平焊环松套、法兰盖共八种。密封面有：突面、全平面、凹凸面、榫槽面、橡胶环连接、透镜面、焊唇密封等 7 种。

原苏联管法兰标准，除 20MPa 级外，16MPa 及以下各级法兰的连接尺寸与德国法兰可以互换。可以说，两者是一致的。

以德国 DIN 标准为代表（包括原苏联标准），形成了国际上较常用的欧洲体系管法兰。

② 美洲体系管法兰标准 美国 ANSI B16.5《钢制管法兰及法兰管件》是一套完整的、系统性较强、使用广泛的管法兰标准。其公称压力（MPa）等级为 2.0、5.0、6.8、11.0、15.0、26.0、42.0 等 7 档，公称通径为 15～600mm。法兰结构形式有：带颈平焊、承插焊、螺纹连接、对焊环松套、带颈对焊、法兰盖等 6 种。

密封面有：突面、全平面、凹凸面（分大、小两种）、榫槽面（分大、小两种）及金属环连接等7种。

除 ANSI B16.5 外，美国于1990年将 MSS SP—44 和 AP1605 两套以大直径为主（$DN>600$）的管法兰标准合并，建立了 ANSI B16.47 大直径法兰标准，内设 A、B 两个系列，A 系列即为 MSS SP—44，B 系列即为 API 605。

以 ANSI B16.5 和 ANSI B16.47 为代表，形成了美洲管法兰体系。

③ 英国和法国管法兰标准　英、法两国各有两套管法兰标准：一套标准属欧洲体系，以德国标准为蓝本，公称压力及连接尺寸与德国标准相同，另一套以美国的 ANSI B16.5 管法兰标准为蓝本，法兰公称压力及连接尺寸与美国标准相同。

综上所述，国际上通用的管法兰标准可概括为两个不同的，且不能互换的管法兰体系：

一个是以德国为代表的欧洲管法兰体系；另一个是以美国为代表的美洲管法兰体系。

ISO 7005—1 是国际标准化组织于1992年颁布的一项标准，该标准实际上是把美国与德国两套系列的管法兰合并而成的管法兰标准。

管法兰的公称压力（MPa）分两个系列：第一系列为1.0、1.6、2.0、5.0、11.0、15.0、26.0、42.0；第二系列为0.25、0.6、2.5、4.0。两个压力系列中，公称压力（MPa）为0.25、0.6、1.0、1.6、2.5、4.0 的法兰尺寸是按照欧洲体系；而公称压力（MPa）为2.0、5.0、11.0、15.0、26.0、42.0 的法兰尺寸是按照美洲体系。需要说明的是，为了区分欧洲体系与美洲体系管法兰的压力等级，ISO 7005—1（92）将原美洲体系中的 600Lb、1500Lb 的 SI 制压力等级更改为11.0MPa 和26.0MPa（在1992年以前一般称为10.0MPa 和25.0MPa）。法兰的结构形式有：板式平焊、平焊环松套、翻边环松套、对焊环松套、带颈对焊、带颈平焊、螺纹法兰、承插焊法兰和法兰盖等九种形式。密封面有突面、

158

全平面、凹凸面、榫槽面、橡胶环连接、环连接面共六种。

（2）上述管法兰标准可归纳为下面几个特点：

① 除原苏联 ГОСТ 标准外，都是以英制管为对象；

② 德国与美国两大体系管法兰的公称压力等级基本上是不同的，相互交叉但也有重复；

③ 两个体系的管法兰连接尺寸完全不同，无法互配；

④ 两个体系的管法兰以压力（MPa）等级来区分最为合适，即欧洲体系为 0.25、0.6、1.0、1.6、2.5、4.0、6.3、10.0、16.0、25.0、32.0、40.0，美洲体系为 1.0、2.0、5.0、11.0、15.0、26.0、42.0。

2.8　管道密封垫片

垫片是管道法兰实现密封不可缺少组成件之一。在管道工程图中一般只画出法兰的示意图和所在位置，而不具体标注垫片形式。"综合材料表"给出工程所需的各种垫片的公称通径、公称压力、标准号、材料、单位和总的数量；"管段表"则给出垫片所在某一具体管段的管段编号、起止点、管道等级、设计温度、设计压力、垫片的公称通径、公称压力、密封形式代号、厚度、数量。

2.8.1　垫片密封原理

垫片的密封原理是依靠外力压紧使垫片材料产生弹性或塑性变形，从而填满密封面上微小的凹凸不平，切断泄漏通道，实现密封的目的。

垫片所能承受的外力是有限度的。如果压紧力不足，则无法实现填满密封面上微小的凹凸不平及切断泄漏通道的目的；而压紧力太大往往又会使垫片产生过大的压缩变形甚至破坏。为了正确地使用垫片，必须选择恰好实现密封的最小压紧力。

为了有效实现垫片的密封效果，必须保证表征垫片的两个重要参数：最小有效压紧力设计值 Y 和垫片系数 m。

（1）最小有效压紧力设计值 Y　垫片工作时，首先在外加压紧
力 F_0 的作用下形成的初始压缩量为 δ_0。如图 2-80 所示。

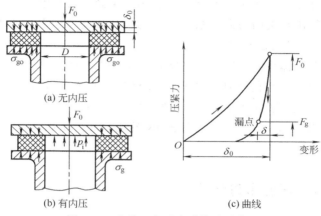

(a) 无内压

(b) 有内压

(c) 曲线

图 2-80　垫片工作时变形情况示意图

设垫片的受压面积为 A_g，则垫片所受的平均预紧压力 σ_{go} 为

$$\sigma_{go} = \frac{F_0}{A_g} \tag{2-1}$$

此时管道内无压力，如图 2-80(a) 所示。

若管道内压为 p_i，总压力为 $\frac{\pi}{4}D^2 p_i$，方向与 F_0 相反。在此
压力作用下，垫片被放松回弹，回弹量为 δ，垫片上的压紧应力减
小为

$$\sigma_g = \frac{F_0 - \pi D_e^2 \dfrac{p_i}{4}}{A_g} \tag{2-2}$$

式中，D_e 为压紧力的作用半径。

通过试验，可以得出密封垫的密封特性曲线，如图 2-81 所示。
压紧后的垫片放松到一定程度时即出现泄漏，在密封特性曲线上反
映这一点的是 σ_c。也就是说垫片密封所需的最小压紧应力为 σ_c。
σ_c 对应于一定的内压 p_{ic}，当预压紧应力小于 σ_c 时，垫片不能做到

有效密封，所以 σ_c 是垫片密封与未密封的分界点，也称为"漏点"，是压紧程度的最低极限。

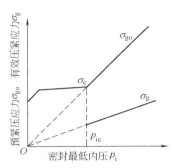

图 2-81　垫片的密封特性曲线

在图 2-81 的下方是内压作用下的有效压紧应力曲线。σ_c 对应的点就是最小有效压紧应力，它是一个极限值，在应用时应加以一定量的安全系数。把加过安全系数的最小有效压紧应力，作为选用和计算密封垫时的设计值，简称 Y 值。

Y 值是密封垫的固有值，只与密封垫本身的材料、形状有关，而与介质的种类及内压的大小无关。通常密封垫生产厂都在样本或产品说明书中给出 Y 的推荐值，或者各部门根据长期使用经验规定标准值。

密封的最小有效压紧应力设计值 Y 并没有反映管道内介质工作压力的影响，因而作为选用密封垫的准则是不完善的，还需引用另一个重要参数——垫片系数 m。

（2）垫片系数　管道内压的影响主要表现在使压紧垫片的螺栓伸长，因而法兰面之间的间隙增大，使预紧状态下的垫片回弹，垫片的变形量减小。因此，在最小预紧压应力 σ_c 的作用下，垫片能封住一定的内压（σ_c 所对应的横坐标点），但当内压超过此值时垫片就不能做到密封。

当管道无内压时，预紧力是由螺栓拧紧产生的，螺栓内部形成拉应力。设总拉力为 F_{bo}，而垫片受到压紧力的大小与螺栓拉力大小相等，方向相反。在数值上有 $F_{go} = F_{bo}$。如图 2-82 所示。

内压作用后使法兰分离，于是对螺栓附加了一个拉力 F_b，如图 2-82(b) 所示。其值为

$$F_b = \frac{\pi}{4} D_e^2 p_i \tag{2-3}$$

式中，D_e 为垫片的有效直径。

161

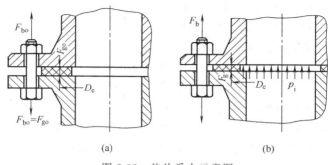

图 2-82　垫片受力示意图

当垫片开始发生泄漏时，垫片的有效压紧应力与内压之比称为"垫片系数"。即

$$m = \frac{\sigma_g}{p_i} \qquad (2\text{-}4)$$

垫片系数 m 与垫片的种类、尺寸、形状、环境温度、介质压力以及法兰密封面的表面粗糙度等因素有关。表 2-36 为几种密封垫片的试验数据。

垫片系数 m 是设计、选择密封垫的重要参数，保证密封的必要条件是

$$\sigma_g \geqslant m p_i \qquad (2\text{-}5)$$

实际上，在设计垫密封时，密封垫的最小压紧压应力 Y 和垫片系数 m 必须同时满足，即应符合下面条件：

$$A_g = \frac{A_e p_i}{Y - m p_i} \qquad (2\text{-}6)$$

式中，A_e 为有效承压面积。

这里 A_e 和 p_i 在使用条件下是给定的，垫片系数 m 和 Y 值可以在密封垫产品样本中查到。表 2-36 中给出了几种垫片的 m 值，可利用式(2-6)计算出垫片的相应尺寸。

2.8.2　垫片的种类

垫片的种类繁多，按其材料和结构大致可分为三大类。

162

表 2-36　垫片系数 m 试验值（介质为水）

垫片种类	预紧压应力 σ_{go}/MPa	泄漏开始时压力 p_i/MPa	有效压紧应力 σ_g/MPa	垫片系数 $m = \sigma_g / p_i$
橡胶垫片 试样尺寸： $\phi 75mm \times \phi 61mm \times 1.6mm$	5.40	1.5	2.46	1.64
	7.18	2.5	3.27	1.63
	15.0	5.0	4.80	0.96
石棉橡胶板 试样尺寸： $\phi 75mm \times \phi 61mm \times 1.6mm$	2.09	0.3	1.52	5.10
	4.26	0.7	2.93	4.20
	10.0	3.3	4.97	1.65
	20.0	8.0	7.20	0.91
纸垫片 试样尺寸： $\phi 75mm \times \phi 61mm \times 1.6mm$	2.09	0.6	0.92	1.53
	2.42	0.7	1.06	1.51
	3.96	1.2	1.62	1.35
缠绕垫垫片 试样尺寸： $\phi 60mm \times \phi 48mm \times 5mm$	10.0	0.5	9.1	18.2
	20.0	0.6	18.9	31.6
	30.0	1.1	28.0	25.5
	40.0	2.3	35.0	12.0
	50.0	6.4	38.7	6.2
	60.0	10.0	42.3	4.2

（1）非金属垫片　材料有橡胶、石棉橡胶板、柔性石墨、聚四氟乙烯等，截面形状皆为矩形。

（2）金属复合型垫片　各种金属包垫、金属缠绕垫。

（3）金属垫片　有金属平垫、波形垫、环形垫、齿形垫、透镜垫、三角垫、双锥环、C 形环、中空 O 形环等。

按照密封分类的原则，上述垫片中的非金属垫片、金属复合型垫片和金属平垫、波形垫、环形垫、齿形垫、透镜垫属于强制型密封，而其余则为半自紧或自紧式密封。

2.8.3 垫片的选用

正确选用垫片是保证管道工程无泄漏的关键。对于同一种工况，一般有若干种垫片可供选择，必须根据介质的物性、压力、温度和设备大小、操作条件、连续运转周期长短等情况，合理地选择垫片。

2.8.3.1 垫片的选用原则

（1）选用或订购垫片时应了解的数据

① 相配法兰的密封面形式和尺寸。

② 法兰及垫片公称通径。

③ 法兰及垫片公称压力。

④ 流体介质的温度。

⑤ 流体介质的性质。

（2）选用垫片时应考虑的因素

① 有良好的压缩及回弹性能，能适应温度和压力的波动。

② 有良好的可塑性，能与法兰密封面很好地贴合。

③ 对有应力腐蚀开裂倾向的某些金属（如奥氏体不锈耐酸钢）法兰，应保证垫片材料不含会引起各种腐蚀的超量杂质，如控制垫片氯离子含量以防对法兰腐蚀。

④ 不污染介质（指密封介质是饮用水、血浆、药品、食品、啤酒等）。

⑤ 对密封高度毒性的化学品，要求垫片应具有更大的安全性；对于输送易燃液体的管道系统，要求垫片用于法兰上的最高使用压力和最高使用温度在限制范围内。

⑥ 低温时不易硬化，收缩量小；高温时不易软化，抗蠕变性能好。

⑦ 加工性能好，安装及压紧方便。

⑧ 不黏结法兰密封面，拆卸容易。

2.8.3.2 标准垫片的选用

常用标准垫片的选用规定如表 2-37 所示。

表 2-37　标准垫片的选用

垫片形式		垫片材料		使用条件		适用密封面形式	用　途
				PN/MPa	$t/℃$		
非金属平垫片	石棉橡胶垫片	XB200		≤1.5	≤200	全平面 突面 凹凸面 榫槽面	用于水、蒸汽、空气、氨（气态或液态）及惰性气体
		XB350		≤4.0	≤350		
		XB450		≤6.0	≤450		
	耐油石棉橡胶垫片	NY150		≤1.5	≤150	全平面 突面 凹凸面 榫槽面	用于油品、液化石油气、溶剂、石油化工、原料等介质，对于汽油及航空汽油不适用
		NY250		≤2.5	≤250		
		NY400		≤4.0	≤400		
	非石棉纤维橡胶垫片	有机纤维增强		≤14	370（连续 205）	全平面 突面 凹凸面 榫槽面	视黏结剂（SBR、NBR、CR 及 EPDM 等）而定
		无机纤维增强		≤14	425（连续 290）		
	聚四氟乙烯包覆垫片	包覆层为聚四氟乙烯，嵌入层为石棉橡胶板		≤5.0	≤150	全平面 突面	用于各种腐蚀性介质及有清洁要求的介质
金属复合垫片	缠绕式垫片	填充带材料	特制石棉	≤26.0	≤500	突面 凹凸面 榫槽面	用于各种液体及气体介质。若用于氢氟酸介质，应采用石墨带配蒙乃尔合金钢带材料
			聚四氟乙烯		−200～260		
			柔性石墨		≤600（对于非氧化性介质≤800）		
	金属冲齿板柔性石墨复合垫片	芯板材料	低碳钢	≤6.3	≤450	突面 凹凸面 榫槽面	用于蒸汽及各种腐蚀性介质，不适于有洁净要求的管线
			0Cr19Ni9		≤650		
	金属包覆垫片	包覆层材料	纯铝板 L3	≤11.0	≤200	突面	用于蒸汽、煤气、油品、汽油、溶剂及一般工艺介质
			纯铜板 T3		≤300		
			低碳钢		≤400		
			不锈钢		≤500		

垫片形式		垫片材料		使用条件		适用密封面形式	用　途
				PN/MPa	$t/℃$		
金属复合垫片	金属波齿复合垫片	齿形环和覆盖层材料	10 或 08 钢/柔性石墨	≤26.0	≤450	突面凹凸面榫槽面	用于中高压管道
			0Cr13/柔性石墨		≤540		
			0Cr19Ni9/柔性石墨		≤650		
金属垫片	环形垫片	08 或 10 钢		≤42.0	≤450	环连接面	用于高温、高压管道
		0Cr13			≤540		
		0Cr19Ni9			≤600		
		00Cr17Ni14Mo2			≤600		
	齿形垫片	08 或 10 钢		≤16.0	≤450	突面凹凸面	用于高温、高压管道
		0Cr13			≤540		
		0Cr19Ni9			≤600		
		0Cr17Ni12Mo2			≤600		
	透镜垫	20 钢		≤32.0	−50～200	锥形面	用于高压及含氢含酸介质的密封
		18Cr3MoWVA			≤400		
		1Cr18Ni9Ti			−50～200（含酸介质）		

2.8.4　非金属垫片

非金属材料制成的平垫片，在垫片品种中占有很大的地位。

2.8.4.1　管法兰用非金属平垫片尺寸（GB/T 9126—2008）

非金属平垫片是指用非金属密封材料加工制作的垫片。非金属材料中有石棉橡胶密封板、聚四氟乙烯、橡胶等。近几年来又出现了非石棉纤维橡胶密封板作为垫片的材料。

（1）适用范围　管法兰用非金属平垫片适用于公称压力为0.25～5.0MPa 的平面、突面、凹凸面和榫槽面管法兰密封。

（2）标记

① 标记方式如下：

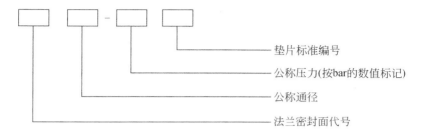

垫片标准编号

公称压力(按bar的数值标记)

公称通径

法兰密封面代号

应注意：突面管法兰用Ⅱ型非金属平垫片，标记时应注明"Ⅱ型"；用"Ⅰ型"垫片时，不做特殊标记。

② 标记示例如下。

a. 公称通径 50mm、公称压力 1.0MPa 的平面管法兰用非金属平垫片，标记为

非金属平垫 FF　DN50-PN10 GB/T 9126

b. 公称通径 65mm、公称压力 1.0MPa 的突面（Ⅱ型）管法兰用非金属平垫片，标记为

非金属平垫 RF(Ⅱ型)　DN65-PN10 GB/T 9126

（3）垫片的形式与尺寸　$PN0.25$MPa、$PN0.6$MPa、$PN1.0$MPa、$PN1.6$MPa 和 $PN2.0$MPa 的平面密封面（代号为 FF）管法兰用非金属平垫片的结构如图 2-83 所示。

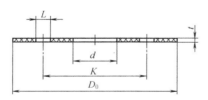

图 2-83　平面管法兰用非金属平垫片

2.8.4.2　管路法兰用聚四氟乙烯包覆垫片（GB/T 13404—2008）

聚四氟乙烯包覆垫片是一种非金属复合型软垫片，一般由包封皮及嵌入物两部分组成。

（1）适用范围　聚四氟乙烯包覆垫片主要适用于全平面及突面钢制管法兰连接，适用公称压力为 0.6～5.0MPa、工作温度为 0～

150℃的腐蚀介质或对清洁度有较高要求的介质。

（2）标记　公称尺寸50mm、公称压力1.0MPa的剖切型聚四氟乙烯包覆垫片：S-50-1.0 GB/T 13404—2008。

（3）垫片结构　管法兰用非金属聚四氟乙烯包覆垫片按制造方法分为三种类型。

① 剖切型（S型），如图2-84所示。

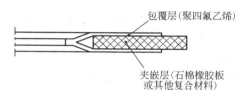

图2-84　剖切型垫片结构图

② 机加工型（M型），如图2-85所示。

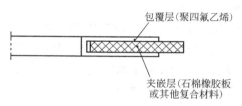

图2-85　机加工型垫片结构图

③ 折包型（F型），如图2-86所示。

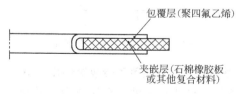

图2-86　折包型垫片结构图

2.8.5　金属复合垫片

非金属材料制成的垫片虽具有很好的柔软性、压缩性和螺栓载荷低等优点，但耐高温、高压性能均不如金属垫片，所以结合金属材料强度高、回弹性好、能承受高温的特点，制成具有两者组合结构的垫片，即金属复合垫片或半金属垫片。

2.8.5.1 金属缠绕式垫片（GB/T 4622.1-2009）

金属缠绕式垫片是由金属带和非金属带螺旋复合绕制而成的一种半金属平垫片。

（1）标记

标记方式

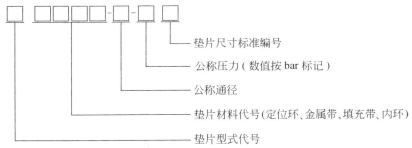

① 垫片形式：带内环和定位环型；垫片材料：定位环材料为低碳钢、金属带材料为 0Cr18Ni9、填充带材料为柔性石墨、内环材料为 0Cr18Ni9；公称尺寸：150mm；公称压力：4.0MPa（40bar）；垫片尺寸标准：GB/T 4622.2—2008；其标记为：

缠绕垫 D 1222-DN150-PN40 GB/T 4622.2

② 垫片形式：基本型；垫片材料：金属带材料为 0Cr18Ni9、填充带材料为柔性石墨；公称尺寸：150mm；公称压力：4.0MPa（40bar）；垫片尺寸标准：GB/T 4622.2—2008；其标记为：

缠绕垫 A 0220-DN150 — PN40 GB/T 4622.2

（2）垫片结构图

缠绕式垫片按其结构的不同可分为四种形式。

① 基本型（又称密封元件）如图 2-87 所示。

② 带内环型（带有内环和密封元件的组合），如图 2-88 所示。

③ 带定位环型［带有定位环（外环）和密封元件的组合］，如图 2-89 所示。

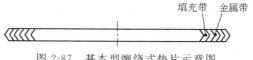

图 2-87 基本型缠绕式垫片示意图

图 2-88 带内环型缠绕式垫片示意图

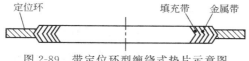

图 2-89 带定位环型缠绕式垫片示意图

④ 带内环和定位环型（带有内环、定位环和密封元件的组合），如图 2-90 所示。

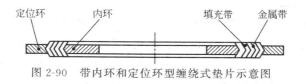

图 2-90 带内环和定位环型缠绕式垫片示意图

2.8.5.2 管法兰用金属包覆垫片（GB/T 15601—2013）

金属包覆垫片是以非金属材料为芯材，切成所需的形状，外面包以厚度为 0.25～0.5mm 的金属薄板组成的一种复合垫片。根据包覆状态，一般分为平面型包覆和波纹型包覆两种。

金属薄板可根据材料的弹塑性、耐热性和耐蚀性选取，其材料主要有黄铜、铝、软钢、不锈钢、钛和蒙乃尔合金等；作为包覆垫片中的芯材，一般有石棉板或石棉橡胶板、聚四氟乙烯、柔性石墨板材以及碳纤维或陶瓷纤维等。

金属包覆垫片的主要特点是：具有与包覆金属相同的耐蚀性和相近的耐热性，非金属柔性填充材料使垫片能在较低的压紧力下达到较好的密封效果。此外，这种垫片还能制成各种异形垫片，例如

170

椭圆形、方形、带筋形或更复杂的形状以满足各种热交换器管箱和非圆形压力容器密封的需要。与非金属软垫片相比，这种垫片在经常拆卸的条件下不易损坏、不沾污、不腐蚀法兰密封面，而且具有较高的强度。金属包覆垫片适于公称压力为 1.0～25.0MPa，公称通径为 10～900mm 的管法兰连接密封用。

（1）标记　公称通径 50mm、公称压力 2.0MPa 的波纹型金属包覆垫片，标记为

C-50-2.0 GB/T 15601

（2）垫片结构

① 平面型　平面型金属包覆垫片形式及尺寸如图 2-91 所示。

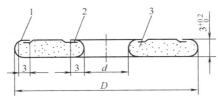

图 2-91　平面型金属包覆垫片

② 波纹型　波纹型金属包覆垫片形式及尺寸如图 2-92 所示。

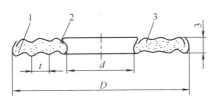

图 2-92　波纹型金属包覆垫片

2.8.5.3　柔性石墨金属波齿复合垫片（GB/T 19066—2008）

由柔性石墨做成的金属波齿复合垫片是在机械加工成波齿状的金属板两面覆上柔性石墨的一种复合垫片，这种垫片既有金属的强度，又有波纹弹性的特点。最高温度为 650℃，最高压力可达 26.0MPa，适用于公称压力在 26.0MPa 以下的突面、凹凸面及榫槽面带颈对焊钢制管法兰、压力容器法兰、阀门及换热器等管道和

设备的密封。

（1）标记

垫片形式：带定位环型；金属骨架材料：0Cr18Ni9；公称尺寸：150mm；公称压力：4.0MPa（40bar）；垫片尺寸标准：GB/T 19066.2；其标记为：

波齿垫　B3—$DN150$—$PN40$　GB/T 19066.2

（2）垫片结构　柔性石墨金属波齿复合垫片按其结构的不同可分为三种形式。

① 基本型柔性石墨金属波齿复合垫片，如图 2-93 所示。

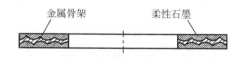

图 2-93　基本型柔性石墨金属波齿复合垫片

② 带定位环型柔性石墨金属波齿复合垫片，如图 2-94 所示。

图 2-94　带定位环型柔性石墨金属波齿复合垫片

③ 带隔条型柔性石墨金属波齿复合垫片，如图 2-95 所示。

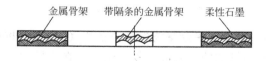

图 2-95　带隔条型柔性石墨金属波齿复合垫片

2.8.6　金属垫片

基于金属材料的特点，在高温、高压及载荷变化频繁等苛刻操作条件下，可以首选金属材料制成密封垫片。标准金属垫片主要包括金属环形垫片、金属齿形垫片及金属透镜垫片。金属环形垫片又可细分为八角形环垫和椭圆形环垫以及 RX 型和 BX 型自紧环垫等。

2.8.6.1　钢制管法兰用金属环垫（GB/T 9128—2003）

金属环形垫片是用金属材料加工成截面形状为八角形或椭圆形的实体金属垫片，具有径向自紧密封作用。故金属环形垫片是靠垫片与法兰梯形槽的内外侧面（主要是外侧面）接触，并通过压紧而形成密封的。

八角形环垫与法兰槽相配，主要表现为面接触。同椭圆形环垫相比，虽然不易与法兰槽达到密合，但却能再次使用，并且因截面是由直线构成，容易加工。椭圆形环垫与法兰槽是线接触，密封性较好，但加工精度要求高，因而增加了制造成本，同时椭圆形环垫不能重复使用。

金属环垫适用的公称压力为 2.0～42.0MPa。

（1）标记　环号为 20，材料为 0Cr19Ni9 的八角形金属环垫片，标记为

八角垫　R.20-0Cr19Ni9 GB/T 9128

（2）垫片结构图　金属环形垫片按截面形状分为八角形和椭圆形两种结构，如图 2-96 所示。

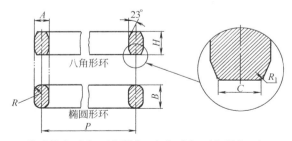

$R=A/2$；$R_1=1.6mm(A\leqslant22.3mm)$；$R_1=2.4mm(A>22.3mm)$

图 2-96　金属环形垫片

2.8.6.2　金属齿形垫片 (JB/T 88—2014)

金属齿形垫片也是一种实体金属垫片，垫片的剖切面呈锯齿形，齿距 $t = 1.5 \sim 2\mathrm{mm}$，齿高 $h = 0.65 \sim 0.85\mathrm{mm}$，齿顶宽度 $c = 0.2 \sim 0.3\mathrm{mm}$。在密封面上车削若干个同心圆，其齿数为 $7 \sim 16$，视垫片的规格大小而定。金属齿形垫片的结构形式有基本型、带外环型、带内环型及带内外环型四种，比较常见的结构为基本型。由于金属齿形垫片密封表面接触区的 V 形筋形成许多具有压差的空间线接触，所以密封可靠，使用周期长。和一般金属垫片相比，这种垫片需要的压紧力较小。金属齿形垫片的缺点是，在每次更换垫片时，都要对两法兰密封面进行加工，因而费时费力。另外，垫片使用后容易在法兰密封面上留下压痕，故一般用于较少拆卸的部位。金属齿形垫片适用的公称压力为 $1.6 \sim 25.0\mathrm{MPa}$。

（1）标记　公称通径 100mm、公称压力 6.3MPa、材料为 0Cr19Ni9 的凹凸面管法兰用金属齿形垫片，标记为

齿形垫　100-63 0Cr19Ni9 JB/T 88—2014

（2）垫片结构图　公称压力 PN 为 4.0MPa、6.3MPa、10.0MPa 及 16.0MPa 的凹凸面管法兰用金属齿形垫片形式及尺寸如图 2-97 所示。

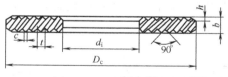

图 2-97　金属齿形垫片

2.8.6.3　金属透镜垫 (JB/T 2776—2010)

在高压管道连接中，广泛使用透镜垫密封结构。透镜垫的密封面均为球面，与管道的锥形密封面相接触，初始状态为一环线。在预紧力作用下，透镜垫在接触处产生塑性变形，环线状变成环带状，密封性能较好。由于接触面是由球面和斜面自然形成的，垫片易对中。透镜垫片密封属于强制密封，密封面为球面与锥面相接触，易出现压痕，零件的互换性较差。此外，垫片制造成本较高，

加工也较困难。

我国通用机械行业现行角式高压阀门端法兰，采用透镜垫密封，其适用公称压力为 16.0～32.0MPa，公称通径为 3～200mm，使用温度为－30～200℃。

（1）标记 外径 50mm、内径 39mm 的透镜垫，标记为

透镜垫 50×39 JB/T 2776—2010

（2）垫片结构图 透镜垫结构如图 2-98 所示。

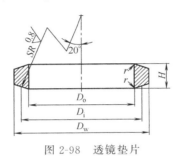

图 2-98 透镜垫片

2.9 管道螺纹紧固件

螺纹是在圆柱（或圆锥）表面上沿螺旋线形成的具有相同剖面（三角形、梯形、锯齿形等）的连续凸起和沟槽。螺纹在管道工程中应用很多。加工在外表面的螺纹称外螺纹，加工在内表面的螺纹称内螺纹。内、外螺纹旋合在一起，可起到连接及密封等作用。

2.9.1 螺纹的形成及种类

各种螺纹都是根据螺旋线原理加工而成的。详见第 6 章第 14 节内容。

2.9.2 螺纹标准

螺纹表示法属于机械制图范畴，其国家标准是 GB/T 4459.1—1995 机械制图 螺纹及螺纹紧固件表示法。等效采用国

际标准 ISO 6410—1993。GB/T 4459.1—84 年国标已废止。

2.9.3　螺纹术语

螺纹要素包括牙型、螺纹直径（大径、中径和小径）、线数、螺距（或导程）、旋向等。在管道工程中的内、外螺纹成对使用时，上述要素必须一致，两者才能旋合在一起。详见第 6 章第 14 节内容。

2.9.4　螺纹的表示法

在图纸中平行于螺纹轴线的视图或剖视图上，螺纹牙顶圆的投影用粗实线表示，牙底圆的投影用细实线表示（螺杆的倒角或倒圆部分也应画出），详见第 6 章第 14 节内容。

标准的螺纹应注出相应标准所规定的螺纹标记。详见第 6 章第 14 节内容。

2.9.5　管螺纹

管螺纹的种类有多种，这里只介绍两种。详见第 6 章第 14 节内容。

2.9.6　装配图中螺纹紧固件的画法

① 在管道装配图中，当剖切平面通过螺杆的轴线时，对于螺栓、螺柱、螺母及垫圈等均按未剖切绘制，弹簧垫圈的斜槽可用与螺杆轴线成 30°角的两条平行线表示，倒角和螺纹孔的钻孔深度等工艺结构基本上按实情表示。详见第 6 章第 14 节内容。

② 采用简化画法表示时，螺纹紧固件的工艺结构（倒角、退刀槽、缩颈、凸肩等）均可省略不画，不穿通螺孔的钻孔深度也可不表示，仅按有效螺纹部分的深度画出，详见第 6 章第 14 节内容。

③ 管道装配图中常见的螺栓、螺钉的头部及螺母的简化画法如表 2-38 所示。

对于开槽螺钉头部所开的一字槽或十字槽在各视图上的表达，不是按正投影关系处理的，而是当作一种规定符号处理，以便在各

表 2-38　紧固件简化画法

名　　称	简化画法
方头 （螺栓）	
圆柱头内六角 （螺钉）	
沉头开槽 （螺钉）	
半沉头开槽 （螺钉）	
圆柱头开槽 （螺钉）	
盘头开槽 （螺钉）	

名　称	简化画法
方头 （螺母）	
六角开槽 （螺母）	
沉头十字槽 （螺钉）	
半沉头十字槽 （螺钉）	
盘头十字槽 （螺钉）	

178

视图上都能明显体现出来，且画图较简便。

2.9.7 国标管法兰用紧固件

本节主要介绍国标管法兰连接用紧固件，适用于钢法兰、铸铁法兰、铜合金及复合法兰等不同材料的管法兰连接用。

2.9.7.1 标记与标志

（1）标记 商品紧固件的标记方法应符合 GB/T 1237—2000《紧固件标记方法》的规定，专用紧固件的标记方法也应参照 GB/T 1237—2000。标记示例：

① 螺纹规格 $d=$ M16、公称长度 $l=$ 80mm、性能等级为 8.8 级的六角头螺栓，其标记为：

螺栓　GB/T 5782 M16×80 8.8

② 螺纹规格 $d=$ M36×3、公称长度 $l=$ 160mm、材料牌号为 35CrMoA 的双头螺栓，其标记为：

双头螺柱　GB/T 9125　M36×3×160 35CrMoA

③ 螺纹规格 $d=$ M24、公称长度 $l=$ 120mm、材料牌号为 25Cr2MoVA 的全螺纹螺柱，其标记为：

全螺纹螺柱 GB/T 9125 M24×120 25Cr2MoVA

④ 螺纹规格 $D=$ M16、性能等级为 10 级的六角螺母，其标记为：

螺母 GB/T 6170 M16 10

⑤ 螺纹规格 $D=$ M56×3、材料牌号为 35CrMo 的专用螺母，其标记为：

螺母　GB/T 9125 M56×3 35CrMo

（2）标志 在六角头螺栓的头部顶面、螺柱顶部、螺母的顶面应用钢印或其他方法标志其性能等级或材料牌号的标志代号以及紧固件制造者识别标志。如表 2-39 及表 2-40 所示。

表 2-39　性能等级标志代号

性能等级	5.6	8.8	A2-50	A2-70	A4-70	5	8
标志代号	5.6	8.8	A2-50	A2-70	A4-70	5	8

表 2-40　材料牌号标志代号

材料牌号	30CrMoA	35CrMoA	25Cr2MoVA	0Cr18Ni9	0Cr17Ni12Mo2
标志代号	30CM	35CM	25CMV	304	316

（3）螺栓的性能等级　螺栓性能等级，分 3.6、4.6、4.8、5.6、6.8、8.8、9.8、10.9、12.9 等 10 余个等级。其中 8.8 级及以上螺栓材质为低碳合金钢或中碳钢并经热处理（淬火、回火），通称为高强度螺栓，其余通称为普通螺栓。螺栓性能等级标号有两部分数字组成，分别表示螺栓材料的公称抗拉强度值和屈强比值。例如：性能等级 4.6 级的螺栓，其含义是：

① 螺栓材质公称抗拉强度达 400MPa 级；

② 螺栓材质的屈强比值为 0.6；

③ 螺栓材质的公称屈服强度达 $400 \times 0.6 = 240$MPa 级。

性能等级 10.9 级高强度螺栓，其材料经过热处理后，能达到：

① 螺栓材质公称抗拉强度达 1000MPa 级；

② 螺栓材质的屈强比值为 0.9；

③ 螺栓材质的公称屈服强度达 $1000 \times 0.9 = 900$MPa 级。

2.9.7.2　形式与尺寸

（1）六角头螺栓

① 管法兰用六角头螺栓的形式与尺寸按 GB/T 5782（粗牙）和 GB/T 5785（细牙）的规定。螺栓末端应倒角。六角头螺栓结构如图 2-99 所示。

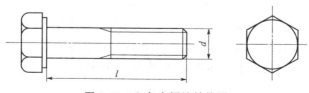

图 2-99　六角头螺栓结构图

② 管法兰用六角头螺栓的规格及性能如表 2-41 所示。

表 2-41　六角头螺栓的规格及性能（GB/T 9125—2010）

标准	规格	性能等级
GB/T 5782 （商品紧固件）	M10、M12、M14、M16 7 M20 7 M24、 M27 7 M30 7 M33	5.6、8.8、A2-50、 A2-70、A4-70

（2）等长双头螺柱

① 管法兰用等长双头螺柱的形式与尺寸按 GB/T 901 的规定，但螺柱两端应采用倒角端。螺纹规格 M36 以上（包括 M36）的螺柱应采用细牙螺纹，螺纹的基本尺寸按 GB/T 196 的规定，公差按 GB/T 197 中 6g 的规定。螺柱末端倒角按 GB/T 2 的规定，其余技术要求按 GB/T 901 的规定。等长双头螺柱结构如图 2-100 所示。

图 2-100　等长双头螺柱结构图

② 等长双头螺柱的规格、性能等级及材料牌号如表 2-42 所示。

表 2-42　等长双头螺柱的规格、性能等级和材料牌号（GB/T 9125—2010）

标准	规格	性能等级	材料牌号
GB/T 901 （商品紧固件）	M12、M14、M16、M20、 M24、M27、M30、M33	5.6、8.8、A2-50、 A2-70、A4-70	—
GB/T 9125 （专用紧固件）	M36×3、M39×3、M42×3、 M45×3、M48×3、M52×4、 M56×4、M64×4、M70×4、 M76×4、M82×4、M90×4		35、35CrMoA、 25Cr2MoVA、 0Cr18Ni9、 0Cr17Ni12Mo2

（3）全螺纹螺柱

① 螺纹规格 M36 以上（包括 M36）的螺柱应采用细牙螺纹，

螺纹的基本尺寸按 GB/T 196 的规定,公差按 GB/T 197 中 6g 的规定。其余技术要求按 GB/T 901 的规定。全螺纹螺柱结构如图 2-101 所示。

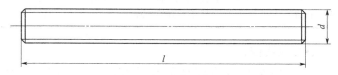

图 2-101　全螺纹螺柱

② 全螺纹螺柱的规格及材料牌号如表 2-43 所示。

表 2-43　全螺纹螺柱的规格及材料牌号（GB/T 9125—2010）

标准	规格	材料牌号
GB/T 9125 （专用紧固件）	M12、M14、M16、M20、M24、M27、M30、M33 M36×3、M39×3、M42×3、M45×3、 M48×3、M52×4、M56×4、M64×4、 M70×4、M76×4、M82×4、M90×4	35、35CrMoA、25Cr2MOVA、 0Cr18Ni9、OCr17Ni12Mo2

（4）螺母

① 与六角头螺栓配合使用的螺母形式与尺寸按 GB/T 6170 的规定。

螺纹的基本尺寸按 GB/T 196 的规定,公差按 GB/T 197 中 6H 的规定。其他技术要求按 GB/T 6170 的规定。螺母结构如图 2-102 及图 2-103 所示。尺寸如表 2-44 所示。

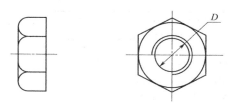

图 2-102　六角螺母

② 螺母的规格、性能等级（商品紧固件）和材料牌号（专用紧固件）如表 2-45 所示。

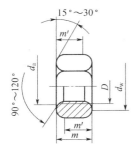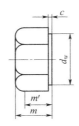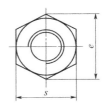

图 2-103　大六角螺母

表 2-44　管法兰用大六角螺母尺寸（GB/T 9125—2010）　mm

D		M12	M14	M16	M20	M24	M27	M30	M33	M36×3	M39×3
d_a	max	13	15.1	17.3	21.6	25.9	29.1	32.4	35.6	38.9	42.1
	min	12	14	16	20	24	27	30	33	36	39
d_w min		19.2	21.1	24.9	31.4	38.0	42.8	46.5	50.8	55.8	60.1
e	min	22.78	25.94	29.56	37.29	45.2	50.85	55.37	60.26	65.86	70.67
m	max	12.3	14.3	17.1	20.7	24.2	27.6	30.7	33.5	36.5	39.5
	min	11.87	13.6	16.4	19.4	22.9	26.3	29.1	31.9	34.9	37.9
m' min		9.5	10.9	13.1	15.5	18.5	21.0	23.3	25.5	27.9	30.3
c	max	0.8	0.8	0.8	0.8	0.8	0.8	0.8	0.8	0.8	0.8
	min	0.4	0.4	0.4	0.4	0.4	0.4	0.4	0.4	0.4	0.4
s	max	21	24	27	34	41	46	50	55	60	65
	min	20.1	23.16	26.16	33	40	45	49	53.8	58.8	63.1

D		M42×3	M45×3	M48×3	M52×4	M56×4	M64×4	M70×4	M76×4	M82×4	M90×4
d_a	max	45.4	48.6	51.8	56.2	60.5	69.1	75.6	82.1	88.6	97.2
	min	42	45	8	52	56	64	70	76	82	90
d_W min		60.1	65.1	70.1	75.1	79.3	89.3	96.9	104.5	112.1	123.5
e min		70.67	76.27	81.87	87.47	92.74	103.94	111.79	120.74	129.45	142.8
m	max	42.5	45.5	48.5	52.5	56.5	64.5	70.5	76.5	82.5	90.5
	min	40.9	43.92	46.9	50.6	54.6	62.6	68.4	74.6	80.0	88.3
m' min		32.2	35.2	37.5	45.3	48.7	50.1	55.0	59.7	64.4	70.7
c	max	1.0	1.0	1.0	1.0	1.0	1.0	1.5	1.5	1.5	1.5
	min	0.5	0.5	0.5	0.5	0.5	0.5	0.8	0.8	0.8	0.8
s	max	65	70	75	80	85	95	102	110	118	130
	min	63.1	68.1	73.1	78.1	82.8	92.8	100	107.8	115.6	127.5

表 2-45　螺母的规格、性能等级和材料牌号（GB/T 9125—2010）

标　准	规　格	性能等级	材料牌号
GB/T 6170. A 级和 B 级（商品紧固件）	M10、M12、M14、M16、M20、M24、M27、M30、M33	5、8、10 A2-50(D≤M24) A2-70(D≤M24) A4-70(D≤M24)	—
GB/T 9125（专用紧固件）	M12、M14、M16、M20、M24、M27、M30、M33、M36×3、M39×3、M42×3 M45×3、M48×3、M52×4 M56×4、M64×4、M70×4、M76×4、M82×4、M90×4	—	35、 30CrMo、 0Cr18Ni9、 0Cr17Ni12Mo2

2.9.7.3　紧固件的材料及机械性能

（1）商品紧固件的材料及其机械性能应符合 GB/T 3098.1、GB/T 3098.2、GB/T 3098.4 和 GB/T 3098.6 的规定。

（2）专用紧固件所用材料的化学成分、热处理制度及机械性能如表 2-46 所示。

表 2-46　专用紧固件材料及机械性能（GB/T 9125—2010）

材料牌号	化学成分（执行标准）	热处理制度	机械性能（不小于）				硬度HB
			规格	σ_b	σ_s	δ_5	
				MPa		%	
30CrMoA	GB/T 3077	调质（回火 $t \geqslant 550℃$）	—	—	—	—	234～285
35CrMoA	GB/T 3077	调质（回火 $t \geqslant 550℃$）	＜M24	835	735	13	269～321
			≥M24～M76	805	685	13	234～285
			＞M76	735	590	13	234～285
25Cr2MoVA	GB/T 3077	调质（回火 $t \geqslant 550℃$）	≤M48	835	735	15	269～321
			＞M48	805	685	15	245～277
0Cr18Ni9	GB/T 1220	固溶	—	520	206	40	≤187
0Cr17Ni12M02	GB/T 1220	固溶	—	520	206	40	≤187

2.9.7.4　紧固件的使用条件

（1）商品六角头螺栓的使用条件应符合下列要求：

① $PN \leqslant 2.0$MPa（20bar）；

② 非剧烈循环场合；

③ 配用非金属软垫片；

④ 介质为非易燃、易爆及有毒害性的场合。

（2）商品双头螺栓及螺母的使用条件应符合下列要求：

① $PN \leqslant 5.0$MPa（50bar）；

② 非剧烈循环场合。

（3）除上述条件外，应选用专用螺柱（双头螺柱或全螺纹螺柱）和专用螺母。

缠绕式垫片、金属包覆垫片、齿组合垫片、金属环垫等金属或半金属垫片应使用 35CrMoA、25cr2MOVA 等高强度螺柱（双头螺柱或全螺纹螺柱）。

（4）高温、剧烈循环场合或 $PN \geqslant 15.0\text{MPa}$ 的高压工况下，应选用全螺纹螺柱。

2.9.7.5 紧固件适用的压力及温度

紧固件适用的压力及温度范围如表 2-47 及表 2-48 所示。

表 2-47　商品紧固件适用的压力及温度范围（GB/T 9125—2010）

螺栓、螺柱的形式 （标准号）	产品 等级	规　格	性能等级 （商品紧固件）	公称压力 PN /MPa(bar)	工作温度/℃
六角头螺栓 （GB/T 5782 粗牙） （GB/T 5785 细牙）	A 级、 B 级	M10～M33 M36×3～ M56×4	5.6、8.8	≤2.0(20)	＞−20～+250
			A2-50		−196～+600
			A2-70		−196～+600
			A4-70		−196～+600
双头螺柱 （GB/T 901 商品紧固件）	B 级	M10～M33 M36×3～ M56×4	8.8	≤5.8(50)	＞−20～+250
			A2-50		−196～+600
			A2-70		−196～+600
			A4-70		−196～+600

表 2-48　专用紧固件适用的压力、温度范围（GB/T 9125—2010）

螺柱的形式 （标准号）	产品 等级	规　格	材料牌号	公称压力 PN /MPa(bar)	工作温度/℃
双头螺柱 （GB/T 9125）	B 级	M10～M33 M36×3～ M90×4	35CrMoA	≤11.0 (110)	−100～+500
			25Cr2MoVA		＞−20～+550
			0Cr19Ni9		−196～+600
			0Cr17Ni12M02		−196～600
全螺纹螺柱 （GB/T 9125）	—	M10～M33 M36×3～ M90×4	35CrMoA	≤42.0 (420)	−100～+500
			25Cr2MoVA		＞−20～+550
			0Cr19Ni9		−196～+600
			0Cr17Ni12Mo2		−196～+600

2.9.7.6　紧固件的选配

螺栓、螺柱与螺母选配如表 2-49 所示。

表 2-49　螺栓、螺柱与螺母选配表（GB/T 9125—2010）

类别	规格	螺栓、螺柱 型式及产品等级（标准号）	螺栓、螺柱 性能等级或材料牌号	螺母 型式及产品等级（标准号）	螺母 性能等级或材料牌号	公称压力 PN /MPa(bar)	工作温度/℃
商品	M10~M33 M36×3~ M56×3	六角头螺栓 A级和B级 （GB/T 5782、 GB/T 5785）	5.6、8.8 A2-50 A2-70 A4-70	1型六角螺母 A级和B级 （GB/T 6170、 GB/T 6171）	5.8 A2-50 A2-70 A4-70	≤2.0(20)	>-20~+250 -196~+600
商品	M10~M33 M36×3~ M90×4	双头螺柱 （GB/T 901） （GB/T 5785 细牙）	8.8 A2-70 A4-70	1型六角螺母 A级和B级 （GB/T 6170、 GB/T 6171）	8 A2-70 A4-70	≤5.0(50)	>-20~+250 -196~+600
专用	M10~M33 M36×3~ M90×4	双头螺柱 （GB/T 9125）	35CrMoA 25Cr2MoVA 0Cr19Ni9 0Cr17Ni12Mo2	六角螺母 （GB/T 9125）	30CrMo 0Cr19Ni9 0Cr17Ni12Mo2	≤11.0(110)	-100~+500 >-20~+250 -196~+600
专用	M10~M33 M36×3~ M90×4	全螺纹螺柱 （GB/T 9125）	35CrMoA 25Cr2MoVA 0Cr19Ni9 0Cr17Ni12Mo2	六角螺母 （GB/T 9125）	30CrMo 0Cr19Ni9 0Cr17Ni12Mo2	≤42.0(420)	-100~+500 >-20~+250 -196~+600

第3章　管道支吊架

管道工程中，设置管架是非常重要的环节。管道工程图中一般只画出管架的符号或示意图和所在位置，"综合材料表"给出工程所需的管架的标准号及所需的材料总数。

3.1　管架概述

管道支架对管道有承重、导向和固定作用。管道支架按其作用来分有固定支架、活动支架及弹簧支吊架。

3.1.1　固定支架

将管子固定在支架上，不允许发生任何方向的位移，这种支架称为固定支架。

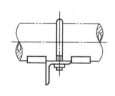

图 3-1　U 形螺栓式固定支架

固定支架的作用是为了均匀分配补偿器之间管道的热伸长，保证管道在支架上不发生移动。固定支架受力较为复杂，除了承受管道重量外，还承受管道轴向压力的反力、热胀冷缩的水平推动力及活动支架的水平摩擦力。

① U 形螺栓式固定支架，适用于不保温管道。如图 3-1 所示。

② 单面挡板固定支架，适用于推力 $P \leqslant 50\text{kN}$ 的室外管道。如图 3-2 所示。

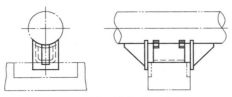

图 3-2　单面挡板固定支架

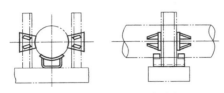

图 3-3　双面挡板固定支架

③ 双面挡板固定支架，适用于 $50kN <$ 推力 $P \leqslant 200kN$ 的室外管道。如图 3-3 所示。

④ 墙上、柱上固定架，适用于管径较小的室内管道。如图3-4所示。

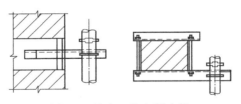

图 3-4　墙上、柱上固定架

3.1.2　活动支架

将管子敷设在支架上，当管子热胀冷缩时可与支架发生相对位移，这种支架称为活动支架。

活动支架分为滑动支架、滚动支架、导向支架。

（1）滑动支架　其管子与支架间相对运动为滑动。滑动支架摩擦力较大，但制作简单，应用广泛。

① U 形螺栓固定的低滑动支架，适用于热伸长量较小的室内

不保温管道，如图 3-5 所示。

　　② 弧形板低滑动支架，适用于热伸长量较大的室内不保温管道，如图 3-6 所示。

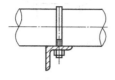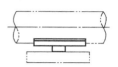

图 3-5　U 形螺栓固定低滑动支架　　　　图 3-6　弧形板低滑动支架

　　③ 高滑动支架，适用于保温及保冷管道。滑托高度为 $100\sim$ 150mm，管道与滑托焊接，滑托可在支架上滑动，如图 3-7 所示。

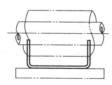

图 3-7　高滑动支架

　　（2）滚动支架　是在管道滑托与支架之间加入滚柱或滚珠，使管子与支架间相对运动为滚动运动，从而使滑动摩擦力变为滚动摩擦力。滚动摩擦力小于滑动摩擦力。特点是摩擦阻力小，适用于管径较大、介质温度较高且无横向位移的管道。缺点是结构复杂。如图 3-8 所示。

　　（3）导向支架　在管道有轴向位移的支架，两侧加装型钢挡块，使管道在做轴向运动时不致偏离管道的轴线，这种支架称为导向支架。适用于管道做轴向移动而不偏离管轴线的管道上。做法是在滑托两侧各焊上一段角钢。如图 3-9 所示。

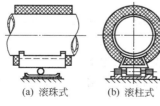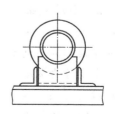

（a）滚珠式　　（b）滚柱式

图 3-8　滚动支架　　　　　　　图 3-9　导向支架

3.1.3 吊架

将管道用型钢构件吊在空中，这种型钢构件称为吊架。

吊架有刚性吊架及弹簧吊架，刚性吊架用于无垂直位移的管道；弹簧吊架用于有垂直位移的管道。

① 普通扁钢吊卡，适用于管径较小无伸缩性或伸缩性很小的管道。它由支承结构、吊杆、卡箍组成，如图3-10所示。

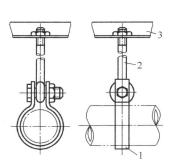 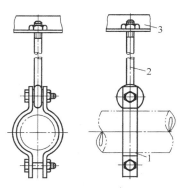

图 3-10　普通扁钢吊卡　　　　图 3-11　普通双合吊卡

1—卡箍；2—吊杆；3—支承结构　　　1—卡箍；2—吊杆；3—支承结构

② 普通双合吊卡，适用于管径较小无伸缩性或伸缩性很小的管道。它由支承结构、吊杆、卡箍组成，如图3-11所示。

③ 弹簧吊架，用于有垂直位移或振动较大的管道，它由卡箍、吊杆、弹簧、支承结构组成，如图3-12所示。

3.1.4 管道系统分级

为设计和选用管道支吊架需要，将管道系统按运行（使用）温度分级如下。

（1）热管道　A-1 温度＞50～250℃；A-2 温度＞250～350℃；A-3 温度＞350～425℃；A-4 温度＞425℃。

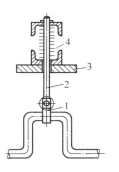

图 3-12　弹簧吊架

1—卡箍；2—吊杆；
3—支承结构；4—弹簧

191

（2）常温管道　B温度＞15～50℃。

（3）冷管道　C-1温度＞0～15℃；C-2温度＞－20～0℃；C-3温度＞－40～－20℃；C-4温度≤－40℃（低温范围）。

3.1.5　管道支吊架材料

（1）管道支吊架通则

① 用于管道支吊架的材料应符合相应的国家标准、行业标准或有关技术要求的规定。

② 管道支吊架用材料应附有材料生产厂的材料质量证明书（或其复印件），支吊架制造单位应按该证明书对材料进行验收，必要时应进行复验。

③ 选择管道支吊架用材料必须考虑支吊架零部件的使用条件、材料的工艺性能以及经济合理性。

④ 与管道直接接触的支吊架零部件，其材料应按管道设计温度选用。与管道直接焊接的零部件，其材料还应与管道材料相同或相容，防止相互损伤。

⑤ 钢材的使用温度上限应为所用材料的温度上限。碳素钢和碳锰钢在高于425℃温度下长期使用时，应考虑钢中碳化物相的石墨化倾向。奥氏体钢的使用温度高于525℃时，钢中含碳量应不小于0.04%。

⑥ 钢材的使用温度下限，除奥氏体高合金钢外，均高于－20℃。钢材的使用温度等于或低于－20℃时，应按GB 150附录C"低温压力容器"的规定进行夏比（V形缺口）低温冲击试验。奥氏体高合金钢使用温度高于或等于－196℃时，可免做冲击试验。

⑦ 不锈钢复合钢板的使用温度范围：覆层为铁素体的钢板，使用温度范围同基层钢板；覆层为奥氏体的钢板，使用温度下限同基层钢板，使用温度上限为400℃。

⑧ 含碳量大于0.35%的碳钢、合金钢不得用在焊接结构和采用氧-乙炔或其他热切割工艺成形的结构上。

⑨ 用于承受拉伸载荷的支吊架零部件应采用有冲击功值的钢材。若要采用没有冲击功值的钢材，需按GB 229要求补做冲击韧

性试验，其冲击功值符合有关国家标准的规定方可使用。

⑩ 用于承受动载荷的支吊架零部件不应采用沸腾钢。

⑪ 灰铸铁、可锻铸铁和球墨铸铁的使用温度不高于 230℃。灰铸铁材料不得用于承受拉伸载荷的零部件。可锻铸铁和球墨铸铁不得用于可能承受冲击载荷的零部件。

⑫ 由于非金属材料的设计性能变化很大，而且取决于材料的型号和类别，因此在选用时必须特别小心，并充分考虑下列各点可能性。

a. 发生火灾时的破坏情况。

b. 温度稍微升高对材料强度的减弱情况。

c. 长时间使用时的性能变化情况。

（2）锻件

① 支吊架零部件用的金属自由锻件和模锻件，应根据其在支吊架组件中所起的功能作用及重要程度按 GB/T 12363 确定其类别。一般零部件可选用Ⅱ类锻件或Ⅲ类锻件，对于承受复杂应力和冲击振动及重载荷工作条件下的支吊架零件应选用Ⅰ类锻件。

② 钢质模锻件的质量要求见 GB 12361。

③ 自由锻件的质量要求见 JB 4385。

（3）铸件　允许采用铸造工艺制造的支吊架零部件，其材料见 GB 1348、GB 8492、GB 9437、GB 9439、GB 9440、GB 11352 等有关标准。

（4）螺栓、螺钉、螺柱、螺母、垫圈及销

① 螺栓、螺钉和螺柱应根据所需的性能等级按 GB 3098.1 的规定选用符合其要求的化学成分、力学性能的钢材和热处理方法。

② 螺母应根据相配的螺栓、螺钉和螺柱的性能等级和直径以及螺母高度按 GB 3098.2 的规定选用螺母性能等级及符合其要求的化学成分、力学性能的钢材和热处理方法。

③ 辅助钢结构用的高强度大六角头螺栓、大六角螺母和垫圈应根据所需要的性能等级采用 GB/T 1231 规定的使用组合和推荐材料。

④ 开口销材料见 GB/T 91。

⑤ 圆锥销、圆柱销、带孔销和销轴材料见 GB 121。

3.1.6　连接要求

（1）螺纹连接

① 通用螺纹连接的螺纹尺寸应符合 GB 193 和 GB 196 规定的第 1 系列公称直径。螺纹吊杆及其配件的螺距，除特殊需要可采用 GB/T 1711 6.3 规定的 B 系列外，其余均应采用 GB/T 17116.3 规定的 A 系列。即螺纹公称直径为 64mm 及以下时，采用粗牙螺纹；螺纹公称直径为 72mm 及以上时，采用螺距为 6mm 的细牙螺纹。螺纹的公差与配合应符合 GB 197 的规定。

② 非密封管螺纹和其他管子连接螺纹尺寸和技术要求见 GB 7307。

③ 螺纹连接应有足够的旋合长度。螺纹连接件应有检查螺纹旋入深度是否充分的措施。

④ 螺纹连接应有防止松动的有效措施，锁紧螺母是最常用的措施。锁紧螺母的力学性能见 GB/T 3098.9。除非支吊架图上特别注明，不得采用损坏螺纹或点焊作为锁紧措施。如果采用薄螺母作为锁紧螺母，其设置位置不应使它成为承受支吊架载荷的螺母。

⑤ 当采用螺栓紧固连接且需要防止被紧固的部件相对滑移时，应采用摩擦型螺栓连接。摩擦型螺栓连接的螺栓应有足够的预拉力，使其在承受杆轴方向的外拉力时，在摩擦面上仍有足够的抗剪切滑移的能力。

（2）焊缝连接

① 焊缝金属宜与基本金属相适应。当两种不同强度的钢材相焊接时，可采用与强度较低的钢材相适应的焊接材料。

② 焊缝的坡口形式与尺寸应根据钢板厚度和制作条件按 GB 985 或 GB 986 的规定选用。

③ 角焊缝两焊脚边的夹角 α 一般为 90°（直角角焊缝）。夹角 $\alpha >$ 120°或夹角 $\alpha < 60$°的斜角角焊缝，不宜用作受力焊缝（钢管结构除外）。

④ 在次要构件或次要焊缝连接中，可采用断续角焊缝。断续角焊缝之间的净距不应大于 $15t$（对受压构件）或 $30t$（对受拉构

件），t 为较薄焊件的厚度。

⑤ 当板件的端部仅有两侧面角焊缝连接时，每条侧面角焊缝的长度不宜小于两侧面角焊缝之间的距离；同时两侧面角焊缝之间的距离不宜大于 $16t$（当 $t > 12$mm）或 200mm（当 $t \leqslant 12$mm）。

⑥ 杆件与节点板的连续焊缝如图 3-13 所示。一般宜采用两面侧焊，也可用三面围焊，对角钢杆件可用 L 形围焊。所有围焊的转角处必须连续施焊。

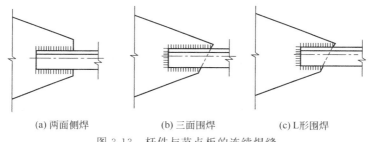

(a) 两面侧焊   (b) 三面围焊   (c) L形围焊

图 3-13 杆件与节点板的连续焊缝

⑦ 在搭接连接中，搭接长度不得小于焊件较小厚度的 5 倍，且不得小于 25mm。

⑧ 圆钢与圆钢、圆钢与平板（钢板或型钢的平板部分）之间的焊缝有效厚度，不应小于 0.2 倍圆钢直径（当焊接直径不同的两圆钢时，取平均直径）或 3mm，且不应大于 1.2 倍平板厚度，焊缝计算长度不应小于 20mm。

3.1.7　辅助钢结构

① 承载结构上的辅助钢结构及其与承载结构的连接方式，应符合承载结构设计的要求。

未经设计承载结构的有关部门的同意，严禁在钢结构件上钻孔或气割开孔。辅助钢结构不应使承载结构钢构件受扭或产生局部失稳。

② 辅助钢结构设计应按可能出现的各种载荷组合工况分别进行强度和刚度验算，并取其中对辅助钢结构最不利的工况作为设计依据。

③ 辅助钢结构应满足下列刚度条件。

a. 固定支架、限位装置和阻尼装置，其最大挠度应不大于梁的计算长度的 0.2％，且不大于 1.6mm。

b. 其他支架，其最大挠度应不大于梁的计算长度的 0.4％，且不大于 3.2mm。

④ 采用非轴对称型钢作为辅助钢结构梁时，应尽量使着力点通过型钢的弯曲中心，否则应考虑偏心扭转的因素。

⑤ 辅助钢结构应考虑水平载荷的作用和构件的侧向稳定。

⑥ 辅助钢结构的悬臂梁，其着力点的悬臂距离应视载荷及承载结构的形式和截面而定，一般不宜超过 800mm。

⑦ 用于滑动支架或导向支架的辅助钢结构，应考虑因管道水平位移引起着力点移动对结构受力分析的影响。

3.1.8　多管共用支架

① 成排水平管子可以支承在公共基础构件上，而不考虑统一的管道中心标高。具体支承方式应符合工程设计的要求。

② 在支承多根管道时，应采用管夹或管箍使管线侧向相对位置保持不变。受热膨胀的管线应能沿轴线自由地滚动或滑动。

③ 水平横担吊架不应用来支承多根热位移量或热位移方向不同的水平管道。

3.2　管道支吊架间距（GB/T 17116.2—1997）

近似水平布置的管道应控制一定的支吊架间距，以保证管道不产生过大的挠度、弯曲应力和剪切应力，特别要考虑管道上诸如法兰、阀门等部件受集中载荷的作用。垂直管道支吊架也应控制间距，防止管道由于各种载荷组合作用而产生过应力。

水平直管道的支吊架间距应满足下列要求。

① 强度条件。应控制管道自重产生的弯曲应力，使管道的持续外载荷当量应力在允许范围内。一般钢管道的自重应力不宜大于 16MPa。

② 刚度条件。应控制管道自重产生的弯曲挠度，使管道在安

全范围内使用并能正常疏、放水。管道的相对挠度应小于管道疏放水时实际坡度的 1/4。对于可能产生振动或有抗地震要求的管道，还应根据其振因控制管道的挠度，使管道的固有频率值在适当的范围内。一般钢管道的弯曲挠度不宜大于 2.5mm。

符合上述强度条件和刚度条件的水平钢管道支吊架最大间距推荐值详见 GB/T 17116.2—1997。但各类管道可执行各自专用管道规范规定的强度条件、刚度条件和支吊架最大间距推荐值。

3.3 管道支吊架尺寸（GB/T 17116.2—1997）

3.3.1 水平管道管部结构形式

（1）水平管道钢管夹 其结构形式如图 3-14 所示。

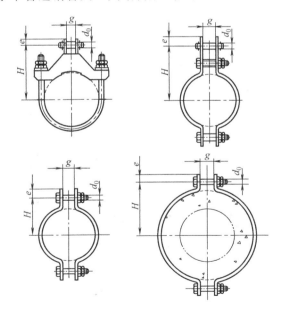

图 3-14 水平管道钢管夹

（2）钢管卡

① 短钢管卡的结构型式如图 3-15 所示。

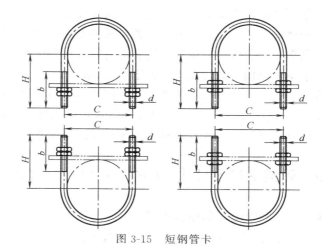

图 3-15　短钢管卡

② 长钢管卡的结构形式如图 3-16 所示。

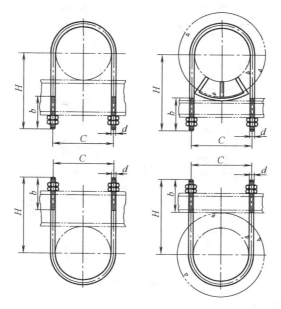

图 3-16　长钢管卡

198

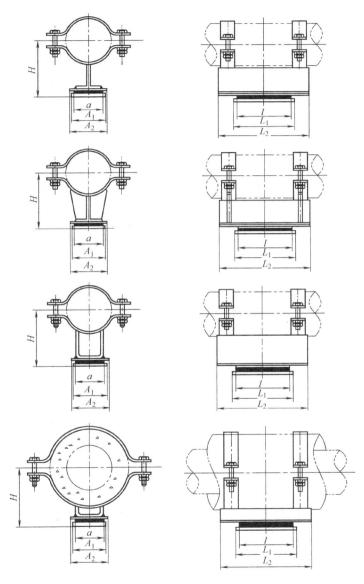

图 3-17　水平管道钢管夹滑动支座

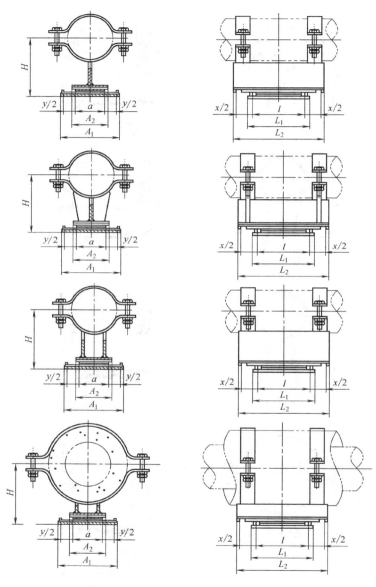

图 3-18 水平管道钢管夹双向滑动支座

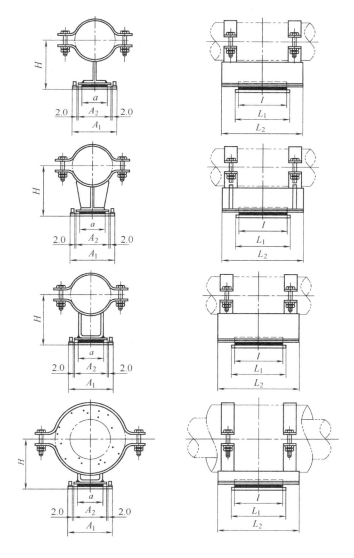

图 3-19 水平管道钢管夹导向支座

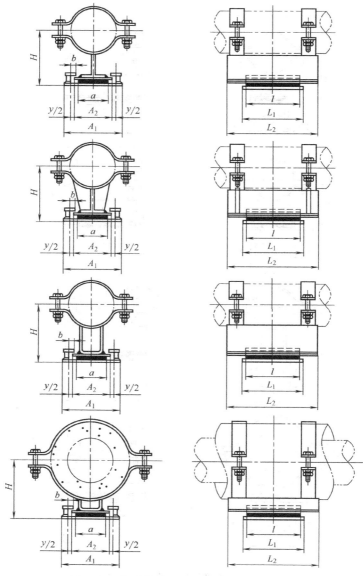

图 3-20　水平管道钢管夹单、双向限位支座

202

（3）水平管道钢管夹支座

① 水平管道钢管夹滑动支座适用于侧向位移不大于40mm的场合，其结构形式如图 3-17 所示。

② 水平管道钢管夹双向滑动支座适用于侧向位移较多的场合，其结构形式如图 3-18 所示。

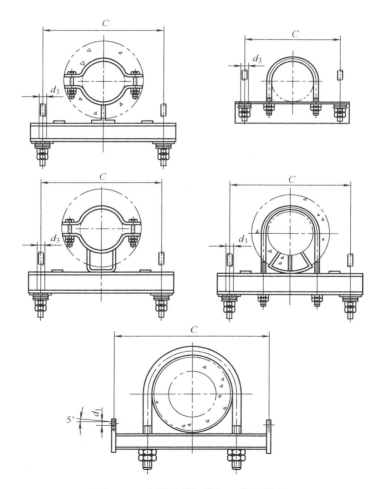

图 3-21　水平管道钢横担双吊杆吊架

③ 水平管道钢管夹导向支座用于不允许侧向位移的场合，其结构形式如图 3-19 所示。

④ 水平管道钢管夹单向限位支座用于不允许上下位移的场合，双向限位支座用于不允许上下位移和侧向位移的场合，其结构形式如图 3-20 所示。

（4）水平管道钢横担双吊杆吊架　其结构形式如图 3-21 所示。

（5）水平管道焊接吊架　其结构形式如图 3-22 所示。

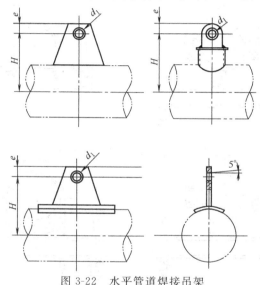

图 3-22　水平管道焊接吊架

（6）水平管道焊接钢支座

① 水平管道焊接钢支座的结构形式有滑动支座、导向（限位）支座和固定支座等。滑动支座和导向（限位）支座上下底板之间的滑动摩擦副可以是钢板对钢板，也可以是钢板对聚四氟乙烯板。标准以钢板对聚四氟乙烯板的滑动摩擦副作为滑动支座、导向（限位）支座的推荐结构形式。但标准规定的水平管道焊接钢支座主要连接尺寸也适用于钢板对钢板滑动摩擦副的滑动支座、导向（限位）支座和固定支座。

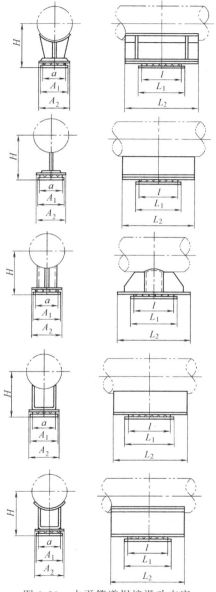

图 3-23　水平管道焊接滑动支座

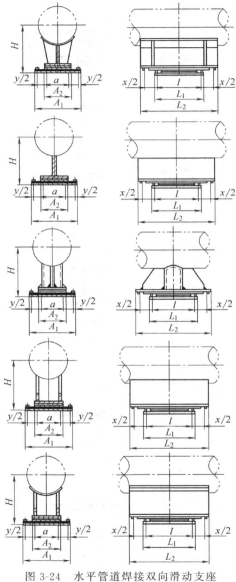

图 3-24 水平管道焊接双向滑动支座

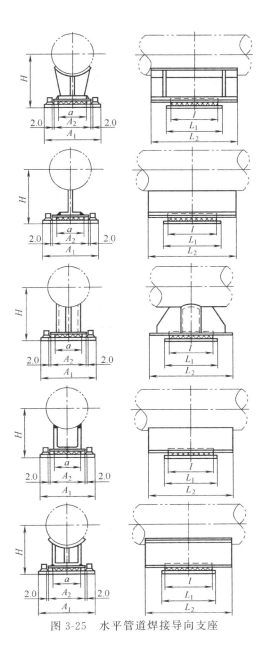

图 3-25　水平管道焊接导向支座

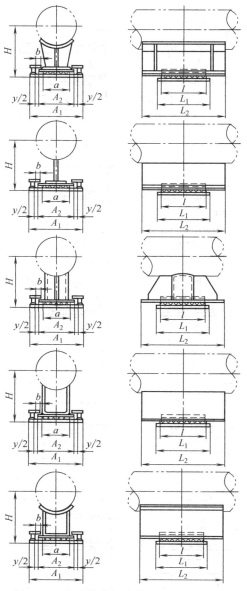

图 3-26　水平管道焊接单、双向限位支座

208

② 使用水平管道焊接钢支座应充分考虑被悬吊管道自身的强度条件和刚度条件，必要时可增加适当的附件。例如，大尺寸、薄壁管或重载荷的焊接式管部结构，在与管道（件）连接处需增设加强板，以防止管道局部产生过应力或过度变形。

③ 水平管道焊接滑动支座适用于侧向位移不大于 40mm 的场合，其结构形式如图 3-23 所示。

④ 水平管道焊接双向滑动支座适用于侧向位移较大的场合，其结构形式如图 3-24 所示。

⑤ 水平管道焊接导向支座用于不允许侧向位移的场合，其结构形式如图 3-25 所示。

⑥ 水平管道焊接单向限位支座用于不允许上下位移的场合，双向限位支座用于不允许上下位移和侧向位移的场合，其结构形式如图 3-26 所示。

3.3.2 垂直管道管部结构形式

（1）垂直管道钢管夹　其典型结构形式如图 3-27 所示。

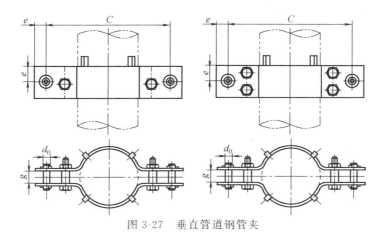

图 3-27　垂直管道钢管夹

（2）垂直管焊接鳍形吊板　其典型结构形式如图 3-28 所示。

（3）垂直管管形耳轴吊架　其典型结构形式如图 3-29 所示。

（4）垂直管道焊接钢支座

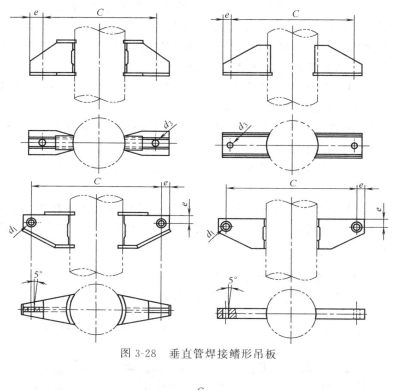

图 3-28　垂直管焊接鳍形吊板

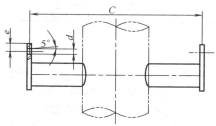

图 3-29　垂直管管形耳轴吊架

① 垂直管道焊接钢支座的结构形式有滑动支座、导向（限位）支座和固定支座等。滑动支座和导向（限位）支座上下底板之间的滑动摩擦副可以是钢板对钢板，也可以是钢板对聚四氟乙烯板。标

210

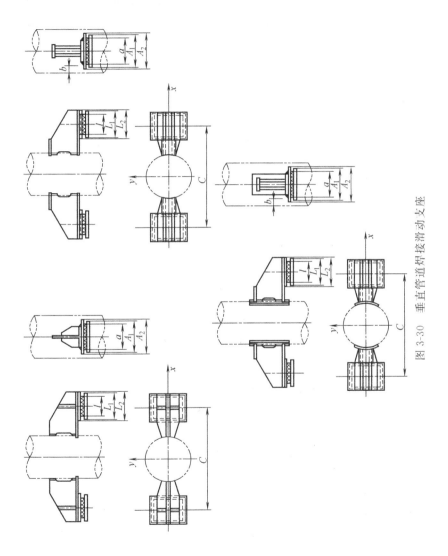

图 3-30 垂直管道焊接滑动支座

准以钢板对聚四氟乙烯板的滑动摩擦副作为滑动支座、导向（限位）支座的推荐结构形式。但标准规定的垂直管道焊接钢支座主要连接尺寸也适用于钢板对钢板滑动摩擦副的滑动支座、导向（限位）支座和固定支座。

② 使用垂直管道焊接钢支座应充分考虑被悬吊管道自身的强度条件和刚度条件，必要时可增加适当的附件。例如，大尺寸、薄壁管或重载荷的焊接式管部结构，在与管道（件）连接处需增设加强板，以防止管道局部产生过应力或过度变形。

③ 垂直管道的管部结构的设计应考虑由于管道和（或）支吊架的位移所引起的偏心受载，而在管部的任一悬臂上应能承受该支吊架的全部载荷。

④ 垂直管道焊接滑动支座适用于 y 向位移不大于 40mm 的场合，其结构形式如图 3-30 所示。

⑤ 垂直管道焊接双向滑动支座适用于双向水平位移较大的场合，其结构形式如图 3-31 所示。

⑥ 垂直管道焊接导向支座用于不允许 y 向位移的场合，其结构形式如图 3-32 所示。

⑦ 垂直管道焊接单向限位支座用于不允许上下位移的场合，双向限位支座用于不允许上下位移和 y 向位移的场合，其结构形式如图 3-33 所示。

3.3.3 弯头管部结构形式

（1）弯头焊接吊架　其典型结构形式如图 3-34 所示。

（2）弯头焊接钢支座

① 弯头焊接钢支座适用于符合 GB 12459 和 GB/T 13401 规定的钢制长半径弯头或半径为 $DN+50mm$ 的焊接弯头。

② 使用弯头焊接钢支座应充分考虑被支吊管道自身的强度条件和刚度条件，必要时可增加适当的附件。例如，大尺寸、薄壁管或重载荷的焊接式管部结构，在与管道（件）连接处需增设加强板，以防止管道局部产生过应力或过度变形。

③ 弯头焊接钢支座的结构形式有滑动支座、导向（限位）支

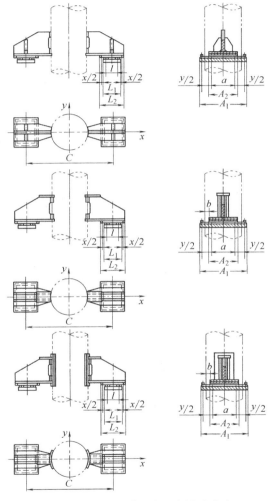

图 3-31　垂直管道焊接双向滑动支座

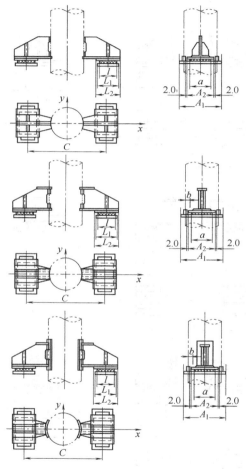

图 3-32 垂直管道焊接导向支座

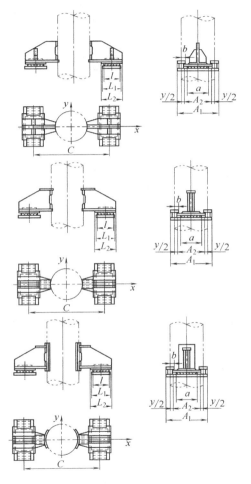

图 3-33　垂直管道焊接单、双向限位支座

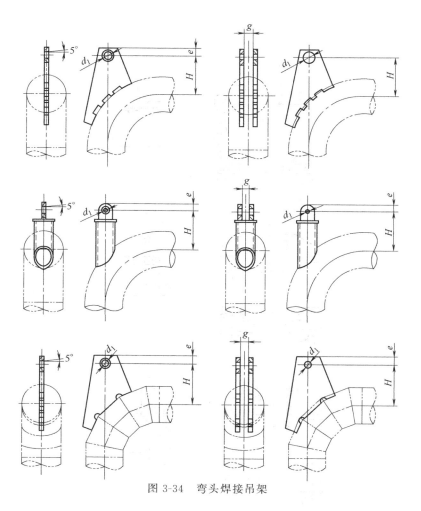

图 3-34　弯头焊接吊架

座和固定支座等。滑动支座和导向（限位）支座上下底板之间的滑动摩擦副可以是钢板对钢板，也可以是钢板对聚四氟乙烯板。标准以钢板对聚四氟乙烯板的滑动摩擦副作为滑动支座、导向（限位）支座的推荐结构形式。但标准规定的弯头焊接钢支座主要连接尺寸也适用于钢板对钢板滑动摩擦副的滑动支座、导向（限位）支座和

216

固定支座。

④ 弯头焊接滑动支座适用于侧向位移不大于 40mm 的场合，其结构形式如图 3-35 所示。

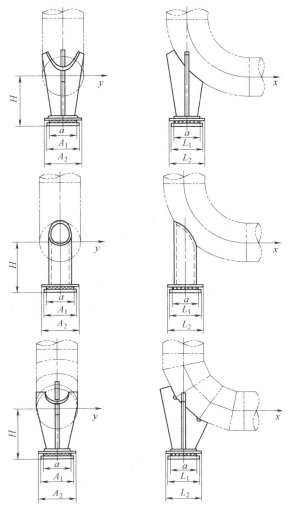

图 3-35　弯头焊接滑动支座

⑤ 弯头焊接双向滑动支座适用于侧向位移较大的场合，其结构形式如图 3-36 所示。

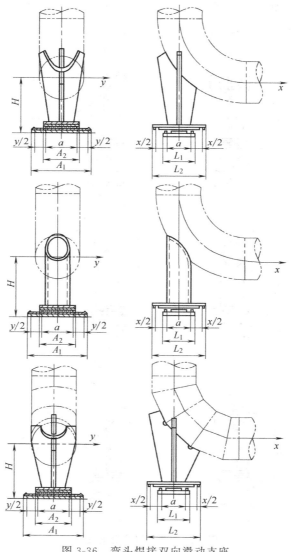

图 3-36 弯头焊接双向滑动支座

⑥ 弯头焊接导向支座用于不允许侧向位移的场合，其结构形式如图 3-37 所示。

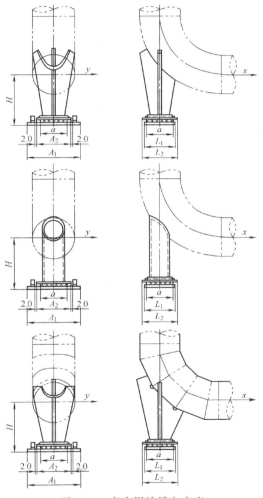

图 3-37　弯头焊接导向支座

⑦ 弯头焊接单向限位支座用于不允许上下位移的场合，双向限位支座用于不允许上下位移和侧向位移的场合，其结构形式如

219

图 3-38 所示。

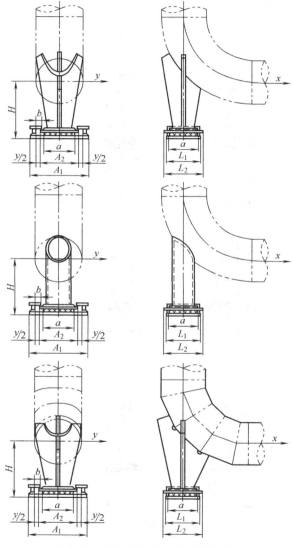

图 3-38 弯头焊接单、双向限位支座

第4章 管道阀门

阀门在管道工程图中是以符号的形式标注其所在位置，"综合材料表"给出本工程所需的各种阀门的类型、公称尺寸（通径）、公称压力、材料、总的数量和阀门标准号等，"管段表"则给出阀门所在某一具体管段的管段编号、起止点、管道等级、设计温度、设计压力、阀门类型、公称尺寸（通径）、公称压力、材料、数量和标准号。

4.1 阀门概述

阀门是通过改变其流道面积的大小来控制流体流量、压力和流向的机械产品。阀门规格品种繁多，而且阀门的新结构、新材料、新用途不断发展，为统一制造标准，也为了正确选用和识别阀门，我国阀门行业规定了"三化"标准，即系列化、通用化、标准化的标准。

4.1.1 阀门的种类

阀门的种类繁多，称谓也不统一。有按使用功能分的，有按公称压力分的，有按阀体材料分的等。

（1）按使用功能分类

① 截断（或闭路）阀类。接通或截断管路中介质，包括闸阀、截止阀、旋塞阀、隔膜阀、球阀和蝶阀等。

② 止回（或单向、逆止）阀类。防止管路中介质倒流，包括止回阀和底阀。

③ 调节阀类。调节管路中介质流量、压力等参数，包括节流

阀、减压阀及各种调节阀。

④ 分流阀类。分配、分离或混合管路中介质，包括旋塞阀、球阀和疏水阀等。

⑤ 安全阀类。防止介质压力超过规定数值，对管路或设备进行超载保护，包括各种形式的安全阀、保险阀。

（2）按公称压力分类

① 真空阀。工作压力用真空度表示。

② 低压阀。公称压力 $PN \leqslant 1.6MPa$。

③ 中压阀。$1.6MPa < PN < 10MPa$。

④ 高压阀。$10MPa \leqslant PN < 100MPa$。

⑤ 超高压阀。公称压力 $PN > 100MPa$。

（3）按驱动方式分类

① 手动阀。用人力操纵手轮、手柄或链轮驱动阀门。

② 动力驱动阀。利用动力源驱动阀门，包括电磁阀、气动阀、液动阀、电动阀及各种联动阀。

③ 自动阀。凭借管路中介质本身能量驱动阀门，包括止回阀、安全阀、减压阀、疏水阀及各种自力式调节阀。

（4）按阀体材料分类

① 铸铁阀。采用压铸铁、可锻铸铁、球墨铸铁和高硅铸铁等制成的阀。

② 铸铜阀。包括青铜、黄铜制成的阀。

③ 铸钢阀。包括碳素钢、合金钢和不锈钢等制成的阀。

④ 锻钢阀。包括碳素钢、合金钢和不锈钢等制成的阀。

⑤ 钛阀。采用钛及钛合金制成的阀。

（5）按使用部门分类

① 通用阀。广泛用于各种工业部门。

② 电站阀。应用于火力、水力、核电厂（站）。

③ 船用阀。应用于船舶、舰艇。

④ 冶金用阀。应用于炼铁、炼钢等冶金部门。

⑤ 管线阀。应用于输油、输气管线。

⑥ 水暖用阀。应用于给排水、采暖设施。

4.1.2 阀门的基本参数

（1）公称尺寸（通径） 见第 1 章 1.1.1 节。

（2）公称压力 见第 1 章 1.1.1 节。

4.1.3 阀门的压力-温度等级

阀门的最大允许工作压力随工作温度的升高而降低。压力-温度等级是阀门设计和选用的基准，在选用阀门时应特别注意。

采用 GB 9112～9122 标准法兰的钢制阀门在不同工作温度下的最大允许工作压力按下式计算：

$$P = \phi \times PN (\text{MPa}) \tag{4-1}$$

式中，ϕ 为系数（可查有关阀门手册）；PN 为阀门的公称压力，MPa。

4.1.4 阀门的型号编制方法

本书中的阀门型号编制方法主要参照 JB 308—2004《阀门型号编制方法》标准，同时吸收了有关标准对型号编制的规定，并根据原国标报批稿做了适当的补充。

阀门型号编制方法如下：

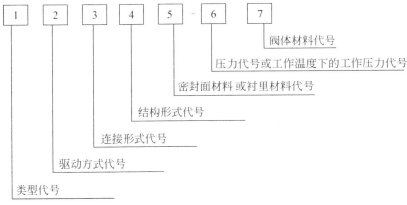

1——用汉语拼音字表示阀门类型，称为类型代号，按表 4-1 的规定。

表 4-1　阀门类型代号

阀门类型	代　号	阀门类型	代　号
安全阀	A	排污阀	P
蝶阀	D	球阀	Q
隔膜阀	G	蒸汽疏水阀	S
杠杆式安全阀	GA	柱塞阀	U
止回阀	H	旋塞阀	X
截止阀	J	减压阀	Y
节流阀	L	闸阀	Z

当阀门还具有其他功能作用或其他特异结构时，在阀门类型代号前再加注一个汉语拼音字母，如表 4-2 所示。

表 4-2　具有其他功能作用或带有其他特异结构的阀门表示代号

第二功能作用名称	代号	第二功能作用名称	代号
保温型	B	排渣型	P
低温型	D①	快速型	Q
防火型	F	（阀杆密封）波纹管型	W
缓闭型	H	—	—

① 低温型指允许使用低于 -46℃ 以下的阀门。

2——用阿拉伯数字表示阀门传动方式，称为传动方式代号，按表 4-3 的规定。

3——用阿拉伯数字表示阀门与管道或设备接口的连接形式，称为连接形式代号，按表 4-4 的规定。

4——用阿拉伯数字表示阀门结构形式，称为结构形式代号。由于阀门类型较多，其结构形式代号按阀门的种类分别表示。同一阿拉伯数码（代号），对于不同类型的阀门，所代表的意义是不同的，按表 4-5 的规定。

表4-3 传动方式代号

传动方式	代 号	传动方式	代 号
电磁动	0	锥齿轮	5
电磁-液动	1	气动	6
电-液动	2	液动	7
蜗轮	3	气-液动	8
正齿轮	4	电动	9

表4-4 连接形式代号

连接形式	代 号	连接形式	代 号
内螺纹	1	对夹	7
外螺纹	2	卡箍	8
法兰式	4	卡套	9
焊接式	6		

表4-5 各类阀门结构形式代号

类型	结 构 形 式			代 号
截止阀和节流阀	直通式			1
	角式			4
	直流式			5
	平衡		直通式	6
			角式	7
闸阀	明杆	楔式	弹性闸阀	0
			刚性 单闸板	1
			刚性 双闸板	2
		平行式	刚性 单闸板	3
			刚性 双闸板	4
	暗杆楔式		刚性 单闸板	5
			刚性 双闸板	6

225

类型	结 构 形 式			代 号
球阀	浮动	直通式		1
		L 形	三通式	4
		T 形		5
	固定	直通式		7
蝶阀	杠杆式			0
	垂直板式			1
	斜板式			3
隔膜阀	层脊式			1
	截止式			3
	闸板式			7
止回阀和底阀	升降	直通式		1
		立式		2
	旋启	单瓣式		4
		多瓣式		5
		双瓣式		6
旋塞阀	填料	直通式		3
		T 形三通式		4
		四通式		5
	油封	直通式		7
		T 形三通式		8
安全阀	弹簧	封闭	带散热片 全启式	0
			微启式	1
			全启式	2
			带扳手 全启式	4
			双弹簧微启式	3
			微启式	7
		不封闭	全启式	8
			带控制机构 微启式	5
			全启式	6
	脉冲式			9

类 型	结 构 形 式	代 号
减压阀	薄膜式	1
	弹簧薄膜式	2
	活塞式	3
	波纹管式	4
	杠杆式	5
疏水阀	浮球式	1
	钟形浮子式	5
	脉冲式	8
	热动力式	9

5——用汉语拼音字表示密封面或衬里材料代号，称为密封面材料代号，按表 4-6 的规定。

表 4-6 阀座密封面或衬里材料代号

阀座密封面或衬里材料	代号	阀座密封面或衬里材料	代 号
锡基轴承合金(巴氏合金)	B	尼龙塑料	N
搪瓷	C	渗硼钢	P
渗氮钢	D	衬铅	Q
氟塑料	F	奥氏体不锈钢	R
陶瓷	G	塑料	S
Cr13 系不锈钢	H	铜合金	T
衬胶	J	橡胶	X
蒙乃尔合金	M	硬质合金	Y

6——阀门的公称压力数值，称为压力代号。在表示阀门型号时，只写公称压力的数值，不写单位。公称压力的数值用 10 倍的兆帕（MPa）数表示。

7——用汉语拼音字表示阀体材料，称为阀体材料代号，按表 4-7 的规定。

表 4-7 阀体材料代号

阀体材料	代 号	阀体材料	代 号
碳钢	C	铬镍钼系不锈钢	R
Cr13 系不锈钢	H	塑料	S
铬钼系钢	I	铜及铜合金	T
可锻铸铁	K	钛及钛合金	Ti
铝合金	L	铬钼钒钢	V
铬钼系不锈钢	P	灰铸铁	Z
球墨铸铁	Q		

4.1.5　国家标准通用阀门标志（GB 12220—2015）

《通用阀门　标志》规定了通用阀门必须使用的和可选择使用的标志内容及标记方法，并等效采用国际标准 ISO 5209—1977《通用阀门　标志》（英文版）。

（1）标志

① 通用阀门的标志。通用阀门必须使用的和可选择使用的标志项目如表 4-8 所示。

表 4-8 阀门的标志

项目	标志	项目	标志
1	公称通径(DN)	11	标准号
2	公称压力(PN)	12	熔炼炉号
3	受压部件材料代号	13	内件材料代号
4	制造厂名或商标	14	工位号
5	介质流向的箭头	15	衬里材料代号
6	密封环(垫)代号	16	质量和试验标记
7	极限温度(℃)	17	检验人员印记
8	螺纹代号	18	制造年、月
9	极限压力	19	流动特性
10	生产厂编号		

② 如果手轮尺寸足够大，手轮上应设以指示阀门关闭方向的箭头或附加"关"字。

（2）公称尺寸大于或等于50mm阀门的标志

① 表4-8中1～4项是必须使用的标志，应标记在阀体上。

② 表4-8中5和6项只有当某类阀门标准中有此规定时才是必须使用的标志，它们应分别标记在阀体及法兰上。

③ 如果各类阀门标准中没有特殊规定，则表中7～19项是按需选择使用的标志。当需要时，可标记在阀体或标牌上。

（3）公称尺寸小于50mm阀门的标志

① 表4-8中1～4项是必须使用的标志。标记在阀体上或标牌上，由产品设计者规定。

② 表4-8中5～19项标志的标记同（2）中的规定。

（4）附加标志

① 在不同位置可以附加表中任何一项标志。例如，设在阀体上的任何一项标志，也可以重复设在标牌上。

② 只要附加标志不与表中标志发生混淆，可以附加其他任何标志。例如产品型号等。

4.1.6　阀门产品标志及识别涂漆（JB 106—2004）

对于阀门可以通过阀体上铸造、打印的文字、符号、铭牌、外部形状，再加上在阀体上、手轮及法兰外沿上的涂漆颜色来进行识别。

铭牌、阀体上铸造的文字等标志表明该阀门的型号、规格、公称直径和公称压力、介质流向、制造厂家及出厂时间。在阀体正面铸出的标志形式，其含义参见表4-9。

标志阀体材料的油漆涂于阀体的非加工表面上，其颜色规定见表4-10。

标志密封面材料的油漆，涂在手轮、手柄或自动阀件的盖上，其颜色规定见表4-11。

表 4-9　阀体上标志的含义

| 标志形式 | 阀门的规格及特性 | | | | | |
| | 阀门规格 | | | | 阀门形式 | 介质流动方向 |
	公称通径/mm	公称压力/MPa	工作压力/MPa	介质温度/℃		
$\dfrac{\text{PN4.0}}{50}$ →	50	4.0			直通式	介质进口与出口的流动方向在同一或相平行的中心线上
$\dfrac{P_{51}10}{100}$ →	100		10	510		
$\dfrac{\text{PN40}}{50}$ ⌐	50	4.0			直角式	介质进口与出口的流动方向成90°角 — 介质作用在关闭件下
$\dfrac{P_{51}10}{100}$ ⌐	100		10	510		
$\dfrac{\text{PN40}}{50}$ ↓	50	4.0				介质作用在关闭件上
$\dfrac{P_{51}10}{100}$ ↓	100		10	510		
$\dfrac{\text{PN16}}{50}$ →	50	1.6			三通式	介质具有几个流动方向
$\dfrac{P_{51}10}{100}$	100		10	510		

表 4-10　阀体材料涂色规定

阀体材料	涂漆颜色	阀体材料	涂漆颜色
灰铸铁、可锻铸铁	红	耐酸钢或不锈钢	浅蓝
球墨铸铁	黄	合金钢	淡紫
碳素钢	铝白		

表 4-11　密封面材料涂色规定

密封面材料	涂漆颜色	密封面材料	涂漆颜色
青铜或黄铜	红	硬质合金	灰色周边带红色条
巴氏合金	黄	塑料	灰色周边带蓝色条
铝	铝白	皮革或橡胶	棕
耐酸钢或不锈钢	浅蓝	硬橡胶	绿
渗氮钢	淡紫	直接在阀体上制造密封面	同阀体颜色

4.2 金属阀门结构长度（GB/T 12221—2005）

本规定了法兰连接阀门的结构长度、焊接端阀门的结构长度、对夹连接阀门的结构长度、内螺纹连接阀门结构长度、外螺纹连接阀门结构长度，及其结构尺寸的极限偏差。本标准适用于公称压力 $PN \leqslant 42.0\text{MPa}$，公称通径为 $3 \sim 4000\text{mm}$ 的闸阀、截止阀、球阀、

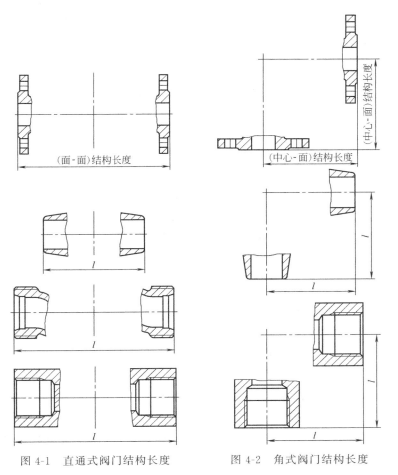

图 4-1 直通式阀门结构长度   图 4-2 角式阀门结构长度

蝶阀、旋塞阀、隔膜阀、止回阀等的结构长度。

4.2.1 术语

① 直通式阀门结构长度。在阀体通道终端两个垂直于阀门轴线平面之间的距离。

② 角式阀门结构长度。在阀体通道某一终端垂直于轴线的平面与阀体另一终端轴线之间的距离。

③ 对夹式阀门。靠管道法兰夹持固定密封结构的阀门。其结构长度指阀体通道终端两个与管道法兰接触面之间的距离。

4.2.2 结构长度尺寸与极限偏差

直通式阀门结构长度如图 4-1 所示；角式阀门结构长度如图 4-2 所示；对夹连接阀门结构长度如图 4-3 所示。

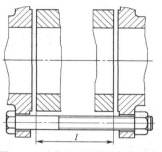

图 4-3 对夹连接阀门结构长度

4.2.3 结构长度尺寸

详见国家标准 GB/T 12221—2005。

4.3 阀门检验与管理

4.3.1 阀门检验（SH 3518—2013）

4.3.1.1 一般规定

① 阀门必须具有质量证明文件。阀体上应有制造厂铭牌，铭牌和阀体上应有制造厂名称、阀门型号、公称压力、公称通径等标

识，且应符合《通用阀门标志》（GB 12220）的规定。

② 阀门的产品质量证明文件应有如下内容。

a. 制造厂名称及出厂日期。

b. 产品名称、型号及规格。

c. 公称压力、公称通径、适用介质及适用温度。

d. 依据的标准、检验结论及检验日期。

e. 出厂编号。

f. 检验人员及负责检验人员签字或盖章。

③ 设计要求做低温密封试验的阀门，应有制造厂的低温密封试验合格证明书。

④ 铸钢阀门的磁粉检验和射线检验由供需双方协定，如需检验，供方应按合同要求的检验标准进行检验，并出具检验报告。

⑤ 设计文件要求进行晶间腐蚀试验的不锈钢阀门，制造厂应提供晶间腐蚀试验合格证明书。

⑥ 阀门安装前必须进行外观检查。

4.3.1.2 外观检查

① 阀门运输时的开闭位置应符合下列要求。

a. 闸阀、截止阀、节流阀、调节阀、蝶阀、底阀等阀门应处于全关闭位置。

b. 旋塞阀、球阀的关闭件均应处于全开启位置。

c. 隔膜阀应处于关闭位置，且不可关得过紧，以防止损坏隔膜。

d. 止回阀的阀瓣应关闭并予以固定。

② 阀门不得有损伤、缺件、腐蚀、铭牌脱落等现象，且阀体内不得有脏污。

③ 阀门两端应有防护盖保护。手柄或手轮操作应灵活轻便，不得有卡涩现象。

④ 阀体为铸件时，其表面应平整光滑，无裂纹、缩孔、砂眼、气孔、毛刺等缺陷；阀体为锻件时，其表面应无裂纹、夹层、重

皮、斑疤、缺肩等缺陷。

⑤ 止回阀的阀瓣或阀芯动作应灵活准确，无偏心、移位或歪斜现象。

⑥ 弹簧式安全阀应具有铅封；杠杆式安全阀应有重锤的定位装置。

⑦ 衬胶、衬搪瓷及衬塑料的阀体内表面应平整光滑，衬层与基体结合牢固，无裂纹、鼓泡等缺陷，用高频电火花发生器逐个检查衬层表面，以未发现衬层被击穿（产生白色闪光现象）为合格。

⑧ 阀门法兰密封面应符合要求，且不得有径向划痕。

4.3.1.3 阀门传动装置的检查与试验

① 采用齿轮、蜗轮传动的阀门，其传动机构应按下列要求进行检查与清洗。

a. 蜗杆和蜗轮应啮合良好、工作轻便，无卡涩或过度磨损现象。

b. 开式机构的齿轮啮合面、轴承等应清洗干净，并加注新润滑油脂。

c. 有闭式机构的阀门应抽查 10％且不少于一个，其机构零件应齐全、内部清洁无污物、传动件无毛刺、各部间隙及啮合面符合要求。如有问题，应对该批阀门的传动机构逐个检查。

d. 开盖检查如发现润滑油脂变质，对该批阀门的润滑油脂予以更换。

② 带链轮机构的阀门，链架与链轮的中心面应一致。按工作位置检查链条的工作情况，链条运动应顺畅不脱槽，链条不得有开环、脱焊、锈蚀或链轮与链条节距不符等缺陷。

③ 气压、液压传动的阀门，应以空气或水为介质，按活塞的工作压力进行开闭检验。必要时，应对阀门进行密封试验。

④ 电动阀门的变速箱除按①的规定进行清洗和检查外，尚应复查联轴器的同轴度，然后接通临时电源，在全开或全闭的状态下，检查、调整阀门的限位装置，反复试验不少于三次，电动系统

应动作可靠、指示准确。

⑤ 电磁阀门应接通临时电源，进行开闭试验，且不得少于三次。必要时应在阀门关闭状态下，对其进行密封试验。

⑥ 具有机械联锁装置的阀门，应在安装位置的模拟架上进行试验和调整。两阀门应启闭动作协调、工作轻便、限位准确。

4.3.1.4 其他检查和检验

① 对焊连接阀门的焊接接头坡口，应按下列规定进行磁粉或渗透检测。

a. 标准抗拉强度下限值 σ_b＝1540MPa 的钢材及 Cr-Mo 低合金钢材的坡口应进行 100% 检测。

b. 设计温度低于或等于－29℃的非奥氏体不锈钢坡口应抽检 5%。

② 合金钢阀门应采用光谱分析或其他方法，逐个对阀体材质进行复查，并做标记。不符合要求的阀门不得使用。

③ 合金钢阀门和剧毒、可燃介质管道阀门安装前，应按设计文件中的"阀门规格书"对阀门的阀体、密封面以及有特殊要求的垫片和填料的材质进行抽查，每批至少抽查一件。若有不合格，该批阀门不得使用。

4.3.2 石化标准阀门试验 (SH 3518—2013)

（1）一般规定

① 阀门试验包括壳体压力试验、密封试验和安全阀、减压阀、疏水阀的调整试验。

② 阀门应按相应规范确定的检查数量进行壳体压力试验和密封试验，具有上密封结构的阀门，还应进行上密封试验。

③ 对于壳体压力试验、上密封试验和高压密封试验，试验介质可选择空气、惰性气体、煤油、水或黏度不高于水的非腐蚀性液体，低压密封试验介质可选择空气或惰性气体。

④ 用水做试验介质时，允许添加防锈剂，奥氏体不锈钢阀门试验时，水中氯化物含量不得超过 100mg/L。

⑤ 无特殊规定时，试验介质的温度宜为 5~50℃。

⑥ 阀门试验前，应除去密封面上的油渍和污物，严禁在密封面上涂抹防渗漏的油脂。

⑦ 试验用的压力表，应鉴定合格并在周检期内使用，精确度不应低于 1.5 级，表的满刻度值宜为最大被测压力的 1.5～2 倍。试验系统的压力表不应少于两块，并分别安装在贮罐、设备及被试验的阀门进口处。

⑧ 装有旁通阀的阀门，旁通阀也应进行壳体压力试验和密封试验。

⑨ 试验介质为液体时，应排净阀门内的空气，阀门试压完毕，应及时排除阀门内的积液。

⑩ 经过试验合格的阀门，应在阀体明显部位做好试验标识，并填写试验记录。没有试验标识的阀门不得安装和使用。

（2）阀门壳体压力试验

① 阀门壳体压力试验的试验压力应为阀门公称压力的 1.5 倍。

② 阀门壳体压力试验最短保压时间应为 5min。如果试验介质为液体，壳体外表面不得有滴漏或潮湿现象，阀体与阀体衬里、阀体与阀盖接合处不得有泄漏；如果试验介质为气体，则应按规定的检漏方法检验，不得有泄漏现象。

③ 夹套阀门的夹套部分应以 1.5 倍的工作压力进行压力试验。

④ 公称压力小于 1MPa 且公称通径大于或等于 600mm 的闸阀，壳体压力试验可不单独进行，可在管道系统试验中进行。

（3）阀门密封试验

① 阀门密封试验包括上密封试验、高压密封试验和低压密封试验，密封试验必须在壳体压力试验合格后进行。

② 阀门密封试验项目应根据直径和压力按规定进行选取。当公称直径小于或等于 100mm、公称压力小于或等于 25MPa 和公称直径大于 100mm、公称压力小于或等于 10MPa 时，应按表 4-12 选取；当公称直径小于或等于 100mm、公称压力大于 25MPa 和公称直径大于 100mm、公称压力大于 10MPa 时，应按表 4-13 选取。

表 4-12　阀门密封试验（一）

试验名称	阀 门 型 式					
	闸阀	截止阀	旋塞阀	止回阀	浮球阀	蝶阀及耳轴装配球阀
上密封①	需要	需要	—	—	—	—
低压密封	需要	供选	需要②	备选③	需要	需要
高压密封④	供选	需要⑤	供选②	需要	供选	供选

① 要求对所有阀门进行上密封试验，但具备上密封特征的波纹管密封阀除外。

② 对润滑旋塞阀来讲，进行高压密封试验是强制性的，低压密封试验是可选择的。

③ 如果购买商同意，阀门制造厂可用低压密封试验代替高压密封试验。

④ 弹性座阀门的高压密封试验后在低压情况下使用可能会降低其密封性。

⑤ 对于动力操作截止阀，高压密封试验应按确定动力阀动器规格时设计压差的 1.1 倍来进行。

表 4-13　阀门密封试验（二）

试验名称	阀 门 型 式					
	闸阀	截止阀	旋塞阀	止回阀	浮球阀	蝶阀及耳轴装配球阀
上密封①	需要	需要	—	—	—	—
低压密封	需要	供选	需要	备选②	需要	需要
高压密封③	供选	需要④	供选	需要	供选	供选

① 具有这种部件的阀门均必须进行上密封试验，但具备上密封特征的波纹管密封阀除外。

② 经买方同意后，阀门制造厂家可以使用低压密封试验代替高压密封试验。

③ 弹性座阀门的高压密封试验后在低压情况下使用可能会降低其密封性。

④ 在动力操作的球阀中，高压密封试验应按确定动力阀动器规格时设计压差的 1.1 倍来进行。

③ 阀门高压密封试验和上密封试验的试验压力为阀门公称压力的 1.1 倍，低压密封试验压力为 0.6MPa，保压时间见表 4-14，以密封面不漏为合格。

表 4-14　密封试验保压时间

公称通径/mm	保　压　时　间/s		
	上密封试验	高压密封和低压密封	
		止回阀	其他阀门
≤50	15	60	15
65～150	60	60	60
200～300	60	60	120
≥350	120	120	120

④ 公称压力小于 1MPa 且公称通径大于或等于 600mm 的闸阀可不单独进行密封试验，宜用色印方法对闸板密封副进行检查，接合面连续为合格。

⑤ 上密封试验的基本步骤为：封闭阀门进、出口，松开填料压盖，将阀门打开并使上密封关闭，向腔内充满试验介质，逐渐加压到试验压力，达到保压规定时间后，无渗漏为合格。

⑥ 做密封试验时，应向处于关闭状态的被检测密封副的一侧腔体充满试验介质，并逐渐加压到试验压力，达到规定保压时间后，在该密封副的另一侧，目测渗漏情况。引入介质和施加压力的方向应符合下列规定。

a. 规定了介质流向的阀门，如截止阀等应按规定介质流通方向引入介质和施加压力。

b. 没有规定介质流向的阀门，如闸阀、球阀、旋塞阀和蝶阀，应分别沿每端引入介质和施加压力。

c. 有两个密封副的阀门也可以向两个密封副之间的体腔内引入介质和施加压力。

d. 止回阀应沿使阀瓣关闭的方向引入介质和施加压力。

4.3.3　国家标准阀门试验（GB/T 12224—2015）

（1）壳体试验　每个阀门都应做表压力不低于 1.5 倍公称压力的壳体试验。试验应以含防腐剂的水、煤油或其他黏度不大于水的适当液体，试验在不高于 52℃ 的温度下进行，透过受压壁有肉眼

238

可见渗漏为不合格。试验持续时间应按表 4-15 的规定。

表 4-15　阀门壳体试验持续时间

公称尺寸 DN/mm	$\leqslant 50$	$65 \sim 200$	$\geqslant 250$
试验时间/s	15	60	180

试验应在阀门部分开启状态下进行。通过阀杆密封处的渗漏不应作为不合格的理由。但阀杆密封至少应在常温下能保持公称压力而无明显渗漏。

（2）密封试验　壳体试验后，每个截断阀门、止回阀都应进行密封试验。试验流体应按（1）的规定。常温下试验压力应不低于公称压力的 1.1 倍，表 4-16 所列规格和压力等级的阀门，如用户选定，可以用 0.6MPa 的气体进行密封试验。

表 4-16　0.6MPa 气体进行密封试验的阀门

公称尺寸 DN/mm	$\leqslant 300$	$\leqslant 100$
公称压力 PN	$\leqslant 63$	所有压力等级

当采用气体进行密封试验时，公称压力 PN250（无量纲）以下，公称尺寸 DN100 以下的阀门，可在壳体试验之前进行密封试验，其他阀门应在壳体试验后进行密封试验，密封试验持续时间应按表 4-17 的规定。试验时间是指阀门完全准备好以后，处于满载压力的检查时间。

表 4-17　阀门密封试验持续时间

公称尺寸 DN/mm	$\leqslant 50$	$65 \sim 200$	$250 \sim 450$	$\geqslant 500$
试验时间/s	15	30	60	120

① 双阀座密封。对于双阀座密封的阀门，例如大部分闸阀和球阀，试验压力应依次施加到关闭阀门的每一侧。对独立的双阀座密封阀门（例如双闸板闸阀），可把试验压力加到闸板关闭时的阀体中腔中。

② 定向阀座密封。有介质流动方向要求的阀门，试验压力应按介质流动方向要求加压；其他阀门，试验压力应在最不利于阀座密封的方向加压。

③ 受限阀座密封。是指各方面都符合本标准，但是关闭件承受压差仅局限常温下额定设计压力工况，并在高压差下会损坏阀瓣或驱动装置（手动、机动、液动或电动）的阀门，按上述要求做试验，阀瓣试验条件可降为最大给定关闭压差值的1.1倍。这个例外情况按用户与制造厂的协商执行。制造厂的铭牌数据中应包括这样的限制标记。

（3）压力试验一般要求　在完成壳体试验前阀门不应涂漆或涂覆防渗漏材料，但设计中包括的内部衬里或涂层，如蝶阀阀体的非金属衬里是允许的。允许进行化学防腐处理。

（4）压力试验的其他要求　压力试验的试验要求、试验介质、试验方法和步骤、评定指标等其他要求依照GB/T 13927的规定。

4.3.4　安全阀调整试验（SH 3518—2013）

① 安全阀的调整试验应包括如下项目：开启压力；回座压力；阀门动作的重复性；用目测或听觉检查阀门回座情况，有无频跳、颤振、卡阻或其他有害的振动。

② 安全阀应按设计要求进行调试，当设计无要求时，其开启压力应为工作压力与背压之差的1.05～1.15倍，回座压力应不小于工作压力的0.9倍。

③ 安全阀开启、回座试验的介质可按表4-18中规定选用。

表4-18　试验介质

工作介质	试验介质
蒸汽	饱和蒸汽①
空气和其他气体	空气
水和其他液体	水

① 如无适合的饱和蒸汽，允许使用空气，但安全阀投入运行时，应重新调试。

④ 安全阀开启和回座试验次数应不少于三次，试验过程中，使用单位及有关部门应在现场监督确认。试验合格后应做铅封，并填写"安全阀调整试验记录"。

4.3.5 其他阀门调整试验

① 减压阀调压试验及疏水阀的动作试验应在安装后的系统中进行。

② 减压阀在试验过程中，不应做任何调整，当试验条件变化或试验结果偏离时，方可重新进行调整，且不得更换零件。

③ 疏水阀试验应符合下列要求。

a. 动作灵敏、工作正常。

b. 阀座无漏气现象。

c. 疏水完毕后，阀门应处于完全关闭状态。

d. 双金属片式疏水阀，应在额定的工作温度范围内动作。

4.3.6 阀门管理

（1）阀门存放

① 阀门出入库房，应按照铭牌上的主要内容进行登记、建账。试验合格的阀门应做试验记录和标记。

② 阀门宜放置在室内库房，并按阀门的规格、型号、材质分别存放。对不允许铁污染的钛材等有色金属阀门和超低碳不锈钢阀门，放置、保管时，应采取防护措施。

③ 返库的阀门，应重新登记。壳体压力试验和密封试验后的阀门，闲置时间超过半年，使用前应重新进行检验。

④ 阀门在保管运输过程中，不得将索具直接拴绑在手轮上或将阀门倒置。

（2）阀门防护

① 外露阀杆的部位，应涂润滑脂进行保护。

② 除塑料和橡胶密封面不允许涂防锈剂外，阀门的其他关闭件和阀座密封面应涂工业用防锈油脂。

③ 阀门的内腔、法兰密封面和螺栓螺纹应涂防锈剂进行

保护。

④ 阀门试验合格后，内部应清理干净，阀门两端应加防护盖。

（3）阀门资料管理

① 制造厂提供的质量证明文件，应与实物相对应，建账管理。

② 检、试验合格的阀门，检、试验部门出具材质复验报告、阀门试验记录和安全阀调整试验记录等文件，并应由有关人员签字，由专人保管。

③ 阀门出库时，应根据现行《石油化工工程建设交工技术文件规定》（SH 3503）中的要求，将制造厂提供的质量证明文件和有关检试验记录交有关部门，作为交工资料。

4.4　闸阀

闸阀是最常用的截断阀之一，主要用来接通或截断管路中的介质，不适用于调节介质流量。闸阀适用的压力、温度及口径范围很大，尤其适用于中、大口径的管道。

4.4.1　闸阀的主要优点

① 流体阻力小。闸阀阀体内部介质通道是直通的，介质流经闸阀时不改变其流动方向，因而流动阻力较小。

② 启闭较省力。启闭时闸板运动方向与介质流动方向相垂直。与截止阀相比，闸阀的启闭较为省力。

③ 介质流动方向一般不受限制。介质可从闸阀两侧任意方向流过，均能达到接通或截断的目的。便于安装，适用于介质的流动方向可能改变的管路中。

4.4.2　闸阀的主要缺点

① 高度大，启闭时间长。由于开启时需将闸板完全提升到阀座通道上方，关闭时又需将闸板全部落下挡住阀座通道，所以闸板的启闭行程很大，其高度也相应增大，启闭时间较长。

② 密封面易产生擦伤。启闭时闸板与阀座相接触的两密封面

之间有相对滑动，在介质力作用下易产生擦伤，从而破坏密封性能，影响使用寿命。

4.4.3　闸阀的结构形式

闸阀按阀杆结构和运动方式分为明杆闸阀和暗杆闸阀。明杆闸阀的阀杆带动闸板一起升降，阀杆上的传动螺纹在阀体外部，因此，可根据阀杆的运动方向和位置直观地判断闸板的启闭和位置，而且传动螺纹便于润滑和不受流体腐蚀，但它要求有较大的安装空间。暗杆闸阀的传动螺纹位于阀体内部，在启闭过程中，阀杆只做旋转运动，闸板在阀体内升降。因此，阀门的高度尺寸小。暗杆闸阀，通常在阀盖上方装设启闭位置指示器，以适用于船舶、管沟等空间较小和粉尘含量大的环境。

闸阀还可按闸板的结构不同分为楔式和平行式两类。

楔式闸板又可分为刚性单闸板、弹性单闸板及双闸板等。

楔式刚性单闸板结构简单，尺寸小，使用比较可靠。但楔角的加工、配合精度要求较高，易发生卡紧、擦伤现象，它适用于常温、中温的各种介质和压力的闸阀。楔式弹性单闸板可以靠闸板产生微量的弹性变形的补偿作用达到良好的密封，温度变化不易造成楔死，楔角精度要求较低。但应防止关闭力矩过大而使闸板失去弹性。它适用于各种温度和压力的闸阀。

楔式双闸板对密封面楔角的加工精度要求较低，容易密封，温度变化不易造成卡住和擦伤，密封面磨损后维修方便。但结构较复杂、零件较多，阀门的体形及重量较大。

平行式单闸板结构简单，不能靠自身达到强制密封，为了保证其密封性，一般采用固定或浮动的软密封，适用于中、低压，大、中口径，介质为油类或煤气及天然气等。

平行式双闸板一般通过顶楔产生密封力，密封面间相对移动小，不易擦伤，多用于低压中、小口径的闸阀。

4.4.4　闸阀的主要标准

详见第 1 章 1.7.10 节。

4.4.5 闸阀的安装与维护

① 双闸板闸阀应直立安装，即阀杆处于垂直的位置，手轮在顶部。手动单闸板闸阀可任意位置安装。

② 带传动机构的闸阀（如齿轮传动、电动、气动或液动等），均应按产品使用说明书的规定安装。

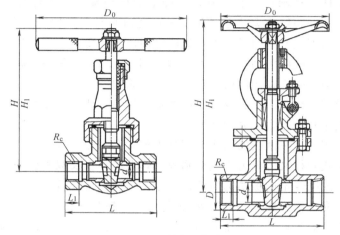

(a) Z11H-25 ～ Z11H-160 型内螺纹楔式闸阀结构示意图

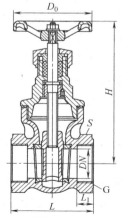

(b) Z15T-10 型内螺纹暗杆楔式闸阀结构示意图

图 4-4 各种闸阀结构示意图

③ 手轮、传动机构均不允许用于起吊，并严禁碰撞。

④ 带有旁通阀的闸阀，可平衡进出口的压差及减小开启力，因而在开启前，应先打开旁通阀。

4.4.6 闸阀结构图

各种闸阀结构示意图如图 4-4 所示。

4.5 截止阀、节流阀

4.5.1 截止阀

截止阀是一种常用的截断阀，主要用来接通或截断管路中的介质，一般不用于调节流量。截止阀适用的压力、温度范围很大，但一般用于中、小口径的管道。

（1）截止阀的主要优点

① 与闸阀相比，截止阀的结构较简单，制造与维修都较方便。

② 密封面不易磨损、擦伤，密封性较好，寿命较长。

③ 启闭时阀瓣行程较小，启闭时间较短，阀门高度较小。

（2）截止阀的主要缺点

① 流体阻力大。阀体内介质通道比较曲折，故能量消耗较大。但直流式截止阀流体阻力相对较小。

② 启闭力矩大，启闭较费力。关闭时，因为阀瓣运动方向一般与介质压力作用方向相反，必须克服介质的作用力，故启闭力矩大。中、高压较大口径的截止阀可采用平衡式结构，以减小启闭力矩。

③ 介质流动方向受限制。一般要求介质从下向上流动。

（3）截止阀的结构形式　截止阀阀体的结构形式有直通式、直流式和直角式。直通式是最常见的结构，但其流体阻力最大。直流式的流体阻力较小，多用于含固体颗粒或黏度大的流体。直角式阀体多采用锻造，适用于较小通径、较高压力的截止阀。

（4）截止阀的主要标准　详见第 1 章 1.7.10 节。

（5）截止阀的安装与维护

① 手轮、手柄操作的截止阀可安装在管道的任何位置上。

② 手轮、手柄及传动机构不允许用于起吊。

③ 安装时应注意使介质的流向与阀体上所指箭头的方向一致。

④ 带传动机构的截止阀（如齿轮传动、电动、气动或液动），均应按产品使用说明书的规定安装。

4.5.2 节流阀

节流阀是通过改变流道截面以控制流体的压力及流量，属于调节阀类，但由于它的结构限制，没有调节阀的调节特性，故不能代替调节阀使用。

截止型节流阀在结构上除了启闭件及相关部分外，均与截止阀相同。节流阀的启闭件大多为圆锥流线型。

（1）节流阀的特点

① 结构较简单，便于制造和维修，成本低。

② 调节精度不高，不能代替调节阀。

③ 不能作为截断阀使用，无密封性能要求。

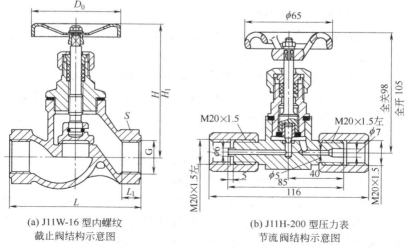

(a) J11W-16 型内螺纹
截止阀结构示意图

(b) J11H-200 型压力表
节流阀结构示意图

图 4-5　截止阀、节流阀结构示意图

246

节流阀尚无专门标准，可参照截止阀标准。

（2）节流阀的安装与维护

① 该阀操作较频繁，因此应安装在便于操作的位置上。

② 安装时要注意介质流向应与阀门上标注的流向一致。

4.5.3　截止阀、节流阀结构图

截止阀、节流阀结构示意图如图 4-5 所示。

4.6　蝶阀

蝶阀是用随阀杆转动的圆形蝶板作启闭件，以实现启闭动作的阀门。蝶阀主要作截断阀使用，亦可设计成具有调节或截断兼调节的功能。目前蝶阀在低压大、中口径管道上的使用越来越多。

4.6.1　蝶阀的主要优点

① 结构简单、体积小、重量轻。对夹式蝶阀该特点尤其显著。

② 流体阻力较小。大、中口径的蝶阀，全开时的有效流通面积较大。

③ 启闭方便迅速而且比较省力。蝶板旋转 90°角即可完成启闭。由于转轴两侧蝶板受介质作用力接近相等，而产生的转矩方向相反，因而启闭力矩较小。

④ 低压下可实现良好的密封。大多蝶阀采用橡胶密封圈，故密封性能良好。

⑤ 调节性能较好。通过改变蝶板的旋转角度可以较好地控制介质的流量。

4.6.2　蝶阀的主要缺点

受密封圈材料的限制，蝶阀的使用压力和工作温度范围较小，大部分蝶阀采用橡胶密封圈，工作温度受到橡胶材料的限制。随着密封材料的发展及金属密封蝶阀的开发，蝶阀的工作温度及使用压力的范围已有所扩大。

4.6.3 蝶阀的主要标准

详见第 1 章第 1.7.10 节。

4.6.4 蝶阀的安装与维护

① 带扳手的蝶阀，可以安装在管路或设备的任何位置上；带传动机构的蝶阀，一般应直立安装或按产品使用说明书的规定安装。

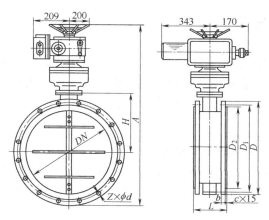

(a) TD941W-0.5 型电动空气调节蝶阀结构示意图

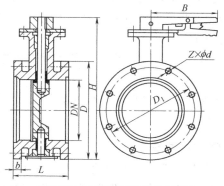

(b) F504A-10 型手动蝶阀结构示意图

图 4-6　蝶阀结构示意图

② 蝶阀产品的安装，应使介质流向与阀体上所示箭头方向一致。

③ 带有旁通阀的蝶阀，开启前应先打开旁通阀。

4.6.5　蝶阀结构图

蝶阀结构示意图如图 4-6 所示。

4.7　止回阀

止回阀是能自动阻止流体倒流的阀门。止回阀的阀瓣在流体压力作用下开启，流体从进口侧流向出口侧。当进口侧压力低于出口侧时，阀瓣在流体压差、本身重力等因素作用下自动关闭以防止流体倒流。

4.7.1　止回阀的种类

止回阀一般分为升降式、旋启式、蝶式及隔膜式等几种类型。

（1）升降式止回阀　其结构一般与截止阀相似，其阀瓣沿着通道中心线做升降运动，动作可靠，但流体阻力较大，适用于较小口径的场合。升降式止回阀可分为直通式和立式两种。直通式升降止回阀一般只能安装在水平管路上，而立式升降止回阀一般应安装在垂直管路上。

（2）旋启式止回阀　其阀瓣绕转轴做旋转运动。其流体阻力一般小于升降式止回阀，它适用于较大口径的场合。旋启式止回阀根据阀瓣的数目可分为单瓣旋启式、双瓣旋启式及多瓣旋启式三种。单瓣旋启式止回阀一般适用于中等口径的场合。大口径管路选用单瓣旋启式止回阀时，为减少水锤压力，最好采用能减小水锤压力的缓闭止回阀。双瓣旋启式止回阀适用于大、中口径管路。对夹双瓣旋启式止回阀结构小、重量轻，是一种发展较快的止回阀，多瓣旋启式止回阀适用于大口径管路。

（3）蝶式止回阀　其结构类似于蝶阀。其结构简单、流体阻力较小，水锤压力亦较小。

（4）隔膜式止回阀　有多种结构，均采用隔膜作为启闭件，由于其防水锤性能好，结构简单，成本低，近年来发展较快。但隔膜式止回阀的使用温度和压力受到隔膜材料的限制。

4.7.2　止回阀的主要标准

详见第 1 章 1.7.10 节。

4.7.3　止回阀的安装及使用

直通式升降止回阀应安装于水平管路上，立式升降止回阀和底阀一般安装在垂直管路上，并且介质自下而上流动。

旋启式止回阀安装位置不受限制，通常安装于水平管路上，但也可以安装于垂直管路或倾斜管路上。

安装止回阀时，应特别注意介质流动方向，应使介质正常流动方向与阀体上箭头指示的方向相一致，否则就会截断介质的正常流动。底阀应安装在水泵吸水管路的底端。

止回阀关闭时，会在管路中产生水锤压力，严重时会导致阀门、管路或设备损坏，尤其对于大口径管路或高压管路，故应引起止回阀选用者的高度注意。

4.7.4　止回阀结构图

止回阀结构示意图如图 4-7 所示。

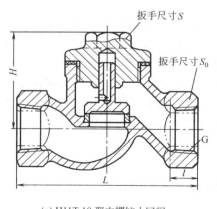

(a) H11T-10 型内螺纹止回阀
结构示意图

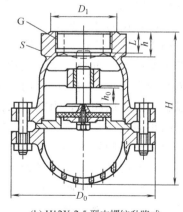

(b) H12X-2.5 型内螺纹升降式
底阀结构示意图

图 4-7　止回阀结构示意图

4.8　球阀

球阀是用带圆形通孔的球体作启闭件，球体随阀杆转动，以实现启闭动作的阀门。

按结构的密封机理，球阀分为浮动球球阀和固定球球阀。前者主要靠介质压力将球体压紧在出口端阀座上，其使用压力和通径受到一定的限制。而后者的球体由安装在阀体上的上下两个轴承支持，球体的位置固定，密封作用是靠弹簧和介质压力使阀座压向球体而实现的。因而启闭力矩较小，适用于高压和大口径场合。

4.8.1　球阀的优点

① 流体阻力小。全开时球体通道、阀体通道和连接管道的截面积相等，并且直线相通，介质流过球阀，相当于流过一段直通的管子，在各类阀门中球阀的流体阻力最小。

② 启闭迅速。启闭时只需把球体转动 90°，方便而迅速。

③ 结构较简单，体积较小，重量较轻。特别是它的高度远小于闸阀和截止阀。

④ 密封性能较好。球阀一般采用具有弹性的软质密封圈。

4.8.2　球阀的缺点

使用温度范围较小。球阀一般采用软密封圈，使用温度受密封圈材料的限制。密封圈材料的开发及金属硬密封球阀的应用能扩大球阀的使用温度范围。

4.8.3　球阀的主要标准

详见第 1 章 1.7.10 节。

4.8.4　球阀的安装

① 带扳手操作的球阀，可安装在管路或设备的任意位置上，并应留有扳手旋转的位置。

② 带传动机构的球阀（如电动、气动或液动等），均应直立安装或按产品使用说明书的规定安装。

4.8.5 球阀结构图

球阀结构示意图如图 4-8 所示。

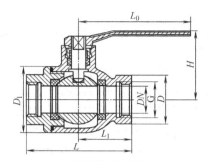

(a) Q11F-16 型内螺纹球阀结构示意图

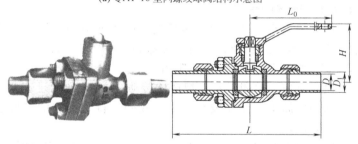

(b) Q21F-40P 型外螺纹球阀结构示意图

图 4-8 球阀结构示意图

4.9 隔膜阀

阀的启闭机构是一块橡胶隔膜，置于阀体与阀盖间，膜的中央凸出的部分固着于阀杆上，隔膜将阀杆与介质隔离，称为隔膜阀。

4.9.1 隔膜阀的特点及用途

① 用隔膜将下部阀体内腔与上部阀盖内腔隔开，使位于隔膜上方的阀杆、阀瓣等零件不受介质腐蚀，且不会产生介质外漏，省去了填料函密封结构。

② 采用橡胶或塑料等软质密封材料制作隔膜，密封性较好。

由于隔膜为易损件，应视工况及介质特性而定期更换。

③ 受隔膜材料限制，隔膜阀适用于低压及温度不高的场合。

④ 具有良好的防腐蚀特性。

隔膜阀（除了特定品种外）不宜使用在真空管路上和真空设备上。带手轮的隔膜阀，操作时不得再增加辅助杠杆。若遇密封不严，则应检查修复密封件或其他零件。手轮顺时针旋转为关

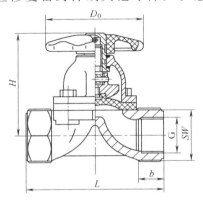

(a) G11W-16Q 型内螺纹隔膜阀结构示意图

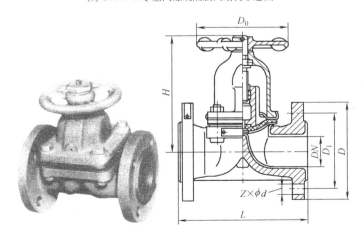

(b) EG41Fs-10 型衬氟塑料隔膜阀结构示意图

图 4-9　隔膜阀结构示意图

闭，反之则开启。带传动机构的隔膜阀应按产品使用说明书的规定使用。

4.9.2　隔膜阀常用标准

详见第 1 章 1.7.10 节。

4.9.3　隔膜阀的安装

① 带手轮操作的隔膜阀，可安装在管路或设备的任意位置上。

② 带传动机构的隔膜阀（如电动、气动等），应按产品使用说明书的规定安装。

③ 手轮或传动机构，不允许用于起吊，并严禁碰撞。

④ 隔膜阀的介质流向，除直流式隔膜阀外，均能双向启闭。

4.9.4　隔膜阀结构图

隔膜阀结构示意图如图 4-9 所示。

4.10　旋塞阀

利用阀件内所插的中央穿孔的锥形栓塞以控制启闭的阀件，称为旋塞阀。

由于密封面不同，又分为填料旋塞、油密封式旋塞阀和无填料旋塞阀。

4.10.1　旋塞阀的特点及用途

旋塞阀结构简单，外形尺寸小，启闭迅速，操作方便，流体阻力小，便于制作成三通路或四通路阀门，可用于分配换向。但密封面易磨损，开关力较大。

该种阀门不适用于输送高温、高压介质（如蒸汽），只适用于一般低温、低压流体，可用于开闭，不宜用于调节流量。

4.10.2　旋塞阀结构图

旋塞阀结构示意图如图 4-10 所示。

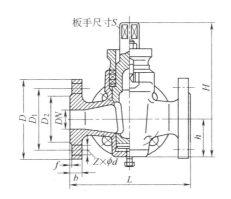

(a) X44W-10 型 T 形三通旋塞阀结构示意图

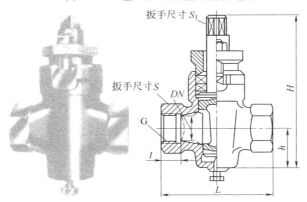

(b) X13T-10 型内螺纹旋塞阀结构示意图

图 4-10　旋塞阀的结构示意图

4.11　柱塞阀

柱塞阀亦称为活塞阀，性能与截止阀相同，除用于断流外，亦可起一定的节流作用。

4.11.1　柱塞阀的特点

与截止阀相比，柱塞阀具有以下优点。

① 密封件是金属与非金属相组合，密封比压较小，容易达到密封要求。

② 密封比压依靠密封件之间的过盈配合产生，并且可以用压

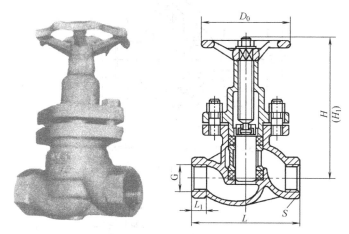

(a) U11SF-16型内螺纹柱塞阀结构示意图

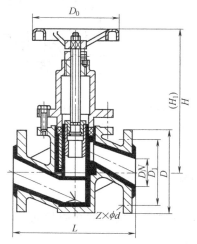

(b) U41F$_{46}$-16型氟塑料衬里柱塞阀结构示意图

图 4-11　柱塞阀结构示意图

256

盖螺栓调节密封比压的大小。

③ 密封面处不易积留介质中的杂物，能确保密封性能。

④ 密封件采用耐磨材料制成，使用寿命比截止阀长。

⑤ 检修方便，除必要时更换密封圈外，不像截止阀需对阀瓣、阀座进行研磨。

由于柱塞阀优点比较明显，美国、日本、德国等国早已普遍采用，用以取代截止阀。我国在 20 世纪 60 年代亦曾对柱塞阀进行研制，但由于当时密封圈材料问题未能解决，效果不好。近几年来我国为柱塞阀专门研制了橡胶、石棉为主体的密封圈，为国内大量生产和推广使用柱塞阀创造了条件。

4.11.2 柱塞阀结构图

柱塞阀结构示意图如图 4-11 所示。

4.12 安全阀

安全阀用在锅炉、压力容器等受压设备上作为超压保护装置。当被保护设备内介质压力异常升高达到规定值时，阀门自动开启，继而全量排放，以防止压力继续升高，当压力降低到另一规定值时，自动关闭。

4.12.1 安全阀的分类

安全阀的分类如表 4-19 所示。

4.12.2 安全阀的选用

安全阀的选用如表 4-20 所示。

4.12.3 安全阀的主要标准

详见第 1 章 1.7.10 节。

4.12.4 安全阀的安装和使用

① 进口管装设安全阀必须垂直安装，并且最好是直接安装在容器的接口上而不另设进口管。当必须装设进口管时，进口管的截

面积应不小于安全阀的进口截面积，进口管的长度应尽可能短，进口管必须采用弯头时，其弯曲半径应尽可能大一些。

表 4-19　安全阀分类表

分类方法	类　型		说　　明
按动作原理	直接载荷式		直接用机械载荷来克服阀瓣下介质作用力
	非直接载荷式	先导式	用导阀来驱动或控制主阀
		带补充载荷式	在达到整定压力前始终保持一增强密封的附加力，该力由外部能源提供并在达到整定压力时释放
按动作特性	比例作用式		开启高度随压力升高而逐渐变化
	两段作用式（突跳动作式）		开启的最初阶段开启高度随压力升高而逐渐增加，而后急速地开启到规定高度
按开启高度	微启式		开启高度为流道直径的 1/40～1/20
	全启式		开启高度等于或大于流道直径的 1/4
	中启式		开启高度介于微启式和全启式之间
按有无背压平衡机构	背压平衡式		利用波纹管、活塞或膜片等元件，使阀门开启前背压对阀瓣的作用力得到平衡
	常规式		无背压平衡元件
按阀瓣加载方式	重锤式		利用重锤直接加载
	杠杆重锤式		利用重锤通过杠杆加载
	弹簧式		利用弹簧加载
	气室式		利用压缩空气加载

表 4-20 安全阀选用参考表

使用条件	安全阀类型
液体介质	比例作用式安全阀
气体介质且必需的排量较大	两段作用全启式安全阀
必需的排量是变化的	必需排量较大时,用几个两段作用式安全阀,其总排量等于最大必需排量;必需排量较小时,用比例作用式安全阀
背压为大气压,背压为固定值,或者相对于整定压力而言,背压变化量较小	常规式安全阀
附加背压(静背压)是变化的,且相对于整定压力而言变化量较大	背压平衡式安全阀
要求反应迅速	直接载荷式安全阀
必需排量很大,或者口径和压力都较大,密封要求很高	先导式安全阀
密封要求高,整定压力和密封压力很接近	带补充载荷式安全阀
移动或有振动的受压设备	弹簧式安全阀

② 排放管的装设安全阀最好是直接或通过短的竖直排放管向大气排放。在设置排放管道时,应尽可能避免或减少对安全阀性能带来的不良影响。

③ 安全阀的调试应按产品使用说明书的规定进行。

4.12.5 安全阀结构图

安全阀结构示意图如图 4-12 所示。

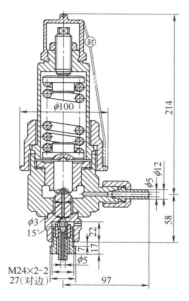

(a) A11H-2500 型弹簧封闭式安全阀结构示意图

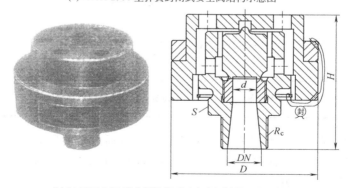

(b) JA22W-2.5P 型外螺纹静重式安全阀结构示意图

图 4-12　安全阀结构示意图

4.13　减压阀

减压阀是调节阀的一种，它是通过启闭件的节流，将进口压力降至某一需要的出口压力，并能在进口压力及流量变动时，利用介质本身的能量保持出口压力基本不变的阀门。

4.13.1　减压阀的分类

减压阀按动作原理分为直接作用式减压阀和先导式减压阀，直接作用式减压阀是利用出口压力的变化直接控制阀瓣的运动。波纹管直接作用式减压阀适用于低压、中小口径的蒸汽介质。薄膜直接作用式减压阀适用于中低压、中小口径的空气、水介质。先导式减压阀由导阀和主阀组成，出口压力的变化通过导阀放大来控制主阀阀瓣的运动。活塞先导式减压阀适用于各种压力、口径的蒸汽、空气和水介质。波纹管先导式减压阀适用于低压、中小口径的蒸汽、空气介质。薄膜先导式减压阀适用于中低压、中小口径的蒸汽介质。各类减压阀的性能对比如表 4-21 所示。

表 4-21　各类减压阀的性能对比

性　　能		精度	流通能力	密封性能	灵敏性	成　　本
类型	直接作用式	波纹管	低	中	中	中	中
		薄膜	中	小	好	高	低
	先导式	活塞	高	大	中	低	高
		波纹管	高	大	中	中	高
		薄膜	高	中	中	高	较高

4.13.2　减压阀的选择与使用

① 进口压力的波动应控制在进口压力给定值的 $80\%\sim105\%$，如超过该范围，减压阀的性能会受影响。

② 减压阀的每一挡弹簧只在一定的出口压力范围内适用，超出范围，应更换弹簧。

③ 为了操作、调整、维修的方便，减压阀一般安装在水平管道上。

④ 具体安装方法和要求，按产品使用说明书。

4.13.3 减压阀结构图

减压阀结构示意图如图 4-13 所示。

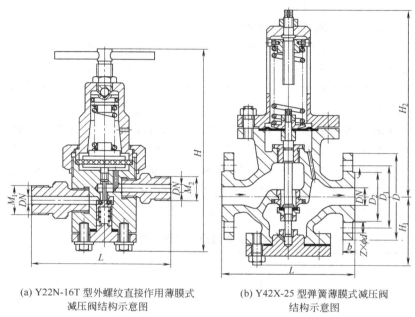

(a) Y22N-16T 型外螺纹直接作用薄膜式
减压阀结构示意图

(b) Y42X-25 型弹簧薄膜式减压阀
结构示意图

图 4-13 减压阀结构示意图

4.14 疏水阀

疏水阀是用于蒸汽管网及设备中，能自动排出凝结水、空气及其他不凝结气体，并阻止蒸汽泄漏的阀门。

4.14.1 疏水阀的分类

疏水阀的分类如表 4-22 所示。

表 4-22　疏水阀分类表

类型	基本结构形式		典型产品
机械型	密闭浮子式	自由浮球式	带手动排气装置
			带自动排气装置
			单阀座
		杠杆浮球式	双阀座
	开口向上浮子式	浮桶式	直动式（单或双阀瓣）
	开口向下浮子式	倒吊桶式	杠杆式（单或双阀瓣）
		自由半浮球式	
热静力型疏水阀	蒸汽压力式	膜盒式	
	—	—	菱形双金属片
	热弹性元件式	双金属片式	圆形双金属片
			矩形双金属片
	液体或固体膨胀式	波纹管式	
热动力型疏水阀	盘式	圆盘式	带保温罩
			不带保温罩
			加双金属环
	脉冲式		
	迷宫或孔板式		

4.14.2　疏水阀的动作原理及技术特征

① 机械型疏水阀是利用凝结水液位的变化而使浮子上升和下降，从而驱动启闭件开启和关闭，实现排水阻汽的功能。

机械型疏水阀外形尺寸较大；排出的凝结水是接近蒸汽压力的饱和水，故有利于提高工艺设备热效率和二次蒸汽利用；随凝结水液面升降的浮子应稳定地限制在一定的空间范围内；阀体应水平安装，不能处在有剧烈振动的部位；设计压力必须大于管网蒸汽压力，否则无法启闭，不能排出凝结水；用于过热蒸汽会使阀门凝结水蒸发，液位降低，浮子下降，产生蒸汽泄漏；若凝结水冻结，浮子将无法运动，用于寒冷地区时应有防冻措施；适用于较大背压且不会泄漏蒸汽，但凝结水的排量减小。

② 热静力型疏水阀的动作原理如表 4-23 所示。

表 4-23　热静力型疏水阀的动作原理

结构形式	蒸汽压力式	热弹性元件式	液体或固体膨胀式
动作原理	靠凝结水压力与可变形元件内挥发性液体的蒸汽压力间的不平衡力驱动启闭件	靠凝结水的温度变化引起热弹性元件变形驱动启闭件	由于凝结水的温度变化而使热膨胀系数较大的元件变形以驱动启闭件

热静力型疏水阀的技术特征：当凝结水的温度为饱和温度时，疏水阀不会开启，故不会泄漏蒸汽。当温度低于饱和温度一定值时，阀门开启，排水排汽，故不会形成空气气堵。停汽后，阀门始终处于开启状态，故无须防冻措施。疏水阀的噪声小，但动作不够灵敏。在疏水阀前的管网上应设置放热冷管。

③ 热动力型疏水阀是利用其热动力学特性，当凝结水排到较低压力区时会发生二次蒸发，并在黏度、密度等方面与蒸汽存在差异驱动启闭件。疏水阀内设置了压力缓冲变压室，当蒸汽和接近饱和温度的凝结水流向变压室时，蒸汽的压力或凝结水二次蒸发产生的压力会使疏水阀关闭，停止排出凝结水。当变压室因凝结水流入或自然冷却而使温度降低时，蒸汽会因冷却凝结，在变压室形成低压，使疏水阀开启。

热动力型疏水阀结构紧凑、体积小、重量轻，适用的压力范围较大，抗水锤能力强，启闭迅速，不易冻结，维修方便，有蒸汽泄漏。

4.14.3　疏水阀的选用

疏水阀应具有的性能：能准确无误地排除凝结水，不泄漏蒸汽，具有排除空气的能力，能提高蒸汽利用率，耐用性能良好，背压容许范围大，容易维修等。

疏水阀的选用还应考虑下述要素。

① 疏水阀的额定排水量等于蒸汽使用设备的凝结水产生量乘以选用倍率。

② 疏水阀的技术参数，如公称压力、公称通径、最高允许压力、最高允许温度、最高工作压力、最低工作压力、最高背压率、

凝结水排量等应符合蒸汽管网的工况条件。

在凝结水回收系统中，若利用工作背压回收凝结水，应当选用背压率较高的疏水阀，如机械型疏水阀。

如果用汽设备不允许积存凝结水，则应当选用能连续排出饱和凝结水的疏水阀，如浮球式疏水阀。

在凝结水回收系统中，如果要求用汽设备既能排除饱和凝结水，又能及时排除不凝性气体时，应当选用有排水、排气双重功能的疏水阀。

用汽设备工作压力经常波动时，应当选用不需要调整工作压力的疏水阀。

4.14.4 疏水阀的结构图

疏水阀结构示意图如图 4-14 所示。

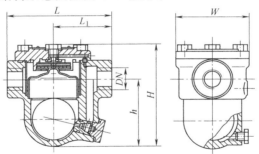

(a) S11H-16 内螺纹自由浮球式疏水阀结构示意图

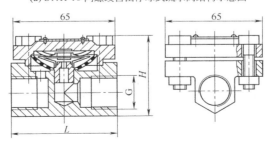

(b) S16H-25 型蒸汽压力式疏水阀结构示意图

图 4-14 疏水阀结构示意图

4.15 排污阀

排污阀结构示意图如图 4-15 所示。

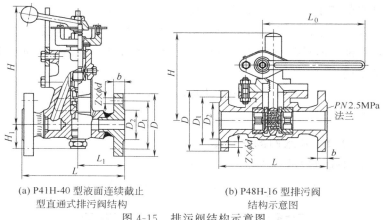

(a) P41H-40 型液面连续截止
型直通式排污阀结构

(b) P48H-16 型排污阀
结构示意图

图 4-15 排污阀结构示意图

4.16 调节阀

调节阀结构示意图如图 4-16 所示。

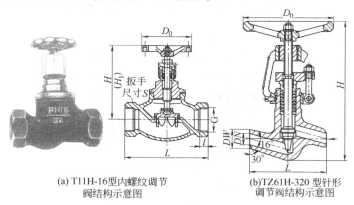

(a) T11H-16型内螺纹调节
阀结构示意图

(b)TZ61H-320 型针形
调节阀结构示意图

图 4-16 调节阀结构示意图

第5章 管道补偿器

5.1 概述

在工业生产中，大多数压力管道都是在高于或低于其安装温度下运行的。因此，压力管道的热胀冷缩问题是普遍存在的。试验证明以一根长 2m、外径为 273mm、壁厚为 8mm、两端固定的碳钢直管为例，当温度由安装时的 20℃升高到 250℃后，由于管子变形受阻，在直管中将受到 3536.460kN 的压缩力，相应压缩应力为 531MPa。之所以会产生这样大的热胀力和这样大的热应力，主要是因为管子的热胀完全受到了阻止。但是，在工程上，实际的压力管道大多数均为走向有改变的平面管系或空间管系，管子的受力不是单一的拉压，而可能是同时受到弯曲、扭转、剪切，因此，管道对约束点的载荷和管道的变形和受力情况已发生了较大的变化。综上所述，如何减少对热胀冷缩变形的限制，就成了在相同条件下降低管道热应力的关键。因此，为了保证安装后的管道在热状态下稳定和安全运行，减少管道受热膨胀时所产生的应力，凡是运行温度高于或低于安装温度 32℃的管道，都必须考虑热膨胀变形和补偿问题。

5.1.1 管道热补偿

为了防止管道热膨胀产生的破坏作用，在压力管道设计中，应当对高温管道进行热补偿设计。管道的热补偿方法有两种：一种是利用管道自身的柔性吸收其位移变形的自然补偿法；另一种是利用在管道中设置适当的补偿器对管道进行补偿的方法。在压力管道中，除少数管道需要采用补偿器进行位移补偿外，多数管道均可采用自然补偿的办法达到位移补偿的目的。

5.1.2 自然补偿

管道在现场的走向是根据工艺设备的布置情况决定的。利用改变管道走向，调整支撑点的位置或改变支吊架的形式，增加管道自身的柔性，以补偿其热膨胀和端点附加位移的办法称为管道自然补偿设计。例如在管道中布置适当的 L 形、Z 形或 Π 形管段，即可有效地增加管道的柔性。这种补偿办法结构简单、运行可靠、投资少，所以被广泛采用。

自然补偿的计算也比较复杂。对于一些典型管段，有一些简化公式和图表可以利用。对于一些形状复杂的管道可以利用管道应力解析程序在计算机上进行模拟计算。

当管道需要较大的补偿量或因空间限制无法采用自然补偿法时，可以根据需要选用适当的补偿器来实现管道热（位移）补偿。

5.1.3 金属波纹管膨胀节

随着大直径高温管道的增多和金属波纹管膨胀节（波纹管补偿器）制造技术的提高，近年来金属波纹管膨胀节在压力管道中得到了广泛应用。此种补偿器制造技术较为复杂，价格高。一般采用厚度为 0.5～3mm 的薄不锈钢板制造，耐压低，补偿能力大，适用于低压大直径高温管道。但应当注意，在强度上它是管道中的薄弱环节，与自然补偿相比可靠性差，应正确选用与安装。

目前此种补偿器尚无国家标准，各企业标准的波纹参数尚不统一，但其制造技术条件已经制定了国家标准——GB/T 12777《金属波纹管膨胀通用技术条件》。在该标准的技术条件中对波纹管的设计计算做出了规定。非等效采用了美国膨胀节制造商协会（EJMA）标准。

金属波纹管膨胀节的分类根据金属波纹管膨胀节的结构和功能，其基本形式可分十大类，如表 5-1 所示。

表 5-1　金属波纹管膨胀节结构形式

序号	金属波纹管膨胀节结构图	说　明
1	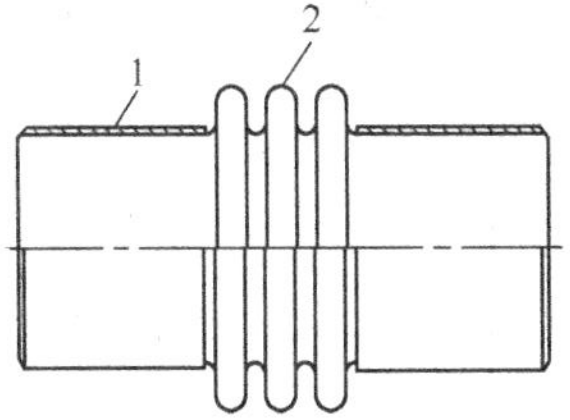	单式轴向型膨胀节：由一个波纹管及结构件组成，主要用于吸收轴向位移承受波纹管压力推力的膨胀节。 图中：1—端管；2—波纹管
2	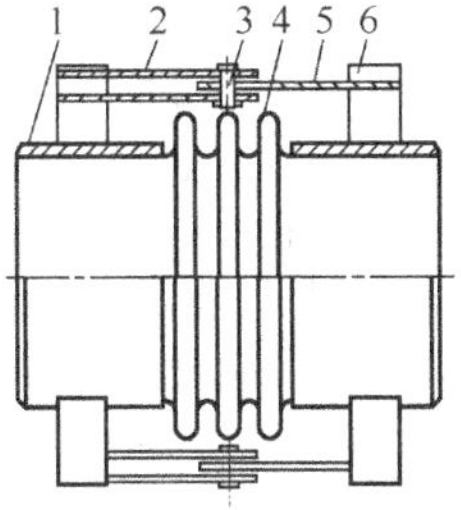	单式铰链型膨胀节：由一个波纹管及销轴、铰链板和立板等结构件组成，只能吸收一个平面内的角位移的膨胀节。承受波纹管压力推力的膨胀节。图中：1—端管；2—副铰链板；3—销轴；4—波纹管；5—主铰链板；6—立板

269

序号	金属波纹管膨胀节结构图	说　明
3	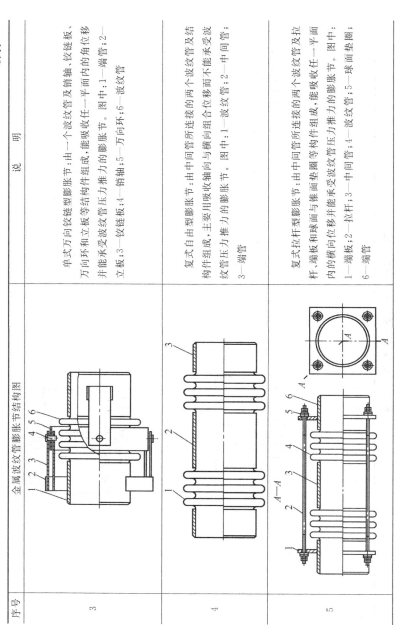	单式万向铰链型膨胀节：由一个波纹管及销轴、铰链板、万向环和立板等结构件组成，能吸收任一平面内的角位移并能承受波纹管压力推力的膨胀节。图中：1—端管；2—立板；3—铰链板；4—销轴；5—万向环；6—波纹管
4		复式自由型膨胀节：由中间管所连接的两个波纹管及结构件组成，主要用吸收轴向与横向组合位移而不能承受波纹管压力推力的膨胀节。图中：1—波纹管；2—中间管；3—端管
5		复式拉杆型膨胀节：由中间管所连接的两个波纹管及拉杆、端板和球面与锥面垫圈等构件组成，能吸收任一平面内的横向位移并能承受波纹管压力推力的膨胀节。图中：1—波纹管；2—拉杆；3—中间管；4—端管；5—球面垫圈；6—端管

序号	金属波纹管膨胀节结构图	说　明
6	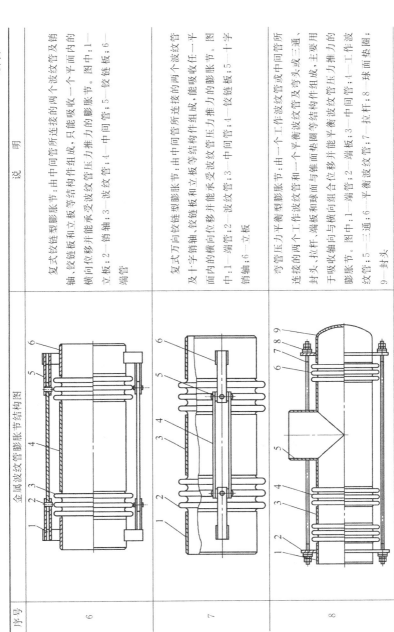	复式铰链型膨胀节：由中间管所连接的两个波纹管及铰链板和立板等结构件组成，只能吸收一个平面内的横向位移并能承受波纹管压力推力的膨胀节。图中：1—立板；2—销轴；3—波纹管；4—中间管；5—铰链板；6—端管
7		复式万向铰链型膨胀节：由中间管所连接的两个波纹管及十字板、铰链销轴和立板等结构件组成，能吸收任一平面内的横向位移并能承受波纹管压力推力的膨胀节。图中：1—端管；2—波纹管；3—中间管；4—铰链板；5—十字销轴；6—立板
8		弯管压力平衡型膨胀节：由一个工作波纹管或中间管所连接的两个工作波纹管及一个平衡波纹管及弯头或三通、封头、拉杆、端板和球面垫圈等结构件组成，主要用于吸收轴向与横向组合位移并能平衡波纹管压力推力的膨胀节。图中：1—端管；2—三通；3—中间管；4—工作波纹管；5—三通；6—平衡波纹管；7—拉杆；8—球面垫圈；9—封头

271

序号	金属波纹管膨胀节结构图	说　明
9	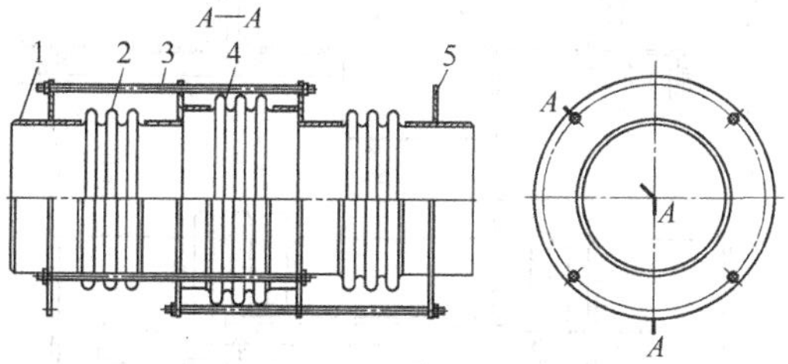	直管压力平衡型膨胀节：由位于两端的两个工作波纹管和位于中间的一个平衡波纹管及拉杆和端板等结构构件组成，主要用于吸收轴向位移并能平衡波纹管压力推力的膨胀节。图中：1—端管；2—工作波纹管；3—拉杆；4—平衡波纹管；5—端板
10	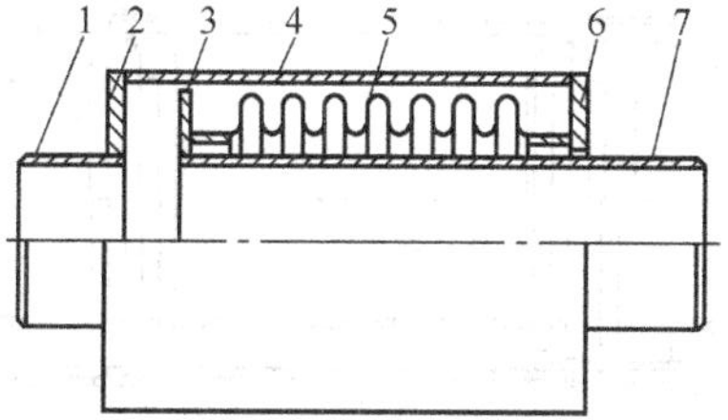	外压单式轴向型膨胀节：由承受外压的波纹管及外管和端环等结构构件组成，只用于能承受轴向位移而不能承受波纹管压力推力的膨胀节。图中：1—进口端管；2—进口端环；3—限位环；4—外管；5—波纹管；6—出口端环；7—出口端管

压力管道常用的金属波纹管膨胀节主要有单式轴向型、单式铰链型、复式拉杆型及弯管压力平衡型等几种。

（1）单式轴向型膨胀节　结构简单、价格低，主要用于吸收轴向位移，在一定条件下可吸收少量角位移和轴向位移。用于吸收轴向位移的单式轴向型膨胀节的典型布置如图 5-1 所示。

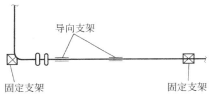

图 5-1　单式轴向型膨胀节布置示意图

单式轴向型膨胀节属于无约束型波纹膨胀节，不能承受波纹管压力推力，选用时应注意下列问题。

① 两固定支座之间的管道上只能布置一个该型膨胀节。

② 固定支座必须有足够的强度，以承受波纹管压力推力。

③ 对管道必须进行严格保护，尤其是靠近波纹管膨胀节的部位应设置导向架，第一个导向支架与膨胀节的距离应小于 $4DN$，第二个导向支架与第一个导向支架的距离应不大于 $14DN$，以防止管道有弯曲或径向偏移造成膨胀节破坏。

（2）复式拉杆型膨胀节　其安装示意图如图 5-2 所示。管道呈 Z 形，补偿器可吸收拉杆之间管道的轴向膨胀量，拉杆承受内压推

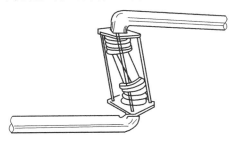

图 5-2　复式拉杆型膨胀节安装示意图

力，两侧管道的膨胀使补偿器产生横向位移，两个膨胀节均产生角位移。

（3）单式铰链型膨胀节　一般将两个或三个单式铰链型膨胀节布置在一个平面内，如图 5-3 所示。工作时利用每个膨胀节产生的角位移来吸收管道的热膨胀。这种布置方法可吸收较大的膨胀量。

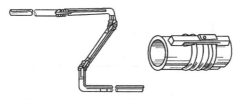

图 5-3　单式铰链型膨胀节安装示意图

（4）弯管压力平衡型膨胀节　该型膨胀节能平衡压力推力，可避免压力推力作用在与其连接的机器管嘴上，所以在与汽轮机、离心压缩机等敏感设备连接的管道上应用较多。安装示意图如图 5-4 所示。

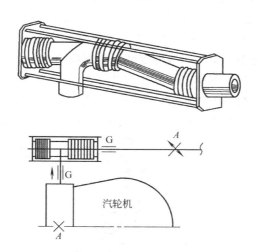

图 5-4　弯管压力平衡型膨胀节及安装示意图
G—向架；A—固定点

274

5.1.4 套管式补偿器

套管式补偿器亦称填函式补偿器，因其填料在高温下易松弛而发生泄漏，因此，在输送可燃、易爆、有毒介质的管道中不得采用。此种补偿器根据结构不同，又可分为弹性套管式补偿器、注填套管式补偿器和无推力套管式补偿器。此类补偿器主要用于蒸汽和热水管道。

（1）弹性套管式补偿器　利用弹簧保持对填料的压紧以防止因填料松弛而发生泄漏。其结构如图 5-5 所示。

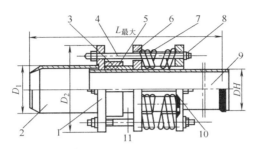

图 5-5　弹性套管式补偿器

1—外套管法兰；2—外套管；3—填料外筒；4—螺杆；5—填料；
6，10—压紧法兰；7—弹簧；8—螺母；9—内套管；
11—压紧填料内筒

推荐的应用范围为 $PN \leqslant 2.0$MPa，$DN \leqslant 300$mm；$PN \leqslant 1.6$MPa，$DN \leqslant 400$mm；$PN \leqslant 1.0$MPa，$DN \leqslant 600$mm。

（2）注填套管式补偿器　其结构如图 5-6 所示，此种补偿器在其外壳上设有密封剂注入口。密封剂型号见表 5-2。

表 5-2　密封剂型号

型号	名称	工作温度/℃	最高工作压力/MPa
LTW-1	高温密封剂	300～600	15
LTW-2	低温密封剂	150～450	10

此种补偿器一般用于工作压力 $P \leqslant 1.6$MPa，工作温度 $T \leqslant 300$℃的情况。

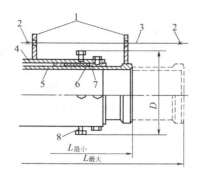

图 5-6　注填套管式补偿器
1—限位板；2—限位螺母；3—限位螺杆；4—外套管；
5—内套管；6—填料箱；7—导向套；8—密封剂注入口

（3）无推力套管式补偿器　其结构如图 5-7 所示。对于大直径管道，前两种套管式补偿器作用在固定支架上的压力推力很大，无推力套管式补偿器可使内压推力平衡，而不再作用在固定支架上。

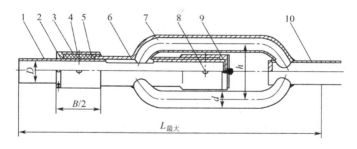

图 5-7　无推力套管式补偿器
1—内套管；2,9—压紧圈；3—石棉盘根；4—高温密封剂；5—垫圈；6—双头填
料管；7—旁通管；8—密封剂注入口；10—连接管

5.1.5　球形补偿器

球形补偿器亦称球形接头，在国内主要用于热力管网，使用效果较好。球形补偿器的补偿能力是 Ⅱ 形补偿器的 5～10 倍；变形

应力仅为 Π 形补偿器的 1/3～1/2；流动阻力是 Π 形补偿器的 60%～70%。

　　球形补偿器的结构如图 5-8 所示。其关键零件是密封环，密封环多用填加铜粉的聚四氟乙烯制造。可耐温 250℃，球体表面镀硬铬，厚度为 0.04～0.05mm。

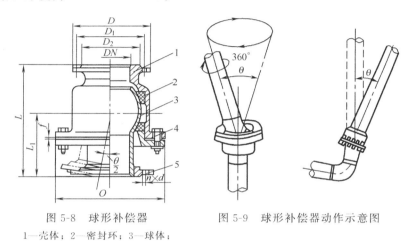

图 5-8　球形补偿器
1—壳体；2—密封环；3—球体；
4—压盖；5—法兰

图 5-9　球形补偿器动作示意图

　　球形补偿器可使管段的连接处呈铰接状态，利用两个球形补偿器之间的直管段的角变位吸收管道的变形，国内球形补偿器的全转角 $\theta \leqslant 15°$，在此角度范围内可任意转动，如图 5-9 所示。

　　国内球形补偿器的应用范围：工作压力 $P \leqslant 2.5$MPa 时，工作温度 $T \leqslant 250℃$；使用耐高温的密封环时，工作温度 $T \leqslant 320℃$；输送介质为无毒、非可燃流体。

5.2　自然补偿器

　　自然补偿器有 L 形及 Z 形两种，管段中 90°～150°弯管称为 L 形补偿器，管段中两个相反方向 90°弯管称为 Z 形补偿器，结构如图 5-10 所示。L 形补偿器的补偿性能如表 5-3 所示。

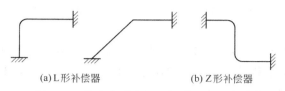

(a)L形补偿器　　　　　　　　(b)Z形补偿器

图 5-10　热力管道自然补偿器结构示意图

表 5-3　L 形补偿器的补偿性能

图示	L_1/m	当 $\Delta t = 150℃$ 管径为下列值时 L_2 的补偿值/mm			
		80	100	150	200
	5	1.7	2.4	2.9	3.4
	10	2.4	3.2	4.0	4.6
	15	3.1	4.0	4.9	5.8
	20	3.6	4.5	5.6	6.9
	25	4.1	5.1	6.4	7.8
	30	4.4	5.6	7.1	8.7
	35	4.8	6.0	7.9	9.4
	40	5.0	6.4	8.1	10.2
	45	5.2	6.8	8.8	10.8
	50	5.4	7.0	9.2	11.4
	55	5.6	7.2	9.6	12.0
	60	—	—	9.8	12.4
	65				13

5.3　方形补偿器

方形补偿器是由同一平面内四个 90°弯管构成的，依靠弯管变形来消除热应力及补偿热伸长，其材质与所在管道相同，方形补偿器的尺寸及伸缩量如表 5-4 所示。

表 5-4　方形补偿器的尺寸及伸缩量　　　　　　　　　　　　mm

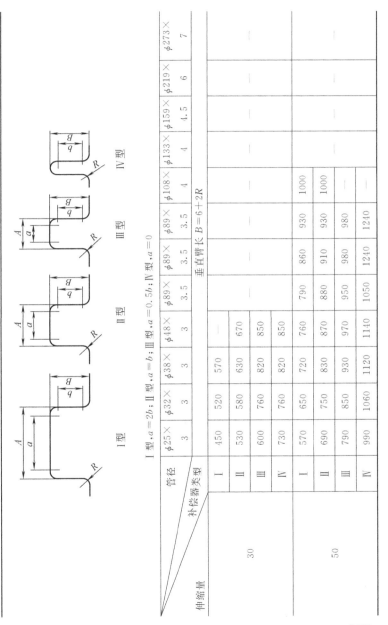

Ⅰ型　　　　Ⅱ型　　　　Ⅲ型　　　　Ⅳ型

Ⅰ型,$a=2b$；Ⅱ型,$a=b$；Ⅲ型,$a=0.5b$；Ⅳ型,$a=0$

伸缩量	补偿器类型＼管径	φ25× 3	φ32× 3	φ38× 3	φ48× 3	φ89× 3.5	φ89× 3.5	φ89× 3.5	φ108× 4	φ133× 4	φ159× 4.5	φ219× 6	φ273× 7
						垂直臂长 $B=6+2R$							
30	Ⅰ	450	520	570	—	—	—	—	—	—	—	—	—
	Ⅱ	530	580	630	670	—	—	—	—	—	—	—	—
	Ⅲ	600	760	820	850	—	—	—	—	—	—	—	—
	Ⅳ	730	760	820	850	—	—	—	—	—	—	—	—
50	Ⅰ	570	650	720	760	790	860	930	1000	—	—	—	—
	Ⅱ	690	750	830	870	880	910	930	1000	—	—	—	—
	Ⅲ	790	850	930	970	950	980	980	—	—	—	—	—
	Ⅳ	990	1060	1120	1140	1050	1210	1240	—	—	—	—	—

续表

垂直臂长 $B = 6 + 2R$

伸缩量	补偿器类型	φ25×3	φ32×3	φ38×3	φ48×3	φ89×3.5	φ89×3.5	φ89×4	φ108×4	φ133×4	φ159×4.5	φ219×6	φ273×7
75	Ⅰ	680	790	860	920	950	1050	1100	1220	1380	1530	1800	—
	Ⅱ	830	930	1020	1070	1080	1150	1200	1300	1380	1530	1800	—
	Ⅲ	980	1060	1150	1220	1180	1220	1250	1350	1450	1600	—	—
	Ⅳ	1270	1350	1410	1480	1380	1450	1450	1450	1530	1650	—	—
100	Ⅰ	780	910	980	1050	1100	1200	1270	1400	1590	1730	2050	2300
	Ⅱ	970	1070	1170	1240	1250	1330	1400	1450	1670	1830	2100	2300
	Ⅲ	1140	1250	1360	1430	1400	1470	1500	1600	1750	1830	2100	2300
	Ⅳ	—	1600	1700	1780	1650	1710	1720	1730	1840	1980	2190	2300
150	Ⅰ	950	1100	1200	1270	1310	1400	1570	1730	1920	2120	2500	—
	Ⅱ	1190	1330	1450	1540	1550	1600	1760	1920	2100	2280	2630	2800
	Ⅲ	—	1560	1700	1800	1830	1870	1900	2050	2230	2400	2700	2900
	Ⅳ	—	—	—	2070	2170	2200	2200	2260	2400	2570	2800	3100

管径

垂直臂长 $B=6+2R$

伸缩量	补偿器类型	φ25×3	φ32×3	φ38×3	φ48×3	φ89×3.5	φ89×3.5	φ89×3.5	φ108×4	φ133×4	φ159×4.5	φ219×6	φ273×7
200	I		1240	1370	1450	1510	1700	1830	2000	2240	2470	2840	
	II		1510	1700	1800	1810	2000	2070	2250	2500	2700	3080	3200
	III	—		2000	2100	2100	2220	2300	2450	2670	2850	3200	3400
	IV	—		—	—	2720	2750	2770	2780	2950	3130	3400	3700
250	I	—		1530	1620	1700	1950	2050	2300	2520	2780	3160	—
	II	—		1900	2010	2040	2260	2340	2560	2800	3050	3500	3800
	III	—		—	—	2300	2500	2600	2800	3050	3300	3700	3800
	IV	—		—	—	—	3000	3100	3230	3450	3640	4000	4200
300	I	—		—	—	—	—	2260	2440	2750	3070	3460	—
	II	—		—	—	—	—	2260	2850	3120	3400	3880	4200
	III	—		—	—	—	—	2900	3130	3430	3700	4150	4200
	IV	—		—	—	—	—	3500	3680	3940	4140	4600	
350	I	—		—	—	—	—	2450	2650	2950	3320	3760	
	II	—		—	—	—	—	2450	3120	3430	3730	4270	—
	III	—		—	—	—	—	3200	3460	3800	4070	4600	—
	IV	—		—	—	—	—	3900	4130	3500	4640	4600	—

281

5.4 多层金属波纹膨胀节

圆截面多层 U 形金属波纹膨胀节适用于管路热补偿、减振、柔性连接。

5.4.1 标记

（1）标记方法

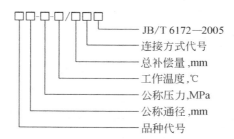

JB/T 6172—2005
连接方式代号
总补偿量,mm
工作温度,℃
公称压力,MPa
公称通径,mm
品种代号

（2）标记示例　轴向型内压式多层金属波纹膨胀节（Z），公称通径 $DN=400\text{mm}$，公称压力 $PN=1.6\text{MPa}$，工作温度 $T=300℃$，总补偿量 $X=200\text{mm}$，法兰连接（F），标记为

Z400-1.6-300/200F JB/T 6171—2005

5.4.2 品种与参数

① 膨胀节的类型及代号如表 5-5 所示。

② 膨胀节的典型结构如图 5-11～图 5-19 所示。

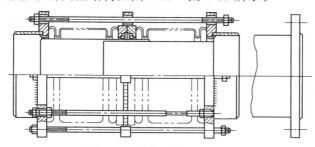

图 5-11　轴向型内压式（Z）

282

表 5-5 膨胀节类型及代号

类型		结构形式	代号	连接方式及代号
轴向型	轴向型内压式多层金属波纹膨胀节	—	Z	焊管式 G 法兰式 F
	轴向型外压式多层金属波纹膨胀节		ZW	
	轴向型压力平衡式多层金属波纹膨胀节	直管式	ZPZ	
		弯管式	ZPW	
横向型	横向型单向多层金属波纹膨胀节	铰链式	H	
	横向型万向多层金属波纹膨胀节	万向环式	HW	
		拉杆式	HL	
角向型	角向型单向多层金属波纹膨胀节	铰链式	J	
	角向型万向多层金属波纹膨胀节	万向环式	JW	

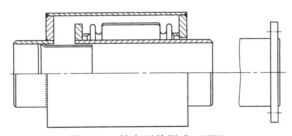

图 5-12 轴向型外压式（ZW）

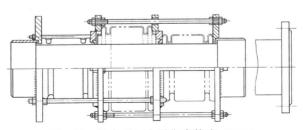

图 5-13 轴向型压力平衡直管式（ZPZ）

283

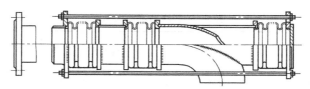

图 5-14　轴向型压力平衡弯管式（ZPW）

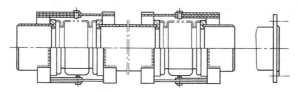

图 5-15　横向型单向铰链式（H）

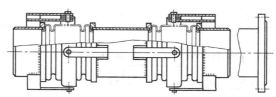

图 5-16　横向型万向环式（HW）

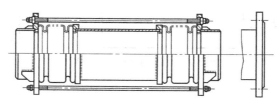

图 5-17　横向型万向拉杆式（HL）

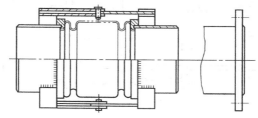

图 5-18　角向型铰链式（J）

284

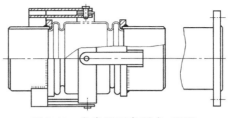

图 5-19 角向型万向环式（JW）

5.4.3 技术要求

（1）外观

① 膨胀节中的波纹管的波纹形状应均匀，其表面允许有轻微的模具压痕，不得有明显的凹凸不平和大于单层壁厚负偏差的划伤，不得有焊渣及锈斑等缺陷。

② 膨胀节各部位表面无熔渣及飞溅物，各附件安装应符合图纸要求，碳钢表面涂漆应均匀，法兰密封面和端管焊口处无损伤。

（2）结构

① 膨胀节中的波纹管的各层间不得有水、油、污物等杂质。

② 波纹管管坯用钢板卷制时，不允许有环焊缝。

③ 波纹管管坯的纵焊缝在管坯厚度小于或等于 0.8mm 时，相邻焊缝的间距应大于 150mm；管坯厚度大于 0.8mm 时，相邻焊缝的间距应大于 250mm。

④ 膨胀节各部位焊缝无裂纹、夹渣、气孔、弧坑等缺陷。膨胀节受力部位如有特殊要求，焊缝按 GB/T 3323《金属熔化焊对接接头射线照相》中的有关规定，波纹管管坯纵焊缝参照 GB/T 3323 中的有关规定。

⑤ 膨胀节与管道、设备的连接为对接焊接时，两端管口应开 30°±5°坡口。

⑥ 膨胀节与管道、设备的连接为法兰连接时，按相应法兰标准规定。

（3）安全压力　膨胀节在所选用工作温度下承受公称压力的

1.5 倍不破坏。

（4）泄漏　膨胀节在规定的试验压力条件下不泄漏。

（5）气密性　膨胀节的工作介质为易燃、易爆及有毒物质时，应保证气密性。

（6）稳定性　膨胀节在规定的试验压力下波距与受压前波距之比不大于 1.15；在规定的试验压力下，不得产生轴向失稳。

（7）循环寿命　膨胀节在规定的公称压力、工作温度和总补偿量下许用循环次数应满足需方要求。如需方不提要求时，许用循环次数（N）为 1000 次。在许用循环次数内，不得有泄漏、失稳等损坏现象。

5.5　金属波纹管膨胀节

金属波纹管膨胀节适用于安装在其挠性元件为整体成形无加强 U 形、加强 U 形和 Q 形波纹管的圆形膨胀节的管道。

5.5.1　标记

（1）标记方法

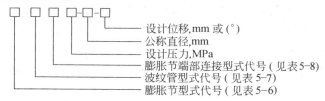

设计位移,mm 或 (°)
公称直径,mm
设计压力,MPa
膨胀节端部连接型式代号 (见表5-8)
波纹管型式代号 (见表5-7)
膨胀节型式代号 (见表5-6)

（2）标记示例

① 设计压力为 1.6MPa，公称直径为 1000mm，设计轴向位移为 205mm，端部连接为焊接形式，波纹管为无加强 U 形的外压单式轴向型膨胀节：

WZUH1.6-1000-205 GB/T 12777—2008

② 设计压力为 0.6MPa，公称直径为 800mm，设计轴向位移（设计横向位移为零时）为 35mm，设计横向位移（设计轴向位移

为零时）为 10mm，端部连接为法兰形式，波纹管为 Q 形的弯管压力平衡型膨胀节，在承制方的产品样本中：

WPQF0.6-800-35/10 GB/T 12777—2008

5.5.2 形式

（1）膨胀节形式　膨胀节形式及型号如表 5-6 所示。

表 5-6　膨胀节形式及型号

形式	型号	示　图
单式轴向型	DZ	 1—端管；2—波纹管
单式铰链型	DJ	 1—端管；2—副铰链板；3—销轴；4—波纹管； 5—主铰链板；6—立板
单向万向铰链型	DW	 1—端管；2—立板；3—铰链板；4—销轴； 5—万向环；6—波纹管

形式	型号	示　图
复式自由型	FZ	1—波纹管;2—中间管;3—端管
复式拉杆型	FL	*A—A* 1—端板;2—拉杆;3—中间管;4—波纹管; 5—球面垫圈;6—端管
复式铰链型	FJ	1—立板;2—销轴;3—波纹管;4—中间管; 5—铰链板;6—端管
复式万向铰链型	FW	1—端管;2—波纹管;3—中间管;4—铰链板; 5—十字销轴;6—立板

288

形式	型号	示　图
弯管压力平衡型	WP	1—端管;2—端板;3—中间管;4—工作波纹管; 5—三通;6—平衡波纹管;7—拉杆;8—球面 垫圈;9—封头
直管压力平衡型	ZP	1—端管;2—工作波纹管;3—拉杆; 4—平衡波纹管;5—端板
外压单式轴向型	WZ	1—进口端管;2—进口端环;3—限位环;4—外管; 5—波纹管;6—出口端环;7—出口端管

（2）波纹管类型　膨胀节中波纹管形式及代号如表 5-7 所示。

表 5-7　波纹管形式及代号

波纹管形式	代　号
无加强 U 形	U
加强 U 形	J
Q 形	Q

（3）端部连接形式　膨胀节端部与管道或设备连接形式及代号如表 5-8 所示。

表 5-8　膨胀节端部连接形式及代号

膨胀节端部连接形式	代　号
焊接	H
法兰	F

5.5.3　技术要求

① 波纹管材料按工作介质、外部环境和工作温度等工作条件适当选用，常用波纹管材料如表 5-9 所示。

表 5-9　常用波纹管材料

名　　称	牌　号	允许使用温度范围/℃	标准号
奥氏体不锈钢	0Cr18Ni10Ti	−200～550	GB/T 4237 GB/T 3280
	0Cr17Ni12Mo2		
	0Cr18Ni9		
	00Cr19Ni10	−200～425	
	00Cr17Ni14Mo2	−200～450	
耐蚀合金	NS111	−200～700	GB/T 15010
	FN-2		GB 1330

② 膨胀节中端管、中间管、法兰接管等受压筒节用材料，一般应与安装膨胀节的管道中的管子材料相同或相近。

③ 膨胀节中拉杆、铰链板、万向环、销轴及其连接附件等承受波纹管压力推力的受力件用材料应按其工作条件适当选用。

④ 膨胀节总成。

a. 波纹管与受压筒节间的连接环向焊缝宜为全焊透波纹管壁厚的对接型焊缝，波纹管与受压筒节的连接形式宜为内插型或外套型，如图 5-20 所示。

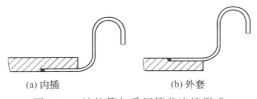

| (a) 内插 | (b) 外套 |

图 5-20　波纹管与受压筒节连接形式

b. 波纹管连接环向焊缝应采用氩弧焊或等离子焊方法施焊。受压筒节的承插口和坡口面应切削加工。

c. 波纹管连接环向焊缝表面应无裂纹、气孔、夹渣、焊接飞溅物、咬边和凹坑，余高应不大于波纹管壁厚，且不大于1.5mm。

5.6　不锈钢波形膨胀节

不锈钢波形膨胀节适用于内燃机排气管路。作为管路热胀冷缩的补偿装置，在系统中能承受管路热胀应力和脉冲引起的振动。其他管路亦可参照使用。

5.6.1　标记

① 公称压力为0.10MPa、公称通径为150mm、波数为4、按GB 569法兰连接尺寸和密封面的不锈钢波形膨胀节：

膨胀节　A 150-4 GB/T 12522—2009

② 公称压力为0.10MPa、公称通径为1000mm、波数为3、按GB 2501法兰连接尺寸和密封面（四进位）的不锈钢波形膨胀节：

膨胀节　AS 1000-3 GB/T 12522—2009

③ 公称压力为0.05MPa、公称通径为1500mm、波数为5、按GB 2501法兰连接尺寸和密封面（四进位）的不锈钢波形膨胀节：

膨胀节 BS 1500-5 GB/T 12522—2009

5.6.2　基本参数

膨胀节类型和基本参数如表5-10所示。

表 5-10　膨胀节类型和基本参数

类型	公称压力 PN/MPa	公称通径 DN/mm	法兰连接标准
A	0.1	65～500	GB 569
AS		65～2000	GB 2501
BS	0.05	1000～2000	

5.6.3　类型与尺寸

（1）A 型膨胀节　如图 5-21 所示。

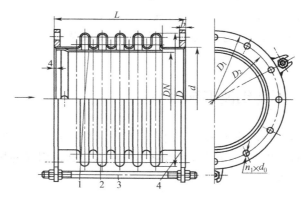

图 5-21　不锈钢波形膨胀节

1—导管；2—波纹管；3—定位螺杆；4—法兰

（2）BS 型膨胀节　如图 5-21 所示。

5.6.4　技术要求

（1）材料

① 主要零件的材料如表 5-11 所示。

表 5-11　主要零件的材料

零件名称	材　料		
	名　称	牌　号	标准号
波纹管、导管	不锈钢	0Cr18Ni11Ti	GB/T 4237—2007
定位螺杆	碳素钢	Q235-A	GB/T 700—2006

② 波纹管的材料供货状态为软态，应有生产厂的质量合格证书。根据需要按有关标准复验合格后方可使用。

（2）波纹管

① 波纹管管坯用钢板卷制时，不应采用环焊缝。

② 波纹管管坯的纵焊缝以最少为原则，在管坯厚度小于或等于 0.5mm 时，相邻焊缝的间距应大于 150mm，其焊缝条数不多于 3 条。

③ 板材的拼焊采用氩弧焊或等离子焊，大于 0.5mm 的板材拼焊对口错边量、焊缝的凹陷深度及余高应不大于板厚的 10%。

④ 根据使用要求，供需双方可协议决定是否对纵焊缝进行射线拍片及拍片检查的数量，波纹管管坯纵焊缝进行射线拍片检查时，应达到 QJ 1165 中的 Ⅱ 级要求。

⑤ 波纹管管坯的套装间隙应小于或等于单层壁厚值。

⑥ 波纹管各层纵焊缝的位置一般应沿圆周方向均匀错开，层间不得有水、油、污物等。

⑦ 波纹管的波纹形状应均一，其表面允许有轻微的模片压痕，不得有明显的凹凸不平或大于单层壁厚负偏差的划痕。

⑧ 波纹管的波高、波距、波纹管总长的未注公差尺寸的极限偏差应符合 GB/T 1804 中 Ⅴ 级要求。波纹的圆弧段与侧壁平面要圆滑过渡。

（3）膨胀节

① A 型膨胀节法兰的连接尺寸按 GB 569；AS、BS 型膨胀节法兰的连接尺寸按 GB 2501，并符合 GB/T 3766 的规定。波纹管、导管与法兰连接采用氩弧焊，其余可采用普通电焊。

② 导管与波纹管安装的单边最小间隙不小于横向总位移量的一半，流向标志应与介质流向一致，装入管道时不得反向。

③ 公称通径大于或等于 1000mm 的 5 个波的膨胀节，允许用 2 波、3 波两组波纹管加内衬套焊接。

④ 膨胀节各部位焊缝表面不得有裂纹、气孔、夹渣、飞溅物等缺陷。

⑤ 膨胀节长度偏差为 $\pm 2.5mm$，垂直度为 $1\% DN$，且不大于或等于 3mm，同轴度为 5mm。

⑥ 膨胀节的刚度按 GB/T 12777 中相应的公式计算的值作为给出值，制造厂应提供膨胀节初始理论刚度，若用户有要求，可提供膨胀节工作刚度。产品实测平均刚度值与计算值的偏差不得大于 $\pm 30\%$。

⑦ 膨胀节应进行压力试验，试验压力依照 GB/T 12777 中 4.4.11、4.4.13 条的规定。

⑧ 制造厂应提供膨胀节许用疲劳寿命值，用户有要求及形式检验时应进行疲劳寿命试验，其值为膨胀节在公称压力和轴向总位移量下的 2 倍许用循环次数，并以 $1.5PN$ 进行水压试验无泄漏，则为合格产品。

⑨ 定位螺杆为保证膨胀节在运输和安装过程中不产生变形之用。用定位螺杆固定的波纹管为自由状态，管路安装完毕后需用拧松螺母的方法拆除定位螺杆（绝对避免气割），恢复其伸缩性能。

第6章　管工制图与识图

6.1　制图概述

目前的管道工程图中经常会看到《机械制图》与《技术制图》标准同时出现的情况。国家标准《机械制图》是一项重要基础标准。1959 年我国正式发布了 GB 122～141—59《机械制图》，它是我国制定和发布的第一个关于工程类制图标准，也是工程图学的各分支学科中发展较早的重要学科之一。改革开放后，国家明确提出积极采用国际标准的方针，并对 1974 年的《机械制图》国家标准进行修订，形成了 GB 4457.1～5、GB 4458.1～5、GB 4459.1～5等共计 17 个标准（1984 年版），在这些标准名称前面皆统一冠以"机械制图"。1984 年版《机械制图》标准除部分被新标准代替外，还一直在使用着。但从 1988 年后，我国又陆续颁布了一批冠以"技术制图"字样的制图标准，如：

GB/T 10609.1—1989 技术制图　标题栏

GB/T 10609.1—2008 技术制图　标题栏

GB/T 4457.2—2003 技术制图　图样画法　指引线和基准线的基本规定

技术制图在我国出现在 20 世纪 80 年代中后期，是更高层次的工程制图。它涵盖了各类制图，从发展的眼光看，它很可能成为工程图学中最重要的学科。由于它的出现，工程图学也可能易名，工程图学极有可能为技术图学所取代。

表 6-1 是我国发布的《机械制图》标准与国际标准的对应关系。

表 6-1 《机械制图》标准与国际标准对应关系

序号	国家标准名称及代号	与国际标准的关系
1	《机械制图 图样画法 图线》 GB/T 4457.4—2002	参照采用 ISO 128-24:1999 《技术制图 图样画法 机械工程制图用图线》
2	《机械制图 剖面符号》 GB/T 4457.5—2013	
3	《机械制图 图样画法 视图》 GB/T 4458.1—2002	参照采用 ISO 128-34:2001 《技术制图 图样画法 机械工程制图用视图》
4	《机械制图 装配图中零、部件序号及其编排方法》 GB/T 4458.2—2002	
5	《机械制图 轴测图》 GB/T 4458.3—2013	
6	《机械制图 尺寸注法》 GB/T 4458.4—2003	
7	《机械制图 尺寸公差与配合注法》 GB/T 4458.5—2003	
8	《机械制图 图样画法 剖视图和断面图》 GB/T 4458.6—2002	修改采用 ISO 128-44:2001 《技术制图 图样画法 机械工程制图用剖视图和断面图》
9	《机械制图 螺纹及螺纹紧固件表示法》 GB/T 4459.1—1995	等效采用 ISO 6410—1993 《技术制图——螺纹和螺纹件的表示法》
10	《机械制图 齿轮画法》 GB/T 4459.2—2003	参照采用 ISO 2203—1973 《技术制图——齿轮的规定画法》
11	《机械制图 花键表示法》 GB/T 4459.3—2000	等效采用 ISO 6413:1988 《技术制图——花键联结和细齿联结的表示法》
12	《机械制图 弹簧画法》 GB/T 4459.4—2003	参照采用 ISO 2162—1973 《技术制图——弹簧表示法》
13	《机械制图 中心孔表示法》 GB/T 4459.5—1999	参照采用 ISO 6411—1982 《技术制图——中心孔表示法》
14	《机械制图 动密封圈表示法》 GB/T 4459.6—1996	等效采用 ISO 9222-1:1989 《技术制图——动密封圈——第1部分:通用的简化表示法》 ISO 9222-2:1989 《技术制图——动密封圈——第2部分:细致的简化表示法》

序号	国家标准名称及代号	与国际标准的关系
15	《机械制图　滚动轴承表示法》 GB/T 4459.7—1998	等效采用 ISO 9226-1:1989 《技术制图——滚动轴承——第 1 部分:通用的简化表示法》 ISO 9222-2:1989 《技术制图——滚动轴承——第 2 部分:细致的简化表示法》
16	《机械制图　机构运动简图用图形符号》 GB/T 4460—2013	等效采用 ISO 3952—4:1997 《机构运动简图——图示符号》
17	《产品几何技术规范(GPS) 技术产品文件中表面结构的表示法》 GB/T 131—2006	等效采用 ISO 1302:2002《产品几何技术规范(GPS) 技术产品文件中表面结构的表示法》
18	《技术制图　棒料、型材及其断面的简化表示法》 GB/T 4656—2008	等同采用 ISO 5261:1995 《技术制图　棒料、型材及其断面的简化表示法》
19	《焊缝符号表示法》 GB/T 324—2008	等效采用 ISO 2553:1992《焊接、硬钎焊和软钎焊焊接头在图样上的符号表示法》
20	《焊接及相关工艺方法代号》 GB/T 5185—2005	等效采用 ISO 4063:1998 《焊接与相关处理-参考号对应处理的术语法》

表 6-2 是我国发布的《技术制图》标准与国际标准的对应关系。

表 6-2　《技术制图》标准与国际标准对应关系

序号	国家标准名称及代号	与国际标准的关系
1	《技术产品文件词汇投影法术语》 GB/T 16948—1997	等效采用 ISO 10209-2:1993 《技术产品文件——词汇——投影法术语》
2	《字体和符号模板基本要求、识别标记及槽宽尺寸》 GB/T 16949—1997	等效采用 ISO 9178:1988 《字体和符号模板》
3	《技术制图　标题栏》 GB/T 10609.1—2008	参照采用 ISO 7200—1984 《技术制图——标题栏》

序号	国家标准名称及代号	与国际标准的关系
4	《技术制图　明细栏》 GB/T 10609.2—2009	参照采用 ISO 7573—1983 《技术制图——明细表》
5	《技术制图　复制图的折叠方法》 GB/T 10609.3—2009	
6	《技术制图　对缩微复制原件的要求》 GB/T 10609.4—2009	参照采用 ISO 6428—1982 《技术制图——对缩微复制的要求》
7	《技术制图　焊缝符号的尺寸、比例及简化表示法》 GB/T 12212—2012	
8	《技术制图　玻璃器具表示法》 GB/T 12213—1990	参照采用 ISO 6414—1982 《玻璃仪器技术制图》
9	《技术制图　通用术语》 GB/T 13361—2012	
10	《技术制图　图纸幅面和格式》 GB/T 14689—2008	等效采用 ISO 5457—1999 MOD 《技术制图——图纸尺寸及格式》
11	《技术制图　比例》 GB/T 14690—1993	等效采用 ISO 5455—1979 《技术制图——比例》
12	《技术制图　字体》 GB/T 14691—1993	等效采用 ISO 3098/1—1974 《技术制图——字体　第一部分：常用字母》 ISO 3098/2—1984 《技术制图——字体　第二部分：希腊字母》
13	《技术制图　投影法》 GB/T 14692—2008	等效采用 ISO 5456—1993 《技术制图——投影法》
14	《技术制图　圆锥的尺寸和公差注法》 GB/T 15754—1995	等效采用 ISO 3040—1990 《技术制图——尺寸公差注法——圆锥》
15	《技术制图　简化表示法　第 1 部分：图样画法》 GB/T 16675.1—2012	
16	《技术制图　简化表示法　第 2 部分：尺寸注法》 GB/T 16675.2—2012	
17	《技术制图　图线》 GB/T 17450—1998	等同采用 ISO 128-20：1996 《技术制图　画法通则　第 20 部分：图线的基本规定》

序号	国家标准名称及代号	与国际标准的关系
18	《技术制图　图样画法　视图》 GB/T 17451—1998	非等同采用 ISO 11947-1:1995 《技术制图　视图、断面图和剖视图 第 1 部分:视图》
19	《技术制图　图样画法　剖视图和断面图》 GB/T 17452—1998	等同采用 ISO 11947-2:1995 《技术制图　视图、断面图和剖视图 第 2 部分:断面图和剖视图》
20	《技术制图　图样画法　剖面区域的表示法》 GB/T 17453—2005	等同采用 ISO 11947-2:1995　ISO 128-50-2001,IDT 《技术制图　视图、断面图和剖视图 第 3 部分:断面和剖面区域的表示法》
21	《技术制图　图样画法　指引线和基准线的基本规定》 GB/T 4457.2—2003	等同采用 ISO 128-22:1999 《技术制图　通用规则　指引线和参考线的基本规定与应用》
22	《技术制图　棒料、型材及其断面的简化表示法》 GB/T 4456.1—2008	等同采用 ISO 5261:1995　ISO 5261—1995,IDT 《技术制图棒料、型材及其断面的简化表示法》
23	《技术制图　图样画法　未定义形状边的术语和注法》 GB/T 19096—2003	等同采用 ISO 13715:2000 《技术制图　未定义形状边刃用语与特征》

6.2　图纸幅面和格式

　　GB/T 14689—2008《图纸幅面和格式》是现行国家技术制图标准；等效采用国际标准 ISO 5457—1999《技术制图——图纸尺寸及格式》。内容有技术图样的幅面种类及尺寸、图框的格式及大小，标题栏在图纸中的位置，对中符号和图幅分区方法，以及剪切符号等。

　　绘制技术图样时优先采用代号为 A0、A1、A2、A3、A4 的五种基本幅面（第一选择），这与 ISO 标准规定的幅面代号和尺寸完全一致。基本幅面的尺寸如表 6-3 所示。

表 6-3　基本幅面的代号及尺寸（第一选择）　　　mm

幅面代号	尺寸 $B \times L$	幅面代号	尺寸 $B \times L$
A0	841×1189	A3	297×420
A1	594×841	A4	210×297
A2	420×594		

在五种基本幅面中，各相邻幅面的面积大小均相差一倍，如 A0 为 A1 幅面的两倍，A1 又为 A2 幅面的两倍，以此类推。

6.3　标题栏

GB 10609.1—2008《技术制图　标题栏》是现行国家技术制图标准。

在每张技术图样上，均应画出标题栏，而且其位置配置、线型、字体等均需遵守相关国家标准。

标题栏中的"年 月 日"的写法和顺序应按 GB 7408—2005《数据元和交换格式信息交换日期和时间表示法》的规定：

20160824（不用分隔符）、2016-08-24（用连字符分隔）、2016 08 24（用间隔字符分隔）。

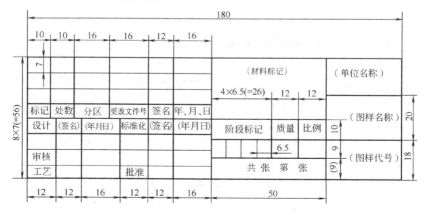

图 6-1　国家标题栏格式示意图

每个区内的具体项目和格式尺寸，在国家标准的附录 A 中作为参考件列举了一个图例，如图 6-1，宜采用这种格式，以利于图纸格式的统一和计算机绘图的发展需要。

6.4　明细栏

GB 10609.2—2009《明细栏》是现行国家技术制图标准。

明细栏放在装配图中标题栏上方时的格式和尺寸如图 6-2 所示。

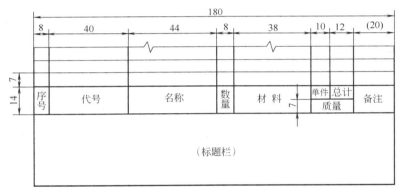

图 6-2　明细栏格式和尺寸示意图

6.5　比例

GB/T 14690—1993《比例》是现行国家技术制图标准；等效采用国际标准 ISO 5455。本标准规定了绘图比例及其标注方法，适用于技术图样及有关技术文件。

1993 年的国家标准规定："图中图形与其实物相应要素的线性尺寸之比"，称为比例。这里所指的要素，从几何角度去理解，是指相关的点、线、面，要素的线性尺寸是指这些点、线、面本身的尺寸或它们的相对距离。而在 1984 年的国家标准中比例的定义为："图样中机件要素的线性尺寸与实际机件相应要素的线性尺寸之比"。两相比较，容易看出 1993 年国标中的定义适应性更加宽广，不只局限于"机件"的范围。

比值为 1 的比例称原值比例，比值大于 1 的比例为放大比例，比值小于 1 的比例为缩小比例。

绘制技术图样时应在表 6-4 规定的系列中选取适当的比例。

表 6-4　比例种类选择表

种　类	比　　例
原值比例	$1:1$
放大比例	$5:1$　　$2:1$ $5 \times 10^n : 1$　　$2 \times 10^n : 1$　　$1 \times 10^n : 1$
缩小比例	$1:2$　　$1:5$　$1:10$ $1:2 \times 10^n$　　$1:5 \times 10^n$　　$1:1 \times 10^n$

注：n 为正整数。

在同一张图样上的各图形一般采用相同的比例绘制；当某个图形需要采用不同的比例绘制时（例如局部放大图），必须在图形名称的下方标注出该图形所采用的比例，如图 6-3 中 $\dfrac{A}{2:1}$，或在图形名称的右侧标注出该图形所采用的比例，如平面图 $1:200$。

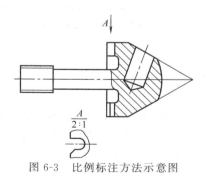

图 6-3　比例标注方法示意图

6.6　字体

GB/T 14691—1993《字体》是现行国家技术制图标准；等效

采用国际标准 ISO 3098/1—1974 中的第一部分和 ISO 3098/2—1984 中的第二部分。本标准规定了汉字、字母和数字的结构形式及基本尺寸，适用于技术图样及有关技术文件。

国家标准规定图样中书写的字体必须做到：字体工整、笔画清楚、间隔均匀、排列整齐。

字体的高度（h）代表字体的号数，如 7 号字的高度为 7mm。字体高度的公称尺寸系列为：1.8，2.5，3.5，5，7，10，14，20mm 等 8 种。若需书写更大的字，则字体高度应按 $\sqrt{2}$ 的比率递增。

由于有些汉字的笔画较多，所以国家标准规定汉字的最小高度不应小于 3.5mm。汉字应写成长仿宋体（直体），其字宽约为字高的 0.7 倍。

字母和数字按笔画宽度情况分为 A 型和 B 型两类，A 型字体的笔画宽度（d）为字高（h）的十四分之一，B 型字的笔画宽度为字高的十分之一，即 B 型字体比 A 型字体的笔画要粗一点。在同一张图上只允许选用同一种形式的字体。

字母和数字可写成斜体或直体，斜体字的字头向右倾斜，与水平基准线成 75°角。

6.7 图线

GB/T 17450—1998《图线》是现行国家技术制图标准；等同采用国际标准 ISO 128-20：1996《技术制图 画法通则 第 20 部分：图线的基本规定》。本标准规定了图线的名称、形式、结构、标记及画法规则，适用于技术图样，如机械、电气、建筑和土木工程图样等。

GB/T 4457.4—2002《图线》是现行国家机械制图标准；修改采用国际标准 ISO 128—24：1999《技术制图 画样画法 机械工程制图用图线》。本标准规定了机械制图中图线的一般规则，适用于机械工程图样。

目前绘制机械图样时，上述两项国家标准需要同时应用。

而在 2002 年的《机械制图　图线》国家标准中，规定了绘制机械图样时涉及的各种图线的应用。不过线型及图线的宽度系列等方面须受 1998 年国家标准的制约。

6.7.1　基本线型及其变形

6.7.1.1　基本线型

基本线型共有 15 种，如表 6-5 所示。绘制机械图样只用到其中的一小部分。

表 6-5　基本线型表

代码	基　本　线　型	名　称
01		实线
02		虚线
03		间隔画线
04		点画线
05		双点画线
06		三点画线
07		点线
08		长画短画线
09		长画双短画线
10		画点线
11		双画单点线
12		画双点线
13		双画双点线
14		画三点线
15		双画三点线

6.7.1.2　基本线型的变形

以实线为例，基本线型可能出现的变形，如表 6-6 所示，其余各种基本线型可用同样的方法变形表示，视需要而定。

表 6-6　基本线型的变形线表

名　　称	基本线型的变形
规则波浪连续线	
规则螺旋连续线	
规则锯齿连续线	
波浪线（徒手连续线）	

6.7.2　图线宽度

所有线型的图线宽度应在下列数系中选择：0.13mm，0.18mm，0.25mm，0.35mm，0.5mm，0.7mm，1mm，1.4mm，2mm。

该数系的公比为 $1:\sqrt{2}(\approx 1:1.4)$。

粗线、中粗线、细线的宽度之比为 4：2：1，在同一张图样中，同类图线的宽度应一致。

表 6-7 所列各种基本线型，根据需要均可选用粗、中粗、细等宽度。

6.7.3　机械图样上图线的应用

根据机械制图国家标准《图线》GB 4457.4—2002 的规定，机械图样上图线的形式及在图样中的一般应用如表 6-7 所示。

表 6-7　线型及应用

代码	线　　型	一　般　应　用
01.1	细实线	.1 过渡线
		.2 尺寸线
		.3 尺寸界线
		.4 指引线和基准线
		.5 剖面线
		.6 重合断面的轮廓线
		.7 短中心线
		.8 螺纹牙底线
		.9 尺寸线的起止线
		.10 表示平面的对角线
		.11 零件成形前的弯折线
		.12 范围线及分界线

代码	线型	一般应用
01.1	细实线	.13 重复要素表示线,例如齿轮的齿根线
		.14 锥形结构的基面位置线
		.15 叠片结构位置线,例如变压器叠钢片
		.16 辅助线
		.17 不连续同一表面连线
		.18 成规律分布的相同要素连线
		.19 投影线
		.20 网格线
	波浪线	.21 断裂处边界线;视图与剖视图的分界线
	双折线	.22 断裂处边界线;视图与剖视图的分界线
01.2	粗实线	.1 可见棱边线
		.2 可见轮廓线
		.3 相贯线
		.4 螺纹牙顶线
		.5 螺纹长度终止线
		.6 齿顶圆线
		.7 表格图、流程图中的主要表示线
		.8 系统结构线(金属结构工程)
		.9 模样分型线
		.10 剖切符号用线
02.1	细虚线	.1 不可见棱边线
		.2 不可见轮廓线
02.2	粗虚线	.1 允许表面处理的表示线
04.1	细点画线	.1 轴线
		.2 对称中心线
		.3 分度圆

306

代码	线　型	一　般　应　用
04.1	细点画线	.4 孔系分布的中心线
		.5 剖切线
04.2	粗点画线	.1 限定范围表示线
05.1	细双点画线	.1 相邻辅助零件的轮廓线
		.2 可动零件的极限位置的轮廓线
		.3 重心线
		.4 成形前轮廓线
		.5 剖切面前的结构轮廓线
		.6 轨迹线
		.7 毛坯图中制成品的轮廓线
		.8 特定区域线
		.9 延伸公差带表示线
		.10 工艺用结构的轮廓线
		.11 中断线

6.7.4　图线画法

绘制机械图样时，应根据图幅大小和图样复杂程度等因素综合考虑选定粗实线的宽度，例如经分析考虑后选定粗实线的宽度为1mm，则其余各种图线的宽度也就随之确定了。粗点画线的宽度与粗实线相同，虚线及其余各种图线均为细线。

同一张图样中，同类图线的宽度应保持基本一致。虚线、细点画线、双点画线、双折线等的画长和间隔长度也应各自大致相同，可参考图 6-4 所示的画法。

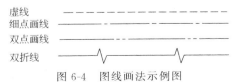

图 6-4　图线画法示例图

307

6.7.5 两线的平行或相交

图 6-5 图线相交画法
示例图（一）

（1）平行关系 当图样上出现任何两条或两条以上的图线平行时，则两条图线之间的最小距离不得小于 0.7mm。

（2）相交关系 当图样上出现任何两条或更多条图线相交时，应恰当地相交于画处，如图 6-5 及图 6-6 所示。

在绘制圆的对称中心线时，细点画线应交于长画处，其交点即是画圆的圆心位置，如图 6-7 所示。

图 6-6 图线相交画法示例图（二）

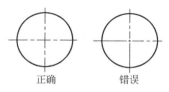

正确　　错误

图 6-7 图线相交画法示例图（三）

6.8 剖面区域的表示法

GB/T 17453—2005《技术制图 图样画法 剖面区域的表示法》是国家现行技术制图标准，规定了剖面区域的基本表示法；GB/T4457.5—2013《机械制图 剖面符号》是国家现行机械制图标准。

6.8.1 通用剖面线的表示

在剖视图及断面图中，当不需要在剖面区域中表示材料的类别时，可采用通用剖面线来表示。

剖面线应与主要轮廓成适当角度，并按 GB/T 4457.4 所指定的细实线绘制。最好是采用与主要轮廓或剖面区域的对称线成 45°角的细实线绘制。如图 6-8 所示。

在同一张图样上，表示同一物体的各剖视图上的剖面线画法应

图 6-8　剖面线画法

一致（即剖面线方向及间隔应保持一致），如图 6-9 所示。该图形象地说明各剖视图上的剖面线应保持的相互关系，但图中所注角度尺寸只是为了说明要求，而在实际图样上是不必标注这些角度的。

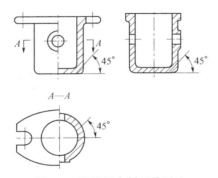

图 6-9　装配图中剖面线画法

　　在装配图中，相互邻接的零件的剖面线，必须以不同的倾斜方向或不同的剖面线间隔表示，有利于明显地区分，如图 6-9 所示。但在同一装配图中的同一个零件的各图形上，剖面线方向应相同，间隔应相等。实际上这是将零件图与装配图的剖面线画法综合在一起，采用的是同一个原则。

　　同一个零件相隔的剖面或断面应使用相同的剖面线，相邻零件的剖面线应该用方向不同、间距不同的剖面线。如图 6-10 所示。

　　允许在剖面区域内用点阵或涂色代替通用剖面线。但装配图不宜采用此方法；窄剖面区域可用全部涂黑表示，如图 6-11 所示。

　　相近的狭小剖面可以表示成完全黑色，在相邻的剖面之间至少应留下 0.7mm 的间距，以便明显地区分，这样也保证了缩微摄影的要求，如图 6-12 所示。这种方法不表示实际的几何形状。

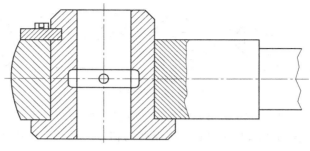

图 6-10 相邻零件剖面线画法

图 6-11 窄剖面区域
涂黑画法

图 6-12 相邻被剖切零件的
剖面区域均窄小时画法

6.8.2 特定材料的表示

当机械图样上需要在剖面区域内表示材料的类别时，可按 GB/T 4457.5—2013 中规定的剖面符号绘制。如表 6-8 所示。

表 6-8 剖面符号

金属材料 （已有规定剖面符号者除外）		木质胶合板 （不分层数）	
线圈绕组元件		基础周围的泥土	
转子、电枢、变压器和电抗器等的叠钢片		混凝土	

310

非金属材料 （已有规定剖面符 号者除外）		钢筋混凝土	
型砂、填砂、粉末 冶金、砂轮、陶瓷刀 片、硬质合金刀片等		砖	
玻璃及供观察用的 其他透明材料		格网（筛网、 过滤网等）	
木材 纵断面		液体	
木材 横断面			

6.9 尺寸标注

GB/T 4458.4—2003《尺寸注法》是现行国家机械制图标准；本标准规定了在图样中标注尺寸的基本方法，适用于机械图样的绘制。

GB/T 15745—1995《圆锥的尺寸和公差注法》是现行国家技术制图标准；等效采用国际标准 ISO 3040—1990《技术制图—尺寸和公差注法—圆锥》。本标准规定了光滑正圆锥的尺寸和公差注法，适用于技术图样及有关技术文件。

GB/T 16675.2—2012《简化表示法　第 2 部分：尺寸注法》是现行国家技术制图标准；本标准规定了技术图样中使用的简化注法，适用于由手工或计算机绘制的技术图样及有关技术文件。

6.9.1 基本规则

① 图样上标注的尺寸数值就是机件实际大小的数值。它与画图时采用的缩、放比例无关，与画图的精确度亦无关。

② 图样上的尺寸以 mm（毫米）为计量单位时，不需标注单位代号或名称。若应用其他计量单位时，须注明相应计量单位的代号或名称，例如，角度为 30 度 10 分 5 秒，则在图样上应标注成"30°10′5″"。

③ 国家标准明确规定：图样上标注的尺寸是机件的最后完工尺寸，否则要另加说明。

④ 机件的每个尺寸，一般只在反映该结构最清楚的图形上标注一次。

6.9.2 尺寸要素

（1）尺寸界线　尺寸界线用细实线绘制，并由图形的轮廓线、对称中心线、轴线等处引出，如图 6-13 所示。也可利用轮廓线、对称中心线、轴线作为尺寸界线。

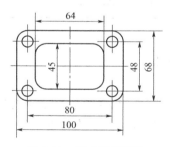

图 6-13　尺寸界线画法

尺寸界线一般与尺寸线垂直，必要时才允许与尺寸线倾斜，如图 6-14 所示。此时在光滑过渡处标注尺寸，需用细实线将轮廓线延长，从它们的交点处引出尺寸界线。

（2）尺寸线　尺寸线用细实线绘制，尺寸线的终端可以有箭头或 45°细斜线两种形式，如图 6-15 所示。

只有当尺寸线和尺寸界线是互相垂直的两条直线时，尺寸线的

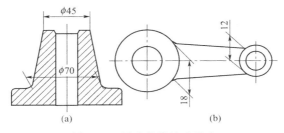

图 6-14 尺寸界线特殊画法

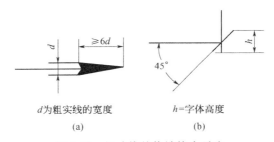

d 为粗实线的宽度

h=字体高度

(a)   (b)

图 6-15 尺寸线的终端箭头画法

终端才能采用细斜线形式，如图 6-16 所示。

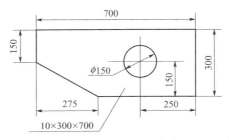

图 6-16 尺寸线的终端细斜线画法

① 为了统一而且不致引起误解，细斜线终端应以尺寸线为准逆时针方向旋转 45°。

② 当尺寸线和尺寸界线互相垂直时，同一张图中只能采用一种尺寸线终端形式。

③ 机械图样中一般采用箭头作为尺寸线的终端。

④ 在圆或圆弧上标注直径或半径，以及标注角度尺寸时都不适合采用细斜线形式的尺寸线终端，而应画成箭头，如图 6-17 所示。

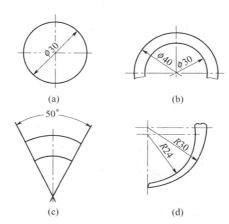

图 6-17　圆或圆弧尺寸线画法

⑤ 若圆弧半径过大，无法标出其圆心位置时，应按图 6-18（a）的形式标注，不需要标出圆心位置时，可按图 6-18（b）的形式标注。

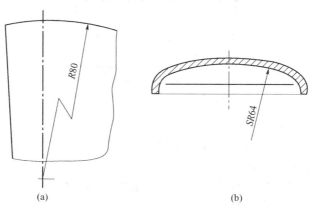

图 6-18　大圆弧尺寸线画法

314

⑥ 对称机械的图形只画出一半或略大于一半时，尺寸线应略超过对称中心线或断裂处的边界，这时只在尺寸线的一端画出箭头，如图 6-19 所示。

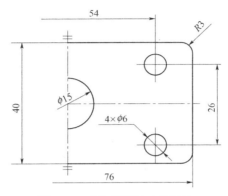

图 6-19　对称图形尺寸线画法

⑦ 当尺寸较小没有足够的位置画箭头时，允许用圆点或细斜线代替箭头，如图 6-20 所示。

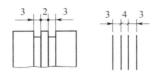

图 6-20　小尺寸线画法

⑧ 在圆的直径或圆弧半径较小，没有足够的位置画箭头或注写数字时，可采用图 6-21 的形式标注。

6.9.3　尺寸数字

线性尺寸的数字一般应注写在尺寸线的上方，也允许注写在尺寸线的中断处，如图 6-17 所示。这表明应以数字注写在尺寸线上方为首选形式。当位置有限，在尺寸线上方注写数字有困难时，才采用数字标注在尺寸线中断处的形式，如图 6-22 中的尺寸 $\phi16$。

对于线性尺寸数字的方向，一般应随尺寸线的方位而变化，如

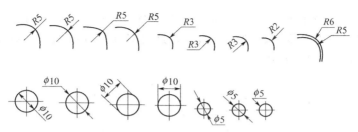

图 6-21　小圆或小圆弧尺寸线画法

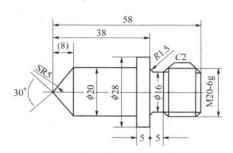

图 6-22　位置有限的尺寸线画法

图 6-23 所示。并尽可能避免在图示的 30°范围内标注尺寸，当无法避免时可按如图 6-24 所示的形式注写。

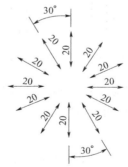

图 6-23　线性尺寸数字的方向画法

　　对于非水平方向的尺寸，在不致引起误解时，其数字也允许水平地注写在尺寸线中断处，如图 6-25 所示。这种注法在某些特定条件下书写和阅读都比较方便，但国家标准规定在同一张图样上应

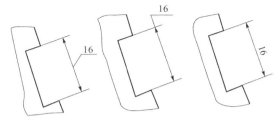

图 6-24 特殊线性尺寸数字的方向画法

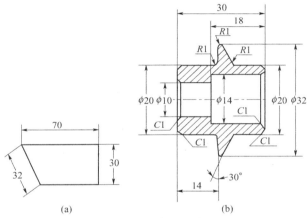

(a)

(b)

图 6-25 非水平方向的尺寸数字画法

尽可能采用同一种方法，而且以图 6-19 所示的方法为首选。

标注角度的数字一律写成水平方向，一般注写在尺寸线的中断处，如图 6-26（a）所示。必要时也可引出标注，或将数字书写在尺

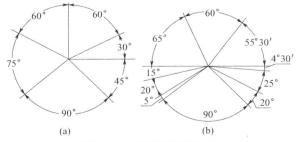

(a)

(b)

图 6-26 角度的数字画法

317

寸线上方，如图 6-26（b）中的形式。

尺寸数字不可被任何图线所通过，否则应将该图线断开，如图 6-27 所示。

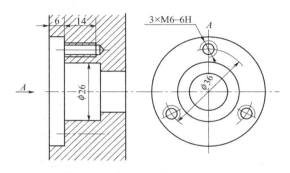

图 6-27　尺寸数字优先占位画法

6.9.4　标注尺寸的符号和缩写词

标注尺寸的符号或缩写词应符合表 6-9 的规定。表 6-9 中符号的线宽为 $h/10$（h 为字体高度）。

表 6-9　标注尺寸的符号和缩写词

序号	含义	符号或缩写词
1	直径	ϕ
2	半径	R
3	球直径	$S\phi$
4	球半径	SR
5	厚度	t
6	均布	EQS
7	45°倒角	C
8	正方形	□
9	深度	⊤
10	沉孔或锪平	⊔

序号	含义	符号或缩写词
11	埋头孔	∨
12	弧长	⌒
13	斜度	∠
14	锥度	◁
15	展开长	⟳
16	型材截面形状	（按 GB/T 4656.1—2000）

（1）表示直径、半径、球面的符号　直径尺寸数字前加注符号"ϕ"，半径尺寸数字前加注符号"R"。在标注球面的直径或半径时，在符号"ϕ"或"R"前加注符号"S"，如图 6-28 所示。不会引起误解时（例如铆钉的头部、轴的端部及手柄的端部等处），允许省略符号"S"。

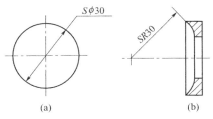

(a)　　　　　　　　(b)

图 6-28　直径、半径、球面的符号画法

（2）表示圆弧长度的符号　标注圆弧的弧长尺寸时，应在尺寸数字的左方加注符号"⌒"，如图 6-29 所示。其中图 6-29(b) 表示的弧长是指中心线的弧长。

（3）表示厚度的符号　对于板状零件的厚度，可在尺寸数字前

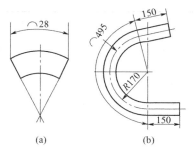

图 6-29　圆弧长度的符号画法

加注符号"t",如图 6-30 所示。

（4）斜度及锥度符号　斜度符号的尺寸比例,如图 6-31(a) 所示;锥度符号的尺寸比例,如图 6-31(b) 所示。

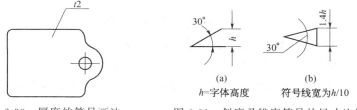

图 6-30　厚度的符号画法

图 6-31　斜度及锥度符号的尺寸比例

h=字体高度　　符号线宽为$h/10$

斜度的注法如图 6-32 所示。应特别注意斜度符号的倾斜方向必须与图形中的倾斜方向相一致,并且符号的水平线和斜线应和所标斜度的方向相对应。

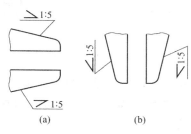

图 6-32　斜度注法

锥度的标注方法如图 6-33 所示，锥度符号的方向也要与图形中的大、小端方向统一。锥度注法中的基准线从符号中间穿过（即符号是骑跨在基准线上的）。

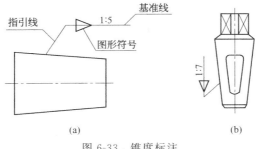

图 6-33　锥度标注

（5）表示正方形的符号　标注剖面为正方形结构的尺寸时，可在正方形边长尺寸前加注符号"□"，或用"$B \times B$"（B 为正方形的对边距离）注出，如图 6-34 所示。

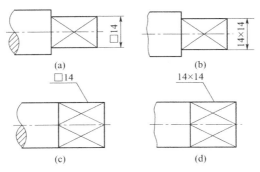

图 6-34　标注剖面为正方形结构的尺寸画法

（6）由其他尺寸所确定的半径的标注方法　在图样上若需要表明圆弧半径的实际大小是由其他结构形状的实际尺寸所确定时，画出尺寸线后，只标注半径符号"R"，不写出具体数值，如图 6-35 所示。

（7）表示 45°倒角的符号　45°的倒角可按图 6-36 所示在倒角高度尺寸数字前加注符号"C"，而非 45°的倒角尺寸必须分别标注

图 6-35　半径另类标注方法

出倒角的高度和角度尺寸，如图 6-37 所示。

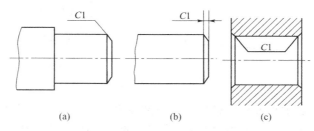

(a)　　　　　　　　(b)　　　　　　　　(c)

图 6-36　45°倒角标注画法

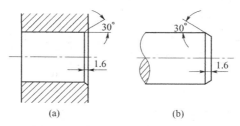

(a)　　　　　　　　　(b)

图 6-37　非 45°的倒角尺标注画法

6.10　尺寸公差与配合注法

GB/T 4458.5—2003《尺寸公差与配合注法》是现行国家机械制图标准；本标准规定了机械图样中尺寸公差与配合公差的标注方法，适用于机械图样中尺寸公差与配合的标注方法。

6.10.1　在零件图中标注线性尺寸公差的方法

在零件图中有三种标注线性尺寸公差的方法：一是标注公差带

代号；二是标注极限偏差值；三是同时标注公差带代号和极限偏差值。这三种标注形式具有同等效力，可根据具体需要选用。

① 应用极限偏差标注线性尺寸公差时，上偏差需注在基本尺寸的右上方，下偏差则与基本尺寸注写在同一底线上，以便于书写。极限偏差的数字高度一般比基本尺寸的数字高度小一号，如图6-38所示。

图 6-38　上偏差、下偏差标注画法

② 在标注极限偏差时，上、下偏差的小数点必须对齐，小数点后右端的"0"一般不注出，如果为了使上、下偏差值的小数点后的位数相同，可以用"0"补齐，如图6-38(a)中的下偏差。

③ 当上、下偏差值中的一个为"零"时，必须用"0"注出，它的位置应和另一极限偏差的小数点前的个位数对齐，如图6-39所示。

图 6-39　零偏差对齐标注画法

④ 当公差带相对基本尺寸对称地配置时，即上、下偏差数字相同，正负相反，只需注写一次数字，高度与基本尺寸相同，并在偏差与基本尺寸之间注出符号"±"，如图6-40所示。

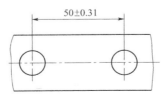

图 6-40　上、下偏差数字相同标注画法

⑤ 用公差带代号标注线性尺寸的公差时，公差带代号写在基

323

本尺寸的右边，并且要与基本尺寸的数字高度相同，基本偏差的代号和公差等级的数字都用同一种字号，如图 6-41 所示。

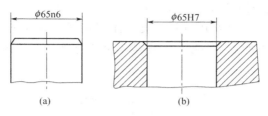

图 6-41　公差带代号标注画法

⑥ 同时用公差带代号和相应的极限偏差值标注线性尺寸的公差时，公差带代号在前，极限偏差值在后，并且加圆括号，如图 6-42 所示。

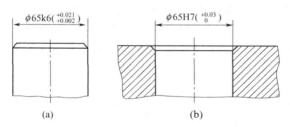

图 6-42　公差带代号与极限偏差值共存标注画法

⑦ 若只需要限制某一尺寸的单个方向极限时，应在该极限尺寸的右边标注符号"max"（表示最大）或"min"（表示最小），如图 6-43 所示。

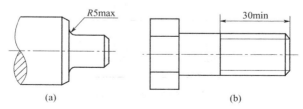

图 6-43　最大或最小尺寸单一极限尺寸标注画法

324

6.10.2 标注角度公差的方法

角度公差的标注方法，如图 6-44 所示。其基本规则与线性尺寸公差的标注方法相同。

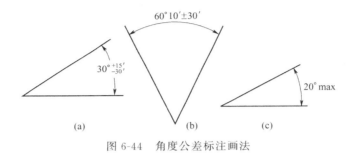

图 6-44 角度公差标注画法

6.11 形状和位置公差表示法

GB/T 1182—2008《产品几何技术规范（GPS）几何公差 形状、方向、位置和跳动公差标注》是现行国家技术制图标准，等效采用国际标准 ISO 1101:2004《技术制图—几何公差—形状、定向、定位和跳动公差—— 通则、定义、符号和图样表示法》。本标准规定了工件需要的所有形状和位置公差（简称形位公差）的定义，提出了形位公差的基本要求、符号、标注和在图样中的表示方法，适用于一切工业制品从功能出发的形状和位置公差要求。

6.11.1 概述

金属构件的形状和相关表面的相对位置在制造过程中不可能绝对准确，为保证零件之间的可装配性，除了对某些关键的点、线、面等要素给出尺寸公差要求外，还需要对某些要素给出形状或位置公差的要求。

（1）要素 要素是指零件上的特征部分的点、线或面；被测要素即是给出了形状或（和）位置公差的要素；基准要素即是用来确定被测要素的方向或（和）位置的要素；单一要素即是仅对其本身给出形状公差要求的要素；关联要素即是对其他要素有功能关系的要素。

（2）公差带的主要形式　形状公差是指单一实际要素的形状所允许的变动全量；位置公差是指关联实际要素的位置对基准所允许的变动全量。形位公差的公差带主要形式如表 6-10 所示。

表 6-10　形位公差带的主要形式

1	一个圆内的区域	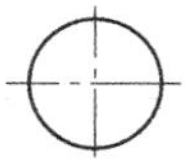
2	两同心圆之间的区域	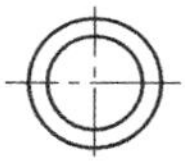
3	两同轴圆柱面之间的区域	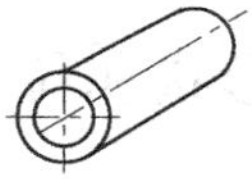
4	两等距曲线之间的区域	
5	两平行直线之间的区域	
6	一个圆柱面内的区域	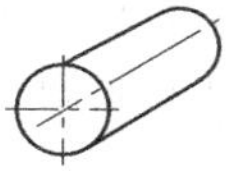
7	两等距曲面之间的区域	
8	两平行平面之间的区域	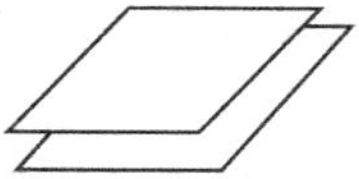
9	一个圆球内的区域	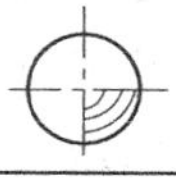

326

形位公差的公差带必须包含实际的被测要素。若无进一步的要求，被测要素在公差带内可以具有任何形状。除非另有要求，其公差带适用于整个被测要素。图样上给定的每一个尺寸和形状、位置要求均是独立的，应分别满足要求。如果尺寸和形状、尺寸与位置之间的相互关系有特定要求时，应在图样上做出规定，这称之为独立原则。独立原则是尺寸公差和形位公差相互关系所遵循的基本原则。形状和位置公差要求应在矩形框格内给出，如图 6-45 所示。

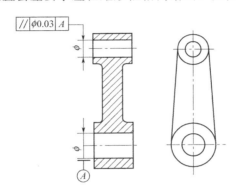

图 6-45 形状和位置公差在图样中表示法

6.11.2 公差框格

矩形公差框格由两格或多格组成，框格自左至右填写，各格内容如图 6-46 所示。

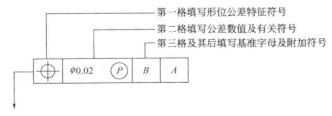

图 6-46 矩形公差框格结构

公差框格的第二格内填写的公差值用线性值，公差带为圆形或圆柱形时，应在公差值前加注"ϕ"，若是球形则加注"Sϕ"。

327

当一个以上要素作为该项形位公差的被测要素时，应在公差框格的上方注明，如图 6-47 所示。

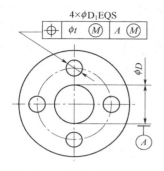

图 6-47 一个以上要素在公差
框格上注法

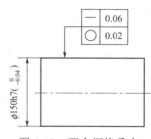

图 6-48 两个框格叠在
一起标注画法

若要求在公差带内进一步限定被测要素的形状，则应在公差值后面加注表 6-11 的符号，注法见表中举例一栏。

对同一要素有一个以上公差特征项目要求时，为了简化可将两个框格叠在一起标注，如图 6-48 所示。

表 6-11 要素形状加注符号

含 义	符 号	举 例
只许中间向材料内凹下	(−)	— | t | (−)
只许中间向材料外凸起	(+)	⟋ | t | (+)
只许从左至右减小	((▷))	⟋ | t | (▷)
只许从右至左减小	((◁))	⟋ | t | (◁)

注：表中的"t"为公差值。

328

6.11.3 符号

在形位公差框格中第一格内填写的形位公差特征项目的符号，如表 6-12 所示。

表 6-12 形位公差特征项目的符号

公 差		特征项目	符 号	有或无基准要求
形状	形状	直线度	——	无
		平面度	▱	无
		圆度	○	无
		圆柱度	⌭	无
形状或位置	轮廓	线轮廓度	⌒	有或无
		面轮廓度	⌓	有或无
位置	定向	平行度	∥	有
		垂直度	⊥	有
		倾斜度	∠	有
	定位	位置度	⊕	有或无
		同轴(同心)度	◎	有
		对称度	⩵	有
	跳动	圆跳动	↗	有
		全跳动	⤄	有

6.12 中心孔表示法

GB/T4459.5-1999《中心孔表示法》是现行国家机械制图标准；等效采用 ISO：1982《技术制图　中心孔表示法》。本标准规定了中心孔表示法，适用于在机械图样中不需要确切地表示出形状和结构的标准中心孔，非标准中心孔也可参照采用。

中心孔也是机件上常用的一种结构要素。GB/T 145—2001《中心孔》中给出了 A 型、B 型、C 型及 R 型等四种中心孔的结构形式及其尺寸，可分别用于不同场合。

A 型：不带护锥中心孔，零件加工完后一般不保留中心孔，如图 6-49（a）所示；

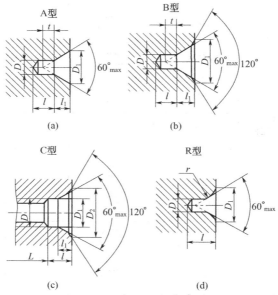

图 6-49　中心孔结构形式及其尺寸表示法

B 型：带护锥中心孔，零件加工完后保留中心孔，如图 6-49（b）所示：

C 型：带螺纹中心孔，其螺纹常用于轴端固定等，如图 6-49 (c) 所示；

R 型：弧型中心孔，用于某些重要零件，如图 6-49(d) 所示。

因此，对于标准的中心孔，在图样上只需注出其相关符号及尺寸，不必另画局部放大图来表达其结构形状和尺寸。

6.12.1 中心孔的符号

① 为了表达在完工的零件上是否保留中心孔，可采用图 6-50 所示的符号，图 6-50(a) 为保留中心孔的符号，图 6-50(b) 为不保留中心孔的符号。

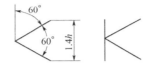

(a) 保留中心孔   (b) 不保留中心孔

图 6-50　中心孔的符号用法

$h=$字体高度；符号线宽$=1/10h$

② 对于非标准的中心孔，图 6-50 中的符号仍可应用，但必须绘制局部放大图表达其结构形状，并在图上标注尺寸及有关要求（如表面粗糙度等）。

6.12.2 在图样上标注中心孔的方法

在图样上标注中心孔符号的示例，如表 6-13 所示。

表 6-13　中心孔符号应用示例表

要　　求	符号标注示例	说　　明
在完工零件上保留中心孔	GB/T 4459.5—B4/12.5	作 B 型中心孔 $D=4$，$D_1=12.5$ 在完工零件上要求保留中心孔
在完工零件上可以保留中心孔	GB/T 4459.5—A4/8.5	作 A 型中心孔 $D=4$，$D_1=8.5$ 在完工零件上是否保留中心孔都可以
在完工零件上不保留中心孔	GB/T 4459.5—A1.6/3.35	作 A 型中心孔 $D=1.6$，$D_1=3.35$ 在完工零件上不允许保留中心孔

在需要指明中心孔标准编号时的规定表示法，亦可按图 6-51 及图 6-52 所示的形式进行标注。

图 6-51　中心孔标准编号　　　　　　图 6-52　中心孔标准编号
　　　表示法（一）　　　　　　　　　　表示法（二）

6.13　金属结构件表示法

GB/T 4656—2008《技术制图　棒料、型材及其断面的简化表示法》是现行国家技术制图标准，等同采用 ISO 5261：1995《技术制图　棒料、型材及其断面的简化表示法》。

金属结构件的表示法和尺寸注法，它们与一般机械图样有所不同。由型钢、板材等构成的金属构件，常用于桩基、桥梁、构架等，在升降机、起重运输设备及传送带等设备上也多见。一般采用焊接、铆接等不可拆连接形式，或者采用螺栓作为可拆的连接形式。

6.13.1　孔、螺栓及铆钉的表示法

在垂直于孔的轴线的视图上，采用表 6-14 中的规定，用粗实线绘制孔的符号，特别注意符号中心处不得有圆点，如图 6-53 所示。

表 6-14　垂直于轴线的视图上孔的符号

孔	无沉孔	近侧有沉孔	远侧有沉孔	两侧有沉孔
在车间钻孔				
在工地钻孔				

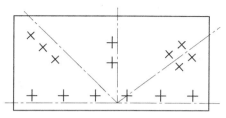

图 6-53　孔、螺栓及铆钉的表示法

因为在垂直于孔、螺栓、铆钉的轴线的视图上，它们的数量及排列位置最明显，必须表示清楚，符号不能省略。

在平行于孔的轴线的视图上，采用表 6-15 中规定的用粗实线绘制的符号，孔的轴线画成细实线。

表 6-15　平行于轴线的视图上孔的符号

孔	无沉孔	仅一侧有沉孔	两侧有沉孔
在车间钻孔			
在工地钻孔			

在垂直于螺栓、铆钉轴线的视图上，采用表 6-16 中规定的用粗实线绘制的符号表示螺栓或铆钉连接。并可根据图样中标注的标记来区分螺栓或铆钉，如图 6-54 所示。

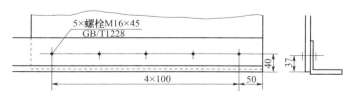

图 6-54　螺栓在图样中的表示方法

333

表 6-16　垂直于轴线的视图上螺栓或铆钉连接的符号

螺栓或铆钉	螺栓或铆钉装配在孔内			铆钉装在两侧有沉孔的孔内
	无沉孔	近侧有沉孔	远侧有沉孔	
在车间装配				
在工地装配	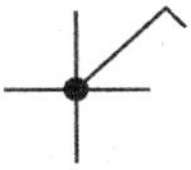	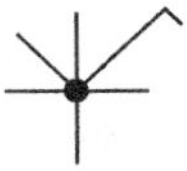	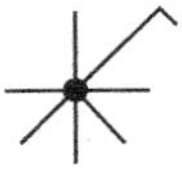	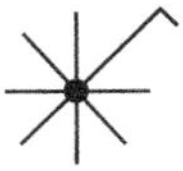
在工地钻孔及装配	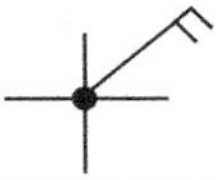	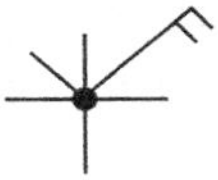	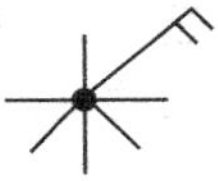	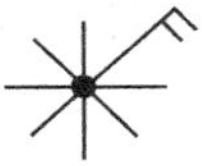

在平行于螺栓、铆钉轴线的视图上，采用表 6-17 中规定的用粗实线绘制的符号表示螺栓或铆钉连接，螺栓或铆钉的轴线画成细实线。

表 6-17　平行于轴线的视图上螺栓或铆钉连接的符号

螺栓或铆钉	螺栓或铆钉装配在孔内		两侧有沉孔的铆钉连接	带有指定螺母位置的螺栓
	无沉孔	仅一侧有沉孔		
在车间装配	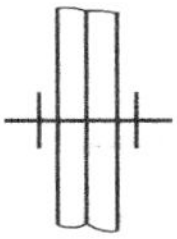	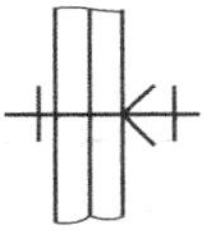	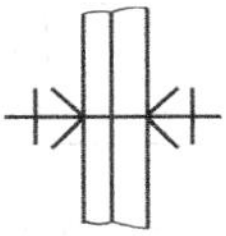	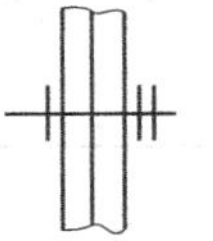
在工地装配	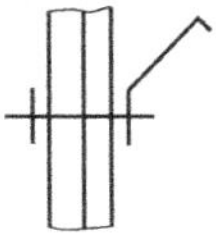	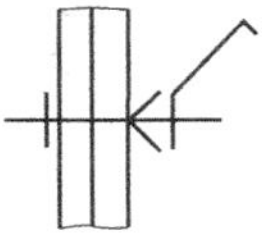	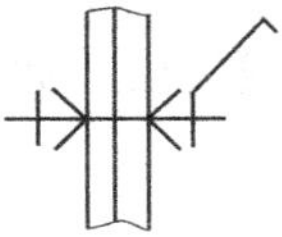	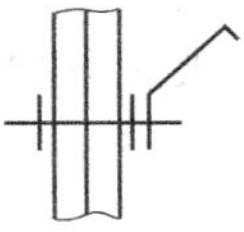
在工地钻孔及装配	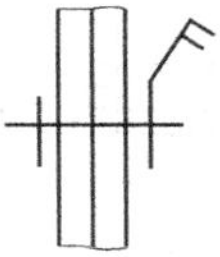	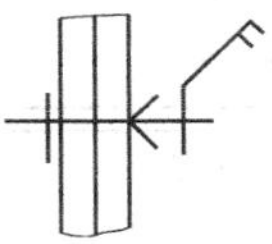	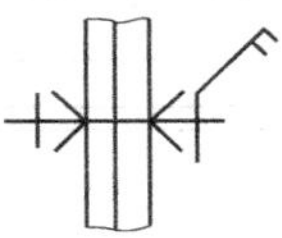	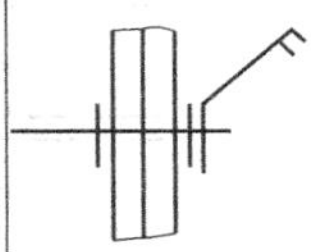

334

6.13.2　条钢、型钢及板钢的标记

条钢及型钢应采用表 6-18 中规定的符号及尺寸进行标记，必要时，可在标记后注出切割长度，并用一短划与标记隔开，例如某图中标注为"▭ 50×10-150"，即该板钢宽度 50mm，板钢厚度为 10mm，切割长度为 150mm。

表 6-18　条钢及型钢的标记

名称	标记		尺寸含义
	符号	尺寸	
圆钢 钢管	⊘	d $d \times t$	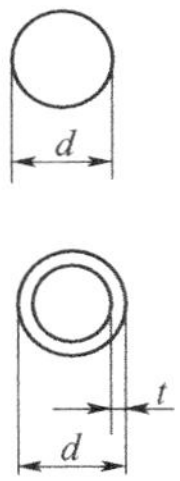
实心 方钢 空心	▢	b $b \times t$	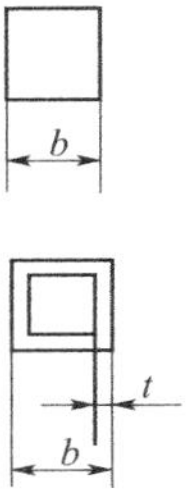
实心 扁钢 空心	▭	$b \times h$ $b \times h \times t$	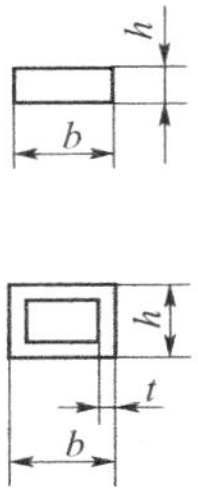

名称	标记		尺寸含义
	符号	尺寸	
实心 六角钢	⬡	s $s \times t$	
实心 三角钢	△	b	
半圆钢	⌓	$b \times h$	
角钢(等边)	∟		
角钢(不等边)	∟		
工字钢	Ⅰ		
槽钢	⊏		若无其他相应标准时,应详细地标明型钢的规格尺寸,并在规格尺寸前加注符号标记
丁字钢	⊤		
Z字钢	⌐		
钢轨	Ⅰ		
球头扁钢	╿		

336

板钢的标记应为板厚，然后为钢板形状的总体尺寸（最大的宽度与长度），例如某图中标注为"10×440×785"即该板钢厚度应为 10mm，总体尺寸应为宽 440mm，长 785mm。

6.13.3 孔、倒角、弧长等尺寸的注法

标注金属结构件尺寸时用的尺寸线终端，采用与尺寸线成 45°倾斜的细短线形式，尺寸界线从符号引出时应与符号断开。

孔的直径应采用引出标注的方法，标注在孔符号的附近，如图 6-55 所示。

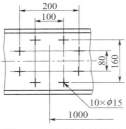

图 6-55　孔尺寸的注法

孔、螺栓、铆钉等离中心线等间距时，应按图 6-58 所用的方法标注。

倒角采用线性尺寸标注，如图 6-56 所示。因为金属结构件上的倒角不适合用角度进行度量。

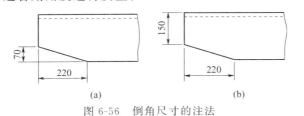

(a)　　　　　　　　　　(b)

图 6-56　倒角尺寸的注法

金属构件图上，需标注弧形构件的弧线展开长度时，应将这些展开长度所对的弯曲半径注写在展开长度旁的圆括号内，如图6-57所示。

6.13.4 节点板的尺寸注法

由两条或更多条成定角汇交的重心线（用细双点画线）组成了

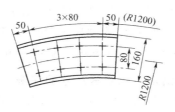

图 6-57　弧长尺寸的注法

节点板尺寸的基准系，重心线的汇交点称为基准点。

重心线的斜度用直角三角形的两短边表示，并在短边旁注出各基准点之间的实际距离，或用注写在圆括号内的相对于 100 的比值表示，如图 6-58 所示。

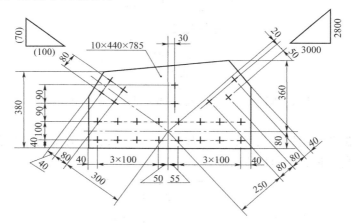

图 6-58　节点板尺寸注法

节点板的尺寸应包括以重心线为基准的各孔的位置尺寸、节点板的形状尺寸、节点板边缘到孔中心线间的最小距离等尺寸。

图 6-59 是由条钢、型钢、板钢等采用铆钉连接组成的构架的局部。

6.13.5　简图表示法

金属结构件可用简图（即用粗实线画出相交杆件的重心线）表

338

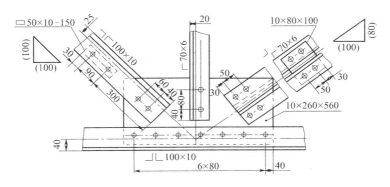

图 6-59　铆钉连接节点板尺寸注法

示，如图 6-57 所示。

在简图上，重心线基准点间的距离值，应直接注写在所画杆件上，图 6-60 中只画出了构架的左半部分。

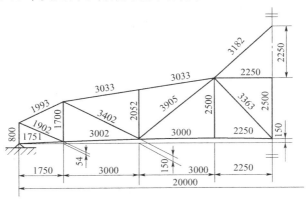

图 6-60　金属结构件简图表示法

6.14　螺纹及螺纹紧固件表示法

6.14.1　螺纹概述

螺纹是在圆柱（或圆锥）表面上沿螺旋线形成的具有相同剖面

（三角形、梯形、锯齿形等）的连续凸起和沟槽。螺纹在金属结构工程中应用很多。加工在外表面的螺纹称外螺纹，加工在内表面的螺纹称内螺纹。内、外螺纹旋合在一起，可起到连接及密封等作用。

（1）螺纹的形成　各种螺纹都是根据螺旋线原理加工而成的。

① 外螺纹的形成。在车床上加工内、外螺纹情况如图 6-61 所示。工作件等速旋转，车刀沿轴线方向等速移动，刀尖即形成螺旋线运动。车刀刀刃形状不同，在工件表面切去部分的截面形状也不同，因而形成各种不同的螺纹。

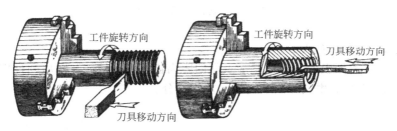

(a) 车外螺纹　　　　　　　　(b) 车内螺纹

图 6-61　外螺纹加工示意图

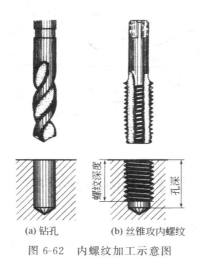

(a) 钻孔　　　　　(b) 丝锥攻内螺纹

图 6-62　内螺纹加工示意图

② 内螺纹的形成。先钻底孔，然后攻丝加工内螺纹情况如图 6-62 所示。

（2）螺纹的种类　按照螺纹的用途，大体可分为四大类。

①连接和紧固用螺纹。②管用螺纹。③传动螺纹。④专门用螺纹。包括石油行业螺纹、气瓶螺纹、灯泡螺纹和自行车螺纹。

（3）螺纹标准　螺纹表示法属于机械制图范畴，其国家标准是 GB/T 4459.1—1995《机械制图　螺纹及螺纹紧固件表示法》，等效采用国际标准 ISO 6410—1993。

6.14.2　螺纹术语

螺纹要素包括牙型、螺纹直径（大径、中径和小径）、线数、螺距（或导程）、旋向等。在金属结构工程中的内、外螺纹成对使用时，上述要素必须一致，两者才能旋合在一起。

（1）螺纹牙型　沿螺纹轴线剖切时，螺纹的轮廓形状称为牙型。螺纹的牙型有三角形、梯形、锯齿形等。常用标准螺纹的牙型及符号见表 6-19。

（2）牙顶　在螺纹凸起部分的顶端，连接相邻两个侧面的那部分螺纹表面，如 2-63 所示。

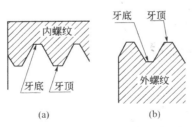

图 6-63　螺纹牙顶、牙底示意图

（3）牙底　在螺纹沟槽的底部，连接相邻两个侧面的那部分螺纹表面，如图 6-63 所示。

（4）大径　与外螺纹牙顶或内螺纹牙底相重合的假想圆柱面的直径。

表 6-19　常用标准螺纹的分类、牙型及符号

螺纹分类		牙型及牙型角	特征代号	说　明
普通螺纹	粗牙普通螺纹	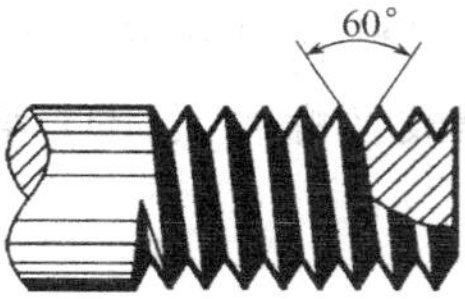	M	用于一般零件连接
	细牙普通螺纹			与粗牙螺纹大径相同时,螺距小,小径大,强度高,多用于精密零件,薄壁零件
连接螺纹	管螺纹	非螺纹密封的管螺纹	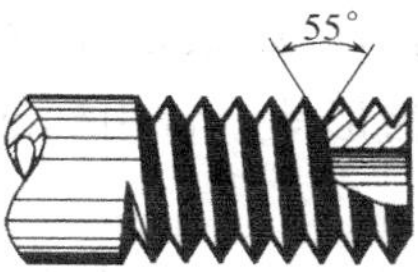 G	用于非螺纹密封的低压管路的连接
		用螺纹密封的 圆锥外螺纹	 R	用于螺纹密封的中、高压管路的连接
		圆锥内螺纹	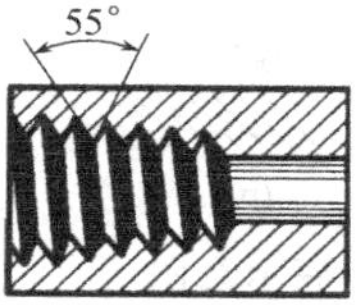 R_c	
		圆柱内螺纹	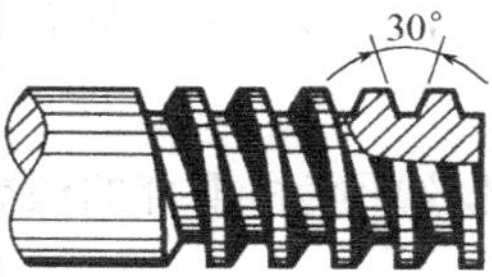 R_p	

342

螺纹分类		牙型及牙型角	特征代号	说　明
传动螺纹	梯形螺纹	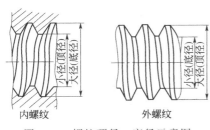	Tr	可双向传递运动及动力,常用于承受双向力的丝杠传动
	锯齿形螺纹	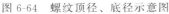	B	只能传递单向动力

（5）小径　与外螺纹牙底或内螺纹牙顶相重合的假想圆柱面的直径。

（6）中径　一个假想圆柱的直径,该圆柱的母线通过牙型上沟槽和凸起宽度相等的地方。

（7）公称直径　代表螺纹尺寸的直径,一般指螺纹大径的基本尺寸。

（8）顶径　与外螺纹或内螺纹牙顶相重合的假想圆柱的直径,指外螺纹大径或内螺纹小径,如图 6-64 所示。

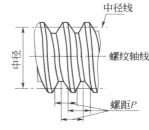

图 6-64　螺纹顶径、底径示意图　　　　图 6-65　螺纹螺距示意图

（9）底径　与外螺纹或内螺纹牙底相重合的假想圆柱的直径,

指外螺纹小径或内螺纹大径，如图 6-64 所示。

（10）螺距 相邻两牙在中径线上对应两点的轴向距离，用 P 表示，如图 6-65 所示。

（11）导程 同一条螺旋线上的相邻两牙在中径线上对应两点间的轴向距离，如图 6-66 所示。当为单线螺纹时，导程与螺距相等。当为多线螺纹（由几个牙型同时形成的）时，导程是螺距的倍数，例如双线螺纹的导程为螺距的两倍。

（12）螺纹旋合长度 两个相互配合的螺纹，沿螺纹轴线方向相互旋合部分的长度，如图 6-67 所示。

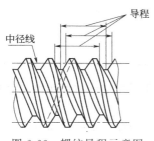

图 6-66 螺纹导程示意图

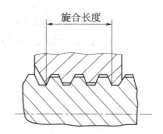

图 6-67 螺纹旋合长度示意图

6.14.3 螺纹的表示法

① 在图纸中平行于螺纹轴线的视图或剖视图上，螺纹牙顶圆的投影用粗实线表示，牙底圆的投影用细实线表示（螺杆的倒角或倒圆部分也应画出），如图 6-68 中主视图所示。

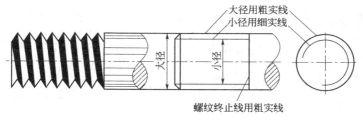

图 6-68 外螺纹表示法

② 在垂直于螺纹轴线的投影面的视图（习惯上称为圆形视图）

中，表示牙底圆的细实线，圆只画约 3/4 圈（空出的约 1/4 圈的位置由绘图者自由确定）。这时，螺杆或螺孔上的倒角圆的投影不应画出，如图 6-68 及图 6-69 中的左视图所示。

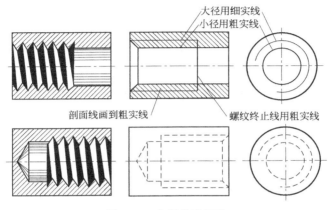

图 6-69　内螺纹表示法

当需要表示部分螺纹时（例如骑缝螺钉的螺孔、开口螺母等），在圆形视图上表示牙底圆的细实线圆弧也应适当空出一段，如图 6-70 中的左视图所示。

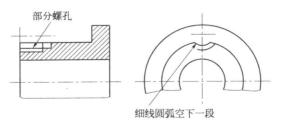

图 6-70　部分螺孔表示法

③ 有效螺纹的终止界线（简称螺纹终止线）用粗实线表示（可见部分），如图 6-65～图 6-66 所示。螺尾部分（制造时牙型不完整的无效螺纹）一般不画出。当需要表示螺尾时，该部分的牙底用与轴线成 30°的细实线画出，如图 6-68 中的主视图所示。

螺纹长度是指不包含螺尾在内的有效螺纹的长度，即螺纹长度计算到螺纹终止线处，如图 6-71 所示。

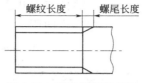

图 6-71　螺纹长度表示法

④ 不可见螺纹的所有图线均按虚线绘制，如图 6-72 所示。

⑤ 外螺纹或内螺纹的剖视图及断面图中，剖面线都应画到粗实线处，如图 6-68 及图 6-69 所示。图 6-73 给出螺纹通孔正确表示法与错误表示法的对比。

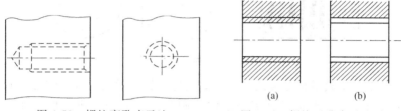

图 6-72　螺纹盲孔表示法　　　　图 6-73　螺纹通孔表示法对比

⑥ 当需要表示螺纹牙型时，可按图 6-74 给出的形式表示。

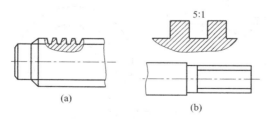

图 6-74　螺纹牙型表示法

⑦ 圆锥外螺纹的表示法，如图 6-75（a）所示；圆锥内螺纹的表示法，如图 6-75（b）所示。其共同特点是只画出可见端的牙底圆（即约 3/4 圈细实线圆），另一端的牙底不表示。

⑧ 当用剖视图表示内外螺纹的连接时，其旋合部分应按外螺

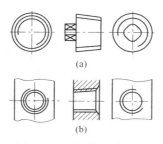

图 6-75　圆锥螺纹表示法

纹画，其余部分仍按各自的画法表示，如图6-76所示。

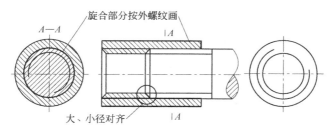

图 6-76　螺纹连接表示法

6.14.4　普通螺纹和梯形螺纹在图纸中的标注方法

标准的螺纹应注出相应标准所规定的螺纹标记。

公称直径以 mm 为单位的螺纹，其标记直接注在大径的尺寸线上或其引出线上。

普通螺纹和梯形螺纹的完整标记由螺纹代号、螺纹公差带代号和旋纹旋合长度代号等三部分组成，三者之间用短横"—"隔开。

6.14.4.1　普通螺纹

普通螺纹的标注示例，如图 6-77 所示。

（1）螺纹代号　粗牙普通螺纹用特征代号"M"和"公称直径"表示。细牙普通螺纹用特征代号"M"和"公称直径×螺距"表示。

图 6-77（a）所示为细牙普通螺纹，公称直径 16mm，螺距1.5mm。表示为"M16×1.5"。

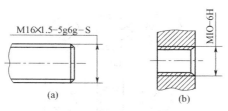

图 6-77　普通螺纹标注示意图

图 6-77（b）所示为粗牙普通螺纹，公称直径 10mm，表示为"M10"。经查普通螺纹直径与螺距对照表，M10 对应的粗牙螺距为 1.5mm，只此一种，而 M10 对应的细牙螺距则有 1.25mm、1mm、0.75mm 等多种。所以，粗牙螺纹不必标注螺距，而细牙螺纹必须注出螺距才能表达准确。

（2）螺纹公差带代号　螺纹公差带代号包括中径公差带代号和顶径公差带代号等两部分。

顶径是指外螺纹的大径或内螺纹的小径。

若中径公差带代号和顶径公差带代号相同，只需标注一个公差带代号。

如：M10-6H

└─中径和顶径公差带代号相同

若中径公差带代号和顶径公差带代号不相同，则应分别标注，中径公差带代号在前，顶径公差带代号在后。

如：M16×1.5—5g 6g

└─顶径公差带代号

└─中径公差带代号

每个公差带代号由公差等级数字和基本偏差的字母所组成。大写字母表示的是内螺纹的基本偏差，小写字母表示的是外螺纹的基本偏差。

（3）螺纹旋合长度代号　有三种：

① 长旋合长度，代号为 L。

② 中等旋合长度，代号为 N，应用较广泛，所以标注时省略

不注。

③ 短旋合长度，代号为 S。

特殊需要时，也可注出旋合长度的具体数值。

螺纹精度则由螺纹公差带和旋合长度合成，它反映了加工质量的综合状况。

普通螺纹的精度分为精密、中等、粗糙三种类型，选用时可按下述原则考虑。

精密：用于精密螺纹，在要求配合性质变动较小时采用。

中等：一般用途时采用。

粗糙：对精度要求不高或制造较困难时采用。

图 6-77(a) 中的螺纹标记 "M16×1.5-5g6g—S" 表示的是：外螺纹，公称直径为 16mm，螺距为 1.5mm 的细牙普通螺纹，中径公差带代号为 5g，顶径公差带为 6g，短旋合长度。

图 6-77(b) 中的螺纹标记 "M10-6H" 表示的是：公称直径为 10mm 的粗牙普通螺纹，中径和顶径公差带均为 6H，中等旋合长度的内螺纹。

6.14.4.2 螺纹副的标注方法

需要时，在装配图中可标注出螺纹副的标记，是将相互连接的内外螺纹的标记组合成一个标记。

① 内螺纹标记为：Tr24×10 (P5) LH-8H-L

② 外螺纹标记为：

Tr24×10 (P5) LH-8e-L

③ 螺纹副的标记应为：Tr24×10 (P5) LH-8H/Se-L

螺纹副的标记在装配图上标注时，可直接标注在大径的尺寸线上或其引出线上，如图 6-78 所示。

6.14.5 管螺纹

管螺纹的种类有多种，本手册只介绍与金属结构工相关的两种。

(1) 用螺纹密封的管螺纹 (GB 7306—2000)

① 连接形式。圆锥内螺纹与圆锥外螺纹连接；圆柱内螺纹与圆锥外螺纹连接。

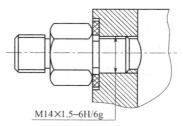

M14×1.5-6H/6g

图 6-78　螺纹副标记示意图

② 标记。管螺纹的标记由螺纹特征代号和尺寸代号组成。公差带只有一种，所以省略标注。

螺纹特征代号：R_c——圆锥内螺纹；R_p——圆柱内螺纹；R——圆锥外螺纹。

尺寸代号系列为：1/8、1/4、3/8、1/2、3/4、1、…、$1\frac{1}{2}$…等等。

尺寸代号注在螺纹特征代号之后，如：

R_c1/2——圆锥内螺纹，管子公称直径为 1/2 英寸（1 英寸＝2.54cm，余同）；

R_p1/2——圆柱内螺纹，管子公称直径为 1/2 英寸；

R1/2——圆锥外螺纹，管子公称直径为 1/2 英寸；

R1/2-LH——圆锥外螺纹，左旋，管子公称直径为 1/2 英寸。

③ 标注方法。管螺纹的标记一律注在引出线上，如图 6-79 所示。引出线从大径处引出或由对称中心处引出。

需要时，管螺纹在装配图中应从配合部分的大径处引出标注，如图 6-80 所示。

（2）非螺纹密封的管螺纹（GB 7307—2001）

这是一种圆柱管螺纹，一般用于生活用水的管道连接。

非螺纹密封的管螺纹特征代号为"G"。

尺寸代号系列为：1/8、1/4、3/8、1/2、3/4、1、…、$1\frac{1}{2}$…等等。

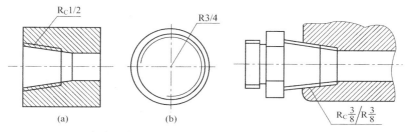

图 6-79 管螺纹标注示意图   图 6-80 管螺纹在装配力标注示意图

外螺纹公差等级分为 A 级和 B 级两种，标注在尺寸代号之后；内螺纹公差等级只有一种，所以省略标注。

非螺纹密封的管螺纹标记示例如下：

G1/2——公称直径 1/2 英寸内螺纹；

G1/2A——公称直径 1/2 英寸 A 级外螺纹；

G1/2B——公称直径 1/2 英寸 B 级外螺纹；

G1/2LH 一公称直径 1/2 英寸左旋内螺纹；G1/2G1/2A——公称直径 1/2 英寸内螺纹与 A 级外螺纹连接。

非螺纹密封的管螺纹在图样上的标注方法与用螺纹密封的管螺纹的标注方法完全相同，如图 6-81 所示。

管螺纹一律采用在引出线上注出标记的方法是其重要特征，也是管螺纹与普通螺纹及梯形螺纹在标注方法上的差别。

6.14.6 装配图中螺纹紧固件的画法

① 在管道装配图中，当剖切平面通过螺杆的轴线时，对于螺栓、螺柱、螺母及垫圈等均按未剖切绘制，弹簧垫圈的斜槽可用与螺杆轴线成 30°角的两条平行线表示，倒角和螺纹孔的钻孔深度等工艺结构基本上按实情表示，如图 6-82 所示。

② 采用简化画法表示时，螺纹紧固件的工艺结构（倒角、退刀槽、缩颈、凸肩等）均可省略不画，不穿通螺孔的钻孔深度也可不表示，仅按有效螺纹部分的深度画出，如图 6-83 所示。

沉头开槽螺钉的装配图画法，如图 6-84 所示。圆柱头内六角螺钉连接的画法，如图 6-85 所示。

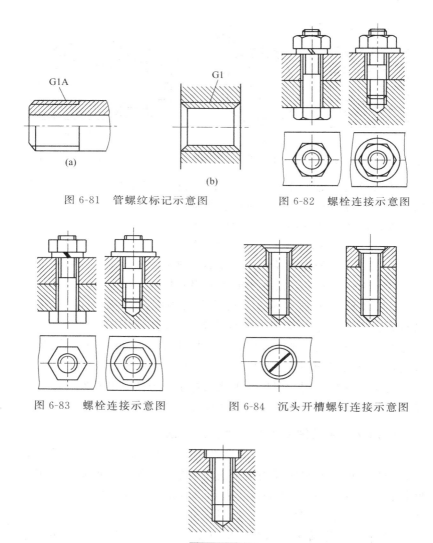

图 6-81　管螺纹标记示意图

图 6-82　螺栓连接示意图

图 6-83　螺栓连接示意图

图 6-84　沉头开槽螺钉连接示意图

图 6-85　圆柱头内六角螺钉连接示意图

G1A

(a)

G1

(b)

6.15 管道视图

管道图是在《机械制图》的基础上逐步形成和发展起来的。它与机械图既有相似之处，又有不同之处。虽然它们都按正投影原理或轴测投影原理进行绘制，但在管道图中，主视图称为立面图，俯视图称为平面图，左视图称为左立面或侧立面图，且往往采用具有行业特点的规定画法。

6.15.1 管道的三视图及规定画法
6.15.1.1 管件的三视图

（1）短管的三视图　短管的两个端面是两个同心的圆，如图 6-86(a) 所示。

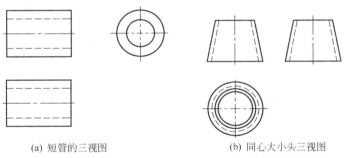

(a) 短管的三视图　　　　　　　　(b) 同心大小头三视图

图 6-86　管件三视图（一）

（2）大小头的三视图　同心大小头是内外表面光滑的空心圆锥台，如图 6-86(b) 所示。

（3）法兰的三视图　平焊法兰的三视图如图 6-87(a) 所示。

（4）弯头的三视图　弯头的三视图如图 6-87(b) 所示。

（5）三通的三视图　三通的三视图如图 6-88 所示。

6.15.1.2 管道的单、双线绘制法

管道的单、双线绘制法同机械图一样，一般按正投影原理绘制。但做了一些必要的简化，即单、双线绘制法。省去管子壁厚而管子和管件仍用两根线条画成的图样，通常称为双线绘制法。由于

353

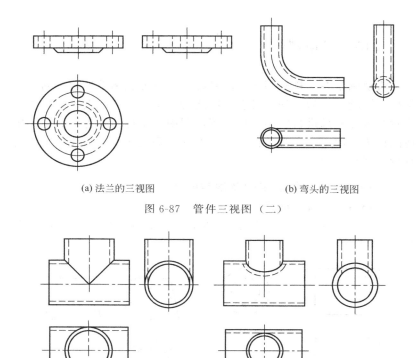

(a) 法兰的三视图   (b) 弯头的三视图

图 6-87   管件三视图（二）

(a) 等径三通三视图   (b) 异径三通三视图

图 6-88   管件三视图（三）

管道的截面尺寸比长度尺寸小得多，所以在小比例的施工图中往往
把空心的管子仅仅看成一条线的投影，这种用单根粗实线来表示管
子的图样，称为单线绘制法。

（1）管子的单、双线绘制法   管子的单、双线绘制法如图6-89
所示。若管道只画出其中一段时，一般应在管子中断处画上折断符
号。无特殊要求时，管道布置图中往往不表示管道连接形式，而在
有关资料中予以说明。

（2）弯头的单、双线绘制法   图 6-90 是单线绘制的弯头的三
视图，图 6-91 是双线绘制的弯头的三视图。

354

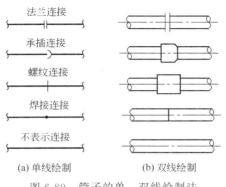

(a) 单线绘制　　　　(b) 双线绘制

图 6-89　管子的单、双线绘制法

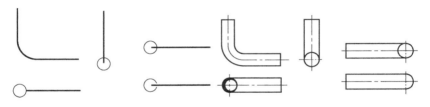

图 6-90　弯头的单线绘制法　　　图 6-91　弯头的双线绘制法

（3）三通的单、双线绘制法　图 6-92 是单线绘制的三通的三视图，图 6-93 是双线绘制的三通的三视图。

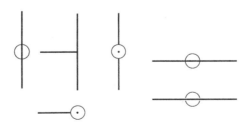

图 6-92　三通的单线绘制法

6.15.1.3　管线的积聚

（1）直管的积聚　当一条直线与投影面垂直时，它在这个投影面上的正投影就是一个点，而且在这条线上的任意一点的投影也都落在这个点上。根据直线的积聚性可知，一根直管用双线表示时，

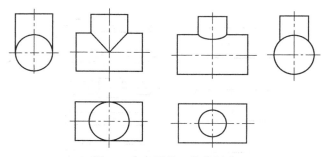

图 6-93　三通的双线绘制法

积聚后的投影就是一个圆；用单线表示时，则为一个点。为了便于识读，规定把后者画成一个圆心带点的小圆，如图6-94(a)所示。

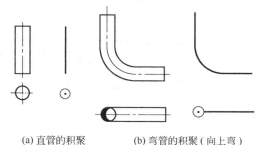

(a) 直管的积聚　　(b) 弯管的积聚 (向上弯)

图 6-94　管线的积聚 （一）

　　(2) 弯管的积聚　弯管由直管和弯头组成。若弯头向上弯，则在俯视图上，直管积聚后的投影是个圆，与直管相连接的弯头在拐弯前的那段管子的投影也积聚成一个圆，并且同直管积聚的投影重合。双线绘制时，应在该部位画一"新月形"剖面符号，如图6-94(b) 所示。

　　如果弯头向下弯，则在俯视图上显示的仅仅是弯头的投影，它的直管虽也积聚成圆，但被弯头的投影所遮盖，如图 6-95(a) 所示。

　　用单线绘制时，如先看到立管端口，后看到横管时，一定要把立管画成一个圆心带点的小圆；反之要把横管画成小圆，立管通过圆心。

　　弯头向里弯或向外弯的积聚情况与上面两种情形大致相同。

　　(3) 管段的积聚　图 6-95(b) 是直管与阀门连接组成的管段的投影，从俯视图上看，好像仅仅是个阀门，并没有管子，其实是直管积聚成的小圆同阀门内径的投影重合了。

356

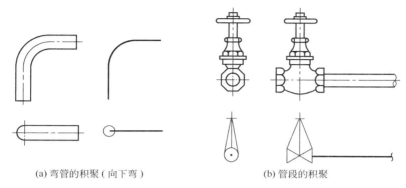

(a) 弯管的积聚 (向下弯)   (b) 管段的积聚

图 6-95　管线的积聚 （二）

6.15.1.4　管线的重叠

直径相同、长短相等的两根或多根管子，如果叠合在一起，它们的投影也就完全重合，反映在投影面上的投影好像是一根管子，这种现象称为管子的重叠，如图 6-96 所示。

（1）两根管线重叠的表示方法　为了把管线表示清楚和识读方便，在绘制管道施工图时，对重叠管线的表示方法做了规定，当投影中出现两根管子重叠时，假想前面（或上面）一根已经被截断（用折断符号表示），这样便显露出了后面（或下面）一根管线，用这样的方法能把两根重叠管线显示清楚。

图 6-97 是两根管线重叠的平面图，说明断开的管线高于中间显露的管线。在工程图中，用这种形式来表示重叠管线的方法，称为折断显露法。

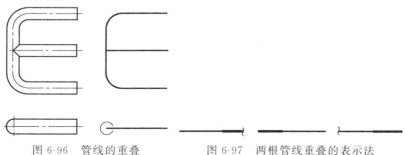

图 6-96　管线的重叠　　　　图 6-97　两根管线重叠的表示法

357

图 6-98 是弯管和直管重叠时的平面图，当弯管高于直管时，它的平面图如图 6-98(a) 所示，画时一般是让弯管和直管稍微断开 3～4mm，以示区别弯、直两管不在同一个标高上。当直管高于弯管时，一般是用折断符号将直管折断，并显露出弯管。它的平面图如图 6-98(b) 所示。

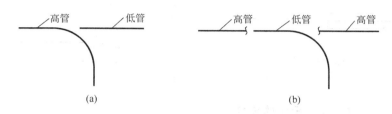

图 6-98　弯管和直管重叠时的表示法

（2）多根管线重叠时的表示方法　图 6-99 中四根管线重叠，通过平、立面图可以知道 1 号管线为最高管，2 号管线为次高管，3 号管线为次低管，4 号管线为最低管。

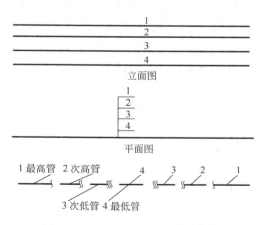

图 6-99　多根管线重叠时的表示法

在单线图中，折断符号的画法和识读也有一定的规定，只有折断符号相对应的（如一曲对一曲，二曲对二曲），才能理解为原来

358

的管子是相连通的，在用折断符号表示时，一般是折断符号如用一曲（呈S形）表示，则管线的另一端相对应的，也必定是一曲，如用二曲表示时，相对应的也是二曲，以此类推，不能混淆。

6.15.1.5　管线的交叉

在图纸中经常出现交叉管线，这是管线投影相交所致。

如果两条管线投影交叉，高的管线不论是用双线表示还是用单线表示，它都显示完整，低的管线画成单线时却要断开表示，以此说明这两根管线不在同一标高上，如图6-100（a）所示。画成双线时，低的管线用虚线表示，如图6-100（b）所示。

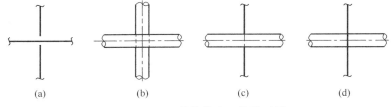

(a)　　　　　　(b)　　　　　　(c)　　　　　　(d)

图6-100　两根管线交叉的平面图

在单、双线绘制同时存在的平面图中，如果大管（双线）高于小管（单线），则小管与大管投影相交部分用虚线表示，如图6-100（c）所示；如果小管高于大管时则不存在虚线，如图6-100（d）所示。

6.15.1.6　管道三视图的识读

看管道三视图的方法的要领是：看视图，想形状；对线条，找关系；合起来，想整体。

（1）看视图，想形状　拿到一张管道图，先要弄清它用了哪几个视图来表示这些管线的形状，再看一看平面图（俯视图）与立面图（主视图），立面图与侧面图（左视图或右视图），侧面图与平面图，这几个视图之间的关系又是怎样的，然后再想象出这些管线的大概形状。

（2）对线条，找关系　管线的大概轮廓想象出后，各个视图之间的相互关系，可利用对线条，即对投影关系的方法，找出视图之间相对应的投影关系，尤其是积聚、重叠、交叉管线之间的投影关系。

（3）合起来，想整体　看懂了各个视图的各部分的形状后，再根据它们相应的投影关系综合起来想象，对每条管线形成一个完整的认识。这样就可以把整个管路的立体形状完整地想象出来。

6.15.2　管道的剖视图

6.15.2.1　剖视图概念

在管道施工图中，按规定，看不见的管子、管件、阀门或机器设备、仪表、电器等要用虚线表示。当管线、机械设备比较密集或比较复杂时，视图上的虚线就会很多，使视图表达的管道和设备内、外层次不清，甚至根本无法表达，因而增加了读图和画图的困难，而且也不便于标注尺寸。而采用剖视的方法则非常便于理解，如图 6-101 所示。

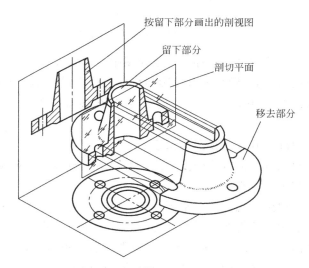

图 6-101　剖视图的基本概念

这种假想用剖切平面，在适当部位将管线、设备等切开，把处于观察者和剖切平面之间的部分移去，将留下的部分向与剖切平面平行的投影面投影，立在切断面上画出剖面线的图形，称为剖视图。

6.15.2.2　剖视图的标注

剖视图的标注是用剖切符号来表示的。一组剖切符号应表明剖切位置、投影方向和剖视图名称，如图 6-102 所示。

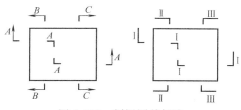

图 6-102　剖视图的标注

（1）剖切位置　通常以剖切平面与投影面的交线表示剖切位置。在它的起剖处，画下短粗实线表示，但不得与图形的轮廓线相交。

（2）投影方向　在剖切位置线的两端画一垂直于剖切位置线的短粗实线表示。在这段粗实线上，有的标箭头，有的不标箭头。

（3）剖视图的名称　剖视图的名称一般采用阿拉伯（或罗马）数字，按顺序连续编排，例如 1—1、2—2 剖视或Ⅰ—Ⅰ、Ⅱ—Ⅱ剖视，也可用英文大写字母表示，如 A—A、B—B 剖视等。不论用数字还是字母标注，一般都应标写在各剖视图的上方或下方。同时在表示该剖视图剖切位置线的投影方向一侧，应标上相同的数字（或字母）。

6.15.2.3　管道剖视图形式

（1）管线与管线之间的剖切　管道图的剖视图同机械图、建筑图的剖视图有所不同。它并不是单独把每根管子沿着管子中心线剖切开来而得到的图形，主要是在两根或两根以上的管线与管线之间，假想用剖切平面切开，把切开的前面部分的所有管线移走，对保留下的管线重新进行投影，这样得到的投影图（其实也是立面图）称为管道剖视图。在一组剖切符号中，凡是能用直线相连的两根粗短线，就是剖切位置线，如图 6-103 所示。

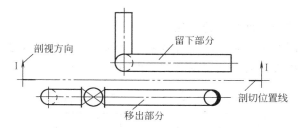

图 6-103　管线与管线之间的剖切（平面图）

以双点画线为分界线，箭头所指的方向就是剖视方向，也就是所要看的方向。图 6-103 所示的这组管线如果不进行剖切，作为平面图看起来还清楚，而立面图［图 6-104(a)］看起来不够清楚，这是因为两根同标高管线重叠所致。通过剖切，把双点画线前面的带阀门的管线移走，仅剩下摇头弯这条管线，看起来就清楚多了。在Ⅰ—Ⅰ剖视图上，所反映出的图样就是摇头弯的立面图，如图 6-104(b) 所示。

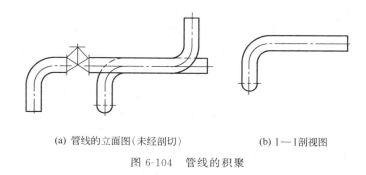

(a) 管线的立面图（未经剖切）　　　　　　(b) Ⅰ—Ⅰ剖视图

图 6-104　管线的积聚

（2）管线的断面剖切　管道剖视图并不是都在管线之间剖切，有的也可以在管子的断面上剖切，如图 6-105 所示。在这组由三条管线所组成的平面图里，仍以粗短线之间的双点画线为分界线。管线 1 剖切后，阀门部分是移去部分，直管和摇头弯则是留下部分，反映在剖视图上的是一个小圆，下面连着弯头，方向朝左。这个小

362

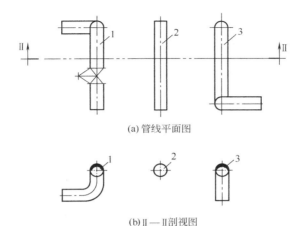

(a) 管线平面图

(b) Ⅱ—Ⅱ剖视图

图 6-105　管线平面图及剖视图

圆是留下部分的直管积聚而成的。同时，与直管相连的弯头在朝下拐弯前它的投影也积聚成小圆，并同直管积聚成的小圆重合。管线2本身是段直管，被剖切后留下的也是一段直管，在剖视图上看到的仅仅是一个小圆。管线3剖切后，摇头弯部分移去，直管和朝下弯的弯头部分留下，因此在剖视图上看到的是小圆和朝下弯的弯头部分。

6.15.2.4　管线间的转折剖切

管线间的转折剖视又称阶梯剖视。在管线与管线之间进行剖切时，一般来说，剖切位置线是一条直线。在实际应用中，有时一个剖切面只需要剖切一部分，另一部分又非留不可，则剖切位置线就需要转折，按规定只允许转折一次，如图 6-106(a) 所示。在Ⅲ—Ⅲ剖视图 [图 6-106(b)] 上，三通管的左边端部是转折处管子的剖切口。

6.15.3　管道的轴测图

利用平行原理，将物体的长、宽、高三个方向的形状在一个投影面上同时反映出的图样称为轴测投影图，简称轴测图。它只用一个视图就能同时反映出立方体的 1、2、3 三个面的形状和立方体的

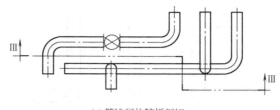

(a) 管线间的转折剖切

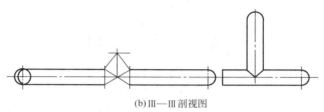

(b) Ⅲ—Ⅲ剖视图

图 6-106　管线间的转折剖切及剖视图

轮廓。这种图样在管道施工图中已得到了广泛的应用，近有逐渐增
多的趋势。管道施工图中常用的是正等测图（图 6-107）和斜等测
图（图 6-108）两种。

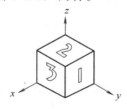

图 6-107　正立方体的正等测图

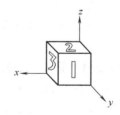

图 6-108　正立方体的斜等测图

6.15.3.1　正等测图

　　正等测图又称三等正轴测图，是工艺管道施工图中最常用的一
种。以正立方体为例，让投影线的方向恰好穿过正立方体的对顶
角，并垂直于轴测投影面，此时正立方体的三条相互垂直的棱线，
即为三个直角坐标轴，它们与轴测投影面的倾斜角是相等的，所以
三个轴的变形系数也相等，经计算表明，都是 0.82。为作图方便
起见，一般都取轴向变形系数为 1，并称它为简化变形系数，但所

364

得的轴测图比物体（管线）实际的轴测投影图略微放大。三个轴测轴 x、y、z 之间的轴间角也相等，都是 120°，如图 6-109 所示。

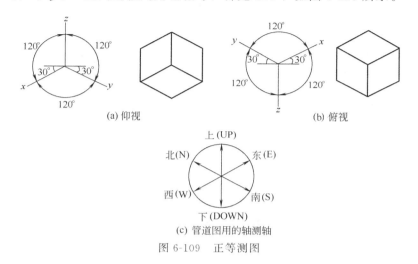

(a) 仰视　　　　　　　　　　(b) 俯视

(c) 管道图用的轴测轴

图 6-109　正等测图

作图时，一般使 x、y 轴与水平线各成 30°夹角，使 z 轴与水平线垂直，可利用 30°三角板与丁字尺配合画出。

画管道轴测图时，常把 x 轴定为东（E）西（W）轴，y 轴定为南（S）北（N）轴，z 轴定为上（UP）下（DOWN）轴（也有把 x 轴定为南北轴，y 轴定为东西轴的）。在这六个空间方向上，由于三个轴的简化变形系数都是 1，所以沿轴向的管线长度可以根据管道平面布置图（俯视图）和立（剖）面图（主视图）上每段管子的实际长度（指图样上的实际长度，并非指由数字标注的实物长度），用圆规或直尺去直接量取，这样画出的轴测图称为管道的正等测图，俗称 30°画法。

实际管道施工图中的正等测图应用实例如图 6-110 所示。

6.15.3.2　斜等测图

斜等测图是给排水、采暖通风和城市煤气管道施工图中常用的一种图样。其特点是：物体的正立面平行于轴测投影面，其投影反映实形，所以 x、z 两轴平行于轴测投影面，它们之间的轴间角为

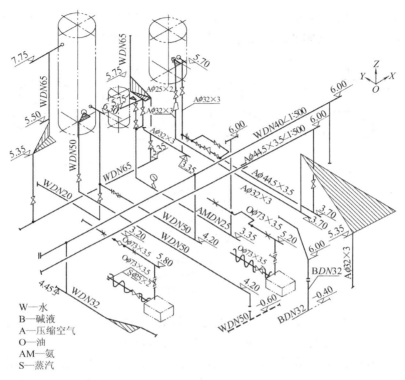

W—水
B—碱液
A—压缩空气
O—油
AM—氨
S—蒸汽

图 6-110　综合输送管路的正等测图

90°。z 轴常为铅垂线，x 轴常为水平线。y 轴为斜线，它与水平线的夹角常为 30°、45°、60°，也可自定，但一般选用 45°。它的变形系数也是 1，如图 6-111 所示。

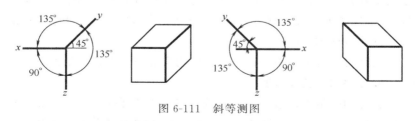

图 6-111　斜等测图

画管道的斜等测图时，常把 x 轴定为东西轴，y 轴定为南北轴，z 轴定为上下（垂直）轴，选定三个轴的简化变形系数都等于1。所以沿轴向或平行于轴向的管线长度可以根据管道的平、立（剖）面图上的实际长度（并非指实物的实际尺寸）用圆规或直尺直接量取，这样画出的轴测图，称为管道的斜等测图，俗称 45°画法。

实际管道施工图中的斜等测图应用实例如图 6-112 所示。

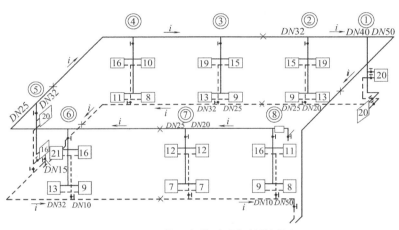

图 6-112　某厂房供暖系统斜等测图

6.15.4　管道布置空视图

管道布置图在国际上采用空视图。实际它由管路布置平面图和平面图上各条管段的轴测图组成。空视图运用的一个基本方法就是用轴测图的原理加上坐标来确定管线的走向、位置和尺寸。

6.15.4.1　平面坐标

在平面上取两条有方向有单位且相互垂直的直线，这两条直线称为坐标轴，如图 6-113 所示。

两条直线的交点称为坐标原点，用 O 表示；把 E 向线定为东向线，称为东坐标；把 N 向线定为北向线，称为北坐标；把 S 向线定为南向，称为南坐标；把 W 向线定为西向，称为西坐标。从坐标中的一点 m 向 ON、OE 作垂直线，其交点分别为 3 和 5，则称 m 点的

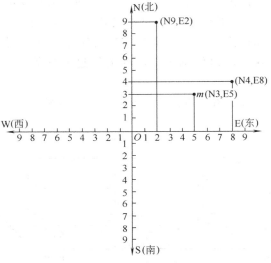

图 6-113　平面坐标

北坐标为 3，东坐标为 5，在图上 m 点标记为（N3，E5），用同样的方法来确定平面坐标中任何一点的位置。如图中（N4，E8）、（N9，E2）等点，每一对数都是与坐标平面上的点一一对应的。

在平面坐标中两点连成的一条线段，可以分成两种情况，如图 6-114 所示。

① 线段的两端点在主方向的平行线上，两点间的距离为两点坐标相减，如图中 CD 和 CP 线段；C（N3，E4）、D（N3，E8）两点距离为 $8-4=4$，C（N3，E4）、P（N9，E4）两点间距离为 $9-3=6$。

② 线段的两端点不在主方向的平行线上而与主方向有一定偏角的两点间的距离，应该用勾股定理来计算。如图 5-114 中 AB 线段，可以连成直角三角形 ABF，而直角边 AF 和 BF 可以根据 A、B 两点坐标求出，已知 A 点的坐标为（N6，E6），B 点的坐标为（N10，E9），则 B 点与 A 点的北向坐标差为 $10-6=4$，在图中就是 BF 的长，B 点与 A 点的东向坐标差为 $9-6=3$，在图中就是 AF 的长，并算得两直角边 $BF=4$ 和 $AF=3$，斜边长 AB 就可用

368

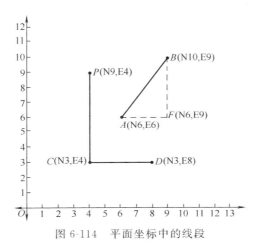

图 6-114　平面坐标中的线段

勾股定理来计算：

$$AB = \sqrt{(BF)^2 + (AF)^2} = \sqrt{4^2 + 3^2} = 5$$

6.15.4.2　空间坐标

空视图的空间坐标轴即为正等测图的轴测轴，它与平面坐标的区别就是加上了标高，其中 UP 向线定为正标高线，而把 DOWN 向线定为负标高线，在图 6-115 这个空间坐标中，N、E、S、W、UP、DOWN 这六个方向是主方向，如果管线在主方向的平行线上，要计算管段的实长比较简单，即管段实长等于此管段两端点坐标相减。当管段偏离主方向时，计算管段的实长较麻烦。如图 6-116 所示。

图中 OC 为与主方向有偏角的一条管段，管子的走向是由原点 O 到 C 点，C 点的坐标为 （S3，E4，EL7），管子向东南往上，OC 的平面投影线为 OA，A 点坐标为 （S3，E4），通过直角三角形 OAB，用勾股定理可计算 OA 的长度。利用 A 点的坐标可求出 $OB = 4 - 0 = 4$，$AB = 3 - 0 = 3$，所以 OA 可用下式求出：

$$OA = \sqrt{OB^2 + AB^2} = \sqrt{4^2 + 3^2} = 5$$

又 $$CA = 7 - 0 = 7$$

通过直角三角形 OCA 的边长关系，用勾股定理就可以求出

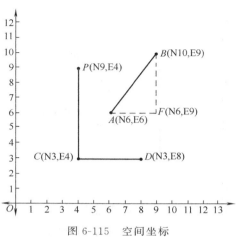

图 6-115　空间坐标

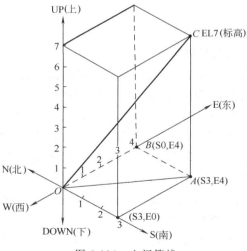

图 6-116　空间管线

OC。即

$$OC = \sqrt{OA^2 + AC^2} = \sqrt{5^2 + 7^2} = 8.6$$

6.15.4.3　管道布置空视图实例

完全在主方向上的管段，如图 6-117 所示。

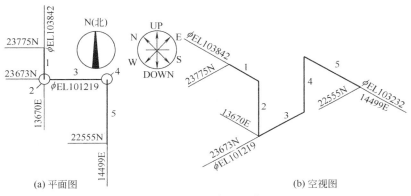

(a) 平面图   (b) 空视图

图 6-117　完全在主方向上的管段空视图

图中管线 1 为由北向南，长度为 $23775-23673=102$

管线 2 为由上向下，长度为 $103842-101219=2623$

管线 3 为由西向东，长度为 $14499-13670=829$

管线 4 为由下向上，长度为 $103232-101219=2013$

管线 5 为由北向南，长度为 $23673-22555=1118$

在管道布置空视图中，管道的定位尺寸和形状尺寸除用坐标表示外，也有直接在管线上标注尺寸的，如图 6-118 所示。

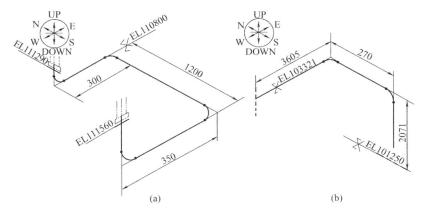

(a)   (b)

图 6-118　空视图

6.16 管道施工图的分类方法

6.16.1 按管道类别分类

管道施工图按其类别可分为工艺管道施工图、采暖通风管道施工图、动力管道施工图、给排水管道施工图和自控仪表管道施工图等。

每个类别里又可分为多个具体的工程施工图或具体的专业施工图。如给排水工程施工图可分为给水管道施工图、排水管道施工图和卫生工程施工图；采暖通风施工图又可分为采暖、通风、空气调节和制冷管道施工图；动力管道施工图又可分为氧气管道施工图、煤气管道施工图、空压管道施工图、乙炔管道施工图和热力管道施工图等。

6.16.2 按施工图图形和作用分类

按施工图图形及其作用，管道施工图可分为基本图和详图两大部分。基本图内容包括图纸目录、施工图说明、设备材料表、流程图、平面图、轴测图和立（剖）面图等；详图内容包括节点图、大样图和标准图。

（1）图纸目录 对于数量较多的施工图纸，设计人员把它按一定的图名和顺序归纳编排成图纸目录以便查阅。通过图纸目录可以知道工程设计单位建设单位、工程名称、地点、编号及图纸名称等。

（2）施工图说明 凡在图样上无法表示出来而又要让施工人员知道的一些技术和质量方面的要求，一般都用施工图说明加以表述。内容一般包括工程的主要技术数据，施工和验收要求以及注意事项。

（3）设备、材料表 是工程所需的各种设备和各类管道、管件、阀门以及防腐、保温材料的名称、规格、型号、数量的明细表。特别应当注意管道件所采用的标准情况有疑问时，应当对照标准原件内容。

尽管以上这三点只是些文字说明，也没有线条和图形，但它是施工图纸必不可少的一个组成部分，是对线条、图形的补充和说明。对于这些内容的了解有助于进一步看懂管道图。

（4）流程图　是对一个生产系统或一个石化装置的整个工艺变化过程的表示，通过它可以对设备的位号、建（构）筑物的名称及整个系统的仪表控制点（温度、压力、流量及分析的测点）有一个全面的了解。同时，对管道的规格、编号，输送的介质，流向以及主要控制阀门等也有了确切的了解。

（5）平面图　是施工图中最基本的一个图样，它主要表示建（构）筑物和设备的平面分布，管线的走向、排列和各部分的长宽尺寸，以及每根管子的坡度和坡向，管径和标高等具体数据。施工人员看了平面图后，对这项工程就有了大致的了解。

（6）系统图　是一种立体图，它能在一个图面上同时反映出管线的空间走向和实际位置，帮助看图人员想象管线的布置情况，减少看正投影图的困难，它的这些优点能弥补平、立面图的不足之处，故系统图是管道施工图中的重要图样之一。系统图有时也能替代立面图或剖面图，例如，室内给排水或室内采暖工程图样主要由平面图和系统图组成，一般情况下，设计人员不再绘制立面图和剖面图。

（7）立面图和剖面图　是施工图中最常见的一种图样，它主要表达建（构）筑物和设备的立面分布，管线垂直方向上的排列和走向，以及每路管线的编号、管径和标高等具体数据。

（8）节点图　能清楚地表示某一部分管道的详细结构及尺寸，是对平面图及其他施工图所不能反映清楚的某点图形的放大。节点用代号来表示它的所在部位，例如"A 节点"，那就要在平面图上找到用"A"所表示的部位。

（9）大样图　是表示一组设备的配管或一组管配件组合安装的一种详图。大样图的特点是用双线图表示，对物体有真实感，并对组装体各部位的详细尺寸都做了注记。

（10）标准图　是一种具有通用性质的图样。标准图中标有成组管道、设备或部件的具体图形和详细尺寸，但是它一般不能用来作为单独进行施工的图纸，而只能作为某些施工图的一个组成部分。一般由国家或有关部委出版标准图集，作为国家标准或部标准的一部分予以颁发。

6.17　管道、设备符号及图例

6.17.1　常用图线及其应用范围

工艺管道图中，各种不同的线型有着不同的含义和作用，工艺物料管道用粗实线绘制，辅助物料管道用中实线绘制，仪表管道则用细虚线或细实线绘制，见表 6-20。

6.17.2　设备代号与图例

设备在工艺管道图上一般按比例用细线画出能够反映设备形状特征的主要轮廓；有时也画出具有工艺特征的内件示意结构，设备代号与图例见表 6-21。

表 6-20　工艺管道图中的线型及其应用范围

线　　型	应用范围
——————— 宽度 $b=0.9mm$	可见工艺物料管道及图表边框线
– – – – – – – b	不可见或埋地工艺物料管道
——————— $(\frac{1}{3} \sim \frac{1}{2})b$	可见辅助物料管道
– – – – – – $(\frac{1}{3} \sim \frac{1}{2})b$	不可见或埋地辅助物料管道
——— $\frac{1}{3}b$ 或更细	尺寸线、引出线、分界线、剖面线、仪表管道、设备、构筑物
– – – – $\frac{1}{3}b$ 或更细	仪表管道，不可见轮廓线，过渡线

线　型	应　用　范　围
 $\frac{1}{3}b$或更细	保温管道
 $\frac{1}{3}b$或更细	蒸汽伴热管道
 $\frac{1}{3}b$或更细	电伴热管道
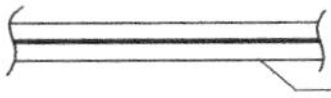 $\frac{1}{3}b$或更细	套管管道
—— · —— $\frac{1}{3}b$或更细	设备、管道中心线,厂房建筑轴线
 —— · · —— $\frac{1}{3}b$或更细	假想投影轮廓线中断线等
 $\frac{1}{3}b$或更细	假想的机件、设备、管道、建筑物断裂处的边界线
 $\frac{1}{3}b$或更细	保冷管道

表 6-21　工艺图中的设备代号与图例

序号	设备类型	代号	图　例		
1	泵	B	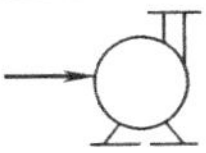 (电动)离心泵	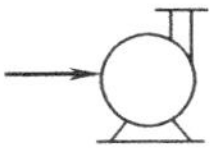 (汽轮机)离心泵	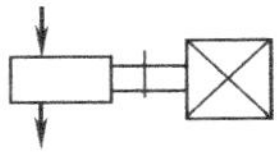 往复泵
2	反应器和转化器	F	 固定床反应器	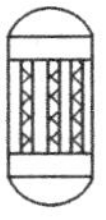 管式反应器	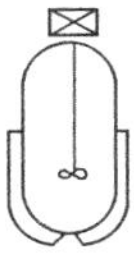 聚合釜

375

序号	设备类型	代号	图　　例
3	换热器	H	列管式换热器　　带蒸发空间换热器　　预热器（加热器）热水器(热交换器)　套管式换热器　喷淋式冷却器
4	压缩机 鼓风机 驱动机	J	离心式鼓风机　　罗茨鼓风机　　轴流式通风机　　多级往复式压缩机　　汽轮机传动离心式压缩机
5	工业炉	L	箱式炉　　圆筒炉

376

序号	设备类型	代号	图 例
6	贮槽和分离器	R	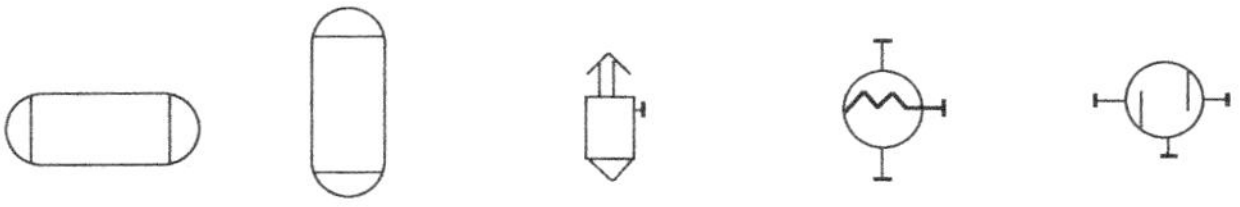 卧式槽　　立式槽　　除尘器　　油分离器　　滤尘器  锥顶罐　　浮顶罐　　湿式气柜　　球罐
7	起重和运输设备	Q	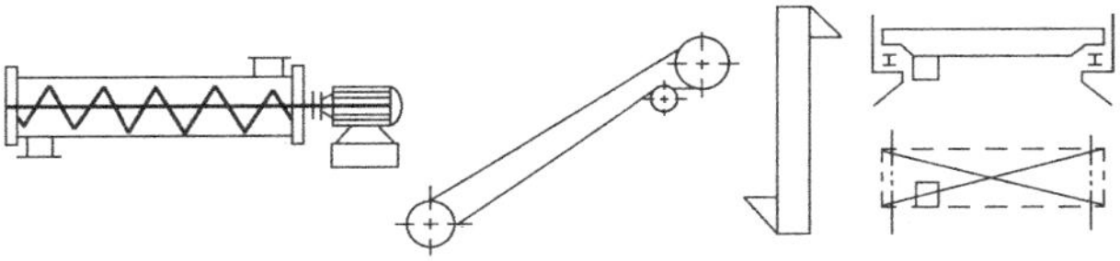 螺旋输送机　　带输送机　　斗式提升机　桥式吊车
8	塔	T	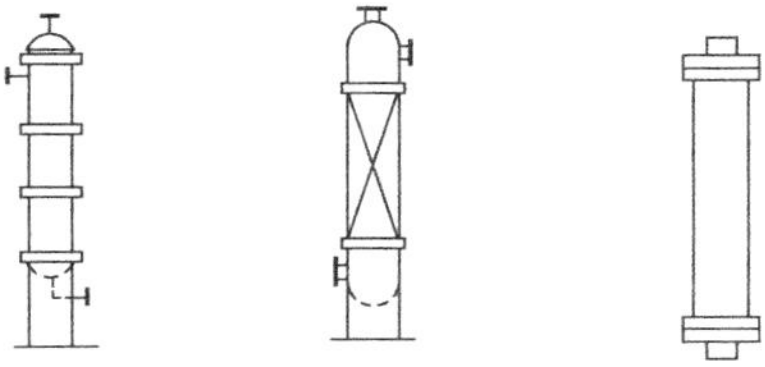 精馏塔　　填料吸收塔　　合成塔

6.17.3　管段的标注与物料代号

工艺管道图中，管路的种类繁多，为了区别各种不同类型的管路，每一管段上都有相应的标注，横向管道标注在管线的上方，竖向管道则标注在管线的左方，若标注位置不够时，用引线引出标注在适当的位置。标注内容一般包括：管路的公称直径、物料代号、管段序号、管道等级代号、保温等级代号、物料流向等。有时还包括装置、工段号、管材代号，如图6-119所示。

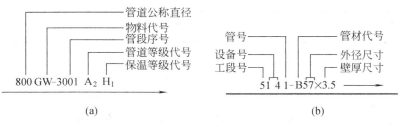

图 6-119 管道的标注

图 6-119 中 "GW" 或 "W" 为物料代号。目前有的部门根据各自的专业特点，还做了一些行业上的规定和补充，表 6-22 就是某设计单位规定的物料代号。有些部门还统一了一些物料名称中的字母作为代号，见表 6-22，可供参考。

表 6-22　工艺图管道物料代号

汉语拼音字母代号				英文字母代号			
代号	物料名称	代号	物料名称	代号	物料名称	代号	物料名称
S	工业用水（上水）	YA	液氨	A	工艺空气	ME	甲醇系
X	下水	A	气氨	AC	酸	MS	中压蒸汽
XS	循环上水	Z	蒸汽	AG	酸性气体	N	氮气
XS′	循环回水	K	空气	BD	排污	NA	丙烯腈
SS	生活用水	D_1	氮气和惰性气体	BF	锅炉给水	NG	天然气
FS	消防用水	D_2	仪表用氮气	BW	锅炉水	NH	氨
RS	热水	ZK	真空	CAB	本菲尔溶液	OX	氧气
RS′	热水回水	F	放空、火炬系统	CO	二氧化碳	PA	工厂空气
DS	低温水	M	煤气、燃料气	CW	冷却水	PG	工艺气体
DS′	低温水回水	RM	有机载热体	DM	脱盐水	PW	工艺水
YS	冷冻盐水	Y	油	DR	导淋	PV	安全线
YS′	冷冻盐水回水	RY	燃料油	DW	饮用水	RW	未处理的水
HS	化学软水	LY	润滑油	FG	燃料气	SC	蒸汽冷凝液
TS	脱盐水	MY	密封油	HS	高压蒸汽	SG	合成气
NS	凝结水	YQ	氧气	HW	冷却水回水	SO	密封油
DS	排污水	YS	压缩空气	IA	仪表空气	ET	乙烯
CS	酸性下水	YF	通风	LA	醛系	TW	处理水
JS	碱性下水	YI	乙炔	LO	润滑油	V	放空
E	二氧化碳	QQ	氢气	LS	低压蒸汽	VE	真空排放

6.17.4 仪表控制点的表示方法及代号、符号

工艺管道上的仪表及控制点，应在相应的管道上表示，并大致按安装位置用代号、符号来表示，如图 6-120 所示。代号、符号的规定如下。

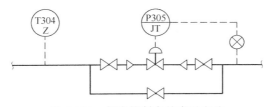

图 6-120　仪表控制点的表示方法

（1）参量代号　常用的参量代号见表 6-23。

（2）功能代号　表示仪表功能的常用代号见表 6-24。

（3）仪表控制点的符号　仪表控制点的图形符号，一般用细实线绘制，常用仪表控制点的符号见表 6-25。

（4）调节阀的图形符号　表示调节阀的图形符号，也以细实线绘制。图形分执行机构与阀体两个组成部分。各执行机构的规定符号如图 6-121 所示。各种调节阀的规定符号如图 6-122 所示。

表 6-23　常用参量代号

序号	参　量	代号	序号	参　量	代号	序号	参　量	代号
1	温度	T	8	转速	N	15	频率	f
2	温差	ΔT	9	浓度	C	16	位移	S
3	压力(或真空)	P	10	机械量	M	17	长度	L
4	压差	ΔP	11	密度	ρ	18	热量	Q
5	流量	G	12	分析	A	19	氢离子浓度	pH
6	液位(或料位)	H	13	湿度	φ			
7	重量(或体积)流量	W	14	厚度	δ			

表 6-24　常用仪表功能代号

序号	功　能	代号	序号	功　能	代号	序号	功　能	代号
1	指示	Z	4	积算	S	7	联锁	L
2	记录	J	5	信号	X	8	变送	B
3	调节	T	6	手动遥控	K			

表 6-25　常用仪表控制点的图形符号

序号	名　称	符号	序号	名称	符号
1	变送器	⊗	7	锐孔板	
2	就地安装仪表	○	8	转子流量计	
3	机组盘或就地仪表盘安装仪表		9	涡轮流量计	
4	控制室仪表盘安装仪表		10	靶式流量计	
5	处理两个参量相同(或不同)功能的复式仪表		11	电磁流量计	
6	检测点		12	变压计	

(a) 气动薄膜　　(b) 电磁　　(c) 气动活塞　(d) 流动活塞　(e) 电动
执行机构　　　执行机构　　执行机构　　执行机构　　执行机构

图 6-121　执行机构的规定符号

(a) 气动薄膜　　　(b) 气动薄膜　　(c) 气动活塞式　(d) 液动活塞式
调节阀(气闭式)　调节阀(气开式)　调节阀　　　　调节阀

(e) 气动三通调节阀　(f) 气动角形调节阀　(g) 气动球形调节阀　(h) 电动蝶形调节阀

(i) 气动薄膜　　　(j) 电磁调节阀　　(k) 带阀门定位器　(l) 带阀门定位器的
调节阀(带手轮)　　　　　　　　的气动薄膜调节阀　气动活塞式调节阀

图 6-122　调节阀的规定符号

380

图 6-120 中 $\left(\dfrac{P305}{JT}\right)$ 表示一个引至控制室仪表盘安装的压力计，其编号为 305，它既有记录功能，又有调节功能。管道中的压力变化情况，通过变送器将信号送至该压力计，并通过它控制气动薄膜调节阀的启闭，以调节管道内的流体压力，使其经常保持在正常操作范围之内。

$\left(\dfrac{T304}{Z}\right)$ 表示一个就地安装的温度计，其编号为 304，具有指示功能。

6.17.5　管架的表示方法与符号

管道是用各种形式的管架安装并固定在建（构）筑物上的，这些管架的位置和形式应在管道布置图上表示出来。管架的位置一般在平面图上用符号表示，在管架符号的边上应注以管架代号标明管架形式，如图 6-123 所示。

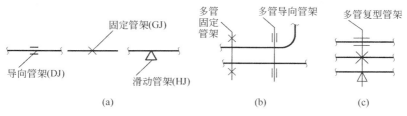

图 6-123　管架的表示方法

管架用"J"表示，"J"为"架"的汉语拼音首位字母。管架的形式种类很多，其中我国化工行业管架标准有 HG/T 21629—1999《管架标准图》，包括的管架分 A、B、C、D、E、F、G、J、K、L、M 十一大类，对管架的结构形式、规格、尺寸、符号、代号以及制作、安装方法与要求等都做了明确规定。管架类别代号见表 6-26。

6.17.6　比例

绘制图样时所采用的比例，为图形上的长度与物体的实际长度之比，用代号"M"表示。

表 6-26　管架类别代号

序号	管架名称	代号	图　号	序号	管架名称	代号	图　号
1	管架标准零部件	A 类	A1～A40	7	支架	G 类	G1～G20
2	管吊与吊架	B 类	B1～B29	8	管托(座)	J 类	J1～J14
3	弹簧支吊架	C 类	C1～C18	9	挡块	K 类	K1～K6
4	托架	D 类	D1～D32	10	滚动支吊架	L 类	L1～L9
5	导向架	E 类	E1～E24	11	非金属(塑料)管道支架及零部件	M 类	M1-1～M1-7
6	支腿(耳)	F 类	F1～F16				

　　工艺管道图的基本图一般采用 1：50 和 1：100 的比例。个别情况下，如管道较复杂时，有用 1：20 和 1：25 的比例，大贮罐和仓库有用 1：200 和 1：500 的比例，阀门、管件等有时还用 1：10 的比例。必要时，还允许在一张图纸上的各视图分别采用不同的比例，此时主要采用的比例注明在标题栏中，且不再写代号"M"，个别视图的不同比例则注明在视图名称的下方或右方，并在比例前面写上代号"M"。必须注意的是，工艺管道图一般并不完全按规定比例绘制，所以施工时，应根据图样上所标注的尺寸或现场实测的尺寸来进行加工、制作或安装，而不能根据比例直接从图样上量取尺寸。

6.17.7　标高的表示方法与符号

　　标高是标注管道或建筑物高度的一种尺寸形式。标高符号的标注形式如图 6-124(a) 所示。标高符号用细实线绘制，三角形的尖端画在标高引出线上，表示标高位置，尖端的指向可以向下，也可以向上。剖面图中的管道标高应按图 6-124(b) 进行标注。当有几条管线在相邻位置时，可以用引出线引至管线外面，再画标高符号，在标高符号上分别注出几条管线的标高值。

　　标高值以米（m）为单位，在一般图纸中宜注写到小数点后第三位，在总平面图及相应的厂区（小区）管道施工图中可注写到小数点后第二位。各种管道应在起弯点、转角点、连接点、变坡点、交叉点等处视需要标注管道的标高；地沟宜标注沟底标

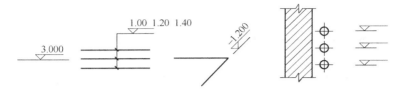

(a) 平面图与系统图中管道标高的标注　　(b) 剖面图中管道标高的标注

图 6-124　管道标高标注

高；压力管道宜标注管中心标高；室内外重力管道宜标注管内底标高；必要时，室内架空重力管道可标注管中心标高，但图中应加以说明。

标高有绝对标高和相对标高两种。

绝对标高是把我国青岛附近黄海的平均海平面定为绝对标高的零点，其他各地标高都以其为基准。如果总平面图上某一位置的高度比绝对标高零点高 5.2m，则这个位置的绝对标高为 5.20m。

相对标高一般是将新建建筑物的底层室内主要地坪面定为该建筑物的相对标高的零点，用 ±0.000 表示，比地坪面低的用负号表示，如 −1.350 表示这一位置比室内底层地坪面低 1.35m，比相对标高零点高的标高数值前不写"＋"，如 3.200 表示这一位置比室内底层地坪面高 3.2m。

在某些引进石化装置的管道图中，一般不用标高符号，而是在管线上直接写上"标高"的英文缩写。英国、美国、日本、荷兰、丹麦等用"φBL"表示管中心标高，"EL、TOP"表示管顶标高，"BL、BOT"表示管底标高、"WPEL"表示工作点标高，"EL"表示其他标高。法国则用"ELX"表示管中心标高，其他与英国、美国基本相同。

6.17.8　管道的坡度及坡向

工艺管道大多有一定的坡度和坡向。表示坡度和坡向的方法常用的有两种，如图 6-125 所示。

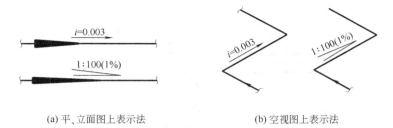

(a) 平、立面图上表示法   (b) 空视图上表示法

图 6-125 管道的坡度及坡向表示方法

图 6-125 中 "i" 为坡度代号，0.003 表示坡度为千分之三，箭头所指的方向为坡向，符号 ━━ 表示坡向，1：100 表示坡度为百分之一，有时也写成 1%。

6.17.9 方位标记及风向玫瑰图

方位标是一种用来表示安装方位基准的图标。一般以北向或接近北向的建筑轴线为零度方位基准（即建筑北向）。该方位基准一经确定，设计项目中所有必须表示方位的图样，如管口方位图，管段图等，均应以此方位为基准。无论是识图、测绘还是安装，都应十分注意方位标。方位标一般绘制在图纸的右上方或左上方。常见的方位标符号如图 6-126(a)、(b) 所示。

有些图样除方位标记外，还用风向玫瑰图表示工程所在地的常年风向频率和风速，如图 6-126(c) 所示。

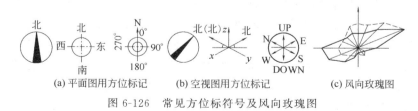

(a) 平面图用方位标记 (b) 空视图用方位标记 (c) 风向玫瑰图

图 6-126 常见方位标符号及风向玫瑰图

6.17.10 管子、管件、阀门及其他常用图例符号

图例是一种用示意性的简单图形表示具体的设备、管道等的象形符号，工艺管道图中常用的图例符号见表 6-27。

表 6-27　工艺管道图中常用的图例符号

名　称	图 例 符 号	备 注
裸管		单线表示小直径管,双线表示大直径管,虚线表示暗管或埋地管
保护管		例如保温管、保冷管
蒸汽伴热管道		
电伴热管道		
夹套管道		
软管翅管		例如橡胶管 例如翅型加热管
同心大小头		又称同心异径管
偏心大小头		又称偏心异径管
防空管防雨帽火炬		
孔板		锐孔板或限流锐孔板
分析取样接口		
计器管嘴		注明:温 3/8″压 1/2″
漏斗 视镜 转子流量计		注明型号或图号
临时过滤器		注明图纸档案号
玻璃管液面计 玻璃板液面计 高压液面计		注明型号或图号
地漏		注明型号或图号
取样阀 实验室用龙头 底阀		注明型号

385

名　称	图例符号	备　注
液动阀或气动阀		注明型号
电动阀	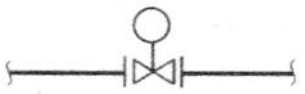	注明型号
球阀 蝶阀	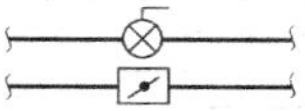	注明型号
角阀	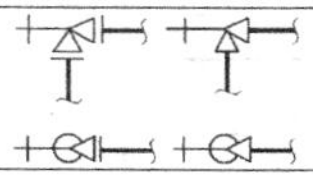	注明型号
90°弯管（向上弯）	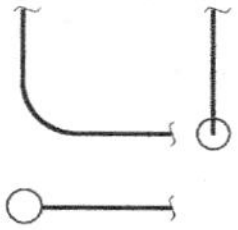	俯视图中竖管断口画成圆,圆心画点,横管画至圆周；左视图中横管画成圆,竖管画至圆心
90°弯管（向下弯）	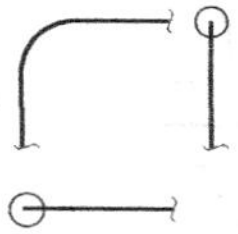	俯视图中,竖管画成圆,横管画至圆心；左视图中横管画成圆,竖管画至圆心
管路投影相交	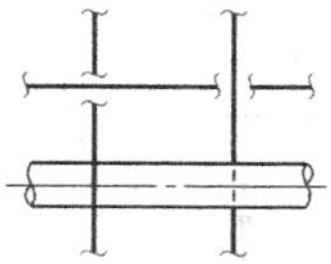	其画法可把下面被遮盖部分的投影断开或画成虚线,也可将上面可见管道的投影断裂表示
管路投影重合		画法是将上面管道断裂表示
截止阀（螺纹连接）	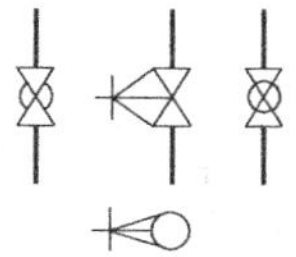	注明型号
截止阀（法兰连接）	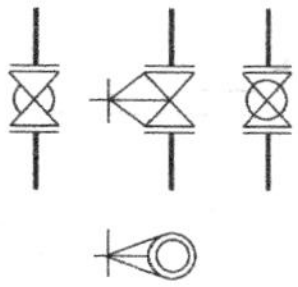	注明型号

386

名　称	图例符号	备　注
旋塞（法兰连接）		注明型号
管道连接		平焊法兰连接
		对焊（高颈）法兰连接
		活套法兰连接
		承插连接
		螺纹连接
		焊接连接
法兰盖（盲板）	$i=0.003$	表示坡度 3‰，箭头表示坡向
椭圆形封头（管帽）		
平板封头		
8 字形盲板		注明操作开或操作关
丝堵		
活接头		
挠性接头		
波形补偿器		注明型号或图号
方形补偿器		注明型号或图号
填料式补偿器		注明型号或图号
Y 形过滤器		注明型号
锥形过滤器		注明型号

名　称	图例符号	备　注
消音器 阻火器 爆破膜	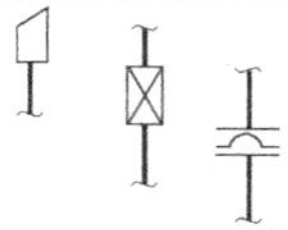	注明型号或图号
喷射器		注明型号或图号
疏水器	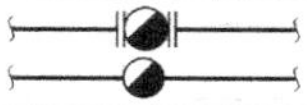	注明型号
隔膜阀 减压阀	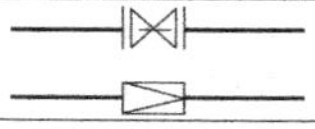	注明型号
止回阀	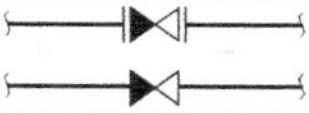	注明型号
平台面符号	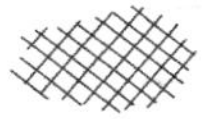	
安全阀	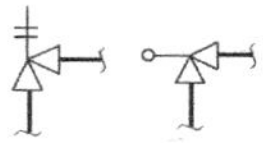	弹簧式与重锤式注明型号
来回弯(45°)	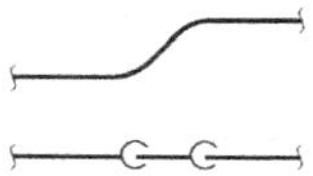	俯视图中两次 45°拐弯画成半圆表示
三通	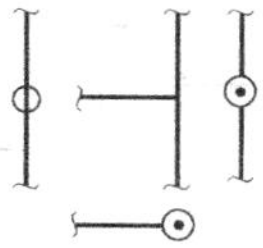	俯视图中,竖管断口画成圆,圆心画成点,横管画至圆周;左视图中,横管断口画成圆,圆心画点,竖管画至圆周;右视图中,横管画成圆,竖管通过圆心
管段编号、规格的标注和介质流向箭头	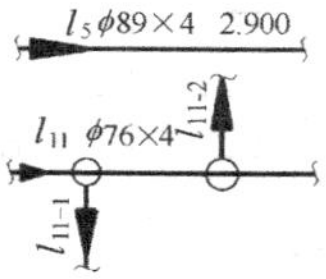 $l_5 \phi89\times4$ 2.900 $l_{11} \phi76\times4$ $l_{11\text{-}1}$ $l_{11\text{-}2}$	l_5 为管路编号;$\phi89\times4$ 为管材规格;箭头表示介质流向;2.900 为管路标高。l_{11} 为总管编号;$l_{11\text{-}1}$、$l_{11\text{-}2}$ 为支管编号
地面符号		
闸阀(螺纹连接)	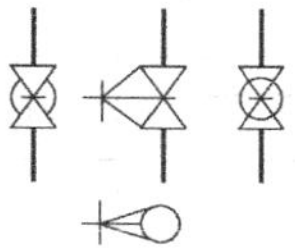	注明型号

名　称	图 例 符 号	备　注
闸阀（法兰连接）	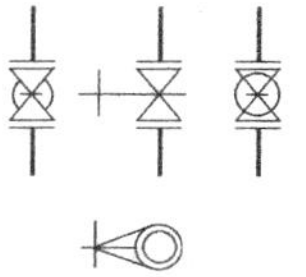	注明型号
管架		固定管架
	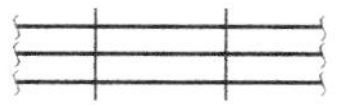	架空管架
		管墩

6.18　焊接图识读

在金属结构制造过程中，焊接是不可或缺的金属连接方式。但通常的金属结构施工图中一般只给出相应的施工及验收规范的国家或行业标准，具体的焊接工艺、焊条选择、焊接坡口形式、焊条用量计算及最终的焊接材料计划等都是由施工技术人员来完成。

6.18.1　焊接符号

焊缝画法和符号表达方式是与机械、建筑、土木、水利等多家行业有关的"技术制图"标准范畴。目前国家现行的执行标准有：

GB/T 12212—2012《技术制图　焊缝符号的尺寸、比例及简化表示法》

GB/T 324—2008《焊缝符号表示法》

GB/T 5185—2005《金属焊接及钎焊方法在图样上的表示代号》

其中《焊缝符号表示法》等效采用了国际标准 ISO 2553：1992焊缝在图样上的符号表示法。

在技术制图图样中，焊缝的横截面形状及坡口可按接触面的投影画成一条轮廓线，然后按 GB/T 324—2008《焊缝符号表示法》规定的焊缝符号标注，即可表示焊缝。焊接图样有两种画法。

① 焊接图除了包含与焊接有关的内容外，还须有其他加工所需要的全部内容，这种图要求把零件或构件的全部结构形状、尺寸和技术要求都表达得完整、清晰。因此，表达内容和零件图基本相同。

② 焊接图只包含与焊接有关的内容，而其中的每一构件需另画零件图。这种焊接图近似于装配图。

6.18.1.1 焊缝表达方法

（1）常用焊接方法代号　GB/T 5185—2005《焊接及相关工艺方法代号》规定，用阿拉伯数字代号来表示各种焊接方法，并可在图样上标出。常用焊接方法及代号，如表 6-28 所示。

表 6-28　焊接方法代号（摘自 GB/T 5185—2005）

代号	焊接方法	代号	焊接方法	代号	焊接方法
1	电弧焊	311	氧-乙炔焊	43	锻焊
111	手工电弧焊	312	氧-丙烷焊	21	点焊
12	埋弧焊	72	电渣焊	441	爆炸焊
121	丝极埋弧焊	15	等离子弧焊	91	硬钎焊
122	带极埋弧焊	4	压焊	94	软钎焊
3	气焊	42	摩擦焊	912	火焰硬钎焊

（2）焊缝的图示法　常见的焊接接头有对接、T 形接、角接、搭接等四种，如图 6-127 所示。

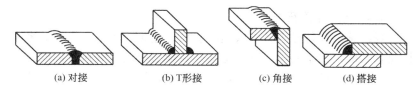

(a) 对接　　　　(b) T形接　　　　(c) 角接　　　　(d) 搭接

图 6-127　焊接的连接形式

在技术图样中，一般按 GB/T 324—2008 规定的焊缝符号表示焊缝。如需在图样中简易地绘制焊缝，可用视图、剖视图或剖面图表示，也可用轴测图示意地表示。

在视图中，焊缝用一系列细实线段（允许徒手绘制）表示，也

390

允许采用特粗线（$2b \sim 3b$，b 表示粗实线的宽度）表示，但在同一图样中，只允许采用一种画法。在剖视图或剖面图上，金属的熔焊区通常应涂黑表示。焊缝的规定画法，如图 6-128 所示。

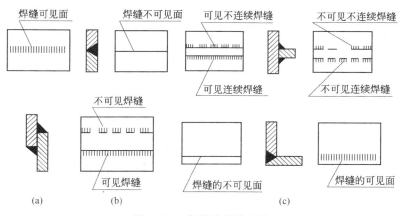

图 6-128　焊缝的规定画法

　　焊缝部位需要详细表达时，用放大图表示，并标注有关尺寸，如图 6-129 所示。

　　（3）焊缝符号表示法　当焊缝分布比较简单时，可不必画出焊缝，只在焊缝处标注焊缝代号。为简化图样，不使图样增加过多的注解，有关焊缝的要求一般应采用标准规定的焊缝代号来表示。

　　焊缝代号一般由基本符号与指引线组成。必要时还可以加上辅助符号、补充符号和焊缝尺寸符号。

　　（1）基本符号　基本符号是表示焊缝横截面形状的符号，它采用近似于焊缝横截面形状的符号来表示，如表 6-29 所示。

　　（2）辅助符号　辅助符号是表示焊缝表面形状特征的符号，如表 6-30 所示。不需要确切地说明焊缝表面形状时，可省略此符号。

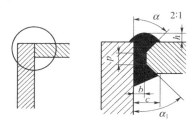

图 6-129　焊缝放大图

表 6-29 焊缝符号及标注方法（摘自 GB/T 324—2008）

名称	符号	示意图	图示法	标注法
I形焊缝  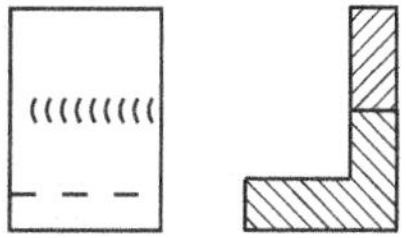 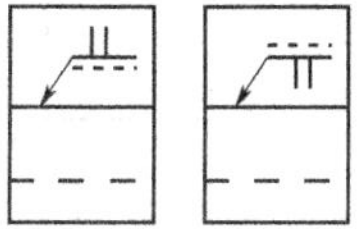 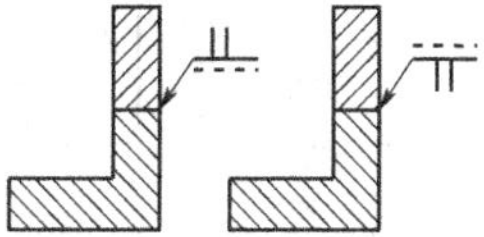	‖			
V形焊缝  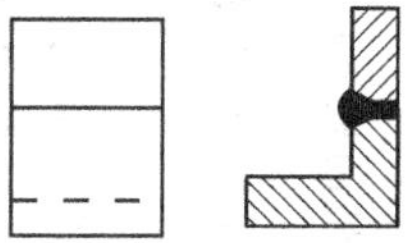 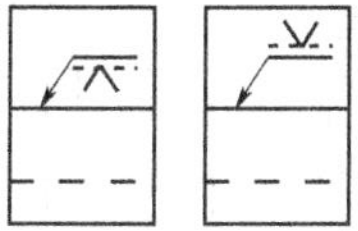 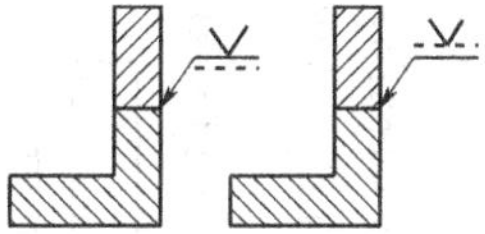	∨			
单边 V形焊缝  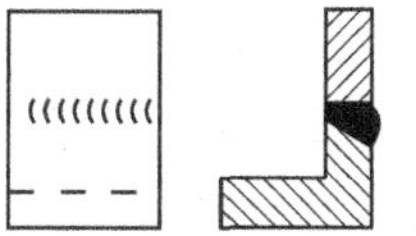 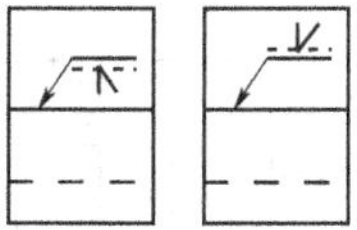 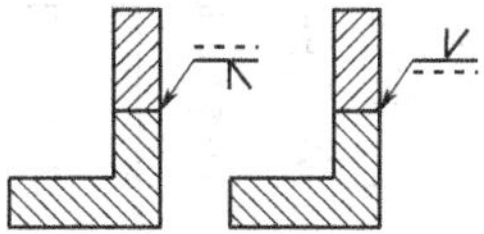	V			
带钝边 V形焊缝   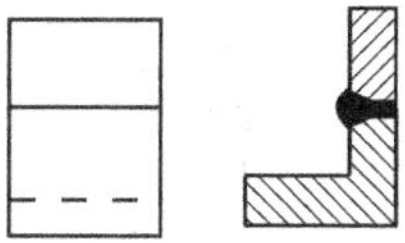 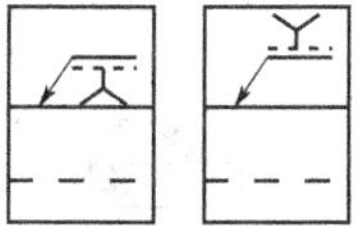 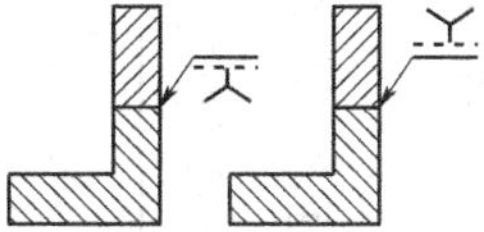	Y			

名称	符号	示意图	图示法	标注法
带钝边单边V形焊缝  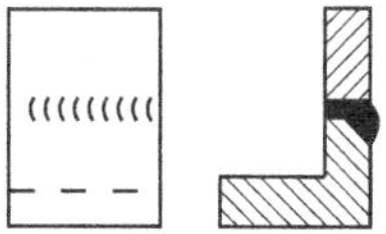 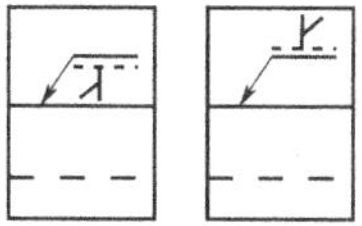 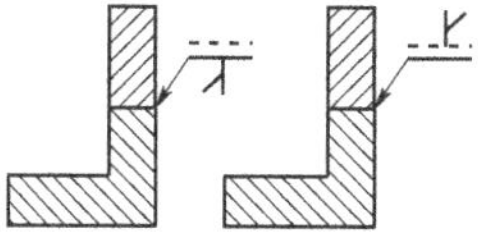				
带钝边U形焊缝 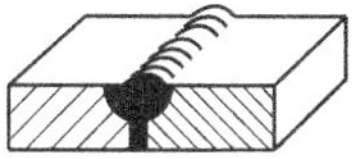 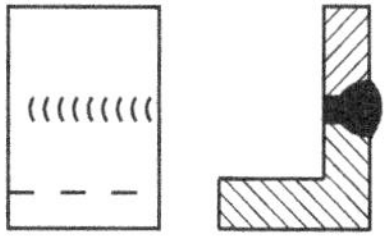 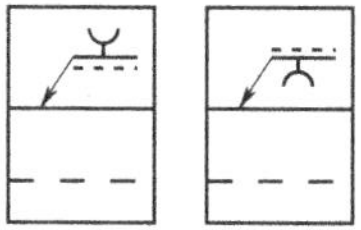 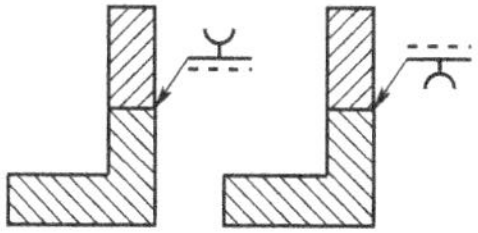				
带钝边J形焊缝 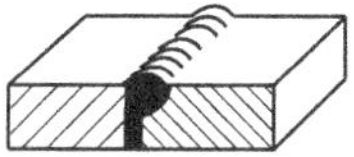 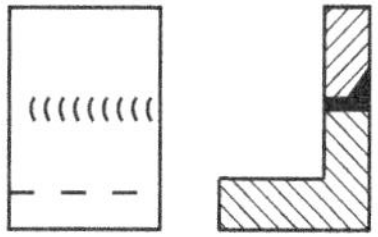 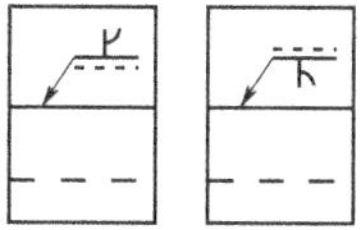 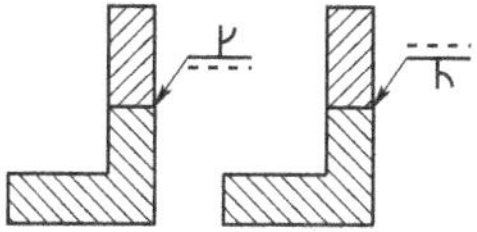				
角焊缝 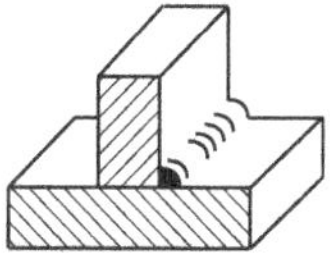 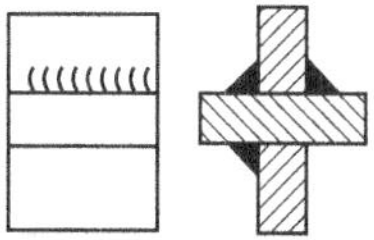 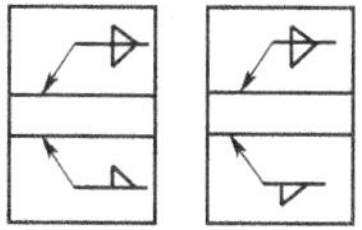 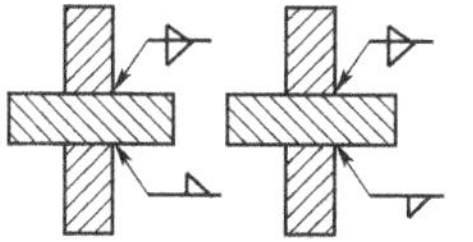				

393

表 6-30　辅助符号及标注方法（摘自 GB/T 324—2008）

名称	符号	示意图	图示法	标注法	说明
平面符号	—		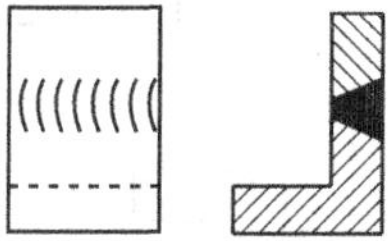	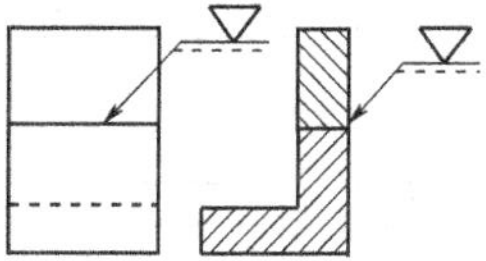	焊缝表面平齐（一般通过加工）
凹面符号	 ⌣	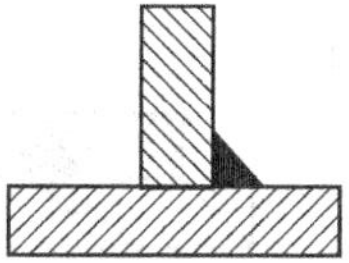	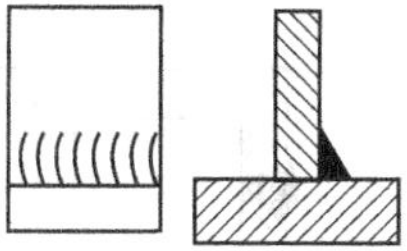	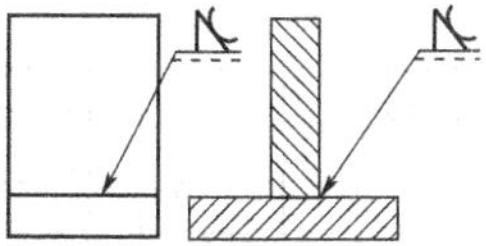	焊缝表面凹陷
凸面符号	 ⌢		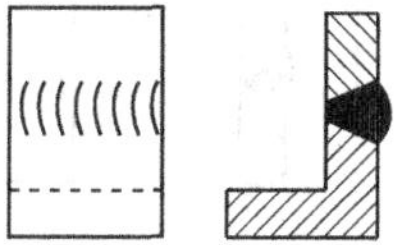	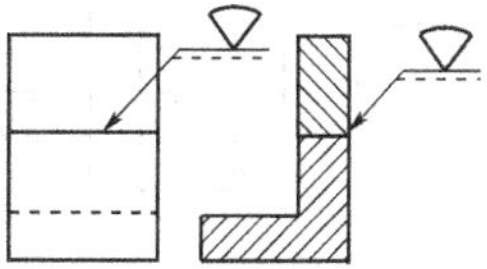	焊缝表面凸陷

（3）补充符号　补充符号是为了补充说明焊缝的某些特征而采用的符号，如表 6-31 所示。

表 6-31　补充符号及标注方法（摘自 GB/T 324—2008）

名称	符号	示意图	标注法	说明
带垫板符号				表示 V 形焊缝的背面底部有垫板
三面焊缝符号				工件三面带有焊缝,焊接方法为手工电弧焊
周围焊缝符号				表示在现场沿工件周围施焊
现场符号				表示在现场或工地上进行焊接
尾部符号				

表6-32　焊缝画法及标注综合实例

焊缝画法及焊缝结构		标注格式	标注实例	说明
				(1)用埋弧焊形成的带钝边 V 形焊缝(表面平齐)在箭头一侧,根部间隙 $b=2\mathrm{mm}$,钝边 $P=2\mathrm{mm}$,坡口角度 $\alpha=60°$。 (2)用手工电弧焊形成的连续、对称角焊缝(表面凸起),焊角尺寸 $K=3\mathrm{mm}$
				表示用埋弧焊形成的带钝边单边 V 形焊缝在箭头一侧。钝边 $P=2\mathrm{mm}$,坡口面角度 $\beta=45°$焊缝是连续的

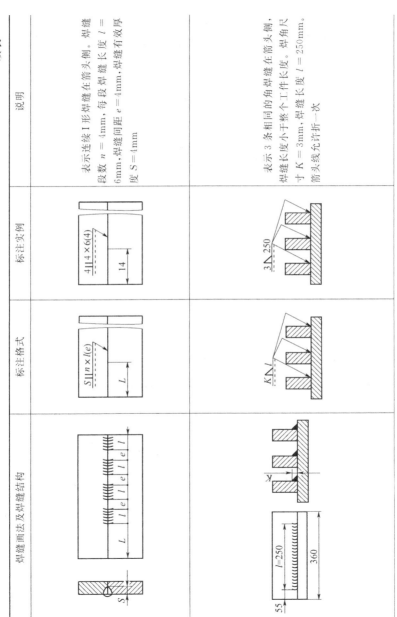

焊缝画法及焊缝结构	标注格式	标注实例	说明
	$\dfrac{S\text{‖}n\times l(e)}{L}$	$\dfrac{4\text{‖}4\times6(4)}{14}$	表示连续 I 形焊缝在箭头侧。焊缝段数 $n=4$mm，每段焊缝长度 $l=6$mm，焊缝间距 $e=4$mm，焊缝有效厚度 $S=4$mm
	$K\triangle L$	$3\triangle250$	表示 3 条相同的角焊缝在箭头侧。焊缝长度小于整个工作长度。焊角尺寸 $K=3$mm，焊缝长度 $l=250$mm。箭头线允许折一次

（4）指引线　指引线由带箭头的箭头线和基准线两部分组成。如图 6-130 所示。基准线由两条相互平行的细实线和虚线组成。基准线一般与标题栏的长边相平行；必要时，也可与标题栏的长边相垂直。箭头线用细实线绘制，箭头指向有关焊缝处，必要时允许箭头线折弯一次。当需要说明焊接方法时，可在基准线末端增加尾部符号。

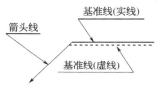

图 6-130　指引线

焊缝画法及标注综合实例如表 6-32 所示。

（5）焊缝尺寸符号　焊缝尺寸符号是用字母代表焊缝的尺寸要求，如图 6-131 所示。焊缝尺寸符号的含义，如表 6-33 所示。

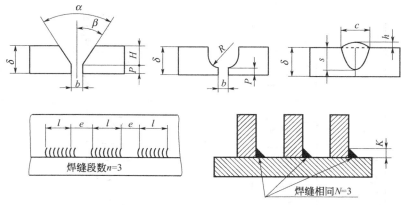

图 6-131　焊缝尺寸符号

在图样中，焊缝符号的线宽、焊缝符号中字体的字形、字高和字体笔画宽度应与图样中其他符号（如尺寸符号、表面粗糙度符号、形状和位置公差符号）的线宽、尺寸字体的字形、字高和笔画宽度相同。

398

表 6-33 焊缝尺寸符号含义（摘自 GB/T 324—2008）

符号	名称	符号	名称	符号	名称
δ	工件厚度	R	根部半径	s	焊缝有效厚度
α	坡口角度	K	焊角尺寸	l	焊缝长度
b	根部间隙	H	坡口深度	e	焊缝间距
P	钝边	h	余高	n	焊缝段数
c	焊缝宽度	β	坡口面角度	N	相同焊缝数量

6.18.2 焊缝标注方法

（1）箭头线与焊缝位置的关系 箭头线相对焊缝的位置一般没有特殊要求，箭头线可以标在有焊缝一侧，也可以标在没有焊缝的非箭头侧，如图 6-132 所示，并参照表 6-32 所示。但在标注 V、Y、J 形焊缝时，箭头线应指向带有坡口一侧的工件。

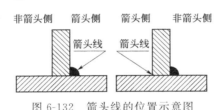

图 6-132 箭头线的位置示意图

（2）基本符号在指引线上的位置 为了在图样上能确切地表示焊缝位置，特将基本符号相对基准线的位置做如下规定。

① 如果焊缝在接头的箭头侧，则将基本符号标在基准线的实线一侧，如图 6-133(a) 所示。

② 如果焊缝在接头的非箭头侧，则将基本符号标在基准线的

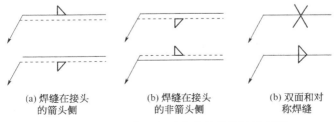

(a) 焊缝在接头
的箭头侧

(b) 焊缝在接头
的非箭头侧

(b) 双面和对
称焊缝

图 6-133 基本符号相对基准线的位置示意图

虚线一侧，如图 6-133（b）所示。

③ 标注对称焊缝及双面焊缝时，可不画虚线，如图 6-133（c）所示。

（3）焊缝尺寸符号及数据的标注　焊缝尺寸符号及数据的标注原则如图 6-134 所示。

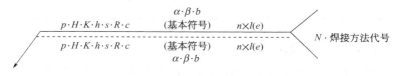

图 6-134　焊缝尺寸的标注示意图

① 焊缝横截面上的尺寸数据标在基本符号的左侧；

② 焊缝长度方向的尺寸数据标在基本符号的右侧；

③ 坡口角度、坡口面角度、根部间隙等尺寸数据标在基本符号的上侧或下侧；

④ 相同焊缝数量及焊接方法代号标在尾部；

⑤ 当需要标注的尺寸数据较多又不易分辨时，可在数据前面增加相应的尺寸符号。

焊缝位置的尺寸不在焊缝符号中标出，而是标注在图样上。在基本符号右侧无任何标注又无其他说明时，意味着焊缝在工件的整个长度上是连续的。在基本符号左侧无任何标注又无其他说明时，表示对接焊缝要完全焊透。

6.19　管道施工图的识读要领

管道施工图属于建筑图和石化图的范畴，它的显著特点是示意性和附属性。管道作为建筑物或石化设备的一部分，在图纸上是示意性画出来的，图纸中以不同的线型来表示不同介质或不同材质的管道，图样上管件、附近、器具设备等都用图例符号表示，这些图线和图例只能表示管线及其附件等安装位置，而不能反映安装的具体尺寸和要求，因此在看图之前，必须已经具备管道安装的工艺知识，了解管道安装操作的基本方法及特点与安装要求，熟悉各类管道施工规范和质量标准，这样才算具备了看图的能力。

属于建筑范畴的管道，如给水排水管道、采暖与制冷管道、动力站管道等，大多数都布置在建筑物上。管道对建筑物的依附性很强，看这类管道施工图，必须对建筑物的构造及建筑施工图的表示方法有所了解，才能看懂图纸，搞清管道与建筑物之间的关系。

6.19.1 识图方法

各种管道施工图的识图方法，一般应遵循从整体到局部，从大到小，从粗到细的原则，将图样与文字对照看，各种图样对照看，以便逐步深入和逐步细化。识图过程是一个从平面到空间的过程，必须利用投影还原的方法，再现图纸上各种线条、符号所代表的附件、器具、设备的空间位置及走向。

识图顺序是首先看图纸目录，了解建设工程性质、设计单位、管道种类，搞清楚这套图纸一共有多少张，有哪几类图纸，以及图纸编号；其次是看施工说明书、材料表、设备表等一系列文字说明，然后按照流程图（原理图）、平面图、立（剖）面图、系统轴测图及详图的顺序，逐一详细阅读。由于图纸的复杂性和表示方法的不同，各种图纸之间应该相互补充，相互说明，所以看图过程不能死板地一张一张看，而应该将内容相同的图样对照起来看。

对于每张图纸，识图时首先看标题栏，了解图纸名称、比例、图号、图别以及设计人员；其次看图纸上所画的图样、文字说明和各种数据，弄清管线编号、管线走向、介质流向、坡度坡向、管径大小、连接方法、尺寸标高、施工要求；对于管道中的管子、管件、附件、支架、器具（设备）等应弄清楚材质、名称、种类、规格、型号、数量、参数等；同时还要弄清楚管道与建筑物、设备之间的相互依存关系和定位尺寸。

6.19.2 识图的内容

（1）流程图

① 掌握设备的种类、名称、位号（编号）、型号。

② 了解物料介质的流向以及由原料转变为半成品或成品的过程，也就是工艺流程的全过程。

③ 掌握管子、管件、阀门的规格、型号及编号。

④ 对于配有自动控制仪表装置的系统还要掌握控制点的分布状况。

（2）平面图

① 了解建筑物的朝向、基本构造、轴线分布及有关尺寸。

② 了解设备的位号（编号）、名称、平面定位尺寸、接管方向及其标高。

③ 掌握各条管线的编号、平面位置、介质名称、管子及附件的规格、型号、种类、数量。

④ 管道支架的设计情况，弄清支架的形式、作用、数量及其构造。

（3）立（剖）面图

① 了解建筑物竖向构造、层次分布、尺寸及标高。

② 了解设备的立面布置情况，查明位号（编号）、型号、接管要求及标高尺寸。

③ 掌握各条管线在立面布置上的状况，特别是坡度坡向、标高尺寸等情况，以及管子、附件的各类参数。

（4）系统图

① 掌握系统的空间立体走向，弄清楚标高、坡度坡向、出口和入口的组成。

② 了解干管、立管及支管的连接方式，掌握管件、阀门、器具设备的规格、型号、数量。

③ 了解管道与设备的连接方式、连接方向及要求。

6.20　石化管道施工图识读

6.20.1　石化工艺流程图的识读

石化工艺流程图是表示石化生产过程的图样，可分为工艺方案流程图和工艺施工流程图。

工艺方案流程图又称为工艺流程示意图或工艺流程简图，是用来表达整个工厂、车间或某一工段生产过程概况的图样。当生产方法确定之后，就开始设计和绘制工艺流程简图，以便进行物料衡算、热量衡算和设备、工艺计算，它可作为讨论工艺方案和设计工艺施工流程图的依据。

工艺施工流程图又称为工艺安装流程图或带控制点工艺流程图，简称施工流程图。

（1）施工流程图的内容 在工艺设计过程中，当物料衡算，热量衡算和设备、工艺计算完成以后，即可在方案流程图的基础上，着手绘制施工流程图。

施工流程图，既是设备布置图和布置图设计的原始资料，同时也是安装的指导性文件。带控制点工艺安装流程图包括如下内容。

① 带编号、名称和管口的全部设备示意图。

② 带编号、规格、阀门和控制点（测压点、测温点和分析点）的全部流程线。

③ 表示各种管件、阀门和控制点的图例。

（2）工艺施工流程图识读

① 识读带控制点工艺流程图，首先要了解标题栏和图例说明。

从标题栏中了解工程名称、设计单位以及图名、图号、设计阶段和图纸张数等内容。

从图例说明中，应大致了解图样中所用的图例符号、管道标注以及管材、物料、仪表等的代号。

② 掌握设备的数量、名称和编号，由图 6-135 可以看出，脱硫系统的工艺设备共有十台。传动设备有六台：两台罗茨鼓风机 201-1、2，其中一台是备用的；三台氨水泵 205-1、2、3，其中一台是备用的；还有一台空气鼓风机 207。静止设备有四台：脱硫塔 202、除尘塔 203、氨水槽 204 和再生塔 206。

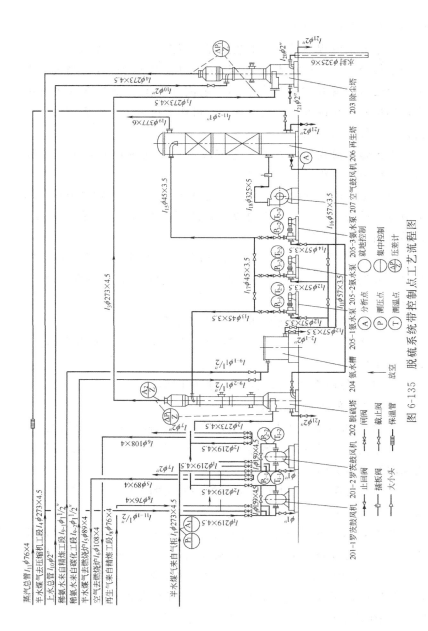

图 6-135 脱硫系统带控制点工艺流程图

404

③ 了解物料（介质）由原料转变为半成品或成品的来龙去脉——工艺流程线。了解工艺流程线，着重搞清楚每一管线的来龙去脉、编号和规格，以及其上的管件、阀门、控制点的部位、名称、编号、数量等。

6.20.2 设备布置图的识读

施工流程图中所确定的设备、管道和控制仪表等，必须按工艺要求合理地布置和安装。用以表达厂房内、外设备安装位置的图样，称为设备布置图；用以表达空间走向以及管件、阀门、仪表等安装位置的图样，称为管道布置图。二者总称为车间布置图。

车间内设备、管道、电器、仪表等的布置，同厂房结构有着密切的关系。车间布置图中，设备和管道的布置和安装，往往是以厂房建筑的某些结构为基准来确定的。所以在识读设备布置图和管道布置图之前，应首先识读厂房建筑图。

（1）厂房建筑图简介 图 6-136 为一双层厂房的建筑图。建筑图也是按正投影原理绘制的视图。

表达建筑物正面外形的主视图，称为正立面图。侧视图称为左或右侧立面图。将正立面图或侧立面图画成剖视图时，一般将垂直的剖切平面通过建筑物的门、窗，这种立面上的剖视图称为剖面图，如图 6-136 中的Ⅰ—Ⅰ及Ⅱ—Ⅱ剖面图。

建筑物的俯视图画成剖视图。这时水平的剖切平面也是通过建筑物的门、窗。这种俯视图上的剖视图称为平面图，如图 6-136 中的一、二层平面图。图样中凡未被剖切的墙、墙垛、梁柱和楼板等结构的轮廓，都用细实线画出；被剖切后的剖面轮廓，则用较粗的实线画出。这些结构以及门、窗、孔洞、楼梯等常见构件都有规定画法。

厂房平面图和剖面图，或这两种图样的某些内容，常常是设备布置图的重要组成部分，而表达建筑物正面、侧面等外形的立面图在设备布置图中则很少采用。

（2）设备布置图的识读 厂房建筑图上以建筑物的定位轴线为基准，按设备的安装位置添加设备的图形或标记，并标注其定位尺

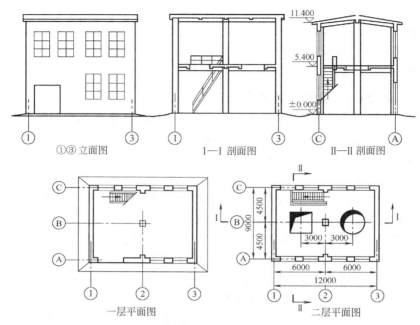

11.400

5.400

±0.000

①③ 立面图　　　　　　Ⅰ—Ⅰ 剖面图　　　　　　Ⅱ—Ⅱ 剖面图

9000
4500
4500

3000　3000

6000　6000

12000

一层平面图　　　　　　　　二层平面图

图 6-136　厂房建筑图

寸，即成为设备布置图。平面图上的设备布置图称为设备布置平面图；剖面图上的则称为设备布置剖面图或设备布置立面图。设备布置图的内容包括：厂房平、立（剖）面图，装置较大时，还有首页图；设备的平面布置图和立面布置图以及设备的编号和名称；厂房定位轴线尺寸和设备定位尺寸；设备基础的平面尺寸和定位尺寸；厂房各部分的标高尺寸和设备基础的标高尺寸；平台、支架等的平面尺寸、定位尺寸和标高尺寸；标题栏、设备一览表以及说明、附注等。如图 6-137 所示。

　　管工对设备布置图应当搞清楚设备的编号、名称和数量是否与带控制点工艺流程图上的相同，设备的安装位置是否与管道布置图上的一致。而最主要的是要搞清楚设备布置图中设备的管口方位、标高、规格、数量是否与管道布置图中所表示的相同。目前管工已经开始承担静止设备的安装任务，因此应当了解以下内容。

406

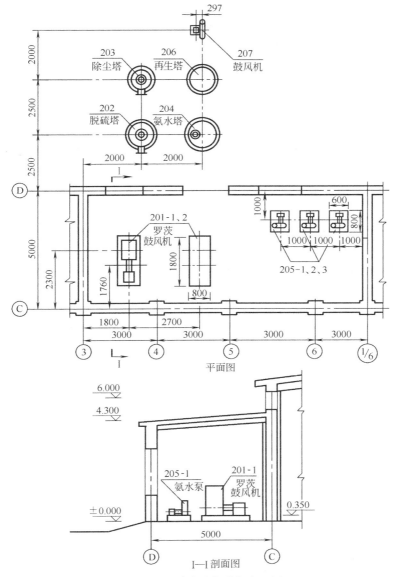

图 6-137　脱硫系统设备布置图

407

① 首先从标题栏了解图名、图号、比例、设计阶段，对照带控制点工艺流程图，从设备一览表中查清设备位号、名称、台数。

② 了解厂房建筑情况，如厂房大小、内部分隔、跨度、层数、门窗位置、预留孔洞等，应以平面图为主，对照剖面图来看。

③ 了解厂房建筑各部分标高，定位轴线尺寸和轴线编号。

④ 了解设备的安装位置、定位尺寸及设备基础的平面尺寸、标高尺寸。

⑤ 了解设备布置与厂房建筑物的位置关系。

⑥ 对照管道布置图、管口方位图、设备图，查清设备布置图上所表示的管口方位、标高、数量与管道布置图、管口方位图是否一致，如有矛盾，应做好记录，并向有关部门提出。

6.20.3 管道布置图的识读

管道布置图又称为管道安装图或配管图。通常以带控制点工艺流程图、设备布置图、有关的设备图以及土建图、自控仪表、电气专业等有关图样和资料作为依据，由工艺设计人员在设备布置图上添加其他附件、自控仪表、电器等的图形或标记而构成的。

布置图是指导设备和安装的技术资料，所以它的内容必须详尽，才能满足安装的要求。布置包括布置平面图和剖面图。布置应以平面图为主，如图 6-138 所示。布置平面图包括如下内容。

① 厂房平面图。

② 设备的平面布置、编号和名称。

③ 管道的平面布置、编号、规格和介质流向箭头，有时还注出横管的标高。

④ 管件、阀门的平面布置。

⑤ 管架的平面布置。

⑥ 厂房定位轴线尺寸、设备定位尺寸和管架的定位尺寸。

如图 6-139 所示，布置剖面图包括如下内容。

① 厂房剖面图（图 6-139 中只画出与罗茨鼓风机有关的地平线和基础）。

② 设备的立面布置、编号和名称。

③ 管道的立面布置、编号、规格、介质流向箭头和标高尺寸。

④ 阀门的立面布置和标高尺寸。

408

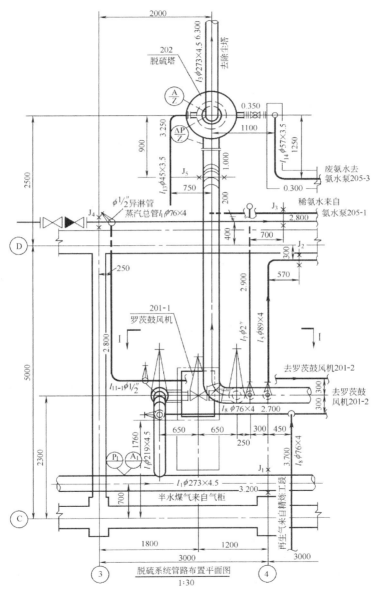

图 6-138　布置平面图

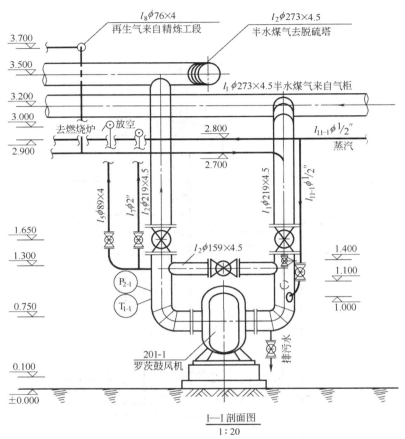

图 6-139　布置剖面图

6.21　锅炉管道施工图识读

6.21.1　管道流程图的识读

锅炉房管道流程图是反映工艺流程的图纸。包括水、汽管道系统，除灰系统，上煤系统，通风除尘系统。它不同于平剖面图，不按比例、标高，不考虑设备大小、安装位置绘制。但应尽量接近实际设备外形并有相对大小的区别，管道和管道附件的表示方法均按统一规定。标准中不足的部分由设计人员按类似方法决定并给出，但在图例中应有说明。

一般锅炉的水汽管道系统与其他系统是分开来画的，而水汽系统是锅炉房的主要流程。它连接着锅炉房全部的热力设备、连接管道、阀门及附件，标明了管径和设备编号并附有图例，用不同线型或代号把各种管道区分开来，并标有自动仪表的安装位置。在断开处或流向不易判明的管段，还标有介质流动方向。若锅炉房中有几台相同型号的锅炉，一般只画一台的管道连接系统图。

6.21.2　平、剖面图的识读

锅炉房的平面图反映了锅炉房面积大小、房间配置、设备布置位置、管道安装位置。其识读顺序如下。

① 看清有几层平面。每层都用标高及文字表示出来。标高单位是米，其他尺寸是毫米。

② 看锅炉房的大小。在建筑外框上注有柱网线、柱网编号及间距与土建图一致。

③ 看各设备名称及相互安装位置。平面图上往往不把定型设备的外形全部准确地画下来，而只画出外形以及与其相连管道的位置，注出设备间的距离、外形尺寸，设备型号见明细表。

④ 看不同管道的平面位置、坡度、标高以及固定支座、滑动支座位置。管道一般用单线画，为了区分蒸汽、给水、排污等管道，可用不同线型表示并用图例注明。滑动支座等结构见大样图，大样图可采用通用标准图，或附有大样图纸。

⑤ 看剖面所在位置及剖视方向。剖面、断面图是用来表明设备及管道在垂直方向上的安装位置及其相互关系的。

⑥ 为了看懂各种管道的安装位置，可以对照管道系统图。看完锅炉房平面、断面、剖面以及管道系统图后，应能形成一个完整的锅炉房概念，知道该锅炉房有几层，平面布置如何，其中锅炉型号、台数、各种管道的走向及布置方法，上煤、除

灰的机械，以及水处理工艺、设备等其他辅助设备的型号与布置方法。

6. 21. 3　锅炉管道工程图识读实例

KZL4-13-AⅡ型锅炉房设计的热力系统图如图 6-140 所示；其平面布置图如图 6-141 所示；其剖面图及区域布置图如图 6-142 所示；其设备配制如表 6-34 所示。识读顺序如下。

本锅炉工程装有 KZL4-13-AⅡ型卧式快装锅炉两台。它生产饱和蒸汽，总蒸发量为 8t/h，供应厂区生产、采暖和生活的需要。

锅炉燃用Ⅱ类烟煤，煤场布置在锅炉房后端北侧。煤用铲车送至锅炉房墙外的受煤斗，由倾斜式螺旋输送机运入室内，并提升到一定高度后再由水平螺旋输送机送至每台锅炉的炉前煤斗。两台锅炉的灰渣，翻落于灰槽一并由刮板出渣机运至室外，然后定期运至渣场。

本锅炉工程的送、引风机和除尘装置均采取露天布置。为节约锅炉房占地面积，两台锅炉的烟道采用斜向布置。

根据除尘效果和环境保护的要求，本设计选用 PW-4 型旋风除尘器；由锅炉房昼夜平均耗煤量确定烟囱高度为 30m，直径为 450mm，用钢板制作。

锅炉工程的辅助间设在东侧，其间布置有水处理间和更衣室。本项目采用钠离子交换软化系统，选 SN4-2 型 $\phi 720mm$ 交换器三个，单级串联使用，以充分利用交换剂的交换能力并降低盐耗。由于锅炉的单台容量较小，锅炉给水只软化，不除氧。锅炉给水箱兼作凝结水箱，回收生产及采暖凝结水。

锅炉给水系统采用单母管，由独立的电动给水泵供水。为了便于检修和确保锅炉供水，本工程设两点备用泵，其中一台为流动给水泵。三台电动给水泵型号为 $1\frac{1}{2}$ GC-5×7 型，汽动给水泵为 QB-3 型，最大流量为 $6m^3/h$，扬程达 $161\sim175mH_2O$。此外，考虑到有时原水水压较低，本设计另选一台 2BA-6A 型离心水泵，作原水加压之用。把污水排至室外排污降温池。

本锅炉工程土建为混合结构。锅炉房屋架下弦高为 6.5m，建筑面积为 190.8m，包括煤场、渣场共占地约 500m²。

表 6-34　锅炉管道工程设备一览表

图上序号	名　称	型号规格	数量	备　注
1	锅炉	KZL4-13-AⅡ	2	上海工业锅炉厂制造
2	省煤器		2	锅炉配套
3	送风机	T4-724#A(027)	2	锅炉配套
4	除尘器	PW-4 型	2	锅炉配套
5	引风机	Y9-35-18# 左 45°	2	锅炉配套
6	钠离子交换器	SN4-2 ϕ720mm	3	
7	蒸汽泵	QB-3	1	
8	离心泵	$1\frac{1}{2}$GC-5×7	3	
9	分汽缸	ϕ273mm×7	1	
10	原水加压泵	2BA-6A	1	
11	塑料泵	102-2 型	1	
12	水箱浮球标尺		1	
13	电气控制箱		3	锅炉配套
14	液压传动装置	104 型	2	锅炉配套
15	自耦减压启动器		2	锅炉配套
16	水平螺旋输送机	ϕ250mm	1	
17	倾斜螺旋输送机	ϕ250mm	1	
18	刮板出渣机	$B=250$m	1	
19	受煤斗	$V=3$m³	1	
20	水箱	$V=10$m³	1	

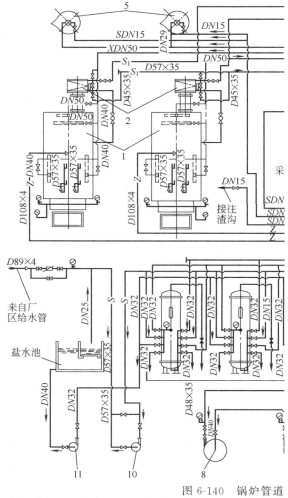

图 6-140　锅炉管道

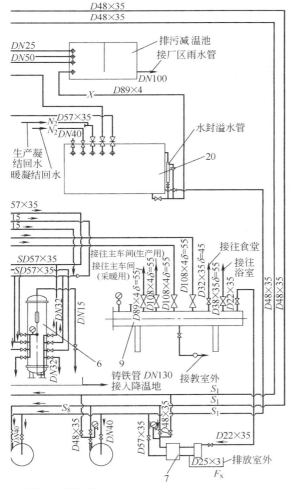

工程热力系统图

415

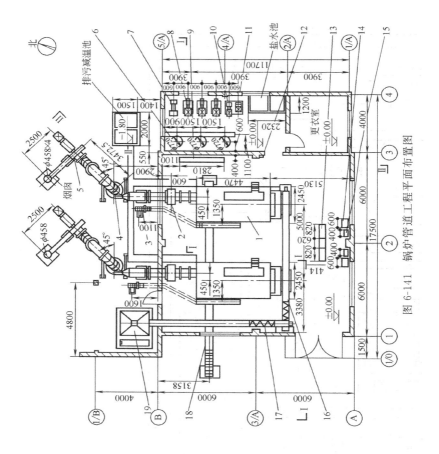

图 6-141 锅炉管道工程平面布置图

416

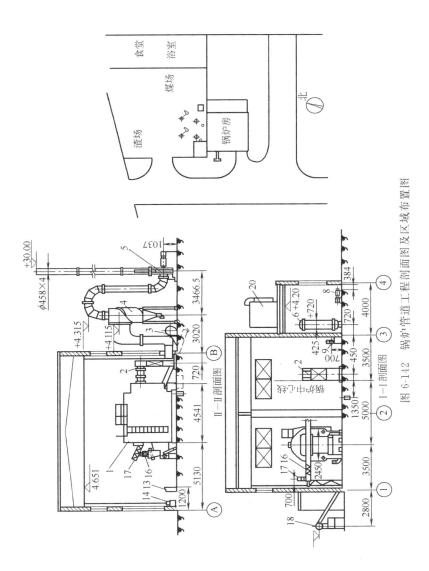

图 6-142 锅炉管道工程剖面图及区域布置图

食堂

浴室

煤场

锅炉房

渣场

北

+30.00

φ458×4

1037

5

+4.315

+4.115

4

3

3

2

B

720

3466.5

3020

4541

Ⅱ—Ⅱ剖面图

1

17

16

13

14

4.651

1200

5130

A

20

6+4.20

+720

8

384

4000

720

425

9

700

450

450

3500

3

锅炉中心线

2

1350

5000

1716

2450

3500

2

700

18

2800

1

Ⅰ—Ⅰ剖面图

417

6.22 采暖施工图识读

采暖工程是安装供给建筑物热量的建筑物、设备等热量的系统工程。如图 6-143 所示。

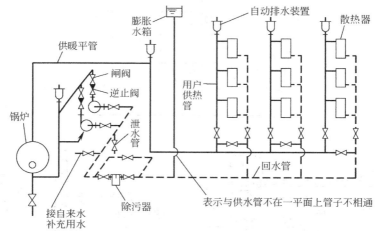

图 6-143 采暖设备体系示意图

采暖根据供热范围的大小分为局部采暖、集中采暖和区域采暖；以热媒不同又分为水暖（将水烧热来供热）和汽暖（将水烧成蒸汽来供热）。热源（锅炉）将加热的水或汽通过管道送到建筑物内，通过散热器散热后，冷却的水又通过管道返回热源处，进行再次加热，以此往复循环。

6.22.1 采暖的布管方法

采暖布管的方法有四种形式。

① 上行式　即热水主管在上边，位置在顶棚高度下面一点。

② 下行式　即供热主管在下边，位置在地面高度上面一点。

③ 单立式　即热水管和回水管是用一个立管。

④ 双立式　即热水管和回水管分别在两个管子中流动。

双立式和下行式一般比较常用。

6.22.2 采暖工程施工图的种类和内容

6.22.2.1 采暖工程图纸的种类

供热采暖施工图主要分为室内和室外两部分：室外部分表示一个区域的供暖管网，有总平面图、管道横剖面图、管道纵剖面图和详图；室内部分表示一栋建筑物内的供暖工程的系统，有平面图、立管图（或称透视图）和详图。这两部分图纸都有设计及施工说明。

6.22.2.2 图纸的内容

① 图纸设计及施工说明书 主要说明采暖设计概况，热指标，热源供给方式（如区域供暖或集中供暖，水暖或汽暖），散热器（俗称炉片）的型号，安装要求（如保温、挂钩、加放风等），检验和材料的做法和要求，以及非标准图例的说明和采用什么标准图的说明等。

② 总平面图 表示热源位置，区域管道走向的布置，暖气沟的位置走向，供热建筑物的位置，入口的大致位置等。

③ 管道纵、横剖面图 主要是表示管子在暖气沟内的具体位置，管子的纵向坡度，管径，保温情况，吊架装置等。

④ 平面图 表明建筑物内供暖管道和设备的平面位置。如散热器的位置数量，水平干管、立管、阀门、固定支架及供热管道入口的位置，并注明管径和立管编号。

⑤ 立管图（透视图） 表示管子走向、层高、层数，立管的管径，立管、支管的连接和阀门位置，以及其他装置如膨胀水箱、泄水管、排气装置等。

⑥ 详图 主要是供暖零部件的详细图样。有标准图和非标准图两类，用以说明局部节点的加工和安装方法。

6.22.3 采暖外线图识读

暖气外线一般都要用暖气沟来作为架设管道的通道，并埋在地下起到防护、保温作用。图上一般将暖气沟用虚线表示出轮廓和位置。暖气管道则用粗线画出，一条为供热管线用实线表示，一条为回水管线用虚线表示。

　　集中供热采暖工程的外线图如图 6-144 所示。在图上可以看到锅炉房（热源）的平面位置及供热建筑，一座研究楼，两栋住宅，一个会堂。平面图上则表示出暖气沟的位置尺寸、暖沟出口及入口位置，还有供管线膨胀的膨胀穴位置。图上还绘有暖沟横剖面的剖切位置。

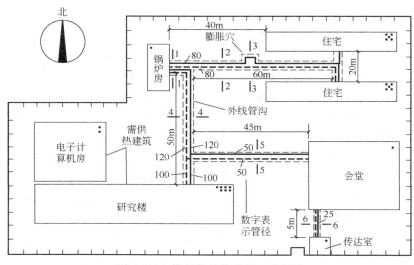

图 6-144　供暖管道外线平面示意图

6.22.4　采暖平面及立管图识读

采暖平面及立管图指暖气管在建筑物内布置的施工图。

6.22.4.1　平面图识读

某教学楼二、三、四层暖气平面布置如图 6-145 所示。

6.22.4.2　立管图识读

某教学楼立管布置如图 6-146 所示。这是一栋四层楼房，各层标高在平面图上及立管图上均已标出。立管图上还标出了管径大小，在说明中指出与暖气片相接的支管均为 $\phi15mm$。图上还可看出热水从供热管先流进上面的炉片，后经过弯管流入下面炉片，再由下面炉片流到回水立管中去。炉片长度尺寸和片数在图上也同样

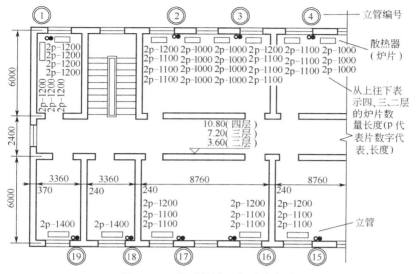

图 6-145　供暖管平面位置示意图

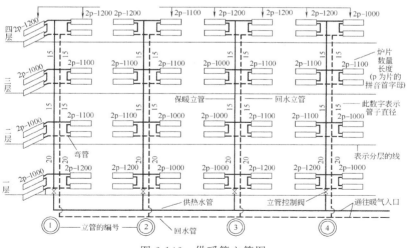

图 6-146　供暖管立管图

标明，便于与平面图核对。

通过平面和立管图识读，可看出这类构造是属于下行式、双立式的结合。并且从图上可了解到管子的直径、尺寸、数量，炉片的尺寸数量就可以备料施工了。此外图上炉片的离地高度均未注明，施工时应按国家或行业标准或规范要求高度执行。

6.22.5 暖气施工详图

采暖工程施工详图作用是为施工安装时识读，以便了解详细做法和构造要求。所以采暖施工详图亦是施工图中必不可少的一部分。供暖系统详图中暖气管沟剖面图如图 6-147 所示；安装调压板、热水供暖系统入口装置侧剖面图如图 6-148 所示；钢串片散热器大样图如图 6-149 所示。

6.22.6 暖气施工图识读实例

某工厂采暖工程的一、二层平面图如图 6-150 所示，图 6-151 是该采暖系统的轴测图。在识图时要将平面图及系统轴测图对照起来看。首先通过平面图对建筑平面布置进行初步了解。该工厂的入口有两处，其中一处设有楼梯间可通往二楼。每层各有 11 个房间，大小面积不等。建筑物总长 30.00m、宽 13.20m，建筑物为南北朝向。其次了解供暖系统情况。从底层平面图上看到该系统的热媒入口在楼梯间对面的 111 房间，系统为双管上分式热水供暖系统。供水干管设在二楼顶棚下面，沿墙敷设。从系统轴测图上可以看出，供水干管标高为 6.280m，回水干管标高为 0.200m。施工说明中注明干管坡度 $i=0.002$，根据管道长度可以推算出各转弯点的标高。从平面图和系统轴测图上都可以看到供水干管上设置了四个固定支架，回水干管上设置了三个固定支架。供回水总立管和供、回水干管上都设有截止阀，回水干管跨越仓库西边门口时，从门下地沟通过。在系统的末端设有横式Ⅱ型集气罐。

平面图和系统轴测图上都标注了立管编号，本系统共有八根立管，供水立管和回水立管分别设有截止阀，干管的管径都标注在平面图和系统图上，而立、支管的管径则写在设计施工说明里，即全部立管管径均为 $DN20$，散热器支管管径均为 $DN15$。

422

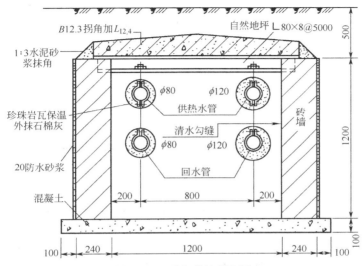

图 6-147 暖气管沟剖面图

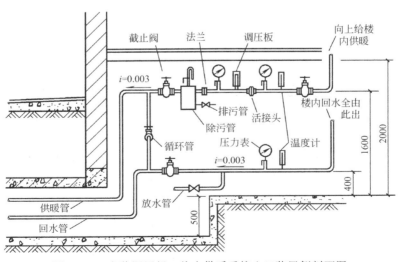

图 6-148 安装调压板、热水供暖系统入口装置侧剖面图

423

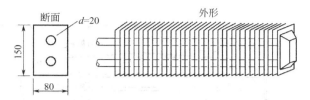

断面　　　d=20

外形

150

80

图 6-149　钢串片散热器大样图

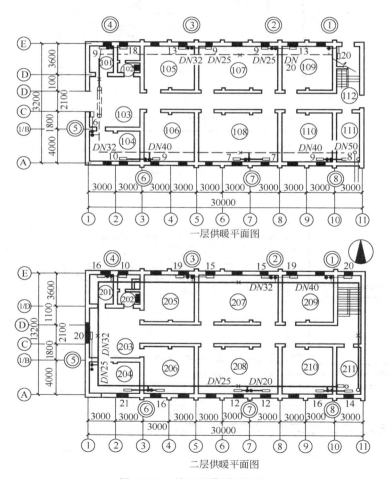

一层供暖平面图

二层供暖平面图

图 6-150　某工厂供暖平面图

424

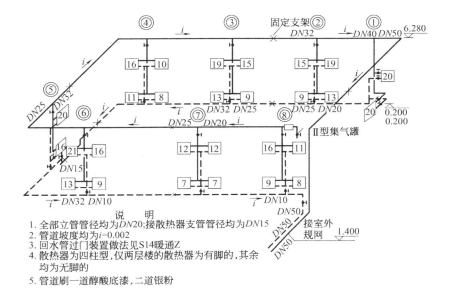

说　明
1. 全部立管管径均为DN20;接散热器支管管径均为DN15
2. 管道坡度均为i=0.002
3. 回水管过门装置做法见S14暖通Z
4. 散热器为四柱型,仅两层楼的散热器是有脚的,其余
　均为无脚的
5. 管道刷一道醇酸底漆,二道银粉

图 6-151　某工厂供暖系统轴测图

　　通过平面图可以查明该工厂散热器的平面布置情况。除 112 楼
梯间的散热器沿内墙明装外，其余各房间内的散热器都在窗台下明
装。散热器为四柱型，二楼各房间内的散热器为有脚的。底层散热
器全部挂在墙上。散热器的片数在平面图和系统轴测图里都有标
注，如 110 房间为 9 片，206 房间为 16 片。

　　干管在平面图上的位置与立管连接都是示意性的，安装时应按
标准图或习惯做法进行施工。图 6-152 所示是干管与立管连接的一
种形式。立管、支管与散热器的连接也要参考标准图进行施工。散
热器安装所用卡子和托钩装置的数量和位置如图 6-153 所示，图中
的数字为散热器的片数。

　　集气罐的制作与安装尺寸和接管要求都要查阅标准图。热媒入
口在系统轴测图上只注出了管子直径 DN50，室外管网管子中心标
高为－1.400m，室外的地沟情况本图未加说明。最后通过施工说
明可以了解本工程对刷油的具体要求。

425

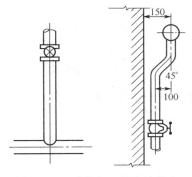

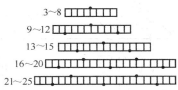

图 6-152　干管与立管连接做法

图 6-153　柱形散热器卡子、
托钩装置数量及位置

6.23　给排水施工图识读

6.23.1　给排水施工图概论

（1）给水施工图的概念　给水就是供水，供给生活或生产用的水，俗称自来水。这些供水要通过管道进入建筑物，因此给水施工图是描述将水由当地供水干管供至建筑物的线路图，以及在建筑物内部管线的走向和分布图。

（2）排水施工图的概念　排水就是将建筑物内生活或生产废水排除。这些排出的废水也需要通过管道流向指定地点，如流入化粪池或当地的污水干管道。因此表明这些排水管道在建筑物内的走向、布置和建筑物外的走向、布置的施工图称为排水施工图。

建筑物屋面雨水的排水，有的与污水管结合一起排除，有的自然排除，因此没有单独的施工图。

（3）给排水的图纸类别和常用图例　给排水施工图一般分为平面图、透视图（亦称系统图）、施工大样图。前两种图纸均由设计单位根据建筑需要设计绘成施工图。后者施工大样图，一般则根据国家统一编制的标准图册作为施工时应用。

426

6.23.2 给排水管道布置的总平面图

给排水总平面图又称给排水外线图，是指在建筑物（一群或单个）以外的给排水线路的平面布置图。图上要标出给水管的水源（干管），进建筑物管子的起始点，闸门井、水表井、消火栓井以及管径、标高等内容；还要出排水管的出口、流向、检查井（窨井）、坡度、埋深标高以及流入的指定去向（如流入城干管或化粪池）。某建筑群中两栋楼的给排水总平面图如图6-154所示。

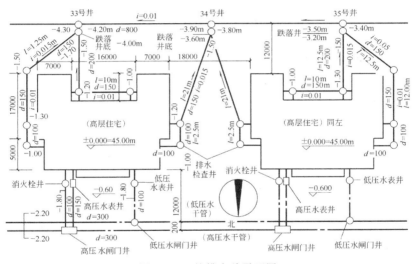

图 6-154　给排水总平面图

从图6-154中看到给水系统是由当地供水干管道引入，接出时有一接口的闸门井，接出管径为 $DN100$（俗称4英寸管），接到两栋住宅外面，分别通过水表井进入各栋住宅。管子上标的标高为 -1.80m。识图时应懂得给水管的标高均指管子中心的标高，如果要开挖管沟，沟的深度就要在标高数上再加上管子半径的数值。如管子为 $DN100$，标高 -1.80m，沟深就应为 $1800+100/2=1850$（mm），即 1.85m，实际开挖深度要加管底垫层厚度，以在 $-1.90\sim2.00$m 之间为宜。

427

另外，从排水总图上看出管道要比给水多些，构造稍复杂，每栋房屋有六个起始窨井，由这些浅井流出汇入深井，再流入城市污水总干管。图上标出了管子的首尾埋深标高及管子流向和坡度。排水管的标高，一般指管底标高，因此挖管沟时，只要按图中标高加管底垫层厚度进行施工即可。但在窨井处要再加深 15～20cm，以便管子伸入井内。

6.23.3　给排水平面图和透视图识读

在一栋建筑物内，给水和排水系统都是通过平面图和透视图来表明的。识图时应把平面图和透视图结合起来，整体了解这栋住宅的给排水管道的工程。

6.23.3.1　给排水平面图识读

给水平面图主要表示供水管线在室内的平面走向、管子规格，标出何处需要用水的装置如水池处，卫生设备处均有阀门。平面图上一般用点画线表示上水管线，用圆圈表示水管竖向位置。

排水平面图主要表示室内排水管的走向、管径以及污水排出的装置如拖布池、大便器、小便器、地漏等的位置。平面图上一般用粗实线表示排水管道，用双圆圈表示竖向立管的位置。

某办公楼的厕所间给排水系统图如图 6-155 所示。从图上可以看出给水管由墙角立管出发，沿墙在水平方向由Ⓐ轴线向Ⓑ轴线方向伸管。③轴线墙处一个拖布池、三个大便器用水，尺寸位置图上均已标出，水平管径为 $d=25mm$ 到第三个大便器之后改为 $d=20mm$ 通到拖布池为止。②轴线处一根给水管要供给左边那间的小便池及洗手池用，还要供给右边三个大便器和洗手池用，管径分为三部分，一部分主管为 $d=25mm$，小便池及洗手池处为 $d=15mm$，穿墙一段短管为 $d=20mm$。①轴线和③轴线相仿。

排水管的走向是①、②、③各轴墙侧处均由Ⓐ轴向Ⓑ轴这边排水，先由地漏，再是拖布池，大便器等排出通入墙角立管向下排出污水。图上也标出了尺寸、管径和标高等内容。

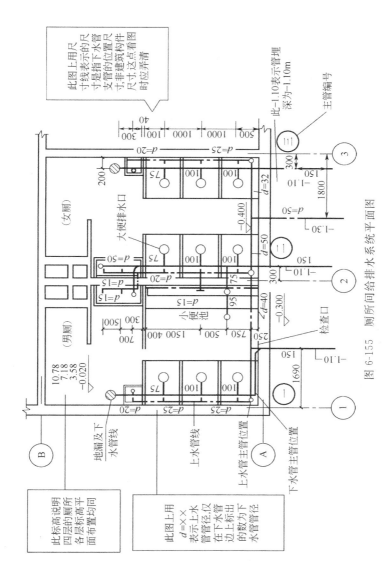

图 6-155　厕所间给排水系统平面图

此图上用尺寸线表示的尺寸是指下水管支管的位置尺寸,非建筑构件尺寸,这点看图时应弄清

此-1.10表示管埋深为-1.10m

主管编号

(女厕)

大便排水口

(男厕)

小便池

检查口

上水管线

上水管主管位置

上水管主管位置

下水管主管位置

地漏及下水管线

此标高说明四层的厕所各层标高平面布置均同

此图上用 $d=\times\times$ 表示上水管管径,仅在下水管边上标出的数为下水管管径

429

6.23.3.2 给排水透视图识读

给排水的透视图是把管道变成线条，绘成竖向立体形式的图。在透视图上标出轴线、管径、标高，阀门位置、排水管的检查口位置以及排水出口处的位置等。在透视图上为了表达清楚，往往将给水系统和排水系统分层绘出。只要将平面图和透视图结合看，就可以了解哪一层上有哪些给水和排水管道。

图 6-156 是图 6-155 所示平面图相对应的透视图。对图上①轴线的透视图进行分析，就可以了解全图的意思。①轴线在首层仅绘了给水系统图，二层往上均相同，不必全部绘出。该给水立管在首层离地 30cm 外安装了一个总阀门，随后往上通立管，在 1.240m，4.840m，8.440m，12.040m 处伸出水平管，在三处分别为大便器冲洗用，一处为拖布池用，图上有一小阀门。施工时根据该图竖立管、安水平管、装阀门。竖管接水平管用三通。

排水系统是在标高 6.550m 处绘了一个透视示意图，其他各层的施工方法与其类似。从图上看出排水由 -0.400m、3.050m、6.550m、10.250m 处伸出水平管承接五处的污水排除，一处地漏、一处拖布池、三处大便器。立管由 -1.100m 处伸出，施工时由下往上安装管道。该处有一个清扫口，-1.100m 处管径为 DN150，立管往上为 DN100，一直通出屋面。管顶上加铅丝网球形保护罩，防止杂物落入堵住管子。立管上在离每层地面高出 1m 处有一个检查疏通口，本图①轴处共四个检查疏通口。

②、③轴线的道理同①轴线，可自行理解。

6.23.4 给排水安装详图识读

给水进建筑物之前的水表井施工安装详图如图 6-157 所示。图上可看出井的大小，井壁厚度，给水管进楼时水表的安装位置。进水管的两头有阀门各一个，作为修理安装时控制水流用。井内有上下的铁爬梯蹬，井口用成品的铸铁井盖。井砌在 3：7 灰土垫层上，中间留出自然土作为放水时渗水用。识读图纸后，即可以按图备料及施工。

430

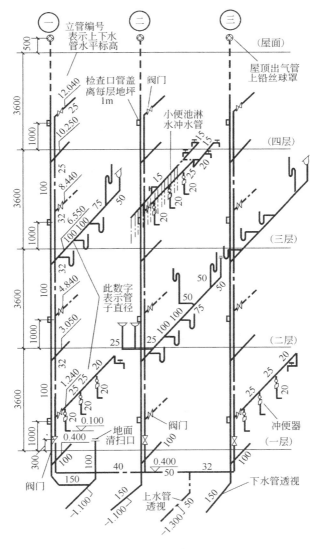

图 6-156　给排水透视图

431

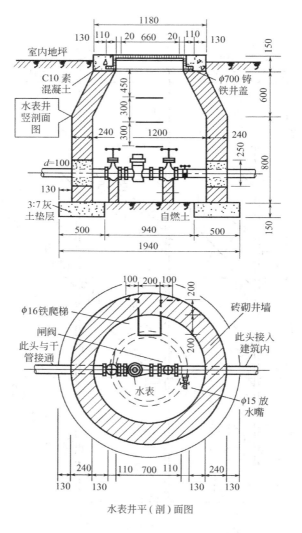

图 6-157　自来水表井施工安装详图

　　排水管的检查井（亦称窨井）的施工详图如图 6-158 所示。排水检查井用途是在排水转弯处及一定长度内供疏通用。图上标出了井的大小尺寸、深度，通入井内的上流来管及下流去管；井内也有铁爬梯。排水检查井的特点是接通上、下流管的井内部分要用砖砌出槽并用水泥砂浆抹成半圆形凹槽，底部与两头管道贯通使水流通畅。

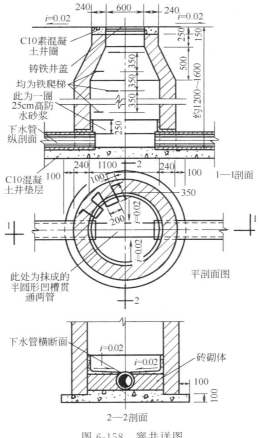

图 6-158　窨井详图

室内厕所蹲式大便器的安装详图如图 6-159 所示。图上标出了下水管道与磁便器如何接通，以及各便器流入水平管后如何与立管接通排出污水。可以结合图中的文字说明读图。

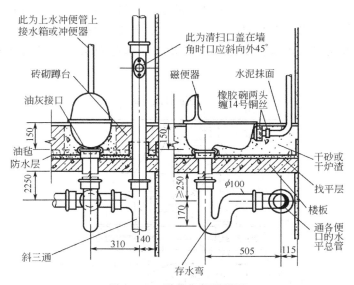

图 6-159　蹲式大便器详图

清扫口（又称地漏）的做法详图如图 6-160 所示，它表示的是弯管的剖切图，并说明了各接口处均采用水泥捻口密封。

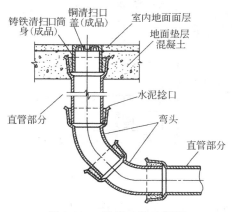

图 6-160　清扫口做法详图

第7章　管道件展开、下料及测绘

7.1　概述

在管道工程中看懂图，下准料是十分重要的。下料过程大致可分为放样、求接合线（有时还要求线段实长和断面实形）、作展开图、画线、切割、坡口等步骤。其中放样、求结合线和作展开图是下料过程的关键。

依照实物或施工图的要求，按正投影原理把需要制作的管子、管件等的形状画到放样平台、钢板或油毡纸上的操作称为放样。所画出的图形称为放样图。

将管子、管件等物体的表面按其实际形状和大小，摊平在一个平面上，称为管子、管件等物体的表面展开，展开后所得到的平面图形，称为该物体的表面展开图。

管子、管件等物体表面展开的方法，有计算法和作图法。无论制品的外形如何复杂，都可以用这两种方法来展开。

在作图展开法中，按其作图方法的不同，又可分为放射线法、平行线法和三角形法等。

7.1.1　放射线法

放射线法主要用于展开锥体一类的构件，如防雨帽、异径管等。用放射线法作展开图，可按以下步骤进行。

（1）作图步骤

① 画出构件的主视图及底断面图。

② 将断面图圆周分成若干等份（棱锥取角点），由等分点或角点向主视图底边引垂线，再由垂足向锥顶引素线。

③ 求各素线的实长。

④ 以锥顶为圆心（也可任取上点），锥顶到锥底实长为半径画弧等于断面周长或周围伸直长度，并将所画圆弧按断面图的等分数划分等份（棱锥取边长），再由等分点向锥顶连放射线。

⑤ 在各放射线上，对应截取主视图各素线实长得出各点，通过各点连成光滑曲线或折线，即得所求展开图。

（2）防雨帽（正圆锥）放射线展开法

① 根据已知尺寸 d 和 h 画出主视图和底断面半圆周 ［图 7-1 (a)］。

② 将底断面半圆周六等分（等分越细越精确），由等分点向主视图底边引垂线，再由垂线足向锥顶引素线。

③ 求各素线实长。主视图中的 AC、AE 母线反映实长，各素线相等。

④ 以锥顶为圆心，AC 长为半径画出圆弧等于断面周长 πd，并 12 等分。连接锥顶与各等分点，即得所求展开图。

⑤ 用比较厚的钢板制作防雨帽时，必须经过壁（皮）厚处理，才能求出作展开图的尺寸。如图 7-1(b) 所示。

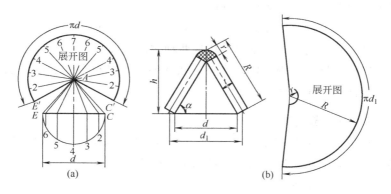

图 7-1　防雨帽的展开

436

7.1.2　平行线法

凡表面具有平行的边线或棱的构件，如圆管、矩形管、椭圆管以及由这类管所组成的弯头、三通等构件，均可用平行线法作展开图。用平行线法展开实际上就是把构件表面分成若干平行部分在平面上展开。图 7-2 表示顶部切缺的矩形管的视图及展开图。

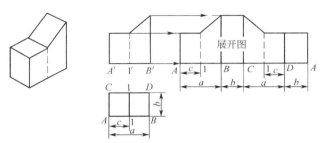

图 7-2　用平行线法作展开图

平行线法是作展开图的基本方法，应用最为广泛。步骤如下。

① 画出制件的主视图和断面图，主视图表示制件的高度，断面图表示制件的周围长度。

② 将断面图分成若干等份（如为多边形取棱线交点），等分点愈多展开图愈精确，当制件断面或表面上遇折线时，须在折点处加画一条辅助平行线（图 7-2 中的 1）。

③ 求结合线，有时还需求线段的实长和断面实形。

④ 在平面上画一条水平线等于断面图周围伸直长度并标注各点。

⑤ 由水平线上各点向上引垂线，取各线长对应等于主视图各素线高度。

⑥ 用直线或光滑曲线连接各点，即得出制件的展开图。

7.1.3　三角形法

若构件表面既无平行线又无集中于一点的斜边，如各种过渡接头及一切表面为复杂形状的构件，均可用三角形法做出展开图。三角形法实际上是将构件表面依复杂形状分成一组或多组三角形在平面上展开。用三角形法作展开图的步骤随构件表面形状变化而有所差异。

437

（1）三角形法作图步骤

① 画出构件的主视图、俯视图或其他必要的辅助图。

② 求出各棱线或辅助线的实长，若构件端面不反映实形还应求出实形。

③ 按求出的实长线和断面实形作出展开图。

（2）同心异径管（正圆锥台）三角形展开法

① 按已知尺寸画出主视图和俯视图，将其上下口分成 12 等份，使表面由 24 个三角形组成。

② 采用直角三角形法求出 12′线（图 7-3）的实长。

③ 按照已知三边作三角形的方法，即可得到同心异径管的展开图，如图 7-3 所示。

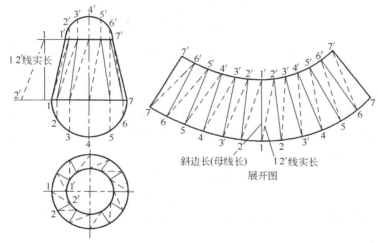

图 7-3　同心异径管的展开

7.2　马蹄弯展开图

7.2.1　直角马蹄弯展开图

马蹄弯又称为两节圆管弯头，分直角和任意角度马蹄弯两种。

图 7-4 为直角马蹄弯的立体图和投影图，马蹄弯的管子外径为 D、高为 h。其展开图的作图步骤如下。

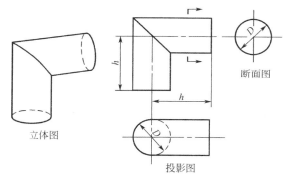

立体图

断面图

投影图

图 7-4　马蹄弯的立体图和投影图

① 以管外径 D 为直径画圆。

② 将半圆分成 6 等份，其等分点的标号为 1，2，3，4，5，6，7。

③ 把圆管周长展开成 12 等份的水平线，总长度为 πD，从左至右依次标注各等分点的标号为 1，2，3，4，5，6，7，6，5，4，3，2，1。

④ 在展开的水平线上，由各点作垂直线，同时由半圆周上各等分点向右引水平线与之相交。

⑤ 用光滑曲线连接各垂直线同水平线的相应交点，即得直角马蹄弯的展开图，如图 7-5 所示。

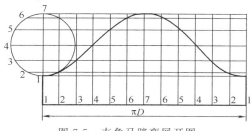

图 7-5　直角马蹄弯展开图

439

7.2.2　任意角马蹄弯展开图

图 7-6 是任意角度马蹄弯的立体图和投影图，在投影图中已知尺寸为 a、b、D、α，具体作图步骤如下。

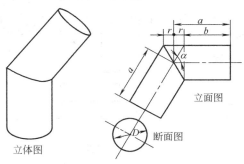

图 7-6　马蹄弯的立体图和投影图

① 用已知尺寸画出立面图和断面图的外形（即实样）如图 7-7（a）所示。

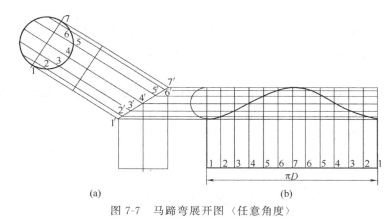

图 7-7　马蹄弯展开图〈任意角度〉

② 将断面图中的半个圆 6 等分，顺序标号为 1，2，3，4，5，6，7。

③ 由圆周各等分点向下侧引圆管中心线的平行线，与投影结合线（即圆管斜口投影线）相交，得出交点为 1′，2′，3′，4′，5′，

440

$6'$，$7'$。

④ 把圆管周长按 12 等份展开成水平线，如图 7-7（b）所示，从左至右得其相应点的标号为 1，2，3，4，5，6，7，6，5，4，3，2，1。

⑤ 在展开的水平线上，由各等分点作垂直线，并同由投影结合线上各点 $1'$，$2'$，$3'$，$4'$，$5'$，$6'$，$7'$引来的水平线相交。

⑥ 用光滑曲线连接各垂直线同水平线的相应交点，得任意角度马蹄弯的展开图，如图 7-7 所示。

7.3　虾壳弯展开图

在施工安装中，有些管道由于压力低、温度低、管壁薄，转弯时的弯曲半径又比较小，常采用虾壳弯。虾壳弯由若干个带有斜截面的直管段构成，组成的节一般为两个端节及若干个中节，端节为中节的一半。虾壳弯一般采用单节、两节或三节以上的节数组成（这里节数是指中节数）。节数越多，弯头越顺，对介质流体的阻力越小。虾壳弯的弯曲半径 R 同煨弯而成的弯管中心线的半径相仿，其计算公式为

$$R = mD$$

式中，R 为弯曲半径；D 为管子外径；m 为所需要的倍数。

由于虾壳弯的弯曲半径小，所以 m 一般在 1～3 倍管外径的范围内，最常用的是 1.5～2 倍管外径。

7.3.1　90°单节虾壳弯展开图

图 7-8 是单节虾壳弯的立体图。绘制其展开图的步骤如下（图 7-9）。

① 在左侧作 $\angle AOB = 90°$。以 O 为圆心，以 R（即 mD）为弯曲半径，画出虾壳弯的中心线（图 7-9 中点画线）。

② 因为整个弯管由一个中节和两个端

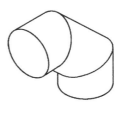

图 7-8　单节虾壳弯
立体图

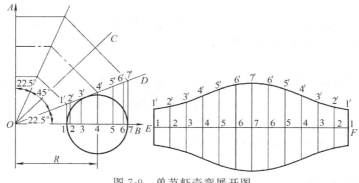

图 7-9　单节虾壳弯展开图

节所组成，因此，端节的中心角 $\alpha = 22.5°$。作图时先将 90°的 $\angle AOB$ 平分成两个 45°角（$\angle AOC$ 及 $\angle COB$），再将 45°的 $\angle COB$ 平分成两个 22.5°（$\angle COD$ 及 $\angle DOB$）。

③ 以弯管中心线与 OB 的交点为圆心，以管子外径的 1/2 长为半径画圆，然后六等分半个圆周。

④ 通过半圆上的各等分点作垂直于 OB 的直线，各垂直线与 OB 线相交各点的序号是 1，2，3，4，5，6，7，与 OD 线相交各点的序号是 $1'$，$2'$，$3'$，$4'$，$5'$，$6'$，$7'$。再将端节左右、上下对称展开。

⑤ 在 OB 延长线上画直线 EF，在 EF 上量出管外径的周长并 12 等分之，从左至右等分点的顺序标号是 1，2，3，4，5，6，7，6，5，4，3，2，1。通过各等分点作垂直线。

⑥ 以直线 EF 上的各等分点为基点，分别截取 $11'$，$22'$，$33'$，$44'$，$55'$，$66'$，$77'$线段长，画在 EF 相应的垂直线上，将所得的各交点用光滑的曲线连接起来，就是端节展开图。如果在端节展开图的另外一半，同样对称地截取 $11'$，$22'$，$33'$，$44'$，$55'$，$66'$，$77'$后用光滑曲线连接起来，即得中节展开图。

7.3.2　90°两节虾壳弯展开图

绘制两节虾壳弯展开图的具体步骤如下。

442

① 作 $\angle AOB = 90°$，以 O 为圆心，以 R（即 mD）为弯曲半径，画出虾壳弯的中心线。

② 因为整个弯管由两个中节和两个端节（相当于 6 个端节）组成，因此，端节的中心角 $\alpha = 15°$。作图时，先将 90°的 $\angle AOB$ 3 等分，使每个角均为 30°，再将离直线 OB 最近的 30°角平分，则 $\angle COB$ 为 15°。

③ 以弯管中心线与 OB 的交点为圆心，以管子外径的 $1/2$ 长为半径画半圆并六等分。

④ 通过半圆上的各等分点，作垂直于 OB 的直线，交 OB 各点的序号是 1，2，3，4，5，6，7，交于 OC 各点的标号是 $1'$，$2'$，$3'$，$4'$，$5'$，$6'$，$7'$。四边形 $11'7'7$ 是个直角梯形，也是该弯头的端节。

⑤ 沿 OB 延线方向画直线 EF，在 EF 上量出管外径的周长并 12 等分之。从左至右等分点的顺序标号是 1，2，3，4，5，6，7，6，5，4，3，2，1。过各等分点作垂直线。

⑥ 以直线 EF 上的各等分点为圆心，以 $11'$，$22'$，$33'$，$44'$，$55'$，$66'$，$77'$ 的线段长为半径，左右、上下对称地在 EF 相应的诸垂直线上画出相交点，将所得的交点用光滑的曲线连接起来，即成两节虾壳弯中节的展开图，如图 7-10 所示。

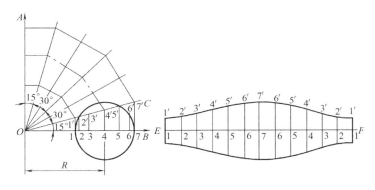

图 7-10　两节虾壳弯展开图

7.4 三通管展开图

7.4.1 同径直交三通管的展开图

三通管俗称马鞍三通，同径直交三通管亦称同径正三通，图7-11是同径正三通的立体图和投影图，其展开图的作图步骤如下。

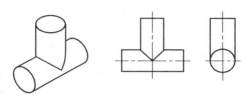

图 7-11　三通管的立体图和投影图

① 以 O 为圆心，以 1/2 管外径为半径作半圆并 6 等分之，等分点为 $4'$，$3'$，$2'$，$1'$，$2'$，$3'$，$4'$。

② 把半圆上的直线 $4'4'$ 向右引延长线 AB，在 AB 上量取管外径的周长，并 12 等分之。自左至右等分点的顺序标号定为 1，2，3，4，3，2，1，2，3，4，3，2，1。

③ 作直线 AB 上各等分点的垂直线，同时，由半圆上各等分点（$1'$，$2'$，$3'$，$4'$）向右引水平线与各垂直线相交。将所得的对应交点连成光滑的曲线，即得管 Ⅰ 展开图（俗称雄头样板）。

④ 以直线 AB 为对称线，将 44 范围内的垂直线，对称地向上截取，并连成光滑的曲线，即得管 Ⅱ 展开图，如图 7-12 所示。

7.4.2 异径直交三通管的展开图

异径直交三通管又称异径正三通或简称异径三通。它由两节不同直径的圆管垂直相交而成，图 7-13 为异径三通的立体图和投影图，其展开图的作图步骤如下。

① 根据主管及支管的外径在一根垂直轴线上画出大小不同的两个圆（主管画成半圆）。

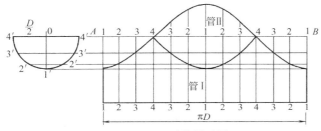

图 7-12　正三通的展开图

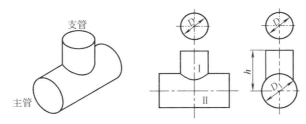

图 7-13　异径三通的立体图和投影图

② 将支管上半圆弧 6 等分（分别标注标号 4，3，2，1，2，3，4），然后从各等分点向下引垂直的平行线与主管圆弧相交，得相应交点 4′，3′，2′，1′，2′，3′，4′。

③ 按支管圆直径 44 向右引水平线 AB，在 AB 上量取支管外径的周长，并 12 等分之，从左至右等分点的标号是 1，2，3，4，3，2，1，2，3，4，3，2，1。

④ 由直线 AB 上的各等分点引垂直线，然后由主管圆弧上各交点向右引水平线与之相交，将对应交点连成光滑的曲线，即得支管展开图（俗称雄头样板）。

⑤ 延长支管圆中心的垂直线，在此直线上以点 1″ 为中心，上下对称量取主管圆弧上的弧长 1′2′，$\overparen{2'3'}$，$\overparen{3'4'}$ 得交点 1″，2″，3″，4″，3″，2″，1″。

⑥ 通过这些交点作垂直于该线的平行线。同时将支管半圆上的六根等分垂直线延长与这些平行直线相交，用光滑曲线连接各相

445

应交点，即成主管上开孔的展开图，如图 7-14 所示。

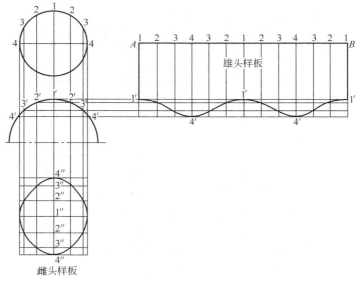

图 7-14　异径三通的展开图

7.4.3　同径斜交三通管的展开图

同径斜交三通管简称同径斜三通，图 7-15 为同径斜三通的立体图和投影图。在投影图中，已知主管与支管交角 α。其展开图的作图步骤如下。

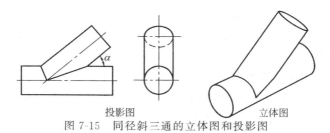

图 7-15　同径斜三通的立体图和投影图

①　根据主管和支管的外径（两管外径相等）及相交角 α 画出斜三通管的实样。

446

② 在支管的顶端画半圆，并 6 等分，由各等分点向下画出与支管中心线平行的斜直线，使之与主管的斜尖角相交得直线 $11'$，$22'$，$33'$，$44'$，$55'$，$66'$，$77'$，将这些线段移至支管周长等分线的相应线段上，将所得交点用光滑曲线连接起来即是支管的展开图（即雄头样板）。

③ 将右断面图的上半圆分成 6 等份，由各交点向左引水平线，与斜尖角重合于 $1'$，$2'$，$3'$，$4'$，$5'$，$6'$，$7'$点。

④ 支管在主管上的各点，从右至左顺序标号为 $1'$，$2'$，$3'$，$4'$，$5'$，$6'$，$7'$，通过这些点向下引垂直线，与半圆周长 $\pi D/2$ 的各等分线相交，得交点 $1''$，$2''$，$3''$，$4''$，$5''$，$6''$，$7''$，用光滑曲线连接各交点即为主管开孔的展开图（即雌头样板），如图 7-16 所示。

7.4.4　异径斜交三通管的展开图

异径斜交三通管简称异径斜三通，图 7-17 为异径斜三通的投影图。在投影图中，已知尺寸为 α（支、主管轴线夹角），D（主管外径），D_1（支管外径）。其展开方法和步骤大致与同径斜三通相同，但支管与主管的结合线须用作图法求得。求出结合线后，展开图的画法与同径斜三通相同，其结合线的作图方法和步骤如下。

① 先画出异径斜三通的立面图与侧面图，在该两图的支管顶端各画半个圆，并 6 等分，等分点标号的顺序为 1，2，3，4，3，2，1。然后在立面图上通过诸等分点向下作斜平行线。同时，在侧面图上通过各等分点引向下的垂直线，这组垂直线与主管圆弧相交，得交点为 $4'$，$3'$，$2'$，$1'$，$2'$，$3'$，$4'$。

② 过各点（$4'$，$3'$，$2'$，$1'$，$2'$，$3'$，$4'$）向左引水平平行线，使之与立面图上斜支管上相应的斜平行线相交，得交点为 $1''$，$2''$，$3''$，$4''$，$3''$，$2''$，$1''$。将这些点用光滑曲线连接起来，即为异径三通管的结合线，如图 7-18 所示。

找出异径斜三通的结合线后，就能得到完整的异径斜三通的主视图，再按照同径斜三通的方法画出主管和支管的展开图，如图 7-19 所示。

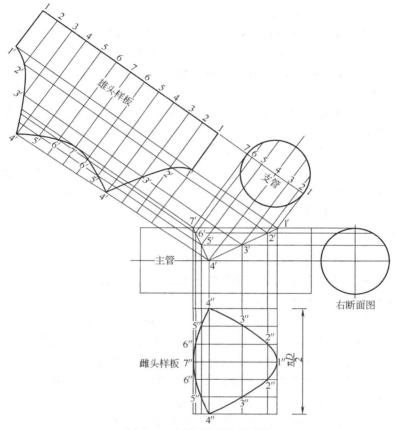

雄头样板

支管

主管

右断面图

雌头样板

$\dfrac{\pi D}{2}$

图 7-16　同径斜三通展开图

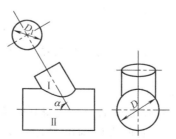

图 7-17　异径斜三通的投影图

448

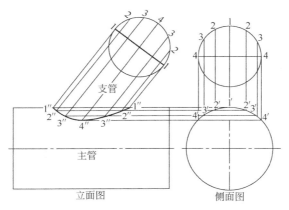

图 7-18　结合线的求法

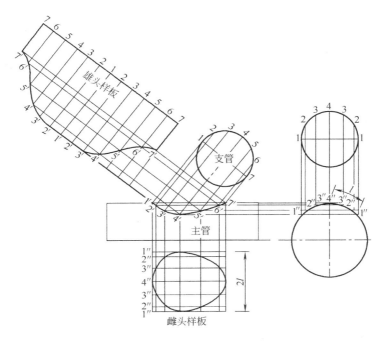

图 7-19　异径斜三通的展开图

449

7.4.5　异径一侧直交三通管的展开图

异径一侧直交三通管又称偏心直交三通管，简称偏心正三通，图 7-20 为偏心正三通的立体图和投影图，在投影图中，已知尺寸为 a，h，R，D。其展开图的作图步骤如下（图 7-21）。

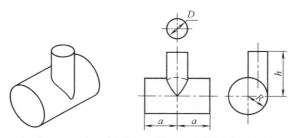

图 7-20　异径一侧直交三通管的立体图和投影图

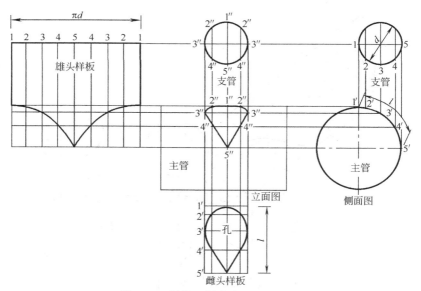

图 7-21　异径一侧直交三通展开图

① 先画立、侧面图，然后作两个支管顶端的断面半圆，并将半圆周分别 4 等分。侧面图半圆内等分点的顺序标号是 1，2，3，

4，5。由侧面图上方四周等分点分别向下引垂直线，与主管断面圆周相交，交点序号相应为1′，2′，3′，4′，5′。

② 由各交点1′，2′，…向左引水平线，与由立面图上方支管圆周等分点分别向下所引的垂直线相交，将对应交点（1″，2″，3″，…），连成光滑曲线，即为所求的结合线。

③ 由支管的顶口线向左引水平线并在水平线上截取11等于断面图上的支管四周展开长度（πd），8等分该展开的支管四周长度，得等分点标号为1，2，3，4，5，4，3，2，1。

④ 由各等分点（1，2，3，…）向下引垂线，与由结合线各点（1″，2″，3″，…）向左所引的平行线相交，将对应交点连成光滑曲线，即为支管的展开图（雄头样板）。

⑤ 在立面图上，将支管半圆4等分，由等分点1″，2″，3″，4″，5″分别向下引垂直线与过按侧面图的主管圆弧 l 展开后各段弧上点所引的平行线相交，将对应交点连成光滑曲线，即为主管开孔的展开图（雌头样板）。

7.4.6　等角等径裤裆三通管的展开图

图 7-22 为等角等径裤裆三通管的展开图，图中 D 为三通管的外径。从裤裆三通管的三个支管来看，可知每个支管都是从管中心向左右斜截两次，在三角形 OAB 中，$\angle AOB = 120°$，$\angle OAB$ 和 $\angle OBA$ 都为 30°。因此，求作展开图用的小圆半径的计算式为

$$r = \tan 30° \times \frac{D}{2} = \frac{\sqrt{3}}{3} \times \frac{D}{2} = 0.2887D$$

作展开图的具体步骤如下。

① 用已知尺寸画出立面图的外形（即实样）。

② 由三通管交接线的中心 O 点，向右引水平线。

③ 在水平线上量出管外径的周长，并12等分，各等分点从左至右的顺序标号是1，2，3，4，3，2，1，2，3，4，3，2，1。通过各等分点向下引垂直线。

④ 以水平线左边端点1为圆心，以 r 为半径画1/4圆。3等分该圆弧得等分点1′，2′，3′，4′。由各等分点向右引水平线，与管

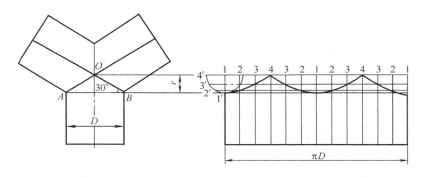

图 7-22　等角等径裤裆三通管展开图

外径周长各等分点的下引垂直线相交。将诸对应交点连成光滑曲线，即得出所求展开图。

7.4.7　任意角度的等径裤裆三通管的展开图

对于任意角度的等径裤裆三通管，通常是用放样的方法来求展开图，其具体步骤如下。

① 用已知尺寸画出立面图和断面图的外形（即实样）。

② 将断面图半个圆周 6 等分，等分点标号为 1，2，3，4，5，6，7。

③ 由各等分点向上引管Ⅱ中心线的平行线，与管Ⅰ结合线的交点为 $1'$，$2'$，$3'$，$4'$，与管Ⅱ结合线的交点为 $4'$，$5'$，$6'$，$7'$。

④ 管Ⅰ展开图的求法如下。

在 AB 延长线上量出管外径的周长，并 12 等分，各等分点从左至右的顺序标号为 1，2，3，4，3，2，1，2，3，4，3，2，1。

通过各等分点向下引垂直线，并将其与由结合线各点（$1'$，$2'$，$3'$，$4'$）向左引来的诸条 AB 平行线的对应交点连成光滑曲线，即得出管Ⅰ展开图。

⑤ 管Ⅱ展开图的求法如下。

在 CD 延长线上量出管外径的周长，并 12 等分，各等分点自左至右的顺序标号是 $7''$，$6''$，$5''$，$4''$，$3''$，$2''$，$1''$，$2''$，$3''$，$4''$，$5''$，$6''$，$7''$。

由各等分点引 CD 延长线的垂直线，并将其与由结合线各点引

来的 CD 平行线的对应交点连成光滑曲线，即得出管Ⅱ展开图。如图 7-23 所示。

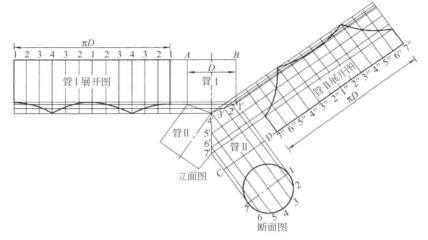

图 7-23　任意角度的等径裤裆三通管展开图

7.5　异径管展开图

绘制偏心异径管展开图（图 7-24）的具体步骤如下。

① 画偏心异径管立面图 $AB17$。

② 延长 $7A$ 及 $1B$ 相交于 O 点。

③ 以线段 17 为直径，画半圆，并 6 等分，其等分点为 2，3，4，5，6。

④ 以 7 点为圆心，以 7 点到半圆各等分点的距离为半径画同心圆弧，分别与线段 17 相交，其交点为 $2'$，$3'$，$4'$，$5'$，$6'$。

⑤ 自 O 点连接 $O6'$，$O5'$，$O4'$，$O3'$，$O2'$的连线交 AB 线于 $6''$，$5''$，$4''$，$3''$，$2''$各点。

⑥ 以 O 点为圆心，分别以 $O7$，$O6'$，$O5'$，$O4'$，$O3'$，$O2'$，$O1$ 为半径作同心圆弧。

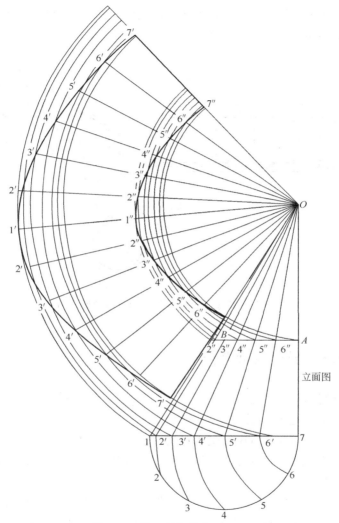

图 7-24　偏心异径管的展开图

　　⑦ 在 O7 为半径的圆弧上任取一点 7′，以点 7′ 为起点，以半圆等分弧的弧长（如 $\overset{\frown}{67}$）为线段长，顺次阶梯地截得各同心圆弧交点 6′，5′，4′，3′，2′，1′。

454

⑧ 以 O 点为圆心，以 OA，$O6''$，$O5''$，$O4''$，$O3''$，$O2''$，OB 为半径，分别画圆弧顺次阶梯地与 $O7'$，$O6'$，$O5'$，$O4'$，$O3'$，$O2'$，$O1'$各条半径线相交于 $6''$，$5''$，$4''$，…各点。以光滑曲线连接所有交点即为偏心异径管的展开图。

7.6 展开下料的壁厚处理

钢管都有一定的壁厚，分内径、外径和平均直径。在展开下料过程中，如果取错管径，作出来的展开图及管件的下料会产生较大的误差。因此，在展开下料前必须根据具体情况决定用外径还是用内径。解决这个问题的过程称为壁厚处理。凡壁厚（板厚）大于 1.5mm 的，均应进行壁厚处理。下面以几个典型管件为例来说明壁厚处理的方法。

7.6.1 圆管下料展开长度的计算

（1）用钢板卷制的圆管展开长度的计算　钢板在卷成圆管时，里面受压缩短，外面受拉伸长，中性层不变。因此应按中径计算圆管展开长度，即 $L = \pi(d + t)$ mm，如图 7-25 所示。

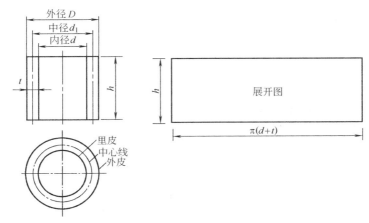

图 7-25　圆管下料展开长度的计算

（2）在成品圆管上下料展开长度的计算　在成品圆管上下料，主要是做出样板，围在管子的外边画线。因样板不可能紧贴管子，同时样板也有一定厚度，因此一般按管子的外径加 1.5mm 再乘以 π。即管子的样板计算展开长度 $L = \pi(D + 1.5)$mm。

7.6.2　圆管弯头铲 V 形坡口壁厚处理

圆管弯头的结合点情况，如图 7-26 所示。此弯头的结合线都要求铲 V 形坡口。结合点 A、B 是内壁先接触，因此需按内壁放样。展开图长度则按圆管下料展开长度计算。

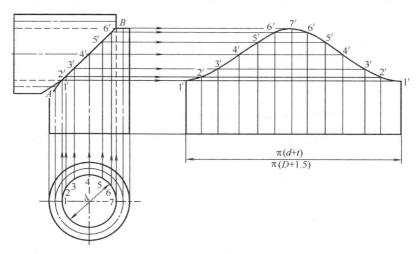

图 7-26　圆管弯头铲 V 形坡口壁厚处理

7.6.3　圆管弯头不铲坡口壁厚处理

从图 7-27 的结合线可以看出，在圆管弯头不铲坡口的情况下，点 A 是外壁先接触，点 B 是内壁先接触，点 O 是平的，也是上下坡口的交点，因此 AO 以外壁为基准，坡口在里面，BO 以内壁为基准，坡口在外面。当放样时 AO 结合线上的结合点，即为断面图的外壁等分点。BO 结合线的结合点，即为断面图的内壁等分点。展开图长度则按圆管下料展开长度计算。

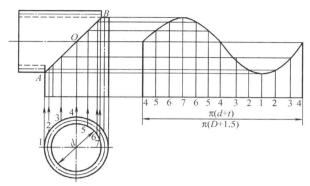

图 7-27　圆管弯头不铲坡口壁厚处理

7.6.4　异径三通管壁厚处理

如图 7-28 所示，不铲坡口的异径三通管，支管Ⅰ按内径放样，主管Ⅱ按外径放样。如果管壁较厚，支管Ⅰ要求两面有坡口时，则按中径放样，而主管Ⅱ按外径放样。但无论支管按内径或中径放样，支管展开长度则按成品管或卷板管来确定。主管切孔的展开长度按外径确定。

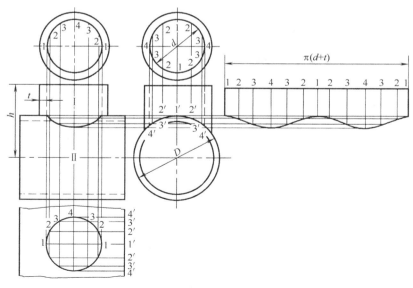

图 7-28　异径三通管的壁厚处理

7.6.5 等径三通管壁厚处理

如图 7-29 所示,等径三通的连接,不论直交还是斜交,结合线的投影都是直线,因此都按外径放样。开孔的展开也按外径计算。

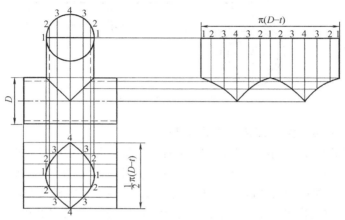

图 7-29　等径三通管的壁厚处理

7.7　管道工程测绘图

7.7.1　测绘的目的

管道测绘,就是在施工现场,按照设计图纸的要求,根据设备已经安装就位的情况和土建的实际情况,对待安装的管段尺寸进行实测,并绘制成施工草图,以满足管道加工和预制的需要。目前,由于各种因素的影响(如设备制造、安装误差、土建施工误差)如果直接按照设计图纸上的尺寸下料制作,往往会给安装工作带来一些困难,甚至造成返工浪费。所以,施工前一般都要进行现场实测。另外在石化生产装置中,有时根据检修计划需要改造或更换部分管路,有时需要新增一部分管路,必须保证原管路或设备接口位置不变,尤其是对于高压管路,由于装配要求十分严格,预制的管路必须严格按照实际尺寸配制，以保证检修或安装的高质量。

7.7.2　测绘工具

详见第 7 章第 7.1 节。

7.7.3　测绘的基本原理和方法

管道测绘是利用三角形的边角关系和空间三轴坐标来确定管道的位置、尺寸和方向。测绘时首先要确定基准，根据基准进行测绘。管道工程一般都要求横平、竖直、眼正（法兰螺栓孔正）、口正（法兰面正）。因此，基准的选择离不开水平线、水平面、垂直线、垂直面，测绘时应根据施工图纸和施工现场的具体情况进行选择。

管路中法兰的安装位置，一般情况下是平眼（双眼），个别情况也有立眼（单眼），这两种情况都称为眼正，如图 7-30 所示。测量时，可以法兰螺栓孔水平线或垂直线为准，用水平尺或吊线方法来检查法兰螺栓孔是否正。

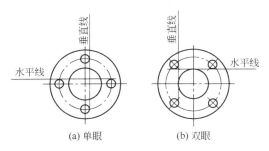

(a) 单眼　　　　　(b) 双眼

图 7-30　法兰单眼和双眼

法兰密封面与管子的轴线互相垂直时，称为口正。当法兰口不正时，称为偏口（或张口）。测量时用直角尺检查。

测量长度用钢卷尺。管道转弯处应测量到转弯的中心点，可在管道转弯处两边的中心线上各拉一条细线，两条线的交叉点就是管道转弯处的中心点。

测量标高一般用水准仪，也可以从已知的标高用钢卷尺测量。

测量角度可以用经纬仪。但常见方法是在管道转弯处两边的中心线上各拉一条细线，用量角器或活动角尺测量两条线的夹角，也就是弯管的角度。

在进行施工测绘的过程中，首先应根据图纸的要求定出主干管各转弯点的位置。在水平管段先测出一端的标高，并根据管段的长度和坡度，定出另一端的标高。两点的标高确定后，就可以定出管道中心线的位置。再在干管中心线上定出各分支处的位置，标出分支管的中心线。然后把管路上各个管件、阀门、管架的位置定出。测量各管段的长度和弯头的角度，并标注在测绘草图上，即完成现场实测工作。

7.7.4　现场测绘实例

（1）现场法兰短管测量　短管用于相距较近且位于一条直线上的两个法兰口的连接，其测量方法如图 7-31 所示。

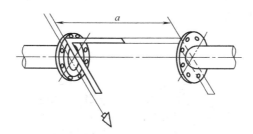

图 7-31　短管测量示意图

① 用吊线或水平尺测量两端法兰螺栓孔是否正。

② 用两个直角尺测量两端法兰口（垂直方向口亦可用水平尺测量）是否正。

③ 用卷尺测量短管长度 a。

（2）水平 90°弯管测量　水平 90°弯管又称水平直角弯，用于同一水平面互成直角的两法兰口的连接，其测量方法如图 7-32 所示。

① 用吊线或水平尺测量两端法兰螺栓孔和法兰口是否正。

460

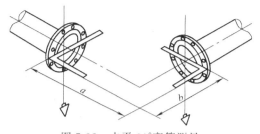

图 7-32　水平 90°弯管测量

②　用两个直角尺测量法兰水平方向口是否正，并保证在成 90°角的情况下，用卷尺测量 90°弯管的两端长度 a、b（测量长度应减去法兰半径）。

（3）垂直 90°弯管测量　　垂直 90°弯管用于在同一铅垂面内互成直角的两法兰面的连接，其测量方法如图 7-33 所示。

①　用直角尺沿水平管方向测量垂直管法兰螺栓孔是否正，用吊线或水平尺测量水平管法兰螺栓孔是否正。

②　用水平尺测量两端法兰口是否正。

③　用吊线量出长度 b，加上法兰半径即为水平管长。

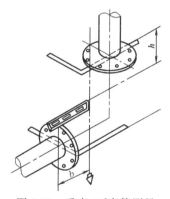

图 7-33　垂直 90°弯管测量

④　用水平尺及吊线量出 h 长。h 加水平尺厚及法兰半径即为垂直管长。

（4）水平来回弯管测量　　水平来回弯管又称水平灯叉弯，用于在同一平面内，但不在同一中心线上的两法兰口的连接，测量方法如图 7-34 所示。

①　用吊线或水平尺测量两端法兰孔和法兰口是否正。

②　用两个直角尺与钢卷尺测量来回弯管长度 a 和间距 b。

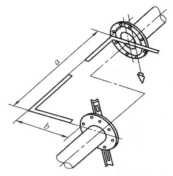

图 7-34　水平来回弯管测量

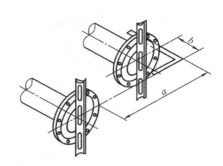

图 7-35　180°弯管测量

（5）180°弯管测量　180°弯管又称 U 形弯，用于中心线平行，朝向一致的两法兰口的连接。测量方法如图 7-35 所示。

① 用吊线或水平尺测量两端法兰螺栓孔是否正。

② 用吊线或水平尺测量两端法兰上下方向口是否正，用直角尺测量法兰水平方向口是否正。

③ 用卷尺测量 180°弯管长度 a、b。

（6）摆头弯管测量　摆头弯管又称摇头弯，用于在空间相互交错的两法兰口的连接。测量方法如图 7-36 所示。

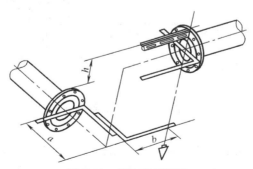

图 7-36　摆头弯管测量

① 用吊线或水平尺测量两端法兰螺栓孔是否正。

② 用吊线和弯尺测 a、b 长，并测量两端法兰水平方向口是否

正，用水平尺和吊线测量上下方向口是否正。

③ 用水平尺和线测量摆头高 h 。

（7）三通管测量　其测量方法如图 7-37 所示。

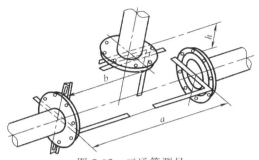

图 7-37　三通管测量

① 三通管主管测量与短管测量方法相同。

② 用水平尺测量三通支管法兰口是否正，用直角尺或钢板尺测量法兰螺栓孔是否正。

③ 用水平尺测量三通支管长。三通主管的偏心可用吊线测量。

（8）任意角度水平弯管的测量　其测量方法如图 7-38 所示。

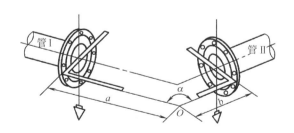

图 7-38　任意角度水平弯管的测量

① 用吊线或水平尺测量两端法兰螺栓孔及法兰口是否正。

② 由管Ⅰ、管Ⅱ各引出直角线，测量 a 、b 的长度。

③ 用角度尺测 a 、b 线所夹的角度 α 。

对于不带法兰的弯管，可参照上述有关方法进行测量。

7.7.5 管道测绘与加工长度的确定

（1）常用概念

① 建筑长度。管路中的支管、管件、阀件、仪表控制点以及它们与相邻的设备口或其他附件之间的距离称为建筑长度，如图7-39所示。

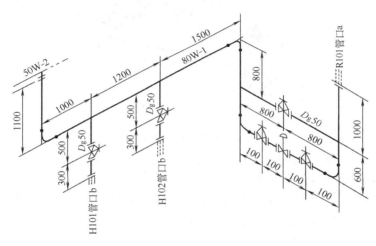

图 7-39 管道的建筑长度

建筑长度在管路系统中决定着支管、管件、阀件、仪表控制点的中心位置，此长度一般需要通过现场实测才能确定，但有条件时，也可按施工图量算。

② 安装长度。管路中管子、管件、阀件、仪表元件等的有效长度称为安装长度。安装长度的总和等于建筑长度。建筑长度减去管件、阀件、仪表元件的安装长度，即等于管子的安装长度。管件、阀件、仪表元件的安装长度（即结构长度），可从有关的产品目录或样本中查到，或直接按实物量取。

③ 预制加工长度。两零件或零件与设备口间所装配的管子的下料长度称为预制加工长度。

（2）预制加工长度的确定方法

① 计算法。预制加工长度应根据安装长度来计算。它还与管道的连接方式和加工工艺有关。

直管的预制长度在理论上与其安装长度相等，但实际上并不完全相同，当用平焊法兰连接时，则管子的下料长度等于其安装长度减去 $2\times(1.3\sim1.5)S$（S 为管子的壁厚），如图 7-40(a) 所示。其他形式的法兰连接可按类似的方法进行计算。

如用螺纹连接时，则管子的预制长度等于其安装长度加上拧入零件内螺纹部分的长度，如图 7-40(b) 所示。

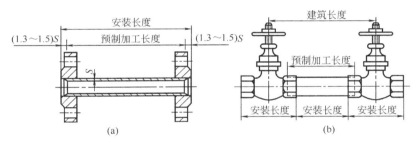

图 7-40　管道的加工（下料）长度

拧入零件内螺纹部分的长度与管件、阀件和仪表元件的规格型号有关，可查阅有关产品目录和样本或按实物量取。

焊接连接时，管子的下料长度等于其安装长度减去焊接时对口的间隙。间隙的大小与管子的壁厚以及焊接工艺有关。

弯管的下料长度等于其展开长度，但在实际弯曲过程中，弯曲部分往往要伸长一点，所以弯管的下料长度应等于它的展开长度减去伸长量。伸长量与管径、壁厚、弯曲半径、弯曲方法以及弯曲角度和材质等有关。可用计算方法或通过试验来决定。

② 比量法。在地面上或实际安装位置上按所需要的尺寸将配件排列或安装好，然后用管子比量，找出下料切断线，这种方法称为比量法，如图 7-41 所示。此方法不能适应现代化施工的需要，一般只用于临时工程、水暖和维修工程。

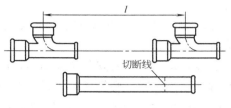

图 7-41　比量法示意图

　　加工长度的正确与否，将直接影响工程的质量和进度。因此，下料时，一定要周密考虑，并仔细核对有关尺寸，决不可粗心大意。

第8章 管工常用工具与设备

管工作业时，需根据设计图样的要求，使用量具、工具和机具对管线进行测量、定位、安装，对管件进行预制加工等。管工工具除专用工具外，部分工具与钳工工具通用。

8.1 常用量具的使用与维护

在管道工程中，为保证质量和要求就必须使用量具来检查和测量。

8.1.1 钢尺

钢尺是度量零件长、宽、高、深及厚等的量具。其测量精度为 0.3～0.5mm。钢尺一般有钢板尺（图 8-1）、钢卷尺（图 8-2）。其刻度一般有英制和公制两种。钢尺的规格按长度分有 150mm、300mm、500mm、1000mm 或更长等多种。钢卷尺常用的有 1000mm、2000mm 两种，尺上的最小刻度为 0.5mm 或 1mm。对 0.5mm 以下的尺寸要用游标卡尺、千分尺等量具测量。

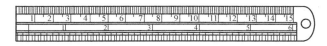

图 8-1 钢板尺

图 8-2 钢卷尺

用钢尺测量工件时要注意尺的零线是否与工件边缘相重合。为了使尺放得稳妥，应用拇指贴靠在工件上，如图 8-3 所示。在读数时，视线必须与钢尺的尺面相垂直，否则，将因视线歪斜而引起读数的误差。

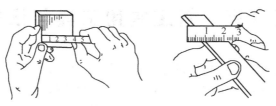

图 8-3 钢尺的使用

钢板尺使用及维护注意事项如下。

① 测量工件或划线下料时，要将钢板尺放平且紧贴工件，不得将尺悬空或远离工件读数。

② 使用时要注意保护刻度，防止磨损。

③ 不得用钢板尺来铲铁锈、除污泥或拧螺钉等。

④ 使用完毕要及时将尺面擦拭干净。长期不用时，应涂油脂防锈。

钢卷尺使用及维护注意事项如下。

① 按测量距离拉出需要的长度。测完一段后，需将尺带抬离地面，不得将钢卷尺拖地而行。

② 测量较长的距离时，要防止尺子扭曲变形。

③ 使用钢卷尺应注意不得与带电物体接触，防止尺子被电弧烧坏。

④ 钢卷尺用完后，应擦拭干净。长期不用时，应涂油防锈。

8.1.2 布卷尺

布卷尺又称皮尺，常用的规格有 5m、10m、15m、20m、30m、50m 等。使用布卷尺时的注意事项如下。

① 按实际测量距离拉出需要的长度。

② 测量中，尺带要拉直，但不要拉得过紧，以免拉断尺带，

也不可拉得过松，以免影响测量的准确性。

③当测量较长距离时，宜两人一道操作。使用中不可将尺子在地上拖来拖去，以免磨损尺带。

图 8-4　用布卷尺测量管子长度

④尺子使用后，应及时将尺带擦拭干净，平直地卷入尺盒里。

用布卷尺测量管子长度，如图 8-4 所示。

8.1.3　直角尺（弯尺）

直角尺一般分整体和组合的两种，如图 8-5 所示。整体直角尺是用整块金属制成的。组合直角尺是由尺座和尺苗两部分组成的。直角尺的两边长短不同，长而薄的一边称尺苗，短而厚的一边称尺座。有的直角尺在尺苗上带有尺寸刻度。

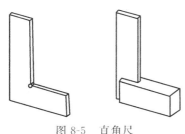
图 8-5　直角尺

直角尺的使用方法：将尺座一面靠紧工件基准面，尺苗向工件的另一面靠拢，观察尺苗与工件贴合处，用透过光线是否均匀来判断工件两邻面是否垂直，如图 8-6 所示。

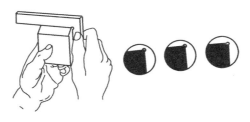
图 8-6　直角尺的使用

在管道工程中钢角尺用来检验弯管的直角、法兰安装的垂直度、划垂直线及型钢划线等。

管道工程中所用的宽座角尺由长臂和短臂即宽座两部分组成，长臂上有长度的刻度。常用于各类型钢的划线，以及检验法兰安装的垂直度。管道工程中所用的扁钢角尺的长臂和短臂是用同样规格、相等厚度的扁钢制成的，常用于测量管道虾壳弯及煨制 90°弯管。

直角尺的使用及维护注意事项如下。

① 使用时应轻拿轻放，保护刻度。

② 不得用角尺敲击被测物。

③ 使用完毕应及时擦拭干净，并涂油保存。

8.1.4 卡钳

卡钳分为内卡钳和外卡钳两种，如图 8-7、图 8-8 所示。

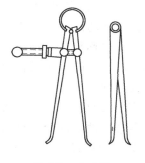

图 8-7 内卡钳   图 8-8 外卡钳

内卡钳用于测量工件内径、凹槽等，外卡钳用于测量外径和平行面等。

用卡钳测量，是靠手指的灵敏感觉来取得准确的尺寸。测量时，先将卡钳掰到与工件尺寸近似，然后轻敲卡钳的内外侧，来调整卡脚的开度。调整时，不可在工件表面上敲击，也不可敲击卡钳的卡脚，避免损伤工件的表面和卡脚。如图 8-9 所示。

测量外部尺寸时，将调好尺寸的卡钳通过工件表面，手指有摩擦的感觉，如图 8-10 所示。测量内部尺寸时，将内卡钳插入孔内，将一卡脚和工件表面贴住，另一卡脚做前后左右摆动，经反复调

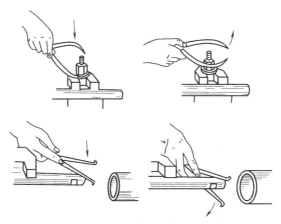

图 8-9　内外卡钳卡脚开度的调整方法

整，达到卡脚贴合松紧合适，手指有轻微摩擦的感觉，如图 8-11
所示。

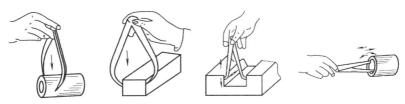

图 8-10　外卡钳的使用　　　　　图 8-11　内卡钳的使用

　　用卡钳测量工件不能直接读数，必须借助其他量具。借助时，
应使一卡脚靠紧基准面，另一卡脚稍微移动，调到使卡脚轻轻接触
表面或与刻度线重合为止，如图 8-12、图 8-13 所示。

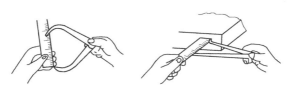

图 8-12　在钢板尺上测量尺寸

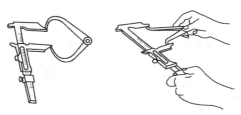

图 8-13　在游标卡尺上测量尺寸

8.1.5　游标卡尺

游标卡尺是一种比较精密的量具。它可以直接量出工件的内外径、宽度、长度、深度和孔距等。

游标卡尺的构造如图 8-14 所示。它是由主尺和副尺（游标）组成。主尺和固定卡脚制成一体，副尺和活动卡脚制成一体，并依靠弹簧压力沿主尺滑动。

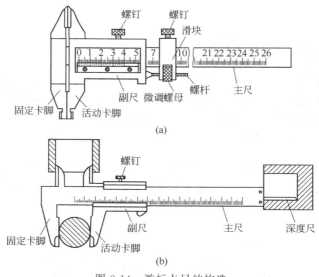

图 8-14　游标卡尺的构造

测量时，将工件放在两卡脚中间，通过副尺刻度与主尺刻度相对位置，便可读出工件尺寸。当需要使副尺做微动调节时，先拧紧

472

螺钉,然后旋转微调螺母,就可推动副尺微动。有的游标卡尺带有测量深度尺的装置,如图8-14(b)所示。

游标卡尺按测量范围可分为 0～125mm、0～150mm、0～200mm、0～300mm、0～500mm 等几种,按其测量精度可分为 0.1mm、0.05mm、0.02mm 三种,这个数值就是指卡尺所能量得的最小尺寸。

① 精度为 0.1mm 的游标卡尺主尺每小格 1mm,每大格 10mm。主尺上的 9mm 刚好等于副尺上的 10 个格,如图 8-15 所示。

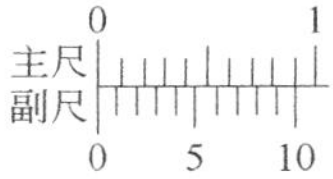

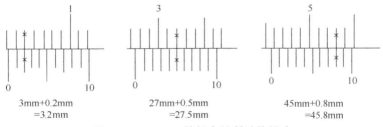

图 8-15 0.1mm 游标卡尺刻度线原理

副尺每小格是:9mm/10＝0.9mm。主尺与副尺每格的差是 1mm－0.9mm＝0.1mm。

游标卡尺的读数分为三步:查出副尺零线前主尺上的整数;在副尺上,查出与主尺刻线对齐的那一条刻线的读数,即为小数;将主尺上的整数和副尺上的小数相加即得读数。即工件尺寸＝主尺整数＋副尺格数×卡尺精度,如图 8-16 所示。

3mm+0.2mm
=3.2mm

27mm+0.5mm
=27.5mm

45mm+0.8mm
=45.8mm

图 8-16 0.1mm 游标卡尺所示的尺寸

② 精度为 0.05mm 的游标卡尺主尺每小格 1mm,每大格 10mm。主尺上的 19mm 长度,在副尺上分成 20 格,如图 8-17 所示。

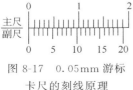

图 8-17 0.05mm 游标卡尺的刻线原理

副尺每格长度是:19mm/20＝0.95mm。主尺与副尺每格相差 1mm－0.95mm＝0.05mm。图 8-18 即为这种卡尺所示的尺寸。

4mm+0.35mm
=4.35mm

60mm+0.05mm
=60.05mm

22mm+0.5mm
=22.5mm

图 8-18   0.05mm 游标卡尺所示的尺寸

③ 精度为 0.02mm 的游标卡尺主尺每小格 1mm，每大格 10mm。主尺上的 49mm 长度，在副尺上分成 50 格，如图 8-19 所示。

图 8-19   0.02mm 游标卡尺的刻线原理

副尺每格长度是：49mm/50＝0.98mm。主尺与副尺每格相差 1mm－0.98mm＝0.02mm。图 8-20 即为这种卡尺所示的尺寸。

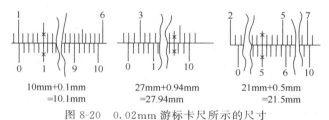

10mm+0.1mm
=10.1mm

27mm+0.94mm
=27.94mm

21mm+0.5mm
=21.5mm

图 8-20   0.02mm 游标卡尺所示的尺寸

④ 游标卡尺的使用方法   在使用前，首先检查主尺与副尺的零线是否对齐，并用透光法检查内外脚量面是否贴合，如有透光不均，说明卡脚量面已有磨损。这样的卡尺不能测量出精确的尺寸。

a. 正确握尺，如图 8-21 所示。小卡尺一般单手握尺，大卡尺要用双手握尺。

b. 正确接触被测位置，如图 8-22 所示。图中实线量爪表示接触部位正确，双点画线量爪表示接触部位错误。

c. 正确进尺。测量进尺时，不许把量爪挤上工件，应预先把

474

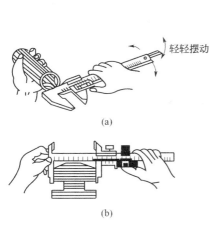

(a)

(b)

图 8-21　卡尺的握尺与测量

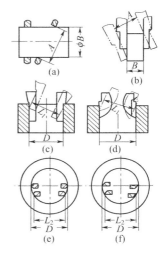

(a)

(b)

(c)

(d)

(e)

(f)

图 8-22　卡尺测量中的接触部位

量爪间距调整到稍大于（测量外尺寸时）或小于（测量内尺寸时）
被测尺寸。

　　量爪放入测量部位后，轻轻推动游标，使量爪轻松接触测量
面，如图 8-23 所示。

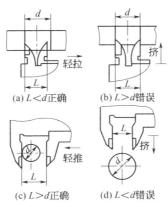

(a) $L<d$ 正确

(b) $L>d$ 错误

(c) $L>d$ 正确

(d) $L<d$ 错误

图 8-23　卡尺测量时的进尺方法

8.1.6　焊接测量器

焊接测量器专用于测量焊接件的坡口、装配尺寸、焊缝尺寸和角度等的测量工具。其结构如图 8-24 所示。

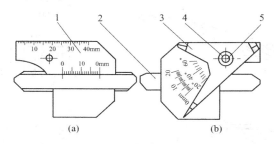

(a)　　　　　　　　(b)

图 8-24　焊接测量器

1—测量块；2—活动尺；3—测量角；4—垫圈；5—铆钉

焊接测量器使用方法如图 8-25 所示。

① 测量管子错边方法如图 8-25(a) 所示。

② 测量坡口角度方法如图 8-25(b) 所示。

③ 测量装配间隙方法如图 8-25(c) 所示。

④ 测量焊缝余高方法如图 8-25(d) 所示。

⑤ 测量角焊缝厚度方法如图 8-25(e) 所示。

⑥ 测量对接间隙方法如图 8-25(f) 所示。

8.1.7　水平仪

水平仪又称水平尺，有条形和框式两种，用于测量管道及设备的水平度，较长的水平仪还可测量垂直度。

管道工常用的是条形的水平尺，如图 8-26 所示。水平尺在平面中央装有一个横向水泡玻璃管，用于检查平面水平度；另一个垂直水泡玻璃管，则用于检查垂直度。通过观察玻璃短管内气泡是否处在中间位置，来判定被测管道或设备是否水平或垂直。

使用及维护注意事项如下。

① 测量前，要将测量表面与水平仪工作表面擦干净，以防测量不准确或损伤工作表面。

476

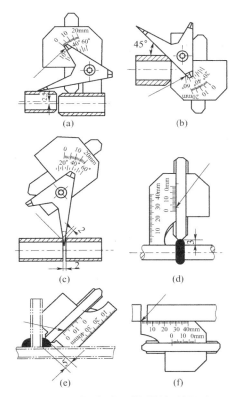

图 8-25　焊接测量器测量焊缝尺寸

② 用水平仪读数时，视线
要垂直对准气泡玻璃管，否则
读数不准。

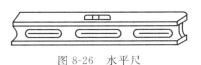

图 8-26　水平尺

③ 水平仪要轻拿轻放，放
正放稳，不准在测量设备表面上将水平仪拖来拖去。

④ 检查管道或设备垂直度时，应用力均匀地将水平仪靠紧在
管道或设备立面上。

8.1.8　线锤

线锤用于测量立管的垂直度。线锤的规格以质量划分，管道工

使用的一般在 0.5kg 以下。

8.2　常用手动工具的使用与维护

　　常用的手动工具有手锤、錾子、钢锯、锉刀、管子割刀、扳手、管子钳、链条钳、台虎钳、管子铰板、螺纹铰板、丝锥等。

8.2.1　手锤

　　手锤管道工常用的手锤是钳工锤和八角锤。手锤由锤头和木柄组成，其规格用锤头质量表示。钳工锤如图 8-27(a) 所示，管道工常用的为 0.5kg 和 1kg 两种。八角锤俗称大榔头，如图 8-27(b) 所示，管道工常用的是 1.3～1.8kg 等几种。手锤常用于管道调直、錾打墙洞（楼板洞）、金属錾削、管子錾割、拆卸管道等。

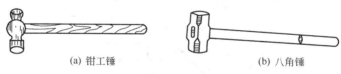

(a) 钳工锤　　　　　　　　　　　　(b) 八角锤

图 8-27　手锤

手锤的使用及维护注意事项如下。

　　① 手锤平面应平整，有裂痕或缺口的手锤不得使用。当锤面呈球面或有卷边时，应将锤面磨平后，方可使用。

　　② 锤柄长度要适中，一般约为 300mm。锤柄安装要牢固可靠，为防止锤头脱落，必须在端部打入楔子，将锤头锁紧，如图 7-28 所示。

　　③ 锤柄不得弯曲，不得有蛀孔、节疤及伤痕，不可充当撬棍，以免锤柄折断或受损伤。

　　④ 使用手锤时，手柄和手锤面上均不应沾有油脂，握手锤的手不准戴手套，手掌上有油或汗应及时擦掉。

　　⑤ 操作中若发现锤把楔子松动、脱落或手柄出现裂纹，应及时修理。

478

8.2.2　錾子

錾子种类很多，管道工常用的是扁錾和尖錾，如图 8-29 所示。

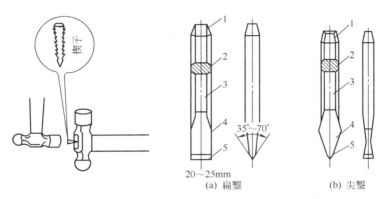

图 8-28　锤柄安装

图 8-29　錾子

1—头；2—剖面；3—柄；4—斜面；5—锋口

(a) 扁錾　　　　　(b) 尖錾

扁錾主要用来錾切平面和分割材料、去除毛刺等。尖錾用于錾各种槽、分割曲线形板料等。

錾子使用及维护注意事项如下。

① 各种錾子的刃口必须经淬火才能使用。

② 卷了边的錾头，应及时修磨或更换。修磨时应先在铁砧上将蘑菇状的卷边敲掉后，再在砂轮机上修磨。刃口钝了的錾头，可在砂轮机上磨锐。经多次修磨后的錾子，须再次锻打并经淬火后方能使用。

③ 錾子头部不能有油脂，否则锤击时易使锤面滑离錾头。

④ 錾子不可握得太松，以免锤击时錾子松动而击打在手上。

8.2.3　钢锯

钢锯又称手锯，是手工锯削的工具。钢锯由锯弓、锯把和锯条组成，分固定式和可调式两种。图 8-30 所示为可调式锯弓。锯条按齿距大小可分为粗、细两种。钢锯主要用于锯断工件材料或锯出沟槽。

使用及维护注意事项如下。

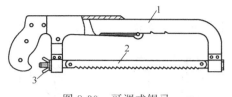

图 8-30 可调式锯弓
1—锯弓；2—锯条；3—蝶形螺母

① 应 根 据 工 件 的 材质 及 厚 度 选 择 合 适 的 锯条。一般锯割厚度较薄、材料较硬的工件应选择较小的锯齿；反之，选用较大的锯齿。

② 钢锯安装锯条时，锯齿尖应朝前，不能装反。锯条装得不能过松，也不能过紧，过松会使锯条发生扭曲，容易折断，太紧会失去应有的弹性，也易折断。

8.2.4 锉刀

锉刀是从金属工件表面锉掉金属的加工工具。管道工常用锉刀锉削管子坡口、毛刺、焊接飞溅及加工零件等。按断面形状可分为平锉、半圆锉、方锉、三角锉和圆锉等，如图 8-31 所示。锉刀的齿有粗有细，可分为粗锉、细锉和油光锉等。

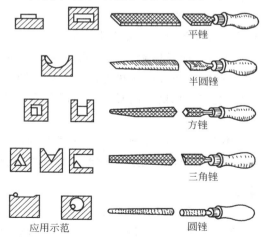

平锉

半圆锉

方锉

三角锉

应用示范　　圆锉

图 8-31 锉刀断面的形状

使用及维护注意事项如下。

① 锉刀的粗细选择应根据工件的加工余量、加工精度、表面

粗糙度及工件材料性质来决定。

② 锉刀断面形状和长度的选择取决于加工表面的形状。

③ 锉刀须装上木柄后才能使用，否则容易伤手。

④ 锉刀不能当手锤用，它质脆，容易折断。

⑤ 对于工件上的毛刺、氧化物等应先除掉后，才能进行锉削。

⑥ 锉刀不得接触油脂，粘着油脂的锉刀应将油脂清洗干净。

⑦ 锉刀应先使用一面，当该面磨损后，再用另一面。

⑧ 油光锉只限于光整表面时使用。

⑨ 用小锉刀时，不可用力过大，以免折断。

⑩ 锉刀不得重叠存放或和其他工具堆放在一起，并应保持干燥，防止生锈。

8.2.5 管子割刀

管子割刀也称割管器，是切断各种金属管子的一种手用工具，常用于切断管径在 100mm 以内的钢管。割刀由切割滚轮、压紧滚轮、滑动支座、螺母、螺杆、手把等组成，如图 8-32 所示。

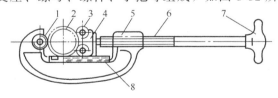

图 8-32　管子割刀

1—切割滚轮；2—被割管子；3—压紧滚轮；4—滑动支座；5—螺母；6—螺杆；7—手把；8—滑道

使用及维护注意事项如下

① 割刀有 1、2、3、4 号 4 种规格。当切割管子的直径分别为 15～25mm、25～50mm、50～80mm 及 80～100mm 时，应分别配用的相应滚刀直径为 30mm、35mm、40mm 及 50mm。

② 割刀切割转动时，每转动 1～2 次需进刀一次，进刀量不宜过大。

③ 当管子快割断时，需松开刀片，取下割刀，用手折断管子，

并用刮刀、锉刀修整管口。

8.2.6　扳手

扳手种类规格很多，管道工常用的有活扳手、呆扳手（固定扳手）、梅花扳手、套筒扳手等，如图 8-33 所示。扳手用于安装和拆卸各种设备、法兰、部件上的螺栓。

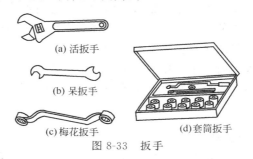

(a) 活扳手

(b) 呆扳手

(c)梅花扳手

(d)套筒扳手

图 8-33　扳手

活扳手开口宽度可调节，使用灵活轻巧，但效率不高，活动钳口易松动或歪斜。

呆扳手开口不能调节，因此扳手是成套的。使用呆扳手时，应根据螺母的大小选用与其相适应的开口。

梅花扳手适用于操作空间狭窄或不能容纳普通扳手的地方。

套筒扳手的作用与梅花扳手相同，但比梅花扳手更为灵活。

使用与维护注意事项如下。

① 活扳手开度要同螺母大小相吻合，两者接触要严密，既不能过松也不能过紧，以防产生"滑脱"或"卡位"现象。活扳手使用时应让固定钳口受主要作用力，如图 8-34 所示，否则会损坏扳手。

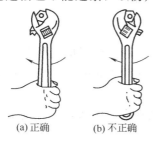

(a)正确　　　(b)不正确

图 8-34　活扳手的使用

② 遇锈蚀严重的螺栓不易扳动时，不要用锤子击打手柄，也不要用管子加长手柄来转动，不得用扳手代替锤子敲打管件。

③ 活扳手应定期加入机油，以保持活动钳口灵活，并避免锈蚀。

482

④ 使用扳手时，不得在扳头开口中加垫片。

⑤ 使用呆扳手、套筒扳手、梅花扳手时，套上螺母或螺钉后，不得晃动，并应卡到底，避免扳手及螺母划伤。

8.2.7 管子钳和链条钳

管子钳和链条钳是用来安装和拆卸各种规格管子或管件的工具，如图8-35所示。

(a) 张开式管子钳　　　　　　　(b) 链条钳

图 8-35　管子钳和链条钳

管子钳及链条钳的规格是以长度划分的，分别应用于相应的管子和配件，适用范围见表8-1和表8-2。一般管子钳适用于小口径管道，链条钳适用于较大管径及狭窄的地方拧动管子。

表 8-1　管子钳的适用范围　　　　　　　　　　mm

管子钳规格	钳口宽度	适用管子直径	管子钳规格	钳口宽度	适用管子直径
200	25	3～15	450	60	32～50
250	30	8～20	600	75	40～80
300	40	15～25	900	85	65～100
350	45	20～32	1050	100	80～125

表 8-2　链条钳的适用范围　　　　　　　　　　mm

链条钳规格	适用管子直径	链条钳规格	适用管子直径
350	25～32	900	80～125
450	32～50	1200	100～200
600	50～80		

使用及维护注意事项如下。

① 管子钳使用时，钳口卡住管子，通过向钳把施加压力，迫

使管子转动。为防止钳口滑脱而伤及手指，一般左手轻压活动钳口上部，右手握钳。两手动作协调，不可用力过猛。图 8-36 所示为用管子钳进行管子螺纹连接。

图 8-36　用管子钳进行管子螺纹连接

② 使用管子钳时，不可用套管接长手柄，不可将管子钳当撬棒或手锤使用。

③ 管子钳在使用中，应注意经常清洗钳口、钳牙，并定期注入机油，以保持活动钳口灵活。

④ 钳口磨损严重的管子钳不宜再继续使用。

⑤ 链条钳的链节要适时清洗，并注入机油，以保持链节的灵活，也免于锈蚀。

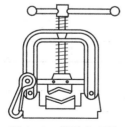

图 8-37　管子台虎钳

⑥ 禁止用小号管钳拧大直径的管子，防止损坏管钳；也不允许用大规格的管钳拧小直径管子，这样容易损坏零件，操作也不方便。

8.2.8　台虎钳

(1) 管子台虎钳　又称龙门夹头和管压钳，如图 8-37 所示。它用于夹持管子，以便进行管子锯割、套螺纹、安装和拆卸管件等。

使用及维护注意事项如下。

① 管子台虎钳安装应牢固，上钳口应能在滑道内自由滑动。

② 夹持管子时，管子台虎钳型号应与管子规格相适应。不同型号的管子台虎钳适用范围如表 8-3 所示。

表 8-3　管子台虎钳适用范围

型号	管子公称直径/mm	型号	管子公称直径/mm
1	15～50	4	65～125
2	25～65	5	100～150
3	50～100		

③ 操作时，将管子放入台虎钳钳口中，旋转把手卡紧管子，如图 8-38 所示。

④ 夹持较长的管子时，必须将管子另一端伸出部分支承好。

⑤ 旋紧或松开手柄时不得用套管接长或用锤子敲击。

⑥ 压紧螺杆应经常加油。使用

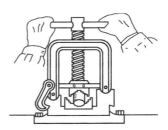

图 8-38　用管子台虎钳夹持管子操作

完毕应清除油污，合拢钳口，长期停用时应涂油存放。

⑦ 管子台虎钳在使用和搬运时应防摔碰。

（2）台虎钳　俗称老虎钳，分固定式和回转式两种，如图 8-39 所示，是用以夹持工件的工具。

使用及维护注意事项如下。

① 台虎钳应安装牢固，钳口应对准钳台边缘。

② 夹持工作物时，应根据台虎钳大小适当用力，不准用锤子击打、脚蹬或在手柄上加套管，以免损坏台虎钳。在操作过程中，应经常检查紧固工件，以免脱落。

③ 不准在滑动钳身的光滑平面上进行敲打操作，以保护它与钳身的良好配合性能。

④ 夹持脆或软材料时，不得用力过大，夹持精度较高或表面光滑的工作物时，工件与钳口之间应垫以软金属垫片。

⑤ 当夹持的工件较长时，应用支架支承。

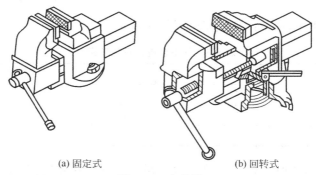

(a) 固定式   (b) 回转式

图 8-39　台虎钳

⑥ 台虎钳应保持清洁，并不得在台虎钳上对夹持物件进行加热，以防止钳口退火。

⑦ 使用中，要注意经常向螺杆、螺母等活动部位注入机油，以保持良好的润滑。

8.2.9　管子铰板

管子铰板又称带丝，简称铰板，是手工套制管螺纹的专用工具。

铰板有普通式铰板、轻便铰板和电动铰板等。管道施工中普通式铰板较为常用。

普通式铰板由铰板本体、固定盘、活动标盘、板牙及手柄等组成。普通式铰板结构如图 8-40 所示。

使用及维护注意事项如下。

① 套螺纹前，应首先选择与管径相对应的板牙，并按顺序装入板牙室。

② 使用时不得用锤击的方法旋紧和放松背面挡脚、进刀手把以及活动标盘。

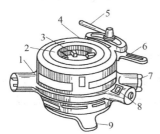

图 8-40　普通式铰板结构

1—铰板本体；2—固定盘；3—板牙；4—活动标盘；5—标盘固定把手；6—板牙松紧把手；7—手柄；8—棘轮；9—后卡爪手柄

486

③ 套螺纹时应用力均匀，不能用加套管接长手柄的方法进行套螺纹操作。

④ 板牙要经常拆下清洗，保持清洁。套螺纹一般分几次套制，并在套螺纹过程中要加注润滑油。

⑤ 使用完毕后应清除铁屑油污。

8.2.10 螺纹铰板

螺纹铰板是把圆柱形工件铰出外螺纹的加工工具，有圆板牙和方板牙两种。

圆板牙有固定式和可调式两种，圆板牙及扳手如图8-41所示。圆板牙需装在板牙架内，才能使用，圆板牙用钝后不能再磨锋利则应报废。方板牙由两片组合而成，如图8-42所示，方板牙用钝后可重新磨锋利后再使用。

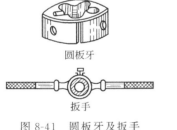

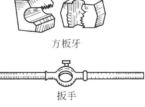

图 8-41　圆板牙及扳手　　　　　　图 8-42　方板牙及扳手

使用及维护注意事项如下。

① 套螺纹的圆杆端部要锉掉棱角，这样既起刃具的导向作用，又能保护刀刃。

② 螺纹铰板与工件要垂直，两手用力要均匀。

③ 转动铰板时，每转动一周应适当后转一些，以便将钝屑挤断。套螺纹时应适时注入切削液。

④ 使用后的螺纹铰板，应清除铁屑、油污和灰尘，并在其表面涂上机油，妥善保管。

8.2.11 丝锥

丝锥又称螺丝攻，是加工内螺纹的工具。丝锥由工作部分和柄部组成，如图 8-43 所示。丝锥分手用丝锥和机用丝锥，常用的为手用丝锥。手用丝锥由二或三只组成一套，称为头锥、二锥和三锥。用来夹持丝锥柄部方头的是铰手，最常用的为活动铰杠，如图8-44所示。

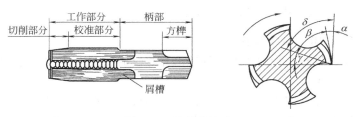

图 8-43　丝锥的构造

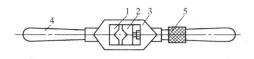

图 8-44　活动铰杠

1—有直角缺口的不动钳牙；2—有直角缺口的可动钳牙；

3—方框；4—固定手柄；5—可旋动的手柄

使用及维护注意事项如下。

① 丝锥与工件表面要垂直，在旋转过程中要经常反方向旋转，将铁屑挤断。

② 攻螺纹时要适时加切削液。

③ 在较硬材料上攻螺纹时，要头锥、二锥交替使用，以防丝锥扭断。

④ 用后的丝锥，应及时清除铁屑、油污和灰尘，并在其表面涂上机油，妥善保管。

8.3　钻孔设备

在管道安装工程中，经常会遇到各种孔的加工，如在金属构件、墙体上钻孔等。用钻头在实体材料上加工出孔，称为钻孔。钻

488

孔时，工件固定，钻头装在钻孔设备的主轴上做旋转运动，称为主运动；同时钻头还要沿轴线方向移动，称为进给运动。钻孔设备的种类很多，管道工程中常用的有台钻、手电钻、冲击电钻等。

8.3.1　台钻

台钻是一种可放在工作台上使用的小型钻床，适用于在金属材料上钻孔和扩孔。一般用来钻直径在 15mm 以下的孔。台钻的类型虽然较多，但其结构和传动方式基本一样。

8.3.1.1　Z4012 型台钻的结构和工作原理

（1）台钻结构　图 8-45 是 Z4012 型台钻的总体结构图。它由六个部分组成。

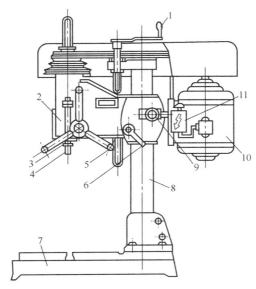

图 8-45　Z4012 型台钻总体结构图

1—摇把；2—头架；3—锁紧螺母；4—主轴；5,6—手柄；

7—底座；8—立柱；9—螺钉；10—电动机；11—转换开关

① 底座。其上平面是工作台面，中部有一个 T 形槽，用来装夹工件或夹具。底座四角有安装用的螺栓孔。

② 立柱。固定在底座上，其截面为圆形，它的顶部是头架升降机构。

③ 头架。安装在立柱上，用手柄 6 锁紧。主轴（又称钻轴）4 装在头架孔内，主轴是台钻的工作部分。主轴上部固定一个五级从动带轮，下部的锁紧螺母 3 供更换或拆下钻夹头时使用。头架上还有手动进给机构。

④ 电动机。是台钻的动力装置，它利用托板安装在头架后面。

⑤ 传动部分。在电动机输出轴上固定一个五级主动带轮，通过 V 带与主轴上固装的从动带轮构成台钻的传动部分。松开螺钉 9，可使托板带动电动机前后移动，借以调节 V 带的松紧度。

⑥ 电气部分。电气盒及转换开关 11 在台钻右侧，操作转换开关可使主轴正、反转或停机。

（2）传动原理　主轴的旋转运动是由电动机通过 V 带传动而获得的。主轴的变速可通过更换带轮上 V 带的位置，即改变 V 带传动的传动比来实现。该台钻主轴有五级转速可供选择，如图8-46所示。在变换转速时，松开螺钉，将电动机推向立柱使 V 带松开，移动带至需要的级位，再将电动机拉出，调整 V 带的松紧，然后固定螺钉。

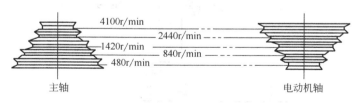

图 8-46　Z4012 型台钻传动简图

（3）进给机构的工作　台钻主轴的进给运动是依靠手动进给机构进行的。转动进给手柄（三球式手柄）5（图 8-45），其同轴的圆柱齿轮与主轴外部的齿条啮合，带动主轴下降，实现进给。放松手柄 5，则主轴在弹簧的作用下自动上升复位。

（4）头架升降调整　调整时，先松开手柄 6，旋转摇把 1，通过螺旋传动使机头在立柱上做上下移动，调整到所需的高度，再用手柄 6 锁紧。手柄 6 松开时，主轴还能绕立柱回转 360°。

8.3.1.2　台钻的润滑

① 主轴带轮的轴承和主轴上其他轴承，应用润滑脂定期润滑，并每年清洗一次。

② 主轴、立柱等其他摩擦表面以机油润滑。

8.3.1.3　台钻的使用与维护

① 在使用前应熟悉台钻的结构与性能，以及润滑系统和各手柄的作用。

② 在使用过程中工作台面要保持清洁。

③ 头架移动前，须先松开锁紧手柄，调整后要紧固。

④ 变速时应先停车并关闭电源，再进行调整。

⑤ 钻通孔时，必须使钻头通过工作台的让刀孔，或在工件下垫上垫铁，以免钻坏工作台面。

⑥ 如台钻在工作时发生故障及出现不正常响声时，应立即停车，再检查原因。

⑦ 工作完毕，应清除台钻上的铁屑和尘污，将外露滑动面及工作台面擦净，并对各滑动面及各注油孔注油润滑。

8.3.2　手电钻

手电钻是一种体积小、质量轻的手提式电动工具，使用灵活、携带方便、操作简单。在管道安装、制作及维修等工作中，主要用来对金属构件钻孔，也适用于对木材、塑料等构件钻孔。

手电钻的规格以对 45 钢钻孔时允许使用的最大钻头直径来表示，当对有色金属、塑料、木材等钻孔时，其最大钻孔直径可较原额定值增大 30%～50%。

8.3.2.1　手电钻的形式

按照电动机的形式不同，手电钻可分为单相串激式（J1Z 系列）和三相工频式（J3Z 系列）。前者规格一般为 6～19mm，后者则有 13～49mm 等多种规格。单相串激式手电钻按其额定电压的不同，又有 36V、110V 和 220V 三种类型，其中 36V 手电钻的安全性最好。

手电钻的型号规格见表 8-4 和表 8-5。

表 8-4　单相串激式手电钻技术规格

型号规格	J1Z-6	J1Z-10	J1Z-13	J1Z-19	J1Z-23
最大钻孔直径/mm	6	10	13	19	23
额定转速/(r/min)	720～850	450～510	330～390	330	300
空载转速/(r/min)	1400	900	600	530	530
额定功率/W	100	210	200	300	600
额定转矩/N·m	0.9	2.4	4.2～4.5	13	20
额定电压/V	36 110 220	36 110 220	36 110 220	110 220	220
制造厂	上海电动工具厂				

表 8-5　三相工频式手电钻技术规格

型号规格	J3Z-13	J3Z-13-1	J3Z-19	J3Z-23	J3Z-32	J3Z-38
最大钻孔直径/mm	13	13	19	23	32	38
额定转速/(r/min)	530	1200	290	235	175	145
额定转矩/N·m	5	5	13	20	55	80
额定电压/V	38	220	380	380	380	380
制造厂	上海电动工具厂					

8.3.2.2　手电钻的结构与工作原理

手电钻的外形及手柄结构随电钻的规格大小而异，如钻孔直径大于 13mm 的手电钻都采用双侧手柄结构，并带有后托架［图8-47(a)］，以便钻孔时向工件施加轴向推压力。而钻孔直径为6mm 的手电钻一般采用手枪式结构［图8-47(b)］。

手电钻的类型较多，但内部结构、传动系统和使用方法基本相似，现以单相串激式手电钻（J1Z-6）为例，说明手电钻的结构和原理。

（1）J1Z-6 型手电钻的结构　图 8-48 是该手电钻的结构简图。

单相串激式电动机 1 由定子、电枢、整流子、炭刷及风扇组成。是手电钻的动力装置。减速箱 3 由二级圆柱齿轮传动组成，是手电钻的传动部分。钻夹头 4 装在主轴上，用于夹持钻头。外壳 8 用铝合金压铸而成，也有用硬塑料压制的，要求表面光滑，质量

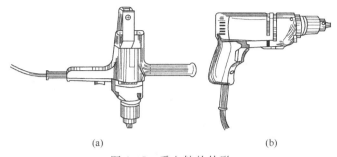

(a)   (b)

图 8-47　手电钻的外形

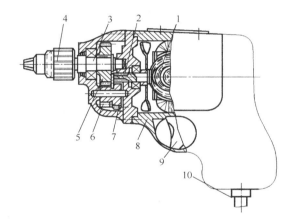

图 8-48　J1Z-6 型手电钻结构简图

1—电动机；2,5,6,7—齿轮；3—减速箱；
4—钻夹头；8—外壳；9—开关；10—电源线

轻，坚固耐用。手电钻的手柄上装有手揿式快速切断自动复位开关。电源线 10 一般使用三芯橡胶软线。插头多采用单相三柱式插头。最大铜柱连接地线，其他两个铜柱连接电源（图 8-48 中没画出）。

（2）J1Z-6 型手电钻的传动原理　单相串激式电动机的输出轴端固装一小齿轮 2，它与减速箱内中间轴上的齿轮 7 啮合，齿轮 6 与齿轮 7 是连体结构，齿轮 6 与主轴上固装的齿轮 5 啮合，组成二级齿轮传动。将开关接通电源后，电动机的运动和动力便通过减速箱传给主轴及钻夹头。

8.3.2.3 手电钻的使用与操作

① 使用手电钻钻孔时，应根据钻孔直径来选择相应规格的手电钻，以充分发挥手电钻的性能和结构上的特点，使之既便于操作又能防止手电钻过载而烧坏电动机。

② 钻孔直径为 13mm 以下时手电钻采用三爪式钻夹头，钻孔直径超过 13mm 时手电钻则采用圆锥套筒来连接主轴与钻头。

③ 使用前，须空转 1min，检查传动部分运转是否正常，钻头是否偏摆，螺钉是否脱落，声音是否正常，如有异常现象，应先排除故障再使用。如三相工频式手电钻旋转方向不符时，则可将插头内任意两根线的接头位置进行互换即可。

④ 钻孔时不宜用力过猛，以防电动机过载。凡遇转速严重降低时，应减轻压力，当孔快钻通时，也应减轻压力，以防发生事故。如果手电钻因故突然停止或卡钻，应立即切断电源，检查原因。

⑤ 减速箱及轴承处的润滑脂经常保持清洁，并注意添换。

⑥ 调换钻头时应先拔下电源插头，插插头时开关应在断开位置，以防突然启动造成危险。手电钻不用时应放在干燥、清洁和没有腐蚀性气体的环境中。

8.3.3 冲击电钻

冲击电钻又称冲击钻，外形如图 8-49 所示。冲击钻具有一机二用的特点。当调至旋转状态时，配用普通麻花钻头，与手电钻一样，能在金属、木材、塑料等材料上钻孔；当调至旋转带有冲击状态时，配用镶硬质合金冲击钻头，便能在砖、混凝土、砌块、陶瓷等脆性材料上钻孔。因此，冲击电钻广泛应用于建筑、装修及水电安装工程中的钻孔作业，

图 8-49　冲击电钻的外形

是减轻劳动强度和提高生产率的有效工具。

8.3.3.1 冲击电钻的形式和规格

冲击电钻按其冲击机构的不同，可分为犬牙式和钢球式，前者较为常用。按主轴转速能否调节，又可分为单速冲击电钻和双速冲击电钻。双速冲击电钻的主轴转速有两挡，可根据材料类型和钻头直径来选择。

冲击电钻的规格是指加工砖、轻质混凝土等材料时的钻头最大直径。以单相串激电动机驱动的常用冲击电钻型号规格见表8-6。

表8-6　冲击电钻型号规格

型号规格		Z1J-12	Z1J-12/8	Z1J-16/10	Z1J-20/12
最大钻孔直径/mm	钢铁中	10	10	10	16
	砖墙中	12	12/8	16/10	20/12
额定电压/V		240、220、110			
频率/Hz		50～60			
输入功率/W		390	390	470	640
额定转速/(r/min)		700	700/1300	800/1500	480/850
额定冲击次数/min^{-1}		14000	14000/26000	16000/30000	9600/17000

8.3.3.2 冲击电钻的使用和维护

① 使用前空转1min，检查传动部分和冲击机构转动是否灵活无障碍。

② 使用时钻头必须锋利，并待冲击电钻运转正常时，方可进行钻孔或冲击。在进给时不能用力过猛，遇到转速急剧下降，应减少用力，以防过载。冲击电钻突然停转或卡住时，应立即切断电源检查原因。

③ 不得超过额定钻孔范围进行超负荷作业或连续作业。当在钢筋混凝土上进行钻孔时，应设法避开钢筋，以便顺利作业。

④ 使用双速冲击电钻，在混凝土、砖墙等脆性材料中钻孔时，一般采用高速。在钢材上钻孔时，通常孔径大于10mm采用低速，孔径小于10mm采用高速。

⑤ 电刷磨损到不能使用时，须及时调换（两只电刷同时调换）；否则，会使电刷与换向器接触不良引起环火，损坏换向器，严重时会烧坏电枢。

⑥ 冲击电钻在使用时，风道必须畅通，并防止铁屑或其他杂物进入内部而损坏零件。

⑦ 减速器、轴承处的润滑脂要经常保持清洁，并注意添换。

8.4　切管设备

在预制、安装管道时，为了得到所需长度的管子，要对管子做切割下料。切割管子的方法很多，有锯削、车削、磨削、气割、等离子切割等，其中前三种为机械法切割。

管道加工厂内的机械切管设备有专用切管机和普通车床，能满足切割质量高、管径粗、数量大的要求。在安装现场多使用便携式机具。

切管设备按切割过程的不同可分为两种类型：一种是管子转动，刀具固定在刀架上；另一种是刀具转动或往复移动，而管子固定。便携式切管设备多属于后者。

8.4.1　金刚砂锯片切管机

金刚砂锯片切管机利用磨削原理切割管子，主要用于合金钢管的切割。这种切割机质量较轻，便于现场安装使用。

8.4.1.1　金刚砂锯片切管机的结构和工作原理

图 8-50 是金刚砂锯片切管机的示意图。由电动机、传动机构、锯片、工作台、摇臂、进刀装置、夹管器组成。工作台 9 与支架 1 固定，为切管机的安装基础。管子 8 安装在夹管器 7 中固定。摇臂 3 的中部用销子支撑在支架上。电动机 4 装在摇臂一侧，锯片轴支撑于摇臂另一侧，电动机通过 V 带传动将动力传给锯片轴使锯片旋转。进给装置由踏板 10 和数个传力杆 2 组成，它们用铰链和弹簧分别与支架和摇臂连接。

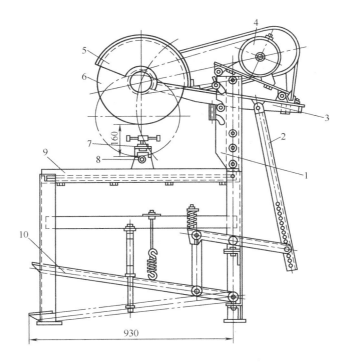

图 8-50 金刚砂锯片切管机示意图

1—支架；2—传力杆；3—摇臂；4—电动机；5—安全罩；
6—锯片；7—夹管器；8—管子；9—工作台；10—踏板

接通电源，压下踏板，通过传力杆将摇臂右侧抬起，摇臂左侧下降，便可进行切割。松开踏板，在电动机自重及弹簧作用下，摇臂和进给装置复回原位。

8.4.1.2 便携式金刚砂锯片切管机的结构与工作原理

图 8-51 是便携式金刚砂锯片切管机的示意图。这种切管机结构较简单，其工作原理与上述切管机基本相似。主要区别在于进给装置不同。它是直接操纵手柄使摇臂左侧下降，产生进给运动。放松手柄，锯片在电动机自重作用下复位。

8.4.1.3 金刚砂锯片切管机使用注意事项

① 使用前先试运转 1min，观察各部分运转是否正常。

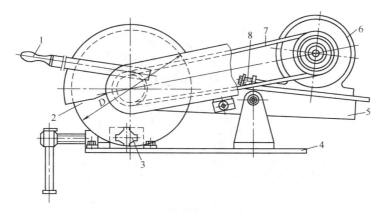

图 8-51　便携式金刚砂锯片切管机示意图

1—手柄；2—锯片；3—夹管器；4—底座；5—摇臂；

6—电动机；7—V 带；8—张紧装置

② 所要切割的管子一定要用夹具夹紧，以免切割时晃动而损坏锯片。

③ 操作人员不可正对锯片，以免碎片飞出时造成危险，没有防护罩的切管机禁止使用。

④ 切割过程中不能关闭电源，以免事故发生。

⑤ 使用时进给速度要适中，下压力不宜过大。

⑥ 当管子较长时，应注意使管子平直放置。

切割完毕，管口内切割屑等一定要清理干净，以保证管子内径尺寸。

8.4.1.4　金刚砂锯片切管机技术性能

金刚砂锯片切管机的性能指标见表 8-7。

8.4.2　简易锯床

简易锯床可以用来切割尺寸较大、数量较多的管子、圆钢及型钢。其切口比较规整、光滑，割口较窄，可以进行与管子中心线成 45°角的切割。

表 8-7   金刚砂锯片切管机的性能指标

指 标	数 据	
切割管子直径/mm	18~159	18~57
锯片直径/mm	可更换,小于 400	200,300
切口宽度/mm	3~4	2.3
锯片转速/(r/min)	2375	5460,3600
锯片圆周速度/(m/s)	50	57.55
质量/kg	182	80

8.4.2.1   简易锯床的结构和工作原理

简易锯床主要由支架、夹管虎钳、电动机、摇拐机构、锯弓组成。图 8-52 是简易锯床的示意图。

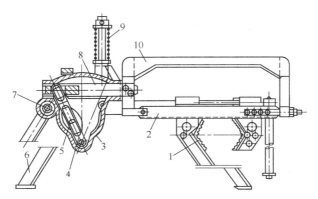

图 8-52   简易锯床示意图

1—夹管虎钳；2—锯片；3—外壳；4—摇拐；5—滑块；
6—支架；7—销轴；8—滑履；9—弹簧；10—锯弓

电动机是该锯床的动力装置，锯弓 10 是工作部分，摇拐机构则是传动部分。摇拐机构是由曲柄连杆机构演变而来的，也属于四杆机构。其主动件为固装在电动机轴上的圆盘（图 8-52 中未画出），圆盘上的偏心固定销与滑块 5 紧固。滑块 5 可以在从动件摇拐 4 的滑槽内移动,摇拐的下部与外壳 3 铰链连接。锯弓与滑履 8 连接。

以上三部分由外壳组成一个完整的锯身,支撑在支架 6 的销轴 7 上。并可绕销轴 7 摆动。

切割管子时,将管子卡在固定于支架上的夹管虎钳内。接通电源,摇拐机构将电动机的转动转变为摇拐的往复摆动,再转变为滑履及锯弓的往复直线运动。同时依靠锯身的自重和弹簧张力进给,进行切割。

8.4.2.2　简易锯床的使用要点

① 使用前检查锯弓是否安装牢固,切割交角是否正确,锯片松紧是否适当。

② 管子要夹紧,以免损坏锯片。

③ 使用中注意观察运转情况,出现异常情况时应立即关闭电源并检查原因。

④ 应经常保持销轴及摇拐机构的良好润滑。

8.4.2.3　简易锯床的技术性能

简易锯床的性能指标见表 8-8。

表 8-8　简易锯床的性能指标

指　　标		数　　据
切割管子的最大外径/mm	直口	250
	斜口(45°)	120
锯条长度/mm		500
锯架行程/mm		150
切口宽度/mm		2.5
切割压力/N		686～1960
每分钟的切口数	50	15
	管径/mm　76	10
	102	7

500

指标	数据
电动机功率/kW	1.7
外形尺寸/mm	1470×1025×85.8
总质量/kg	630

8.5　弯管设备

弯头是管道安装中需要量最大的部件，管道安装中除了采用冲压弯头外，相当一部分要用弯管法将管子弯制成弯头。

弯管设备的种类很多。按弯制时是否加热可分为冷弯式和热弯式，按动力来源可分为手动式和电动式，按传动方式可分为机械式和液压式，按照管子的受力特点可分为顶弯式和煨弯式。

顶弯式弯管机的基本原理如图 8-53 所示。管子靠在两个固定支点上，在管子的中点 A 用一作用力顶压，当中点移到 B 位置时，管子则已弯成了一定的角度。

煨弯式弯管机的基本原理如图 8-54 所示。管子的一端夹在 A、B 两点处的两轮之间，在管子另一端施加推力或其他力产生的力矩，使 C 点转到 C' 点，完成弯管过程。

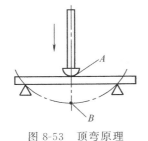

图 8-53　顶弯原理　　　　　图 8-54　煨弯原理

8.5.1　手动液压弯管机

手动液压弯管机属顶弯式弯管机，它体积小，操作省力，携带方便，不受场地的限制。适用于管径小于 50mm 的水、蒸汽、煤气、油等管路的安装和修理工作。图 8-55 是手动液压弯管机的外形图。图 8-55（a）所示是三脚架式，图 8-55（b）所示是小车式。

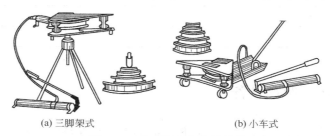

(a) 三脚架式   (b) 小车式

图 8-55 手动液压弯管机外形

　　各种类型手动液压弯管机的结构基本相近，主要由弯管架 3、液压泵 1、液压缸 5、弯管胎模 4 组成（图 8-56）。使用时，先根据所弯制的钢管或圆钢的直径选取弯管胎模，将胎模安放在液压缸的顶头（活塞）上，两边滚轮的凹槽、直径与设置间距，也应与所弯制的管子相适应。把要弯曲的管子插在胎模与两个滚轮之间。用手摇动液压泵手柄，不断地将油液压入液压缸，当液压缸中油压升高到一定数值时，便推动液压缸中的活塞向外移动，从而通过胎模将管子顶弯。管子弯曲成形后，打开液压泵上的回油阀，液压缸中油

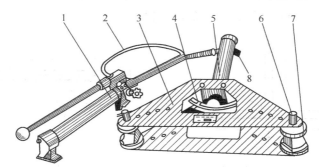

图 8-56 手动液压弯管机

1—液压泵；2—高压胶管；3—弯管架；4—弯管胎模；

5—液压缸；6—销轴；7—滚轮；8—支架

502

压下降，活塞在其回位弹簧的作用下复位，即可卸下管子。

由于手动液压弯管机弯曲半径较大，操作不当时，椭圆度较大，故操作时应注意选择合适的配套组件，并掌握好摇动手柄的速度。

手动弯管机的性能参数：工作压力为 63MPa；最大载荷为 10t；最大行程为 200mm。

8.5.2 蜗杆蜗轮弯管机

许多电动弯管机都采用蜗杆蜗轮传动，这是因为蜗杆蜗轮传动既可以获得较大传动比，使结构紧凑，还可以改变运动方向，满足弯管机工作和操作的要求。

蜗杆蜗轮弯管机通常由动力传动部分、施力导向部分和操纵控制部分组成。如果是热弯式弯管机，还有加热及冷却部分。在传动部分中采用了蜗杆蜗轮机构的弯管机称为蜗杆蜗轮弯管机。

（1）蜗杆蜗轮弯管机的动力传动原理　蜗杆蜗轮弯管机既有冷弯式，也有热弯式。虽然它们的工作原理各有不同，但动力传动部分却大同小异，常见的动力传动方式如图 8-57 所示。

从图 8-57 中可以看出，动力传动部分由电动机和 V 带传动、齿轮传动、蜗杆蜗轮传动等多级传动系统组成。电动机的动力和运动通过含有蜗杆蜗轮传动的多级传动系统传递给主轴等工作装置以完成弯管工作。

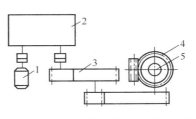

图 8-57　蜗杆蜗轮弯管机传动示意图
1—电动机；2—V 带传动或齿轮减速箱；3—调速齿轮；4—蜗轮及蜗杆；5—主轴

弯曲速度（主轴转速）可通过成对更换调速齿轮来调整。

（2）冷弯式蜗杆蜗轮弯管机的工作原理　图 8-58 是这种弯管机的示意图。它能够弯制外径为 38～108mm 的碳素钢、不锈钢和有色金属管子，最大弯曲角度为 190°，弯曲半径可在 150～500mm

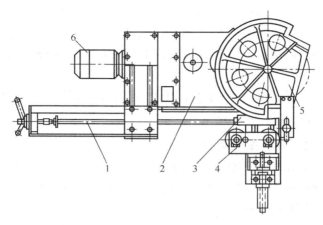

图 8-58 冷弯式弯管机示意图

1—心棒拉杆；2—机身；3—心棒；4—夹紧
导向机构；5—弯管胎模；6—电动机

内变化。心棒装置可视需要采用或拆除。

图 8-59 是这种弯管机的工作原理图。工作时，先把要弯曲的管子 1 放在弯管胎模 2 和导向轮 4 之间并压紧，再用管卡 3 固定在

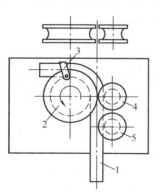

图 8-59 冷弯式弯管
机的工作原理

1—管子；2—弯管胎模；3—管
卡；4—导向轮；5—压紧轮

弯管胎模上。启动电动机，电动机通过传动系统带动主轴及固定在主轴上的弯管胎模旋转，弯管胎模则带着管子一起旋转，使管子弯曲，当旋转到需要的弯曲角度时停车。

弯管时，应视管子外径选择相应的胎膜、管夹、导向轮和压紧轮，还应视弯曲半径选择相应直径的胎膜。

（3）火焰热弯式弯管机的工作原理 这种弯管机是在上述弯管机的基础上发展而来的。它能够弯制外径 76～425mm，壁厚 4.2～20mm 的管子，弯曲半径为公称直径的 2.5～5

倍。与人工热弯相比，质量好，管内不用充砂，减轻了劳动强度，提高工效约 5 倍。

图 8-60 是火焰热弯式弯管机的工作原理图。它与上述弯管机的主要区别在于增加了加热及冷却装置。管子在弯曲变形前首先要被火焰圈 3 加热到一定温度（碳钢管一般为 850～950℃），再由主轴 6 通过拐臂 4、管夹 5 带动管子一起旋转，使加热部分产生弯曲变形，随后火焰圈中水室的冷却水沿圆周小孔呈 45°角方向喷出，冷却弯曲后的管子，同时也冷却火焰圈本身，如图 8-61 所示。连续的后段管子同样也被加热—弯曲—冷却，直至弯曲成要求的角度。

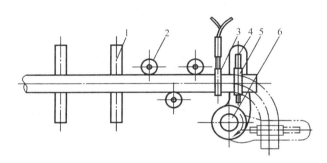

图 8-60　火焰热弯式弯管机的工作原理

1—托辊；2—压紧轮；3—火焰圈；

4—拐臂；5—管夹；6—主轴

火焰圈是用黄铜板焊制成气室和水室的环形圈，氧-乙炔气由气室喷出，点燃后形成环形火焰。

弯管时，应根据管子的外径更换相应的管夹，弯曲半径是通过调整管夹到主轴的水平距离来控制的。

8.5.3　中频电热弯管机

中频电热弯管机是在火焰弯管机

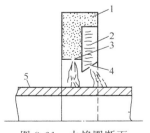

图 8-61　火焰圈断面

1—气室；2—水室；3—火孔；4—水孔；5—管壁

505

的基础上进一步发展而来的。它用紫铜制成的感应圈代替火焰圈，在感应圈中通入中频电流（频率为 1000～2500Hz），则在管壁上产生感应电流，该电流的热效应可把管子加热到 900～1200℃，随后将管子强行弯曲，再在加热区的后面用冷却水冷却到适当温度，使管子弯曲段的两端有足够的刚度，以减少管子弯曲时产生的椭圆度。由于在管壁的径向和圆周方向的加热温度比较均匀，所以中频弯管机适宜弯制厚壁管子。

图 8-62 是中频电热弯管机的示意图。中频电热弯管机由电气部分、传动部分、施力导向部分、冷却部分和操纵控制部分组成。电气部分包括电动机和中频供电装置，传动部分由卷扬机及钢丝绳组成，施力导向部分包括弯管圆盘、管卡、导向轮等。

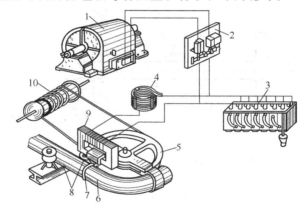

图 8-62　中频电热弯管机示意图

1—中频发电机；2—开关盘；3—蓄电池组；4—电抗器；5—弯管圆盘；
6—管子；7—感应圈；8—导向轮；9—变压器；10—电动卷扬机

弯管时，把将要弯曲的管子 6 放在两个导向轮 8 之间，前端用管卡固定在弯管圆盘 5 上。卷扬机钢丝绳的两端分别固定在弯管圆盘上。接通中频电源，感应圈 7 中便通过中频电流，使圈中的管子加热，启动电动机，电动机带动卷扬机卷筒转动，使一端钢丝绳卷入，另一端钢丝绳放出，卷入端的钢丝绳便牵引弯管圆盘、管卡、管子一起绕弯管圆盘的固定轴转动，管子被弯曲变形，当弯曲到规定角度时，关闭中频电源、停车，并喷水冷却。取下弯管，使电动机反转，卷筒卷入另一端钢丝绳，弯管圆盘转回到原来位置，停机。再准备弯制另一管子。

这种弯管机主要用于加工管壁厚度小于30mm的弯头，通常弯曲角度不能超过90°，弯曲半径不能任意改变。

中频电热弯管机与火焰弯管机相比，具有以下优点：由于没有高温的火焰，弯管表面没有氧化皮，减少了金属的损耗；加热速度快，且加热温度可以在较宽范围内选择；操作方便、噪声低，特别是在弯制大直径的厚壁管子时尤为突出。但由于中频电热弯管机结构复杂、体积大，维护要求较高，价格较贵，因此，这种弯管机仍然只限于管件加工厂，安装现场还很少采用。

8.6 起重吊装设备

在管道施工中，常常需要将管道及其附件装卸、移动和就位，完成这些工作的机械称为起重吊装设备（机具）。

常用的起重吊装设备（机具、工具）有千斤顶、铰磨、葫芦、卷扬机、汽车式起重机等。可根据吊装物的质量、设备性能及施工位置灵活选用。

起重吊装机械通常由动力装置、传动部分、制动装置、滑轮及吊钩组成。除液压千斤顶、汽车式起重机采用了液压传动外，其他大多采用机械传动，如齿轮传动、螺旋传动、蜗杆蜗轮传动和滑轮组传动等。

滑轮和滑轮组是吊装基本工具之一，既可单独进行起重作业，又可配合卷扬机等其他设备起吊和运送构件。

滑轮组由滑轮和绳索组成。其中定滑轮绕固定轴旋转，只能改变绳索运动和受力的方向，不能改变绳索运动速度和力的大小（图8-63）；动滑轮安装在移动的轴上，与被吊物一起升降，一般与定滑轮配合，既能改变绳索的运动方向，又能改变绳索运动速度和力的大小（图8-64），从而达到增速或省力的目的。

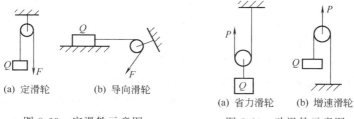

(a) 定滑轮　　(b) 导向滑轮

图 8-63　定滑轮示意图

(a) 省力滑轮　　(b) 增速滑轮

图 8-64　动滑轮示意图

图 8-65 是单联滑轮组示意图。图 8-65(a) 中钢丝绳从定滑轮引出时的拉力 S 约为被吊重物重力的 1/3。图 8-65(b) 中钢丝绳从动滑轮引出时的拉力 S 约为被吊重物重力的 1/4。图 8-65(c) 中钢丝绳从定滑轮引出再经导向滑轮引出时的拉力 S 也约为被吊重物重力的 1/4。

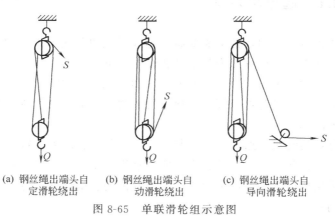

(a) 钢丝绳出端头自定滑轮绕出　　(b) 钢丝绳出端头自动滑轮绕出　　(c) 钢丝绳出端头自导向滑轮绕出

图 8-65　单联滑轮组示意图

8.6.1　手动葫芦

葫芦是常用的小型起重吊装设备，分手动葫芦和电动葫芦两大类。

手动葫芦（又称链式滑车、倒链）适用于轻型物件、小距离的吊装或拉紧。在安装和维修工作中常与三脚起重架等配合，组成简易起重机械，吊运平稳，操作方便。它可以垂直起吊，也可以水平

508

或倾斜使用。起吊高度一般不超过 3m，起重质量一般不超过 10t。

手动葫芦的形式有多种，按操作方法，可分为手拉葫芦和手扳葫芦；按传动方法，可分为蜗杆蜗轮式手拉葫芦和齿轮式手拉葫芦。齿轮式手拉葫芦又有行星齿轮式和对称排列二级齿轮式两种。蜗杆蜗轮式手拉葫芦效率低，易磨损，应用少；齿轮式手拉葫芦效率高，结构紧凑，自重较轻；行星齿轮式手拉葫芦传动比大，但制造工艺复杂，维修不便。

各种手拉葫芦的基本原理和工作过程相似。下面主要介绍对称排列二级齿轮式手拉葫芦。

（1）手拉葫芦的结构和工作原理 图 8-66 是对称排列二级齿轮手拉葫芦的外观图。该手拉葫芦主要由传动机构、离合器、制动器、链轮及吊钩组成，其内部结构如图 8-67 所示。

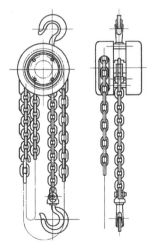

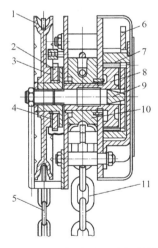

图 8-66　手拉葫芦外观图

图 8-67　手拉葫芦的内部结构

1—手链轮；2—制动器座；3—摩擦片；
4—棘轮；5—手链条；6—片齿轮；
7—齿轮轴；8—齿轮；9—长轴；
10—起重链轮；11—起重链条

起重时，拉动手链条 5 使手链轮 1 按顺时针方向转动，同时还沿着制动器座 2 上的螺纹向里移动，将离合器的摩擦片 3、制动器的棘轮 4 和制动器座压成一体共同旋转。固定在壳体上的棘爪便在棘轮上跳动"嗒嗒"作响。由于制动器座与长轴 9 用花键连接，动力经长轴 9 及其右端的齿轮轴同时传递给两个对称排列的片齿轮 6，再通过两个齿轮轴 7 将动力传给具有外花键的齿轮 8，用花键与齿轮 8 连接的起重链轮 10 带动起重链条 11，吊钩提升重物。

当手链条中途停拉时，重物靠自重促使传动部分反向旋转，手链轮 1 与长轴 9 因惯性作用而产生相对运动，仍将手链轮、摩擦片、棘轮、制动器座压成一体，固定的棘爪便阻止棘轮逆时针方向转动，使重物停止在空中。

当拉动手链条使手链轮逆时针方向转动时，手链轮便沿着制动器座上的螺纹向外移动，将摩擦片、棘轮与制动器座上的圆盘分离，虽然棘爪阻止棘轮旋转，但制动器已放松，手链轮的运动仍将通过传动部分带动起重链轮反向旋转，放下重物。

（2）手拉葫芦的型号规格　环链式手拉葫芦的型号规格如表 8-9 所示。

表 8-9　环链式手拉葫芦的型号规格

型　　号	起重量/t	起升高度/m	手拉力/N	质量/kg
60 型	3	3		35
71 型	5	3	350	45
TS 型	1	2.5	380	—
TS 型	1.5	2.5	340	34.5
SH3 型	3	3	340	46.5
SH5 型	5	3		65

（3）手拉葫芦的使用与保养

① 使用前应对其机件如吊钩、链条、制动器部分及润滑情况进行检查，认为完好无损后方可使用。

② 不容许超载使用。

③ 操作者应站在与手链轮同一平面内拉动手链条，否则，容易卡住链条，如为水平使用，应在链条入口处用木块将链条垫平。

④ 在起重过程中，无论重物上升或下降，拉动手链条时用力应均匀和缓，不要用力过猛，以免手链条跳动，造成卡链。如发现拉不动，不可猛拉，更不能增加人员，应停止使用，对吊重和滑车进行检查，排除故障后才可使用。

⑤ 棘爪、棘轮和弹簧应经常检查。如果发现弹簧弹力不足，应立即更换，防止制动失灵，发生重物自坠现象。

⑥ 使用完毕后应擦拭干净，存放在干燥的仓库内，避免受潮生锈。每三个月应加一次黄油，每年应由熟悉手拉葫芦构造、性能者拆洗一次。

8.6.2 电动葫芦

电动葫芦按结构形式可分为固定式和小车式。固定式电动葫芦和手拉葫芦一样，可安装在固定支架上做垂直的或不同角度的起吊工作。小车式电动葫芦则悬挂在工字钢梁上或安装在多种形式的起重机上，可沿直线或曲线吊运重物，作业面积较大。

电动葫芦结构紧凑、安全可靠。一般水平运行速度为 20m/min，垂直提升速度为 8m/min，一般提升高度为 3～30m，起重量为 0.25～20t。

第 9 章 管工基本操作技能

管工在管道安装和检修工作中不可缺少的一项技术，就是钳工基本操作技术。它主要由工人手持工具对工件进行切削加工。目前，不便于机械加工和难以进行的操作，都要由钳工工艺来完成。

9.1 工件划线

根据图样的要求，用划线工具在毛坯或半成品上划出加工界线的操作，称为划线。划线的作用如下。

① 使加工时有明确的尺寸界线、加工余量和加工位置。

② 及时发现和处理不合格的毛坯，避免后续加工而造成更大的损失。

③ 在毛坯误差不大时，可依靠划线借料的方法来补救，免其报废。

④ 便于复杂工件在机床上安装，可以按划线找正定位，以便进行机械加工。

9.1.1 划线前的准备工作

为使工件表面划出的线条清晰、正确，毛坯上的氧化皮、残留型砂、毛边以及半成品上的毛刺、油污等都必须清除干净，以增强涂料的附着力，保证划线的质量。有孔的部位还要用木块或铅块塞孔，以便于定心划圆。然后，在划线表面涂上一层薄而均匀的涂料。涂料根据工件的情况来选择，一般情况下，铸锻件涂石灰水（由熟石灰和水胶加水混合而成），小件可用粉笔涂抹。半成品已加工表面涂品紫或硫酸铜溶液。品紫是用 2％～4％紫颜料（如青莲、蓝油）、3％～5％漆片和 91％～95％的酒精混合而成的。

9.1.2　划线工具

① 划线平板（又称划线平台）。它是一块经过精加工（精刨和刮研）的铸铁平板，是划线工作的基准工具，如图 9-1 所示。平板水平放置，平稳牢靠，平板表面的平整性直接影响划线的质量。各部位要均匀使用。不得在平板上锤击工件。

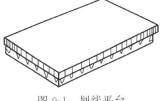

图 9-1　划线平台

② 划针和划针盘。划针结构如图 9-2 所示，用它来划线。划针用直径 3～5mm 的弹簧钢丝或碳素工具钢刃磨后经淬火制成，也可用碳钢丝端部焊上硬质合金磨成，尖端磨成 15°～20°，划针长约 150～200mm。

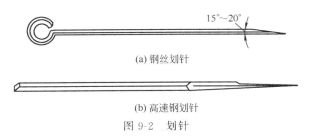

(a) 钢丝划针

(b) 高速钢划针

图 9-2　划针

划针的用法如图 9-3 所示。划线要尽量做到一次划成，若重复地划同一条线，会影响划线质量。

划针盘是用来进行立体划线和找正工件位置的。其结构如图

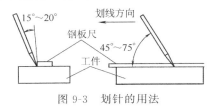

图 9-3　划针的用法

513

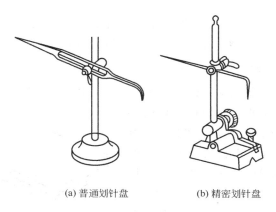

(a) 普通划针盘　　　　　(b) 精密划针盘

图 9-4　划针盘

9-4 所示。

　　使用划针盘时，划针的直头端用来划线，弯头端用来找正工件的位置。划针伸出部分应尽量短，在移动划针盘划线时，底座应与平板密贴，划针与划线移动方向夹 45°～75°角。

　　③ 圆规和单脚规（划卡）。圆规如图 9-5 所示，用来完成划圆、划圆弧、划角度、量取尺寸、等分线段等工作。

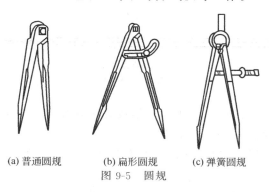

(a) 普通圆规　　　　(b) 扁形圆规　　　　(c) 弹簧圆规

图 9-5　圆规

　　单脚规如图 9-6 所示，用来确定轴及孔的中心位置。

　　④ 样冲。用于在工件表面划好的线条上，冲出小而均匀的孔眼，以免划出的线条被擦掉。样冲用工具钢或弹簧钢制成，尖端磨成 45°～60°，经淬火硬化。样冲及其应用如图 9-7 所示。

514

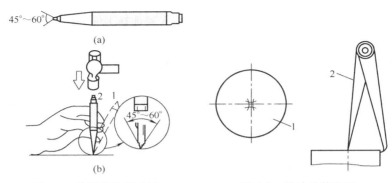

图 9-6 单脚规及其应用

1—工件；2—单脚规

图 9-7 样冲及其应用

1—向外倾斜对准位置；2—冲子垂直冲眼

⑤ V 形铁和千斤顶。二者都用来支承工件，供校验、找正及划线时使用。

⑥ 方箱和角铁。方箱如图 9-8（a）所示，是一个空心的立方体，每个面均经过精加工，相邻平面互相垂直，相对平面互相平行。用夹紧装置把小型工件固定在方箱上，划线时只要把方箱翻90°，就可把工件上互相垂直的线在一次安装中划出。

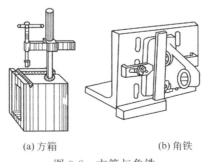

(a) 方箱　　　　　　　　　(b) 角铁

图 9-8　方箱与角铁

角铁如图 9-8（b）所示，它的两个互相垂直的平面经刨削和研磨加工而成。角铁通常与压板配合使用，将工件紧压在角铁的垂直面上划线，可使所划线条与原来找正的直线或平面保持垂直。

515

9.1.3　划线的方法

（1）划线基准的选择　划线时，首先要选择工件上某个点、线或面作为依据，用来确定工件上其他各部位尺寸、几何形状的相对位置。所选的点、线或面称为划线基准。划线基准一般与设计基准一致。

划线有平面划线和立体划线两种。平面划线一般要划两个方向的线条，而立体划线要划三个方向的线条。每划一个方向的线条就必须有一个划线基准，故平面划线要选两个基准，立体划线要选三个基准。因此划线前要认真细致地分析图纸，正确选择基准，才能保证划线正确、迅速。

选择划线基准的原则如下。

① 将零件图样上标注尺寸的基准（设计基准）作为划线基准。

② 如果毛坯上有孔或凸起部分，则以孔或凸起部分中心为划线基准。

③ 如果零件上只有一个已加工表面，则以此面作为划线基准，如果都是未加工表面，应以较平的大平面作划线基准。

（2）划线方法　平面划线与画机械投影图样相似，所不同的是，它是用划线工具在金属材料的平面上作图。为了提高效率，还可用样板来划线。

另外，还有直接按照原件实物而进行的模仿划线和在装配时采用配合划线等。

9.2　锯割

用手锯或机械锯把金属材料分割开，或在工件上锯出沟槽的操作称为锯割。主要用手锯进行锯割。

手锯由锯弓和锯条两部分组成。

9.2.1　锯弓

锯弓是用来张紧锯条的工具，有固定式和可调式两种，如图9-9和图9-10所示。

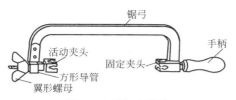

图 9-9　固定式锯弓

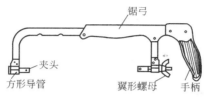

图 9-10　可调式锯弓

固定式锯弓只使用一种规格的锯条；可调式锯弓，因弓架是两段组成，可使用几种不同规格的锯条。因此，可调式锯弓使用较为方便。

可调式锯弓有手柄、方形导管、夹头等。夹头上装有挂锯条的销钉。活动夹头上装有拉紧螺栓，并配有翼形螺母，以便拉紧锯条。

9.2.2　锯条

手用锯条，一般是 300mm 长的单面齿锯条。锯割时，锯入工件越深，锯缝的两边对锯条的摩擦阻力就越大，严重时将把锯条夹住。为了避免锯条在锯缝中夹住，锯齿均有规律地向左右扳斜，使锯齿形成波浪形或交错形的排列，一般称为锯路，如图 9-11 所示。各个齿的作用相当于一排同样形状的錾子，每个齿都起到切削的作用。如图 9-12 所示，一般前角 γ 是 $0°$，后角 α 是 $40°$，楔角 β 是 $50°$。

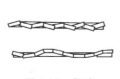

图 9-11　锯齿

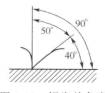

图 9-12　锯齿的角度

为了适应材料性质和锯割面的宽窄，锯齿分为粗、中、细三种。粗齿锯条齿距大，容屑空隙大，适用于锯软材料或锯割面较大的工件。锯硬材料时，则选用细齿锯条。锯齿的粗细，通常是以每25mm长度内有多少齿来表示。

9.2.3 锯条的安装

锯割前选用合适的锯条，使锯条齿尖朝前如图9-13所示，装入夹头的销钉上。锯条的松紧程度，用翼形螺母调整。调整时，不可过紧或过松。太紧，失去了应有的弹性，锯条容易崩断；太松，会使锯条扭曲，锯锋歪斜，锯条也容易折断。

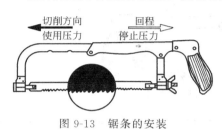

图9-13 锯条的安装

9.2.4 锯割方法

锯割操作时，站立姿势与位置同錾削相似，右手握住锯柄，左手握住锯弓的前端，如图9-14所示。推锯时，身体稍向前倾斜，利用身体的前后摆动，带动手锯前后运动。推锯时，锯齿起切削作用，要施加适当压力。向回拉时，不切削，应将锯稍微提起，减少对锯齿的磨损。锯割

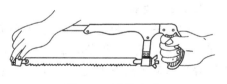

图9-14 握锯方法

时，应尽量利用锯条的有效长度。如行程过短，则局部磨损过快，降低锯条的使用寿命，甚至因局部磨损，锯缝变窄，锯条可能被卡住或造成折断。

起锯时，锯条与工件表面倾斜角 α 约为 $10°$，最少要有三个齿同时接触工件，如图9-15所示。

起锯时利用锯条的前端（远起锯）或后端（近起锯），靠在一个面的棱边上起锯。来回推拉距离要短，压力要轻，这样才能使尺

518

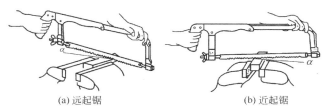

(a) 远起锯   (b) 近起锯

图 9-15　起锯方法

寸准确，锯齿容易吃进。

9.2.5　锯割方法实例

锯割时，被夹持的工件伸出钳口部分要短；锯缝尽量放在钳口的左侧；较小的工件夹牢时要防止变形；较大的工件不能夹持时，必须放置稳妥再锯割。在锯割前首先在原材料或工件上划出锯割线。划线时应考虑锯割后的加工余量。锯割时要始终使锯条与所划的线重合，这样，才能得到理想的锯缝。如果锯缝有歪斜，应及时纠正，若已歪斜很多，应改从工件锯缝的对面重新起锯。否则，很难改直，而且很可能折断锯条。锯割实例如下。

（1）扁钢　为了得到整齐的缝口，应从扁钢较宽的面下锯，这样，锯缝的深度较浅，锯条不致卡住，如图 9-16 所示。

（2）圆管　圆管的锯割，不可一次从上到下锯断。应在管壁被锯透时，将圆管向推锯方向转动，锯条仍然从原锯缝锯下，锯锯转转，直到锯断为止，如图 9-17 所示。

（3）型钢　槽钢和角钢的锯法与扁钢基本相同。因此，工件必

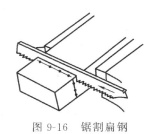

图 9-16　锯割扁钢

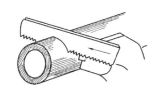

图 9-17　锯割圆管

须不断改变夹持位置，槽钢的锯法从三面来锯，角钢的锯法从两面来锯，如图 9-18 所示。这样，可以得到光洁、平直的锯缝。

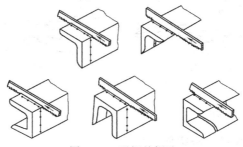

图 9-18　型钢的锯法

（4）薄板　薄板在锯前，两侧用木板夹住，夹在台虎钳上锯割，如图 9-19 所示。否则，锯齿将被薄板卡住，损坏锯条。

（5）深缝　锯割深缝时，应将锯条在锯弓上转动 90°角，操作时使锯弓放平，平握锯柄，进行推锯，如图 9-20 所示。

木夹件　薄板料

图 9-19　薄板的锯法

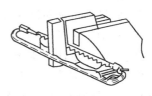

图 9-20　深缝的锯法

9.2.6　锯条崩齿的修理

锯条崩齿后，即使是崩一个齿，也不可继续使用。不然，相邻锯齿也会相继脱落。

为了使崩齿锯条能继续使用，必须用砂轮将崩齿的地方磨成弧形，将相邻几齿磨斜，如图 9-21 所示，以便锯割时锯条顺利通过，不致卡住。

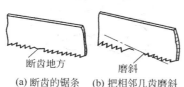

断齿地方　　磨斜

(a) 断齿的锯条　(b) 把相邻几齿磨斜

图 9-21　崩齿的修理

520

9.2.7 锯割安全技术

① 安装锯条时，不可装得过松或过紧。

② 锯割时，压力不可过大，以防锯条折断，崩出伤人。

③ 工件快要锯断时，必须用手扶住被锯下的部分，以防工件落下伤人。工件过大时，可用物支住。

9.3 錾削

9.3.1 錾削的概念

用手锤打击錾子对金属进行切削加工的操作称为錾削。

目前錾削一般用来錾掉锻件的飞边、铸件的毛刺和浇冒口，錾掉配合件凸出的错位、边缘及多余的一层金属，分割板料，錾切油槽等。

錾削用的工具，主要是手锤和錾子。

錾子是最简单的一种刀具。一切刀具所以能切下金属是以下列两个因素为基础的。

① 刀具的材料比工件的材料要硬。

② 刀具的切削部分为楔形，如图 9-22 所示。

影响錾削质量和錾削效率的主要因素是錾子楔角 β 的大小和錾削时后角 α 的大小。

楔角 β 越小，錾子刃口越锋利，但錾子强度较差，錾削时刃口容易崩裂；楔角 β 越大，刀具强度虽越好，但錾削阻力很大，錾削很困难，甚至不能进行。所以，錾子的楔角应在其强度允许的情况下选择尽量小的数值。錾削不同软硬的材料，对錾子强度的要求不同。因此，錾子楔角主要应该根据工件材料软硬来选择。

根据经验，錾削硬材料（如碳素工具钢）时楔角 β 磨成 60°～70°较合适；錾削一般碳素结构钢和合金结构钢时，楔角 β 磨成 50°～60°较合适；錾削软金属（如低碳钢）时，楔角 β 磨成 30°～50°较合适。

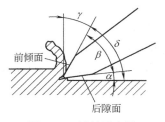

前倾面

后隙面

图 9-22　錾削示意图

γ—前角；β—楔角；

α—后角；δ—切削角

(a) 后角大的情况

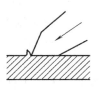

(b) 后角小的情况

图 9-23　后角大小对
錾削工作的影响

錾削时后角 α 太大，会使錾子切入材料太深，如图 9-23(a) 所示，錾不动，甚至损坏錾子刃口；若后角 α 太小，如图 9-23(b) 所示，由于錾削方向太平，錾子容易从材料表面滑出，同样不能錾削，即使能錾削，由于切入很浅，效率也不高。一般錾削时后角 α 以 5°～8°为宜。在錾削过程中应握稳錾子使后角 α 不变；否则，表面将錾得高低不平。

除此之外，作用在錾子上的锤击力，不可忽大忽小，而且力的作用线要与錾子中心线一致；否则，錾削表面也将高低不平。

9.3.2　錾削工具

9.3.2.1　錾子

錾子是錾削工作中的主要工具。錾子一般用碳素工具钢锻成，并经淬硬和回火处理。

(1) 錾子的种类及应用　錾子的种类很多。錾子的形状是根据錾削工作的需要而设计制成的。常用的錾子主要有扁錾、尖錾、油槽錾等。

① 扁錾。如图 9-24(a) 所示，它有较宽的刀刃，刃宽一般在 20mm 左右。扁錾一般应用于錾开较薄的板料、直径较小的棒料；錾削平面、焊接边缘及錾掉锻件、铸件上的毛刺、飞边等。应用扁錾时，被錾的平面应该比錾口窄些，这样才比较省力。

② 尖錾（窄錾）。如图 9-24(b) 所示，它的刀刃较窄，一般在

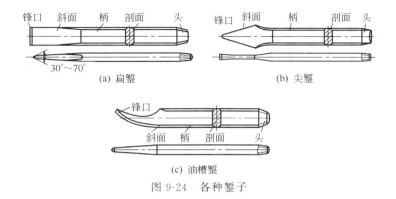

(a) 扁錾

(b) 尖錾

(c) 油槽錾

图 9-24 各种錾子

2~10mm 左右。尖錾应用于錾槽或配合扁錾錾削较宽的平面。工作时，根据图纸的要求，确定尖錾刀刃的宽度。錾槽时，尖錾的宽度比要求尺寸应稍窄一些。尖錾因为刃口窄，加工时容易切入。这种錾子自刃口起向柄部逐渐变窄，所以在錾深的沟槽时不会被工件夹住。

③ 油槽錾。如图 9-24(c) 所示，用于錾削滑动轴承面和滑行平面上的润滑油槽。

(2) 錾子的构造　錾子由锋口（刃面）、斜面、柄、头等组成。錾子的大小是指錾子的长短。錾子的长度一般为 150~200mm。錾子常用已轧成八棱形的碳素工具钢锻成。錾子的头部在使用时很重要，它的正确形状如图 9-25(a) 所示。头部有一定的锥度，顶部略带球形凸起。这种形状的优点是，面小凸起，受力集中，錾子不易偏斜，刃口不易损坏。为防止錾子在手中转动，錾身应稍成扁形。图 9-25(b) 所示是不正确的头部。这样的头部不能保证锤击力落在錾刃的中心点上，容易击偏。錾子的头部是没有淬过火的，因此，锤击多次以后，会打出卷回的毛刺，如图 9-25(c) 所示。出现毛刺后，应在砂轮上磨去，以免发生危险。

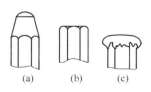

(a)　　(b)　　(c)

图 9-25　錾子的头部

(3) 錾子的刃磨　新锻制的或用钝

了的錾刃，要用砂轮磨锐。磨錾子的方法是：将錾子搁在旋转着的砂轮的轮缘上，但必须高于砂轮中心，两手拿住錾身，一手在上，一手在下，在砂轮的全宽上做左右移动，如图 9-26 所示。要控制握錾子的方向、位置，保证磨出所需要的楔角。锋口的两面要交替着磨，保证一样宽，刃面宽约为 2～3mm，如图 9-27 所示。两刃面要对称，刃口要平直。刃磨錾子，应在砂轮运转平稳后才能进行。人的身体不准正面对着砂轮，以免发生事故。按在錾子上的压力不能太大，不能使刃磨部分因温度太高而退火。为此，必须在磨錾子时经常将錾子浸入水中冷却。

图 9-26　在砂轮机上刃磨

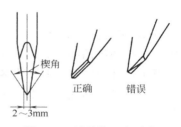

图 9-27　錾子的刃磨要求

（4）錾子的淬火　锻好的錾子，一定要经过淬火硬化后才能使用。为了防止淬火后在刃磨时退火，并便于淬火时观察，一般把锻好的錾子粗磨后进行淬火。碳素工具钢进行热处理时，把錾子切削刃部（长度为 20～25mm）加热到 750～780℃（呈暗樱红色）后取出，迅速垂直地放入冷水中约 2～3mm，并微微做水平移动。移动的目的是为了加速冷却，提高淬火硬度，并使淬硬部分与不淬硬部分不致有明显的界线存在，如果有明显的界线存在，则錾子易在此线上断裂。

当錾子露出水面的部分呈黑红色时，由水中取出，利用上部热量进行余热回火。这时，要注意观察錾子的颜色，一般刚出水时的颜色是白色的，刃口的温度逐渐上升后，颜色也随着改变，由白色变为黄色，再由黄色变为蓝色。当呈现黄色时，把錾子全部放入冷水中冷却，这种回火温度称为"黄火"。而当錾子呈现蓝色时，把

524

錾子全部放入冷水中冷却，这种回火温度称为"蓝火"。有经验的师傅们一般采用黄、蓝火之间的錾子硬度。

錾子出水后，由白色变为黄色，再由黄色变为蓝色的时间很短。只有几秒钟，必须很好地掌握。因为把錾子全部放入冷水中时间的早晚，对刃口硬度关系极大。太早，刃口太脆；太晚，刃口又太软。只有经过不断地实践，才能熟练地得到理想的錾子硬度。冬天淬火要用温水；否则，刃口易断裂。

9.3.2.2　手锤

在錾削时是借手锤的锤击力而使錾子切入金属的，手锤是錾削工作中不可缺少的工具，而且还是装、拆零件时的重要工具。

手锤一般分为硬手锤和软手锤两种。软手锤有铜锤、铝锤等。软锤一般用在装配、拆卸过程中。硬手锤由碳钢淬硬制成。硬手锤有圆头和方头两种，如图 9-28 所示。圆头手锤一般在錾削及装、拆零件时使用。方头手锤一般在打样冲眼时使用。

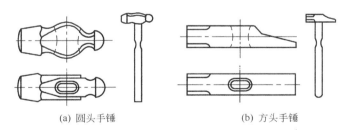

(a) 圆头手锤　　　　　　　　(b) 方头手锤

图 9-28　手锤

各种手锤均由锤头和锤柄两部分组成。手锤的规格是根据锤头的重量来确定的。常用的硬手锤有 0.25kg、0.5kg、0.75kg、1kg 等［在英制中有 0.5lb(磅)、1lb、1.5lb、2lb 磅等几种］。锤柄的材料选用坚硬的木材，如胡桃木、檀木等。其长度应根据不同规格的锤头选用，如 0.5kg 的手锤，柄长一般为 350mm。

无论哪一种手锤，锤头上装锤柄的孔都要做成椭圆形的，而且孔的两端比中间大，呈凹鼓形，这样便于装紧。

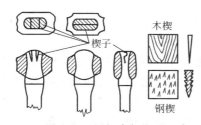

图 9-29　锤柄内加楔子

当手柄装入锤头时柄中心线与锤头中心线要垂直，且柄的最大椭圆直径方向要与锤头中心线一致。为了紧固不松动，避免锤头脱落，必须用金属楔子（上面刻有反向棱槽），如图9-29所示，或用木楔打入锤柄内加以紧固。金属楔子上的反向棱槽能防止楔子脱落。

9.3.3　錾削方法

9.3.3.1　握錾法

（1）正握法　手心向下，用虎口夹住錾身，拇指与食指自然伸开，其余三指自然弯曲靠拢握住錾身，如图9-30（a）所示。露出虎口上面的錾子顶部不宜过长，一般在10～15mm。露出越长，錾子抖动越大，锤击准确度也就越差。这种握錾方法适于在平面上进行錾削。

（2）反握法　手心向上，手指自然捏住錾身，手心悬空，如图9-30（b）所示。这种握法适用于小量的平面或侧面錾削。

（3）立握法　虎口向上，拇指放在錾子一侧，其余四指放在另一侧捏住錾子，如图9-30（c）所示。这种握法用于垂直錾切工件，如在铁砧上錾断材料。

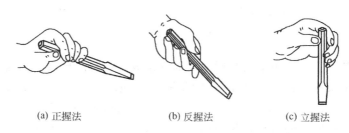

(a) 正握法　　　　(b) 反握法　　　　(c) 立握法

图 9-30　握錾法

9.3.3.2　握锤与挥锤

（1）握锤方法　有紧握锤和松握锤两种，如图9-31和图

9-32所示。紧握锤是从挥锤到击锤的全过程中，全部手指一直紧握锤柄。松握锤是在锤击开始时，全部手指紧握锤柄，随着向上举手的过程，逐渐依次地将小指、无名指、食指放松，而在锤击的瞬间迅速地将放松了的手指全部握紧并加快手臂运动，这样，可以加强锤击的力量，而且操作时不易疲劳。

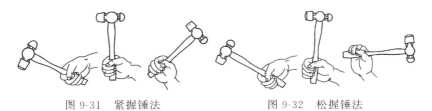

图 9-31　紧握锤法　　　　　　图 9-32　松握锤法

（2）挥锤方法

① 腕挥。靠腕部的动作挥锤敲击，如图 9-33 所示。腕挥的锤击力小，适用于錾削的开始与收尾以及需要轻微锤击的錾削工作。

② 肘挥。如图 9-34 所示，靠手腕和肘的活动，也就是小臂挥动。肘挥的锤击力较大，应用广泛。

③ 臂挥。是腕、肘和臂的联合动作。挥锤时，手腕和肘向后上方伸，并将臂伸开，如图 9-35 所示。臂挥的锤击力大，适用于大锤击力的錾削工作。

图 9-33　腕挥　　　　图 9-34　肘挥　　　　图 9-35　臂挥

9.3.3.3　站立位置

錾削时的站立位置很重要。如站立位置不适当，操作时既别扭，又容易疲劳。正确的站立位置如图 9-36 所示。锤击时眼睛要

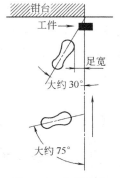

图 9-36　在钳台前
錾削时的站立位置

看着錾子刃口和工件接触处，才能顺利地操作和保证錾削质量，并且手锤不易打在手上。

9.3.3.4　錾削方法实例

（1）錾断　工件錾断方法有两种：一是在台虎钳上錾断，如图 9-37 所示；二是在铁砧上錾断，如图 9-38 所示。要錾断的材料其厚度与直径不能过大，板料厚度在 4mm 以下，圆料直径在 13mm 以下。

（2）錾槽　錾削油槽的方法是：先在轴瓦上划出油槽线。较小的轴瓦可夹在台虎钳上进行，但夹紧力不能过大，以防轴瓦变形。錾削时，錾子应随轴瓦曲面不停地移动，使錾出的油槽光滑和深浅均匀，如图 9-39所示。键槽的錾削方法是：先划出加工线，再在一端或两端钻孔，将尖錾磨成适合的尺寸，进行加工，如图 9-40 所示。

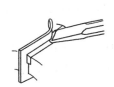

图 9-37　在台虎钳上錾断板料和圆料

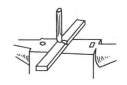

图 9-38　在铁砧上錾断

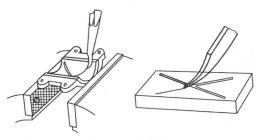

图 9-39　錾油槽

（3）錾平面 要先划出尺寸界限，被錾工件的宽度应窄于錾刃的宽度。夹持工件时，界线应露在钳口的上面，但不宜太高，如图 9-41 所示。每次錾削厚度约为 0.5～1.5mm，一次錾得不能过厚或太薄。过厚，则消耗体力大，也易损坏工件；太薄，则錾子将会从工件表面滑脱。当工件快要錾到尽头时，为避免将工件棱角錾掉，须调转方向从另一端錾去多余部分，如图 9-42 所示。

图 9-40　錾键槽　　　图 9-41　錾平面　　　图 9-42　从另一端錾削

平面宽度大于錾子时，先用尖錾在平面錾出若干沟槽，将宽面分成若干窄面，然后用扁錾将窄面錾去，如图 9-43 所示。

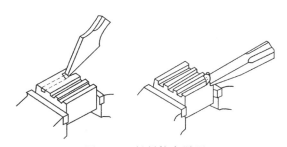

图 9-43　錾削较宽平面

9.3.3.5 錾削中避免产生废品和保证安全

为避免产生废品和保证安全，除了思想上不能疏忽大意外，还要注意下列几点。

① 錾削脆性金属时，要从两边向中间錾削，防止边缘棱角錾裂崩缺。

② 錾子应经常刃磨锋利。刃口钝了，则效率不高，而且錾出的表面也较粗糙，刀刃也易崩裂。

③ 錾子头部的毛刺要经常磨掉，以免伤手。

④ 发现锤柄松动或损坏，要立即装牢或更换，以免锤头飞出发生事故。

⑤ 錾削时，最好周围有安全网，以免錾下来的金属碎片飞出伤人。錾削时操作者最好戴上防护眼镜。

⑥ 保证正确的錾削角度。如果后角太小，即錾子放得太平，用手锤锤击时，錾子容易飞出伤人。

⑦ 錾削时錾子和手锤不准对着旁人，操作中握锤的手不准戴手套，以免手锤滑出伤人。

⑧ 锤柄不能沾有油污，防止手锤滑脱飞出伤人。

⑨ 每錾削两三次后，可将錾子退回一些。刃口不要总是顶住工件，这样，随时可观察錾削的平整度，又可使手臂肌肉放松一下，下次錾削时刃口再顶住錾处。这样有节奏地工作，效果较好。

9.4 锉削

9.4.1 锉削的概念

用锉刀从工件表面锉掉多余的金属，使工件具有图纸上所要求的尺寸、形状和表面粗糙度，这种操作称为锉削。它可以锉削工件外表面、曲面、内外角、沟槽、孔和各种形状相配合的表面。锉削分为粗锉削和细锉削，是选用各种不同的锉刀进行操作的。

选用锉刀时，要根据所要求的加工精度和锉削时应留的余量来选用各种不同的锉刀。

9.4.2 锉刀

锉刀是由碳素工具钢制成的，并经淬硬的一种切削刃具。锉刀如图 9-44 所示。

9.4.2.1 锉刀主要部分名称

① 锉刀面。指锉刀主要工作面。它的长度就是锉刀的规格（圆锉的规格由直径的大小而定，方锉的规格由方头尺寸而定）。锉

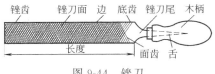

图 9-44　锉刀

刀面在纵长方向上呈凸弧形，前端较薄，中间较厚。

② 锉刀边。指锉刀上的窄边，有的边有齿，有的边没齿，没齿的边称安全边或光边。

③ 锉刀尾。指锉刀上没齿的一端，它跟舌部连着。

④ 锉刀舌。指锉刀尾部，像一把锥子一样插入木柄中。

⑤ 木柄。装在锉刀舌上，便于用力，它的一头装有铁箍，以防木柄劈裂。

9.4.2.2　锉刀的齿纹

（1）锉齿的形成和构造　锉刀的齿通常由剁锉机剁成，有的用铣齿法制成。图 9-45（a）所示是经剁齿的锉刀，它的切削角 δ 大于 $90°$，即前角都是负的，工作时锉齿在刮削；图 9-45（b）是经铣制的锉刀，它的切削角小于 $90°$，工作时锉齿在切削。铣制锉齿虽然理想，但成本太高，所以不能广泛采用。目前，铣齿只在制造单齿纹的锉刀时采用，主要用来锉软的材料，如铝、镁、锡和铅等。

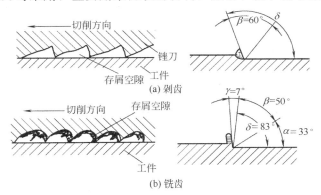

图 9-45　锉齿的形成

（2）锉纹的种类　锉刀的齿纹有单齿纹和双齿纹两种。

① 单齿纹。锉刀上只有一个方向的齿纹称为单齿纹。单齿纹锉刀全齿宽参加锉削，锉削时较费力，并且容易被切屑塞满。目前单齿纹锉刀齿纹是铣出来的，主要用来锉软金属，如图 9-46 及图 9-47(a)和图 9-47(b) 所示。

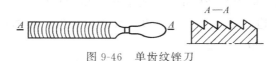

图 9-46　单齿纹锉刀

② 双齿纹。锉刀上有两个方向排列的齿纹称为双齿纹，如图 9-47(c)所示。浅的齿纹是底齿纹，它是先剁的。深的齿纹称为面齿纹或盖齿纹。面齿后剁，因剁齿时阻力较小，所以剁得比较深。

(a) 单齿纹形式一　(b) 单齿纹形式二　(c) 双齿纹

图 9-47　齿纹的种类

面齿纹与锉刀中心线组成的夹角称为面齿角，底齿纹与锉刀中心线组成的夹角称为底齿角，如图 9-48 所示。目前面齿角制成 70°，底齿角制成 55°。

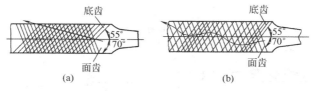

图 9-48　锉齿的排列

由于面齿角和底齿角不相同，所以锉削时锉痕不重叠，锉成的表面也比较光滑。此外，国外有一种锉刀，其锉齿排列成波纹形，如图 9-48（b）所示。这种波纹形的排列是由不等齿距的两层齿纹形成的。做成这种齿形，也是为了得到光滑的锉削表面。假如面齿角和底齿角相等，如图 9-49 所示，所构成的无数小齿是按前后顺序排列的。锉削时有的地方始终能锉到，有的地方始终锉不到，这样，锉出来的工件表面就会出现一条条的沟痕。

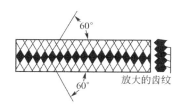

图 9-49　按前后顺序
排列的锉齿

双齿纹的齿刃是间断的，也就是在全宽齿刃上有许多分屑槽。这样，就能够使锉屑碎断，锉刀不易被锉屑堵塞，虽然锉削量大，但锉削时还比较省力。

9.4.2.3　锉刀的种类

锉刀分普通锉、特种锉和整形锉（什锦锉）三类。

目前我国普通锉分为平锉（齐头平锉和尖头平锉）、方锉、圆锉、半圆锉和三角锉五种，如图 9-50 所示。

图 9-50　普通锉刀的断面

特种锉用来加工各种零件的特殊表面。特种锉分为刀口锉、菱形锉、扁三角锉、椭圆锉和圆肚锉五种，如图 9-51 所示。

图 9-51　特种锉刀的断面

整形锉（什锦锉）也称组锉，用于小型工件的加工，是把普通的锉做成小型的，也有各种断面形状。每 5 根、8 根、10 根或 12 根作为一组。如图 9-52 所示。

9.4.2.4　锉刀的规格

普通锉的规格是以锉刀的长度、锉齿粗细及断面形状来表

图 9-52　整形锉（什锦锉）

示的。

长度规格有 100mm（4in）、125mm、150mm（6in）、200mm（8in）、250mm（10in）、300mm（12in）、400mm、450mm 等几种。

锉刀的粗细，即是锉刀齿纹齿距的大小。锉刀的齿纹粗细等级分为下列几种。

① 1号纹。用于粗锉刀，齿距为 0.83～2.3mm。

② 2号纹。用于中锉刀，齿距为 0.42～0.77mm。

③ 3号纹。用于细锉刀，齿距为 0.25～0.33mm。

④ 4号纹。用于双细锉刀，齿距为 0.2～0.25mm。

⑤ 5号纹。用于油光锉，齿距为 0.16～0.2mm。

整形锉（什锦锉）的锉纹号从 1 号纹到 7 号纹。

例如，300mm（习惯称 12in）的粗板锉是表示其锉刀长度为 300mm，断面形状为长方形的粗齿锉刀。

9.4.2.5　锉刀的选择及保养

（1）锉刀的选择　锉削前，锉刀的选择很重要。要锉削加工的零件是多种多样的，如果选择不当，会浪费工时或锉坏工件，也会过早使锉刀失去切削能力。因此，必须正确选用锉刀。选用锉刀要遵循下列原则。

① 锉刀的断面形状和长短，根据加工工件表面的形状和工件大小来选用。

② 锉刀的粗细，根据加工工件材料的性质、加工余量、尺寸精度和表面粗糙度等情况综合考虑来选用。

粗锉刀，用于锉软金属、加工余量大、精度等级低和表面粗糙度大的工件。

细锉刀，用于加工余量小、精度等级高和表面粗糙度小的工件。

此外，新锉刀的齿比较锐利，适合锉软金属。新锉刀用一段时间后再锉硬金属较好。

对不同形状的工件选用不同形状锉刀的实例，如图 9-53 所示。

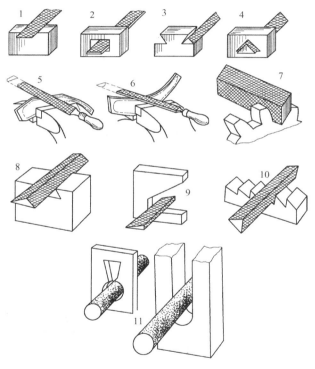

图 9-53　锉刀的用途

1,2—锉平面；3,4—锉燕尾和三角孔；5,6—锉曲面；7—锉楔角；

8—锉内角；9—锉菱形；10—锉三角形；11—锉圆孔

（2）锉刀的保养　为了延长锉刀的使用寿命，必须遵守下列规则。

① 不准用新锉刀锉硬金属。

② 不准用锉刀锉淬火材料。

③ 对有硬皮或粘砂的锻件和铸件，须将其去掉后，才可用半锋利的锉刀锉削。

④ 新锉刀先使用一面，当该面磨钝后，再用另一面。

⑤ 锉削时，要经常用钢丝刷清除锉齿上的切屑。

⑥ 使用锉刀时不宜速度过快，否则容易过早磨损。

⑦ 细锉刀不允许锉软金属。

⑧ 使用整形锉，用力不宜过大，以免折断。

⑨ 锉刀要避免沾水、油和其他脏物；锉刀也不可重叠或者和其他工具堆放在一起。

9.4.3 锉削的操作方法

9.4.3.1 锉刀柄的装卸

锉刀应装好柄后才能使用（整形锉除外）；柄的木料要坚韧，并用铁箍套在柄上。柄的安装孔深约等于锉刀尾的长度，孔径相当于锉刀尾的 1/2 能自由插入的大小。安装的方法如图 9-54（a）所示。先用左手扶柄，用右手将锉刀尾插入锉柄内，放开左手，用右手把锉刀柄的下端垂直地蹾紧，蹾入长度约等于锉刀尾的 3/4。

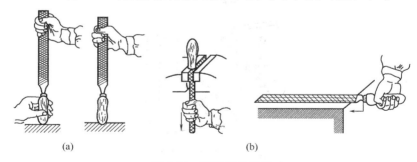

(a)   (b)

图 9-54　锉刀柄的装卸

卸锉刀柄可在台虎钳上或钳台上进行，如图 9-54（b）所示。在台虎钳上卸锉刀柄时，将锉刀柄搁在台虎钳钳口中间，用力向下蹾拉出来；在钳台上卸锉刀柄时，把锉刀柄向台边略用力撞击，利用惯性作用使它脱开。

9.4.3.2 锉刀的握法

大锉刀的握法，如图 9-55（a）和图 9-55（b）所示，右手心抵着锉刀柄的端头，大拇指放在锉刀柄上面，其余四指放在下面配合大拇指捏住锉刀柄。左手掌部鱼际肌压在锉刀尖上面，拇指自然伸直，其余四指弯向手心，用食指、中指抵住锉刀尖。

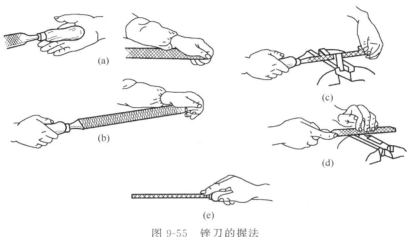

(a)

(b)

(c)

(d)

(e)

图 9-55　锉刀的握法

图 9-55（c）所示是中型锉刀的握法，右手握法与大锉刀相同，左手只需要大拇指和食指捏住锉刀尖。图 9-55（d）所示是小锉刀的握法，用左手的几个手指压住锉刀的中部，右手食指伸直而且靠在锉刀边。整形锉的握法，如图 9-55（e）所示，锉刀小，可用一只手拿住，大拇指和中指捏住两侧，食指放在上面伸直，其余两指握住锉柄，也可用两手操作。

9.4.3.3　锉削时的姿势

锉削姿势与使用的锉刀大小有关，用大锉锉平面时，正确姿势如下。

（1）站立姿势　两脚立正面向台虎钳，站在台虎钳中心线左侧，与台虎钳的距离按大小臂垂直、端平锉刀、锉刀尖部能搭放在工件上来掌握。然后迈出左脚，迈出距离从右脚尖到左脚跟约等于

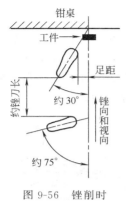

图 9-56 锉削时
足的位置

刀长，左脚与台虎钳中线约成 30°角，右脚
与台虎钳中线约成 75°角，如图 9-56所示。

（2）锉削姿势　锉削时的姿势如图 9-57
所示。开始前，左腿弯曲，右腿伸直，身
体重心落在左脚上，两脚始终站稳不动。
锉削时，靠左腿的屈伸做往复运动。手臂
和身体的运动要互相配合。锉削时要充分
利用锉刀的全长。

开始锉时身体要向前倾斜10°左右，左
肘弯曲，右肘向后，但不可太大，如
图 9-57（a）所示。锉刀推到 1/3 时，身体向
前倾斜15°左右，使左腿稍弯曲，左肘稍

直，右臂前推，如图 9-57（b）所示。锉刀继续推到 2/3 时，身体
逐渐倾斜到 18°左右，使左腿继续弯曲，左肘渐直，右臂向前推
进，如图 9-57（c）所示。锉刀继续向前推，把锉刀全长推尽，身体
随着锉刀的反作用退回到原位置，如图 9-57（d）所示。推锉终止
时，两手按住锉刀，身体恢复原来位置，略提起锉刀把它拉回。

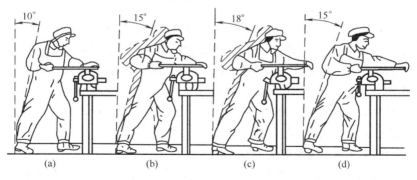

图 9-57　锉削时的姿势

9.4.3.4　锉削力的运用

锉削时，要锉出平整的平面，必须保持锉刀的平直运动。平直
运动是在锉削过程中通过随时调整两手的压力来实现的。

538

锉削开始时，左手压力大，右手压力小，如图 9-58（a）所示。随锉刀前推，左手压力逐渐减小，右手压力逐渐增大，到中间时，两手压力相等，如图 9-58（b）所示。到最后阶段，左手压力减小，右手压力增大，如图 9-58（c）所示。退回时，不加压力，如图 9-58（d）所示。

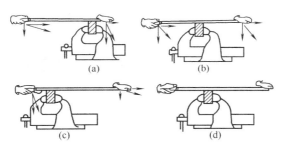

图 9-58　锉刀平直运动

锉削时，压力不能太大，否则小锉刀易折断；但也不能太小，以免打滑。

锉削速度不可太快，太快容易疲劳和磨钝锉齿；速度太慢，效率不高，一般每分钟 30～60 次左右为宜。

在锉削时，眼睛要注视锉刀的往复运动，观察手部用力是否适当，锉刀有没有摇摆。锉了几次后，要拿开锉刀，看是否锉在需要锉的地方，是否锉得平整。发现问题后及时纠正。

9.4.3.5　锉削方法

（1）工件的夹持　要正确地夹持工件，如图 9-59 所示，否则影响锉削质量。

① 工件最好夹持在钳口中间，使台虎钳受力均匀。

② 工件夹持要紧，但不能把工件夹变形。

③ 工件伸出钳口不宜过高，以防锉削时产生振动。

④ 夹持不规则的工件应加衬垫；薄工件可以钉在木板上，再将木板夹在台虎钳上进行锉削；锉大而薄的工件边缘时，可用两块三角块或夹板夹紧，再将其夹在台虎钳上进行锉削。

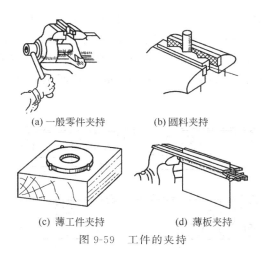

(a) 一般零件夹持　　　　　　(b) 圆料夹持

(c) 薄工件夹持　　　　　　　(d) 薄板夹持

图 9-59　工件的夹持

⑤ 夹持已加工面和精密工件时，应用软钳口（铝和紫铜制成），以免夹伤表面。

（2）平面的锉削　锉削平面是锉削中最基本的操作。为了使平面易于锉平，常用下面几种方法。

① 直锉法（普通锉削方法）。锉刀的运动方向是单方向，并沿工件表面横向移动，这是常用的一种锉削方法。为了能够均匀地锉削工件表面，每次退回锉刀时，向旁边移动 5～10mm，如图 9-60 所示。

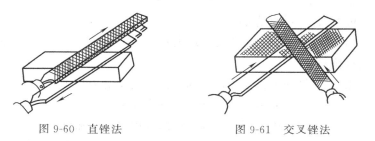

图 9-60　直锉法　　　　　　　图 9-61　交叉锉法

② 交叉锉法。锉刀的运动方向是交叉的，因此，工件的锉面上能显出高低不平的痕迹，如图 9-61 所示。这样容易锉出准确的

平面。交叉锉法很重要，一般在平面没有锉平时，多用交叉锉法来找平。

③ 顺向锉法。一般在交叉锉后采用，主要用来把锉纹锉顺，起锉光、锉平作用，如图9-62所示。

图 9-62　顺向锉法

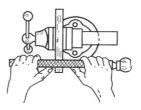

图 9-63　推锉法

④ 推锉法。用来顺直锉纹，改善表面粗糙度，修平平面。如图9-63所示。

一般加工量很小，并采用锉面比较平直的细锉刀。握锉方法见图9-63。两手横握锉刀身，拇指靠近工件，用力一致，平稳地沿工件表面推拉锉刀，否则，容易把工件中间锉凹。为使工件表面不致擦伤和不减少吃刀深度，应及时清除锉齿中的切屑，如图9-64所示。

用顺锉或推锉法锉光平面时，可以在锉刀上涂些粉笔灰，以减少吃刀深度。

钢丝刷

图 9-64　用钢丝刷清除切屑

（3）平面度的检查方法　平面锉好后，将工件擦净，用刀口直尺（或钢板尺）以透光法来检查平面度。如图9-65所示。

检查时，刀口直尺（或钢板尺）只用三个手指（大拇指、食指和中指）拿住尺边。如果刀口直尺与工件平面间透光微弱而均匀，说明该平面是平直的；假如透光强弱不一，说明该面高低不平，如图9-65(c)所示。检查时，应在工件的横向、纵向和对角线方向多处进行，如图9-65(b)所示。移动刀口直尺（或钢板尺）时，应

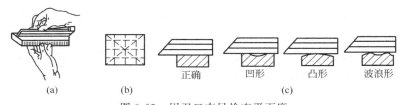

图 9-65　用刀口直尺检查平面度

把它提起，并轻轻地放在新的位置上，不准刀口直尺（或钢板尺）在工件表面上来回拉动。锉面的粗糙度用眼睛观察，表面不应留下深的擦痕或锉痕。

　　研磨法检查平面度。在平板上涂铅丹（铅的氧化物），然后，把锉削的平面放到平板上，均匀地用轻微的力将工件研磨几下后，如果锉削平面着色均匀就是平直了。表面高的地方呈灰亮色，凹的地方着不上色，高低适当的地方铅丹聚在一起呈黑色。

　　（4）检查垂直度　使用直角尺。检查时，也采用透光法，选择基准面，并对其他各面有次序地检查，如图 9-66（a）所示。阴影为基准面。

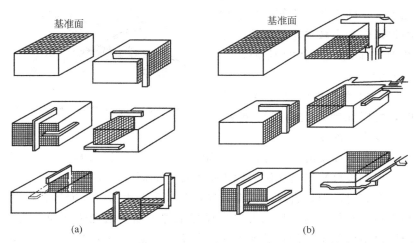

图 9-66　检查垂直度和平行度及尺寸

　　（5）检查平行度和尺寸　用卡钳或游标卡尺检查。检查时，在

542

全长不同的位置上，要多检查几次，如图9-66(b) 所示。

（6）圆弧面的锉削　一般采用滚锉法。对凸圆弧面锉削，开始时，锉刀头向下，右手抬高，左手压低，锉刀头紧靠工件，然后推锉，使锉刀头逐渐由下向前上方做弧形运动。两手要协调，压力要均匀，速度要适当，如图9-67(a) 所示。

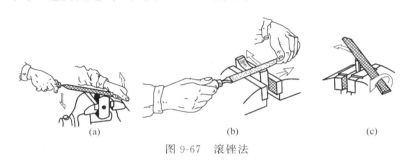

| (a) | (b) | (c) |

图 9-67　滚锉法

凹圆弧面的锉削法如图9-67(b) 所示。此时，锉刀要做前进运动，锉刀本身又做旋转运动，并在旋转的同时向左或右移动。此三种运动要在锉削过程中同时进行。

球面锉削法如图9-67(c) 所示。推锉时，锉刀对球面中心线摆动，同时又做弧形运动。

9.5　钻孔

9.5.1　钻孔的概念

用钻头在材料上钻出孔眼的操作，称为钻孔。

任何一种机器，没有孔是不能装配成形的。要把两个以上的零件连接在一起，常常需要钻出各种不同的孔，然后用螺钉、铆钉、销和键等连接起来。因此，钻孔在生产中占有重要的地位。

钻孔时，工件固定不动，钻头要同时完成两个运动，如图9-68所示。

① 切削运动（主运动）：钻头绕轴心所做的旋转运动，也就是切下切屑的运动。

图 9-68 钻孔时
钻头的运动

② 进刀运动（辅助运动）：钻头对工件所做的直线前进运动。

由于两种运动是同时连续进行的，所以钻头是按照螺旋运动的规律来钻孔的。

9.5.2 钻头

钻头的种类很多，如麻花钻、扁钻、深孔钻和中心钻等。它们的几何形状虽有所不同，但切削原理是一样的，都有两个对称排列的切削刃，使得钻削时所产生的力能够平衡。

钻头多用碳素工具钢或高速钢制成，并经淬火和回火处理，为了提高钻头的切削性能，目前有的使用焊有硬质合金刀片的钻头。麻花钻是最常用的一种钻头。

（1）麻花钻的构造 如图 9-69 所示，这种钻头的工作部分像"麻花"形状，故称麻花钻头。

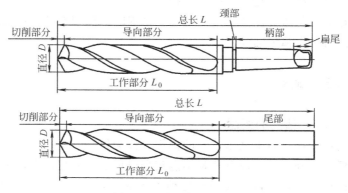

图 9-69 麻花钻的构造

麻花钻头主要由下面几部分组成。

① 柄部。用来把钻头装在钻床主轴上，以传递动力。钻头直径小于 12mm 时，柄部多采用圆柱形，用钻夹具把它夹紧在钻床主轴上。当钻头直径大于 12mm 时，柄部多是圆锥形的，能直接

插入钻床主轴锥孔内，对准中心，并借圆锥面间产生的摩擦力带动钻头旋转。在柄部的端头还有一个扁尾（或称钻舌），目的是增加传递力量，避免钻头在主轴孔或钻套中转动，并使钻头从主轴锥孔中顺利退出。

② 颈部。是为了磨削尾部而设的，多在此处刻印出钻头规格和商标。

③ 工作部分。包括切削部分和导向部分。切削部分，包括横刃和两个主切削刃，起着主要的切削作用。导向部分，在切削时起着引导钻头方向的作用，还可作钻头的备磨部分。导向部分由螺旋槽、刃带、齿背和钻心组成。

螺旋槽在麻花钻上有两条，并处于对称位置，其功用是正确地形成切削刃和前角，并起着排屑和输送冷却液的作用。刃带（图 9-70）是沿螺旋槽高出 0.5～1mm 的窄带，

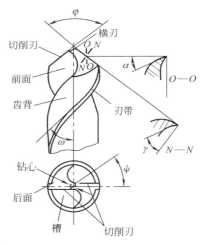

图 9-70 麻花钻的主要角度

在切削时，它跟孔壁相接触，起着修光孔壁和导引钻头的作用。在钻头表面上低于刃带的部分称为齿背，其作用是减少摩擦。直径小于 0.5mm 的钻头，不制出刃带。钻头的直径看起来好像整个引导部分都是一样的，实际是做成带一点倒锥度的，即靠近前端的直径大，靠近柄部的直径小。每 100mm 长度内直径减少 0.03～0.12mm，称为倒锥，目的是减少钻削时的摩擦发热。钻头两螺旋槽的实心部称为钻心，它用来连接两个刃瓣以保持钻头的强度和刚度。

（2）麻花钻的主要角度　如图 9-70 所示。

① 顶角（锋角）。是两个主切削刃相交所成的角度，用 φ 表

示。有了顶角，钻头才容易钻入工件。顶角的大小与所钻材料的性质有关，常用的顶角为116°～118°。选择钻头的顶角可见表 9-1。

表 9-1　麻花钻头切削角的选择

钻孔材料	顶角 $\varphi/(°)$	后角 $\alpha/(°)$	螺旋角 $\omega/(°)$
一般钢铁材料	116～118	12～15	20～32
一般韧性钢铁材料	116～118	6～9	20～32
铝合金(深孔)	118～130	12	32～45
铝合金(通孔)	90～120	12	17～20
软黄铜和青铜	118～118	12～15	10～30
硬青铜	110～130	5～7	10～30
铜和铜合金	90～118	10～15	30～40
软铸铁	118～135	12～15	20～32
冷(硬)铸铁	118～125	5～7	20～32
淬火钢	118	12～15	20～32
铸钢	150	12～15	20～32
锰钢(7%～13%锰)	135	10	20～32
高速钢	135～150	5～7	20～32
镍钢(250～400HB)	70	5～7	20～32
木材	60～90	12	30～40
硬橡胶		12～15	10～20

② 前角。前面的切线与垂直切削平面的垂线所夹的角称为前角，用 γ 表示（在主截面 N—N 中测量）。前角的大小在主切削刃的各点是不同的，越靠近外径，前角就越大（约为 18°～30°），靠近中心约为 0°。

③ 后角。切削平面与后面切线所夹的角称为后角，用 α 表示（在与圆柱面相切的 O—O 截面内测量）。后角的数值在主切削刃的各点上也不相同，标准麻花钻外缘处的后角为 8°～14°。后角的作用是减少后面和加工底面的摩擦，保证钻刃锋利；但如果后角太大，则使钻刃强度削弱，影响钻头寿命。

钻硬材料时，为了保证刀具强度，后角可适当小些，钻软材料时，后角可大些。但钻削黄铜这类材料时，后角太大会产生自动扎刀现象，所以后角不宜太大。

546

④ 横刃斜角。横刃和主切削刃之间的夹角，称为横刃斜角，以 ψ 表示。它的大小与后角大小有关，当刃磨的后角大时，横刃斜角就要减小，相应地横刃长度就变长一些。一般 $\psi=50°\sim55°$。

⑤ 螺旋角。钻头的轴线和切于刃带的切线间所构成的角，称为螺旋角，用 ω 表示。$\omega=18°\sim30°$，小直径钻头取小的角度，以提高强度。

（3）麻花钻的刃磨　钻头刃磨的目的是要把钝了或损坏的切削部分刃磨成正确的几何形状，或当工件材料变化时，钻头的切削部分和角度也需要重新刃磨，使钻头保持良好的切削性能。

钻头的切削部分，对于钻孔质量和效率有直接影响。因此，钻头的刃磨是一项重要的工作，必须很好地掌握。钻头的刃磨，大都在砂轮机上进行。

① 磨主切削刃。右手握钻头的前端（也可按个人习惯用左手），靠在砂轮机的搁架上，左手捏住柄部，将主切削刃摆平，磨削应在砂轮机的中心面上进行，钻头的中心和砂轮面的夹角等于 1/2 顶角，如图 9-71 所示。刃磨时右手使刃口接触砂轮，左手使钻头柄部向下摆动，所摆动的角度即是钻头的后角，当钻头柄部向下摆动时，右手捻动钻头绕自身的中心线旋转。这样，磨出的钻头，钻心处的后角会大些，有利于钻削。按上述步骤刃磨好一条主切削刃后，再磨另一条主切削刃。

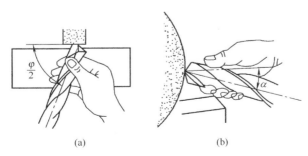

(a)　　　　　　　　(b)

图 9-71　磨主切削刃

② 修磨横刃。钻头在钻削过程中，其横刃部分将导致很大的

547

轴向抗力，从而消耗大量的能量和引起钻头晃动。横刃太长，还会影响钻头的正确定心。因此，要适当地将横刃修磨小一些，以改善钻削条件。如果材料软，横刃可多磨去些；材料硬，横刃可少磨去些。但小直径钻头（5mm 以内钻头）一般不修磨横刃。

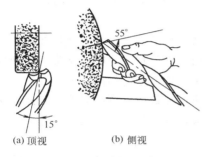

(a) 顶视　　(b) 侧视

图 9-72　修磨横刃

修磨横刃方法如图 9-72 所示。把横刃磨短到原来的 1/5～1/3，靠近钻心处的切削刃磨成内刃，内刃斜角约为 20°～30°，内刃前角约为 0°～15°。这样，可以减小轴向抗力和便于钻头定位。修磨横刃时，磨削点大致在砂轮水平中心面以上，钻头与砂轮的相对位置见图 9-73，钻头与砂轮侧面构成 15°角（向左偏），与砂轮中心面约构成 55°角。刃磨开始时，钻头刃背与砂轮圆角接触，磨削点逐渐向钻心处移动，直至磨出内刃前面。修磨中，钻头略有转动；磨削量由大到小；当磨至钻心处时，应保证内刃前角、内刃斜角、横刃长度准确。磨削动作要轻，防止刃口退火或钻心过薄。

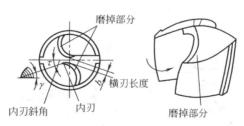

图 9-73　修磨横刃后的钻头

刃磨时，钻头切削部分的角度应符合要求：两条主切削刃要等长；顶角应被钻头的中心线平分。钻头顶角可用样板检查，如图 9-74 所示。但在实际工作中，大都用目测来检查，将钻头切削部分朝上竖起，两眼平视，观看刃口。由于两个切削刃一前一后，会产生视差，常常感到左刃（前刃）高于右刃（后刃）。所以，必须将钻头绕轴线转动180°再目测。经过几次反复后，可鉴定出两刃高低是否一致。此外，也可在钻床上进行试钻。如果两刃没磨好（不对称），钻孔时会产生图 9-75 所示的情形。当出现图中存在的问题时应继续修磨好。钻头刃磨时，钻柄摆动不得高出水平面，应由刃口磨向刃背，以防止磨出负后角。刃磨时，为防止刃口退火，必须经常将钻头浸入水中冷却，保持钻头切削部分的硬度。

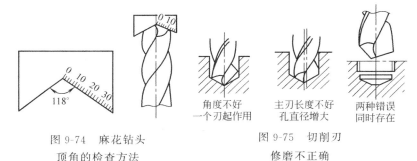

图 9-74　麻花钻头
顶角的检查方法

图 9-75　切削刃
修磨不正确

③ 钻薄板的钻头。在装配与修理工作中，常遇到在薄钢板、铝板、黄铜皮、紫铜皮和马口铁等金属薄板上钻孔。如果用普通钻头钻孔，会出现孔不圆、孔口飞边、孔被撕破、毛刺大，甚至使板料扭曲变形和发生事故。因此，必须把钻头磨成图 9-76 所示的几何形状。

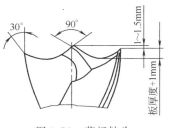

图 9-76　薄板钻头

钻削时，钻心先切入工件，定住中心，起钳制工件作用；然后，两个锋利的外尖（刃口）迅速切入工件，使其切离。

9.5.3　钻头的装夹工具

（1）钻夹头　是用来夹持尾部为圆柱体钻头的夹具，如图 9-77所示。在夹头的三个斜孔内装有带螺纹的夹爪，夹爪螺纹和装在夹头套筒的螺纹相啮合，当钥匙上的小伞齿轮带动夹头套上的伞齿轮时，夹头套的螺纹旋转，因而使三爪推出或缩入，用来夹紧或放松钻头。

（2）钻套（锥库）和楔铁　钻套是用来装夹圆锥柄钻头的夹具。由于钻头或钻夹头尾锥尺寸大小不同，为了适应钻床主轴锥孔，常常用锥体钻套作过渡连接。钻套以莫氏锥度为标准，由不同尺寸组成。楔铁是用来从钻套中卸下钻头的工具。钻套和楔铁如图9-78所示。

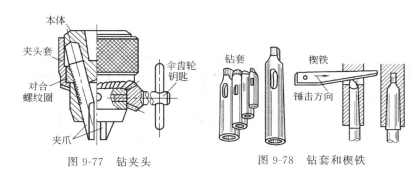

图9-77　钻夹头　　　　　图9-78　钻套和楔铁

锥柄钻头的钻尾圆锥体规格，如表9-2所示。

表9-2　锥柄钻头钻尾圆锥体规格

钻头直径/mm	6～15.5	15.6～23.5	23.6～32.5	32.6～49.5	49.6～65	68～80
莫氏圆锥号	1	2	3	4	5	6

一般立钻主轴的孔内，锥体是3号或4号莫氏锥体。摇臂钻主轴的孔内，锥体是5号或6号莫氏锥体。如果将较小直径的钻头装入钻床主轴上，需要用过渡钻套。钻套规格如表9-3所示。

表9-3　钻套规格表

莫氏圆锥号		全长/mm	外锥体大端直径/mm	内锥体大端直径/mm
外锥	内锥			
1	0	80	12.963	9.045
2	1	95	18.805	12.065
3	1	115	24.906	12.065

莫氏圆锥号		全长/mm	外锥体大端直径 /mm	内锥体大端直径 /mm
外锥	内锥			
3	2	115	24.906	17.781
4	2	140	32.427	17.781
4	3	140	32.427	23.826
5	3	170	45.495	23.826
5	4	170	45.495	31.269
6	4	220	63.892	31.269
6	5	220	63.892	44.401

（3）快换夹头　在钻床上加工孔时，往往需用不同的刀具经过几次更换和装夹才能完成（如使用钻头、扩孔钻、锪钻和铰刀等）。在这种情况下，采用快换夹头，能在主轴旋转的时候，更换刀具，装卸迅速，减少更换刀具的时间，如图 9-79 所示。更换刀具的时候，只要将外环 1 向上提起，钢珠 2 受离心力的作用进入外环下部槽中，可换套筒 3 不再受到钢珠的卡阻，而和刀具一起自动落下。这时，立即用手接住。然后，再把另一个装有刀具的可换套筒装上，放下外环，钢球又落入可换套筒的凹入部分。于是，更换过的刀具便跟着插入主轴内的锥柄 5 一起转动，继续进行加工。钢丝 4 用来限制外环的上下位置。这种钻夹头使用方便，在各工厂用得较普遍。

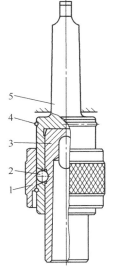

图 9-79　快换夹头

1—外环；2—钢球；

3—可换套筒；4—

钢丝；5—锥柄

9.5.4　钻孔方法

9.5.4.1　工件的夹持

（1）手虎钳和平行夹板　用来夹持小型工件和薄板件，如图 9-80。

（2）长工件钻孔　用手握住并在钻床台面上用螺钉靠住，这样比较安全，如图 9-81所示。

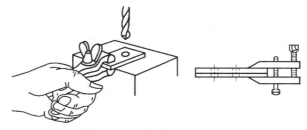

图 9-80　手虎钳和平行夹板

（3）平整工件钻孔　一般夹在平口钳上进行，如图 9-82 所示。

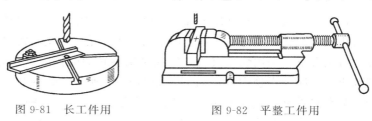

图 9-81　长工件用
螺钉靠住钻孔

图 9-82　平整工件用
平口钳夹紧钻孔

（4）圆轴或套筒上钻孔　一般把工件放在 V 形铁上进行。如图 9-83 所示，列出三种常见的夹持方法。

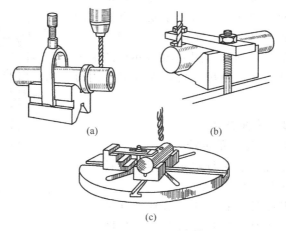

(a)　　　　　　　　　(b)

(c)

图 9-83　在圆轴或套筒上钻孔的夹持方法

552

（5）压板、螺钉夹紧工件钻大孔　一般可将工件直接用压板、螺钉固定在钻床工作台上钻孔，如图 9-84 所示。搭板时要注意以下几点。

① 螺钉尽量靠近工件，使压紧力较大。

② 垫铁应比所压工件部分略高或等高；用阶梯垫铁，工件高度在两阶梯之间时，则应采用较

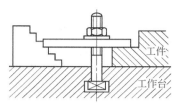

图 9-84　用压板、螺钉夹紧工件

高的一挡。垫铁比工件略高有几个好处：可使夹紧点不在工件边缘上而在偏里面处，工件不会翘起来；用已变形而微下弯的压板能把工件压得较紧；把螺母扳紧，压板变形后还有较大的压紧面积。

③ 如工件表面已经过精加工，在压板下应垫一块铜皮或铝皮，以免在工件上压出印痕来。

④ 为了防止擦伤精加工过的表面，在工件底面应垫纸。

9.5.4.2　按照划线钻孔

在工件上确定孔眼的正确位置，进行划线。划线时，要根据工作图的要求，正确地划出孔中心的交叉线，然后，用样冲在交叉线的交点上打个冲眼，作为钻头尖的导路。钻孔时，首先开动钻床，稳稳地把钻头引向工件，不要碰击，使钻头的尖端对准样冲眼。照划线钻孔分两步操作：先试钻浅坑眼，然后正式钻孔。在试钻浅坑眼时，用手进刀，钻出尺寸占孔径 1/4 左右的浅坑眼来，然后，提起钻头，清除钻屑，检查钻出的坑眼是否处于划线的圆周中心。处于中心时，可继续钻孔，直到钻完为止。如果钻出的浅坑眼中心偏离，必须改正。一般只需将工件纠正一些即可。如果钻头较大或偏得较多，就在钻歪的孔坑的相对方向那一边用样冲或尖錾錾低些（可錾几条槽），如图 9-85 所示，逐渐将偏斜部分纠正过来。

钻通孔时，孔的下面必须留出钻头的空隙。否则，当钻头伸出工件底面时，会钻伤工作台面垫工件的平铁或座钳，当孔将要钻透前，应注意减小走刀量，以防止钻头摆动，保证钻孔质量及安全。

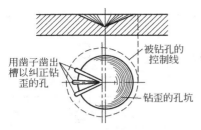

用凿子凿出槽以纠正钻歪的孔

被钻孔的控制线

钻歪的孔坑

图 9-85　用錾槽来纠正钻歪的孔

钻不通孔时，应根据钻孔深度，调整好钻床上深度标尺挡块，或者用自制的深度量具随时检查。也可用粉笔在钻头上做出钻孔深度的标记。钻孔中要掌握好钻头钻进深度，防止出现质量事故。

钻深孔时，每当钻头钻进深度达到孔径的 3 倍时，必须将钻头从孔内提出，及时排除切屑，防止钻头过度磨损或折断，以及影响孔壁的表面粗糙度。

钻直径很大的孔时，因为钻尖部分的切削作用很小，以致进钻的抵抗力加大，这时应分两次钻，先用与钻尖横刃宽度相同的钻头（直径约 3~5mm 的小钻），钻一小孔，作为大钻头的导孔，然后，再用大钻头钻。这样可以省力，而孔的正确度仍然可以保持，如图 9-86 所示。一般直径超过 30mm 的孔，可分两次钻削。

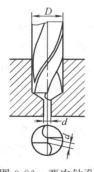

图 9-86　两次钻孔

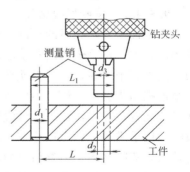

钻夹头

测量销

工件

图 9-87　钻孔距有精度要求的平行孔的方法

9.5.4.3　钻孔距有精度要求的平行孔的方法

有时需要在钻床上钻出孔距有精度要求的平行孔，如图 9-87 所示。如要钻直径分别为 d_1 和 d_2 的两孔，其中心距为 L。这时，可按划线先钻出一孔（可先钻 d_1 孔），若孔精度要求较高，还可用铰刀铰一下，然后找一销与孔紧配（也可车一销与孔紧配），另外任意找一只销（直径为 d_3）夹在钻夹头中，用百分尺（分厘卡）控制距离 $L_1 = L + \dfrac{1}{2}d_1 + \dfrac{1}{2}d_3$，即可保证 L 尺寸。孔距校正好以后把工件压紧，钻夹头中装上直径为 d_2 的钻头即可钻第二孔。再有其他孔也可用同样方法钻出，用这种方法钻出的孔中心距精度能在 ± 0.1mm 之内。

9.5.4.4　在轴或套上钻与轴线垂直并通过中心的孔的方法

在轴或套上钻与轴线垂直并通过中心的孔是经常碰到的事。如精度要求较高，要做一个定心工具，如图 9-88 所示。其圆杆与下端 90°圆锥体是在一次装夹中车出或磨出的。

钻孔前，先找正钻轴中心与安装工件的 V 形铁的位置，方法是：把定心工具的圆杆夹在钻夹头内，用百分表在圆锥体上校调，使其振摆在 $0.01 \sim 0.02$mm 之内，用下部 90°顶角的圆锥来找正 V 形铁的位置，如图 9-88(a) 所示，当两边间隙大小相同时，

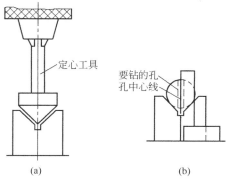

图 9-88　在轴或套上钻与轴线垂直的孔

用压板把 V 形铁位置先固定。在要钻孔的轴或套的端面上划一条中心线。把轴或套放在 V 形铁上，将钻头装上，用钻尖对准要钻孔的样冲眼，用直角尺校准端面的中心线使其垂直，如图 9-88(b) 所示，再把工件压紧。然后，试钻一个浅坑，看浅坑是否关于轴的中心线对称，如工件有走动，则再纠正，再试钻。如果校正得仔细，孔中心与工件轴线的不对称度可在 0.1mm 之内。如不用定心工具，用直角尺校端面中心线，将钻尖对准样冲眼，根据试钻坑的对称性来校正也可以，不过要有较丰富的经验。

9.5.4.5　在斜面上钻孔

钻孔时，必须使钻头的两个切削刃同时切削。否则，由于切削刃负荷不均，会出现钻头偏斜，造成孔歪斜，甚至使钻头折断。为此，采用下面方法钻孔。

① 钻孔前，用铣刀在斜面上铣出一个平台或用錾削方法錾出

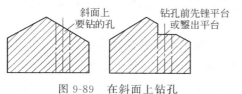

图 9-89　在斜面上钻孔

平台，如图 9-89 所示，按钻孔要求定出中心，一般先用小直径钻头钻孔，再用所要求的钻头将孔钻出。

② 在斜面上钻孔，可用改变钻头切削部分的几何形状的方法，将钻头修磨成圆弧刃多能钻头，如图 9-90 所示，可直接在斜面上钻孔。这种钻头实际上相当于立铣刀，它用普通麻花钻靠手工磨出，圆弧刃各点均有相同的后角 α（$\alpha = 6° \sim 10°$），钻头横刃经过修磨。这种钻头应很短，否则，开始在斜面上钻孔时会振动。

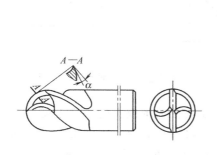

图 9-90　圆弧刃多能钻头

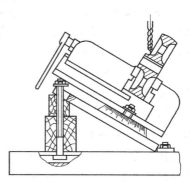

图 9-91　将台虎钳垫斜度在斜面钻孔

③ 在装配与修理工作中，常遇到在带轮上钻斜孔，可采取用垫块垫斜度的方法，或者用钻床上有可调斜度的工作台，在斜面上钻孔，如图 9-91 所示。

556

④ 当钻头钻穿工件到达下面的斜面出口时，因为钻头单面受力，就有折断的危险，遇到这种情形，必须用同一强度的材料，衬在工件下面，如图 9-92 所示。

图 9-92　钻通孔
垫衬垫

9.5.4.6　钻半圆孔（或缺圆孔）

钻缺圆孔，用同样材料嵌入工件内与工件合钻一个孔，如图 9-93（a）所示，钻孔后，将嵌入材料去掉，即在工件上留下要钻的缺圆孔。

如图 9-93（b）所示，在工件上钻半圆孔，可用同样材料与工件合起来，在两件的结合处找出孔的中心，然后钻孔。分开后，即是要钻的半圆孔。

在连接件上钻"骑缝"孔，在套与轴和轮毂与轮圈之间，装"骑缝"螺钉或"骑缝"销钉，如图 9-94 所示。应注意：如果两个工件材料性质不同，"骑缝"孔的中心样冲眼应打在硬质材料一边，以防止钻头向软质材料一边偏斜，造成孔的位移。

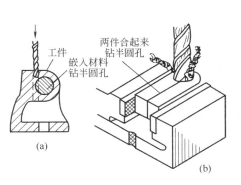

图 9-93　钻半圆孔方法

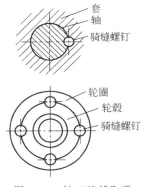

图 9-94　钻"骑缝"孔

9.5.4.7　在薄板上开大孔

一般没有这样大直径的钻头，因此大都采用刀杆切割方法加工大孔，如图 9-95 所示。按刀杆端部的导杆直径尺寸，在工件的中心先钻出孔，将导杆插入孔内，把刀架上的切刀调到大孔的尺寸，切刀位置固定后进行开孔。开孔前，应将工件板料压紧，主轴转速要慢些，走刀量要小些。当工件即将切割透时，应及时停止进刀，防止打坏切刀头，未切透的部分可用手锤敲打下来。

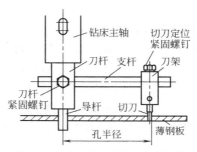

图 9-95　用刀杆在薄板上开大孔

除上述孔的加工方法外，在大批量孔加工时，可根据需要与可能，制作专用钻孔模具。图 9-96 所示是钻孔模具的一种。这样，既能提高效率，又能保证产品质量。

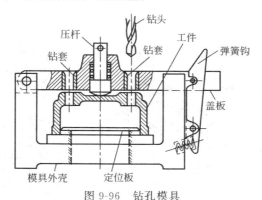

图 9-96　钻孔模具

9.5.5　钻孔产生废品、钻头损坏的预防及安全技术

（1）钻孔时产生废品的原因及预防　由于钻头刃磨得不好，钻削用量选择不当，工件装歪，钻头装夹不好等原因，钻孔时，会产生各种形式的废品。废品产生的原因和防止方法，见表 9-4。

表 9-4　钻孔时产生废品的原因和防止方法

废品形式	产生原因	防止方法
钻孔呈多角形	①钻头后角太大 ②两切削刃有长有短,角度不对称	正确刃磨钻头
孔径大于规定尺寸	①钻头两主切削刃有长有短、有高有低 ②钻头摆动	①正确刃磨钻头 ②消除钻头摆动
孔壁粗糙	①钻头不锋利 ②后角太大 ③进刀量太大 ④冷却不足,冷却液润滑性差	①把钻头磨锋利 ②减小后角 ③减小进刀量 ④选用润滑性好的冷却液
钻孔位置偏移或歪斜	①工件表面与钻头不垂直 ②钻头横刃太长 ③钻床主轴与工作台不垂直 ④进刀过于急躁 ⑤工件固定不紧	①正确安装工件 ②磨短横刃 ③检查钻床主轴的垂直度 ④进刀不要太快 ⑤工件要夹得牢固

（2）钻孔时钻头损坏原因和预防　由于钻头太钝,切削用量太大,切屑排不出,工件没夹牢及工件内部有缩孔、硬块等原因,钻头可能损坏。损坏原因和预防方法见表 9-5。

表 9-5　钻头损坏的原因和预防方法

损坏形式	损坏原因	预防方法
工作部分折断	①用钝钻头工作 ②进刀量太大 ③钻屑塞住钻头的螺旋槽 ④钻孔刚穿通时,由于进刀阻力迅速降低而突然增加了进刀量 ⑤工件松动 ⑥钻铸件时碰到缩孔	①把钻头磨锋利 ②减小进刀量,合理提高切削速度 ③钻深孔时,钻头退出几次,使钻屑能向外排出 ④钻孔将穿通时,减少进刀量 ⑤将工件可靠地加以固定 ⑥钻预计有缩孔的铸件时,要减少走刀量
切削刃迅速磨损	①切削速度过高 ②钻头刃磨角度与工件硬度不适应	①降低切削速度 ②根据工件硬度选择钻头刃磨角度

（3）钻孔安全技术

① 做好钻孔前的准备工作，认真检查钻孔机具，工作现场要保持整洁，安全防护装置要妥当。

② 操作者衣袖要扎紧，严禁戴手套，头部不要靠钻头太近，女工必须戴工作帽，防止发生事故。

③ 工件夹持要牢固，一般不可用手直接拿工件钻孔，防止发生事故。

④ 钻孔过程中，严禁用棉纱擦拭切屑或用嘴吹切屑，更不能用手直接清除切屑，应该用刷子或铁钩清理。高速钻削要及时断屑，以防止发生人身和设备事故。

⑤ 严禁在开车状况下装卸钻头和工件。检验工件和变换转速，必须在停车状况下进行。

⑥ 钻削脆性金属材料时，应配戴防护眼镜，以防切屑飞出伤人。

⑦ 钻通孔时工件底面应放垫块，防止钻坏工作台或台虎钳的底平面。

⑧ 在钻床上钻孔时，不能同时二人操作，以免因配合不当造成事故。

⑨ 对钻具、夹具等要加以爱护，经常清理切屑和污水，及时涂油防锈。

9.6　螺纹基础

在管道工程中的连接部位及各种加工机器上都有各式各样的螺纹。这些螺纹，有的是车床上车出的，有的是滚压出的。精密的螺纹可以在铣床上铣出，甚至在螺纹磨床上磨出来。螺纹除用机械加工外，管工在施工中及日常维修中，常用手工加工螺纹。

9.6.1　螺旋线的概念

如果在任何一圆柱体上绕以纸制的直角三角形，如图 9-97 所示，纸制直角三角形与圆柱体基圆圆周长度相等的一个正边（AB 边），与这一圆周一致，则斜边（AC 边）便在圆柱体表面上形成

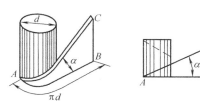

图 9-97　螺旋线的形成

曲线，这一曲线称为螺旋线。螺旋线旋转一周的距离（即直角边 BC 长度）称为螺旋线导程，螺旋线的升高角度（在 AB 边和 AC 边之间的 α 角）称为螺旋线的导程角。沿着螺旋线加工成一定形状的凹槽，即在圆柱表面上形成了一定形状的螺纹。

按螺纹在圆柱面上绕行方向可分为右旋（正扣）和左旋（反扣）两种。螺纹从左向右升高称为右旋螺纹，按顺时针方向旋进；与此相反，称为左旋螺纹。判断左右旋螺纹的方法如图 9-98所示。根据用处不同，在圆柱面上的螺纹头

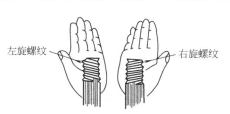

图 9-98　判断左右旋螺纹的方法

数，有单头、双头和多头几种，螺纹头数越多传递速度越快。

9.6.2　螺纹要素及螺纹主要尺寸

（1）螺纹要素　有牙型、外径、螺距（导程）、头数、精度和旋向等。根据这些要素，来加工螺纹。

（2）牙型　指螺纹径向剖面内的形状，如图 9-99 所示。

（3）螺纹的主要尺寸　以三角螺纹为例，如图 9-100 和图 9-101所示。

① 大径（d）。是螺纹的最大直径（外螺纹的牙顶直径，内螺纹的牙底直径），即螺纹的公称直径。

② 小径（d_1）。是螺纹的最小直径（外螺纹的牙底直径，内螺纹的牙顶直径）。

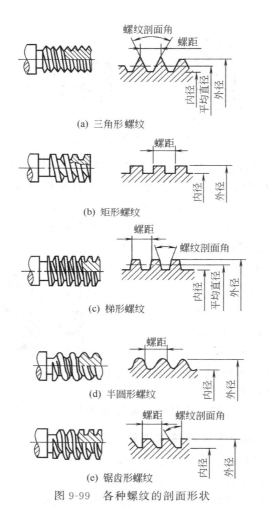

(a) 三角形螺纹

(b) 矩形螺纹

(c) 梯形螺纹

(d) 半圆形螺纹

(e) 锯齿形螺纹

图 9-99　各种螺纹的剖面形状

③ 中径（d_2）。螺纹的有效直径称为中径。在这个直径上牙宽与牙间相等，即牙宽等于螺距的一半（英制的中径等于内、外径的平均直径，即 $d_2 = \dfrac{d + d_1}{2}$）。

④ 螺纹的工作高度（H）。螺纹顶点到根部的垂直距离，或称牙型高度。

562

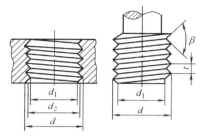

图 9-100　三角螺纹的内螺纹、外螺纹

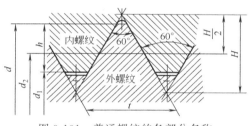

图 9-101　普通螺纹的各部分名称

⑤ 螺纹剖面角（β）。在螺纹剖面上两侧面所夹的角，也称牙型角。

⑥ 螺距（t）。相邻两牙对应点间的轴向距离。

⑦ 导程（S）。螺纹上一点沿螺旋线转一周时，该点沿轴线方向所移动的距离称为导程。单头螺纹的导程等于螺距。多头螺纹导程与螺距的关系可用下式表达：

$$多头螺纹导程(S)＝头数(z)×螺距(t)$$

9.6.3　螺纹的应用及代号

9.6.3.1　螺纹的应用范围

① 三角形螺纹。应用很广泛，如设备的连接件螺栓、螺母等。

② 梯形螺纹和方形螺纹。主要用在传动和受力大的机械上，如台虎钳、机床上的丝杠、千斤顶的螺杆等。

③ 半圆形螺纹。主要应用在管子连接上，如水管及螺纹口灯

泡等。

④ 锯齿形螺纹。用于承受单面压力的机械上，如压床、冲床上的螺杆等。

9.6.3.2　螺纹代号

各种螺纹都有规定的标准代号。在三角形螺纹标准中，有普通螺纹和英制螺纹。在我国机器制造业中，采用普通螺纹，而英制螺纹只用在某些修配件上。

① 普通螺纹（即公制螺纹）。剖面角是 60°，尺寸单位是毫米（mm）。它分粗牙、细牙两种，两者不同之处是当外径相同时，细牙普通螺纹的螺距较小。粗牙普通螺纹有三个精度等级。细牙普通螺纹有四个精度等级。

② 英制螺纹。剖面角为 55°，螺纹的尺寸单位为英寸（in）。它是以螺纹大径和每英寸内的牙数来表示的。

③ 管子螺纹。用在管子连接上，有圆柱和圆锥形两种，连接时要求密封比较好。

④ 标准螺纹的代号。按国家标准规定的顺序如下：牙型、外径×螺距（或导程/头数）、精度等级、旋向。同时又有如下规定。

a. 螺纹大径和螺距由数字表示。细牙螺纹、梯形螺纹和锯齿形螺纹均需加注螺距，其他螺纹不必注出。

b. 多头螺纹在大径后面需要注"导程/头数"，单头螺纹不必注出。

c. 1、2 级精度要注出；3 级精度可不标注。

d. 左旋螺纹必须标注；右旋螺纹不必标注。

e. 管螺纹的名义尺寸指管子的内孔径，不是指管螺纹的大径。

标准螺纹的代号及标注示例见表 9-6。

表 9-6　标准螺纹的代号及标注示例

螺纹类型	牙型代号	代号示例	示例说明
粗牙普通螺纹	M	M10	粗牙普通螺纹，外径 10mm，精度 3 级
细牙普通螺纹	M	M10×1	细牙普通螺纹，外径 10mm，螺距 1mm，精度 3 级

564

螺纹类型	牙型代号	代号示例	示例说明
梯形螺纹	T	T30×10/2-3 左	梯形螺纹,外径 30mm,导程 10mm,(螺距 5mm)头数 2,3 级精度,左旋
锯齿形螺纹	S	S70×10	锯齿形螺纹,外径 70mm,螺距 10mm
圆柱管螺纹	G	G3/4″	圆柱管螺纹,管子内孔径为 3/4in,精度 3 级
圆锥管螺纹	ZG	ZG5/8″	圆锥管螺纹,管子内孔径为 5/8in
锥(管)螺纹	Z	Z1″	60°锥(管)螺纹,管子内孔径为 1in

非标准螺纹和特殊螺纹（如方牙螺纹）没有规定的代号，螺纹各要素一般都标注在工件图纸（牙型放大图）上。

攻、套螺纹常碰到的有公制粗牙、细牙螺纹，英制螺纹。现将其标准分别列于表 9-7 和表 9-8 中。

表 9-7　普通螺纹的直径与螺距　　　　　　　　　mm

公称直径 d	螺距 t		公称直径 d	螺距 t	
	粗牙	细牙		粗牙	细牙
3	0.5	0.35	20	2.5	2,1.5,1
4	0.7	0.5	24	3	2,1.5,1
5	0.8	0.5	30	3.5	2,1.5,1
6	1	0.75	36	4	3,2,1.5
8	1.25	1,0.75	42	4.5	3,2,1.5
10	1.5	1.25,1,0.75	48	5	3,2,1.5
12	1.75	1.5,1.25,1	56	5.5	4,3,2,1.5
16	2	1.5,1	64	6	4,3,2,1.5

表 9-8　英制螺纹

d /in	D /mm	每英寸牙数	t /mm	d /in	D /mm	每英寸牙数	t /mm
3/16	4.762	24	1.058	3/4	19.05	10	2.540
1/4	6.350	20	1.270	7/8	22.23	9	2.822
5/16	7.938	18	1.411	1	25.40	8	3.175
3/8	9.525	16	1.588	1⅛	28.58	7	3.629
1/2	12.7	12	2.117	1¼	31.75	7	3.629
5/8	15.875	11	2.309	1½	38.10	6	4.233

9.6.4 螺纹的测量

为了弄清螺纹的尺寸规格，必须对螺纹的大径、螺距和牙型进行测量，以利于加工及质量检查，测量方法一般有如下几种。

① 用游标卡尺测量螺纹大径，如图 9-102 所示。

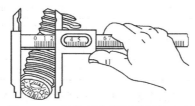

图 9-102　用游标卡尺测量螺纹大径

② 用螺纹样板测量牙型及螺距，如图 9-103 所示。

螺纹样板

图 9-103　用螺纹样板测量牙型及螺距

③ 用英制钢板尺测量英制螺纹每英寸的牙数，如图 9-104 所示。

④ 用已知螺杆或丝锥放在被测量的螺纹上，测定是公制还是英制螺纹，如图 9-105 所示。

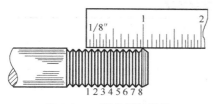

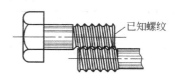

图 9-104　用英制钢板尺
测量英制螺纹牙数

图 9-105　用已知螺纹测定
公、英制螺纹

9.7 攻螺纹

用丝锥在孔壁上切削螺纹称为攻螺纹。

9.7.1 丝锥的构造

丝锥由切削部分、定径（修光）部分和柄部组成，如图 9-106
（a）所示。丝锥用高碳钢或合金钢制成，并经淬火处理。

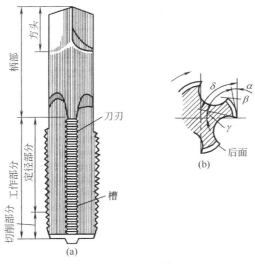

图 9-106 丝锥的构造

① 切削部分。是丝锥前部的圆锥部分，有锋利的切削刃，起
主要切削作用。刀刃的前角（α）为 8°～10°，后角（γ）为 4°～6°，
如图 9-106（b）所示。

② 定径部分。确定螺纹孔直径、修光螺纹、引导丝锥轴向运
动和作为丝锥的备磨部分，其后角 α=0°。

③ 屑槽部分。有容纳、排除切屑和形成刀刃的作用，常用的
丝锥上有 3～4 条屑槽。

④ 柄部。它的形状及作用与铰刀相同。

9.7.2 丝锥种类和应用

手用丝锥一般由两只或三只组成一组，分头锥、二锥和三锥，其圆锥斜角 φ 各不相等，修光部分大径也不相同。

三只组丝锥：头锥 $\varphi = 4° \sim 5°$，切削部分中不完整牙有 $5 \sim 7$ 个，完成切削总工作量的 60%；二锥 $\varphi = 10° \sim 15°$，切削部分中不完整牙有 $3 \sim 4$ 个，完成切削总工作量的 30%；三锥 $\varphi = 18° \sim 23°$，切削部分中不完整牙有 $1 \sim 2$ 个，完成切削总工作量的 10%。如图9-107 所示。由于三只组丝锥分三次攻螺纹，总切削量划为三部分，因此，可减少切断面积和阻力，攻螺纹时省力，螺纹也比较光洁，还可以防止丝锥折断与损坏切削刃。

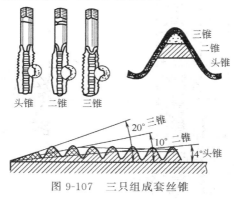

图 9-107　三只组成套丝锥

两只组丝锥：头锥 $\varphi = 7°$，不完整牙约占 6 个；二锥 $\varphi = 20°$，不完整牙约占 2 个，如图 9-108 所示。

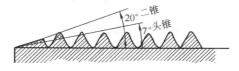

图 9-108　两只组成套丝锥

通常 M6～M24 的成套丝锥一套有两只，M6 以下及 M24 以上的成套丝锥一套有三只。这是因为小丝锥强度不高，容易折断，所以备三只；而大丝锥切削负荷大，需要分几次逐步切削，所以，也做成三只一套。细牙螺纹丝锥不论大小规格均为两只一套。

568

普通丝锥还包括管子丝锥，它又分为圆柱形管子丝锥和圆锥形管子丝锥两种。圆柱形管子丝锥的工作部分比较短，是两只组；圆锥形管子丝锥是单只，但较大尺寸时也有两只组的。如图9-109所示。管子丝锥用于攻管子接头等处的切削螺纹。

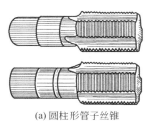

(a)圆柱形管子丝锥

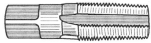

(b)圆锥形管子丝锥

图9-109　管子丝锥

除手用丝锥外，还有机用普通丝锥，用于机械攻螺纹。为了装夹方便，丝锥柄部较长。一般机用丝锥是一只，攻螺纹一次完成。其切削部分的倾斜角大，也比较长；适用于攻通孔螺纹，不便于浅孔攻螺纹。机用丝锥也可用于手工攻螺纹。

9.7.3　攻螺纹扳手（铰手、铰杠）

手工攻螺纹孔时一定要用扳手夹持丝锥。扳手分普通式和丁字式两类，如图9-110所示。各类扳手又分固定式和活络式两种。

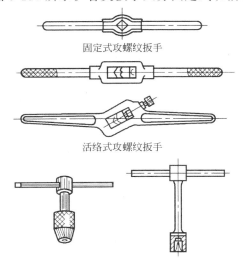

固定式攻螺纹扳手

活络式攻螺纹扳手

活络丁字式攻螺纹扳手　　固定丁字式攻螺纹扳手

图9-110　攻螺纹扳手

① 固定式扳手。扳手的两端是手柄，中部方孔适合于一种尺寸的丝锥方尾。

由于方孔的尺寸是固定的，不能适合于多种尺寸的丝锥方尾。使用时要根据丝锥尺寸的大小，来选择不同规格的攻螺纹扳手。这种扳手的优点是制造方便，可随便找一段铁条钻个孔，用锉刀锉成所需尺寸的方形孔就可使用。当经常攻一定大小的螺纹时，用它很适宜。

② 活络式扳手（调节式扳手）。这种扳手的方孔尺寸经调节后，可适合不同尺寸的丝锥方尾，使用很方便。常用的攻螺纹扳手规格见表 9-9。

表 9-9　常用攻螺纹扳手规格　　　　　　　　mm

丝锥直径	≤6	8～10	12～14	≥16
扳手长度	150～200	200～250	250～300	400～450

③ 丁字式攻丝扳手。这种扳手常用在比较小的丝锥上。当需要攻工件高台阶旁边的螺纹孔或攻箱体内部的螺纹孔时，用普通扳手会碰工件，此时则要用丁字扳手。小的丁字扳手有做成活络式的，它是一个四爪的弹簧夹头。一般用于装 M6 以下的丝锥。大尺寸的丝锥一般都用固定的丁字扳手。固定丁字扳手往往是专用的，视工件的需要确定其高度。

9.7.4　攻螺纹前螺纹底孔直径的确定

攻螺纹时丝锥对金属有切削和挤压作用，如果螺纹底孔与螺纹内径一致，会产生金属咬住丝锥的现象，造成丝锥损坏与折断。因此，钻螺纹底孔的钻头直径应比螺纹的小径稍大些。如果大得太多，会使攻出的螺纹（丝扣）不足而成废品。底孔直径的确定与材料性质有很大关系，可通过查表 9-10 和表 9-11 或用公式计算法来确定底孔直径。

表 9-10　攻常用公制基本螺纹前钻底孔所用的钻头直径　mm

| 螺纹直径 d | 螺距 t | 钻头直径 D | | 螺纹直径 d | 螺距 t | 钻头直径 D | |
		铸铁、青铜、黄铜	钢、可锻铸铁、紫铜、层压板			铸铁、青铜、黄铜	钢、可锻铸铁、紫铜、层压板
2	0.4	1.6	1.6	14	2	11.8	12
	0.25	1.75	1.75		1.5	12.4	12.5
2.5	0.45	2.05	2.05		1	12.9	13
	0.35	2.15	2.15	16	2	13.8	14
3	0.5	2.5	2.5		1.5	14.4	14.5
	0.35	2.65	2.65		1	14.9	15
4	0.7	3.3	3.3	18	2.5	15.3	15.5
	0.5	3.5	3.5		2	15.8	16
5	0.8	4.1	4.2		1.5	16.4	16.5
	0.5	4.5	4.5		1	16.9	17
6	1	4.9	5	20	2.5	17.3	17.5
	0.75	5.2	5.2		2	17.8	18
8	1.25	6.6	6.7		1.5	18.4	18.5
	1	6.9	7		1	18.9	19
	0.75	7.1	7.2	22	2.5	19.3	19.5
10	1.5	8.4	8.5		2	19.8	20
	1.25	8.6	8.7		1.5	20.4	20.5
	1	8.9	9		1	20.9	21
	0.75	9.1	9.2	24	3	20.7	21
12	1.72	10.1	10.2		2	21.8	22
	1.5	10.4	10.5		1.5	22.4	22.5
	1.25	10.6	10.7		1	22.9	23
	1	10.9	11				

表 9-11　常用英制螺纹、管子螺纹攻螺纹前钻底孔的钻头直径

英 制 螺 纹			圆 柱 管 螺 纹	
螺纹直径 /in	钻头直径/mm		螺纹直径 /in	钻头直径 /mm
	铸铁、青铜、黄铜	钢、可锻铸铁、紫铜、层压板		
3/16	3.8	3.9	1/8	8.8
1/4	5.1	5.2	1/4	11.7
5/16	6.6	6.7	3/8	15.2
3/8	8	8.1	1/2	18.9
1/2	10.6	10.7	3/4	24.4
5/8	13.6	13.8	1	30.6
3/4	16.6	16.8	1¼	39.2
7/8	19.5	19.7	1⅜	41.6
1	22.3	22.5	1½	45.1
1⅛	25	25.2		
1¼	28.2	28.4		
1½	34	34.2		
1¾	39.5	39.7		
2	45.3	45.6		

简单计算法常用以下经验公式。

① 常用公制螺纹攻螺纹底孔直径的确定：

$$钢料及韧性金属 \quad D \approx d - t \ (mm)$$

$$铸铁及脆性金属 \quad D \approx d - 1.1t \ (mm)$$

式中，D 为底孔直径（钻孔直径）；d 为螺纹大径（公称直径）；t 为螺距。

② 英制螺纹攻螺纹底孔直径的确定：

$$钢料及韧性金属 \quad D \approx 25.4 \times \left(d_0 - 1.1 \times \frac{1}{n} \right) (mm)$$

$$铸铁及脆性金属 \quad D \approx 25.4 \times \left(d_0 - 1.2 \times \frac{1}{n} \right) (mm)$$

式中，D 为钻孔直径；d_0 为螺纹大径，in；n 为螺纹每英寸牙数。

③ 不通孔钻孔深度的确定。不通孔攻螺纹时，由于丝锥切削刃部分攻不出完整的螺纹，所以钻孔深度应超过所需要的螺纹孔深

度。钻孔深度是螺纹孔深度加上丝锥切削刃的长度，起切削刃长度大约等于螺纹大径 d 的 0.7 倍。因此，钻孔深度可按下式计算：

$$钻孔深度＝需要的螺纹孔深度＋0.7d$$

9.7.5 攻螺纹方法及注意事项

（1）用丝锥攻螺纹的方法和步骤　用丝锥攻螺纹的方法和步骤如图 9-111 所示。

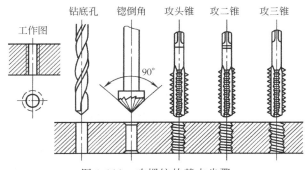

图 9-111　攻螺纹的基本步骤

① 钻底孔。攻螺纹前在工件上钻出适宜的底孔，可查表 9-10 和表 9-11，也可用公式计算确定底孔直径，选用合适的钻头。

② 锪倒角。钻孔的两面孔口用 90°的锪钻倒角，使倒角的最大直径和螺纹的公称直径相等。这样，丝锥容易起削，最后一道螺纹也不致在丝锥穿出来的时候崩裂。

③ 将工件夹入台虎钳。一般的工件夹持在台虎钳上攻螺纹，但较小的工件可以放平，左手握紧工件，右手使用扳手攻螺纹。

④ 选用合适的扳手。按照丝锥柄上的方头尺寸来选用扳手。

⑤ 头攻攻螺纹。将丝锥切削部分放入工件孔内，必须使丝锥与工件表面垂直，并要认真检查校正，如图 9-112 所示。攻螺纹开始起削时，两手要加适当压力，并按顺时针方向（右旋螺纹）将丝锥旋入孔内。当起削刃切进后，两手不要再加压力，只用平稳的旋转力将螺纹攻出，见图 9-113。在攻螺纹中，两手用力要均衡，旋转要平稳，每当旋转 1/2～1 周时，将丝锥反转 1/4 周，以割断和

排除切屑，防止切屑堵塞屑槽，造成丝锥损坏和折断。

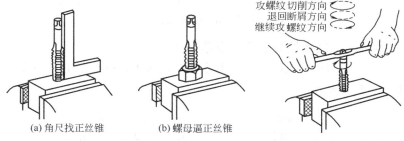

(a) 角尺找正丝锥　　　(b) 螺母逼正丝锥
　　图 9-112　丝锥找正方法　　　　　图 9-113　攻螺纹操作

攻螺纹切削方向
退回断屑方向
继续攻螺纹方向

⑥ 二攻、三攻攻螺纹。头攻攻过后，再用二攻、三攻扩大及
修光螺纹。二攻、三攻必须先用手将丝锥旋进头攻已攻过的螺纹
中，使其得到良好的引导后，再用扳手，按照上述方法，前后旋转
直到攻螺纹完成为止。

（2）及时清除丝锥和底孔内的切屑　深孔、不通孔和韧性金属
材料攻螺纹时，必须随时旋出丝锥，清除丝锥和底孔内的切屑，这
样，可以避免丝锥在孔内咬住或折断。

（3）正确选用冷却润滑液　为了改善螺纹的粗糙度，保持丝锥
良好的切削性能，根据材料性质的不同及需要，可参照表 9-12 选
用冷却润滑液。

表 9-12　攻螺纹常用的冷却润滑液

被加工材料	冷却润滑液
铸铁	煤油或不用润滑液
钢	肥皂水、乳化液、机油、豆油等
青铜或黄铜	菜籽油或豆油
紫铜或铝合金	煤油、松节油、浓乳化液

9.7.6　丝锥手工刃磨方法

当丝锥切削部分磨损时，常靠手工修磨其后隙面。如丝锥切削
部分崩了几牙或断掉一段，先把损坏部分磨掉，然后再刃磨切削部
分的后隙面。磨时必须使各刃的半锥角和刀刃的长短一致。若采用
磨钻头的方法磨丝锥，要特别注意磨到刃背最后部位时，避免把后

一齿的刀刃倒角。为了避免这点，丝锥可立起来刃磨，如图 9-114 所示。这时，摆动丝锥磨切削部分后角，就看得清后面一齿的位置，不会把后面一齿磨坏。有时，为了避免碰坏后一齿，磨切削部分后隙面时，也可不摆动丝锥而磨成一个倾斜 α 角的平面。

当丝锥校准部分磨损（刃口出现圆角）时，常靠手工在锯片砂轮上修丝锥的前倾面，把刃口圆角磨去，使丝锥锋利。这时，要控制前角 γ，如图 9-115 所示。丝锥要轴向移动，使整个前倾面均磨到。磨时要常用水冷却，避免丝锥刃口退火。

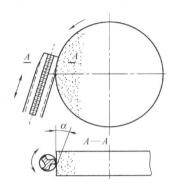

图 9-114　手工刃磨丝锥切削
部分后隙面的示意图

图 9-115　手工修磨丝锥的
前倾面示意图

9.7.7　丝锥折断在孔中的取出方法

丝锥折断在孔中，根据不同情况，采用不同方法，将断丝锥从孔中取出。

① 丝锥折断部分露出孔外，可用钳子拧出，或用尖錾及样冲轻轻地将断丝锥剔出，见图 9-116。如果断丝锥与孔咬得太死，用上述方法取不出时，可将弯杆或螺母气焊在断丝锥上部，然后，旋转弯杆或用扳手扭动螺母，即可将断丝锥取出，

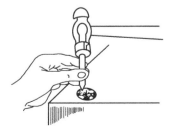

图 9-116　用錾子或
冲子剔出断丝锥法

如图 9-117 所示。

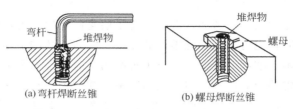

图 9-117　用弯杆或螺母焊接取出断丝锥法

　　② 丝锥折断部分在孔内，可用钢丝插入丝锥屑槽中，在带方头的断丝锥上旋上两个螺母，钢丝插入断丝锥和螺母间的空槽（丝锥上有几条屑槽应插入几根钢丝），然后用攻螺纹扳手逆时针方向旋转，将断丝锥取出，如图 9-118 所示。还可以用旋取器将断丝锥取出，如图 9-119 所示。在弯杆的端头上钻三个均匀分布的孔，插入三根短钢丝，钢丝直径由屑槽大小而定，形成三爪形，插入屑槽内，按照丝锥退出方向旋动，将断丝锥取出。

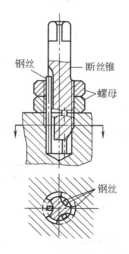

图 9-118　用钢丝插入丝锥屑槽内旋出断丝锥法

图 9-119　用弯曲杆旋取器取断丝锥法

576

在用上述方法取出断丝锥时，应适当加入润滑剂，如机油等。

③ 在用以上方法都不能取出断丝锥时，如有条件，可用电火花打孔方法，取出断丝锥，但往往受设备及工件太大所限制。其次，还可以将断丝锥退火，然后用钻头钻削取出，此种方法只适用于可改大螺孔的情况。

断丝锥也会遇到难以取出的情况，从而造成螺孔或工件报废。因此，在攻丝时，要严格按照操作方法及要求进行，工作要认真细致，防止丝锥折断。

9.7.8 攻螺纹时产生废品及丝锥折断的原因及防止方法

① 攻螺纹时产生废品的原因及防止方法，见表 9-13。

表 9-13 攻螺纹时产生废品的原因及防止方法

废品形式	产 生 原 因	防 止 方 法
螺纹乱牙、断裂、撕破	①底孔直径太小，丝锥攻不进，使孔口乱牙 ②头锥攻过后，攻二锥时放置不正，头锥、二锥中心不重合 ③螺孔攻歪斜很多，而用丝锥强行纠正仍纠正不过来 ④低碳钢及塑性好的材料，攻螺纹时没用冷却润滑液 ⑤丝锥切削部分磨钝	①认真检查底孔，选择合适的底孔钻头，将孔扩大再攻 ②先用手将二锥旋入螺孔内，使头锥、二锥中心重合 ③保持丝锥与底孔中心一致，操作中两手用力均衡，偏斜太多不要强行纠正 ④应选用冷却润滑液 ⑤将丝锥后角修磨锋利
螺孔偏斜	①丝锥与工件端平面不垂直 ②铸件内有较大砂眼 ③攻螺纹时两手用力不均衡，倾向于一侧	①起削时要使丝锥与工件端平面垂直，要注意检查与校正 ②攻螺纹前注意检查底孔，如砂眼太大，不宜攻螺纹 ③要始终保持两手用力均衡，不要摆动
螺纹高度不够	攻螺纹底孔直径太大	正确计算与选择攻螺纹底孔直径与钻头直径

② 攻螺纹时丝锥折断的原因及防止方法，见表 9-14。

表 9-14　丝锥折断原因及防止方法

折　断　原　因	防　止　方　法
①攻螺纹底孔太小	①正确计算与选择底孔直径
②丝锥太钝，工件材料太硬	②磨锋利丝锥后角
③丝锥扳手过大，扭转力矩大，操作者手部感觉不灵敏，往往丝锥卡住仍感觉不到，继续扳动，使丝锥折断	③选择适当规格的扳手，要随时注意出现的问题，并及时处理
④没及时清除丝锥屑槽内的切屑，特别是韧性大的材料，切屑在孔中堵住	④按要求反转割断切屑，及时排除，或把丝锥退出清理切屑
⑤韧性大的材料（不锈钢等）攻螺纹时没有用冷却润滑液，工件与丝锥咬住	⑤应选用冷却润滑液
⑥丝锥歪斜单面受力太大	⑥攻螺纹前要用角尺校正，使丝锥与工件孔保持同轴度
⑦不通孔攻螺纹时，丝锥尖端与孔底相顶，仍旋转丝锥，使丝锥折断	⑦应事先做出标记，攻螺纹中注意观察丝锥旋进深度，防止相顶，并要及时清除切屑

9.8　套螺纹

用板牙在圆柱体上切削螺纹，称为套螺纹。

9.8.1　套螺纹工具

（1）板牙的构造　板牙是加工外螺纹的工具，主要由切削部分、修光（定径）部分、排屑孔（一般 3～8 个孔，螺纹直径越大孔越多）组成，见图 9-120。切削部分是螺纹孔两端的锥形孔口部分，它的锥度角一般为 30°～60°。锥度角越小，切削齿越多；锥度角越大，切削齿就越少，但容易损坏板牙。切削部分不是圆锥面（如果是圆锥面则后角 $\alpha=0°$）。它是经过铲磨而成的阿基米德螺旋面，形成后角 $\alpha=7°～9°$，前角 γ 一般为 15°～25°；切削部分长度为 $(1.5～2.5)t$。其中部分是修光部分（也为校准部分），它的前角较切削部分的前角小 4°～6°，后角为 0°，它的长度为（4～4.5）t，t 为螺纹的螺距。板牙圆周上有一条深槽或几个锥坑，用于定位和紧固板牙。

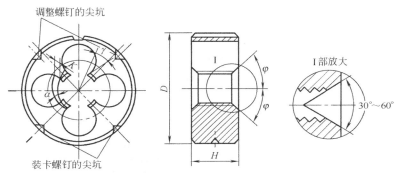

图 9-120　板牙的构造

（2）板牙的种类　如图 9-121 所示。

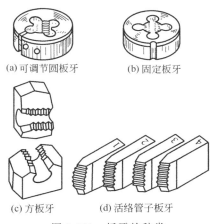

(a) 可调节圆板牙　　(b) 固定板牙

(c) 方板牙　　(d) 活络管子板牙

图 9-121　板牙的种类

① 圆板牙，又分为可调式和固定式两种。

② 方板牙，是由两部分组成的活板牙，每部分有两排刃，其余与圆板牙相同。

③ 活络管子板牙，四块为一组，镶嵌在可调管子板牙架内。

（3）板牙架种类及应用　板牙架是装夹板牙的工具，分为圆板牙架、可调式板牙架和管子板牙架三种，如图 9-122 所示。

579

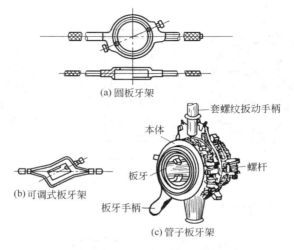

(a) 圆板牙架

套螺纹扳动手柄

本体

板牙

螺杆

(b)可调式板牙架

板牙手柄

(c)管子板牙架

图 9-122　板牙架

使用板牙架（圆板牙架）时，将板牙装入架内，板牙上的锥坑与架上的紧固螺钉要对准，然后紧固。可调式活动板牙装入架内后，旋转调整螺钉，使刀刃接近坯料。管子板牙架可装三副不同规格的活络管子板牙，扳动手柄能使每副的四块板牙同时合拢或张开，以适应切削不同直径的螺纹。在板牙架内还有三块导螺纹板，以保证板牙稳定在管子上，并引导板牙套进。套螺纹时，应通过螺杆不断调整（一般 2～3 次）管子板牙的位置。

9.8.2　套螺纹圆杆直径的确定

圆杆直径在理论上是螺纹大径，但是在套螺纹时，材料受到挤压而变形，切削阻力大，容易损坏板牙，影响螺纹质量。因此，套螺纹圆杆直径应稍小于螺纹标准尺寸（螺纹大径）。圆杆直径可根据螺纹直径和材料性质，参照表 9-15 来选择。一般来说，硬质材料直径可稍大些，软质材料可稍小些。

表 9-15　板牙套螺纹时圆杆的直径

粗牙普通螺纹				英制螺纹			圆柱管螺纹		
螺纹直径/mm	螺距/mm	螺杆直径		螺纹直径/in	螺杆直径		螺纹直径/in	管子外径	
		最小直径/mm	最大直径/mm		最小直径/mm	最大直径/mm		最小直径/mm	最大直径/mm
6	1	5.8	5.9	1/4	5.9	6	1/8	9.4	9.5
8	1.25	7.8	7.9	5/16	7.4	7.6	1/4	12.7	13
10	1.5	9.75	9.85	3/8	9	9.2	3/8	16.2	16.5
12	1.75	11.75	11.9	1/2	12	12.2	1/2	20.5	20.8
14	2	13.7	13.85	—	—	—	5/8	22.5	22.8
16	2	15.7	15.85	5/8	15.2	15.4	3/4	26	26.3
18	2.5	17.7	17.85	—	—	—	7/8	29.8	30.1
20	2.5	19.7	19.85	3/4	18.3	18.5	1	32.8	33.1
22	2.5	21.7	21.85	7/8	21.4	21.6	1⅛	37.4	37.7
24	3	23.65	23.8	1	24.5	24.8	1¼	41.4	41.7
27	3	26.65	26.8	1¼	30.7	31	1⅜	43.8	44.1
30	3.5	29.6	29.8	—	—	—	1½	47.3	47.6
36	4	35.6	35.8	1½	37	37.3	—	—	—
42	4.5	41.55	41.75	—	—	—	—	—	—
48	5	47.5	47.7	—	—	—	—	—	—
52	5	51.5	51.7	—	—	—	—	—	—
60	5.5	59.45	59.7	—	—	—	—	—	—
64	6	63.4	63.7	—	—	—	—	—	—
68	6	67.4	67.7	—	—	—	—	—	—

套螺纹圆杆直径也可用经验公式来确定：

$$套螺纹圆杆直径 \approx d_0 - 0.13t$$

式中，d_0 为螺纹大径；t 为螺距。

9.8.3　套螺纹方法及注意事项

① 在确定套螺纹圆杆直径后，将套螺纹圆杆端部倒成 30°角，以便于板牙套螺纹起削与找正。倒角的方法如图 9-123 所示，倒角锥体的小头应比螺纹内径小些。

② 套螺纹前将圆杆夹持在软台虎钳口内，夹正、夹牢。为了防止套螺纹时由于扭力过大使圆杆变形，工件不要露出过长。

③ 板牙起削时，要注意检查和校正，使板牙与圆杆保持垂直，如图 9-124 所示，两手握持板牙架手柄，并加上适当压力，然后按顺时针方向（右旋螺纹）扳动板牙架旋转起削。当板牙切入修光部分的 1～2 牙时，两手只用旋转力，即可将螺杆套出。套螺纹中两手用的旋转力要始终保持平衡，以避免螺纹偏斜。如发现稍有偏斜，要及时调整两手力量，将偏斜部分纠正过来。但偏斜过多不要强纠正，以防损坏板牙。

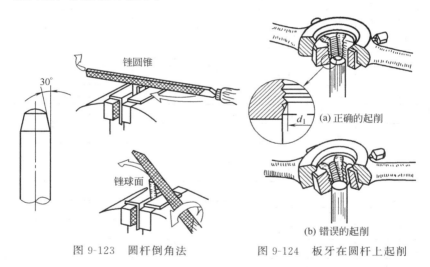

图 9-123 圆杆倒角法   图 9-124 板牙在圆杆上起削

④ 套螺纹过程和攻螺纹一样，每旋转 1/2～1 周时要倒转 1/4 周，如图 9-125 所示。

⑤ 在套 M12 以上螺纹时，一般应采用可调节板牙分 2～3 次套成，既可避免扭裂和损坏板牙，又能保证螺纹质量，减小切削阻力。

⑥ 为了保持板牙的良好切削性能，保证螺纹的表面粗糙度，在套螺纹时，应根据工件材料性质的不同，适当选择冷却润滑液，其选择方法同攻螺纹一样。

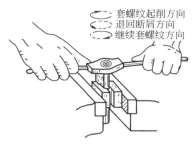

图 9-125　套螺纹操作

9.8.4　套螺纹时产生废品的原因及防止方法

套螺纹时产生废品的原因与丝锥攻螺纹有类似之处，具体情况见表 9-16。

表 9-16　套螺纹时产生废品的原因及防止方法

废品形式	报废原因	防止方法
烂牙	①对低碳钢等塑性好的材料套螺纹时，未加润滑冷却液，板牙把工件上螺纹粘去一部分 ②套螺纹时板牙一直不回转，切屑堵塞，把螺纹啃坏 ③被加工的圆杆直径太大 ④板牙歪斜太多，在纠正时造成烂牙	①对塑性材料套螺纹时一定要加适合的润滑冷却液 ②板牙正转 1～1.5 圈后，就要反转0.25～0.5 圈，使切屑断裂 ③把圆杆加工到合适的尺寸 ④套螺纹时板牙端面要与圆杆轴线垂直，并经常检查，发现略有歪斜，就要及时纠正
螺纹对圆杆歪斜，螺纹一边深一边浅	①圆杆端头倒角没倒好，使板牙端面与圆杆轴线不垂直 ②板牙套螺纹时，两手用力不均匀，使板牙端面与圆杆轴线不垂直	①圆杆端头要按图 9-123 所示倒角，四周斜角要大小一样 ②套螺纹时两手用力要均匀，要经常检查板牙端面与圆杆轴线是否垂直，并及时纠正
螺纹中径太小(齿牙太瘦)	①套螺纹时铰手摆动，不得不多次纠正，造成螺纹中径偏小 ②板牙切入圆杆后，还用力压板牙铰手 ③活动板牙、开口后的圆板牙尺寸调节得太小	①套螺纹时，板牙铰手要握稳 ②板牙切入后，只要均匀使板牙旋转即可，不能再加力下压 ③活动板牙、开口后的圆板牙要用样柱来调整好尺寸
螺纹太浅	圆杆直径太小	圆杆直径要在规定的范围内

9.9 矫直

用手工或机械消除原材料或零件因受热或在外力的作用下而造成的不平、不直、翘曲变形的操作称为矫直。

矫直分为手工矫直和机械矫直两种。手工矫直是用手工工具在平台、铁砧或台虎钳上进行的，它包括扭转、延展、伸张等操作。机械矫直是在校直机、压力机上进行的。这里主要讲述手工矫直。

金属变形有以下两种。

① 弹性变形。在外力作用下，材料发生变形，去掉外力后又复原，这种变形称为弹性变形。弹性变形量一般较小。

② 塑性变形。当外力超过一定数值后，去掉外力，材料不能复原，这种永久变形称为塑性变形。

矫直主要取决于材料的力学性能，对塑性好的材料，如钢、铜、铝等适于矫直；而对塑性差而脆性大、硬度高的材料，如铸铁、淬火钢等不能矫直。

经过多次矫直不仅会改变工件的形状，而且使硬度增加，塑性降低，这种现象称为冷作硬化。这种变化给矫直和其他冷加工带来一定的困难。工件出现冷作硬化后，可用退火处理的方法，使其恢复原来的力学性能。

9.9.1 矫直工具

① 矫直平台。用来矫直的基准工具。

② 软、硬手锤，V形铁，压力机和矫直机。对于已加工面、薄板件和有色金属制件，均采用软手锤，如铜锤、铅锤、木槌等进行矫直。压力机和矫直机常用于矫直轴类机械零件等。

③ 检验工具。包括平板、平尺、钢板尺、直角尺、划线盘和百分表等。检验工具有时是配合使用的。

9.9.2 矫直方法

对于小型条料或型钢，由于某些原因而产生扭曲、弯曲等变形时，可用下列方法矫直。

① 扭转法。条料发生扭曲变形后，须用扭转法矫直，如图 9-126 所示。将条料夹持在台虎钳上，用专用工具或活扳手，把条料扭转到原来的形状。

② 扳直法。条料在厚度方向弯曲时，用扳直方法矫直，如图 9-127 所示。

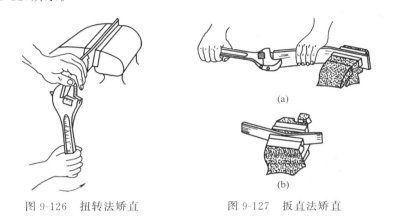

图 9-126　扭转法矫直

(a)

(b)

图 9-127　扳直法矫直

③ 延展法。条料在宽度方向弯曲时，须用延展法矫直，如图 9-128 所示。矫直时，必须锤击弯曲里侧（图中的锤击部位在短的细实直线上），使里侧逐渐伸长而变直。

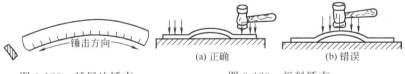

锤击方向

(a) 正确

(b) 错误

图 9-128　延展法矫直

图 9-129　板料矫直

④ 板料矫直。图 9-129 所示是中部凸起的板料矫直，如果锤击凸起部分，由于材料的延展，会使凸起更为严重。因此，必须锤击凸起部分的四周，使周围延展后，板料才能自然变平。锤击时锤要端平，用锤顶弧面锤击材料，以保证工件表面的完好。

如果板料出现一个对角上翘、另一对角向下塌的现象，也可用上述方法矫平；如果板料有几个凸起，要把几个凸起锤击成一个大凸起，然后，再用上述方法矫平；如果板料四周成波浪形，中部平整，这时，须锤击中部，使材料展开而变平。

⑤ 弯曲法矫直。棒料、轴类、角铁等，要用弯曲法矫直。

直径较小的棒料和厚度较薄的条料，可以把料夹在台虎钳上，用手把弯曲部分扳直，也可用手锤在铁砧上矫直。对直径较大的棒料，要用压力机矫直，如图 9-130 所示。棒料要用平垫铁或 V 形铁支承起来，支承的位置要根据变形情况而定。

用弯曲法矫直时，外力 P 使材料上部受压力，材料下部受拉力。这两种力使上部压缩，下部伸长，而将棒料矫直，如图 9-131 所示。

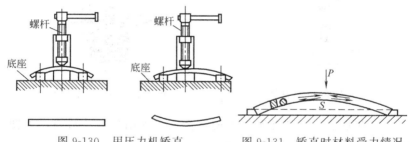

图 9-130　用压力机矫直　　　　图 9-131　矫直时材料受力情况

⑥ 伸张法矫直。对于细长线材可用伸张法矫直，如图 9-132 所示。将弯曲线材绕在圆木上（只需绕一圈），并将其一头夹在台虎钳上；然后，用左手握紧圆木，并使线在食指和中指之间穿过；随后，用左手把圆木向后拉，右手展开线材，并适当拉紧，线材在

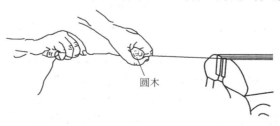

图 9-132　伸张法矫直

586

拉力的作用下，即可伸张而变直。操作时，要注意安全，防止线材割伤手指。

9.10　弯曲

将原来平直的板料或型材弯成所需形状的加工方法称为弯曲。弯曲是使材料产生塑性变形，因此只有塑性好的材料才适合弯曲。图 9-133（a）所示是弯曲前的钢板情况，图 9-133（b）所示是弯曲后的钢板情况。它的外层伸长，如图中 e-e 和 d-d；内层压缩，如图中 a-a 和 b-b；而中间一层，如图中 c-c，在弯曲时长度不变，这一层称为中性层。材料弯曲部分的断面，虽然由于发生拉伸和压缩，使它产生变形，但其断面面积保持不变。

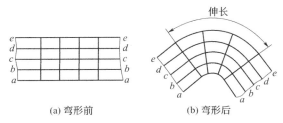

(a) 弯形前　　　　　(b) 弯形后

图 9-133　钢板弯形前后的情况

由于工件在弯形后，中性层的长度不变，因此，在计算弯曲工件的毛坯长度时，可按中性层的长度计算。在一般情况下，工件弯形后，中性层不在材料的正中，而是偏向内层材料的一边。经实验证明，中性层的位置，与材料的弯曲半径 r 和材料厚度 t 有关。

在材料弯曲过程中，其变形大小与下列因素有关，如图 9-134所示。

① r/t 比值愈小，变形愈大；反之，r/t 比值愈大，则变形愈小。

② 弯曲角 α 愈小，变形愈小；反之，弯曲角 α 愈大，则变形愈大。

由此可见，当材料厚度不变，弯曲半径愈大，变形愈小，而中性层愈接近材料厚度的中间。

因此在不同的弯曲情况下，中性层的位置是不同的，如图 9-135 所示。

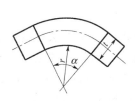

图 9-134　弯曲半径和弯曲角

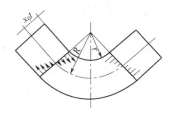

图 9-135　弯曲时中性层的位置

表 9-17 为中性层位置的系数 x_0 的数值。从表中 r/t 比值可知，当弯曲半径 $r \geqslant 16$ 倍材料厚度 t 时，中性层在材料厚度的中间。在一般情况下，为了简化计算，当 $r/t \geqslant 5$ 时，即按 $x_0 = 0.5$ 进行计算。

表 9-17　弯曲中性层位置系数 x_0

r/t	0.25	0.5	0.8	1	2	3	4	5	6	7	8	10	12	14	>16
x_0	0.2	0.25	0.3	0.35	0.37	0.4	0.41	0.43	0.44	0.45	0.46	0.47	0.48	0.49	0.5

9.10.1　弯形件展开长度计算方法

工件弯形前毛坯长度的计算：

① 将工件复杂的弯形形状分解成几段简单的几何曲线和直线。

② 计算 r/t 值，按表 9-17 查出中性层位置系数 x_0 值。

③ 按中性层分别计算各段几何曲线的展开长度：

$$A = \pi (r + x_0 t) \frac{\alpha}{180°}$$

式中，A 为圆弧部分的长度，mm；r 为内弯曲半径，mm；x_0 为中性层位置系数；t 为材料厚度，mm；α 为弯形角（整圆弯曲时，$\alpha = 360°$，直角弯曲时 $\alpha = 90°$）。

对于内边弯成直角不带圆弧的制件，按 $r = 0$ 计算。

④ 将各段几何曲线的展开长度和直线部分相加，即工件毛坯

的总长度。

9.10.2 弯形方法

弯形分为冷弯和热弯两种。冷弯是指材料在常温下进行的弯形，它适合于材料厚度小于5mm的钢材。

热弯是指材料在预热后进行的弯形。

按加工方法，弯形分为手工弯形和机械弯形两种。

（1）板料弯形

① 手工弯形举例。卷边在板料的一端划出两条卷边线，$L = 2.5d$ 和 $L_1 = 1/4 - 1/3L$，然后按图9-136所示的步骤进行弯形：

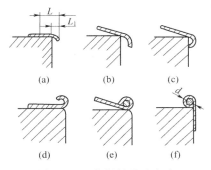

图9-136 薄板料卷边方法

按图9-136（a）把板料放到平台上，露出 L_1 长并弯成90°；按图9-136（b）、（c）边向外伸料边弯曲，直到 L 长为止；按图9-136（d）翻转板料，敲打卷边向里扣；按图9-136（e）将合适的铁丝放入卷边内，边放边锤扣；按图9-136（f）翻转板料，接口靠紧平台缘角，轻敲接口咬紧。

咬缝基本类型有五种，如图9-137所示，与弯形操作方法基本差不多，下料留出咬缝量，缝宽×扣数。操作时应根据咬缝种类留余量，决不可以搞平均。一弯一翻作好扣，二板扣合再压紧，边部敲凹防松脱如图9-138所示。

弯直角工件：尺寸较小形状简单的工件，可在台虎钳上夹持弯制直角，如图9-139所示；工件弯曲部位的长度大于钳口长度时，

589

(a) 站缝单扣　(b) 站缝双扣　(c) 卧缝挂扣　(d) 卧缝单扣　(e) 卧缝双扣

图 9-137　咬缝的种类

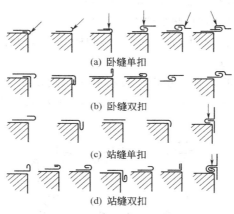

(a) 卧缝单扣

(b) 卧缝双扣

(c) 站缝单扣

(d) 站缝双扣

图 9-138　咬缝操作过程

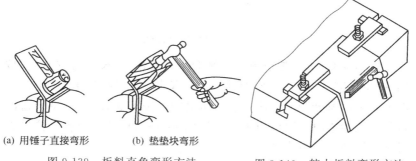

(a) 用锤子直接弯形　　(b) 垫垫块弯形

图 9-139　板料直角弯形方法

图 9-140　较大板料弯形方法

可在带 T 形槽平板上弯制直角，如图 9-140 所示。

　　弯多直角形工件如图 9-139 所示：将板料按划线夹入台虎钳的两块角衬内，弯成 A 角如图 9-141(a) 所示；再用衬垫①（木制垫或金属垫）弯成 B 角如图 9-141(b) 所示；最后用衬垫②弯成 C 角如图 9-141(c) 所示。

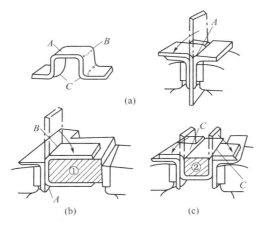

图 9-141　多直角形工件弯形方法

弯制如图 9-140 所示的圆弧形工件方法：

先在材料上划好弯曲处位置线，按线夹在台虎钳的两块角铁衬垫里，如图 9-142（a）所示；用方头锤子的窄头锤击，按图 9-142（a）、（b）、（c）三步基本弯曲成形；最后在半圆模上修整圆弧至合

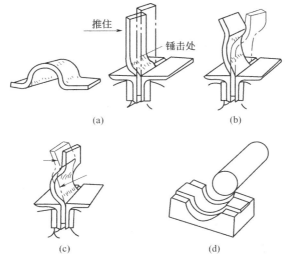

图 9-142　圆弧形工件弯形方法（一）

591

格，如图 9-142（d）所示。

弯制如图 9-143 所示的圆弧形工件方法：

先划出圆弧中心线和两端转角弯曲线 Q，如图 9-143（a）所示；沿圆弧中心线 R 将板料夹紧在钳口上弯形，如图 9-143（b）所示；将心轴的轴线方向与板料弯形线 Q 对正，并夹紧在钳口上，应使钳口作用点 P 与心轴圆心 O 在一直线上，并使心轴的上表面略高于钳口平面，把 a 脚沿心轴弯形，使其紧贴在心轴表面上如图 9-143（c）所示；翻转板料，重复上述操作过程，把 b 脚沿心轴弯形，最后使 a、b 脚平行，如图 9-143（d）所示。

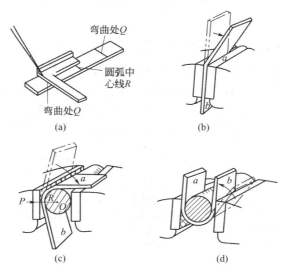

图 9-143　圆弧形工件弯形方法（二）

圆弧和角度结合的工件弯形，如图 9-144 所示：先在板料上划弯形线，如图 9-144（a）所示，并加工好两端的圆弧和孔；按划线将工件夹在台虎钳的衬垫内如图 9-144（b）所示，先弯好两端 1、2 两处；最后在圆钢上弯工件的圆弧如图 9-144（c）所示。

② 机械弯形。常用机械弯形方法及适用范围如表 9-18 所示。

③ 常用板材最小弯曲半径如表 9-19 所示。

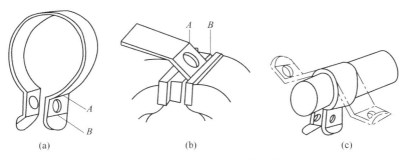

图 9-144　圆弧和角度结合工件弯形方法

表 9-18　常用弯曲方法及适用范围

类型	工序简图	适用范围
压弯	**V形自由弯曲** $F_{自}$ R_w	凸模圆角半径(R_w)很小,工件圆角半径在弯曲时自然形成,调节凸模下死点位置,可以得到不同的弯曲角度及曲率半径。模具通用性强。这种弯曲变形程度较小,弹性回跳量大,故质量不易控制,适用于精度要求不高的大中型工件的小批量生产
	V形接触弯曲 $F_{接}$　t α 2　1　3　4　5 (a)　(b) t—工件厚度;1—凹模;2—凸模; 3—工件;4—强力橡胶;5—床面	凸模角度等于或稍小于($2°\sim3°$)凹模角度,弯曲时凸模下死点位置应使弯曲件的弯曲角度 α 刚好与凹模的角度吻合,此时工件圆角半径,等于自由弯曲半径。由于材料力学性能不稳定,厚度会有偏差,故工件精度不太高(介于自由弯曲和校正弯曲之间),但弯曲力比校正弯曲小。模具寿命长,如图(a);此法主要适用于厚度宽度都较大的弯曲件,如图(b)所示。用衬有强力橡胶的弯曲模,可以减少薄板弯曲时由于厚度不均等引起的弯曲角度误差

593

类型	工序简图	适用范围
压弯	**V形校正弯曲** $F_校$ l $F_校 = p_校 A \quad A = lB$ B—料宽；A—工件受压部分投影面积	凸模在下死点时与工件、凹模全部接触，并施加很大压力使材料内部应力增加，提高塑性变形程度，因而提高了弯曲精度。由于校正压力很大，故适用于厚度及宽度较小的工件。为了避免压力机下死点位置不准引起机床超载而损坏，不宜使用曲柄压力机。$p_校 = 80\sim120$MPa（详细数据参见有关资料）
	U形件弯曲 t $F_直$ R_w (a) $F_校$ (b)	图（a）所示 U 形件弯曲模，属于自由弯曲。底部呈弓形，弯曲结束，弓形部分回弹。U形件二侧便张开。弯曲件精度低，这种模具结构简单，冲压力小。图（b）所示 U 形件弯曲模，属于校正弯曲。顶板在开始弯曲时对材料底部有一压力，避免弓形产生，保证了冲压后的质量。U 形件弯曲模凸凹模之间的间隙 Z 太大会引起过大的回弹量，过小则会使材料表面擦伤，并增加弯曲力。$Z \approx 1.05\sim1.2t$

594

类型	工序简图	适用范围
滚弯	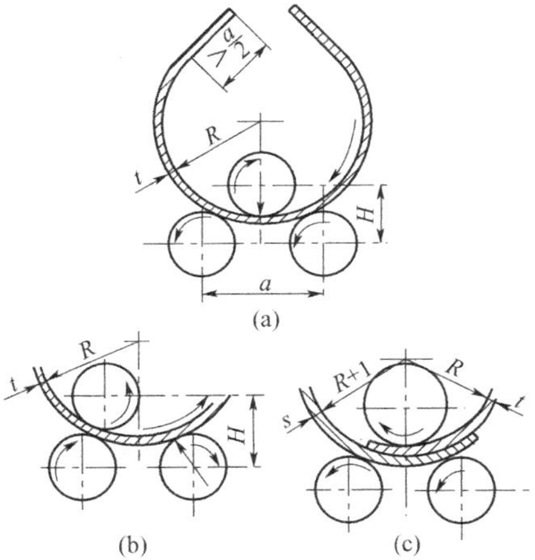 (a) (b)　　　(c)	板材置在一组(一般为三支)旋转着的辊轴之间,由于辊轴对板材的压力和摩擦力,使板材在辊轴间通过,在通过同时又产生了弯曲变形滚弯,属于自由弯曲,因此回弹较大,一次辊压难以达到精度,但可多次滚压,并调节使工件弯曲半径达到一定精度。特点是不需要特殊的工具和模具,通用性强。对称型三辊轴滚圆机使用时,工件二端有$a/2$长的一段未受到弯曲,如图(a)所示,因此必须在滚弯前先用压弯法将二端压出圆弧形,不对称三辊卷板机可以使直线部分减至最小,但弯曲力要大得多,且不能在一次滚压中将二端都滚弯如图(b)所示。厚度较薄及圆筒直径较大时,可将板料端部垫上已有一定曲率半径圆弧的厚垫板一起滚压,使其二端先滚出圆弧,如图(c)所示
折弯	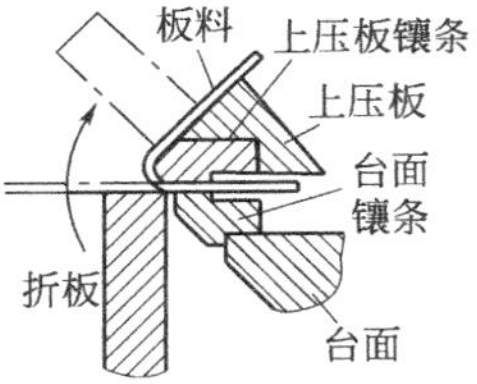	折弯是在折板机上进行的,主要用于长度较长,弯曲角较小的薄板件,控制折板的旋转角度及调换上压板的头部镶块,可以弯曲不同角度及不同弯曲半径的零件

595

表 9-19　常用板材最小弯曲半径　　　　单位：mm

材料	低碳钢	硬铝 2A12	铝	纯铜	黄铜
材料厚度	最小弯曲半径				
0.3	0.5	1.0	0.5	0.3	0.4
0.4	0.5	1.5	0.5	0.4	0.5
0.5	0.6	1.5	0.5	0.5	0.5
0.6	0.8	1.8	0.6	0.6	0.6
0.8	1.0	2.4	1.0	0.8	0_8
1.0	1.2	3.0	1.0	1.0	1.0
1.2	1.5	3.6	1.2	1.2	1.2
1.5	1.8	4.5	1.5	1.5	1.5
2.0	2.5	6.5	2.0	1.5	2.0
2.5	3.5	9.0	2.5	2.0	2.5
3.0	5.5	11.0	3.0	2.5	3.5
4.0	9.0	16.0	4.0	3.5	4.5
5.0	13.0	19.5	5.5	4.0	5.5
6.0	15.5	22.0	6.5	5.0	6.5

（2）角钢弯形

① 角钢作角度弯形。角钢角度弯形有三种，如图 9-145 所示。大于 90°的弯曲程度较小；等于 90°的弯曲程度中等；小于 90°的弯曲程度大。

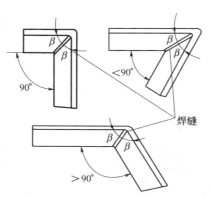

图 9-145　角钢角度弯形的形式

弯形步骤如图 9-146 所示：

计算锯切角 α 大小；划线锯切 α 角槽，锯切时应保证 $\alpha/2$ 角的对称；两边要平整，必要时可以锉平。V 尖角处要清根，以免弯作完了合不严实，如图 9-146(a)；弯形一般可夹在台虎钳上进行；边弯曲边锤打弯曲处如图 9-146(b)，口角越小，弯作中锤打要密些，力大点。对退火、正火处理的角钢弯作过程可适当快些，未作过处理的角钢，弯曲中要密打弯曲处，以防裂纹。

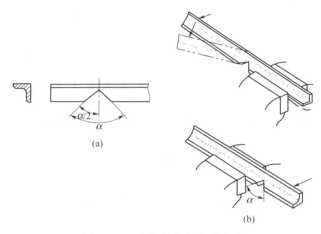

图 9-146 角钢作角度弯形方法

② 角钢作弯圆。角钢的弯圆分为角钢边向里弯圆和向外弯圆两种。一般需要一个与弯圆圆弧一致的弯形工具配合弯作，必要时也可采用局部加热弯作。

角钢边向里弯圆如图 9-147 所示：将角钢 a 处与型胎工具夹紧；敲打 b 处使之贴靠型胎工具，并将其夹紧；均匀敲打 c 处，使 c 处平整。

角钢边向外弯圆如图 9-148 所示：将角钢 a' 处与型胎工具夹紧；敲打 b' 处使之贴靠型胎工具，并将其夹紧；均匀敲打 c' 处，防止 c' 翘起，使 c' 处平整。

（3）管子弯形 管子弯形分冷弯与热弯两种。直径在 12mm 以下的管子可采用冷弯方法，而直径在 12mm 以上的管子则采用

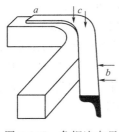

图 9-147　角钢边向里
弯圆方法

图 9-148　角钢边向外
弯圆方法

热弯。但弯管的最小弯曲半径，必须大于管子直径的 4 倍。

管子直径大于 10mm 时，在弯形前，必须在管内灌填充材料，如表 9-20 所示，两端用木塞塞紧，木塞中间钻一小孔，如图 9-149 所示。弯曲时，可在弯管台（花平台）上或弯管机械上进行，如图 9-150 所示。对于有焊缝的管子，弯形时必须将焊缝放在中性层位置上，如图 9-151 所示。以免弯形时焊缝裂开。

表 9-20　弯曲管子时管内填充材料的选择

管子材料	管内填充材料	弯曲管子条件
钢管	普通黄砂	将黄砂充分烘炒干燥后，填入管内，热弯或冷弯
一般紫铜管、黄铜管	铅或松香	将铜管退火后，再填充冷弯。应注意：铅在熔熔时，要严防滴水，以免溅伤
薄壁紫铜管、黄铜管	水	将铜管退火后灌水冰冻冷弯
塑料管	细黄砂（也可不填充）	温热软化后迅速弯曲

① 用手工冷弯管子。对直径较小的铜管手工弯形时，应将铜管退火后，用手边弯作边整形，修整弯作产生的扁圆形状，使弯作圆弧光滑圆整，如图 9-152 所示。切记不可一次弯作过大的弯曲度，这样反而不易修整产生的变形。

钢管弯形如图 9-153 所示。首先应将管子装砂，封堵；并根据弯曲半径先固定定位柱，然后再固定别挡。

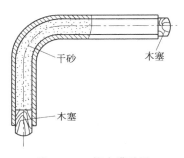

图 9-149　管内灌砂及
两端塞上木塞

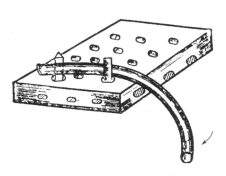

图 9-150　花平台上弯管

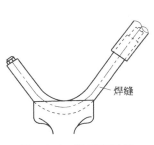

图 9-151　管子弯形时
焊缝位置

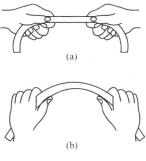

(a)

(b)

图 9-152　手工冷弯小
直径铜管

　　弯作时逐步弯作，将管子一个别挡一个别挡别进来，用铜锤锤打弯曲高处，也要锤打弯曲的侧面，以纠正弯作时产生的扁圆形状。

　　热弯直径较大管子时，可在管子弯曲处加热后，采用这种方法弯形。

　　② 用弯管工具冷弯管子。冷弯小直径管一般在弯管工具上进行，如图 9-154 所示。弯管工具由底板、转盘、靠铁、钩子和手柄等组成。转盘圆周上和靠铁侧面上有圆弧槽，圆弧槽按所弯的管子直径而定（最大直径可达 12mm）。当转盘和靠的位置固定后（两

者均可转动，靠铁不可移动）即可使用。使用时，将管子插入转盘和靠铁的圆弧槽中，钩子钩住管子，按所需的弯曲位置，扳动手柄，使管子跟随手柄弯到所需角度。

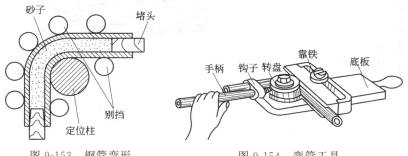

图 9-153　钢管弯形　　　　　　图 9-154　弯管工具

③ 常用型材、管材最小弯形半径的计算公式如表 9-21 所示。

表 9-21　常用型材、管材最小弯形半径的计算公式

碳钢板弯曲		热	$R_{min} = S$
		冷	$R_{min} = 2.5S$
扁钢弯曲		热	$R_{min} = 3a$
		冷	$R_{min} = 12a$
圆钢弯曲		热	$R_{min} = a$
		冷	$R_{min} = 2.5a$
方钢弯曲		热	$R_{min} = a$
		冷	$R_{min} = 2.5a$
无缝钢管弯曲		热	$D > 20$　$R \approx 2D$
		冷	$D > 20$　$R \approx 3D$

		热	$R_{min} = S$
不锈钢钢板弯曲		冷	$R_{min} = (2-2.5)5$
不锈钢圆钢弯曲	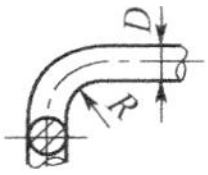	热	$R_{min} = D$
		冷	$R_{min} = (2\sim2.5)D$
不锈耐酸钢 钢管弯曲	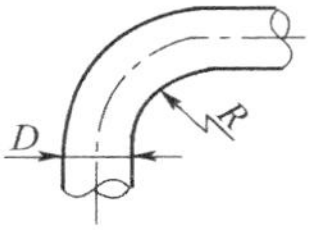	充砂加热	$R_{min} = 3.5D$
		气焊嘴加热	弯曲一侧有折纹 $R_{min} = 2.5D$
		不充砂冷弯	专门弯管机上弯 $R_{min} = 4D$

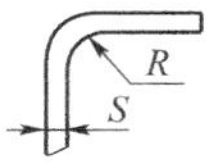

9.11 手工电弧焊操作技能

（1）引弧 手工电弧焊时引燃焊接电弧的过程，称为引弧。引弧的方法有两种：一种称为划（擦）法，另一种称为（直）击法。对于初学者来说，划擦法较易掌握。

① 划擦法。其动作似擦火柴。先将焊条前端对准焊件，然后将手腕扭转，使焊条在焊件表面上轻微划擦一下，即可引燃电弧。当电弧引燃后，应立即使焊条末端与焊件表面保持 3～4mm 左右的距离，以后只要使弧长约等于该焊条直径，就可使电弧稳定燃烧，如图 9-155 所示。

② 直击法。是将焊条前端对准焊件，然后将手腕下弯，使焊条轻微碰一下焊件，随即迅速把焊条提起 3～4mm，即可引燃电弧。当产生电弧后，使弧长保持在与所用焊条直径相适应的范围内，如图 9-156 所示。

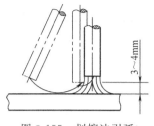

图 9-155　划擦法引弧

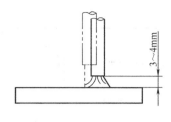

图 9-156　直击法引弧

（2）焊缝的起焊　起焊（起头）指焊缝开始的焊接。因为焊件在未焊之前温度较低，熔深较浅，这样会导致焊缝强度减弱。为避免这种现象，要对焊缝的起头部位进行必要的预热，即在引弧后先将电弧稍微拉长一些，对焊缝端部进行适当预热，然后适当缩短电弧长度进行正常焊接，如图 9-157 所示。图 9-157（a）、图 9-157（b）中两条起端焊缝比较整齐，这是因为采用了拉长电弧进行预热得到的结果，图（a）中为直线运条，图（b）中为小幅横向摆动。而图9-157（c）中缝却不整齐，这是由于电弧未预热的缘故。

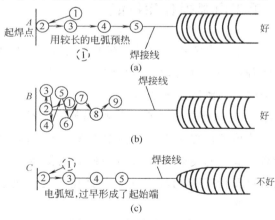

图 9-157　起始端的运条法

（3）运条

① 焊条的基本运动。焊缝起焊后，即进入正常焊接阶段。在正常焊接阶段，焊条一般有三个基本的运动，即沿焊条中心线向熔

池送进，沿焊接方向逐渐移动及横向
摆动，如图 9-158 所示。

②运条的方法。实际操作中，运
条的方法有多种，如直线形运条法、
直线往复运条法、锯齿形运条法、月
牙形运条法、三角形运条法、圆圈形
运条法、8 字形运条法等，需要根据
具体情况灵活选用。

（4）接头（焊缝的连接）在操作
时，由于受焊条长度的限制或操作姿势

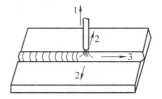

图 9-158　焊条的三个
基本运动方向
1—向熔池方向送进；2—横向
摆动；3—沿焊接方向移动

的变换，一根焊条往往不可能完成一条焊缝。焊缝的接头就是后焊焊
缝与先焊焊缝的连接部分。焊缝的连接一般有以下四种方法。

①后焊焊缝的起头与先焊焊缝的结尾相接，如图 9-159（a）所
示。其操作方法是在先焊焊缝弧坑稍前处（约 10mm）引弧，电弧
长度要比正常焊接时略微长一些（使用低氢型焊条时，其电弧不可
拉长，否则容易产生气孔），然后将电弧移到原弧坑的 2/3 处，填
满弧坑后，即可转入正常焊接。此法适用于单层及多层焊的表层
接头。

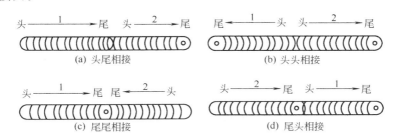

图 9-159　种焊道接头的方式
1—先焊焊道；2—后焊焊道

②后焊焊缝的起头与先焊焊缝的起头相接，如图 9-159（b）所
示。这种接头的方法要求先焊的焊缝起焊处略低些，接头时，在先
焊焊缝的起焊处前 10mm 处引弧，并稍微拉长电弧，然后将电弧

引向起焊处，并覆盖它的端头，待起头处焊缝焊平后再向先焊焊缝相反的方向移动。

③ 后焊焊缝的结尾与先焊焊缝的结尾相接，如图 9-159（c）所示。这种接头方法要求后焊焊缝焊到先焊焊缝的收尾处时，焊接速度要适当放慢，以便填满前焊焊缝的弧坑，然后以较快的焊接速度再略向前焊，超越一小段后熄弧。

④ 后焊焊缝的结尾与先焊焊缝的起头相接，如图 9-159（d）所示。这种接头方法与第三种情况基本相同，只是在先焊焊缝的起头处与第二种接头一样，应稍微低些。

（5）焊缝的收尾　是指一条焊缝焊完时，应把焊缝尾部的弧坑填满。如果收尾时立刻拉断电弧，则弧坑会低于焊件表面，焊缝强度减弱，易使应力集中而造成裂缝。所以，收尾动作不仅是熄弧，还要填满弧坑。收尾方法一般有以下三种。

① 划圈收尾法。收尾时，焊条做圆圈运动，直到填满弧坑后再拉断电弧，此法适用于厚板焊接的收尾，对于薄板则有烧穿的危险。

② 反复断弧收尾法。当焊到焊缝终点时，焊条在弧坑上反复做断弧、引弧动作 3～4 次，直到将弧坑填满为止。此法适用于薄板焊接和大电流焊接。但碱性焊条不宜采用此法，否则易产生气孔。

③ 回焊收尾法。当焊到焊缝终点时，焊条立即改变角度，向回焊一小段后熄弧。此方法适用于碱性焊条。

9.12　气焊操作技能

9.12.1　焊前准备

（1）氧-乙炔焰的点燃

① 准备焊接用气体（氧气和乙炔）。

② 检查焊接用设备、工具及辅助工具（橡胶管、点火枪等）。

③ 根据焊件厚度，选择合适的焊炬和焊嘴。

④ 把气焊设备和工具连接好，如图 9-160 所示。

⑤ 打开氧气瓶阀，调好氧气压力，做射吸试验，合格后连接乙炔胶管与焊炬接头，并调好乙炔压力。

⑥ 经检查各处无泄漏，焊炬各气体通道没有沾染油脂，方可点火。

⑦ 点火程序如下：点火前用氧吹除气道中的灰尘杂质—微开氧气—开乙炔—点火。

（2）氧-乙炔焰的调节和选择 氧-乙炔焰分为中性焰、碳化焰和氧化焰三种。各种金属材料气焊时应选用不同的火焰，如低碳钢选用中性焰或轻微碳化焰。三种火焰调节方法如下。

① 中性焰的调节。点火后缓慢调节氧气调节阀，直至火焰芯呈白色明亮、轮廓清楚的尖锥形，内焰呈蓝白色（内外焰无明显界限），如图 9-161(a) 所示。

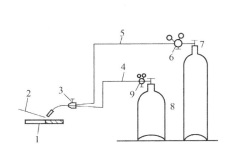

图 9-160 气焊设备和
工具的连接示意图

1—焊件；2—焊丝；3—焊炬；4—乙炔胶管；5—氧气胶管；6—氧气减压阀；7—氧气瓶；8—乙炔瓶；9—乙炔减压阀

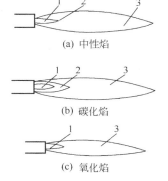

(a) 中性焰

(b) 碳化焰

(c) 氧化焰

图 9-161 氧-乙炔焰的
构造和形状

1—焰芯；2—内焰；3—外焰

② 碳化焰的调节。点火后，可将乙炔阀开得稍大一点，然后控制氧气调节阀的开启程度。随着氧气供应量的增加，内焰外形逐

渐减小，火焰的挺直度也随之增强，直至焰芯呈蓝白色，内焰呈淡白色，外焰呈橘红色，如图 9-161(b) 所示。

③ 氧化焰的调节。在中性焰的基础上逐渐增加氧气，整个火焰变短，内焰消失，焰芯变尖呈淡紫色，燃烧时发出"嘶、嘶"声，这时的火焰即为氧化焰，如图 9-161(c) 所示。

（3）焊丝和焊件表面处理 气焊前，必须重视对焊件的清理工作，清除焊丝和焊件接头处表面的油污、铁锈及水分等，以保证焊件接头的质量。

（4）预热 起焊前对起焊点进行预热。预热时，焊嘴倾角约为 80°～90°，如图 9-162 所示。同时要使火焰在起焊处往复移动，以保证焊接处温度均匀提高。如果两焊件厚度不同，火焰应稍微偏向厚件，如图 9-163 所示。当预热到起焊处形成白亮而清晰的熔池时，即可开始起焊。

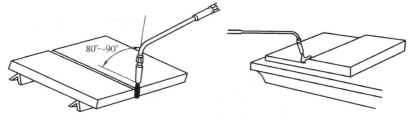

图 9-162 预热时的火焰倾角   图 9-163 厚度不同焊件的预热

（5）点固焊 为了保证施焊过程中工件之间相对位置不变，焊前需将工件点固。

① 直缝的点固焊。当工件较薄时点固焊由工件中间向两端进行，点固焊的长度一般为 5～7mm，焊点间隔为 50～100mm。较厚的工件点固焊从两端开始，点固焊的长度为 20～30mm，间隔为 200～300mm。

② 管子的点固焊。当管径小于 70mm 时，只需点固两处，管径为 100～300mm 时需点固 3～5 处，管径为 300～500mm 时需点固 5～7 处。

不论管径大小，起焊点都应从两相邻点固焊点之间开始。点固焊属焊前准备的辅助工序，但其质量直接影响焊缝质量，应认真对待。

9.12.2　焊接

（1）施焊过程　戴上护目镜，右手拿焊炬，左手拿焊丝，将调节好的火焰移至焊接区，焰心距工件表面约 2~4mm，稍许集中加热形成熔池，将焊丝送入熔池，接着迅速提起焊丝，同时火焰向前移动，形成新的熔池。当火焰离开熔池后，熔池很快冷却凝固形成焊缝。

（2）基本操作技术

① 始焊操作。始焊时由于焊件温度低，焊炬倾角应较大（约 80°~90°），以有利于对焊件预热。当始焊处形成熔池后即可向熔池送进焊丝。

② 填充焊丝操作。焊工在加热形成焊接熔池时，应同时将焊丝末端置于外层火焰下预热。当熔池形成而焊丝被送入后，应随即将焊丝抬起并向前移动，焊丝被火焰加热而形成新的熔池，接着继续向熔池送进焊丝，依次循环，形成焊缝。焊接时，一般常用左焊法，即焊炬紧接在焊丝后面，从右向左移动。

③ 焊嘴和焊丝的摆动。焊接过程中，焊炬和焊丝应做均匀协调的摆动，通过摆动，使焊缝金属便于熔透，避免焊缝过热，从而形成优质、美观的焊缝。在焊接过程中，焊丝除向前运动外，主要做下移运动，使用熔剂时，焊丝做横向摆动。

④ 接头和终焊操作。在施焊过程中，中断焊接后再进行起焊的操作称为接头。接头时，应先用火焰充分加热原熔池周围，使已冷却的熔池及附近的焊缝金属重新熔化又形成熔池后，方可熔入焊丝。要特别注意新加入的焊丝熔滴与被熔化的原焊缝金属之间应充分结合。

焊接重要焊件时，为了保证焊接接头的致密性和强度，接头处必须重叠 9~10mm。

终焊俗称"收尾"，是指结束焊接的过程。收尾时应减小焊嘴倾角，加快焊速，多加焊丝。此外，收尾时，要用外焰保护熔池，直至熔池填满，方可使火焰慢慢离开熔池。

9.13　气割操作技能

气割可分为手工气割和机械气割。手工气割由于灵活性好，设备简单，便于移动，因此得到广泛的应用。在此主要介绍手工气割的基本操作。

9.13.1　气割前的准备工作

① 检查工作场地是否符合安全生产要求。

② 根据割件厚度选择割炬和焊嘴型号。

③ 检查气瓶及割炬是否能正常工作，调节好氧气及乙炔的压力。

④ 采取防止飞溅物造成事故的措施，工件不能直接在水泥地上切割。

⑤ 清理割件表面，放样划线。

⑥ 点火调到中性焰，检查切割氧射流（风线）是否垂直，并有一定长度。切割氧射流应为笔直而清晰的圆柱体，其长度一般应超出割件厚度的 1/3，如图 9-164 所示。

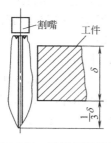

图 9-164　切割氧射流的
形状和长度

图 9-165　气割操作姿势

初学者练习时，双脚成外八字形蹲在工件的一侧，右臂靠住右膝盖，左臂放在两脚中间，上身不要弯得太低，如图 9-165 所示。

608

右手握住割炬把手，并以右手
的拇指与食指控制预热氧调节
阀，以便调整预热氧的大小以
及当发生回火时能及时切断预

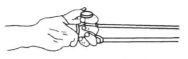

图 9-166 气割操作手势

热氧。左手大拇指和食指握住切割氧调节阀，其余三指托住射吸管，如图 9-166 所示。左手控制方向，沿切割线从右向左进行。

9.13.2 切割操作

（1）气割火焰的点燃和调节

① 先开启预热氧调节阀，然后稍许开启乙炔调节阀后点燃。

② 调节好火焰种类和能率，检查切割氧的形状和长度，直至符合要求。

（2）预热、起割、正常气割及终端气割 先对割件预热，当预热到发红（燃烧温度）时，打开切割氧并慢慢加大，看到割件下有火星溅出或听到"啪、啪"声音时，说明割件已割穿，然后可以按一定割速向前正常切割。在气割过程中，应经常调节预热火焰，使其保持为中性焰或轻微的氧化焰。

临近切割终点时，如割件厚度较大，应逐渐使割嘴向切割方向后倾 $20°\sim30°$，使切口下部的钢板先割穿，可使收尾切口较平整。同时要注意割件下落位置，防止意外事故发生。

终端气割结束后，应迅速关闭切割氧调节阀，并将割炬收起，再关闭乙炔和预热氧调节阀。

9.14 管道起重吊装操作技能

管道安装工程中，人们常借助于一些机具来完成扛、抬、拉、撬、拨、滑、滚、顶、垫、落、转、卷、捆、吊、测等操作，因此熟悉常用起重吊装机具的种类、性能，了解起重吊装的基本知识是十分必要的。

9.14.1 起重吊装常用工具与机具

绳索用来捆绑重物、传递拉力，是完成抬、拉、捆、卷、吊等操作必不可少的工具，常用的绳索有麻绳、尼龙绳和钢丝绳等。

（1）麻绳　用大麻、线麻、棕麻等拧成，有干麻绳和油麻绳两种。油麻绳耐湿性好，但强度不如干麻绳。干麻绳轻而柔软，使用灵便，易于捆绑和打绳结，但机械强度低，易磨损，适用于扛、抬、拖、拉、起重较轻的物体。普通三股干麻绳的技术规格如表9-22所示。

表 9-22　普通三股干麻绳的技术规格

规格/mm		干　麻　绳		油　麻　绳	
圆周	直径	单位质量/(kg/100m)	破断拉力/N	单位质量/(kg/100m)	破断拉力/N
30	9.60	6.54	4560	——	——
35	11.10	8.75	6100	10.30	5750
40	12.70	11.20	7750	13.80	7350
45	14.30	14.60	9450	17.20	8950
50	15.90	17.40	11200	20.50	10650
60	19.10	24.80	15700	29.30	14900
65	20.70	29.30	17500	34.60	16650
70	23.90	39.50	23930	46.60	22200
90	28.70	57.20	24330	67.50	32230
100	31.80	70.00	40130	82.60	37670

（2）尼龙绳　用尼龙纤维捻制而成，它的耐湿性、使用耐久性较好，强度也较高，表面较光滑，但有打结时易脱扣、易着火燃烧的缺点。

（3）钢丝绳　是由高强度的钢丝捻制而成的，其强度高，工作安全可靠，与其附件绳夹、吊索、吊具等配合使用，是管道起重吊装常用的绳索。钢丝绳通常由几股子绳和一根植物纤维绳芯捻成，每根子绳又由许多钢丝捻成，钢丝强度为 $1400 \sim 2000\mathrm{MPa}$，直径为 $0.4 \sim 3\mathrm{mm}$ 等不同规格。常用的普通式钢丝绳有 $6 \times 19 + 1$，$6 \times 37 + 1$，$6 \times 61 + 1$ 等几种，其结构为 6 股钢丝绳中间夹 1 根含油绳芯组成，每股钢丝绳的根数为 19 根、37 根、61 根，普通式钢丝绳的技术规格如表9-23所示。

表 9-23　6×19＋1 钢丝绳主要技术规格

直径/mm		钢丝总断面积 /mm²	参考质量 /(kg/100m)	钢丝绳公称抗拉强度/MPa				
钢丝绳	钢丝			1400	1550	1700	1850	2000
				钢丝绳破断拉力总和/N				
6.2	0.4	14.32	13.53	20000	22100	24300	26400	28600
7.7	0.5	22.37	21.14	31300	34600	38000	41300	44700
9.3	0.6	32.22	30.45	45100	49900	54700	59600	64400
11.0	0.7	43.85	41.44	61300	67900	74500	81100	87700
12.5	0.8	57.27	54.12	80100	88700	97300	105500	114500
14.0	0.9	72.49	68.50	101000	112000	123000	134000	144500
15.5	1.0	89.49	84.57	125000	138500	152000	165500	178500
17.0	1.1	108.28	102.30	151500	167500	184000	200000	216500
18.5	1.2	128.87	121.80	180000	199500	219000	238000	257500
20.0	1.3	151.24	142.90	211500	234000	257000	279500	302000
21.5	1.4	175.40	165.80	245500	271500	298000	324000	350500
23.0	1.5	201.35	190.30	281500	312000	342000	372000	402500
24.5	1.6	229.09	216.50	320500	355000	389000	423500	458000
26.0	1.7	258.63	244.40	362000	400500	439500	478000	517000
28.0	1.8	289.95	274.00	405500	449000	492500	536000	578500
31.0	2.0	357.96	338.30	501000	554500	608500	662000	715500
34.0	2.2	433.13	409.30	606000	671000	736000	801000	
37.0	2.4	515.46	487.10	721500	798500	876000	953500	
40.0	2.6	604.95	571.70	846600	937500	1025000	1115000	
43.0	2.8	701.60	663.00	982000	1085000	1190000	1295000	
46.0	3.0	805.41	761.10	1125000	1245000	1365000	1490000	

　　钢丝绳的特点是：耐磨损、强度高、弹性大，能承受冲击载荷，高速运转时平稳、可靠，无噪声，挠性较好，使用灵活，工作安全可靠，破断前有预兆，耐潮湿，使用寿命长，刚性较大，不易弯曲，须配套使用专制绳夹、绳扣等附件，需要定期保养。

　　（4）绳索的选用计算　绳索的选用是根据其牵引或起吊物体的质量，考虑绳索工作的安全系数，经计算绳索的破断拉力，最后对照绳索的性能选定其规格。计算公式如下：

$$S \geqslant 9.8Km$$

式中，S 为绳索的破断拉力，N；m 为牵引或吊装物体的质量，kg；K 为安全系数，对于麻绳，吊重时 $K \geqslant 6$，捆绑时 $K \geqslant 12$，对于钢丝绳，见表 9-24。

表 9-24 钢丝绳工作时的安全系数及配用卷筒、滑轮直径

工 作 条 件		安全系数 K	滑轮及卷筒最小直径 D
缆风绳		3.0～3.5	
人力驱动		4.5	$\geqslant 16d$
机械驱动	工作条件较轻	5.0	$\geqslant 20d$
	工作条件中等	5.5	$\geqslant 25d$
	工作条件繁重	6.0	$> 30d$
起重吊装		5～10	
载人电梯		15	$\geqslant 30d$

注：d 为钢丝绳直径。

选用绳索直径时，计算所得破断拉力值应小于表 9-22、表 9-23 中的破断拉力值。表 9-23 中给出的是钢丝绳破断拉力的总和值，它和绳索破断拉力之间的关系是

$$S \geqslant S'\Phi$$

式中，S' 为钢丝绳破断拉力总和，N，其值见表 9-23；Φ 为折算系数，考虑钢丝绳受力时，各股子绳之间相互挤压摩擦，造成受力不均匀而使强度降低的系数，对 $6 \times 19 + 1$ 有 $\Phi = 0.85$，对 $6 \times 37 + 1$ 有 $\Phi = 0.82$，对 $6 \times 61 + 1$ 有 $\Phi = 0.80$。

（5）绳索吊装受力工况 实践证明，在起重吊装时，绳索与垂直线的夹角越大，绳索的受力越大，反之则受力越小，故吊装最理想的状态是使绳索垂直，一般绳索与垂直线的夹角不宜大于 60°。吊装时，每根绳索的受力按下式计算：

$$P = 9.8\beta \frac{m}{n}$$

式中，P 为绳索实际受力，N；m 为吊装物件的质量，kg；n 为动、定滑轮总数，个；β 为系数，和吊索与垂直线夹角 α 有关，见表 9-25。

表 9-25 α 与 β 的关系

夹角 α	0	15°	30°	45°	60°
系数 β	1.00	1.04	1.15	1.41	2.00

9.14.2 常用的起重工具

（1）滑轮 又名滑子，分为定滑轮、动滑轮、组合滑轮。其作用原理是：通过滑轮自由旋转的轮子，改变起吊和牵引绳索的方向，达到使用方便、高效地升降或移动物体的目的。

① 定滑轮。安装在固定位置的滑轮，绳索受力时，轮轴位置不变。定滑轮只改变受力方向，不能改变牵引绳的速度，也不省力。

② 动滑轮。安装在能移动的轴上和被牵引的物体一起升降。动滑轮能省力一半，但不能改变绳和受力的方向。

③ 滑轮组。一定数量的定滑轮和动滑轮组成的轮系称为滑轮组，既可省力又可改变绳和受力的方向，提高起吊的能力和适用性。

（2）千斤顶 又名起重器，是独立的起重机具，用于顶升或移动较重的设备，或者进行设备位置的校正。常见的千斤顶有液压和螺旋两种。液压千斤顶顶升能力为 90～200mm，手柄操作力为 27～44N，起重范围为 1.5～500t。

（3）手动葫芦 又名倒链，主要由手拉链条、手链轮、制动器、长短齿轴、起重链条和起重链轮等组成。结构紧凑，体积小，重量轻，操作简单、省力，起吊平稳，效率高，起重量大，直接起重高度可达 2.5～5.0m。常见的规格有 1t、3t、5t、10t。

利用手动葫芦起吊时，应选择稳固的受力点。手动葫芦需要定期保养、维护，使各部件保持正常的工况。

（4）卷扬机 分为手摇和电动两种，通常作为牵引工具，与滑轮绳索配套使用可作为起吊工具。

手摇卷扬机又名铰磨、铰车，由手柄、卷筒、钢丝绳、摩擦制动器、止动棘轮装置、小齿轮、大齿轮、变速器等组成。具有工作轻便，工作平稳的特点。在缺电源，无法使用大型起重机械的情况下使用。

电动卷扬机在建筑工程中较为常见，一般作为升降平台的牵引机械，主要由机架座、蜗轮减速箱、卷筒、刹车装置、电动机及配电装置等部件组成。具有起重能力大，速度任意调节，操作方便、安全等特点。

（5）抱杆　又名桅杆、扒杆，是一种简单组合的起吊工具，主要由钢管桅杆、缆风绳、葫芦等组成起吊工具；也可以由钢管桅杆、缆风绳、滑轮组等组成起吊工具。主要用于无法使用大型起重机械，又无合适的起吊支撑点的情况。

9.14.3　吊装工具的选用

① 吊装形式选择。在管道安装工程中，通常根据现场情况和施工条件选择正确、经济的吊装形式。室外露天起吊架空管道、起重机械受场地条件限制不能作业时，一般选择抱杆和葫芦配套的吊装形式。

室内架空管道吊装，必须具有牢固的支撑受力点，起吊高度过高，重量较小时可采用绳索和滑轮组合的吊装形式。

② 滑轮、葫芦、抱杆的选用。在选用起吊工具时，应根据选择的吊装形式，起吊物体的重量和形状，合理确定数量和规格，满足单个工具的实际承受拉力不大于额定承受拉力的要求，同时应考虑附件的重量。在多个葫芦或滑轮同时工作时，应使其同时启动，均匀受力。

9.14.4　绳索的系结

绳索的系结俗称打绳扣，绳扣的形式很多，各适用于不同的起重吊装操作要求，图 9-167 所示为麻绳的各种绳扣的形式。

不论是麻绳还是钢丝绳，打绳扣的原则如下。

① 绳扣打法应确保在使用过程中安全可靠，不论把绳扣打成什么形式，严禁在起重吊装中出现松扣、滑脱、自动打结等现象。

② 绳扣要方便打，方便拆卸。

614

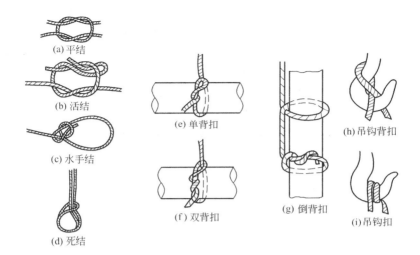

(a) 平结

(b) 活结

(c) 水手结

(d) 死结

(e) 单背扣

(f) 双背扣

(g) 倒背扣

(h) 吊钩背扣

(i) 吊钩扣

图 9-167　麻绳的绳扣

③ 绳扣的打法不得损伤绳子结构。

9.14.5　吊装搬运的基本方法

管道、设备搬运和吊装的方法很多，但基本操作归纳起来有滑动、滚动、抬运、推运、撬别、点移、卷拉、顶重和吊重等几种，其具体操作方法如下。

① 滑动。是将重物放在水平面或斜面的滑道上，用卷扬机或人力拖或推重物使其移动。因摩擦力大，费力，此法仅用于短距离移动重物。

② 滚动。是在重物下面垫滚杠，使重物在滚杠上移动。由于滚动比滑动阻力小，所以省力，如掌握好滚杠方向还可以使重物做转向移动。此方法在水平方向上挪移物体时经常使用。

③ 抬运。当运输重量在 4900～9800N 以下的小型轻便的附件、设备和较细的管子时，往往由于通道线路的狭窄或有障碍物等不便使用机械的场所，可用肩扛人抬的方法。两人以上抬运时，动作要协调，步调要一致，统一指挥，脚步应同起同落，以防事故发生。下放重物时，应避免猛抛，以防管子变形，导致设备、附件损坏。

④ 推运。是用手推车运输重物的方法，装车时应注意车前面要稍重一些，这样推运时手向下压车把，推动省力。卸车时，要防止重物突然从前边滑下，而车把翘起伤人。

⑤ 撬别。是根据杠杆的作用原理，用撬棍把重物撬起来，或者别在支点上使重物左右移动，这种方法适用于物体重量在 $19.6\sim29.4kN$，升起高度不大或短距离移动的地方。

⑥ 点移。是利用撬棍撬起重物后，向前或向左右，使重物移动的方法。

⑦ 卷拉。是把两根绳子分别缠绕在管子两端，绳一端固定，另一端由操作人员拉动，使管子在绳套里滚动，使其上卷或下放的方法。这种方法简便易行，多用于地沟或直埋敷设的管道。

⑧ 顶重。是利用千斤顶将重物顶起来，此种方法简便、省力、安全。

⑨ 吊重。管工常用的吊装方法有两种：一种是用绳子通过高于安装高度的固定点（滑轮），把管子吊到高处，此种方法适用于较小管径的管道和重量较轻的设备、附件的吊装；另一种方法是利用人字架、三脚架、桅杆，通过倒链、滑轮和卷扬机把设备和管道吊到安装高度，其特点是起吊速度快，起吊重量和高度都较大，并可在一定范围内水平移动。

9.14.6　吊装作业的安全注意事项

① 吊装作业前应编制吊装方案，制定安全技术措施，其中劳动力安排、施工方法的确定、机具设备的选用均必须符合安全要求，并应对操作人员进行安全技术交底。

② 检查工具、绳索等是否满足吊装重量、几何尺寸等要求，并进行核算验证。

③ 操作人员应是经专门培训的起重工种和相关工种人员，卷扬机的操作人员一定要熟悉材料的力学性能、操作方法。

④ 吊装时，应注意保护设备安全，避免接近各种架空电线、灯具等设施。

⑤ 配合吊装进行高空操作人员应注意防滑、防拌、防坠落，

采取必要的安全措施。

⑥ 管子就位后应安装支架固定，不许浮放在支架上，以防滚下伤人。

⑦ 吊装区域内，应划分施工警戒区，并设标志，非施工人员不得入内，施工人员应熟悉指挥信号，不得擅离职守。

⑧ 起吊物体下不得有人行走或停留，重物不能在空中停留过久。

⑨ 采用抱杆时，缆风绳和地锚必须牢固。雷雨季节，露天施工的桅杆应装设避雷装置。

第 10 章　管工专业操作技能

　　管工专业操作技能包括管子清洗、修整、划线、切割、管螺纹加工、管口翻边、弯管制作，管子坡口、补偿器制作技能，还应包括气割、气焊、手工电弧焊和管道起重吊装操作技能等。

10.1　管子清洗

　　管子在进行施工作业前应先进行清洗，以清除管子内外表面的油污、灰土、氧化皮、锈和旧涂层等。管子清洗程度根据管道的不同用途而有不同的要求。钢材表面除锈等级方面的标准，国内外都趋向采用 SISO 55900。美国钢结构涂装委员会制定的《表面处理规范》中，在除锈的质量等级划分上也参照采用了 SISO 55900。我国 GB/T 8923.1—2011《涂覆涂料前钢材表面处理　表面清洁度的目视评定　第 1 部分：未涂覆过的钢材表面和全面清除原有涂层后的钢材表面的锈蚀等级和处理等级》及石油工业标准 SY/T 0407—2012《涂装前钢材表面处理规范》均有详细的技术要求。如表 10-1 所示。

10.1.1　管子除锈

　　除锈的方法很多，有手工、机械、喷（抛）射和酸洗等方法。

10.1.1.1　人工除锈法

　　当钢管浮锈较厚，首先用手锤等敲击式手动工具除掉表面上的厚锈，使锈蚀层脱落。然后使用钢丝刷、钢砂布、粗砂布或铲刀等手工工具刮或磨，除掉表面上所有锈蚀层，待露出金属本色后再用棉纱刷干净。

表 10-1　钢材表面除锈质量等级

质量等级	质 量 标 准
手动工具除锈 （St2 级）	用手工工具（铲刀、钢丝刷等）除掉钢表面上松动或翘起的氧化皮、疏松的锈、旧涂层及其他污物。可保留黏附在钢表面且不能被钝油灰刀刮掉的氧化皮、锈和旧涂层
动力工具除锈 （St3 级）	用动力工具（如动力旋转钢丝刷等）彻底地除掉钢表面上所有松动或翘起的氧化皮、疏松的锈、疏松的旧涂层和其他污物。可保留黏附在钢表面且不能被钝油灰刀刮掉的氧化皮、锈和旧涂层
清扫级喷射除锈（Sa1 级）	用喷（抛）射磨料的方式除去松动或翘起的氧化皮、疏松的锈、疏松的旧涂层及其他污物，清理后钢表面上几乎没有肉眼可见的油、油脂、灰土、松动的氧化皮、疏松的锈和旧涂层。允许在表面上留有牢固黏附着的氧化皮、锈和旧涂层
工业级喷射除锈（Sa2 级）	用喷（抛）射磨料的方式除去几乎所有的氧化皮、锈、旧涂层及其他污物。经清理后，钢表面上几乎没有肉眼可看见的油、油脂和灰土。允许在表面上留有均匀分布的、牢固黏附着的氧化皮、锈和旧涂层，其总面积不得超过总除锈面积的 1/3
近白级喷射除锈（Sa1/2 级）	用喷（抛）射磨料的方式除去几乎所有的氧化皮、锈、旧涂层及其他污物。经清理后，钢表面上几乎没有肉眼可看见的油、油脂、灰土、氧化皮、锈和旧涂层。允许在表面上留有均匀分布的氧化皮、斑点和锈迹，其总面积不得超过总除锈面积的 5%
白级喷射除锈 （Sa3 级）	用喷（抛）射磨料的方法彻底地清除氧化皮、锈、旧涂层及其他污物。经清理后，钢表面上没有肉眼可见的油、油脂、灰土、氧化皮、锈和旧涂层，仅留有均匀分布的锈斑、氧化皮斑点或旧涂层斑点造成的轻微的痕迹

注：1. 上述各喷（抛）射除锈质量等级所达到的表面粗糙度应适合规定的涂装要求。

2. 喷射除锈后的钢表面，在颜色的均匀性上允许受钢材的牌号、原始锈蚀程度、轧制或加工纹路以及喷射除锈余痕所产生的变色作用的影响。

10.1.1.2　动力工具除锈法

动力工具为由动力驱动的旋转式或冲击式除锈工具，如可以使用圆盘状的钢丝刷，钢丝刷的直径可根据不同的清洗管径而更换，清洗管段可长达 12m。钢丝刷通过软轴由电动机驱动，还可以用离心式钢管除锈机，同时清除管子内外壁的氧化皮或疏松的锈。

10.1.1.3　喷（抛）射除锈法

喷（抛）射除锈法既能除去钢管表面的锈层、氧化皮、旧涂层和其他污物，又能使钢管表面形成均匀的小麻点，这样可以增加涂料和金属间的附着力，提高涂料的防腐效果和钢管的使用寿命。

喷（抛）射除锈法分为干喷（抛）射法和湿喷（抛）射法两种。

（1）干喷（抛）射除锈法　通常采用粒径为1～2mm 的石英砂或干净的河砂，喷（抛）射在除锈物体上，靠砂的冲击力撞击金属物体表面达到除锈的目的。当钢管厚度为 4mm 以上时，砂的粒径约为 1.5mm，压缩空气为 0.5MPa，喷（抛）射角度为 $45°～60°$，压缩空气从喷枪喷出时形成吸力，通过吸砂管的小孔吸入空气并把砂斗内的砂带走，由喷枪喷出。操作过程中喷砂方向尽量与现场风向一致。喷嘴与工作面的距离为 $100～200mm$。当钢管厚度为 4mm 以下时，应采用已使用过 4～5 次，粒径为 0.15～0.5mm 的细河砂。

（2）湿喷（抛）射除锈法　是将干砂与装有防锈剂的水溶液分装在两个罐里，通过压缩空气使其混合喷出，水砂混合比可根据需要调节。砂罐的工作压力为 0.5MPa，采用粒径为 0.1～1.5mm 的建筑用黄砂；水罐的工作压力为 0.1～0.35MPa，水中加入碳酸钠（重量为水的 1%）和少许肥皂粉，以防除锈后再次生锈。湿喷（抛）射除锈虽然避免了干喷（抛）射除锈的砂尘飞扬、危害工人健康的缺点，但因其效率及质量较低，水、砂不易回收，成本高，气温较低的情况下不能施工，因此在施工现场很少采用。

10.1.2　酸洗除锈

酸洗是一种化学除锈法。酸洗除锈主要是指除掉金属表面的金属氧化物。对黑金属来说，主要指 Fe_3O_4、Fe_2O_3 及 FeO，就是使这些金属氧化物与酸液发生化学反应，并溶解在酸液中，从而达到除锈的目的。酸洗除锈前，应先将管壁上的油脂除掉，因为油脂的存在使酸洗液接触不到管壁，影响除锈效果。对忌油管道（如氧气管道），必须先进行脱脂。

酸洗工序可分为酸洗、清水冲洗、中和，再清水冲洗、干燥，最后进行刷涂或钝化处理。钝化处理是把酸洗过的管子经中性、干燥处理后浸入钝化液，使之生成一种致密的氧化膜，提高管子的耐蚀性能。

碳素钢及低合金钢管道酸洗、中和，钝化液的配方可参考有关国家标准。

10.2　管子修整

管道安装前要进行调直。一般情况下大口径管道弯曲较少，也不易调直，若有弯曲部分，可将其去掉，用在其他需用弯管的地方。最容易产生弯曲的管道是小口径管道。当管道有明显的弯曲时，凭肉眼即可观察到，或用拉线法检查。较长的管子也可用滚动法检查，将管子平放在两根平行的圆管或方木上，轻轻滚动。如滚动快慢不均，来回摆动，则停止时向下的一面就是凸弯曲面，应做上记号，进行调直。然后反复检查，直到多次滚动速度均匀，并能够在任意位置上停止时，则此管已挺直。当管道需要调直时，可采用下面几种方法进行调直。

10.2.1　冷调法

冷调法一般用于 $DN50$ 以下弯曲程度不大的管子。根据具体操作方法不同可分为以下几种。

（1）杠杆（扳别）调直法　将管子弯曲部位作为支点，用手加力于施力点，如图 10-1 所示。调直时要不断变动支点部位，使弯曲管均匀调直而不变形损坏。

（2）锤击调直法　用于小直径的长管，调直时将管子放在两根相距一定距离的平行粗管或方木上。一个人站在管子的一端，一边转动管子，一边找出弯曲部位，另一个人按观察者的指示，用手锤顶在管子的凹面，再用另一把手锤稳稳地敲打凸面，两把手锤之间应有 $50\sim150mm$ 的距离，使两力产生一个弯矩，经过反复敲打，管子就能调直。直径较大的管子，较长或有连接件的管子，可隔 $2\sim3m$ 垫上方木或粗管，一人在管端观察指挥（较长或直径较大的管子，则需要在另一端也有人观察指挥），另一人用锤子锤击管弯凸起部位。直径较大的管子用大锤从上向下打，必须垫上胎具，不得直接打在管子表面。这样边锤击边观察、检查，直到调直管子为止。

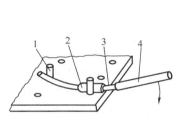

图 10-1　扳别调直

1—铁桩；2—弧形垫板；
3—钢管；4—套管

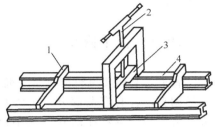

图 10-2　调直台

1—支块；2—丝杠；3—压块；
4—工作台架

（3）调直台法　当管径较大，在 $DN100$ 以内时，可采用图 10-2 所示的调直台进行调直。将管子的弯曲部位放置在调直器两支块中间，凸部向上，支块间的距离可根据管子弯曲部位的长短进行调整，再旋转丝杠，使压块下压，把凸出的部位逐渐压下去。经过反复转动调整，即可将管子调直。其优点是调直的质量较好，并可减轻劳动强度。

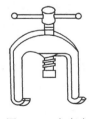

图 10-3　大弯卡
调直器

（4）大弯卡调直器调直法　采用大弯卡调直器（图 10-3）可以就地随意移动来调直管子弯曲处。用大弯卡调直器调直的管子质量较好，在施工现场还可以利用同样原理因地制宜制作其他适用的调直器。

管子调直一般还使用油压机、手动压床，或是使用千斤顶。大直径管段的调直则需要采用气压或油压机。

图 10-4 所示为 30t 立式油压机，可用于调直直径为 108mm、壁厚在 6mm 以内的钢管，调直直径为 219mm、壁厚为 8mm 的管子。制作压制弯头可以使用 100t 油压机，更大直径的管子则需使

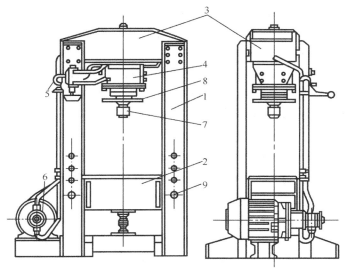

图 10-4　30t 立式油压机

1—机架；2—附油压千斤顶的升降工作台；3—油箱；4—液压缸；5—油分配器；
6—电泵；7—活塞冲头；8—冲头手轮；9—固定工作台的销孔

用 200t 立式油压机。

10.2.2　热调法

当管径大于 100mm 时，冷调则不易调直，可用热调法调直。热调时，先将管子弯曲部分（不装砂）放在烘炉上加热到 600～800℃（呈樱桃红色），然后抬至平行设置的钢管上进行滚动，加热部分在中央，使管子尽量分别支承在加热部分两端的管子上，以免产生重力弯曲。由于管排组成的滚动支承是在同一水平面上的，所以热状态的管子在其上面滚动，使管子靠其自身重量在来回滚动的过程中调直。如图 10-5 所示。管子弯曲较大的地方可以将弯背向上放置，然后轻轻向下压直再

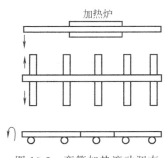

图 10-5　弯管加热滚动调直

滚。在弯管和直管部分的接合部，滚动前应浇水冷却，以免直管部分在滚动过程中产生变形。为加速冷却及防锈，可用废机油均匀地涂在加热部位。另外，还可以采用氧-乙炔加热调直法：采用大型号焊炬加热弯曲部位，当加热到樱桃红色时停止加热，将加热好的管子放在平面上有两支承点的中间，使弯曲部位向上，靠其自重恢复弯曲部位，必要时管子两端亦可同时抬起同时落下，使其弯曲部位拉平。

10.2.3　校圆

钢管的不圆变形，多数发生在管口处，中间部分除硬性变形外，一般不易变形。管口校圆的方法如下。

图 10-6　锤击校圆

① 锤击校圆。如图 10-6 所示，校圆用锤均匀敲击椭圆的长轴两端附近范围，并用圆弧样板检验校圆结果。

② 特制外圆对口器。适用于 $\phi426mm$ 以上大口径并且椭圆较轻的管口，在对口的同时进行校圆。

特制外圆对口器的结构如图 10-7 所示。把圆箍（内径与管外径相同，制成两个半圆，以易于拆装）套在圆口管的端部，并使管口探出约 30mm，使之与椭圆的管口相对。在圆箍的缺口内打入楔铁，通过楔铁的挤压把管口挤圆，然后点焊。

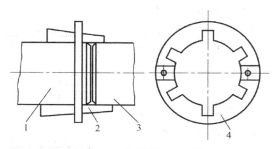

图 10-7　特制外圆对口器
1—圆管口；2—楔铁；3—椭圆管口；4—圆箍

③ 内校圆器。如果管子的变形较大，或有瘪口现象，可采用图 10-8 所示的内校圆器校圆。

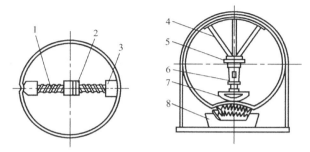

图 10-8　内校圆器

1—加减丝；2—扳把轴；3—螺母；4—支柱；
5—垫板；6—千斤顶；7—压块；8—火盆

校圆大直径管端（直径 350～1050mm）的椭圆度，可以使用起重量为 10t 的液压千斤顶。校圆直径 450mm 及以上管端时，可以使用加长装置，如图 10-9 所示。

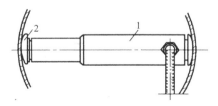

(a) 用于直径 350～426mm 的管子

(b) 用于直径 450～1050mm 的管子

图 10-9　校圆管端椭圆度用的液压千斤顶

1—千斤顶；2—顶头；3—更换用的螺杆

10.3　管子划线

制作管子零件及部件时，需要在管材上根据图纸或实物的尺寸要求，准确地在工件表面上划出加工界限。划线可以在工作台或管架上进行。划线使用划线工具、样板以及必要的量具（圆规、直尺、卷尺、弯尺等）。

对零件进行加工前，常常需要对零件一个或多个表面先划出加工线条，明确加工部位和加工界限。只在零件一个表面上划线的方法称为平面划线；在零件上几个互成不同角度的表面（通常相互垂直）都划线的方法称为立体划线。

划线除要求划出的线条清晰均匀外，最重要的是保证尺寸精确。否则，将造成零件报废。

管工在放样和下料工作中一般为平面划线，且在大多数情况下划线工作直接在管材、板材、型钢或油毡纸、薄铁皮、青壳纸上进行，很少在平台上划线。

10.3.1　划线基准的选择

（1）基准的概念　合理地选择划线基准是做好划线工作的关键。只有划线基准选择得好，才能提高划线的质量和效率，并相应提高工件合格率。

虽然工件的结构和几何形状各不相同，但是任何工件的几何形状都是由点、线、面构成的。因此，不同工件的划线基准虽有差异，但都离不开点、线、面的范围。

在零件图上用来确定其他点、线、面位置的基准，称为设计基准。

划线基准，是指在划线时选择工件上的某个点、线、面作为依据，用它来确定工件的各部分尺寸、几何形状和相对位置。

（2）划线基准选择　划线时，应从划线基准开始。在选择划线基准时，应先分析图样，找出设计基准，使划线基准与设计基准尽量一致，这样能够直接量取划线尺寸，简化换算过程。

划线基准一般可根据以下三种情况选择。

① 以两个互相垂直的平面（或线）为基准，如图 10-10（a）所示。从零件上互相垂直的两个方向的尺寸可以看出，每个方向的许多尺寸都是依照它们的外平面（在图样上是条线）来确定的。此时，这两个平面就分别是每个方向的划线基准。

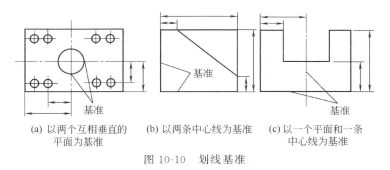

(a) 以两个互相垂直的　　(b) 以两条中心线为基准　　(c) 以一个平面和一条
　　平面为基准　　　　　　　　　　　　　　　　　　　中心线为基准

图 10-10　划线基准

② 以两条中心线为基准，如图 10-10（b）所示。该件上两个方向的尺寸与其中心线具有对称性，并且其他尺寸也从中心线开始标注。此时，这两条中心线就分别是这两个方向的划线基准。

③ 以一个平面和一条中心线为基准，如图 10-10（c）所示。该工件上高度方向的尺寸是以底面为依据的，此底面就是高度方向的划线基准，而宽度方向的尺寸对称于中心线，所以中心线就是宽度方向的划线基准。

划线时在零件的每个方向都需要选择一个基准，因此，平面划线时一般要选择两个划线基准，而立体划线时一般要选择三个划线基准。

10.3.2　划线工具与涂料

在划线工作中，为了保证尺寸的准确和较高的工作效率，首先应熟悉各种划线工具与涂料，并正确使用。

（1）样冲　又称中心冲，用在已划好的线上冲眼，以固定所划的线条。在划圆和钻孔前也要用样冲在圆心或孔心打上样冲眼，以利于操作和找圆心用。

样冲用工具钢制成，并经淬火硬化处理。工厂中也常用废旧铰刀等改制。样冲的尖端一般磨成 40°～60°，如图 10-11 所示。

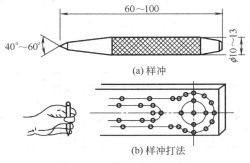

(a) 样冲

(b) 样冲打法

图 10-11　样冲及样冲用法

打样冲眼时，要注意以下几点。

① 样冲应斜着放上去，锤击前竖直，这样打出的样冲眼才精确。

② 样冲眼一定要打在线条的中央和交叉点上。

③ 毛坯表面和孔的中心要打重、打深些，加工过的表面和薄板要打浅、打稀些，精加工表面和软材料不打样冲眼。

④ 直线上打稀些，圆弧、曲线上打密些。

（2）粉线　是一种棉质的细线。管工用的粉线一般是不涂粉的细棉线。在管道施工测绘中，常用吊线或挂线的方法来定位和找中心、找垂直、找水平。涂粉的细棉线可用于大型工件放样、下料时弹直线。一般是用粉笔在线上擦抹粘粉后，就可以在工件上弹出白线。如果经常使用粉线，为方便起见，可自制白粉布包，让粉线从包中穿过，粉包来回移动，可进行多次弹线。

（3）划线涂料　为了使工件上划出的线条清楚，划线前需要在划线的部位或粉线上涂一层薄而均匀的涂料。涂料的种类很多，常用的有白灰水、硫酸铜、粉笔等。管工用的涂料一般是粉笔。如在法兰上划螺栓孔前，要在法兰面上均匀涂上一层薄薄的粉笔灰。

628

10.3.3 划线操作

划线操作分划线和弹线两种。

（1）划线 管工划线通常用石笔。划线时石笔要磨扁，才能使划出的线条细而准确。在不锈钢、有色金属等材料表面划线，要用铅笔（红蓝铅笔）或色笔划线。比较精确的线才用划针划。不论用哪种划线工具，都要求所划线条精确清晰。

用样板划线时，样板与板材或管材表面要贴严，笔和针所磨的角度要适当。划型钢和管子的切断线时，应备有各种直头或斜头的简易样板，既可使划线方便，又保证准确。例如划管材切断线时，可以用一块长方形青壳纸或油毡纸围管子一圈划出切断线。

（2）弹线 分弹粉线和弹墨线两种。根据两点间只能划一条直线的常识，在弹线时，要由一人将线拉紧按在已知两点上，由一人弹出。弹线准确的关键在于提线时要垂直提起，最好用大拇指和食指捏住线，提起约 $100\sim200mm$，两指自然向两侧伸开，便弹出一条直线。要防止提线时，粉线或墨线发生偏斜而引起弹线不准。

当工件表面略有下凹时，虽不影响弹线，但下凹部分有时弹不上，要做短距补弹。当工件表面有上凸时，会使弹线不准确，应分段弹线。

10.4 管子切割

在管道施工中，为了使管子能符合所需要的长度，就必须切割管子。切割管子的方法有锯割、磨割、气割、刀割、錾切、等离子切割等，各种方法适用于不同的管材和要求。

焊接钢管和公称直径小于或等于 $50mm$ 的中、低压碳素钢管，一般用手工锯割、割管器刀割及应用机械法切割。

高压钢管或合金钢管宜用机械法切割。采用氧-乙炔焰切割时，必须将切割表面热影响区除去，其厚度不小于 $0.5mm$。

铜、铝、铸铁、不锈钢、陶瓷、铸石等应采用机械法切割或等离子方法切割。不锈钢管用砂轮切割或修磨时，应用专用的砂轮片。铸铁管可用锯割、錾切、月牙挤刀切割或爆炸切断方法切割。

管子切口质量应符合下列要求。

① 切口表面平整，不得有裂纹、重皮、毛刺、凸凹、缩口、熔渣、氧化铁、铁屑等，如有上述缺陷应予清除。

② 切口平面倾斜偏差为管子直径的 1%，但不得超过 3mm。

高压钢管或合金钢管切断后应及时标上原有标记。

10.4.1 锯割

锯割是常用的一种切断钢管的方法。锯割可采用手工锯割和机械锯割。

手工锯割即用手锯切断管子。锯割管子时，应根据工件材料、厚度选择合适的锯条。在使用细齿锯条切断管子时，因齿距小，会有几个锯齿同时与管壁的切断面接触，锯齿的吃力小，而不致卡掉锯齿，省力，但切断速度较慢，适用于切断直径在 40mm 以下的管材。使用粗齿锯条切断管子时，锯齿与管壁断面接触的齿数较少，锯齿的吃力量大，容易卡掉锯齿，较费力，但切断速度较快，适用于切断直径为 50～150mm 的管子。

为了防止将管口锯偏，可在管子上预先划好线。锯条应保持与管子轴线垂直，才能使切口平直，如发现锯口偏，应将锯弓转换方向再锯。锯割时，为减少摩擦带走热量，延长锯条使用寿命，可加机油等冷却润滑。锯口要锯到底部，不应把剩余的一部分折断，防止管壁变形，以致影响下一工序的操作（套螺纹或焊接）。

用机械切断管子时，将管子固定在锯床上，锯条对准切断线，即可切断，适用于切割各种材质的管子。

10.4.2 磨割

磨割安装现场常用一种便携式割管机，切割直径为 15～133mm 的不锈钢管及各种管材。此种便携式割管机有可以切割不同管径的三种割管机。

这种便携式割管机的割管效率高，比手工锯割提高工效 10 倍以上。并且切断的管子端面光滑，只有少许飞边，用锉刀轻轻一锉就可以除去。这种割管机可以切直口，也可以切斜口，还可以用来切断各种型钢，所以在施工现场广泛使用。

10.4.3 錾切

錾切主要用于铸铁管、混凝土管及陶土管，管工常用的錾子有扁錾、尖錾和克子。这类工具目前还没有标准化，通常都是自己动手，用工具钢烧红锻打后，经刃磨淬火而成。

扁錾［图 10-12(a)］主要用来錾切平面和分割材料，如铲坡口，切断铸铁管等。

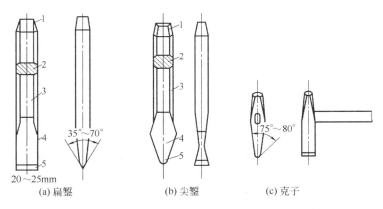

图 10-12　各种錾子

1—头；2—剖面；3—柄；4—斜面；5—刃口

尖錾［图 10-12(b)］用于錾各种槽和切断铸铁管。

克子［图 10-12(c)］用于錾切和分割板材、铸铁管等。

各种錾子的刃口必须经淬火才能使用，其方法如下。

将錾子刃部约 15～20mm 处加热到暗橘红色（温度约在 780～800℃）后，垂直放入常温的盐水中，浸入 4～6mm，当錾子露出水面部分变成黑红色时，从盐水中取出，利用上部余热进行余热回火。回火时，注意錾刃颜色变化：刚出水时是白色，刃口的温度逐渐上升，颜色也逐渐改变成浅黄色、棕黄色、紫色、蓝色、蓝灰色，最后变成灰色。当錾子刃口呈蓝色时，把錾子全部放入水中冷却，称为淬蓝火。蓝火錾子的刃口硬度适当，有较好的韧性，最适宜錾切。

錾子出水后，刃口部分的颜色逐渐转变的过程只有几秒钟，所以淬火时必须十分注意，才能掌握好。

錾切时，将管子的切断线处垫上厚木方，转动管子，用錾子沿切断线轻錾1～2圈以刻出线沟，然后沿线沟用力敲打，同时不断地转动管子，连续敲打几圈后直至管子折断为止，如图10-13所示。对于大口径的铸铁管，要两人配合操作，一人扶錾子，一人打大锤，边錾边转动管子，錾子要端正，錾子与被切管子所夹的角度要正确，如图10-14所示，千万不要偏斜，以免打坏錾子。錾出线沟后再敲打直至折断。

图 10-13　铸铁管錾切

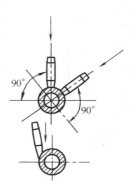

图 10-14　錾切的角度

铸铁和陶瓷是脆性材料，要注意锤击力的大小，防止管子震裂。操作人员要戴上防护眼镜，防止飞溅的金属碎屑伤人。

10.4.4　等离子切割

等离子弧的温度高达 15000～33000℃，热量比电弧更加集中，现有的高熔点金属和非金属材料在等离子弧的高温下都能熔化，对氧-乙炔火焰不能切割的金属或非金属都能用这种方法切割，如铜、铝、铸铁、陶瓷、铸石等。

等离子切割效率高，加热速度极快，热影响区域小，变形小，质量高。缺点是设备昂贵，难以推广。

10.5　管子弯曲

用来改变管路走向的弯管称为弯头，是管道工程中最常用的管配件之一。按制作方法可分为冷弯弯头、热弯弯头、焊接弯头、压制弯头和推拉弯头。其中，除压制弯头和推拉弯头是由加工厂制造外，其余的几种弯头一般都现场制作。管子的弯曲在管道安装工程中是一项大量而又极为重要的工作，它是管工的"看、量、煨、下、对"五大技术之一。

10.5.1　弯管变形

管子弯曲（无论采用热弯或冷弯）是管子在外加力矩的作用下产生弯曲变形的结果，在这个弯曲变形的过程中会产生如下几种变形情况。

（1）外侧管壁减薄　管子弯曲后，管子外侧管壁由于受拉应力的作用，使管子外侧壁厚减薄而降低了承压强度。因此规范中规定：

壁厚减薄率＝（弯管前壁厚－弯管后壁厚）/弯管前壁厚×100%

高压管的壁厚减薄率不超过10%，中、低压管道不超过15%，且不小于设计计算壁厚。为了保证弯管的强度，加工时要求尽量减少壁厚减薄率。选用管子时，应选用壁厚没有负偏差或负偏差较小的管子来弯管。

（2）内侧管壁折皱变形　管子弯曲后，内侧管壁受压应力的作用，增加壁厚，由于管子可塑性较差，压应力不仅使管子产生压缩变形，而且在很大程度上产生折皱变形而形成波浪形。这样就增加了流体阻力，金属组织的稳定性也受到了一定程度的破坏，容易产生腐蚀现象，并使弯管外形不美观。因此，中、低压弯管内侧波浪度 H 应符合表 10-2 的要求，波距 t 应大于或等于 $4H$。

表 10-2　管子弯曲部分波浪度 H 的允许值　　　　mm

外径	<108	133	159	210	273	325	377	>426
钢管	4	5	6			7		8
有色金属	2	3	4	5	6			—

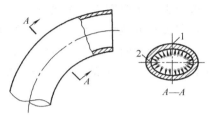

图 10-15　管子椭圆受力的危险点
1—短轴；2—长轴

（3）管子截面椭圆变形　在弯管过程中，由于管壁受到拉力和压力的作用，使得弯管截面由圆形变成了椭圆形。不仅增加了流体的阻力，而且管子在受到内压作用后，弯管的椭圆引起弯曲附加应力。如果弯管椭圆的截面形状如图 10-15 所示，当内压作用时，截面有变圆的趋势。在短轴处产生的弯矩使短轴外壁中心处受拉，使本身因弯管而减薄了的外壁又增加了附加弯曲应力，加大了破坏的危险性；在长轴处产生的弯矩大于短轴处的弯矩，但长轴内壁中心处受拉，虽然原来长轴中心处的拉应力比弯管短轴外侧的中心处小，因椭圆而叠加上附加弯曲应力后，总的最大应力可能发生在短轴中心处，也可能发生在长轴中心处。故弯管的破坏有时在短轴外侧外壁处发生，有时在长轴附近的内壁处发生。因此椭圆度过大就会降低弯管的强度。所以规范中规定：

$$椭圆率 = \frac{最大外径 - 最小外径}{最大外径} \times 100\% \qquad (10\text{-}1)$$

高压管不超过 5%；中、低压管管径小于或等于 150mm，不得大于 8%；管径小于或等于 200mm，不得大于 6%；铜、铝管不超过 9%；铜合金、铝合金管不超过 8%；铅管不超过 10%。

（4）缩径现象　管子弯曲时，由于弯曲部分的金属材料强度受到影响而产生缩径现象，这样就减小了管子有效截面，增加了流体阻力。缩径度应以下面的公式计算：

634

$$缩径度 = \frac{最大外径 + 最小外径}{2 \times 管外径} \times 100\% \geqslant 95\% \qquad (10\text{-}2)$$

弯制有缝管时，其纵向焊缝应放在距中心轴线上下 45°的位置区域内，如图 10-16 所示。中、低压管弯曲角度 α 的偏差值在现场弯制时，手工弯管和机械弯管均不得超过 ±3mm/m；当直管长度大于 3m 时，其管端轴线偏差最大不得超过 ±10mm，如图 10-17 所示。

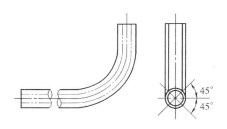

图 10-16　纵向焊缝布置区域

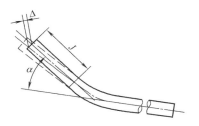

图 10-17　弯曲角度及
管端轴线偏差

10.5.2　冷弯弯管

冷弯弯管有许多优点，在弯曲进度上、经济效益等方面均比热弯弯头优越得多，弯管时不用加热，管内也不充砂，不需要加热设备，无烫伤危险，操作简便，但只适用于弯制管径小、管壁薄、公称直径一般不超过 200mm 的管子。对弯制合金钢管、不锈钢管、铝管及铜管更为适宜，可以避免奥氏体不锈钢产生析碳现象。因而奥氏体不锈钢在可能条件下尽量采用冷弯方法制作弯管。但铝锰合金管不得冷弯。

由于钢材的弹性作用，钢管冷弯后从弯管机上撤下，因管子弹性变形恢复的结果，弯管会弹回一个角度。弹回角度的大小与管子的材料、壁厚以及弯管的弯曲半径有关。以碳钢弯管为例，当 $R = 4D$ 时，根据一般经验，回弹角度约为 3°～4°左右，因此在弯制时，应考虑增加这一弹回角度。这样，弯管卸载后由于回弹作用恰好达到设计角度。

目前采用的弯管机具有手工、机械和液压等几种形式。

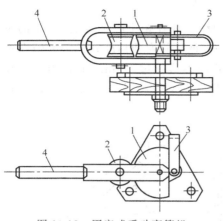

图 10-18　固定式手动弯管机
1—固定导轮；2—活动导轮；
3—钢夹套；4—手柄

（1）手动弯管机弯管
手动弯管机一般可以弯制公称直径不超过 25mm 的管子，是一种自制的小型弯管工具，如图 10-18 所示。它是由固定导轮、活动导轮和手柄、钢夹套、推架等主要部件构成。固定导轮和活动导轮的边缘都有向里面凹陷的半圆槽，半圆槽直径等于被弯管子的外径。两轮相并，凹槽形成圆孔，孔形应能使被弯曲的管子从中间穿过。弯管时，固定导轮用销或螺栓固定在工作台上，使固定导轮不能转动，固定导轮的半径应与被弯曲的管子的弯曲半径相等。将管子一端固定在管子夹持器内，转动钢夹套并带动活动导轮，使其围绕固定导轮转动，直至弯成需要的角度。但活动导轮与钢夹套的接触面要小些，并要求比较圆滑，以减小两者的摩擦力，否则活动导轮不易转动。

手动弯管机的每对导轮只能弯曲一种外径的管子，管子外径改变，导轮也必须更换。这种弯管机最大弯曲角度可达到 180°。

另外还有一种便携式的手动弯管机，是由带弯管胎的手柄和活动挡块等部件组成，如图 10-19 所示。操作时，将所弯管子放到弯管胎

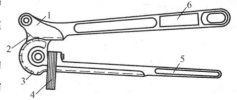

图 10-19　便携式手动弯管机
1—偏心弧形槽；2—连板；3—弯管胎；
4—活动挡块；5—手柄；6—离心臂

636

槽内,一端固定在活动挡块上,扳动手柄便可将管子弯曲到所需要的角度。这种弯管机轻便灵活,可以在高空作业处进行弯管作业,不必将管子拿上拿下,很适合于弯制仪表管、伴热管等 ϕ10mm 左右的小管子。

使用时,打开活动挡块,将管子插入弯管胎与偏心弧形槽之间,使起弯点对准胎轮刻度盘上的"0",然后关上挡块扳动手柄至所需要角度,再打开活动挡块,取出弯管,即完成弯管工作。此种弯管机可以一次弯成 0°～200°以内的弯管。

(2)电动弯管机 是在管子不经加热、也不充砂的情况下对管子进行弯制的专用设备,可弯制的管径通常不超过 DN200。这种机具一般是由安装企业、大型化工企业自制的。特点是弯管速度快,节能效果明显,产品质量稳定。目前使用的电动弯管机有蜗轮蜗杆驱动的弯管机,可弯曲 15～32mm 直径的钢管;加芯棒的弯管机,可弯曲壁厚在 5mm 以下,直径为 32～85mm 的管子;还有 WA27-60 型、WB27-108 型及 WY27-159 型电动弯管机。

用电动弯管机弯管时,先把要弯曲的管子沿导板放在弯管模和压紧模之间,如图 10-20(a) 所示。压紧管子后启动开关,使弯管模和压紧模带动管子一起绕弯管模旋转,到需要的弯曲角度后停车,如图 10-20(b) 所示。

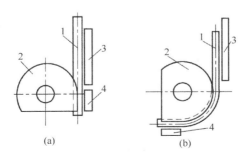

(a)   (b)

图 10-20 电动弯管机弯管示意图
1—管子;2—弯管模;3—导板;4—压紧模

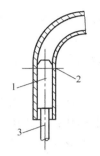

图 10-21　弯管时
弯曲芯棒的位置
1—芯棒；2—管子
的开始弯曲面；
3—拉杆

弯管时使用的弯管模、导板和压紧模，必须与被弯管子的外径相等，以免管子产生不允许的变形。当被弯曲的管子外径大于 60mm 时，必须在管内放置弯曲芯棒。芯棒外径比管子内径小 1~1.5mm，放在管子开始弯曲的稍前方，芯棒的圆锥部分转为圆柱部分的交界线要放在管子的开始弯曲位置上，如图 10-21 所示。

如果芯棒伸出过前，有可能使芯棒开裂；如果芯棒没有到达位置，又会使管子产生过大的椭圆度。芯棒的正确放置位置可通过试验的方法获得。凡是弯曲时需要使用芯棒的管子，在弯管前均应清扫管腔，并在管内壁涂以少许机油，以减少芯棒与管壁的摩擦。在整个弯管过程中，应尽可能使支承导板的导梁在弯管模外圆的切线上。

另外还有一种不需要更换弯管扇形轮的弯管机。在工作台上同时装有 $\phi89$mm、$\phi108$mm、$\phi133$mm、$\phi159$mm 及 $\phi219$mm 的弯管扇形轮，以及五种规格偏心压块，用于夹紧管子，如图 10-22 所示。

（3）液压弯管机　一种是 WG-60 型，具有结构先进、体积小、重量轻等特点，小口径钢管常用的弯管机械，可以弯制 $DN15\sim DN50$ 的钢管，弯管角度为 $0°\sim180°$，最大工作压力为 45MPa，最大工作载荷为 90kN，最大工作行程为 250mm，液压油箱容积为 1.2L，采用 10♯ 机油。另一种是 CDW27Y 型，可以弯制 $\phi426$mm$\times30$mm 以下各种规格的钢管。

液压弯管机由注塞液压泵、液压油箱、活塞杆、液压缸、弯管胎、夹套、顶轮、进油嘴、放油嘴、针阀、复位弹簧、手柄等组成。顶管时将管子放入弯管胎与顶轮之间，由夹套固定，启动柱塞液压泵，使活塞杆逐渐向前移动，通过弯管胎将管子顶弯。

操作时，两个顶轮的凹槽、直径与设置间距，应与所弯制的管子相适应（可调换顶轮和调整间距）。由于液压弯管弯曲半径较大，

638

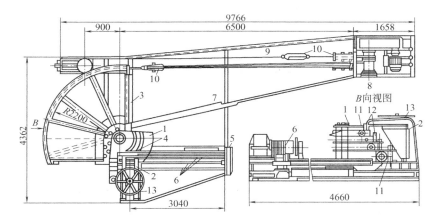

图 10-22　不需要更换弯管扇形轮的弯管机

1—五种规格的弯管扇形轮；2—制动器；3—扇形拉盘；4—芯棒；5—拉杆架；
6—芯棒顶杆；7—钢丝绳导杆；8—电动卷扬机；9—钢丝绳；10—滑轮；
11—压块；12—偏心装置；13—手轮

操作不当时椭圆度较大，故操作时应非常小心。现将适于施工现场使用的能弯制 $\phi114mm \times 8mm$ 以下规格钢管的机型列于表 10-3 中。

表 10-3　液压弯管机

型号 技术参考	CDW27Y				
	25×3	42×4	60×5	89×6	114×8
弯制最大管材/mm	$\phi25 \times 3$	$\phi42 \times 4$	$\phi60 \times 5$	$\phi89 \times 6$	$\phi114 \times 8$
最大弯曲角度	195°	195°	190°	195°	195°
最大规格管材最小弯曲半径/mm	75	126	180	270	350
弯曲半径范围/mm	10~100	15~210	50~250	100~500	250~700
标准芯棒长度/mm	2000	3000	3000	4000	4500
液压工作压力/MPa	14	14	16	14	14
电动机功率/kW	1.1	2.2	5.5	7.5	11

10.5.3　热弯弯管

热弯是将管子加热后，对管子进行热弯。管子加热后，增加塑性，能弯制任意角度的弯管。在没有冷弯设备的情况下，对管径较大（$DN>80\text{mm}$）、厚管壁的管子大都采用热弯。

热弯弯管按弯制方法分为手工热弯弯管和弯管机热弯弯管。

（1）手工热弯弯管　先将管内充实砂，用氧-乙炔焰或焦炭地炉加热进行弯制。这种方法制作效率低，劳动强度大，仅适合于安装工地上制作少量的小口径弯管。

（2）弯管机热弯弯管　利用氧-乙炔焰加热的大功率火燃弯管机、中频弯管机、可控硅中频加热弯管机等进行弯制。

下面介绍在安装现场常用的小口径热弯弯管的弯制方法。选用符合弯制要求的管子后，预先在直管上划好线，当需要弯制定尺寸的弯管时，必须计算弯管的弯曲长度，这个弯曲长度就是加热长度。

加热长度按下式计算：

$$l = \frac{\alpha \pi R}{180} = 0.01745 \alpha R \qquad (10\text{-}3)$$

式中，l 为加热长度，mm；α 为弯管角度；π 为圆周率，取 3.14；R 为弯曲半径，mm。

当弯管角度为 $90°$，$R = 4D$ 时：

$$l = \frac{90 \pi R}{180} = \frac{\pi}{2} R = 1.57R = 6.28D \approx 6D \qquad (10\text{-}4)$$

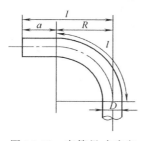

图 10-23　弯管尺寸确定
示意图

如图 10-23 所示。

管子划线应注意：弯管弧长按上式计算，是管子的理论加热长度，实际弯管时，在弯曲长度 l 的范围内，由于加热，管子会略有伸长。当需要精确计算弯管的实际弯长时，应将这部分伸长量考虑进去。热伸长量 Δl 可按下式计算：

$$\Delta l = R \tan \frac{\alpha}{2} - \frac{\pi}{360} \alpha R$$

即　　　$\Delta l = R \tan \frac{\alpha}{2} - 0.00873 \alpha R$　（10-5）

管子热弯的弯曲半径一般取管子公称直径的 3.5 倍或 4 倍。现将常用管子的理论加热长度列入表 10-4。

表 10-4　常用管子热弯的理论加热长度　　　　　mm

弯曲角度	管子公称直径									
	50	65	80	100	125	150	200	250	300	400
$R=3.5DN$ 的加热长度										
30°	92	119	147	183	230	275	367	458	550	733
45°	138	178	220	275	345	418	550	688	825	1100
60°	183	273	293	367	460	550	733	917	1100	1467
90°	275	356	440	550	690	825	1100	1375	1650	2200
$R=4DN$ 的加热长度										
30°	105	137	168	209	262	314	420	523	630	840
45°	157	205	252	314	393	471	630	785	945	1260
60°	209	273	336	419	524	638	840	1047	1260	1680
90°	314	410	504	628	786	942	1260	1570	1890	2520

对于 $R=4D$、$\alpha=90°$ 的弯管，其热伸长量 $\Delta l=0.86D$，则弯管每端伸长 $\Delta l/2=0.43D$。

90°一端定尺寸弯管的划线有三种方法。

① 从图 10-24 中可知：

$$L=a+R \tag{10-6}$$

式中，L 为管端至弯管中心长度；a 为起弯点前直管长度；R 为弯曲半径。

由上式可得，起弯点前直管长度 $a=L-R$。划线时，可在直管上直接量出尺寸 a，此点即为弯管的起弯点，从 a 点向前量 $L=1.57R$ 即为弯曲长度，这是第一种划线方法。

② 先从管端量取弯管中心长度 L，再退回一个位移值 $\Delta L=0.215R$，此点即为弯曲长度的中心（从图 10-24 中可以看到一只弯管在平面上所走的直角距离每端都是 R，即图上量下来共走的距离是 $2R$，而实际管子弯曲长度为弧长 $1.57R$，整个弯管共伸长了 $2R-1.57R=0.43R$，即每端长出 $0.215R$）。

同样情况，在弯制 U 形弯、双向弯或方形补偿器时，对每两只弯管的弯曲长度进行划线时，要在直管上先划出两个弯管的中心长度 L 后，再向里量出一个 $\Delta L=0.215R$ 位移值，定出弯曲长度

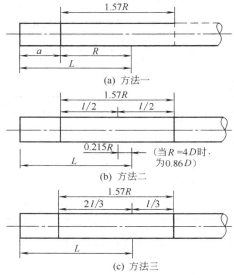

(a) 方法一

(当 $R=4D$ 时,
为 $0.86D$)

(b) 方法二

(c) 方法三

图 10-24 划线方法

的中心,再划出弧长,这样弯好后两个弯管的中心距离才能等于所需要的尺寸。

③ 这个方法是熟练工人的习惯画法。在量出管端至弯管中心的长度 L 后,在管端处取 $2/3l$,另一端取 $1/3l$,这个方法非常简单好记,是一个近似的画法。

这个方法实际上是把弯曲中心的位移值扣除了 $0.2618R$,与第二种方法比较多扣除了 $0.047R$,当 $R=4D$ 时,多扣了 $0.19D$;当 $R=3.5D$ 时,多扣除了 $0.165D$。所以弯管后管端长度会缩短。使用这个方法时,如果需要定尺寸,则要考虑这一误差,考虑管子弯曲时的伸长。弯管后实际的缩短没有那么大,只在 $0.1D$ 左右,而方法①、②则是有所伸长的。

【例】 将公称直径 80mm 的钢管,弯制成图 10-25 所示形状的弯管,两个弯管的弯曲角 α 都为 $90°$,两个弯管中心距离 $L=1000mm$,第二个弯管的线应怎样划?

642

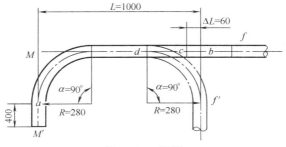

图 10-25　图例

解　第一步，先划出第一个弯管的线，因为该管公称直径是 80mm，如没有特殊要求。起弯点前的直管段可定为 400mm，划出起弯点 a。查表 10-5，公称直径 80mm 的管子，弯曲半径 $R = 3.5DN = 3.5 \times 80 = 280$（mm）；弯曲角 $\alpha = 90°$，弧长 $\overset{\frown}{L}$ 为

$$\overset{\frown}{L} = \frac{\alpha \pi R}{180} = \frac{90 \times 3.14 \times 280}{180} = 440(\text{mm})$$

从起弯点 a 量出弧长。划好第一个弯管中心线，即可加热弯制第一个弯管。

第二步，划第二个弯管的线，垂直于第一个弯管中心 MM'，沿未弯第二个弯管的直管上量 $Mb = 1000$mm 划 b 线；因为两个弯头相同，所以 $R = 280$mm，$\alpha = 90°$，得 ΔL 为

$$\begin{aligned}\Delta L &= R \tan \frac{\alpha}{2} - 0.00873 \alpha R \\ &= 280 \times 1 - 0.00873 \times 280 \times 90 \\ &= 280 - 220 \\ &= 60(\text{mm})\end{aligned}$$

从 b 向左量 60mm 划 c 线，即是第二个弯管的弧长。划好线后即可对第二个弯管进行加热和弯制。

任意角度弯管弯制时，先量出管端至弯管中心距离 L，然后退回位移值 ΔL，即为弯曲中心。任意角的位移值按公式(10-5)计算。

10.5.4　手工热弯

手工热弯是一种较原始的弯管制作方法。这种方法灵活性大，

但效率低，能源浪费大，因此目前在钢管煨弯中已很少采用，但它确实有着普遍意义，直至目前，在一些有色金属管、塑料管的煨弯中仍有其明显的优越性。这种方法主要分为灌砂、加热、弯制和清砂四道工序。

（1）准备工作

① 管材：弯管所用管材除规格符合要求外，应无锈蚀、无外伤、无裂纹。对于高、中压用的煨弯管子应选择壁厚为正偏差的管子。

② 砂：弯管用的砂子应根据管材、管径对砂子的粒度进行选用。碳素钢管用的砂子粒度应按表 10-5 选用，砂粒细小，在管子中的充实性好，但在弯曲管子时容易被挤碎而黏结在管内壁上；砂粒粗大，充实性差，但抗压性强，不易被挤碎。为使充砂密实，充砂时不应只用一种粒径的砂子，而应按表 10-5 进行级配。砂子耐热度要在 1000℃ 以上。不锈钢管、铝管及铜管一律用细砂。砂子耐热度要适当高于管子加热的最高温度。

表 10-5　钢管充填砂的粒度　　　　　mm

管子公称直径	<80	80～150	>150
砂子粒度	1～2	3～4	5～6

③ 灌砂台：其高度应低于煨制最长管子的长度 1m 左右，以便于装砂。由地面算起每隔 1.8～2m 分一层，该间距主要考虑操作人员能站在平台上方便地操作。顶部设一平台，供装砂用。灌砂台一般用脚手架杆搭成。如果煨制管径大的弯管，在灌砂台上层需装设挂有滑轮组的吊杆，以便用来吊运砂子和管子。弯管量小时，可利用阳台、雨篷、屋面等灌砂。

④ 弯管平台：多由混凝土浇筑并预埋管桩，或用钢板铺设，高度大于 100mm，上面有足够圆孔或方孔，以供插入活动挡管桩之用，这些挡管桩可作为弯管时的支承。

⑤ 加热炉：是用来加热管子的，用砖及耐火砖砌筑。应设有风管、风闸板及鼓风机，以备加热并送风。如有燃气供给，也可以采用燃气加热炉。

⑥牵引设备：绳索、绞磨、滑轮等。

（2）充砂打砂　为防止弯管时管子断面扁化变形，弯管前必须用烘干砂将管腔填实。充砂时将管子的一端用木塞、钢板点焊、丝堵等堵牢，将管子竖立起来，已经堵塞的一端着地，稍微倾斜地靠在灌砂台上，管子上端用绳子固定于灌砂台上部，从上向下灌砂，并用手锤人工打砂（用敲打管壁方法使砂振实）或设打砂机机械打砂。人工打砂时，锤要打平，不得将管壁打出凹痕，打砂听声直至脆实，砂面不再下沉为止。最后封好上管口。

（3）加热　弯管加热一般用地炉加热。加热钢管可用焦炭作燃料；加热铜管宜用木炭作燃料；加热铝管应先用焦炭打底，上面铺木炭以调节温度；加热铝管宜用氢气焰或蒸汽加热。管径小于50mm且弯管量少时，也可用氧-乙炔焰加热。

把管子放进地炉前，应将炉内燃料加足，在管子加热过程中一般不加燃料。炉内燃料燃烧正常后，再将管子放进去，燃料应沿管子周围在加热长度内均匀分配，并加盖反射钢板以减少热损失，加速加热过程。

在加热过程中，要经常转动加热中的管子，使其受热均匀。加热温度一般为 $1000 \sim 1050 ℃$，可用观察色泽辨定（俗称看火），燃烧发光颜色与温度相近对应关系见表 10-6。白天日照不易看火时，可用遮阴辨色。加热时注意不得过烧（指温度大于 $1200℃$，管子出现白亮色甚至冒出火星的烧化状态）和渗碳。加热是弯曲的重要环节，应精心操作。

表 10-6　管子受热颜色与温度的对应关系

温度/℃	550	650	700	800	900	1000	1100	>1200
发光颜色	微红	深红	樱桃红	浅红	深橙	橙黄	浅黄	发白

施工现场地炉加热，使用的燃料应是焦炭，而不用烟煤，因烟煤含硫，不但腐蚀管子，而且会改变管子的化学成分，以致降低管子的机械强度。焦炭的粒径应在 $50 \sim 70mm$ 左右，当煨制管径大时，应用大块。地炉要经常清理，以防结焦而影响管子均匀加热。

钢管弯管加热到弯曲温度所需的时间和燃料量可参考表 10-7。

表 10-7　钢管加热的燃料与时间

公称直径/mm		100	125	150	200	250	300	350
燃料/kg	焦炭	6	9	14	23	36	55	71
	木炭	5	8	12	20	32	48	62
	泥炭	11	17	26	43	68	103	133
加热时间/min		40	55	75	100	130	160	190

管子的加热温度视管子的种类而定：对于碳素钢管为 900～1000℃，即加热至深橙或橙黄色，最高不得超过 1050℃；对于低合金钢管亦为 1050℃；对于不锈钢管为 1100～1200℃。为了防止不锈钢在加热过程中产生渗碳现象，可将不锈钢管放在碳素钢套管中加热。铜管加热温度为 500～600℃，铝管加热温度为 100～130℃。加热管子时还应使管内砂子也达到这个温度，所以管子在开始呈浅红色时，不应立即取出，应继续保持一段时间，使砂子也被加热。当砂子加热到要求温度时，管子表面开始有蛇皮状的氧化皮脱落，此时，应立即取出管子运至平台进行弯曲。

弯管的加热长度一般为弯曲长度的 1.2 倍，弯曲操作的温度区间对于碳素钢管为 700～1050℃；对于低合金钢管为 750～1050℃；不锈钢管为 710～980℃。当管子低于这个温度时，不得再进行弯曲，以避免过度冷作使金属结构变坏。若要再弯，必须再行加热。

（4）弯曲成形　在平台上进行，把加热好的管子插入管桩间。运管时，对于直径不大于 100mm 的管子，可用抬管夹钳人工抬运；对于直径大于 100mm 的较大管子，因砂已充满，抬运时很费力，同时管子也易变形，尽量采用起重运输设备搬运。如果管子在搬运过程中产生变形，则应调直后再进行煨管。管子插入管桩间后，划线标记露出管桩（1～1.5）D，用水壶将线以外的部分浇水冷却后，即可牵动绳索使管子弯曲成形。成形过程中应由有经验的工人观察成弯状况，并指挥牵引。成弯一般用样板控制弯曲角度，考虑管子冷却后弯管有回弹现象，样板角度一般可大于弯曲角度2°～3°。

弯管角度不足 90°的弯管，习惯上称为"撇开弯"，多为不能使用的弯管（废品）；弯曲角度略大于 90°的弯管称为"勾头弯"，只要角度相差不大，安装时在弯管背部稍加烘烤，仍可回弹到满足使用的角度。因此，在弯制 90°弯管时，应按照"宁勾不撇"的原则控制弯曲角度。

在热弯过程中，如发现起弯不均匀时，可在快弯的部分点水冷却，以使起弯均匀美观；如出现椭圆度过大、有鼓包或明显皱折时，应立即停止成形操作，趁热用手锤修整。但合金钢管在弯曲时严禁用水冷却，因为用水急冷，合金钢会淬硬，并可能使金属内出现微小的纤维裂纹。

弯管成形后，应放在空气中或盖上一层干砂，使其逐渐冷却。在弯曲部分涂上一层废机油以防止氧化。

（5）除砂及清理　弯曲成形的弯管，冷却后取下堵头，用手锤轻轻振打，将砂倒净，砂倒完后，再用圆形钢丝刷系上铁丝拉扫，用压缩空气将管内吹扫一遍，将管壁内黏结的砂粒除净。重要的管道安装部位，弯管安装时应做通球试验，以确保管道畅通。

10.5.5　机械热弯

机械热弯使用火焰弯管机或中频感应电热弯管机，多用于工厂内的集中制作。机械热弯管子不需要装砂，适用于较大直径的弯管加工，且质量好，效率高，可节省大量繁重的人力劳动。

（1）火焰弯管机　其传动系统由调速电动机、减速箱、齿轮系、蜗杆蜗轮等组成，从而带动主轴旋转。主轴则与弯管机构连接，通过托辊、靠轮和拐臂、夹头等使管子转向弯曲。管子转向弯曲前是通过火焰圈加热，管子处于设计的加热温度下进行的。弯管时，夹头的规格随管子直径大小来更换，弯曲半径则由调整夹头与主轴的水平距离控制。

弯管时，钢管的一面由火焰圈加热（只热钢管的一圈，长度极短），当管子弯曲部分约 30mm 宽的管子截面被加热至 780～850℃，呈樱桃红色时（指碳钢管），又被拐壁拖动做圆弧移动，加热带即被弯曲，当管子离开火焰圈加热区后，紧靠火焰圈后的冷水圈立即将其冷却而定型，如此不断运动，弯管即成。这种弯管机弯

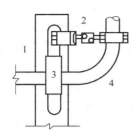

图 10-26　角度矫正器
示意图
1—机械臂；2—正反
螺纹螺栓；3—卡头；
4—弯管

曲力均匀，管子加热、冷却面窄（20～30mm 左右），速度快，管壁变形均匀，所以在管内不加填充物的情况下就能保证弯管的椭圆度。火圈内径的大小，会影响钢管表面的火焰温度，当火孔直径为 0.5mm 时，这个距离约保持在 10～13mm 为好。在机上最好装一个角度矫正器（即装一个正反螺纹的螺栓），如图 10-26 所示，当弯管角度有误差时可用以调整。如管径较大时，可配用焊炬在弯管的背腹处稍加热，可提高其精确度。

（2）中频感应电热弯管机　是在火焰弯管机的基础上进一步发展而来的，所不同的是火焰圈换成由紫铜制成的感应圈，两端通入中频电流，中间通入冷却水。可以弯制外径 325mm、壁厚 10mm 的弯管。不锈钢管弯管宜用冷弯弯制，如采用热弯，则只能在 1100～1200℃ 的温度下，放在中频感应电热弯管机上弯制。因为不锈钢在 500～850℃ 的温度范围内长期加热时，有产生晶间腐蚀的倾向，所以使用这种弯管机，弯制质量好，效率高，比用焦炭加热制作的弯管高出近 10 倍。

中频感应电热弯管机的工作原理如图 10-27 所示。就是把要弯曲的管子通过两个转动的导轮，送到中频电磁场加热的狭窄区段，对管子进行局部环状加热到 900～1200℃（根据管子的钢号确定）。然后通过顶轮将管子顶弯。在中频电加热的区域后面，以冷水连续冷却，冷却段的温度约为 300℃。使管子弯曲段的两边达到足够的刚度，以减少管子弯曲时产生椭圆度。

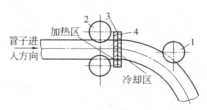

图 10-27　中频感应电热弯
管机工作原理
1—顶轮；2—导轮；3—中频感应
电热器；4—盘环管冷却器

10.5.6 热推弯管

热推弯管是在加工厂集中生产的急弯弯管。它可用于热力管道的方形胀力，在加工厂集中生产热推弯管较在安装现场可节约材料75%～80%，工耗减少约82%，采用热推弯管可以大大缩短管道制作与安装的工期。

热推弯管的生产方法是把下好的管子坯料套入连接牛角形芯头的接长杆内，固定接长杆于液压机的定梁，并将管子坯料卡在液压机的活动前梁上，使其可随前梁移动。上述操作完成后，点燃液化气，并调整其喷嘴的角度，在不均匀加热的同时，在液压机的压力作用下，使坯料通过牛角形芯头。管子坯料经牛角形芯头时，受偏心扩径和弯曲两种力量，而被弯成较大直径的弯管或蛇形管。在管子坯料偏心扩径与弯曲同时进行时，管子坯料内弧的温度高于外弧，所以出现内侧金属向外侧移动，使部分金属重新分布，结果保持壁厚不变（即等于管子坯料原壁厚）。由于热推弯管是由管子坯料加工而成的，因此这种热推弯管法加工出的弯管不带直管段，其弯曲半径为（1～2）DN。可用于场地狭小的转弯处，也可用于允许由弯管焊接组成的补偿器。热推弯管成形如图 10-28 所示。

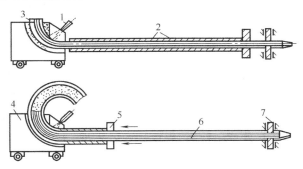

图 10-28　热推弯管过程示意图

1—燃气嘴；2—管子；3—牛角形芯头；4—加热炉；

5—油压机的前梁；6—活塞杆；7—定梁

生产出合格的弯管，除与管坯的管径有关外，还与液压机的推力、速度、加热温度及牛角形芯头的尺寸等有关。目前使用的液压机是卧式双缸 160t 活塞式液压机，有效行程为 4m，最高操作压力为 2000N/cm²(20MPa)，泵全量时，活塞全移速度为 600m/min。

10.6　翻边制作

10.6.1　卷边圈制作

卷边圈制作方法如图 10-29 所示。将钢板圈置于上下凹模之间，内凸模在外力的作用下将钢板圈压成卷边圈。施力的机具可采用液压千斤顶。当钢板厚为 3mm 时（材质为 1Cr18Ni9Ti），100kN(10t) 的液压千斤顶可制作公称直径为 25mm 的卷边圈；当板厚为 3.5mm 时，500kN(50t) 液压千斤顶可

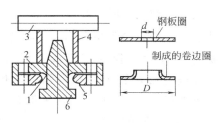

图 10-29　卷边圈制作示意图
1—下凹模；2—上凹模；3—框架；
4—管；5—卷边圈；6—内凸模

制作公称直径为 50mm 的卷边圈；当板厚为 4mm 时，1000kN(100t) 液压千斤顶可制作公称直径为 80mm 的卷边圈。

在加工钢板圈时，应使其内径 d 与管子外径的比为 $(1:2.1)\sim(1:2.2)$。

10.6.2　卷边短管的制作

短管卷边可采用电动卷边机卷边。其制作方法如图 10-30 所示。内模的角度 α 有 45°、90°、125°、180° 四种。在管子上卷边时，内模（中碳钢制成）更换四次，冲压即成。

短管卷边比钢圈卷边麻烦些，但安装方便。卷边圈与管道焊接时，常因焊缝高度较大，

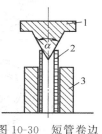

图 10-30　短管卷边
示意图
1—内模；2—短管；
3—外模

焊后要进行加工，否则会造成卷边圈与钢法兰接触不紧密的缺陷。

10.7　拉制三通的加工

为了减少流体在管内的压力损失，提高焊缝质量，在现场可用拉制（热拉、冷拉）方法制作拉制三通。

10.7.1　工艺过程

拉制三通制作方法各地基本一致，这里以图 10-31 所示的拉制三通龙门架为例说明。先在主管上开一椭圆形孔口，将钢模（有半球形、圆锥形和梨形的）送入主管孔内至孔口处，孔口上装上龙门架和插入的方牙螺纹拉杆，同时压模紧压着主管中心线位置，以防主管变形。如用热拉法时，则用氧-乙炔焰将孔口周围加热至 850℃左右，然后旋紧手柄，逐渐将拉模拉出，管壁被翻出，则成短径的三通口。注意：翻出的短径不能过高，否则翻口管壁将减薄过甚。一般翻出的短径不超过 10mm，则管壁减薄不超过 1mm。

10.7.2　拉模结构尺寸

拉制等径正三通的拉模结构尺寸如图 10-32 和表 10-8 所示。

表 10-8　拉模尺寸选用表　　　　　　　　　　　mm

管径	尺　　寸					
	L_1	L_2	R_1	R_2	D	d
76×3.5	32	7	7	3	69	30
89×4	37	8	8	4	81	35
108×4	41	10	10	5	100	35
133×4	59	13	13	6	125	45
159×4.5	71	13	13	6	150	52

10.7.3　拉制三通的开孔

为使拉制三通翻出的短颈高度为 10mm，所开孔口形状应为椭圆形，椭圆的长径平行于主管轴线，短径垂直于轴线，长径和短径的长度可用计算方法确定。

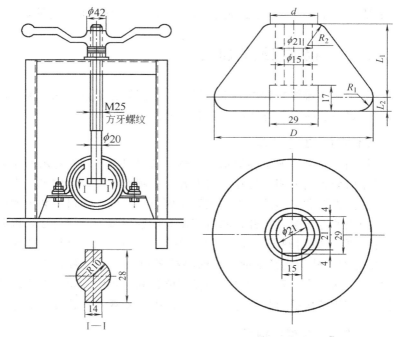

图 10-31　热拉制三通龙门架示意图　　　　图 10-32　拉模构造

图 10-33 为拉制三通开孔横断面图，b_1b_2 为椭圆短轴直径，A_1A_2 为三通管外径，R 为三通管外壁半径，φ 为圆心角（单位为弧度）。由图可知：

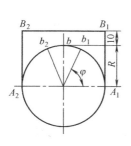

图 10-33　开孔横
断面图

$\overset{\frown}{b_1A_1}=R$ 中，同时要求 $A_1B_1=R+10\mathrm{mm}$，故

$$\varphi=\frac{R+10}{R}$$

$$\overset{\frown}{b_1b_2}=2\overset{\frown}{bb_1}=2R\left(\frac{\pi}{2}-\varphi\right)$$

$$=2R\left(\frac{\pi}{2}-\frac{R+10}{R}\right)$$

$$=(\pi-2)R-20$$

$$=1.14R-20$$

$$短径长度 = 1.14R - 20mm$$
$$长径长度 = D - 20mm$$

10.8 夹套管道的加工

夹套管，就是在工艺管外面再安装一个套管，夹套管的各部名称如图 10-34 所示。在两管之间的空隙中通入热水、热油、蒸汽或联苯-联苯醚等，用上述介质大面积加热工艺介质管，因而传热量大，不仅可以起保温作用，还可以使管内工艺介质保持一定温度或提高到一定温度。

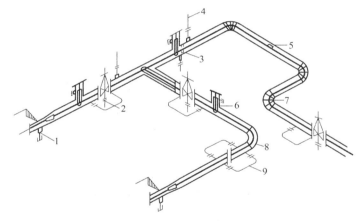

图 10-34 夹套管示意图
1—排放管；2—回水管；3—封闭环；4—加热管；5—固定板；
6—导向板；7—焊接弯头；8—冲压弯头；9—跨路管

夹套管有内管焊缝隐蔽型和外露型两种。一种是内外套管都焊在法兰上，另一种是外管用管帽形式直接焊在内管管壁上，前者内管焊缝隐蔽，不便检查，施工困难，后者反之，如图 10-35 所示。

前一种施工复杂，不论直管段上还是三通、弯头处，都要求外管预留 1～2 处两半壳位置，以便于内管试压后再焊接外管预留处的两半壳管。后一种施工简单，不需要预留管段。内管的焊缝泄漏

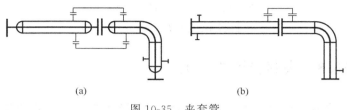

(a)   (b)

图 10-35　夹套管

可以随时发现,外管的热应力可以分段吸收,但效率不如前一种高。

夹套管的预制工作在夹套管的施工中占有很重要的地位。夹套管制作前必须查清单线加工图的各部尺寸、方向。凡是与设备连接的管段或其他封闭管段均应进行现场实测,并检查校对管材、管件、阀门的规格型号和材质以及应遵循的标准。无误时方可进行下料预制。夹套管的制作方法如图 10-36 所示。

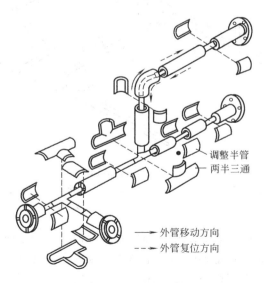

调整半管

两半三通

—→　外管移动方向

----→　外管复位方向

图 10-36　夹套管制作方法示意图

夹套管预制的主要程序是:工艺管划线下料→定位板焊接→单管试压→切料→坡口制备→预制夹套外管弯头→预留活口→外管下

料→组对内管→内管焊接→内管探伤检查→内管试压→外管组对焊接→外管探伤检查→附件焊接→夹套外管试压→安装。现分述如下。

（1）工艺管划线下料　在下料前先把管内吹扫干净，按图纸结合实际测量的尺寸划线下料。量尺寸前，最好进行复测，以保证尺寸的准确性。

（2）定位板的焊接　为了保持内外管中线在一条直线上，夹套管需在内管外壁上焊接定位板，定位板的材质应与夹套管材质相同，定位板长度为40mm，定位板每组三块，三者间的角度均为120°，定位板与外管内壁间隙应不小于1.5mm。定位板的构造尺寸见表10-9。

表 10-9　夹套管定位板的构造尺寸　　　　　　　　　mm

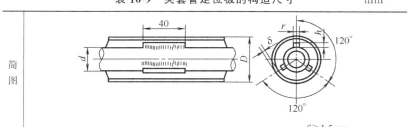

简图						
δ≥1.5mm						

公称直径		定位板高度/h			厚　度　t	
		热载体压力/MPa				
内径	外径	<1.6	1.6～3.9	4.0～15.0	碳钢	不锈钢
15	40	8	8	—	4	3
20	40	5	5	—	4	3
25	50	7	7	6	4	3
40	80	13	13	10	6	3
50	80	8	6	6	6	3
65	125	13	10	8	6	3
80	125	18	16	13	6	3
100	150	18	16	10	6	3
150	200	16	13	8	6	3
200	250	16	13	8	6	3
250	300	14	10	6	6	3

注：当 $h \leqslant 8mm$ 时，可用圆钢代替。

按图纸结合实际要求，确定定位板位置，然后进行焊接。材质为不锈钢时应采用保护焊接。

安装定位板应不影响环形间隙中蒸汽的流动和管子的热位移，定位板的安装间距应符合设计要求，当设计无规定时，可按表 10-10 选用。弯管起弯点到定位板中心的距离可按表 10-11 选用。

表 10-10　直管段定位板最大间距

公称直径 /mm	管壁厚度 /mm	定位板最大间距/m			
		工作温度 150℃以下		工作温度 150~350℃	
		液体管道	气体管道	液体管道	气体管道
20	4.0	3.0	3.5	2.0	2.5
25	4.5	3.5	4.0	2.5	3.0
40	5.0	4.0	4.5	3.0	3.5
50	4.0	4.5	5.0	3.5	4.0
65	5.5	5.0	6.0	4.0	4.5
80	6.0	5.5	6.5	5.0	5.5
100	7.0	6.5	8.0	6.5	7.0
150	8.5	8.0	10.5	8.5	8.5
200	9.5	9.0	12.5	9.0	10.5
250	9.5	11.0	15.0	10.0	12.5
300	9.5	11.5	16.5	10.0	14.0
350	9.5	12.0	17.0	11.0	15.0
400	9.5	12.5	18.0	11.5	16.5
450	9.5	13.0	19.5	11.5	18.0
500	9.5	13.5	20.5	11.5	19.0
600	9.5	13.5	22.5	12.0	21.0

（3）单管试压　内管上的定位板焊接完毕后，管段的两端用胀塞或其他方法封住进行强度试验。试压的目的主要是检查母材有无缺陷和定位板焊接质量。

（4）切料　套管最好用无齿锯或其他机械方法进行切割，切口要垂直于管子中心线，并清除毛刺。

（5）坡口加工　坡口按 60°~70° 角，钝边 1.5mm，用坡口机、砂轮或锉刀进行加工，并且内外焊口处除锈要见金属光泽，以利于焊接。

表 10-11　弯管处定位板安装　　　　　　　　　　mm

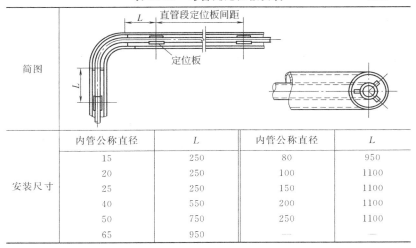

安装尺寸	内管公称直径	L	内管公称直径	L
	15	250	80	950
	20	250	100	1100
	25	250	150	1100
	40	550	200	1100
	50	750	250	1100
	65	950	—	—

（6）预制夹套外管弯头　外管焊制弯头应参考图 10-37 进行制作，用带角度盘的无齿锯切割下料，并修磨好坡口，每个弯头先将两块 30°瓦预制焊接在一起，另两块 15°瓦分别焊在直管段上，依次准备组装。

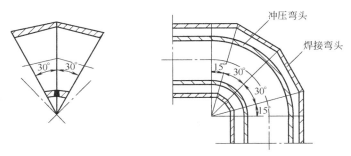

图 10-37　外管焊制弯头

（7）预留活口　留活口要考虑运输和安装方便，并保证尺寸的正确性；预留长度一般为 50～100mm 为宜。

（8）夹套外管下料　夹套外管的管径如无设计规定，可根据内管直径按表 10-12 选用。欲使内管焊口 X 光拍片方便，应在相邻两

657

分支点间或相邻两弯头间的直管段上留有一调整半管。外管一般要比内管段短50～75mm，以便内管焊口拍片时，外管段能在内管上移动。对切的调整半管长度，应准确地从实际量得，既要减少短管和活口数量，又要方便操作和保证质量，在下料时要周密考虑，统筹兼顾。一般每一管段两个弯头之间应有一个100mm长的短管，如图10-38所示。

表 10-12　　夹套管的内外管对应规格参考表　　　　　mm

内管公称直径	外管公称直径		
15	25	32	40
20	32	40	50
25	40	50	65
32	50	65	80
40	50	65	80
50	65	80	100
65	100	100	125
80	100	125	150
100	125	150	—
125	150	175	—
150	175	200	—
200	225	250	—
250	275	300	—
300	350	400	—
350	400	—	—
400	450	—	—
500	550	—	—
600	650	—	—

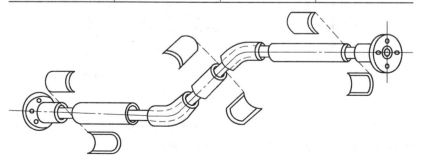

图 10-38　弯头间预留两半壳位置

658

（9）组对内管　外管下料后，进行内管的组对。首先保证管线的直线性和弯头的角度，并注意管道的水平转角和立体转角的准确性。要利用平台、量具、角尺严格控制几何尺寸。

（10）内管焊接　要求较高，参加焊接的工人必须是培训合格的焊工。焊接内管时不得焊穿，防止焊根产生凸瘤。焊接定位板以及内管连接处的角焊缝，要防止焊穿内管，焊好每个焊缝后应及时清除焊渣和焊缝两侧的残余物。在焊接弯头时，采用临时卡具或点焊卡板来保证焊缝间隙的均匀和角度的正确性。焊接三通时，应采取防变形措施。

（11）内管探伤检查　内管焊好后，焊缝要进行100％的探伤检查，如发现有缺陷应及时进行返修。合格后做好记录，方可进行下道工序。

（12）内管试压　为了确保内管的质量，内管焊缝探伤检查合格后，还要进行强度试验和严密性试验。

（13）外管组对焊接　内管试压合格后，最好先进行预安装，然后再进行外管焊接。焊接外管连接处的角焊缝要防止焊穿内管，所有法兰、承插接头以及三通的角焊缝至少要焊两层，以保证质量。外管焊缝要进行适当敲打，以除掉焊缝焊根的焊渣，并在焊接外管最后一个半管以前，清除内、外管之间的焊渣和其他杂物，以减少吹扫管道时的堵塞现象。焊接外管时必须保证内外管的间隙均匀，以及外管的直线性。

（14）外管探伤检查　外管焊口一般按10％抽查，如发现有不合格焊口，除进行返修外，应扩大5％的抽查量，直至全部合格为止。

（15）导向板的组对　导向板应采取机械加工方法，以保证几何尺寸。应先把导向板与内管接触焊缝焊好后，再焊其他焊缝，如图10-39所示。

（16）焊接封闭环　倘若夹套管主管线太长，不能保证设计温度，就要分为两个回路，即用一个封闭环焊于内外管之间，将主管线隔开，如图10-40所示。

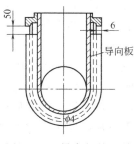

图 10-39　导向板的组对

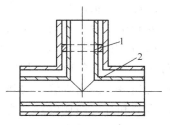

图 10-40　封闭环的组对
1—封闭环；2—三通

（17）联络管的预制　套管夹套部分的出入口及法兰连接处和阀门连接处用联络管连接。其连接形式有以下几种。

① 夹套管用蒸汽加热的联络管接头，与主管接头采用切线方式连接，如图 10-41 所示。

② 夹套管用热水加热的联络管接头，与主管接头有两种连接形式，一种是在水平管线上采用切线方式连接，另一种是在垂直管线上采用垂直管中心线方式连接，如图 10-42 所示。

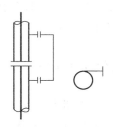

图 10-41　蒸汽加热的联络管接头

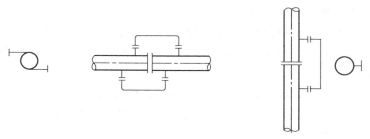

图 10-42　热水加热的联络管接头

③ 与阀门连接联络管的形式，如图 10-43 所示。

（18）外管试压　为了减少现场安装的工作量，保证安装后能

660

顺利进行整体试压，在外管预制后应进行一次外管管段的水压试验。合格后，预制工作即告一段落，可着手外管安装。

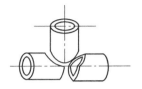

图 10-43　与阀门连接的跨路管接头　　图 10-44　外管三通剖切形式示意图

夹套管的内管和外管的管件应选用热压、冷冲压管件。内管弯头不应使用折皱弯头和焊制虾壳弯头。夹套管的内管三通应尽量使用压制三通，必要时也可采用焊制三通，其组对形式可参考图 10-44 进行，对口间隙 $c=(1.5\pm0.8)$mm，钝边高度 $p=(2.5\pm0.8)$mm，对口时各部位内错口不得超过壁厚的 10%，超过者应磨去。等径三通为弥补焊接时产生的收缩，三通尖应超过水平中心线 2mm，焊缝表面要求无凸瘤。夹套管的外三通为两半三通，采用压制剖切三通为宜，剖切形式按图 10-45 选定。要求切口平直，复原焊接的管口椭圆度不超过 10%，焊缝内表面无凸瘤。夹套管内外管的异径管宜采用冲压异径管。异径管对接时，需使内、外管大口径一侧的接口对齐，小口径一侧装一调整半管，如图 10-46 所示。要防止内外管间隙变小或内外管接触产生阻塞现象，必要时可将外管异径管作为调整半管。夹套管所用法兰应根据输送介质、压

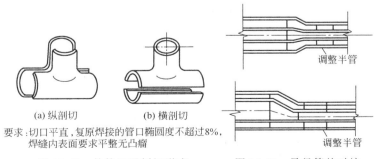

(a) 纵剖切　　　　　　(b) 横剖切

要求:切口平直,复原焊接的管口椭圆度不超过8%,
焊缝内表面要求平整无凸瘤

图 10-45　外管三通剖切形式　　图 10-46　异径管的对接

661

力、温度选择，法兰要经过加工，法兰的外径按外管尺寸选用。法兰内径应与内管外径相等，夹套法兰如图 10-47 所示。法兰装配时，内管插入法兰深度为法兰厚度的 2/3，外管插入法兰深度应不小于外管壁厚度。

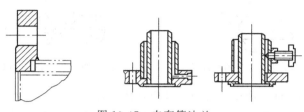

图 10-47　夹套管法兰

10.9　管螺纹加工

管螺纹加工又称为套螺纹（套丝），因为很多地区称螺纹为丝扣。管子的螺纹加工是指在管子端头切削管螺纹的操作。20 世纪50 年代，公称直径 $DN150$ 以下的焊接钢管几乎均采用螺纹连接，应用在热水及低压蒸汽锅炉房的配管、泵房配管、供热及供水配管等场合。后来由于焊接技术的发展，阀件开始大量采用法兰连接，螺纹连接的范围开始缩小，从 20 世纪 50 年代开始大量采用焊接代替螺纹连接。随着科学技术的发展，卡套式连接将取代螺纹连接。

近几年来采用螺纹连接的范围已经缩小到一定限度，从设计到生产已经进一步划分了应用范围。

① 公称直径 $DN \leqslant 100mm$，工作压力 $p \leqslant 1.0MPa$ 的给水管道；

② 公称直径 $DN \leqslant 65mm$，工作压力 $p \leqslant 1.0MPa$ 的热水管道；

③ 公称直径 $DN \leqslant 50mm$，工作压力 $p \leqslant 0.6MPa$ 的蒸汽管道；

④ 公称直径 $DN \leqslant 100mm$，工作压力 $p \leqslant 0.005MPa$ 的煤气管道。

管螺纹的加工有手工和机械加工两种方法。

10.9.1　手工管螺纹加工

管螺纹加工之前，首先将管子端头的毛刺处理掉，管口要平直，将管子固定在龙门钳头上，需加工管螺纹的一端管子应伸出150mm，在管端加工螺纹部分涂以润滑油，把铰板装置放到底，并把活动标盘对准固定标盘与管子直径稍大一些的刻度上。上紧标盘的固定把，随后将后套推入管内，使板牙的切削牙齿对准管端，这时使张开的板牙合拢，关紧后套（不要太紧，能使铰板转动为宜）。进行第一遍管螺纹加工（第一遍螺纹的加工切削深度约为1/2～2/3螺纹高）。第一遍加工好后，将后套松开，松开板牙，取下铰板。将活动标盘对准固定标盘与管子直径相应的刻度上，使板牙合拢，进行第二遍螺纹加工（这时的切削深度为螺纹的全部高度）。

为了使螺纹连接紧密，螺纹一般都加工成锥形。螺纹的锥度是在套螺纹过程中从最后1/3长度处逐渐松开板牙来得到的。

按照一般的操作技术要求，小口径管道 $DN<12mm$ 的加工次数为1～2次，$DN=32～50mm$ 为2～3次，$DN>50mm$ 应为3次以上，这样做的目的是为了防止板牙过度磨损和套出无断丝、无龟裂而达到光滑标准的螺纹。

管螺纹的加工长度与被连接件的螺纹长度有关。连接各种管件的螺纹一般为短螺纹（如连接三通、弯头、活接头、阀门等部件）。当采用长螺纹连接时（即用锁紧螺母组成的长螺纹），要采用长螺纹。管子端部加工后的螺纹长短尺寸见表10-13。

表10-13　管子端部螺纹长度尺寸

管子规格尺寸		连接一般管件用的短螺纹		长螺纹		连接阀门的螺纹	
英制尺寸/in	公称直径/mm	长度/mm	牙数	长度/mm	牙数	长度/mm	牙数
1/2	15	14	9	50	27	12	8
3/4	20	16	9	55	27	13.5	8
1	25	16	9	60	27	15	8
1¼	30	20	9	65	28	17	8
1½	40	22	10	70	30	19	9
2	50	24	11	75	33	21	10
2½	70	27	12	85	37	23.5	11
3	80	30	13	100	44	26	12

加工的管螺纹可能产生如下几种缺陷。

① 螺纹不圆整。由于管子在运输过程中有压扁或有椭圆度，或者在加工过程中由于切削量过大，对管子产生过大的扭转力，使管子扭歪，都会使螺纹不圆整，无法装管件，应对管口做必要检查，并注意加工切削量。

② 烂牙及丝牙局部缺损。这是由于冷却不充分，切削量过大及切削速度过快以及铁屑被挤入螺纹造成的，同时与材质的韧性也有关系。在加工过程中产生停顿，中止切削，也会造成爆牙现象。正确的操作可以避免这种缺陷。

③ 丝牙切削深度不一及偏心切削，产生一边管壁切得深，另一边切得浅。产生的原因：一是管子不圆整，二是由于后套未关紧，管子与铰板偏心。

④ 切削出细牙螺纹。原因是板牙的 1、2、3、4 号次序不对，这很容易发现和纠正；另一种原因是号码顺序对，但板牙不是原配，而是从几副切削过的板牙中选配出来的，由于磨损不一样，从而切削出不合格的螺纹。

⑤ 螺纹径切削过细，即螺纹加工得太松了。这就要注意对管件和阀门的螺纹公差情况预先调查，看哪种配件较松，哪种配件较紧，在加工时具体掌握切削量，加工出配合适宜的螺纹。

在管螺纹加工中，必须消除上述种种缺陷。加工出的管螺纹必须清楚、完整、光滑，不得有毛刺和乱丝。如有断丝或缺丝，不得大于全螺纹的 10%，并在纵方向上不得有断处相靠。

在实际安装中，当支管要求有坡度时，以及遇到管件的螺纹不端正等情况，则要求加工有相应的偏扣，俗称歪牙。歪牙的最大偏离度不能超过 15°。歪牙的操作方法是将铰板套进一二扣后，把铰板后套根据所需的偏度略松开，使板牙与管中心略有偏斜地进行切削，这样套成的螺纹即成歪牙。

10.9.2 机械加工螺纹

机械加工螺纹通常用电动套螺纹机进行，也可以用车床车制。采用套螺纹机加工出的螺纹质量比手工加工的螺纹质量好，效率高，大大减轻了工人劳动强度，因此得到广泛应用。

我国目前市场上销售的电动套螺纹机牌号有 TQ2 及 TQ3 型螺纹加工机，也有带自动夹紧装置的 TQ3A 螺纹加工机。

电动套螺纹机以低速运行，因为切削螺纹不允许它高速。如有变速箱者，要根据套出螺纹的质量情况选择一定速度，不得逐级加速，以防爆牙或管端变形。加工时，要加以润滑油。有的螺纹加工机设有乳化液加压泵，采用乳化液作冷却剂及润滑剂。严禁用锤击的方法旋紧或放松挡脚、进刀手柄和活动标盘。长管子加工时，后端一定要垫好、搁平。螺纹套成后，要将进刀手柄及管子夹头松开，再将管子缓缓退出，防止碰伤螺纹。套螺纹的次数：管径大于25mm 以上要分两次进行，切不可一次套成，以免损坏板牙或产生烂牙。螺纹加工机设有管子切刀和内管口铣头，当管子被切刀切下后，在管口内常留有一部分飞刺，这时用内管口铣头来处理这些毛刺。

10.10   管子的坡口加工

10.10.1   坡口的形式

为了保证焊缝的焊接质量，无论何种材质的管材，当厚度超过允许标准时，都需要进行坡口加工。坡口形式分为 I 形、V 形、双V 形、U 形、X 形和带垫板的 V 形坡口等几种。当设计图纸对坡口尺寸有要求时，应执行设计图纸规定。当设计无规定时，可按表10-14 的规定进行。

10.10.2   管子坡口加工方法

管子坡口加工可用车床或管道坡口机、气割、锉削、磨削、錾削等方法进行。坡口机分手动和电动两种。手动坡口机用于管径小于 100mm 的管子坡口加工。用手动坡口机加工管子坡口时，首先将管子固定在管子台虎钳上，操作时，按管径大小调整刀距，顺管子圆周切削，可以一次开成，也可以多次开成。

表 10-14　钢制管道焊接常用的坡口形式和尺寸（摘自 GB 50235—2010）

mm

厚度 T	坡口名称	坡口形式	坡口尺寸			备 注
			间隙 c	钝边 p	坡口角度 α(β)	
1～3	I 形坡口		0～1.5	—	—	单面焊
3～6			0～2.5			双面焊
3～9	V 形坡口		0～2	0～2	65°～75°	
9～26			0～3	0～3	55°～65°	
6～9	带垫板的 V 形坡口	δ=4～6　d=20～40	3～5	0～2		
9～26			4～6	0～2	45°～55°	
12～60	X 形坡口		0～3	0～3	55°～65°	
20～60	双 V 形坡口	h=8～12	0～3	1～3	65°～75° (8～12)	
20～60	U 形坡口	R=5～6	0～3	1～3	(8～12)	

用电动坡口机加工管子坡口时，先将管子夹持在坡口机上，注意管端与刀口之间要留出 2～3mm 的间隙，防止因一次进刀量过大而损坏刀具。加工过程中，应谨慎地将刀对准管端平面，进刀要缓慢，并应加注切削液冷却刀具，以防止刀具损坏；在进刀结束

666

时，应保持在原位继续旋转几圈，以使管子坡口光洁。

用氧-乙炔焰进行坡口加工时，将割嘴沿着管子圆周按坡口需要的角度顺次切割，割出坡口后，再用角向砂轮机磨去氧化皮。

直径较小的管子可用手工方法加工坡口。首先将管子固定在管子台虎钳上，然后用锤子敲打扁錾，使扁錾按所需的坡口角度顺次錾削，再用锉刀锉平。

10.10.3　坡口的技术要求

① 高压管道的坡口要求非常严格。短管的坡口应采用车床加工，长管道的坡口可采用移动式坡口机加工。坡口的角度应符合设计图纸要求，坡完口后的对口间隙应在允许公差范围内。对于合金钢高压管道尽可能不要采用氧-乙炔焰切割法加工坡口，因为采用这种坡口方式会使管端受到温度的影响，必要时还须采用调质或回火处理，但这样会增加一些不必要的工序。当既不能采用车床加工又没有坡口机时，可用砂轮坡口，同时配合角向磨光机修口，但采用这种坡口工具只能限于小批量工程。

② 中低压碳钢管道可采用坡口机或氧-乙炔切割方法加工坡口。当采用氧-乙炔切割方法加工坡口时必须注意坡口后的氧化铁渣的处理。坡口切割后采用角向磨光机对坡口上的氧化铁、坡口的不平度进行处理，这样才能得到满意的质量标准。如果氧-乙炔切割坡口后不做任何处理，将会给焊接工作增加困难，并且难以保证焊接质量。

③ 为了保证坡口的正确角度，可制作一标准样板（用铁板制作），用这个样板检查坡口角度。从焊接技术条件来分析，当坡口角度过大时会增加焊条的熔注量，浪费焊条及多消耗电力，焊口处的力学性能又难以稳定，如果坡口角度过小，又难以保证熔接有效面积，甚至导致管口焊接穿透率不好，为此必须确保坡口质量。

10.10.4　管端坡口的保护

管端开坡口后应及时安装，并且应尽量减少长距离的运输，尤其较大口径的管道，开坡口后的管端是不好保护的，开坡口后的管口在卸车、拼装、移动时均应精心保护。一旦发现管口碰撞变形，应采取冷矫或热矫方法给予修复，如果损坏较为严重应将坡口端去掉，重新开坡口。若开坡口后的管道存放的时间较长，并已生成锈蚀，在拼装焊接前应用砂布把锈蚀清理干净。

10.11 补偿器制作

补偿器又称伸缩器或膨胀节。常用的有方形补偿器、波形补偿器和填料函式补偿器三种。

10.11.1 方形补偿器的制作

方形补偿器由四个弯头和一定长度的相连直管段构成。根据国家采暖通风标准图集 N106 的规定，共分为四种，见图 10-48。Ⅰ型 $c=2h$，Ⅱ型 $c=h$，Ⅲ型 $c=0.5h$，Ⅳ型 $c=0$mm。

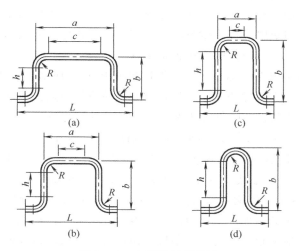

图 10-48　方形补偿器种类

方形补偿器的特点是坚固耐用，工作可靠，补偿能力强，现场制作方便，可用于碳素钢管、不锈钢管、铜管、铝管等多种管材，但占地面积大。

制作方形补偿器必须选择质量好的无缝钢管，整个补偿器最好能用一根管子弯制而成，若尺寸较大，也可以用两根或三根管子焊接而成，但焊接点必须在两侧臂的中点。焊接时，公称直径大于或等于 200mm 的，焊缝与两侧臂轴线成 45°。公称直径不大于 150mm 的方形补偿器，通常用冷弯法弯制；公称直径大于 150mm 的，用热弯法弯制或采用折皱弯头。

煨制补偿器时应注意以下三点。

① 煨制补偿器时，四个弯头的角度都必须是 90°，应在一个平面内。尺寸应准确，要防止歪扭和翘曲。其歪扭偏差不得大于 3mm/m，不得大于 10mm。

② 由方形补偿器的工作状态图 10-49 可以看出，补偿器的顶端变形较大，垂直臂中部变形较小，故在平臂（顶端）不应有焊口。焊口应留在悬臂的中部，如图 10-50 所示。

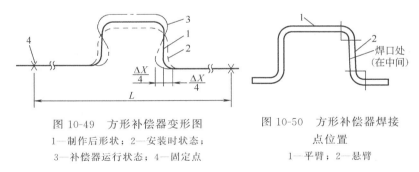

图 10-49　方形补偿器变形图
1—制作后形状；2—安装时状态；
3—补偿器运行状态；4—固定点

图 10-50　方形补偿器焊接
点位置
1—平臂；2—悬臂

③ 方形补偿器组对时，应在平台上或平地上拼接，组对尺寸要正确，垂直部长度偏差不应大于±10mm，但两臂长度必须相等，水平臂长度偏差应小于±20mm。方形补偿器的椭圆度、壁厚减薄率、波浪度和角度偏差等必须符合弯管要求。

如达不到上述要求，会在安装和运行时造成困难，严重的在运行时会造成横向位移，使支架单边受力，甚至发生管道脱离支架等现象。

10.11.2　波形补偿器制作

波形补偿器多用于较大口径的管道上，多数用管径在 ϕ200mm

以上的情况。波形补偿器不能承受较大的工作压力，目前一般均用于 $0.15\sim0.4$ MPa，最大工作压力不超过 0.7MPa。这种补偿器常用于压缩空气和半水煤气管道系统，常与螺旋卷管配套使用。

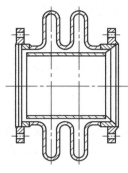

图 10-51　波形补偿器

波形补偿器一般用液压胀突成形法制造。也可用钢板手工制作或用机械压制成半波，然后将半波组焊成完整的波形补偿器，如图 10-51 所示。

波形补偿器的加工应符合以下规定。

① 波形补偿器所受的应力是两头大，中间小，而中部随时有向侧面变形的倾向，这种倾向随着波的增多而愈趋严重，故此补偿器的波一般为 4 个左右，最多不超过 6 个。

② 波形补偿器的加工：当 $DN>1000$ mm 时，补偿器管口的周长允许偏差为 ±6 mm，当 $DN<1000$ mm 时为 ±4 mm；波顶直径偏差为 ±5 mm；波形补偿器在焊接内部套管前，焊缝应做煤油渗透试验。

波形补偿器的加工过程比较复杂，因此现场一般不制作。

10.11.3　填料函式补偿器制作

填料函式补偿器（套筒式补偿器）有铸铁和钢制两种。常用的有法兰式、焊接式和螺纹式三种。其构造及作用说明如下：插管直径与管路相同，插入套管内，在插管与套管间是填料，为了保证填料的密封性，填料压盖将其压紧在压紧环与支承环之间，在插管的尾端焊有防止脱出的卡环，与支承环一起起防止插管脱出套管的作用。

补偿器的加工材料应相当于管子的钢号，里面的压紧环和支承环则需根据介质而定。填料通常采用浸油的方形石棉绳和石墨粉（俗称石棉盘根）。加装填料时应逐圈加装、逐圈压紧，各圈接口应互相错开。

填料函式补偿器主要在管径小、伸缩量较大而又受位置限制不可能安装其他补偿器的情况下采用。其优点是占地面积小，流体阻力小，伸缩量大，单向的伸缩可达 200mm，双向的伸缩可达 400mm。缺点是轴向推力大，填料密封性不可靠，故只适用于直线管路上。尤其是定期更换填料很不方便，当插管发生横向位移后容易卡住，失去自由伸缩作用。在化工管路中，由于受到管道材料性质的限制，如玻璃钢管、陶瓷管、玻璃管等缺乏弹性而不容易制造方形和波形补偿器时，填料函式补偿器仍被广泛地采用。

第 11 章 管道检验、试压、吹洗和脱脂

11.1 管道检验

管道系统施工完毕后，应由质量检验人员对工程质量进行检验。

质量检验包括外观检验、焊缝表面无损检验、射线照相检验和超声波检验。

11.1.1 外观检验

外观检验应覆盖施工的全过程。施工开始时应对进场的材料进行外观检验，施工过程中应按工序对安装质量进行检验。

① 管道、配件及支承件材料应具有出厂质量证明书，其质量不得低于现行国家标准。其材质、规格、型号、质量应符合设计文件的规定。

② 施工过程中分项工程也应进行外观检验：管道、配件、支承件的位置是否正确，有无变形，安装是否牢固等。

a. 管道安装应横平竖直，坡度、坡向正确。

b. 螺纹加工应规整、清洁、无断丝。螺纹连接应牢固、严密。

c. 法兰连接应牢固，对接应平行、紧密且与管子中心线垂直，垫片应无双层垫或斜垫。

d. 焊口应平直，焊缝加强面应符合设计规定，焊缝表面应无烧穿、裂纹、结瘤、夹渣及气孔等缺陷。

e. 承插接口应保证环缝间隙均匀，灰口平整、平滑，养护

良好。

f. 管道支架应结构正确，埋设平整、牢固，排列整齐。

g. 阀门安装应型号、规格、耐压试验符合设计要求；位置及进出方向正确；连接牢固、紧密；启闭灵活，朝向合理，表面清洁。

h. 埋地管道应防腐层牢固、表面平整，无皱折、空鼓、滑移及封闭不良等缺陷。

i. 管道、配件、支承防腐油漆应附着良好，无脱皮、起泡及漏涂，且厚度均匀，色泽一致。

11.1.2 焊缝表面无损检验

① 焊缝表面应按设计文件进行磁粉或液体渗透检验。

② 对有热裂纹倾向的焊缝应在热处理后进行检验。

③ 对有缺陷的焊缝，在消除缺陷后应重新进行检验，直至合格为止。

11.1.3 射线照相及超声波检验

① 检查焊缝内部质量，应进行射线照相或超声波检验。

② 检验焊接接头前，应按检验方法的要求，对焊接接头的表面进行相应处理。

③ 焊缝外观应成形良好，宽度以每边盖过坡口边缘 2mm 为宜。角焊缝的焊脚高度应符合设计文件规定，外形应平缓过渡。

④ 焊接接头表面的质量应符合下列要求。

a. 不得有裂纹、未熔合、气孔、夹渣、飞溅存在。

b. 设计温度低于 $-29℃$ 的管道、不锈钢和淬硬倾向较大的合金钢管道焊缝表面，不得有咬边现象；其他材质管道焊缝咬边深度不应大于 0.5mm，连续咬边长度不应大于 100mm，且焊缝两侧咬边总长不大于该焊缝全长的 10%。

c. 焊缝表面不得低于管道表面，焊缝余高 Δh 应符合下列要求：100% 射线检测焊接接头，其 $\Delta h \leqslant 1+0.1b_1$，且不大于 2mm；其余的焊接接头，$\Delta h \leqslant 1+0.2b_1$，且不大于 3mm。其中，$b_1$ 为焊接接头组对后坡口的最大宽度，单位为 mm。

⑤ 管道焊接接头的无损检测应按 JB/T 4730 进行焊缝缺陷等级评定，并符合下列要求。

a. 射线检测时，射线透照质量等级不得低于 AB 级，焊接接头经射线检测后的合格等级应符合表 11-1 的规定。

表 11-1　焊接接头射线检测百分率及合格等级

管道级别	输送介质	设计压力 P（表压）/MPa	设计温度 t /℃	检测百分率/%	合格等级
SHA	毒性程度为极度危害介质（苯除外）和毒性程度为高度危害介质的丙烯腈、光气、二硫化碳和氟化氢	任意	任意	100	Ⅱ
	有毒、可燃介质	$P \geqslant 10.0$	任意	100	Ⅱ
SHB	有毒、可燃介质	$4.0 \leqslant P < 10.0$	$t \geqslant 400$	100	Ⅱ
	毒性程度为极度危害介质的苯、毒性程度为高度危害介质（丙烯腈、光气、二硫化碳和氟化氢除外）和甲 A 类液化烃	$P < 10.0$	$-29 \leqslant t < 400$	20	Ⅱ
		$P < 4.0$	$t \geqslant 400$	20	Ⅱ
	甲类、乙类可燃气体和甲 B 类可燃液体、乙 A 类可燃液体	$P < 10.0$	$-29 \leqslant t < 400$	10	Ⅱ
		$P < 4.0$	$t \geqslant 400$	10	Ⅱ
SHC	毒性程度为中度、轻度危害介质和乙 B 类、丙类可燃介质	$4.0 \leqslant P < 10.0$	$t \geqslant 400$	100	Ⅱ
		$P < 10.0$	$-29 \leqslant t < 400$	5	Ⅲ
		$P < 4.0$	$t \geqslant 400$	5	Ⅲ
SHD	有毒、可燃介质	任意	$t < -29$	100	Ⅱ

b. 超声波检测时，管道焊接接头经检测后的合格标准如下：规定进行 100% 超声波检测的焊接接头Ⅰ级合格；局部进行超声波检测的焊接接头Ⅱ级合格。

c. 磁粉检测和渗透检测的焊接接头Ⅰ级合格。

⑥ 每名焊工焊接的对接焊焊接接头的射线检测百分率应符合

表 11-1 的规定，并在被检测的焊接接头中，固定焊的焊接接头不得少于检测数量的 40%，且不少于 1 个焊接接头，射线检测百分率计算原则如下。

a. 按设计文件给出的同管道级别、同检测比例、同材料类别的管线编号计算。

b. 当管道公称直径小于 500mm 时，按焊接接头数量计算。

c. 当管道公称直径等于或大于 500mm 时，按每个焊接接头的焊缝长度计算。

⑦ 每名焊工焊接的标准抗拉强度下限值 $\sigma_b \geqslant 540MPa$ 的钢材、设计温度低于 $-29℃$ 的非奥氏体不锈钢、Cr-Mo 低合金钢管道，其承插和焊接支管的焊接接头及其他角焊缝，应采用磁粉检测或渗透检测方法检查焊缝的表面质量，检测百分率按表 11-1 的规定执行。

⑧ 抽样检测的焊接接头宜覆盖本节⑥项涉及的不同管径，检测位置应由质量检查员根据焊工和现场的情况随机确定。

⑨ 无损检测时，当设计文件规定采用超声波检测，应按设计文件规定执行；当设计文件规定采用射线检测但由于条件限制需改用超声波检测代替时，应征得设计单位同意。

⑩ 同一管线编号管道的焊接接头抽样检验，若有不合格时，应按该焊工的不合格数加倍检验，若仍有不合格，则应全部检验。

⑪ 不合格的焊缝同一部位的返修次数，非合金钢管道不得超过三次，其余钢种管道不得超过两次。

⑫ 焊接接头热处理后，首先应确认热处理自动记录曲线，然后在焊缝及热影响区各取一点测定硬度值。抽检数不得少于 20%，且不少于一处。

⑬ 热处理后焊缝的硬度值，不宜超过母材标准布氏硬度值加 100HB，且应符合下列规定。

a. 合金总含量小于 3%，不大于 270HB。

b. 合金总含量为 3%～10%，不大于 300HB。

c. 合金总含量大于 10%，不大于 350HB。

⑭ 热处理自动记录曲线异常，且被查部件的硬度值超过规定范围时，应按班次做加倍复检，并查明原因，对不合格焊接接头重新进行热处理。

⑮ 无损检测和硬度测定完成后，应填写相应的检测报告与检测记录。

⑯ 进行无损检测的管道，应在单线图上标明焊缝位置、焊缝编号、焊工代号、无损检测方法、焊缝返修位置、热处理焊缝编号等可追溯性标识。

11.2 管道检试压

管道系统安装完毕后，为了检查管道系统强度和严密性及保证安装质量，应对管道系统进行压力试验。

11.2.1 试压的一般规定

① 管道试压前应全面检查、核对已安装的管子、管件、阀门、紧固件以及支架等，质量应符合设计要求及技术规范的规定。

② 管道试压应编制试验方案，根据工作压力分系统进行试压。一般对于通向大气的无压管线，如放空管、排液管等可不进行试压。

③ 试压前将不能与管道一起试压的设备及压力系统不同的管道系统用盲板隔离，应将不宜与管道系统一起试压的管道附件拆除，临时装上短管。

④ 管道系统上所有开口应封闭，系统内的阀门应开启；系统最高点应设放气阀，最低点应设排水阀。

⑤ 试压时，应用精度等级 1.5 级以上的压力表 2 只，表的量程应为最大被测压力的 1.5～2 倍，一只装在试压泵出口，另一只装在本系统压力波动较小的其他位置。

⑥ 试压时应将压力缓慢升至试验压力，并注意观察管道各部分情况，如发现问题，应卸压后进行修理，禁止带压修理。缺陷消除后重新试压。

⑦ 当进行压力试验时，应划定禁区，无关人员不能进入，防止伤人。

⑧ 对于剧毒管道及设计压力 $P \geqslant 10MPa$ 管道，压力试验前应按规范要求将各项资料经建设单位复查，确认无误。

⑨ 试验方案应经过批准，且应进行技术交底。

⑩ 管道系统试验合格后，试验介质应选择合适地方排放，排放时应注意安全。试验完毕后应及时填写"管道系统压力试验记录"，有关人员签字确认。

11.2.2 管道强度试验及严密性试验

（1）强度试验

① 强度试验的目的是检查管道的力学性能。

② 强度试验的方法是以该管道的工作压力增加一定的数值，在规定时间内，试验压力表上指示压力不下降，管道及附件未发生破坏，则认为强度试验合格。

（2）严密性试验

① 严密性试验的目的是检查管道系统的焊缝及附件连接处的渗漏情况，检验系统的严密性。

② 严密性试验的方法是将试验压力保持在工作压力或小于工作压力的情况下，在一定时间内，观察和检查接口及附件连接处的渗漏情况，并观察压力表数值下降情况，严密性试验包括全部附件及仪表等。

（3）管道压力试验的规范要求

① 工业管道的压力试验应按现行国家标准《工业金属管道工程施工规范》（GB 50235—2010）进行。

② 暖卫管道的压力试验应按现行国家标准《建筑给水排水及采暖工程施工质量验收规范》（GB 50242—2002）进行。

③ 石化管道的压力试验应按现行国家行业标准《石油化工有毒、可燃介质管道工程施工及验收规范》（SH 3501—2011）进行。

11.2.3 工业管道的试压

（1）工业管道系统试验　其项目按表 11-2 的规定进行。

表 11-2　工业管道系统试验项目

工作介质的性质	设计压力（表压）/MPa	强度试验	严密性试验		其他试验
			液压	气压	
一般	<0	做	任选		真空度
	0	—	充水	—	—
	>0	做	任选		—
有毒流体	任意	做	做	做	泄漏量
剧毒流体	<10	做	做	做	泄漏量
可燃流体	>10	做	做	做	泄漏量

(2) 工业管道系统的强度与严密性试验　一般采用液压进行。如设计结构或其他原因，液压强度试验确有困难时，可用气压试验代替，但必须采用有效的安全措施，并应报请主管部门批准。

(3) 液压试验

① 液压试验应采用洁净水，系统注水时，应将空气排尽。

② 奥氏体不锈钢液压试验时，水的氯离子含量不得超过25×10^{-6}(25ppm)，否则应采取措施。

③ 液压试验宜在环境温度 5℃ 以上进行，否则必须有防冻措施。

④ 液压试验的压力应按表 11-3 的规定进行。

表 11-3　工业管道液压试验压力

<table>
<tr><th colspan="3">管道级别</th><th>设计压力 P /MPa</th><th colspan="2">强度试验压力 /MPa</th><th>严密性试验压力/MPa</th></tr>
<tr><td colspan="3">真　空</td><td>—</td><td colspan="2">0.2</td><td>0.1</td></tr>
<tr><td rowspan="4">中低压</td><td colspan="2">地上管道</td><td>—</td><td colspan="2">1.5P</td><td>P</td></tr>
<tr><td rowspan="3">埋地管道</td><td>钢</td><td>—</td><td>1.5P 且不小于 0.4</td><td rowspan="3">不大于系统内阀门单体试验压力</td><td rowspan="3">P</td></tr>
<tr><td rowspan="2">铸铁</td><td>≤0.5</td><td>2P</td></tr>
<tr><td>>0.5</td><td>P+0.5</td></tr>
<tr><td colspan="3">高压</td><td>—</td><td colspan="2">1.5P</td><td>P</td></tr>
</table>

⑤ 当管道设计温度高于试验温度时，试验压力应按下式计算：

$$P_S = 1.5P[\sigma]_1/[\sigma]_2 \tag{11-1}$$

式中，P_S 为试验表压力，MPa；P 为设计表压力，MPa；$[\sigma]_1$ 为试验温度下，管材许用应力，MPa；$[\sigma]_2$ 为设计温度下，管材许用应力，MPa。

当 $[\sigma]_1/[\sigma]_2 > 6.5$ 时，取 6.5。

当管道在试验温度下，产生超过屈服强度的应力时，应将试验压力 P_S 降至不超过屈服强度的最大压力。

⑥ 对于压差较大的管道系统，应考虑试验介质的静压影响，液体管道以最高点压力为准，但最低点压力不得超过管道附件及阀门的承压能力。

⑦ 液压试验应缓慢升压至试验压力后，稳压 10min，再将试验压力降至设计压力，停压 30min，以压力不降，无渗漏为合格。

（4）气压试验

① 气压试验介质一般采用空气或惰性气体。

② 工业管道气压试验的压力，见表 11-4。

表 11-4　工业管道气压试验压力　　　　　　单位：MPa

管道压力及种类	试验压力
承受内压的钢管	1.15P
承受内压的有色金属管	1.15P
真空管	0.2

注：P 为设计压力。

③ 当管道设计压力 $P > 0.6MPa$ 时，必须有设计文件规定或经有关单位同意，方可进行气压试验。

④ 严禁使试验温度接近金属的脆性转变温度。

⑤ 气压试验时，应逐步缓慢地增加压力，当压力升至试验压力的 50% 时，如未发现变形或泄漏，继续按试验压力的 10% 逐级升压，每级稳压 3min，直至试验压力，稳压 10min，再降至设计压力，停压时间应根据查漏工作需要而定，以发泡剂检验不泄漏为合格。

（5）真空试验

① 真空试验是检查管道系统在真空条件下的严密性，属于严密性试验。

② 真空试验压力采用设计压力。

③ 真空试验的主要设备是真空泵和真空表。

④ 真空试验应在严密性试验合格后，在联动试运转时进行。

⑤ 真空试验的方法是将管道系统用真空泵抽成真空状态，保持24h，观察真空表指示值变化情况，增压率不大于5％为合格。

（6）泄漏量试验　属于严密性试验。

① 对于有剧毒流体、有毒流体、可燃流体介质的管道系统应进行泄漏量试验。

② 泄漏量试验的介质宜采用空气。

③ 泄漏量试验压力应为设计压力。

④ 泄漏量试验应在压力试验合格后进行；也可结合试车工作，一并进行。

⑤ 泄漏量试验的方法是给管道系统充满空气，加压至设计压力后，重点检查阀门填料函、法兰或螺纹连接处、放空阀、排气阀、排水阀等。以发泡剂检验不泄漏为合格。

⑥ 经气压试验合格，且在试验后未经拆卸过的管道可不进行泄漏量试验。

11.2.4　民用管道的试压

（1）室内给水及消防管道

① 室内给水管道试验压力不应小于0.6MPa。生活用水与生产、消防合用的管道，试验压力应为工作压力的1.5倍，且不大于1MPa。

② 试验介质用清洁水。

③ 试验方法是给管道系统灌满水加压至试验压力，10min内压降不大于0.05MPa，然后将试验压力降至工作压力进行外观检查，以不漏为合格。

（2）室内排水管道

① 室内排水管道应做灌水试验，其灌水高度不应低于底层地面高度。

② 试验方法是给管道灌满水 15min 后，再灌满水延续 5min，液面不下降为合格。

（3）雨水管道水压试验

① 雨水管道安装后应做灌水试验，灌水高度必须到每根立管最上部的雨水漏斗。

② 试验方法先给管道灌满水，15min 后，液面不下降，管道接口等处无渗漏现象为合格。

（4）室内采暖和热水管道

① 工作压力不大于 0.07MPa 的蒸汽采暖系统，应以系统顶点的工作压力的 2 倍做水压试验，同时在系统低点试验压力不得小于 0.25MPa。

② 热水采暖系统或工作压力超过 0.07MPa 的蒸汽采暖系统应以系统顶点的工作压力加 0.1MPa 做水压试验，同时系统顶点试验压力不得小于 0.3MPa。

③ 采暖系统做水压试验时，其低点如大于散热器所承受最大试验压力，则应分层做水压试验。

④ 试验方法是给管道系统灌满水，加压至试验压力，在 5min 内压力降不大于 0.02MPa 为合格。

⑤ 室内热水管道系统的水压试验的压力及方法与室内给水管道相同。

⑥ 室内高温热水采暖管道应做水压试验，当工作压力小于 0.43MPa 时，试验压力等于工作压力的 2 倍；工作压力为 0.43～0.71MPa 时，试验压力等于工作压力的 1.3 倍，外加 0.3MPa。试验方法与热水管道相同。

（5）室外给水管道

① 室外给水管道水压试验的规定如下。

a. 管道长度一般不超过 1000m。

b. 应在管件支墩做完，并达到强度后做压力试验，对未做支墩的管件应做临时后背。

c. 埋地管道，须经过管基检查合格，管身上部回填土不小于500mm后（工作坑除外），方可行压力试验。

② 室外给水管道水压试验的试验压力应符合表 11-5 的规定。

表 11-5　室外给水管道试验压力　　单位：MPa

管材名称	工作压力 P	试验压力
碳素钢管		$P+0.5$ 且不小于 0.9
铸铁管	$P \leqslant 0.5$	$2P$
	$P > 0.5$	$P+0.5$
自应力钢筋水泥混凝土管和钢筋混凝土管	$P \leqslant 0.6$	$1.5P$
	$P > 0.6$	$P+0.3$

③ 室外给水管道水压试验的方法是先给管道灌满水，升至试验压力，观测 10min，压力降不大于 0.05MPa，管道、附件及接口处等未发生漏、裂，然后将试验压力降至工作压力，进行外观检查，不漏为合格。

(6) 室外供热管道

① 室外供热管道应做水压试验。试验压力为工作压力的 1.5 倍，且不小于 0.6MPa。

② 水压试验方法是给管道系统灌满水，先升至试验压力，观测 10min，如压力降不大于 0.05MPa，然后降至工作压力，做外观检查，以不漏为合格。

(7) 室外排水管道

① 室外雨水及性质相近管道，除大孔性土壤及水源地区外，可不做渗水量试验。

② 非金属污水管道应做渗水量试验。其试验时间不应小于30min，渗水量应符合设计要求。当设计无要求时，应符合表 11-6 的规定。

③ 排出腐蚀性污水管道不允许渗漏。

682

表 11-6　1000m 长管道在一昼夜内允许渗水量

单位：m^3

管径/mm	＜150	200	250	300	350	400	450	500	600
钢筋混凝土管、石棉水泥管	7.0	20	24	28	30	32	34	36	40
缸瓦管	7.0	12	15	18	20	21	22	23	23

（8）城镇燃气输配管道

① 城镇燃气输配管道安装完后应进行强度试验和气密性试验。

② 强度试验的压力为设计压力的 1.5 倍，但钢管不得低于 0.3MPa，铸铁管不得低于 0.05MPa。

③ 调压器两端的附属设备及管道的强度试验压力应为设计压力的 1.5 倍。

④ 强度试验介质宜采用水，气密性试验宜采用空气。

⑤ 强度试验时先给管道系统灌满水，升至试验压力，稳压 1h，然后仔细检查，无渗漏无变形为合格。

⑥ 气密性试验应在强度试验合格后进行。试验压力应符合下列规定。

a. 当设计压力 $P≤0.005MPa$ 时，试验压力为 0.02MPa。

b. 当设计压力 $P＞0.005MPa$ 时，试验压力为 1.15 倍设计压力，且大于 0.1MPa。

⑦ 埋地燃气管道气密性试验宜在回填土至管顶以上 0.5m 后进行。

⑧ 气密性试验开始前，应向管道内充气至试验压力，保持一定时间，达到温度、压力稳定。

⑨ 气密性试验时间宜为 24h，压力降不超过规定值为合格。

11.3　管道系统的吹洗

管道系统强度试验合格后，或严密性试验前，应分段进行吹扫与清洗，简称吹洗。当管道内杂物较多时，也可在压力试验前进行吹洗。对管道进行吹洗的目的是为了清除管道内的焊渣、泥土、砂等杂物。

吹洗前应编制吹洗方案。

11.3.1　吹洗介质的选用

管道吹洗所用的介质有水、蒸汽、空气、氮气等。一般情况下，液体介质的管道用水冲洗；蒸汽介质的管道用蒸汽吹扫；气体介质的管道用空气或氮气吹扫。例如，水管道用水冲洗；压缩空气管道用空气吹洗；乙炔、煤气管道也用空气吹扫；氧气管道用无油空气或氮气进行吹扫。

11.3.2　吹洗的要求

① 吹洗方法。是根据管道脏污程度来确定的。吹洗介质应有足够的流量，吹洗介质的压力不得超过设计压力，流速不低于工作流速。

② 吹洗的顺序。一般应按主管、支管、疏排管依次进行。脏液不得随便排放。

③ 保护仪表。吹洗前应将管道系统内的仪表加以保护，并将孔、喷嘴、滤网、节流阀及单流阀阀芯等拆除，妥善保管，待吹洗后复位。

④ 吹扫时应设置禁区。

11.3.3　水冲洗

① 水冲洗的排放管应从管道末端接出，并接入可靠的排水井或沟中，并保证排泄畅通和安全。排放管的截面积不应小于被冲洗管截面的 60%。

② 冲洗用水可根据管道工作介质及材质选用饮用水、工业用水、澄清水或蒸汽冷凝液。如用海水冲洗时，则需用清洁水再冲洗。奥氏体不锈钢管道不得使用海水或氯离子含量超过 25×10^{-6}（25ppm）的水进行冲洗。

③ 水冲洗应以管内可能达到的最大流量或不小于 1.5m/s 的流速进行。

④ 水冲洗应连续进行，当设计无规定时，则以出口处的水色和透明度与入口处水色和透明度目测一致为合格。

⑤ 管道冲洗后应将水排尽，需要时可用压缩空气吹干或采取其他保护措施。

11.3.4 空气吹扫

① 空气吹扫一般采用具有一定压力的压缩空气进行吹扫，其流速不应低于 20m/s。

② 空气吹扫时，在排气口用白布或涂有白漆的靶板检查，如 5min 内其上无铁锈、尘土、水分及其他脏物即为合格。

11.3.5 蒸汽吹扫

① 一般情况下，蒸汽管道用蒸汽吹扫。非蒸汽管道如用空气吹扫不能满足清洁要求时，也可用蒸汽吹扫，但应考虑其结构是否能承受高温和热膨胀因素的影响。

② 蒸汽吹扫前，应缓慢升温暖管，且恒温 1h 后，才能进行吹扫；然后自然降温至环境温度，再升温、暖管、恒温进行第二次吹扫，如此反复一般不少于三次。

③ 蒸汽吹扫的排气管应引至室外，并加以明显标志，管口应朝上倾斜，保证安全排放。排气管应具有牢固的支承，以承受其排空的反作用力。排气管道直径不宜小于被吹扫管的管径，长度应尽量短。蒸汽流速不应低于 20m/s。

④ 绝热管道的蒸汽吹扫工作，一般宜在绝热施工前进行，必要时可采取局部的人体防烫措施。

⑤ 蒸汽吹扫的检查方法及合格标准：一般蒸汽或其他管道，可用刨光木板置于排汽口处检查，板上无铁锈、脏物为合格。

11.3.6 油清洗

① 润滑、密封及控制油管道，应在机械及管道酸洗合格后，系统试运转前进行油清洗。不锈钢管，宜用蒸汽吹洗干净后进行油清洗。

② 油清洗应采用适合于被清洗机械的合格油品。

③ 油清洗的方法应以油循环的方式进行，循环过程中每 8h 应在 40～70℃的范围内反复升降油温 2～3 次，并应及时清洗或更换滤芯。

④ 油清洗应达到设计要求标准。当设计文件或制造厂无要求时，管道油清洗后应采用滤网检验，合格标准应符合表 11-7 的规定。

表 11-7　油清洗合格标准

机械转速/(r/min)	滤网规格/目	合格标准
≥6000	200	目测滤网，无硬粒及黏稠物；每平方厘米范围内，软杂物不多于 3 个
<6000	100	

⑤ 油清洗合格的管子，应采取有效的保护措施。

11.4　管道脱脂

直接法生产浓硝酸装置、空气分离装置和炼油、化工工程中的一切忌油设备、管道和管件必须按设计要求进行脱脂。脱脂的目的就是避免输送或储存的物料遇油脂或有机物可能形成爆炸；避免输送或储存的物料和油脂或有机物相混合；控制油脂含量，以保证触媒的活性；控制油脂及有机物的含量，以保证产品的纯度。

已安装的管道应拆卸成管段进行脱脂。安装后不能拆卸的管道应在安装前进行脱脂。有明显油迹或严重锈蚀的管子，应先用蒸汽吹扫、喷砂或其他方法清除干净，再进行脱脂。

11.4.1　脱脂剂的选择

管道脱脂可采用有机溶剂（二氯乙烷、三氯乙烯、四氯化碳、工业酒精、动力苯、丙酮等）、浓硝酸或碱液等。

工业用二氯乙烷（$C_2H_4Cl_2$），适用于金属件的脱脂；工业用四氯化碳（CCl_4），适用于黑色金属及非金属件的脱脂；三氯乙烯（C_2HCl_3），适用于金属件及有色金属件的脱脂；工业酒精

（C_2H_5OH，浓度不低于 86%），适用于脱脂要求不高及容器内表面人工擦洗；88% 的浓硝酸，适用于浓硝酸装置的部分管件和瓷环等的脱脂。

11.4.2 脱脂方法

（1）管子的脱脂 管子外表面如有泥垢，可先用净水冲洗干净，并自然吹干，然后用干布浸脱脂剂揩擦除油，再放在露天干燥。

对管子内表面进行脱脂时，可将管子的一端用木塞堵严或采用其他方法封闭，从另一端注入该管容积的 15%～20% 的脱脂溶剂，然后以木塞封闭，放在平整干净的地方或置于有枕木的工作台上浸泡 60～80min，并每隔 20min 转动一次管子。带弯的管子应适当增加脱脂溶剂，使之全面浸泡。脱脂后，将管内溶剂倒出，用排风机将管内吹干，或用不含油的压缩空气或氮气吹干或用自然风吹 24h，充分吹干。

大口径管子可用棉布浸蘸溶剂人工擦洗；小口径管子也可整根放在盛有溶剂的长槽内浸泡 60～80min。

浓硝酸装置的浓硝酸管道和设备，可在全部安装后直接以 88% 的浓硝酸用泵打循环进行酸洗。循环不到或不耐浓硝酸腐蚀的管子必须单独脱脂。阀门、垫片等管件在酸洗前也应单独脱脂。

（2）管件、阀门及其他零部件的脱脂 阀门脱脂应在其研磨试压合格后进行。将阀件拆成零件在溶剂内浸泡 60～80min，然后取出悬挂在通风处吹干，直至无味为止。法兰、螺栓、金属垫片、金属管件等可用同样方法进行脱脂。

非金属垫片和填料可置于溶剂内浸泡 80～120min，然后悬挂在通风之处吹干，时间不少于 24h。

接触氧、浓硝酸等强氧化性介质的纯石棉填料，可在 300℃ 以下的温度中灼烧 2～3min，然后涂以设计要求的涂料（如石墨粉）。

浓硝酸装置用的阀门、瓷环等，可用 88% 的浓硝酸洗涤或浸泡，然后用清水冲洗，再以蒸汽吹洗，直至蒸汽冷凝液不含酸为止。

紫铜垫片等经过退火处理后，如未被油脂沾污，可不再进行脱脂。

11.4.3　脱脂检验

设备、管子和管件脱脂后应经检查鉴定。检验标准应根据生产介质、压力、温度对接触油脂危险程度而确定。

管道脱脂后应将溶剂排尽。当设计无规定时，检验脱脂质量的方法及合格标准规定如下。

（1）直接法　用清洁干燥的白滤纸擦拭管道及其附件的内壁，纸上无油脂痕迹；用紫外线灯照射，脱脂表面应无紫蓝荧光。

（2）间接法　蒸汽吹扫脱脂时，盛少量蒸汽冷凝液于器皿内，并放入数颗粒度小于1mm的纯樟脑，以樟脑不停旋转为合格；有机溶剂及浓硝酸脱脂时，取脱脂后的溶液或酸分析，其含油和有机物应不超过0.03％。

脱脂合格的管道应及时封闭管口，保证以后的工序施工中不再被污染，并填写管道系统脱脂记录。

第 12 章　管工作业常见缺陷及处理方法

12.1　管道连接部位常见缺陷及防治措施

12.1.1　螺纹接口渗漏

（1）问题表现　管道通入介质后，螺纹连接口发生滴、漏现象。

（2）原因分析

① 螺纹连接口、螺纹未拧紧，连接不牢固。

② 螺纹连接处填料未填好、脱落、老化或填料选用不合适。

③ 管口有裂纹或管件有砂眼。

④ 管道支架间距过大，或受外力作用，使螺纹接头处受力过大，造成螺纹头断裂。

⑤ 螺纹加工进刀过快，有断扣现象。

（3）纠正方法及预防措施

① 纠正方法。以上问题的存在都会造成螺纹接头漏水，在找出漏水的真正原因后，才可对症进行处理。一般情况下，先用管钳拧紧螺纹；如还漏水应从活接头处拆下，检查螺纹及管件，如管件损坏应予以更换，然后重新更换填料用管钳拧紧。

② 预防措施。

a. 在进行管螺纹安装时，选用的管钳及链条钳规格要合适，用大规格的管钳拧紧小口径的管件，会因施力过大使管件损坏；用小规格的管钳拧紧大口径的管件，会因施力不够而拧不紧，发生螺纹连接口漏水；另外还需考虑阀门及配件的位置和方向，不允许因拧过头而用倒扣的方法进行找正。

螺纹连接紧固时应根据管螺纹安装的规格选用合适的管钳，连接紧固。

b. 螺纹连接处填料要缠紧，缠均匀，不得脱落，过期失效、老化填料不得使用；另外填料的选用要符合输送介质的要求，以达到连接紧密的目的。

c. 要认真把好材料及管件的质量关；认真检查管道及接头有无裂纹、砂眼、断扣、缺扣等缺陷；安装完毕，严格按规范要求进行强度试验和严密性试验，对接头处仔细认真检查，及时消除隐患。

d. 管道支架、吊架的间距要符合设计规定或规范的要求；埋地管道管周围的覆土要用手夯，分层夯实，防止局部外力撞击；另外，架空管道不得附加外力如悬挂重物、脚踩等，以免局部受力过大，造成螺纹头断裂。

e. 螺纹加工严格遵守操作规程和标准要求，螺纹管道要在托架上装正、夹紧，进刀不得过快，随时用润滑油冷却润滑，防止偏扣、断扣及乱扣等现象的发生。

12.1.2 法兰接口漏水

（1）问题表现　管道通入介质后，法兰连接处发生滴、漏现象。

（2）原因分析

① 两法兰面不平行，无法上紧，从而造成接口处渗漏。

② 垫片的材质不符合管内介质要求，造成渗漏。

③ 法兰垫片厚度不均匀，或使用斜垫片、双垫片，造成渗漏。

④ 螺栓紧固不紧或螺栓紧固未按对称十字交叉顺序进行，紧固不严，造成渗漏。

⑤ 法兰焊口存在质量缺陷，造成焊口渗漏。

（3）纠正方法及预防措施

① 纠正方法。针对法兰渗漏部位，检查出渗漏的真正原因，

采取对症处理措施。如属两法兰面不平行造成渗漏，可采用将法兰割下，重新找正焊接；如属垫片不符合要求，应更换垫片；如属螺栓紧固不符合要求，可将螺栓松开重新按对称十字交叉顺序进行紧固；如属法兰焊口漏水，可采用补焊方法修补。

② 预防措施。

a. 向管端上法兰时，应采用法兰尺，将法兰尺的一端紧贴管壁，另一端紧贴法兰面，图 12-1 所示为不正确的示例。然后定位焊三点，再用法兰尺从两个垂直方向进行检查，法兰尺与法兰密封面之间的间隙不得超过 1.2mm。

图 12-1 法兰端面和管子中心线不垂直用法兰尺检查示意图

b. 法兰垫片的选用应符合设计和规范的要求。一般蒸汽管道选用石棉橡胶垫，使用前应在润滑油中浸泡，并涂以铅油或铅粉，以增加严密性。给水管道选用橡胶垫；热水管道选用耐热橡胶垫。

c. 法兰垫片安装时，法兰密封面要清理干净，位置要对正，垫片表面不得有沟纹、断裂、厚薄不均等缺陷，可允许使用斜垫片及双层垫片。

d. 法兰螺栓的紧固要对称成十字交叉顺序进行，分三次将螺栓拧紧，使各螺栓受力均匀。

e. 法兰焊口渗漏的预防除选择正确的焊接规范和正确的方法施焊外，法兰的对口也应符合规范的要求。

12.1.3 承插接口渗漏

（1）问题表现 管道通入介质后，承插接口处有渗漏现象。

（2）原因分析

① 管道承口或插口处有砂眼、裂纹等缺陷，造成渗漏。

② 管道对口时，接口清理不干净，填料与管壁结合不紧密，造成接口渗漏。

③ 打口不密实，造成接口渗漏。

④ 填料不合格或配比不准，造成接口渗漏。

⑤ 水泥接口养护不认真或冬季未采取保温措施，致使接口干裂或受冻，造成接口渗漏。

⑥ 管墩设置不合适或填土夯实方法不当，使管道撞压受损，造成渗漏。

（3）纠正方法及预防措施

① 纠正方法。针对管道承插接口渗漏，检查找出渗漏的真正原因，采取对症处理措施。如管道接口本身有砂眼或裂纹，应拆下予以更换；如由于填料同管壁结合不严、填料不密实、填料配比不准或操作不当，造成接口渗漏，应慢慢剔去原填料，清理干净承插接口，重新加入合格填料，并再次进行水压试验。

② 预防措施。

a. 金属承插管道在使用前应每根管进行认真检查，用小锤轻轻敲打，用听声音的方法判断管道是否有裂纹。特别对管道的承口及插口部分，更要仔细检查。如有裂纹应予以更换或将有裂纹部分截去。

b. 管道对口前应认真清理管口，对涂有沥青的承口及插口用氧-乙炔焰烧烤，用铁丝刷将接口清理干净，以保证填料同管壁的紧密黏合。

c. 承插接口的操作方法要正确，首先将油麻拧成麻股均匀打入，打实的油麻深度以不超过承口深度的1/3为宜。然后分层塞入填料，分层打实。打好的灰口表面应平整，外观呈现暗色亮光。

d. 接口填料应按设计要求进行配制，常用的填料材料质量要求及配比是：填料油麻用丝麻经5%的3号或4号石油沥青和95%的2号汽油的混合液浸泡晾干而成。因油麻具有良好的防腐能力，且浸水后纤维膨胀，可防止水的浸透。

纯水泥接口填料，用400号以上硅酸盐水泥加水拌和而成。水泥与水的重量比为9∶1。

石棉水泥接口填料，采用四级石棉绒和400号以上硅酸盐水泥调匀后加水拌和而成。石棉、水泥和水的重量比为27.3∶63.6∶9.1。

膨胀水泥接口填料，采用膨胀水泥和干砂调匀后加水拌和而成。膨胀水泥、干砂与水的重量比为 4：4：1。

青铅接口填料为青铅。

e. 承插水泥接口打口完成之后，应及时用湿泥抹在接口外面，春秋每天浇水至少两次；夏季要用湿草袋盖在接口上、每天浇水至少四次。冬季要用草袋盖住保温防冻。

f. 管道支墩位置设置要合适、牢固，在管道转弯处要设置牢固的挡墩，以防弯头转弯处受介质压力作用而脱开；管道覆盖回填土时要分层予以夯实，但不得直接撞击管道。

12.1.4　管口焊接缺陷或渗漏

（1）问题表现　管道焊缝外形尺寸不符合要求；或者存在咬边、烧穿、焊瘤、弧坑、气孔、夹渣、裂纹、未焊透、未熔合等缺陷，或管道通入介质后焊口渗漏。

（2）原因分析

① 管道焊缝外形尺寸不符合要求。表现为焊波宽窄不一，焊缝高低不平，焊缝宽度太宽或太窄，焊缝与母材过渡不平滑等，如图 12-2 所示。产生这些缺陷的原因主要是焊接坡口角度不当或对口间隙不均匀、焊接规范选用不当或施焊时操作不当、运条速度及焊条角度掌握不合适等。

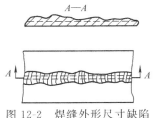

图 12-2　焊缝外形尺寸缺陷

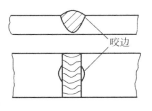

图 12-3　咬边

② 咬边。是指焊缝边缘母材上被电弧或火焰烧熔出的凹槽，如图 12-3 所示。它的存在，大大降低了焊缝的机械强度，还会造成应力集中。产生这种缺陷的主要原因是施焊时，选用的熔接电流过大；电弧过长；焊工操作时焊条角度掌握不当，运条动作不熟练

造成的。咬边是立焊、横焊及仰焊的一种常见缺陷。气焊时若火焰能率过大，焊炬倾斜角度不合适，焊炬与运条摆动不当也会产生咬边缺陷。

③ 烧穿。是指在焊缝底部形成穿孔，造成熔化金属向下流淌的现象。焊件烧穿主要发生在气焊上，薄壁管道焊接时，如焊工操作不当，极易发生烧穿焊件，造成熔化金属下淌结瘤的缺陷。

图 12-4　焊瘤

④ 焊瘤。是指熔化金属流淌形成焊缝金属的多余疙瘩，如图 12-4 所示。形成焊瘤的主要原因是焊接电流过大，对口间隙过大，或是坡口边缘污物未清理干净等。

⑤ 弧坑。是指焊缝收尾处产生的低于基本金属表面的凹坑。产生这种缺陷的主要原因是熄弧时间过短，或施焊时选用的焊接电流过大。

⑥ 气孔。是指焊接过程中，熔池金属高温时吸收的气体在冷却过程中未能充分逸出，而在焊缝金属的表面或内部形成的孔穴分圆形、长条形、链状、蜂窝状等形式，如图 12-5 所示。

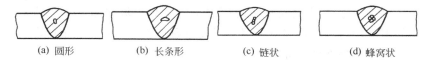

(a) 圆形　　　　　(b) 长条形　　　　　(c) 链状　　　　　(d) 蜂窝状

图 12-5　气孔形式

产生气孔的原因主要有：焊工操作不当；焊接电流过大；焊条涂料太薄或受潮；焊件或焊条上粘有油污等。

⑦ 夹渣。是指残留在焊缝金属中的非金属夹杂物。产生夹渣缺陷的主要原因是：焊件边缘及焊层之间清理不彻底；焊接电流过小；坡口角度过小，操作不当未能将熔渣及时拨出等原因均会引起焊缝夹渣。

⑧ 裂纹。是指在焊接区域内出现的金属破裂现象，裂纹形式有纵向、横向裂纹及热影响区裂纹，如图 12-6 所示。发生裂纹的原因主要有：焊接材料化学成分不正确；熔化金属冷却太快；施焊

694

时焊件膨胀和收缩受阻等因素均能造成焊接裂纹缺陷。

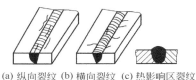

(a) 纵向裂纹 (b) 横向裂纹 (c) 热影响区裂纹

图 12-6　裂纹

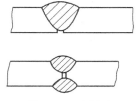

图 12-7　未焊透

⑨ 未焊透。是指焊接接头根部未完全熔透的现象，如图 12-7 所示。未焊透缺陷产生的主要原因是：坡口角度或对口间隙过小，钝边过厚，根部难以熔透；焊接电流过小，焊接速度太快，从而不能充分熔合；焊件散热太快，双面焊时背面清根不彻底，或氧化物、熔渣等阻碍了金属间的充分熔合等。

⑩ 未熔合。是指焊缝中焊道与母材或焊道与焊道之间未能完全熔化结合的部分，如图 12-8 所示。产生未熔合的原因是：焊接电流过小；施焊操作不当，焊条偏心；如母材坡口或前一焊道表面有锈斑或熔渣未清理干净时，也会形成未熔合缺陷。

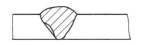

(a) 边缘未熔合

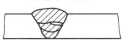

(b) 层间未熔合

图 12-8　未熔合

（3）纠正方法及预防措施

① 纠正方法。

a. 对外形尺寸不符合要求的焊缝，如高度不够或过窄的焊缝应予以补焊；对高低不平或过宽的焊缝应给予打磨修整。

b. 对于咬边深度大于 0.5mm，连续长度超过 25mm 的焊缝应予以补焊。

c. 对于烧穿、结瘤的焊缝应视情况给予打磨修补或铲除重焊。

d. 对于弧坑、气孔或夹渣均应铲除缺陷，予以补焊。

e. 对于焊缝中的裂纹、未焊透或未熔合均应将焊口铲除重新焊接。

② 预防措施。

a. 要防止焊缝外形尺寸偏差过大，除应选用正确的焊接规范和进行正确的施焊操作，掌握好运条速度和焊条角度外，还应根据表 12-1 的要求，严格控制好坡口角度及对口间隙。

表 12-1　钢焊件坡口形式及尺寸

坡口名称	钢焊件厚度 T /mm	坡口形式	坡口尺寸			备注
			间隙 c /mm	钝边 p /mm	坡口角度 α /(°)	
I 形坡口	1～3		0～1.5	—	—	单面焊
	3～6		0～2.5			双面焊
V 形坡口	3～9		0～2	0～2	65～75	
	9～26		0～3	0～3	55～65	
X 形坡口	12～60		0～3	0～3	55～65	

b. 预防咬边缺陷的主要措施是：根据管壁厚度正确地选择焊接电流，控制好电弧长度；掌握合适的焊条角度和熟练的运条手法。气焊时要调整合适的火焰能率、焊炬与焊丝的摆动要协调配合好。

c. 防止焊件烧穿的主要措施是：在施焊较薄管壁时要选用较小的中性火焰或较小的焊接电流；对口间隙要符合规范的要求。

d. 预防焊瘤的主要措施是：对口间隙要符合规范要求，选用焊接电流要合理；要控制好电弧长度；彻底清理干净坡口及其附近的污物。

e. 预防弧坑的主要措施是：焊接收弧时，应使焊条在熔池处短时间停留，或做环形运条，使熔化金属填满熔池。当采用气体保护焊时，可使用焊机上的电流衰减，使焊接电流收弧时逐渐减小，通过填充金属，从而使收弧熔池填满。

f. 预防焊缝气孔缺陷的主要措施是：施焊时选用合适的焊接电流和运条速度，采用短弧焊接；焊接中不允许焊接区域受到风吹雨淋；当环境温度在 0℃ 以下时须采取焊口预热措施；焊条质量要符合要求，使用前应进行烘干；施焊前应清除焊口表面的油污、水分及锈斑等。

g. 防止焊缝夹渣的主要措施是：施焊前要认真清理焊口表面的油污，彻底清理前一焊道的熔渣；选用合适的焊接电流，使熔池达到一定温度，防止焊缝金属冷却过快，以促使浮渣充分浮出；熟练正确操作，正确运条，促进熔渣和铁水良好分离；气焊时采用中性焰，操作中用焊丝将熔渣及时拨出熔池。

h. 防止焊口裂纹的措施是：采用碱性焊条或焊剂，以降低焊缝金属中的含氧量；选择合理的焊接规范和线能量，如焊前预热、焊后缓冷等，改善焊缝及热影响区组织状态；施焊前焊条要烘干，认真清理焊口及焊材表面的油污。

i. 防止未焊透缺陷产生的措施是：认真按照规范要求控制接头坡口尺寸，彻底清理焊根，选择合适的焊接电流和施焊速度。

j. 防止未熔合缺陷产生的措施是：施焊时要注意焊条或焊炬的角度，运条摆动要适当；选用稍大的焊接电流或火焰能率，焊接速度不宜过快；仔细清理坡口及前一焊道上的熔渣或脏物。

12.1.5 焊口位置不合适

（1）问题表现　管道焊口位置不符合要求，影响维修及正常使用。

（2）原因分析　对管道焊口位置要求的规定不了解或执行不认真，排管时考虑不周全造成的。

（3）纠正方法及预防措施

① 纠正方法。对不符合位置要求的焊口进行返工，使其焊口位置符合规定要求。

② 预防措施。在管道排管时，对其焊口的位置应予以足够的重视。使管道焊口的位置符合规范的要求：直管段上两对接焊口中

心面间的距离，当公称直径大于或等于 150mm 时，不应小于 150mm；当公称直径小于 150mm 时，不应小于管子外径。焊缝距离弯管（不包括压制、热推或中频弯管）起弯点不得小于 10mm，且不得小于管子外径。卷管的纵向焊缝应放在管道中心垂线上半圆的 45°左右处，以方便检修、操作；纵向焊缝应错开，当管径小于 600mm 时，错开的间距不得小于 100mm，当管径大于或等于 600mm 时，错开的间距不得小于 300mm。给水排水管道环向焊缝距支架净距离不应小于 100mm；工业金属管道环焊缝距支、吊架净距离不应小于 50mm；需热处理的焊缝距支、吊架距离不得小于焊缝宽度的 5 倍，且不得小于 100mm。在管道焊缝位置及其边缘上不得开孔，如必须开孔，焊缝应经无损探伤检查合格。管道上任何位置不得开方孔，不得在短节上或管件上开孔，有加固环的卷管，加固环的对接焊缝应与管子纵向焊缝错开，其间距不应小于 100mm。加固环距管子的环焊缝不应小于 50mm。

12.2 阀门及管件安装质量缺陷及防治

12.2.1 阀门填料函处泄漏

（1）问题表现　管道通入介质后，填料函处发生介质泄漏现象。

（2）原因分析

① 压盖压得不紧。

② 填料老化，造成填料同阀杆不能紧密接触。

③ 装填料的方法不对或填料未填满。

（3）纠正方法及预防措施

① 纠正方法。首先压紧填料压盖，如泄漏还在继续，可考虑增加填料；如泄漏现象还不能消除，则应用更换填料的办法予以处理。

② 预防措施。

a. 向阀门填料函压装填料的方法要正确，对小型阀门只需将绳状填料按顺时针方向绕阀杆装满，然后拧紧填料压盖即可；对于大型阀门填料应采用方形或圆形断面，压入前先将填料切成填料圈，然后分层压入，各层填料圈的接头应相互错开 $180°$，如图 12-9 所示。压紧填料时，应同时转动阀杆，一方面检查阀杆转动是否灵活，同时检查填料紧贴阀杆的程度。

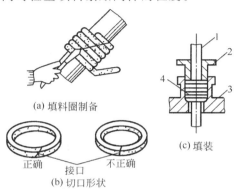

(a) 填料圈制备

(c) 填装

正确　接口　不正确
(b) 切口形状

图 12-9　填料圈的制备及填料排列法
1—阀杆；2—压盖；3—阀体；4—填料

　　b. 对填料要认真检查，防止使用老化失去弹性的填料；如阀杆有锈蚀现象，应清理干净。

12.2.2　阀门关闭不严

（1）问题表现　管道通入介质后，阀门关闭不严，有介质泄漏，影响使用。

（2）原因分析

① 密封面损伤或有锈蚀现象。

② 杂质堵住阀芯。

③ 阀杆弯曲，上下密封面不对中。

④ 关闭操作不当，致使密封面接触不好。

（3）纠正方法及预防措施

① 纠正方法。首先轻轻启闭几次，仍不能消除缺陷时，应关闭前面的阀门，放净介质，将泄漏阀门拆下进行解体检查。如经修

理或研磨仍不能消除缺陷时，则应对关闭不严的阀门予以更换。

② 预防措施。

a. 对由于密封面损伤或锈蚀造成的关闭不严，一般应将阀门拆开，对密封面进行研磨，以消除缺陷。

b. 对于黏附在密封面上的杂质清理，可将阀门开启，排出杂污，再将阀门关闭；有时可轻轻敲打，直至杂污排出。

c. 对于阀杆弯曲造成的关闭不严，应将阀杆拆下调直或予以更换。

d. 对于关闭不当造成的关闭不严，可缓慢反复开启、关闭几次，缺陷即可消除。

12.2.3 疏水器排水不畅、漏气过多

（1）问题表现　疏水器投入运行后，排水不畅，漏气过多。

（2）原因分析

① 安装不当或管路杂质使疏水器堵塞，致使排水不畅。

② 疏水器漏气过多的主要原因是由于阀芯和阀座磨损，排水孔不能自行关闭。

（3）纠正方法及预防措施

① 疏水器安装前应仔细检查，管路要认真冲扫以清除系统泥砂、焊渣等脏物；安装时应直立安装在低于管路的部位，不可倾斜，以便于阻汽排水动作的正常进行。

② 疏水器漏气过多，如是阀芯和阀座磨损漏气，则应对其密封面进行研磨；如排水孔不能自行关闭，可检查是否有污物堵塞可对其进行清理，如缺陷仍不能消除则应对疏水器予以更换。

12.2.4 Π形补偿器投运时管线挪位

（1）问题表现　Π形补偿器投运时管线挪位，支座偏斜，甚至接口开裂，严重影响使用。

（2）原因分析

① 补偿器两边未设固定支架或补偿器安装位置不居中。

② 补偿器安装时未按要求做预拉伸。

③ 补偿器制作不符合要求。

（3）纠正方法及预防措施

① 补偿器安装的位置要符合设计要求，两边应设牢固的固定支架，且安装位置要居中。这样管道系统投运时的热伸长才会有方向地向补偿器延伸，由补偿器来集中补偿，从而防止管线无序地挪位及支座的偏斜（对于热力管道的支座安装规范要求：其安装位置应从支承面中心向位移反方向偏移，偏移量应为位移值的 1/2，如图 12-10 所示）。

② 补偿器在常温下安装时按规定要进行预拉伸，以使伸缩能力得以充分利用。拉伸方法如图 12-11 所示，拉伸前应将两边固定支架安好焊牢，补偿器一端与接管之间预留出 $\Delta l/2$ 的间隙，然后用带螺栓的拉管器进行拉伸，如图 12-11（a）所示；或用千斤顶将垂直臂顶开，如图 12-11（b）所示，到位后进行焊接。

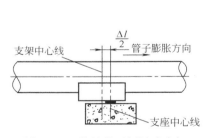

图 12-10 补偿器两侧活动支架
偏心安装示意图

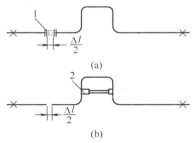

图 12-11 补偿器冷拉示意图
1—带螺栓的冷拉工具；2—千斤顶

③ 补偿器的制作，其尺寸要符合设计要求。四个弯头要处在同一平面上，两个垂直臂要等长，这样即可有效地防止投运时产生横向位移及由此造成的支座偏斜。

12.2.5 波形补偿器安装时未严格进行预拉或预压

（1）问题表现　管道系统投运后，不能保证正常伸缩。

（2）原因分析

① 波形补偿器安装时，未进行常温下的预拉或预压。

② 预拉或预压方法不当，各波节受力不均。

③ 波形补偿器安装的方向不对。

（3）纠正方法及预防措施

① 波形补偿器的预压应根据补偿零点温度来定位，补偿零点温度就是管道设计达到最高温度及最低温度的中点。当安装时环境温度等于补偿零点温度时，波形补偿器可不进行预拉或预压。当安装时的环境温度高于补偿零点温度时，应进行预压缩。当安装时环境温度低于补偿零点温度时，则应进行预拉伸。其拉伸量或压缩量应按设计要求进行。

② 波形补偿器的拉伸或压缩方法要正确，施加作用力应分2～3次进行，逐渐增加，作用力的中心线要同波形补偿器的中心线相一致，不得偏移或歪斜，尽量使各波节受力均匀。

③ 波形补偿器在水平管道上安装时，应使补偿器内套有焊缝的一端处于介质流动方向的上方；在垂直管道安装时，内套有焊缝的一端应置于上部。以防管路中的凝结水进入波谷，造成补偿器冻裂。

12.2.6　套筒补偿器渗漏

（1）问题表现　套筒补偿器在系统投运后有渗漏现象发生。

（2）原因分析

① 投运后补偿器中心线同管道中心线不一致。

② 填料填放方法不当。

（3）纠正方法及预防措施

① 套筒补偿器安装时，应严格按管道中心线安装，不得偏斜；为防止补偿器运行时发生偏离管道中心线的现象，应在靠近补偿器两侧的管道上安装导向支座。

② 套筒补偿器填料的填放方法要正确：填绕的石棉绳应涂敷石墨粉，并逐圈压入、压紧，要使各圈接口相互错开。填料的厚度应不小于补偿器外壳与插管之间的间隙。

12.2.7 煨制弯管椭圆率超标或出现皱折

（1）问题表现 煨制弯管的椭圆率为 $(D_大 - D_小)/D_大$。当管径小于或等于100mm时，超过10%；当管径大于100mm时，超过8%。皱折不平度：当管径小于或等于100mm时大于4mm；当管径为 $125 \sim 200$mm 时大于5mm；当管径为 $250 \sim 400$mm 时大于7mm。

（2）原因分析

① 热煨弯管内灌砂不实，加热温度控制不准。

② 冷煨弯管时胎具不合适。

（3）纠正方法及预防措施

① 纠正方法。当煨制弯头椭圆率或皱折不平度超过标准要求时，只能报废，另行煨制。

② 预防措施。

a. 采用加热方法煨制弯管时，为了减少圆管断面的变形，需向管内灌入经加热烘干的河砂，并随灌随敲打管壁，以保证干砂充满填实。另外，对煨弯管段的加热温度要控制在 $850 \sim 950$℃ 范围内，过高、过低都会影响弯管的质量。

b. 采用冷弯煨制弯管时，胎具选用要合适；对于较薄管壁煨制弯管时，为了防止断面变形，应采用管内灌砂、充满打实，再选配合适胎具，进行煨制。

12.3 煤气管道施工的质量缺陷及防治

12.3.1 碳钢管投运后堵塞

（1）问题表现 管道投运使用后，管内介质流量过小或不流通。

（2）原因分析

① 管道投运前吹扫、冲洗不彻底或未清理，焊渣、泥砂等杂物堵塞管道。

② 阀件的阀芯脱落，旋起阀柄，而阀芯不能提起，阀门仍为

关闭状态。

③ 管道螺纹连接时，将填料旋入管内。

（3）纠正方法及预防措施

① 纠正方法。

a. 对于管内污物或填料造成的堵塞大都表现为介质流量过小或不通畅。要治理管道堵塞，首先要判定堵塞部位，卸开或割开清理后再封堵好。

b. 如属阀芯脱落堵塞系统，可将阀门后盖打开，取出阀芯重新装好销牢。

② 预防措施。

a. 为防止焊渣流入管内，管道对口间隙应符合规范的要求；对清洁度、平整度要求较高的管道，宜采用氩弧焊打底；在管道安装完毕投运使用前，要彻底冲洗和吹扫管道，以清除泥砂、焊渣等污物，防止投运后聚积在转弯、变径、阀件等部位，造成堵塞。

b. 对螺纹连接管道，所用密封填料要适量，特别是管径较小时，更要防止麻丝旋入管内。

c. 对采用装砂热煨的弯管，要轻轻敲打，仔细检查粘贴在管内壁的砂粒，要彻底清理干净，才能安装。

d. 对于有可能进入异物的管道，每次下班都要将管口封堵好，以防异物及小动物进入堵塞管道。

12.3.2　采暖水平干管的偏心异径管安装不符合要求

（1）问题表现　热水采暖水平干管变径处采用下平的变径接管做法；蒸汽采暖水平干管变径处采用上平的变径接管做法，造成暖气不热。

（2）原因分析　热水采暖水平干管为了有利于空气排除，大都采用"抬头走"的敷设形式。当水平干管变径处采用下平的偏心大小头时，该处易造成空气积存，从而影响热水系统的正常循环，造成暖气不热。

蒸汽采暖水平干管为了有利于排除凝结水，大都采用"低头走"的敷设形式，当水平干管变径处采用上平的偏心大小头时，该处易造成凝结水存积，从而引发水击或影响蒸汽系统的正常循环，造成暖气不热。

（3）纠正方法及预防措施

① 纠正方法。热水采暖水平干管上的变径管应改成上平的变径接管做法，如图 12-12（a）所示。蒸汽采暖水平干管上的变径管应改成下平的变径接管做法，如图 12-12（b）所示。

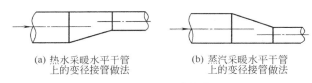

(a) 热水采暖水平干管
上的变径接管做法

(b) 蒸汽采暖水平干管
上的变径接管做法

图 12-12　变径接管作法

② 预防措施。认真学习采暖专业基础理论和规范、标准，弄清对于热水采暖排净空气是主要矛盾。对于蒸汽采暖排除凝结水是主要矛盾。处理好热水采暖的窝气和蒸汽采暖的积水，从而实现系统的正常循环。

12.3.3　圆翼型散热器安装不符合要求

（1）问题表现

① 水平安装的圆翼型散热器纵翼处水平状态安装。

② 水平安装的圆翼型散热器的两端未按规定使用偏心法兰。

（2）原因分析　未按规范要求进行安装和组对。

（3）纠正方法及预防措施　水平安装的圆翼型散热器的纵翼应竖向安装，这样可以保证热气流从肋片间穿过，有利于热气流的上升，从而提高散热器的放热效果，还可防止积灰。对纵翼处水平状态安装的圆翼型散热器应予以纠正。

水平安装的圆翼型散热器，用于热水采暖时两端应使用偏心法兰（即进水口用接口偏上的法兰，出水口用接口偏下的法兰），这样要求有利于空气进入散热器，然后用跑风将空气及时排出；出水口用接口偏下的法兰，有利于散热器内凝结水的排除，便于维修。对于蒸汽采暖，进汽口用同心法兰，回水出口必须使用接口偏下的法兰，这样有利于凝结水的排出，便于维修。

12.3.4 散热器安装缺陷

（1）问题表现

① 挂装散热器安装不稳固或带足散热器着地不平稳。

② 散热器距墙面距离不符合规范要求。

③ 散热器接口处渗漏。

④ 散热器接管处渗漏。

（2）原因分析

① 挂装散热器的托钩数量不够或安装不牢固、强度不够；带足散热器着地不实，未垫稳。

② 预埋托钩尺寸不对或连接散热器的支管来回弯角度不对，造成散热器距墙面尺寸不一致。

③ 散热器接口漏水一般都是由于存放和运输不当，使散热器组对接口承受过大的弯曲外力。

④ 散热器接管处渗漏一般都是由于活接头垫片、接口填料不符合要求或支管来回弯角度不对，而强行同散热器组装，使接管处受力不均。

（3）纠正方法及预防措施

① 纠正方法。针对存在的缺陷，拆下散热器，返修处理重新安装。如支管来回弯角度不合适，可用气焊烘烤予以调整，然后重新接管。

② 预防措施。

a. 散热器支、托架数量及散热器中心与墙表面的距离应符合表 12-2 及表 12-3 的要求。散热器托钩埋入墙内的深度不得小于 120mm，堵洞要严实牢固。对落地安装的散热器，各足均应平稳着地，如需加垫调整，应使用铅垫。

表 12-2　散热器支、托架数量

散热器型号	每组片数	上部托钩或卡架数	下部托钩或卡架数	总计
60 型	1	2	1	3
	2～4	1	2	3
	5	2	2	4
	6	2	3	5
	7	2	4	6
圆翼型	1	—	—	2
	2	—	—	3
	3～4	—	—	4
柱型	3～8	1	2	3
	9～12	1	3	4
	13～16	2	4	6
	17～20	2	5	7
	21～24	2	6	8
扁管式、板式	1	2	2	4
串片式	每根长度小于 1.4m			2
	长度为 1.6～2.4m	—		3
	多根串联，托钩间距不大于 1m			—

注：1. 轻质结构时，散热器底部可用特制金属托架支撑。

2. 安装带足的柱型散热器，所需带足片的数量为：14 片以下为 2 片；14 片、24 片为 3 片。

表 12-3　散热器中心与墙表面距离　　　mm

散热器型号	60 型	M132 型	四柱型	圆翼型	扁管板式（外沿）	串片式	
						平放	竖放
中心距墙表面距离	115	115	130	115	80	95	60

b. 为了保证散热器中心距墙表面的距离，在预埋托钩时就要计算好，控制好托钩中心到墙面的尺寸。

c. 散热器组对好后，应按要求进行水压试验；散热器应直立搬运或存放。如需平放时应保证各接口受力均匀。

d. 连接散热器支管的来回弯，中心距离要准确，角度要保证，不允许强行组装。

12.3.5 煤气管道安装缺陷

（1）问题表现

① 管道接口填料不符合规定。

② 管道坡度、坡向不符合规定。

③ 引入管立管上下不加三通和堵头。

（2）原因分析 煤气管道有可燃、易爆的危险，在施工中应严格遵照煤气管道施工的有关技术规定，保证使用安全可靠是煤气管道施工的关键。但在实际施工中，对煤气管道可燃、易爆的危险性认识不够，往往将煤气管道混同为一般介质管道的施工，从而产生不应有的缺陷。

（3）纠正方法及预防措施

① 纠正方法。对于煤气管道施工中不符合技术要求的缺陷，应返工重新安装。

② 预防措施。

a. 煤气管道的严密性要求必须保证，这是保证使用安全的前提。因此接口用的密封材料必须符合下列要求。

螺纹连接时，应用白厚漆、黄粉甘油或聚四氟乙烯生料带作填料，不得使用麻丝作填料。

法兰连接时的法兰垫片，如设计无规定时，当管径小于300mm可采用3~5mm厚的石棉橡胶垫；管径为300~400mm，可采用3~5mm厚的涂机油石墨的石棉纸垫。

铸铁管承插连接时，可采用石棉水泥或青铅作接口填料。当采用石棉水泥接口时，每隔几个接口应有一个铅口，以增加煤气管道系统的弹性。

b. 煤气管道会有冷凝水产生，因此管道敷设要保证坡度。坡度要求：室外坡度不小于0.003；室内坡度不小于0.002；坡向要求是：小管坡向大管，室内坡向室外，室外坡向排水器，煤气表前坡向引入管，煤气表后坡向用户。

c. 为了便于排水和管道疏通，煤气管道引入管立管上、下两端应装设三通和堵头。

12.4　给排水管道施工的质量缺陷及防治

12.4.1　埋地给水管道漏水

（1）问题表现　管道通水后，地面或墙脚局部返潮、积水，甚至从地面孔缝处向外冒水，严重影响使用。

（2）原因分析

① 管道隐蔽前的水压试验或检查不认真，未能及时发现管道及管件上的裂纹、砂眼及接口处的渗漏。

② 寒冷季节管道水压试验后，未及时将管内水泄净，造成管道或管件冻裂漏水。

③ 管道支墩设置不合适，使管道受力不均，致使丝头断裂，尤其在变径处使用补心以及丝头过长时更易发生。

④ 管道回填夯实方法不当，管接口处受过大外力撞击，造成丝头断裂漏水。

（3）纠正方法及预防措施

① 纠正方法。分析判定管道漏水位置，挖开地面进行处理，并认真进行管道水压试验。

② 预防措施。

a. 管道隐蔽前须按设计要求认真进行水压试验，并仔细检查管道、管件及接口处是否漏水。

b. 寒冷季节管道水压试验后，应及时将管内积水排放干净，以免冻裂管道或管件。

c. 管道支墩间距要符合规范或设计要求；丝头加工不得过长，一般外漏 2～3 牙为适合；变径不得使用管补心，应使用变径管箍。

d. 管道周围要采用手夯分层夯实，以免机械夯撞击管道，损坏管件和接口。

12.4.2　消防栓安装不符合要求影响使用

（1）问题表现　消防栓口朝向及位置不对，标高不符合规范要求。

（2）原因分析　对执行规范的严肃性认识不够，施工时未按规范要求安装。

（3）纠正方法及预防措施

① 纠正方法。应将消防栓口拆下，重新进行调整或返工，重新安装。

② 预防措施。应认真执行规范对室内消防栓安装的要求，栓口应朝外，阀门中心距地面为 1.1m，阀门距箱侧面为 140mm，距箱后内表面为 100mm。消防栓宜处在开门见栓的位置，以方便使用操作。

12.4.3　排水管道排水不畅或堵塞

（1）问题表现　排水管道使用后，排水不畅，甚至发生堵塞。

（2）原因分析

① 安装前未对排水管及管件进行内壁清除，尤其是铸铁管件内壁黏附的泥砂未清除或清除不干净。

② 对排水管道施工中的甩口封堵不及时或封堵不认真，土建施工中的砖块、砂浆等杂物进入管内，造成管道堵塞。

③ 管道安装坡度不一致，有的甚至局部倒坡。

④ 管件选用不当，排水干线管道垂直相交连接，使用 T 形三通或立管与排出管连接使用弯曲半径较小的 90°弯头。

⑤ 管道支架间距过大，有局部"塌腰"现象。

⑥ 未进行通水试验或试验不符合要求。

（3）纠正方法及预防措施

① 纠正方法。

a. 分析确定堵塞部位，打开检查口或清扫口，进行疏通。

b. 如属管件选用不当，则应更换管件。

c. 如存在倒坡、"塌腰"，则应予以返修、调整。

② 预防措施。

a. 排水管道安装前，应对管材和管件内部进行认真清理，特别是翻砂铸铁件必须将内壁黏附的泥砂清除干净，以免造成管道堵塞。

b. 对施工中的排水管道甩口要及时、认真地封堵，以免泥砂、砖块等杂物进入，造成管道堵塞。

c. 排水管道属自流排水，一定要按设计要求做好管道的坡度，严禁倒坡，这是排水管道防堵防漏的关键。

d. 管件的选用应符合规范要求：排水管道的横管与横管、横管与立管的连接，应采用45°三通或45°四通及90°斜三通或90°斜四通。立管与排出管端部的连接，宜采用两个45°弯头或弯曲半径不小于4倍管径的90°弯头。

e. 管道支、吊架的间距要符合规范要求：横管不得大于2m，立管不得大于3m。支、吊架的安装要牢固，要防止管道"塌腰"现象，以免积垢、存水，造成管道排水不畅或堵塞。

f. 认真按规范要求进行通水试验，并认真检查，发现隐患及时返修、处理。

12.4.4 蹲式大便器与给水、排水管连接处漏水

（1）问题表现　大便器使用后，地面积水，墙面潮湿，甚至在下层顶板和墙壁也出现大面积潮湿和滴水现象。

（2）原因分析

① 大便器上水接口的橡胶碗用铁丝绑扎锈蚀断裂，橡胶碗松脱，或绑扎方法不对，未扎紧绑牢；或橡胶碗破裂，安装时未发现。

② 大便器上水接口处破裂，未被及时发现。

③ 排水管甩口高度偏低，大便器出口插入排水管的深度不够。

④ 大便器插入排水管的连接处填抹不严实。

⑤ 土建地面防水处理不符合要求或防水层受到破坏，使上层地面积水顺管道四周和墙缝渗漏到下层房间。

（3）纠正方法及预防措施

① 纠正方法。首先要分析、确定漏水的原因：如属大便器漏水，应轻轻剔开大便器与上水管连接处的地面，先检查橡胶碗绑扎铜丝是否断裂、松动，橡胶碗是否破裂；如属橡胶碗破裂，则应更

换橡胶碗。如原先使用铁丝绑扎，则应换成铜丝，用两道错开绑扎，绑紧、扎牢；如属大便器出口与排水管接口处漏水，可先在大便器出口内壁接口处涂抹水泥膏，待凝固后再使用。如接口处仍漏水，只能对大便器安装返工重新制作，重新抹接口。

② 预防措施。

a. 大便器绑扎橡胶碗前，应仔细检查橡胶碗和大便器上水连接处是否完好，如有破损不得使用。在绑扎橡胶碗与大便器和上水管连接处时，应使用 14 号铜丝，每口绑扎两道，且要错开，并拧紧绑牢；严禁使用铁丝绑扎；另外，冲洗管插入橡胶碗的角度要合适。

b. 大便器安装前，要认真检查上水接口处有无破损、裂纹；在施工过程中要做好对大便器的保护，防止砸坏漏水。

c. 大便器排水管道安装时，甩口高度必须合适，以高出地面 10mm 为宜；同时排水管甩口要选择内径较大、内口平整的承口或套袖，以保证大便器出口的插入有足够的深度。

d. 大便器出口与排水管连接处的缝隙，要用油灰或用 1∶5 白灰水泥混合膏填实抹平，以防止污水外漏。蹲式大便器的安装如图 12-13 所示。

e. 做好卫生间地面防水，保证防水层油毡完好无破损。油毡搭接处和与管道相接处都应用热沥青浇灌；楼板预留管口周围空隙必须用豆石混凝土浇灌严实，以免漏水。

12.4.5 卫生器具安装不牢

（1）问题表现 卫生器具使用时松动不稳，严重时引起管道连接件损坏或造成漏水，影响正常使用。

（2）原因分析

① 土建墙体施工时，没有预埋木砖或木砖埋设不牢固、松动。

② 稳装卫生器具的螺栓规格不合适，或埋设不牢固；木砖未做防腐处理。

③ 轻质墙体固定未采取有效的夹固措施或措施不当。

④ 支架结构不稳，刚度不够。

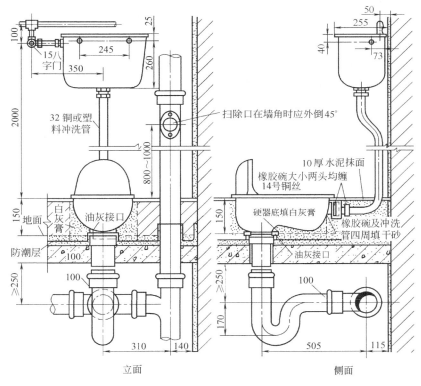

图 12-13 蹲式大便器安装

⑤ 未采取预埋螺栓或用膨胀螺栓固定，而是采用剔眼下螺栓或埋木楔的办法固定，埋深不够，不牢固。

⑥ 卫生器具同墙面接触不严实。

（3）纠正方法及预防措施

① 纠正方法。首先要分析确定卫生器不牢固的真正原因，采用相应的纠正方法。如属安放卫生器具的托架和紧固螺栓不牢固者，应拆下返工重新安装，并在金属支架和卫生器具接触处垫上橡胶板；如属卫生器具与墙面不紧贴、有空隙者，可用白水泥砂浆予以填塞、抹平。

② 预防措施。

a. 固定卫生器具的预埋木砖应全部刷好防腐油，并在墙体砌筑时预埋牢固，严禁墙体砌筑好后再装木砖。

b. 稳装卫生器具的螺栓要符合国家标准的要求，并拧埋牢固。

c. 在轻质墙面上安装卫生器具，应尽量采用落地式支架；如必须在轻质墙面上安装时，应采取不影响后背墙面平整的夹固措施。

d. 稳放卫生器具的托架，应符合国家标准要求，要有足够的刚度和稳定性。

e. 需采用预埋螺栓固定的卫生器具，不允许采用后剔孔埋螺栓或木楔的方法固定。

f. 卫生器具安装时应尽量贴紧墙面，安装前墙面应处理平整。

12.5　工业管道施工的质量缺陷及防治

12.5.1　不锈钢管道与碳钢支架无隔离垫

（1）问题表现　不锈钢管道与碳钢支架直接接触，引发点腐蚀现象。

（2）原因分析　缺少不锈钢管道安装的基本知识。

（3）纠正方法及预防措施

① 纠正方法。不锈钢管道与碳钢支架直接接触的部位应补垫隔离垫。

② 预防措施。认真学习规范、标准要求：不锈钢管不允许直接与碳钢支架接触，以防点腐蚀现象发生。应在不锈钢管道与碳钢直接接触的部位垫入不锈钢垫片、不含氯离子的塑料板、橡胶板或其他隔离物。

12.5.2　不锈钢管道焊口不进行酸洗钝化处理

（1）问题表现　不锈钢管道焊口发乌，不光亮。

（2）原因分析　不锈钢管道焊口未及时进行酸洗钝化处理。

（3）纠正方法及预防措施

① 纠正方法。对发乌的焊口及时进行酸洗钝化处理。

② 预防措施。由于不锈钢在预制加工、焊接过程中，会使管子表面的氧化膜损坏或氧化，也会有其他不耐腐蚀的颗粒附着在管子表面引起局部腐蚀。为了清除不锈钢表面的附着物，使其表面形成一层新的氧化膜，应采用表面涂刷的方法认真对管道焊口及邻近区域进行酸洗钝化处理。

12.5.3　氧气及乙炔管道安装未做静电接地

（1）问题表现　氧气及乙炔管道不做或个别处有漏做静电接地的现象，从而影响管道安全、正常的使用，甚至引起管道及设备爆炸。

（2）原因分析　主要是对氧气管道助燃、易爆，乙炔管道可燃、易爆的危险性、重要性认识不足，施工中未严格按照规范或技术要求进行，混同于一般管道对待。

（3）纠正方法及预防措施

① 纠正方法。对于未做或漏做静电接地的装置应全部予以补做。

② 预防措施。所有的氧气管道安装后，必须做静电接地，并在所有法兰连接处装设导电的跨接线，以防止静电集聚产生火花放电引起事故。其具体做法如图 12-14 所示。

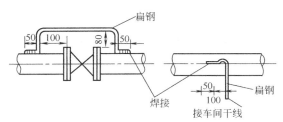

图 12-14　氧气管道防静电接地

架空的乙炔管道为防止静电感应及雷电过电压感应发生火花放电，应将感应电荷及电流引入大地，因此每隔 100m 应重复接地一次，其接法如图 12-15 所示。接地电阻值不得大于 20Ω。

12.5.4 硬聚氯乙烯塑料管安装质量缺陷

（1）问题表现

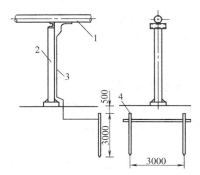

① 安装投运后管道变形大，弯曲不直。

② 弯管有煨扁、过烧现象。

③ 接口处有渗漏发生。

（2）原因分析

① 塑料管道投运后弯曲不直的原因是多方面的。塑料管的线胀系数很大，安装时和使用时的温度差异，会导致管道热胀、冷缩。如管道敷设未安装补偿器，必然会造成管道弯曲不直。另外，塑料管支架间距过大，安装时管道未调直等都可能造成管道弯曲

图 12-15 架空乙炔管道接地装置
1—乙炔管路；2—管路支柱；3—接地导线
（25×4 镀锌扁钢）；4—埋地
镀锌角钢（50×50×5）

不直。

② 塑料管煨弯时，由于加热温度未掌握好或操作不当、受热不均匀等都会造成弯管煨扁或过烧现象。

③ 施工操作不当或接口材料选用不当，致使接口渗漏。

（3）纠正方法及预防措施

① 纠正方法。

a. 当塑料管弯曲不直时，首先要分析确定产生管道弯曲不直的原因。如属支架间距过大引起管道弯曲，则应补加支架；如属系统未设置补偿器投运后升温热胀引起管道变形弯曲，则应考虑加设补偿装置；如属安装时管道本身未调直，安装后也可通入蒸汽，予以整修、调直。

b. 对于煨扁、过烧不符合质量要求的弯管，则应换掉，用新管重新煨制。

c. 对于有渗漏的焊口，能返修补焊的可以补焊；对于属两法

兰密封面渗漏的可松开法兰，更换法兰垫片，重新按对称十字交叉顺序，分三次拧紧螺栓。

② 预防措施。

a. 塑料管道安装前要进行检查，对弯曲管道要进行调直，其方法是将塑料管道平放在平整的平台上，然后向管内通入蒸汽，使管道受热变软，调摆顺直后，停汽在平台上自然冷却，即可使弯曲管道变直。

塑料管道安装，必须按设计要求的位置和数量装设补偿器。如设计无要求评定标准规定，伸缩节按不大于 4m 的间距进行设置。

塑料管道由于强度低，其支架间距应比钢管小得多，根据工作温度和介质可按表 12-4 选用。

表 12-4　硬聚氯乙烯塑料管支架间距　　　　　　m

管径/mm	温度＜40℃			温度≥40℃	
	液体	气体		液体	气体
	压力/MPa				
	0.05	0.25～0.6	≥0.6	＜0.25	≥0.25
＜20	1	1.2	1.5	0.7	0.8
25～40	1.2	1.5	1.8	0.8	1
＞50	1.5	1.8	2	1.0	1.2

b. 硬聚氯乙烯管弯曲应在加热状态下进行，一般是将预先炒热到 40～50℃ 的热砂灌入管内，用木槌敲打振实，然后放入蒸汽加热箱或甘油加热箱内，加热到 130～140℃，最后弯曲时应在胎具上进行。

c. 塑料接口渗漏的预防措施如下。对于法兰连接口，密封面焊接后必须刨平或锉平，法兰垫片材质必须符合介质要求。对于承插连接：首先必须严格控制好承插口的间隙，一般不得大于 0.15～0.3mm；黏合面要干燥、清洁、无油污，涂黏结剂前，先用丙酮或二氯乙烷擦拭干净；插口应平齐，承口应无歪斜，承插口均应光滑、无裂纹。粘接好后的外露接合缝应用塑料焊条焊接严实。

12.6 管道防腐、保温施工的质量缺陷及防治

12.6.1 漆膜返锈

（1）问题表现　金属管道涂漆后，漆膜表面逐渐泛出黄红色锈斑，并逐渐起鼓、破裂、剥落。

（2）原因分析

① 管道除锈不彻底或管表面水分及污染物未清理干净，漆膜附着不牢，造成返锈。

② 刷涂过程中，漆膜有针孔、气泡等缺陷或有漏涂的空白点。

③ 未按设计要求分层刷涂，漆膜太薄，受潮气或腐蚀性介质侵蚀，产生针蚀而引发扩展成大面积锈蚀。

（3）纠正方法及预防措施

① 纠正方法。凡已发生返锈的漆膜，应予以铲除，并认真除锈，重新按设计要求涂刷油漆。

② 预防措施。

a. 管道涂漆前，必须彻底清理管子表面的水分、泥土及锈蚀物，使管道表面露出金属光泽。为防止再次生锈，应及时涂刷底漆。

b. 管道刷涂油漆要按设计要求进行，保证刷涂的层数和油漆的质量。

c. 管道刷漆要均匀，防止漏刷和针孔、气泡等缺陷发生。

12.6.2 漏刷

（1）问题表现　管道除锈刷油后，有个别部位特别是靠墙、贴地面不好操作的部位油漆漏刷，发生锈蚀，影响管道的使用寿命。

（2）原因分析

① 由于管道靠墙、贴地不好操作，操作者质量意识不强，造

成这些部位油漆漏刷。

②管道安装作业，违反施工程序，管道设备不刷防锈漆就进行就位、安装，造成有些部位的管道油漆无法再刷，如管道过墙、穿楼板及管道同支架接触处、组装好的散热器，安装好的箱、槽底部等。

（3）纠正方法及预防措施

①纠正方法。管道或设备某些部位油漆漏刷，产生锈蚀就会严重影响整个系统的使用寿命，危害很大。因此，管道和设备凡是油漆漏刷的部位必须补刷。

②预防措施。

a.严格按照施工程序进行施工作业。管道和设备安装前必须在地面刷好底漆，安装完后再刷面漆，这样就避免了不便操作部位的油漆漏刷现象，保证了工程质量。

b.对于管道和设备的靠墙、贴地部位，随时用小镜反照检查，发现油漆漏刷部位，立即补刷。

12.6.3　油漆流淌

（1）问题表现　在水平管底部及立管式设备的立面，有油漆流淌明显的痕迹。

（2）原因分析

①油漆调和时稀释剂添加过多，降低了油漆的黏度，从而影响了油漆同金属表面的附着力，造成流淌、下坠。

②油漆施工作业时，环境温度过低，湿度过大，漆膜干燥慢，易产生流淌。

③油漆涂刷时操作不当或油漆蘸得太多，刷出的漆膜太厚，由于漆的自重造成下淌、流坠。

④油漆喷涂时，选用的喷枪喷嘴口径太大，喷枪离喷涂物体太近，喷枪的气压太大或太小，都会造成油漆下淌、流坠。

（3）纠正方法及预防措施

①纠正方法。

a.流淌的油漆未干燥时，可用铲刀将油坠铲除，再用同样的油漆满刷一遍。

b. 如流淌的漆膜已经干透,对于轻微的油坠可用砂纸磨平,再满刷油漆一遍。

② 预防措施。

a. 稀释剂的添加要边搅边加,适当为止。

b. 管道及设备涂漆时环境温度要适当,一般以 $15\sim20$℃,相对湿度 $50\%\sim75\%$ 为宜。

c. 涂漆时操作要均匀,涂刷蘸漆不宜过多,漆膜不要太厚,一般应为 $50\sim70\mu m$。

d. 当采用喷枪喷漆时,选用喷嘴要合适,喷枪离喷涂物的距离要适当,气压以 $0.2\sim0.4MPa$ 为宜。

12.6.4 管道保温效果不良

(1) 问题表现　管道保冷层外表面夏季存在结露返潮;保温热管道表面冬季存在过热现象。

(2) 原因分析

① 保温材料本身不合格,如保温结构厚薄不均,密度太大等都会降低保温效果。

② 保温材料受雨水侵袭,造成含水分过多;或由于保温层外防潮层被破坏,接口不严,雨水和潮气侵入,致使保温材料热导率增大,从而大大降低了材料的保温性能。

③ 保温层被损坏,或保温材料接口不严,有漏保缺陷存在或保温材料填充不实,有空洞现象。

(3) 纠正方法及预防措施

① 纠正方法。

a. 若为材料不合格造成的保温效果差,应拆掉改换合格保温材料重新保温。

b. 对于受雨水侵袭的保温结构,应拆除防潮层,使其干燥,然后再制作防潮层。

c. 对于保温层损坏、接口不严、漏保的部位应予以补保,保证严实不漏。

② 预防措施。

a. 严把保温材料的采购、检查、验收关，必要时须抽样鉴定。不合格者不允许使用。

b. 受雨水侵袭的保温材料，使用前要晒干，除去水分。

c. 施工过程中要做好成品保护；施工中严格按要求进行操作，松散材料应填充密实，接口要严密不漏保，并要捆扎牢固；防潮层缠裹应从低处向高处进行，应搭接缠紧，搭接宽度为 30～50mm，缝口应在侧面朝下以防雨水进入。

12.7 断丝取出技术

管道或管道连接设备的螺柱（螺栓、螺杆、螺钉）由于锈蚀或拆装时用力过大等原因，都可能被扭断，使一部分螺柱残留于基体内不易取出而影响设备的正常工作。

12.7.1 断丝取出器工作原理

利用插入断丝体内带有左旋圆锥螺纹特制丝锥，通过强力逆时针左旋断丝取出器，产生越拧越紧的效果，迫使右旋断丝与断丝取出器同时旋转，实现快速取出断丝的目的。左旋断丝则应选择右旋断丝取出器。

目前断丝取出器市场上已有销售，主要有一组钻头、取出器体、铰手架、钻套等组成，并设置在一个便携式工具箱内。其中钻头即为普通的麻花钻头，用于在断头螺栓的中心钻孔，断丝取出器是一种由合金工具钢制造并经热处理工艺制成的左旋的圆锥形丝锥。供手工取出断裂在机器、设备里面的六角头螺栓、双头螺柱、内六角螺钉等之用。快捷方便实用。

12.7.2 断丝取出器使用方法

① 首先根据被折断螺栓的直径选取合适的钻头，选择的原则是钻头的直径与断丝取出器的最细端相仿。如表 12-5 所示。

表 12-5　断丝取出器适用螺栓规格及选用钻头表

取出器规格（号码）	主要尺寸/mm			适用螺栓规格		选用麻花钻规格（直径）/mm
	直径		全长	米制/mm	英制/in	
	小端	大端				
1	1.6	3.2	50	M4~M6	3/16~1/4	2
2	2.4	5.2	60	M6~M8	1/4~5/16	3
3	3.2	6.3	68	M8~M10	5/16~7/16	4
4	4.8	8.7	76	M10~M14	7/16~9/16	6.5
5	6.3	11	85	M14~M18	9/16~3/4	7
6	9.5	15	95	M18~M24	3/4~1	10

注：M 表示螺栓规格，即螺栓外直径。

② 在螺栓断面上钻孔。这个步骤是取断丝的关键，如有可能，应在螺栓断面上打上中心样冲孔，然后将加工好的钻头装到手电钻上卡紧，将钻头顶住螺栓断面的中间，保持钻头竖直，避免钻头偏移中间位置，如钻头偏移太多，钻孔后会伤到轮毂上的螺纹。一手握住电钻手柄，一手从手电钻后部按压。开始时手电钻的速度不要太快，钻速太快容易使钻头偏移。按压的力度也不要太大。待钻头在螺栓断面上钻入一定深度，钻头不会偏移了，拿起手电钻，观察钻孔的位置是否偏移过大，如偏移过大需要重新定位。如钻孔位置合适，将钻头伸入顶住刚才钻的位置上继续将钻孔打深。这时钻头不会偏移，可以逐渐加快钻速，同时按压手电钻的力度可以随之加大。钻孔深大约 8~10mm 即可。用小形磁体将将孔内的铁屑吸出，或压缩风力吹出。

③ 断丝取出器插入钻好的孔内，用锤子敲击断丝取出器尾部，使其与断裂螺栓初步咬合，用扳手旋动断丝取出器带动断裂螺栓将其取出。如用锤子敲击后断丝取出器不能与断裂螺栓充分咬合，说明钻的孔不够深，或是选择的断丝取出器与钻头不匹配。重新选择匹配的断丝取出器。如旋出过程中阻力很大，可以用锤子用力敲击断丝取出器尾端 2~3 下后再继续用扳手旋动。不要用蛮力，那样有可能将断丝取出器拧断。如图 12-16 所示。

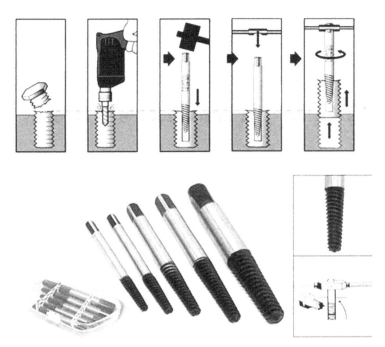

图 12-16　断丝取出器及使用方法示意图

④ 使用注意事项。断丝取出器常出现取出器体折断、崩刃等失效现象，需注意在旋转取出器体取出折断螺栓时严禁用力过猛，以防取出器体被折断。受其工作条件限制，取出器体的直径较小（特别是小号的断丝取出器），带有沟槽，易产生应力集中，所以无法承受较大的扭矩。因此在取出折断螺栓作业时，若发现转动取出器体的阻力较大，切不可强攻，而应智取，首先要找出原因，一般是由于锈蚀严重所致，应采取松动剂浸润或震动等方法，去除锈蚀阻力，然后再取出折断螺栓。取出断丝如图 12-17 所示。

图 12-17　取出断丝实物图

第 13 章　管道的泄漏与带压密封

管道是工农业生产领域内输送流体的最基本的单元。在管道内由于输送介质的不断腐蚀、冲刷，温度、压力、振动、季节变化，地质变化，人为等因素的影响，在某些部位上不可避免地会发生密封失效的问题，压力介质随之外泄，如不及时处理，密封失效的程度将会扩大，泄漏流量会成倍增加。由于泄漏，有毒的、腐蚀性的、易燃的、易爆的、高温高压的各种介质不断外流，轻则造成能源物料流失、污染环境，重则引起火灾、爆炸、中毒、伤亡，严重威胁着管道内流体的正常输送和人身安全，以致生产无法进行，易造成企业非计划停产事故。因此，泄漏的预防与带压密封技术已成为管道维护工作的重要内容之一。

13.1　管道的泄漏形式

13.1.1　泄漏的定义

泄漏的定义：高压流体介质经隔离物缺陷通道向低压区流失的负面传质现象。由此可知，造成泄漏的根源是隔离物上出现的缺陷通道，也就是人们常说的泄漏缺陷；而推动介质泄漏的能量则是泄漏缺陷两侧的压力差。

（1）隔离措施　堵塞或隔离泄漏通道；增加泄漏通道中的阻力；加设小型密封元件，形成平衡泄漏的压力；借外力将泄漏液抽走或注入比泄漏压力更高的密封介质；采用组合密封元件；设置物理壁垒等。

（2）高能　"高能"是相对低能区而言的，是一个能量差的概念。能量差特指压力差、温度差、速度差、浓度差等。压力差和浓度差是质量传递的推动力，温度差是热量传递的推动力，速度差是动量传递的推动力。概括地说，能量差是泄漏的推动力。

（3）流体　泛指液体、气体、气液混合体、含有固体颗粒的气体或液体等。

（4）低能区　是相对高能物质而言的。低能区包括低压区、低浓度区、低温度区和低速区等。

（5）负面传质　指的是人们不希望发生的传质方向和途径。

13.1.2　泄漏分类

泄漏所发生的部位是相当广泛的，几乎涉及所有的流体输送与储存的物体。泄漏的形式及种类也是多种多样的，而按照人们的习惯称呼多是漏气、漏汽、漏风、漏水、漏油、漏酸、漏碱、漏盐；法兰漏、阀门漏、油箱漏、水箱漏、管道漏、弯头漏、三通漏、四通漏、变径漏、填料漏、螺纹漏、焊缝漏、丝头漏、轴封漏、反应器漏、塔器漏、换热器漏、船漏、车漏、管漏等。

（1）按泄漏的机理分类

① 界面泄漏。在密封件（垫片、填料）表面和与其接触件的表面之间产生的一种泄漏。如法兰密封面与垫片材料之间产生的泄漏、阀门填料与阀杆之间产生的泄漏，密封填料与转轴或填料箱之间发生的泄漏等，都属于界面泄漏。

② 渗透泄漏。介质通过密封件（垫片、填料）本体毛细管渗透出来，这种泄漏发生在致密性较差的植物纤维、动物纤维和化学纤维等材料制成的密封件上。

③ 破坏性泄漏。密封件由于急剧磨损、变形、变质、失效等因素，使泄漏间隙增大而造成的一种危险性泄漏。

（2）按泄漏量分类

① 液体介质泄漏分为五级。

a. 无泄漏。检测不出泄漏。

b. 渗漏。一种轻微泄漏，表面有明显的介质渗漏痕迹，像渗出的汗水一样。擦掉痕迹，几分钟后又出现渗漏痕迹。

c. 滴漏。介质泄漏成水球状，缓慢地流下或滴下，擦掉痕迹，5min 内再现水球状渗漏者为滴漏。

d. 重漏。介质泄漏较重，连续成水珠状流下或滴下，但未达到流淌程度。

e. 流淌。介质泄漏严重，介质喷涌不断，以线状流淌。

② 气态介质泄漏分为四级。

a. 无泄漏。用小纸条或纤维检查为静止状态，用肥皂水检查无气泡。

b. 渗漏。用小纸条检查微微飘动，用肥皂水检查有气泡，用湿的石蕊试纸检验有变色痕迹，有色气态介质可见淡色烟气。

c. 泄漏。用小纸条检查时飞舞，用肥皂水检查气泡成串，用湿的石蕊试纸测试马上变色，有色气体明显可见。

d. 重漏。泄漏气体产生噪声，可听见。

13.1.3 法兰及法兰泄漏

法兰密封是管道中应用最广泛的一种密封结构形式。这种密封形式一般是依靠其连接螺栓所产生的预紧力，通过各种固体垫片（如橡胶垫片、石棉橡胶垫片、植物纤维垫片、缠绕式金属内填石棉垫片、波纹状金属内填石棉垫片、波纹状金属夹壳内填石棉垫片、波纹状金属垫片、平金属夹壳内填石棉垫片、槽形金属垫片、凸心金属平垫片、金属圆环垫片、金属八角垫片等）或液体垫片（一定时间或一定条件下转变成一定形状的固体垫片）达到足够的工作密封比压，来阻止被密封流体介质的外泄，属于强制密封范畴，如图 13-1 所示。法兰泄漏可归纳为三类。

（1）界面泄漏　这是一种被密封介质通过垫片与两法兰面之间的间隙面产生的泄漏形式。主要原因是密封垫片压紧力不足、法兰结合面上的粗糙度不恰当、管道热变形、机械振动等，这些都会引起密封垫片与法兰面之间密合不严而发生泄漏。另外，法兰连接后，螺栓变形、伸长及密封垫片长期使用后塑性变形，回弹力下降、密封垫片材料老化、龟裂、变质等，也会造成垫片与法兰面之间密合不严而发生泄漏。如图 13-2 所示。

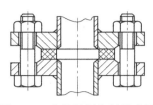

图 13-1　法兰强制密封示意图

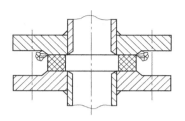

图 13-2　界面泄漏示意图

因此，把这种由于金属面和密封垫片交界面上不能很好地吻合而发生的泄漏称为"界面泄漏"。无论哪种形式的密封垫片或哪种材料制成的密封垫片都会出现界面泄漏。

在法兰连接部位上所发生的泄漏事故，绝大多数是这种界面泄漏，多数情况下，这种泄漏事故占全部法兰泄漏的 $80\%\sim95\%$ 以上，有时甚至是全部。

（2）渗透泄漏　这是一种被密封介质通过垫片内部的微小间隙产生的泄漏形式。植物纤维（棉、麻、丝）、动物纤维（羊毛、兔毛等）、矿物纤维（石棉、石墨、玻璃、陶瓷等）和化学纤维（尼龙、聚四氟乙烯等各种塑料纤维）等都是制造密封垫片的常用原材料，还有皮革、纸板也常被用作密封垫片材料。这些垫片的基础材料的组织成分比较疏松、致密性差，纤维与纤维之间有无数的微小缝隙，很容易被流体介质浸透，特别是在流体介质的压力作用下，被密封介质会通过纤维间的微小缝渗透到低压一侧。如图 13-3 所示。因此，把这种由于垫片材料的纤维和纤维之间有一定的缝隙，流体介质在一定条件下能够通过这些缝隙而产生的泄漏现象称为"渗透泄漏"。

渗透泄漏一般与被密封的流体介质的工作压力有关，压力越高，泄漏流量越大。另外渗透泄漏还与被密封的流体介质的物理性质有关，黏度小的介质易发生渗透泄漏，而黏度大的介质则不易发生渗透泄漏。渗透泄漏一般约占法兰密封泄漏事故的 $8\%\sim12\%$ 左右。进入 21 世纪，随着材料科学迅猛发展，新型密封材料不断涌现，这些新型密封材料的致密性非常好，以它们为主要基料制作的密封垫片发生渗透泄漏的现象日趋减少。

（3）破坏泄漏　从本质上说也是一种界面泄漏，但引起界面泄漏的后果，人为的因素则占有很大的比例。密封垫片在安装过程中，易发生装偏的现象，从而使局部的密封比压不足或预紧力过度，超过了密封垫片的设计限度，而使密封垫片失去回弹能力。另外，法兰的连接螺栓松紧不一，两法兰中心线偏移，在把紧法兰的过程中都可能发生上述现象。如图 13-4 所示。因此，把这种由于安装质量欠佳而产生密封垫片压缩过度或密封比压不足而发生的泄漏称为"破坏泄漏"。这种泄漏很大程度上取决于人的因素。破坏泄漏事故一般约占全部泄漏事故的 1%～5%左右。

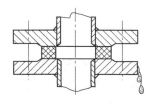
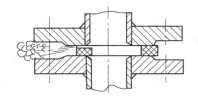

图 13-3　渗透泄漏示意图　　　图 13-4　破坏泄漏示意图

界面泄漏和破坏泄漏的泄漏量都会随着时间的推移而明显加大，而渗透泄漏的泄漏量与时间的关系不十分明显。无论是哪一种泄漏，一旦发现就应当立刻采取措施。首先可以用扳手检查一下连接螺栓是否松动，然后均匀拧紧直到泄漏消失。若拧紧螺栓后，泄漏不见消除，就应当考虑采用"带压密封技术"（见本章 13.2 节）中的某种方法加以解决。采用"带压密封技术"消除泄漏宜早不宜晚，待到泄漏呈明显增大后再处理，就会给带压密封作业带来不便，无形中增大了施工难度。

（4）法兰与管道连接部位泄漏　从法兰的结构类型可以看出，法兰与管道及设备的连接形式多为焊接或螺纹连接。对于选用焊接连接形式的法兰，在连接焊缝上也可能发生泄漏，引起焊缝泄漏的原因是在焊接过程中存在的各种焊接缺陷所至，这些缺陷有未焊透、夹渣、气孔、裂纹、过热、过烧、咬边等；对于选用螺纹连接形式的法兰，也可能在螺纹处发生界面泄漏。

13.1.4 设备及管道泄漏

工艺生产设备上（容器、塔器、换热器、反应器、锅炉等）也会发生泄漏事故。如大型气柜上出现的腐蚀孔洞、裂纹，流体压力容器上出现的裂纹、渗漏现象等；工艺生产管道上，由于其输送的流体介质的不断流动，在腐蚀、冲刷、振动等因素影响下，在直管输送管段上、异径管段上，流体介质改变方向的弯头及三通处，管道的纵焊缝及环焊缝上，也同样会出现泄漏现象。造成设备和管道泄漏的原因较多，有人为的（选材不当、结构不合理、焊缝缺陷、防腐蚀措施不完善、安装质量欠佳等）和自然的（温度变化、地震、地质变迁、雷雨风暴、季节变化、非人为的破坏等）因素。

（1）焊缝缺陷引起的泄漏　无论是大型化工金属容器，还是长达数百千米的流体输送管道，都是通过焊接的方法连接起来的。通过焊接的方法，可以得到力学性能优良的焊接接头。但是，在焊接的过程中，由于人为的因素及其他自然因素的影响，在焊缝形成过程中不可避免地存在各种缺陷。焊缝上发生的泄漏现象，相当大一部分是由焊接过程中所遗留下来的焊接缺陷所引起的。

① 未焊透。焊件的间隙或边缘未熔化，留下的间隙称为未焊透。由于存在未焊透，压力介质会沿着层间的微小间隙出现渗漏现象，严重时也会发生喷射状泄漏。

② 夹渣。在焊缝中存在的非金属物质称为夹渣。夹渣主要是由于操作技术不良，使熔池中的熔渣未浮出而存在于焊缝之中，夹渣也可能是来自母材的脏物。夹渣有的能够看到，称为外缺陷；有的存在于焊缝深处，肉眼无法看到，通过无损探伤可以看到，称为内缺陷。无论内缺陷还是外缺陷，对焊缝的危害都是很大的，它们的存在降低了焊缝的力学性能。而某些具有针状的显微夹杂物，其夹渣的尖角将会引起应力集中，几乎和裂纹相等。焊缝里的针状氮化物和磷化物，会使金属发脆，氧化铁和硫化铁还能形成裂纹。

夹渣引起的焊缝泄漏也是比较常见的，特别是在那些焊缝质量要求不高的流体输送管路及容器上，夹渣存在的焊缝段内会造成局部区域内的应力集中，使夹渣尖端处的微小裂纹扩展，当这个裂纹穿透管道壁厚时，就会发生泄漏现象。

③ 气孔。在金属焊接过程中，由于某些原因使熔池中的气体来不及逸出而留在熔池内，焊缝中的流体金属凝固后形成孔眼，称之为气孔。气孔的形状、大小及数量与母材钢种、焊条性质、焊接位置及电焊工的操作技术水平有关。形成气孔的气体有的是原来存在于母材或焊条钢芯中的气体；有的是药皮在熔化时产生的气体；有的是母材上的油锈、垢等物在受热后分解产生的；也有的来自于大气。而低碳钢焊缝中的气孔主要是氢或一氧化碳气孔。

单一的小气孔一般不会引起泄漏。但长形气孔的尖端在温差应力、安装应力或其他自然力的作用下，会出现应力集中的现象，致使气孔尖端处出现裂纹，并不断扩展，最后导致泄漏；连续蜂窝状气孔则会引起点状泄漏。处理这类焊缝气孔引起的泄漏，可以采用"带压粘接密封技术"（见本章 13.4 节）中所介绍的简便易行的方法加以消除；当泄漏压力及泄漏量较大，人员难以靠近泄漏部位，则可以采用注剂式带压密封技术加以消除；允许动火的部位也可考虑采用"带压焊接密封技术"（见本章 13.6 节）中介绍的方法加以消除，其强度会更高，使用寿命会更长。

④ 裂纹。是金属中最危险的缺陷，也是各种材料焊接过程中时常遇到的问题。这种金属中的危险缺陷有不断扩展和延伸的趋势，从密封的角度考虑，裂纹的扩展最终会引起被密封流体介质的外泄。

（2）腐蚀引起的泄漏　腐蚀是自然界中最常见的一种化学现象，它会使物质发生质的变化，甚至造成物体破坏。腐蚀若是发生在金属设备及管道上，同样会引发泄漏事故。根据腐蚀的性质不同可以将腐蚀分为如下几种。

① 均匀腐蚀。这种腐蚀是由环境所引起的，凡是与介质接触的表面，皆产生同一种腐蚀。

② 侵蚀或汽蚀。这种腐蚀是由于流体介质的流动所引起的。高速输送的液体压力会明显下降，当压力低于介质的临界压力时，

液体就会出现汽化现象，形成无数个气泡。但是，这种汽泡存在的时间有限，一旦到高压区，这些气泡又凝结为液体，凝结的过程中便会产生对金属材料的侵蚀和冲击，冲击的能量足以造成管道的振动，同时把金属表面腐蚀成蜂窝状，随着时间的推移，便形成了腐蚀穿孔，造成泄漏事故的发生。

③ 应力腐蚀。金属材料的应力腐蚀，是指在静拉伸应力和腐蚀介质共同作用下而导致的金属破坏。

④ 电化学腐蚀。这种腐蚀是金属与介质发生电化学反应而引起的腐蚀。

⑤ 点蚀。这种腐蚀发生在金属表面的某一点上。初始只出现在金属表面某个局部不易看见的微小位置上，腐蚀主要向深部扩散，最后造成一个小穿透孔，而孔周围的腐蚀并不明显。

（3）振动及冲刷引起的泄漏　管道振动在日常生活中稍加留意就可以观察到。凡是经常发生振动的管道，发生泄漏的概率要比正常管道多得多。生产企业管道和管路系统也会发生与此相同的情况，但危险的程度会更大，它能使法兰的连接螺栓松动，垫片上的密封比压下降，振动还会使管道焊缝内的缺陷扩展，最终导致严重的泄漏事故。

13.1.5　阀门及阀门泄漏

在管路上，阀门是不可缺少的主要控制元件，控制各种设备上及工艺管路上流体介质的运行，起到全开、全关、节流、保安、止回等功能。由于受到输送介质温度、压力、冲刷、振动、腐蚀的影响，以及阀门生产制作中存在的内部缺陷，阀门在使用过程中不可避免地也会发生泄漏。

（1）连接法兰及压盖法兰泄漏　工业上使用的阀门多采用法兰的连接形式与管道或设备形成一个完整的无泄漏的系统。阀门上的法兰一般为灰铸铁及球墨铸铁材料铸造而成，也有采用焊接形式的法兰。法兰的泄漏主要有界面泄漏、渗透泄漏和破坏泄漏。

（2）焊缝泄漏　发生在阀门自身焊缝（铸造体与法兰的焊接连接）及阀门与管路的焊接焊缝上。自身焊缝采用开坡口、对焊的方式，并通过必要的无损探伤检测，由制造厂家来完成，一般质量是有保证的；阀门与管路采用焊接连接的阀门多是高压阀或特殊场合用的阀门，焊接的方式有对接焊和承插焊，如焊接连接锻钢截止阀、承插焊锻钢截止阀等，焊接过程则由用户完成。对于大口径焊接阀多采用电焊或惰性气体保护焊，小口径焊接阀门也可以采用气焊。无论何种方法焊接成形的焊缝，都可能存在各种焊接缺陷，如气孔、夹渣、未焊透、裂纹等，阀门在使用过程中如果这些缺陷不断地扩展，就会造成泄漏事故的发生。

（3）螺纹泄漏　实质上也是一种界面泄漏。

（4）阀体泄漏　可以发生在除填料及法兰密封的其他任何部位。泄漏的主要原因是由于阀门生产过程中存在铸造缺陷。而腐蚀介质的输送、流体介质的冲刷也可造成阀门各部位的泄漏，腐蚀主要以均匀腐蚀和侵蚀或气蚀的形式存在。

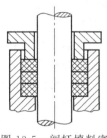

图 13-5　阀杆填料密封结构示意图

（5）填料泄漏　是阀门阀杆采用填料密封结构处所发生的泄漏。阀杆填料密封结构示意图如 13-5 所示。填料装入填料腔以后，经压盖对它施加轴向压缩，由于填料的塑性，使它产生径向力，并与阀杆紧密接触，但实际上这种压紧接触并不是非常均匀的。有些部位接触得紧一些，有些部位接触得松一些，还有些部位填料与阀杆之间未接触上。这样接触部位同非接触部位交替出现形成了一个不规则的迷宫，起到阻止流体压力介质外泄的作用。因此，可以说填料密封的机理就是"迷宫效应"。

造成填料泄漏的主要原因是界面泄漏；对于编结填料则还会出现渗透泄漏。阀杆与填料间的界面泄漏是由于填料接触压力的逐渐减弱，填料材料自身的老化等因素引起的，这时压力介质就会沿着填料与阀杆之间的接触间隙向外泄漏。随着时间的推移，压力介质会把部分填料吹走，甚至会将阀杆冲刷出沟槽；阀门填料的渗透泄漏则是指流体介质沿着填料纤维之间的微小缝隙向外泄漏。

13.2 带压密封技术的机理

13.2.1 带压密封技术概述

带压密封技术是专门从事泄漏事故发生后，怎样在不降低压力、温度及泄漏流量的条件下，采用各种带压密封方法，在泄漏缺陷部位上重新创建密封装置的一门新兴的工程技术学科。由于是新生事物，以前的叫法极多，如不停产堵漏技术、不停产强注式堵漏技术、不停车带压堵漏技术、不停工带压堵漏技术、线堵漏技术、弗曼耐特带压堵漏技术、神胶快速堵漏技术、第六代堵漏技术、车家宝堵漏技术、不停车封堵技术、在线带压密封技术及带压密封技术等。我国现行国家标准的称呼是带压密封技术。

13.2.2 带压密封技术定义与机理

（1）密封与带压密封

① 密封。隔离高能流体向低能区进行负面传质的有效措施。

② 带压密封。流体介质发生泄漏时，以创建新密封结构为目的的技术手段。

（2）带压密封技术的定义　在不降低压力、温度及泄漏流量的状态下，在泄漏缺陷部位上重新创建密封装置为目的各种技术手段的总称。

（3）带压密封技术的机理　在大于泄漏介质压力的人为外力作用下，切断泄漏通道，实现再密封的目的。

大于泄漏介质压力的外力可以是机械力、黏接力、热应力、气体压力等；传递外力至泄漏通道的机构可以是刚性体、弹性体或塑性流体等。

13.3 注剂式带压密封技术

13.3.1 注剂式带压密封技术基本原理

注剂式带压密封技术基本原理是：向特定的封闭空腔注射密封注

剂，以创建新的密封结构为目的的一种技术手段。如图 13-6 所示。

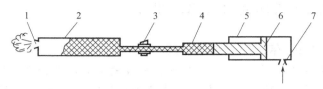

图 13-6 注剂式带压密封技术模型示意图

1—化学事故泄漏介质；2—护剂夹具；3—注剂阀；4—密封注剂；
5—剂料腔；6—挤压活塞；7—压力油接管

13.3.2 注剂式带压密封技术机具总成

注剂式带压密封技术机具总成包括：夹具、接头、注剂阀、高压注剂枪、快装接头、高压输油管、压力表、压力表接头、回油尾部接头、油压换向阀接头、手动液压油泵等。如图 13-7 所示。

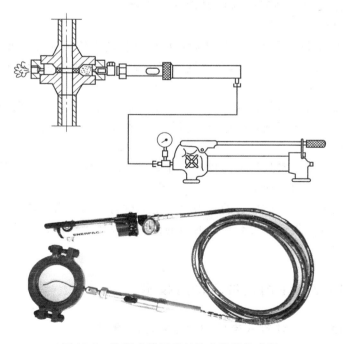

图 13-7 注剂式带压密封技术机具总成图

13.3.3 专用密封注剂

密封注剂是供"注剂枪"注剂使用的复合型密封材料的总称。

密封注剂一经注射到夹具与泄漏部位外表面所形成的密封空腔内，便与泄漏介质直接接触，是将要建立的新的密封结构的第一道防线。密封注剂的各项性能直接涉及该技术的使用范围，它的优劣也直接影响到新的密封结构的使用寿命。可以说在合理设计制作夹具的前提下，正确选用密封注剂是注剂式带压密封技术的关键所在。

从目前国内外密封注剂的生产和使用情况来看，大约有三十多个品种，可大致分为两类。一类是热固化密封注剂，另一类是非热固化密封注剂。注剂式带压密封技术专用密封注剂外形如图13-8所示。

图 13-8　注剂式带压密封技术专用密封注剂外形

13.3.4 带压密封夹具

夹具是"注剂式带压密封技术"的重要组成部分之一。夹具是加装在泄漏缺陷的外部与泄漏部位的部分外表面共同组成新的密封空腔的金属构件。可以说在注剂式带压密封技术应用中，相当大的工作量都是围绕着夹具的构思、设计、制作来进行的，也是带压密封操作者较难掌握的一项技术。

13.3.4.1 法兰夹具

法兰夹具是利用包容法兰外边缘与法兰垫片之间的空隙构成密封空腔的凸形或凹形夹具。其基本结构如图13-9所示。

13.3.4.2 直管夹具

直管夹具是用于直管段泄漏所采用的一种夹具结构。包括方形直管夹具和焊接直管夹具如图13-10所示。

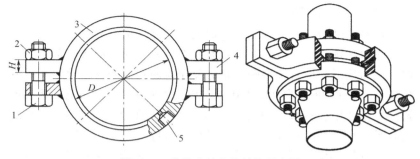

图 13-9　凸形法兰夹具结构示意图

1—螺栓；2—螺母；3—卡环；4—耳子；5—注剂孔

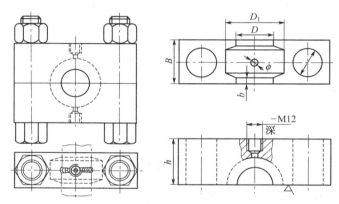

图 13-10　直管方形夹具加工示意图

13.3.4.3　弯头夹具

弯头夹具用于弯头泄漏而设计和制造的夹具结构，如图 13-11 所示。

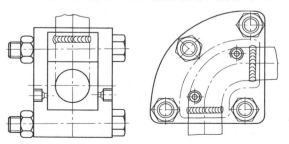

图 13-11　弯头夹具示意图

13.3.4.4 三通夹具

三通夹具是用于三通泄漏而设计和制作的夹具结构，包括整体加工三通夹具和焊接三通夹具。如图 13-12 所示。

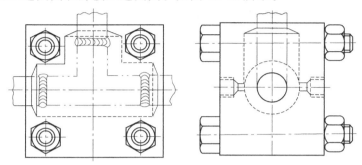

图 13-12　三通夹具示意图

13.3.5　高压注剂枪

高压注剂枪是注剂式带压密封技术的专用器具。它的作用是将动力油管输入的压力油或螺旋力，通过枪的柱塞转变成注射密封注剂的强大挤压推力，强行把枪前部剂料腔内的密封注剂注射到夹具与泄漏部位部分外表面所形成的密封空腔内，直到泄漏停止。由于高压注剂枪是在特殊情况下使用的一种工具，操作压力及环境都比较苛刻。

根据高压注剂枪活塞杆复位方式的不同可分为三种类型：手动复位式高压注剂枪、油压复位式高压注剂枪、自动复位式高压注剂枪。如图 13-13 所示。

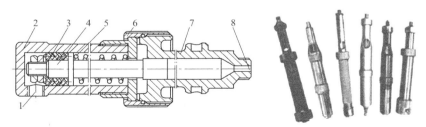

图 13-13　自动复位式高压注剂枪结构图

1—进油口；2—油缸；3—密封结构；4—活塞杆；5—复位弹簧；

6—连接螺母；7—剂料腔；8—出料口

13.3.6 带压密封现场操作方法

操作方法是在现场测绘、夹具设计及制作完成后进行的具体操作作业，也是带压密封技术中危险性最大的作业步骤。因此，安全问题必须放在首位，要根据泄漏介质的压力、温度、泄漏现场的环境等条件配戴好劳动保护用品，准备好现场作业所用的各种工器具，按注剂式带压密封技术的操作要领进行操作。

13.3.6.1 法兰泄漏现场操作方法

法兰泄漏根据其泄漏介质压力、温度、泄漏法兰副的连接间隙等参数确定具体操作方法。法兰泄漏操作方法有"铜丝敛缝围堵法"、"钢带围堵法"（螺栓紧固式、钢带拉紧器紧固式）、"钢丝绳快速堵漏法"、"凸形法兰夹具"（标准夹具、偏心夹具、异径夹具、设有柔性密封结构夹具、设有软金属密封结构夹具）、"凹形法兰夹具"等。

(1) 铜丝敛缝围堵法 当两法兰的连接间隙小于 8mm，并且整个法兰外圆的间隙量比较均匀，泄漏介质压力低于 2.5MPa，泄漏量不是很大时，也可以不采用特制夹具，而是采用另一种简便易行的办法。用直径等于或略小于泄漏法兰间隙的铜丝、螺栓专用注剂接头或在泄漏法兰上开设注剂孔方法，组合成新的密封空腔，然后通过螺栓专用注剂接头或法兰上新开设的注剂孔把密封注剂注射到新形成的密封空腔内，达到止住泄漏的目的。如图 13-14 所示。

(2) 钢带围堵法 当两法兰之间的连接间隙不大于 8mm，泄漏介质压力小于 2.5MPa 时，可以采用钢带围堵法进行堵漏抢险作业。这种方法对法兰连接间隙的均匀程度没有严格要求，但对泄漏法兰的连接同轴度有较高的要求。该法注剂通道的构成及连接高压注剂枪的方式与"铜丝敛缝围堵法"完全相同。一种是在法兰连接的螺栓孔处注入密封注剂；另一种是在泄漏法兰外边缘上直接开设注剂孔。如图 13-15 所示。

(3) 钢丝绳快速堵漏法 当两法兰之间的连接间隙不大于 10mm，泄漏介质压力小于 10.0MPa 时，可以采用钢丝绳围堵法进行堵漏抢险作业。这种方法不受法兰连接间隙的均匀程度及泄漏法兰的连接同轴度的影响，钢丝绳在强大的外力作用下，被强行勒进法兰连接间隙后，钢丝绳与两法兰副外边缘形成线密封结构，构

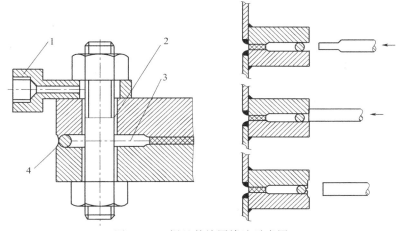

图 13-14 铜丝敛缝围堵法示意图

1—螺孔注剂接头；2—注剂通道；3—密封空腔；4—金属丝

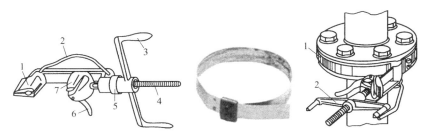

图 13-15 钢带拉紧器结构示意图

1—扁嘴；2—切割手柄；3—转动把手；4—丝杠；

5—推力轴承；6—压力杆；7—滑块

成符合注剂式堵漏抢险要求的完整密封空腔。根据泄漏介质压力和法兰连接间隙，可选择的钢丝绳直径为 6～20mm。

钢丝绳围堵法由液压钢丝绳拉紧枪、前钢丝锁、后钢丝锁、钢丝绳、高压胶管和液压油泵组成。其操作过程是，根据泄漏法兰连接间隙及公称直径选择相应规格的钢丝绳及长度，同时按法兰连接间隙选择一段铝条或铜条，长度为 30～50mm，用于封堵钢丝绳收口处的间隙，防止密封注剂外溢，将钢丝绳缠绕在泄漏法兰连接间隙处，两个钢丝绳头同时穿入前钢丝锁、液压钢丝绳拉紧枪及后钢

739

丝锁后，人工拉紧钢丝绳，并调整钢丝绳位置，使其缠绕在泄漏法兰连接间隙内，拧紧后锁卡螺钉，锁死钢丝绳，通过快速接头连接高压胶管和手动液压油泵，掀动液压油泵手柄，此时液压钢丝绳拉紧枪从油缸伸出，钢丝绳被拉紧，用手锤敲打钢丝绳，使其受力均匀，钢丝绳拉到位后，拧紧前锁卡螺钉，锁死钢丝绳。如图 13-16所示。松开后钢丝锁螺钉，拆除后钢丝锁及液压工具。注剂通道可以选择在法兰连接的螺栓孔处注入密封注剂、在泄漏法兰外边缘上直接开设注剂孔及在钢丝绳碰头处加装特制三通注剂接头。其余步骤同钢带围堵法。如图 13-17 所示。完成情况如图 13-18 所示。

图 13-16　钢丝绳围堵法图

图 13-17　钢丝绳围堵法注剂操作图

当管道其他部位泄漏时，利用钢丝绳的拉紧力，同样可以用于应急处置，图 13-19 所示是这种方法用于直管堵漏的效果图。最大

图 13-18　钢丝绳围堵法效果图

图 13-19　钢丝绳直管和弯头堵漏效果图

捆绑钢丝绳直径可达 20mm。图 13-20 所示钢丝绳快速堵漏法是我国工程技术人员近年发明创造的最新成果，应用前景看好。

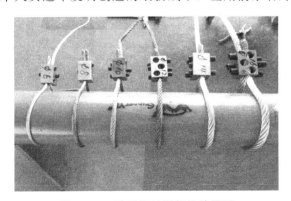

图 13-20　适用钢丝绳规格效果图

（4）法兰夹具法操作　法兰夹具是法兰泄漏最常用的堵漏抢险作业夹具，其特点是结构简单、制作方便、加工精度高、夹具封闭性强，并可设计成标准夹具、偏心夹具、异径夹具、设有柔性密封结构夹具、设有软金属密封结构夹具来提高夹具的封闭性能。因此，无论泄漏法兰处于何种情况，泄漏介质温度和压力有多高，都可以选用此种夹具进行堵漏抢险作业，并可达到理想的效果。如图 13-21 所示。

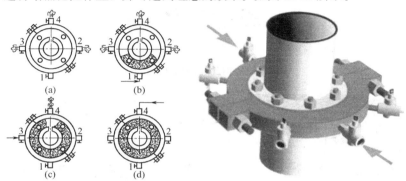

图 13-21　法兰泄漏夹具法操作示意图

13.3.6.2　直管泄漏现场方法

直管夹具是用于直管段泄漏的夹具结构，包括方形直管夹具和焊接直管夹具。如图 13-22 所示。

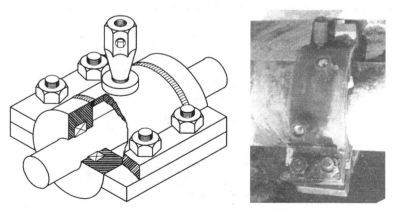

图 13-22　直管泄漏夹具法操作示意图

13.3.6.3 弯头泄漏现场操作方法

弯头泄漏带压密封现场应用如图 13-23 所示。

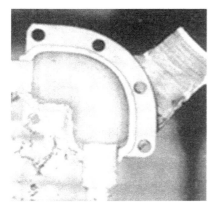

图 13-23 弯头泄漏夹具法示意图

13.3.6.4 三通泄漏现场操作方法

三通泄漏带压密封现场应用如图 13-24 所示。

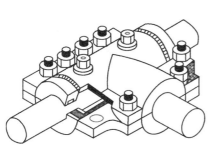

图 13-24 三通泄漏夹具法示意图

13.3.6.5 阀门填料泄漏现场操作方法

阀门填料泄漏带压密封现场应用如图 13-25 所示。

743

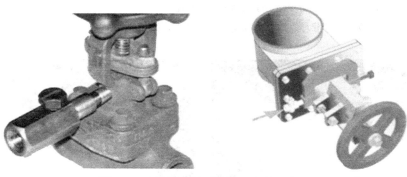

图 13-25　阀门填料泄漏带压密封示意图

13.4　紧固法堵漏技术

紧固堵漏法的基本思路是，借助某种特制的机构产生的压紧力，止住泄漏，然后利用胶黏剂或堵漏胶进行修补加固，实现堵漏之目的。

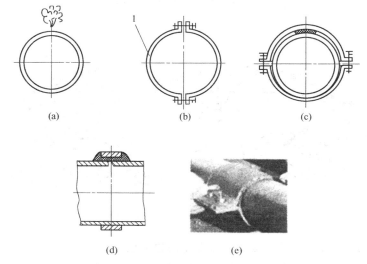

(a)　　　　　　(b)　　　　　　(c)

(d)　　　　　(e)

图 13-26　紧固堵漏过程示意图

744

紧固堵漏法的基本原理是：采用某种特制的卡具所产生的大于泄漏介质压力的紧固力，迫使泄漏停止，再用胶黏剂或堵漏胶进行修补加固，达到堵漏的目的。如图 13-26 所示。根据这原理产生的商品堵漏工具叫做金属套管堵漏器，如图 13-27 所示。

图 13-27　金属套管堵漏器结构图

13.5　塞楔法堵漏技术

塞楔法基本原理是：利用韧性大的金属、木质、塑料等材料挤塞入泄漏孔、裂缝、洞内，实现带压密封的目的。如图 13-28 所示。

目前已经有规范化的多种尺寸规格的标准木楔，专门用于处理裂缝及孔洞状的泄漏事故。如图 13-29 所示。本箱具备罐体带压密封的各种专用工具，其泄漏对象有：罐体上的裂缝，孔洞，对于因罐体表面腐蚀而导致的泄漏带压密封同样有效。塞楔法包含有无火花工具（4 件）、堵漏木楔（9 件）、弓形堵漏板（1 件）、圆锥堵漏件（8 件）、堵漏钉（5 个）。

图 13-28　塞楔法原理示意图

图 13-29 塞楔法堵漏器

13.6 气垫止漏法

气垫止漏法基本原理是：利用固定在泄漏口处的气垫或气袋，通过充气后的鼓胀力，将泄漏口压住，实现带压密封的目的。

多用于处理温度小于 120℃，压力小于 0.3MPa，且具备操作空间的泄漏。如图 13-30 所示。堵漏气垫可对管道、油罐、铁路槽车的液体泄漏进行快速、简便、安全的带压密封操作。采用耐化学腐蚀的氯丁橡胶制作的气垫用带子固定在泄漏表面，调节并系紧固定带，然后充气。

图 13-30　止漏气垫结构

13.7　缠绕法

缠绕法是利用带压堵漏捆扎带拉紧后产生的捆绑力来实现堵漏目的一种快速方法。带压堵漏捆扎带是用耐温、抗腐蚀、强度高的合成纤维做骨架，用特殊工艺将合成纤维和合成纤维熔为一体，具备弹性好、强度高、耐温及抗腐蚀等特点，它可在短时间不借助任何工具设备，快速消除喷射状态下的直管、弯头、三通、活接头、丝扣、法兰、焊口等部位的泄漏。其使用温度为150℃，使用的最大压力可达 2.4MPa。它可广泛使用于水、蒸汽、煤气、油、氨、氯气、酸、碱等介质。如用于强溶剂环境下，可用四氟带打底并配合使用耐溶剂的胶黏剂，仍然可达止漏的目的。该产品目前广泛应用于供热、电力、化工、冶金等行业里。其结构如图 13-31 所示。

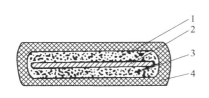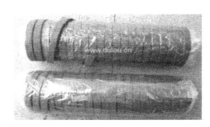

图 13-31　带压堵漏捆扎结构示意图

1,3—橡胶层；2—纤维织物层；4—四氟材料层

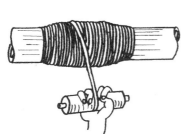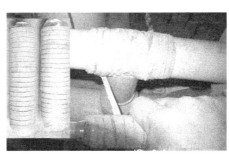

图 13-32　缠绕捆扎示意图

使用方法：首先清除管道泄漏缺陷周边污垢，用缠绕带在泄漏点两侧缠绕捆扎拉紧形成堤坝，直接对泄漏点处捆扎，通过弹性收缩挤压消除泄漏，如图 13-32 所示。

13.8 磁压法堵漏技术

磁压法基本原理是：借助磁铁产生的强大吸力，使涂有胶黏剂或堵漏胶的非磁性材料与泄漏部位粘合，达到止漏密封的目的。

（1）橡胶磁带压堵漏块及应用 橡胶磁带压堵漏块的工作原理是将钕铁硼永磁材料镶嵌于导磁橡胶体中，组成强磁装置，钕铁硼强磁块的磁场通过橡胶层与铁磁性材料做成的工业设备产生吸力，并形成阻止泄漏所需的密封比压，实现磁力带压堵漏的目的。其结构和应用效果如图 13-33 所示。

图 13-33 橡胶磁带压堵漏块结构及应用效果图

（2）橡胶磁带压堵漏板及应用 原理同上，其结构和应用效果如图 13-34 所示。

（3）开关式长方体橡胶磁带压堵漏板 开关式长方体橡胶磁带压堵漏板的工作原理是将具有开关功能的钕铁硼磁芯镶嵌于可弯曲导磁橡胶体中，组成可调磁力强弱的强磁装置，钕铁硼强磁块的磁场通过橡胶层与铁磁性材料做成的工业设备产生吸力，并形成阻止泄漏所需的密封比压，实现磁力带压堵漏的目的，其结构和应用效果如图 13-35 所示。

748

图 13-34 橡胶磁带压堵漏板结构及应用效果图

图 13-35 开关式长方体橡胶磁带压堵漏板结构及应用效果图

（4）开关式气瓶橡胶磁带压堵漏帽 开关式气瓶橡胶磁带压堵漏帽的工作原理是将具有开关功能的钕铁硼磁芯镶嵌于可弯曲导磁帽式橡胶体中，组成可调磁力强弱的强磁装置，钕铁硼强磁块的磁场通过橡胶层与铁磁性材料做成的工业设备产生吸力，并形成阻止泄漏所需的密封比压，实现磁力带压堵漏的目的，其结构和应用效果如图 13-36 所示。

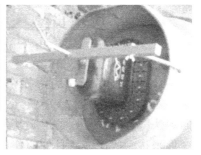

图 13-36 开关式气瓶橡胶磁带压堵漏帽结构及应用效果图

13.9　带压焊接密封技术

带压焊接密封技术利用热能使熔化的金属将裂纹连成整体焊接接头或在可焊金属的泄漏缺陷上加焊一个封闭板，使之达到带压密封目的的一种特殊技术手段，根据处理方法的不同，可分为"逆向焊接法"和"引流焊接法"。这两种方法对于熟练的电焊工只要进行一定的培训即可施工，具有简便，易行，见效快的特点。

13.9.1　逆向焊接方法

基本原理是：利用逆向焊接过程中焊缝和焊缝附近的受热金属均受到很大的热应力作用的规律，使泄漏裂纹在低温区金属的压应力作用下发生局部收严而止住泄漏，焊接过程中只焊已收严无泄漏的部分，并且采取收严一段焊接一段、焊接一段又会收严一段，如此反复进行，直到全部焊合，实现带压密封的目的。

从机理上说逆向带压焊接密封是利用焊接变形的一种带压密封方法。如图 13-37 所示。

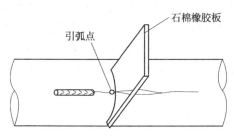

图 13-37　逆向焊接方法示意图

13.9.2　带压引流焊接密封技术

对于可焊性好的设备及管道上出现的裂纹，可以采用"分段逆向焊法"进行修复，前提必须是在无泄漏的地方引弧，是利用焊接变形来达到收严裂纹目的的一种补焊方法。但对设备、管道上由于冲刷、腐蚀产生的孔洞及法兰连接处出现的泄漏事故，是无法用

"分段逆向焊法"进行带压密封作业的。为了扩大"带压焊接密封技术"的应用领域，特介绍另一种带压焊接密封方法——带压引流焊接密封技术。

为了说明引流带压密封技术的原理，这里用一个现实中的实例来说明。在日常生活中，人们会遇到自来水龙头坏得无法再用下去的情形，必须立刻更换一只新的水龙头，具体做法是，将自来水总闸关掉（或无法关掉），在水管内还存有大量水的情况下拆下坏的水龙头，这时会有许多水流出，如果等到水流尽了再安装新的，则会大量的水流失。而行之有效的做法是，事先将新的水龙头拧到全开的位置，拆下坏的水龙头后，立刻顶着流出的水把新水龙头换上，这时打开的水龙头就起到了排放掉压力水的作用，减轻了更换水龙头的安装难度，安好后把水龙头关上即可。

假如有办法把正在大量泄漏的流体介质引开，然后采用特殊的方法密封泄漏区域，处理好以后，像自来水龙头一样把阀门一关，

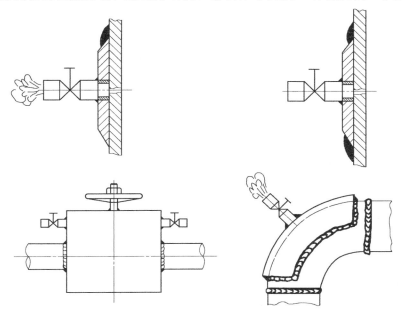

图 13-38　引流焊接示意图

泄漏立刻停止，从而达到带压密封的目的，这就是引流带压密封法的基本设想。具体做法是，按泄漏部位的外部形状设计制作一个引流器，引流器一般是由封闭板或封闭盒及闸板阀组成，由于封闭板或封闭盒与泄漏部位的外表面能较好的贴合，因此在处理泄漏部位时，只要将引流器靠紧在泄漏部位上，事先把闸板阀全部打开，泄漏介质就会沿着引流器的引流通道及闸板阀排掉，而在封闭板的四周边缘处，则没有泄漏介质或只有很少的泄漏介质外泄，此时就可以利用金属的可焊性将引流器牢固地焊在泄漏部位上，如图 13-38 所示。引流器焊好后，关闭闸板阀就能实现带压密封的目的。

带压引流焊接密封技术的基本原理：利用金属的可焊性，将装闸板阀的引流器焊在泄漏部位上，泄漏介质由引流通道及闸板阀引出施工区域以外，待引流器全部焊牢后，关闭闸板阀，切断泄漏介质，达到带压密封的目的。

13.10 冷冻堵漏技术

使用受控快速冷冻系统，通过液态氮管对管道某段快速冷冻，管道内的水或其他液态介质被迅速冷冻成冰栓。通过控制管道的表面温度，快速冻结可精确、安全地形成一根冰栓（塞），随后可对该管道冷冻系统在无需关闭或停止整个管道输配工作即可对管道局部进行堵漏抢险或阀门更换。

13.10.1 冷冻堵漏技术基本原理

根据冷冻管道的尺寸，做成两半圆的圆筒，如图 13-39 所示。并保证其密封性，夹套可根据需要做成一只或两只；冷冻的容器或管道压力与冰塞长径比成正比例关系。

目前所用的制冷剂有 CO_2 和液氮。CO_2 可产生 $-79℃$ 的低温，只能在直径 75mm（3in）以下的水管线中形成冰塞；液氮无毒、不易燃，能产生 $-196℃$ 的低温，能冷冻直径 750mm（30in）以下管线中的各种工业流体，因此应用广泛。

冷冻堵漏技术基本原理是：通过向加装在某段管道间的两个套

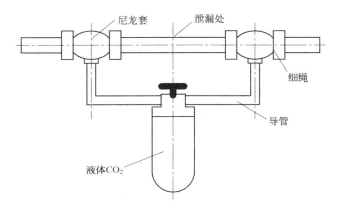

図 13-39　冷冻堵漏技术基本原理示意图

管内通低温制冷剂，使用管段内的介质快速达到其冰点，形成两个冰塞，实现堵漏抢险的目的。

13.10.2　冷冻堵漏技术的特点

① 冷冻技术是一门专用技术，工艺性强，必须与生产工艺紧密结合使用。

② 冷冻技术中一般不用夹具，而是靠冷冻介质来处理，需要精确地计算和操作工艺。

③ 操作简单，但要求掌握设备和工艺的现场情况。

④ 要求被冷冻材料耐低温性能好，不能破裂、变形、损坏。

⑤ 方法独特，实用快捷。

13.10.3　冷冻堵漏操作工艺

① 了解泄漏现场，选一段管子作为冰冻形成冰塞的位置，确定冷冻堵漏方案。

② 通过计算，确定制冷夹套的尺寸，夹套呈两半圆形组合的圆柱筒，并保证其密封性，夹套根据堵漏需要可为 1 只或 2 只。

③ 以堵漏压力与冰塞长径比的关系成正比，如堵漏压力为 1.06MPa，则长径比 $L/D=1$；堵漏压力为 2.12MPa 时则长径比 $L/D=2$，依此类推。

753

④ 根据结冰时间图标出大概的结冰时间，并算出维持冰塞的液氮用量，然后运送液氮作为制冷剂。

⑤ 加装液氮，在加装时注意不要被冰冻伤，穿好防护衣、戴好手套等，加强自身保护。

⑥ 检验冰塞的形成，一是检查泄漏点是否还泄漏，二是在隔离区的管顶钻一小孔排除积聚的压力，并检查冰塞的牢固性。

⑦ 维持冰塞所需的液氮量，需要少量的液氮来补偿夹套和冰塞区管壁传导造成的热损失。

13.11 管道泄漏事故带压密封技术应用实例

13.11.1 某化工厂熔盐法兰泄漏

（1）泄漏部位

某化工厂丙烯酸装置换热器入口管法兰，垂直安装。

（2）泄漏介质参数

名称	压力/MPa	温度/℃	最高容许浓度/(mg/m³)	爆炸危险度	闪点/℃	自燃点/℃	爆炸极限(体积)/%	
							上限	下限
熔盐	0.04	340	—	—	—	—	—	—

（3）测绘

① 泄漏法兰的外圆直径　上法兰周长 $L_上 = 1918\text{mm}$；下法兰周长 $L_下 = 1912\text{mm}$。

② 泄漏法兰的连接间隙　共测四个点：$b_1' = 9.5\text{mm}$；$b_2' = 8.6\text{mm}$；$b_3' = 8.0\text{mm}$；$b_4' = 8.8\text{mm}$。

③ 泄漏法兰副的错口量 e　$e = 3\text{mm}$。

④ 泄漏法兰外边缘到其连接螺栓的最小距离 k　$k = 15\text{mm}$。

⑤ 泄漏法兰副的宽度 b　$b = 97\text{mm}$。

⑥ 泄漏法兰连接间隙的深度 k_1　$k_1 = 52\text{mm}$。

⑦ 泄漏法兰连接螺栓的个数和规格　16—M30。

（4）夹具设计　熔盐是硝酸钾和硝酸钠的混合熔液，渗透性很强，要求夹具有很高的封闭性能。因此在夹具设计中增设 O 形圈密封结构。夹具设计图如图 13-40 所示。

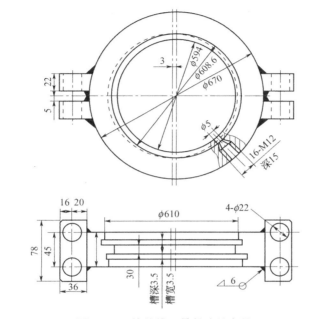

图 13-40 熔盐错口异径法兰夹具

（5）安全保护用品 （略）。

（6）作业用工器具 φ4 的铝丝的 5m，其他略。

（7）密封注剂选择 根据泄漏熔盐参数，选用 YS—4 型密封注剂，YS—5 型备用。

（8）现场作业 首先在夹具开槽处安装铝丝，上好注剂阀，配戴好劳动保护用品；在泄漏法兰上标注出偏口位置，并使其与夹具偏口位置相对应，安装夹具；连接高压注剂枪进行注剂作业。

（9）说明 熔盐是一种特殊的介质，它温度高、渗透性强，泄漏后冷却很快，立刻就会变成固体。因此，作业时一定要按程序进行，逐步推进，使密封注剂在夹具密封空腔内形成连续的密封体系，防止在密封空腔内出现界面（温度高，密封注剂固化速度快、注射间断造成），以免出现密封失败和二次泄漏问题，最后一枪要在泄漏点处结束。密封效果很好，无泄漏，大修时拆除。

13.11.2　某化工厂低温丙烯法兰泄漏

（1）泄漏部位　某化工厂乙烯车间 V—304 液面计连接法兰，垂直安装。

（2）泄漏介质参数

名称	压力 /MPa	温度 /℃	最高容许浓度 /(mg/m³)	爆炸 危险度	闪点 /℃	自燃点 /℃	爆炸极限(体积)/%	
							上限	下限
丙烯	3.4	−134	100	4.9	气态	455	2.0	28.5

（3）测绘

① 泄漏法兰的外圆直径　上法兰周长 $L_上$ =425mm；下法兰周长 $L_下$ =425mm。

② 泄漏法兰的连接间隙　共测四个点：b'_1 =6.9mm；b'_2 =6.6mm；b'_3 =6.0mm；b'_4 =6.8mm。

③ 泄漏法兰副的错口量 e　e =0.4mm。

④ 泄漏法兰外边缘到其连接螺栓的最小距离 k　k =9mm。

⑤ 泄漏法兰副的宽度 b　b =44mm。

⑥ 泄漏法兰连接间隙的深度 k_1　k_1 =28mm。

⑦ 泄漏法兰连接螺栓的个数和规格　4—M16。

（4）夹具设计　超低温物质泄漏的夹具设计必须选择耐低温类不锈钢材料来制作夹具，并且在夹具的设计中，要增强夹具的封闭性能。因此选择 1Gr18Ni9Ti 作为夹具的制作材料，并增设 O 形圈密封槽结构。夹具设计如图 13-41 所示。

（5）安全保护用品略。

（6）作业用工器具略。

（7）密封注剂选择　根据泄漏介质丙烯参数，选用 YS—7 型密封注剂，YS—4 型备用。

（8）现场作业　首先在夹具开槽处安装铝丝，上好注剂阀，配

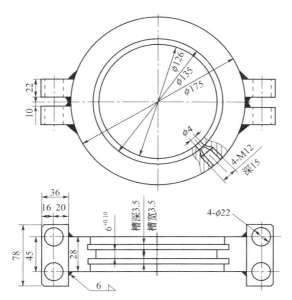

图 13-41　低温丙烯泄漏法兰夹具结构图

戴好劳动保护用品；接一根压缩空气管，用于吹开泄漏介质；一根加热蒸汽管，用于加热高压注剂枪、高压输油管、快装接头及密封注剂，保证密封注剂顺利注射；一人用风管吹开泄漏介质，一人安装夹具；连接高压注剂枪，在加热蒸汽的配合下进行注剂作业，直到泄漏停止。

（9）说明　超低温泄漏介质，由于其温度特别低，泄漏后会迅速冻结周围的物体。因为是第一次处理这样的介质，前两次均告失败。第三次总结了失败的教训，采取以上做法，终于获得成功，避免了该装置一次重大停产事故的发生。大修时拆除。

13.11.3　带压焊接堵漏实例

（1）泄漏部位　某厂蒸汽输管线 DN50 标准弯头，已冲刷出较大的孔洞。

（2）泄漏部位材质　20♯碳钢。

（3）泄漏介质参数

名称	压力/MPa	温度/℃	最高容许浓度/(mg/m³)	爆炸危险度	闪点/℃	自燃点/℃	爆炸极限(体积)/%	
							上限	下限
蒸汽	0.9	175	—	—	—	—	—	—

（4）泄漏原因　冲刷引起。

（5）引流器制作

① 泄漏点测绘。管道尺寸 $\phi 57 \times 3.5$，弯曲半径为 $1.5DN$ 标准弯头。

② 根据泄漏弯头测量情况制作引流器。找一个标准 $DN50$ 弯头，用气焊从弯曲中心线切开，然后将切口磨成 $60°$ 坡口，再将这块弧形弯头在标准 $DN50$ 的弯头上严缝，当缝隙较大时，可用气焊加热，然后锤击，直到合严为止。在弧形弯头上开一圆孔，并焊接上一个 $DN15$ 的焊接阀门，引流器即做好。结构如图 13-42 所示。

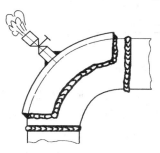

图 13-42　弯头泄漏引流焊接示意图

（6）焊接参数

① 焊接电源：交流电焊机。

② 使用焊条：E4303，直径 3.2m。

③ 焊接电流：160A。

④ 焊接层数：2 层。

⑤ 焊接时间：约 1h。

（7）焊接作业　首先将引流阀打到全开位置，一人把引流器压合在泄漏弯头上，并使引流孔对准泄漏孔洞，另一焊工迅速点焊，使引流器固定在泄漏弯头上，然后连续焊接，共焊两遍，关闭引流阀，泄漏立刻停止。

13.11.4　橡胶磁密封块带压堵漏实例

（1）泄漏部位　2011 年 8 月 25 日天津某 VCM 氯乙烯分厂 EB-106 储罐设备法兰上部焊缝。

（2）泄漏介质参数

名称	压力/MPa	温度/℃	最高容许浓度/(mg/m³)	爆炸危险度	闪点/℃	自燃点/℃	爆炸极限(体积)/%	
							上限	下限
EDC二氯乙烷	0.01	35	—	—	13	458	16.0	5.6

（3）强磁体　选择橡胶磁密封块一只。

（4）堵漏胶选择　选择 MA100 导磁堵漏胶。

（4）操作作业

① 清除泄漏部位周边的污渍、锈蚀及涂层，同时将表面打毛；

② 根据使用量，按 1：1 的体积比将 A 组分和 B 组分分别取到一块调胶板上，用刮刀将两组分充分调匀；

③ 迅速将调好的胶涂抹在泄漏部位及周边，同时也在橡胶磁密封块工作面涂抹导磁堵漏胶；

④ 在导磁堵漏胶接近固化前迅速压固在泄漏缺陷部位上，固化后即完成本次密封作业。如图 13-43 所示。

图 13-43　橡胶磁密封块带压堵漏现场照片

13.11.5 水下带压密封应用实例

（1）泄漏部位　ϕ325海底输油管道接口管箍两侧，泄漏部位为水下40m处。

（2）泄漏介质参数

名称	压力/MPa	温度/℃	最高容许浓度/(mg/m³)	爆炸危险度	闪点/℃	自燃点/℃	爆炸极限(体积)/%	
							上限	下限
原油	6.0	60	—	—	—	—	—	—

（3）作业用工具器　潜水作业设备，注剂工具等。

（4）密封注剂选择　选用8♯密封注剂，其性能特点：

① 适应温度－180～260℃；

② 化学稳定性好，适用海水侵蚀。

（5）施工前的准备　陆上通过模拟操作培训潜水员

① 夹具起吊准备安装，如图13-44所示。

图13-44　施工准备

② 夹具安装ϕ325试验管道，安装夹具，如图13-45所示。

③ 潜水员经过陆上培训，准备潜入水下施工。

（6）潜水员进入现场　潜入水下密封施工，如图13-46所示。

（7）实施效果

图 13-45　吊瘤准备

图 13-46　潜水

消除泄漏避免石油浪费和对水域的污染。

第14章 不动火现场液压
快速配管技术

不动火现场液压配管技术适用于不动火条件下的现场快速配管工程施工。现场配制的新管道具有结构强度高，密封性好，承压能力高的特点，同时可以实现异种材料管道的配制，管道内部介质压力升高后，具有一定的自紧密封效果，增强密封的可靠性。属于管道冷挤压连接技术。是管道连接领域的一个革命性创新成果。

14.1　工作机理

不动火现场液压配管技术是采用两端设有可轴向移动的活动套管及一个的楔形连接套管的管接头，通过液压油缸推动活动套管向楔形连接套中心点移动，同时产生径向收缩，使得楔形连接套的镶嵌点嵌入管道外壁，产生径向弹性变形，而管道表面则产生了两道弹塑性变形，形成一个坚固的连接密封结构，实现管道快速连接目的。

14.2　专业术语

① 液压快速管接头。由一个定位套和两个活动套组成，通过活动套的轴向移动而实现管道快速连接的组合式金属构件。如图 14-1所示。包括图 14-2 所示的液压快速直管接头、图 14-3 所示的弯头管接头和图 14-4 所示的三通管接头。

② 定位套。设有一条或数条凸台结构和相应 10°左右工作斜面

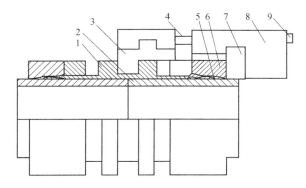

图 14-1　管接头示意图

1—定位套；2—限位台；3—驱动卡具；4—活塞杆；5—凸台；6—活动套；

7—限位卡具；8—对开式液压钳；9—液压油路

图 14-2　直管接头

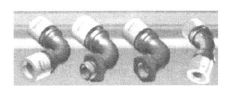

图 14-3　弯头管接头

角及一个限位台的刚性金属构件。如图 14-1 中 1 所示。

③ 活动套。安装在定位套两端，设有 10°左右工作斜面角，可轴向移动的一次性使用的刚性金属构件。如图 14-1 中 6 所示。

④ 凸台。设在定位套内侧，在轴向推力作用下，形成径向位移而嵌入管道表面，产生凹槽的圆凸形结构。如图 14-1 中 5 所示。

⑤ 限位台。设置在定位套中心点处的一个三角形凸台，是管子插入时必须达到的安装位置。如图 14-1 中 2 所示。

⑥ 凹槽。在凸台压应力作用下，在管道外壁面上所形成的半圆形凹槽。

图 14-4　三通管接头

⑦ 驱动卡具。通过设在内圆和外圆上的榫台分别与管接头及对开式液压钳相对应的凹槽形成榫槽连接，可完成轴向移动行程的半圆环金属结构（必须与管子的公称尺寸一一对应）。如图 14-1 中 3 及图 14-5 所示。

⑧ 限位卡具。限制驱动卡具轴向移动有效行程的半圆环金属结构（必须与管子的公称尺寸一一对应）。如图 14-1 中 7 所示。

⑨ 液压机具。由充电式微型液压泵、快速接头、高压油管、对开式液压钳及驱动卡具和限位卡具组成的专用工具总成。

⑩ 对开式液压钳。由设有油缸并可以张合的两个半圆机构组成，通过油缸的轴向移动实现快速连接的专用工具。如图 14-1 中 8 及图 14-6 所示。

⑪ 固定栓。设置在对开式液压钳尾部，限制其张开的机构。

⑫ 充电式微型液压泵。配有充电电池、微电机、柱塞泵，给对开式液压钳提供动力源的微型油泵。如图 14-7 所示。

图 14-5　驱动卡具

图 14-6　对开式液压钳

图 14-7　充电式微型液压泵

⑬ 手动液压泵。无电源条件下，给对开式液压钳提供动力源的小型油泵。

14.3　液压快速配管技术机具总成

由液压快速管接头，包括各种规格的直管接头、变径管接头、弯头接头、三通接头，各种规格驱动卡具，各种规格限位卡具，三种以上规格对开式液压钳，油路快速接头，高压油管，微型液压泵，小型直流电机和充电电池等组成液压快速配管技术机具总成。如图 14-8 所示。机具总成小巧玲珑，便于携带，操作简便。

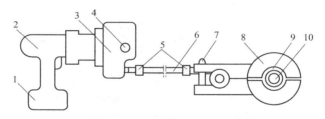

图 14-8　液压快速配管技术机具总成示意图

1—充电电池；2—直流电机；3—微型液压泵；4—单向阀；5—快速接头；

6—高压油管；7—固定栓；8—对开式液压钳；9—驱动卡具；10—液压快速管接头

14.4　液压快速配管技术工艺

① 根据连接管子的公称尺寸，选择相应规格的直管、变径、三通、弯头等管接头，驱动卡具，限位卡具及对开式液压钳。如图 14-1 所示。

② 用电动工具垂直切割管子端面，并磨出 $1 \times 45°$ 倒角，清除管子内外表面毛刺。

③ 将管接头套入管子一端，深度应达到限位台，不动为止。如图 14-1 中 2 所示。

④ 打开对开式液压钳，装入驱动卡具和限位卡具，然后装入

管接头，关闭液压钳，同时锁定固定栓。如图14-1中7所示。

⑤ 通过高压油管的两个快速接头将对开式液压钳与微型液压泵实现连接。如图14-8所示。

⑥ 关闭微型液压泵上的单向阀，接通电源开关，几秒钟后，听到液压钳离合器的到位声音，工艺完成。如图14-9所示。

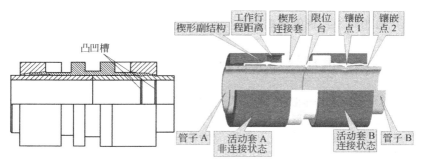

图 14-9　一端连接工艺完成示意图

⑦ 切断电源，打开单向阀，对开式液压钳的油缸在复位弹簧力作用下，回到初始位置，取下液压钳。

⑧ 按上述工艺程序，连接管子的另一端，数分钟内即可完成一个管子接头。如图14-10所示。

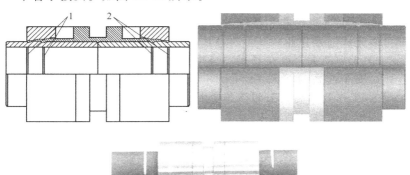

图 14-10　两端连接工艺完成示意图

1—凸凹槽（二次成型）；2—凸凹槽（首次成型）

14.5　液压快速配管技术参数

适用管道材质：除铸铁管道等脆性材料外的所有管道配管工程。
适用管道尺寸（外径）：$\phi 4 \sim \phi 168$（$1/4''$ 至 $6''$）
适用温度：$-60 \sim +400℃$。
适用压力：视管道的材质、外径、壁厚确定。

14.6　液压快速配管技术特点

① 该技术是一次性液压式整体管道连接，管子与管件在弹塑性应力协同作用下形成不可拆卸的连接接头。

② 通过金属材料间的变形应力实现连接，是除焊接连接外唯一没有外加密封材料而实现快速连接的全新技术理念。

③ 凸台与凹槽为纯金属机械密封形式，可实现同种或异种材料连接，且抗振动性好，无需外力重复加固。

④ 安装前无需做复杂的准备工作，安装后也无任何理化和无损检测要求，只需做严密性和强度实验即可。

⑤ 安装工具精巧轻便，操作简单，易学易会，无需配备特种设备专业人员。

⑥ 不受气候影响和作业空间影响，只要人员可以到达的位置，都可以完成连接作业。

⑦ 无需动火，可在易燃、易爆危险装置区内实现无火花管道连接，安全性高。

⑧ 工作效率高，节省管道连接的综合成本。是管道连接领域内的一个革命性创新成果。

14.7　应用领域及实例

液压快速配管技术可广泛应用于石油、石化、化工、燃气、矿山巷道、海上平台、船舶、军事基地等易燃易爆场合；机场、车站、码头、体育场馆、大型商场、影剧院、博物馆、会议中心、医院、学校、餐饮等公共场所的不动火条件下快速配管；以及地震、战争、火灾、水灾、风灾、水下等突发事故条件下的应急救援管道快速铺设。与焊接相比可提高功效 10 倍，节省安装时间 70%。

（1）埋地管道坏损后的快速修复　如图 14-11 所示。

图 14-11　埋地管道坏损后的快速修复

（2）石化企业生产现场快速配制新管道　如图 14-12 所示。

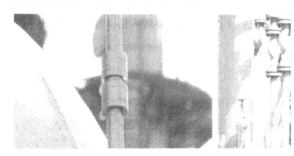

图 14-12　生产现场快速配制新管道

（3）船舱内快速配制新管道　如图 14-13 所示。

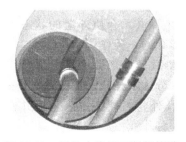

图 14-13　船舱内快速配制新管道

第 15 章　管道带压开孔及封堵技术

　　管道带压开孔及封堵技术是在设备、管道堵塞或某些管道损坏，甚至断裂，严重影响介质输送的情况下，在设备、管道完好的部位和段落，带压开孔，并封堵损坏的管道，在新开孔部位架设新管道输送介质。当损坏的设备、管段更换或检修完成后，再恢复原来的设备、管道输送介质。

15.1　管道带压开孔及封堵技术国家现行标准

　　目前我国国家现行的标准是 GB/T 28055—2011《钢质管道带压封堵技术规范》。

　　标准规定了管道带压开孔、封堵作业的技术要求。适用于钢质油气输送管道带压开孔作业及塞式、折叠式、筒式、囊式等封堵作业（其他介质参照执行）。

15.2　术语和定义

　　① 带压开孔。在管道无介质外泄的状态下，以机械切削方式在管道上加工出圆形孔的一种作业。

　　② 封堵头。由机械转动部分和密封部分组成，用于阻止管道内介质流动的装置，分为悬挂式、折叠式、筒式封堵头。

　　③ 封堵。从开孔处将封堵头送入管道并密封管道，从而阻止管道内介质流动的一种作业。

　　④ 对开三通。用于管道开孔、封堵作业，法兰部位带有塞堵

和卡环机构的全包围式特制三通，分为封堵三通和旁通三通。

⑤ 塞堵。置于对开三通的法兰孔内，带有 O 形密封圈、单向阀和卡环槽的圆柱体。

⑥ 卡环机构。置于对开三通的法兰内，用于固定，限制塞堵的可伸缩机构。

⑦ 夹板阀。在开孔、封堵作业中，用于连接三通与开孔及封堵装置的专用阀门。

⑧ 开孔结合器。容纳开孔刀具、塞堵，用于夹板阀和开孔机之间密闭联接的装置。

⑨ 封堵结合器。容纳封堵头，用于夹板阀和封堵器之间密闭联接的装置。

⑩ 筒刀。一端带有多个刀齿，另一端与开孔机相连的圆筒形铣刀。

⑪ 中心钻。安装有 U 形卡环，用于定位、导向和取出鞍形切板，辅助筒刀开孔的钻头。

⑫ 刀具结合器。将开孔机和刀具联接起来的装置。

⑬ 塞堵结合器（下堵器）。将开孔机和塞堵联接起来的装置。

15.3 带压开孔

15.3.1 概述

带压开孔是在管道无介质外泄的状态下，以机械切削方式在管道上加工出圆形孔的一种作业。其过程如图 15-1 所示。技术参数

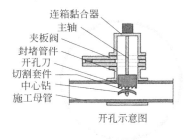

开孔示意图

图 15-1 带压开孔过程示意图

如表 15-1 所示。

表 15-1　带压开孔技术参数

带压开孔	用　　途	用于管道不停输带压开孔
	规　　格	$\Phi 60 \sim 323$
	适用压力	$0 \sim 10\mathrm{MPa}$
	适用温度	$-30 \sim 330℃$
	适用管材	碳钢管、锰钢管、不锈钢管、灰口、球墨铸铁管、PVC管、预应力管、西气东输系列管材
	开孔方式	手动或液压(可另配液压动力头)

15.3.2　工作原理

不停输带压开孔机是在密封的条件下，对不停输的工业管道带压进行钻孔定心，套料开孔，实现工业管道不停输带压开孔。其特点如下。

① 在工业管道正常输送的情况下，带压施工，无需停输。

② 在转速范围内，保持恒扭矩输出。

③ 无级变速，调节方便。

④ 广泛适用于石油、化工、供气、供水等各种管线维修施工。

15.3.3　基本参数

开孔机基本参数如表 15-2 所示。

表 15-2　开孔机参数

型号 ＼ 参数	开孔范围/mm	主轴行程/mm	主轴转速/(r/min)	切削进给量/(mm/r)	液压站工作压力/MPa	工作流量/(L/min)
SKKJ100	$DN80 \sim DN300$	650	手动	3mm/min	—	—
KKJ300	$DN80 \sim DN300$	1000	$10 \sim 26$	0.099	7	$54 \sim 108$

15.3.4　工艺要求与使用规定

① 带压开孔的操作人员在工作之前，必须认真阅读使用说明，掌握带压开孔机的基本结构和工作原理及工艺要求。

② 施工人员在施工前应确切地知道不停输管道内的工作介质压力，不大于 10MPa，温度不超过 280℃。

③ 对于易燃易爆管线施工前应对不停输管道开孔接管部位进行管壁超声波测厚，挡开孔部位管壁管厚＜4mm 时，不允许使用底开焊接三通或焊接短节，以免焊穿造成恶性事故，只允许使用机械连接底开三通。

④ 工业管道不停输带压开孔接管配件，底开焊接三通，焊接短节。机械连接底开三通等，均应使用生产厂家的定型合格产品，不允许在现场临时割制。

⑤ 在不停输工业管道开孔接管部位装上底开三通或短节，再装上阀后，应按不停输工业管道工作压力进行压力试验，并在试验压力下保压 10～20min，不允许泄漏降压。进行密封检验合格后，方可安装开孔机进行施工。

⑥ 开孔机安装完毕后，应保证闸阀开关自由，注意刀具不允许阻碍阀门的自由开关，否则不允许施工。

⑦ 开孔机主轴的切削转速应按接管公称尺寸大小确定，不要随意提高主轴切削转速。

15.3.5 操作规程简述

（1）准备阶段

① 认真了解不停输工业管道内工作介质的性质、工作压力、温度，符合本工艺要求与使用规定，方可准备施工。

② 在开孔的管段上，有保温层的，应扒开保温层，彻底清除底开三通或短节安装部位管道上的脏物，锈皮和管道防腐层。

（2）安装三通或短节

① 使用焊接型配件（焊接型底开三通或焊接短节），应首先对不停输管道焊接部位进行超声波测厚，管壁厚度大于 4mm 时，方可进行焊接零件安装；当管壁厚度小于 4mm 时，只允许使用机械连接底开三通。

② 把底开焊接三通装在管道上，大多数情况下尤其在大口径管道上，很有必要垫起下半部分三通，然后再把上半部分三通装

上，调对刻在上下两半三通上的标记，以保证三通上下部准确地对中，上下两端保持足够的间隙，然后电焊四角，这样三通能够自由转动，以便于对正。

③ 焊接底开三通上下两部分的纵向焊缝，开始管道与三通之间不焊接，三通可以自由转动，这样在环向焊接时，便于三通在管道上水平调整。

④ 把三通固定于所要求的部位，把两端满焊。

⑤ 安装焊接短节配件应垂直安装并焊接到管道上，要求满焊。

（3）压力试验

① 焊接型配件在焊缝完全冷却后，使用机械连接底开三通配件在螺栓全部拧紧后，在端法兰上放好垫圈，并把盲板用螺栓紧在上面，卸下试压丝堵，按上软管，进行水压试验，合格后卸下软管和盲板。

② 用无油、干燥的压缩空气吹扫试压后的配件内腔，把水分、杂质吹扫干净。

（4）闸阀安装

① 把试压合格的闸阀安装到三通上端的法兰上。

② 旋转闸阀手轮，记录全开到全封闭手轮转数，把闸阀旋到全开状态。

③ 测量闸阀端法兰垫圈上平面到开口管壁凸点的垂直距高，并作好记录。

（5）开孔安装

① 按接管公称尺寸选择接合器，并用螺栓将接合器与开孔机机体连接在一起，要求密封良好，连接紧固。

② 按开孔公称尺寸选择定心钻和套料刀，并安装到开孔机的刀柄上。然后将刀具摇进接合器内，定心钻和套料刀均不许露在接合器外面。

③ 测量定心钻头尖到接合器平面的距离，并做好记录。

④ 将开孔机和接合器吊起，安装到闸阀端法兰上，旋转闸阀手轮，应保证闸阀关闭自由，不应有任何卡阻现象。

⑤ 拧紧接合器与闸阀的连接螺钉。从标尺上记下刀具在最高位置的标记高度 H，并记录好。

⑥ 将接合器的压力平衡接管与不停输管线接通，以平衡刀具在工作时的压力差，拧松排空螺塞直到有压力液、气体介质溢出为止。

（6）开孔作业

① 将开孔机主机各润滑油口加注润滑油 L-AN15-22。

② 计算快速进给行程，并按操作手册要求进行。

③ 首先波动进给手柄，实现进给运动。启动电动机，主轴旋转开始切削工作，标尺一直进给到标记 E 点，完成切削开孔工作，关闭电动机，拔离进刀离合器，手动退出刀具至接合器内。

④ 在定心钻孔和套料切削过程中，应仔细观察，若发现有异常情况，应立即停止切削并关机。若定心钻带料卡簧未到孔壁下端情况下可摇动退刀手柄，使刀具退到最高位置，然后关闭闸阀，卸下开孔机，检查产生异常的原因，排除故障后，方可再次装机施工。若定心钻带料卡簧通过孔壁下边则强制切断卡簧，退出刀具，检查处理故障后再装机施工。

（7）停机

① 完成进刀切削开孔后，应立即顺时针摇动退刀手柄没有卡紧现象，则使刀具退到最高位置，关闭闸阀，关闭平衡闸阀，卸下压力平衡管。

② 松开接合器与闸阀的连接螺栓，卸掉开孔机。然后去下定心钻上下簧，取下料片，卸下定心钻和套料刀，清擦干净保存。卸下接合器与刀柄，清擦干净保存；主轴装上保护罩。完成开孔作业。

（8）维护与保养

① 主机齿轮箱内装 HL20-30（冬 20、夏 30）齿轮油，初试运行 150 小时后更换一次，以后每运行 800 小时更换一次。

② 主机每次使用前各润滑油口加足润滑油。

③ 工作一段时间后，要注意检查，各连接螺栓是否松动，并拧紧防止松动。

15.4　带压封堵

带压封堵是从带压开孔处将封堵头送入管道并密封管道，从而阻止管道内介质流动的一种作业。封堵成功后可安装旁路管道，对减薄管段进行切断、改路、更换新管或换阀；对管段进行修复或改造完毕后，安装塞柄封住三通法兰口，安装盲板。其过程如图 15-2 至图 15-4 所示。技术参数如表 15-3 所示。

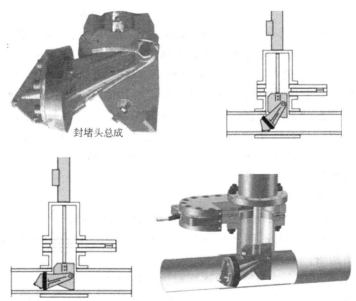

封堵头总成

图 15-2　带压封堵过程示意图（一）

表 15-3　带压封堵技术参数

	用途	用于高温高压的各种介质管道带压封堵
带压封堵	规格	Φ60～323
	适用压力	0～6.4MPa
	适用温度	−30～280℃
	适用介质	水、水蒸气、石油、成品油、天然气、煤气等几乎所有介质
	特殊要求	高温高压、合金材质、不锈钢材质等特殊工艺的专项开孔封堵

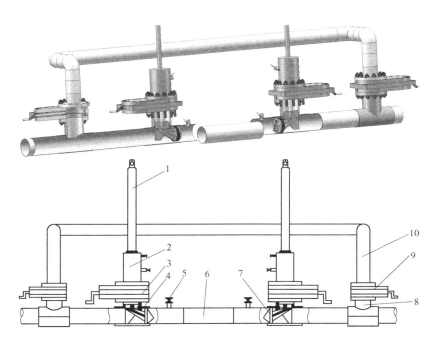

图 15-3 带压封堵过程示意图（二）

1—封堵器；2—封堵结合器；3—封堵夹板阀；4—封堵三通；5—压力平衡短节；
6—$DN50$ 放油孔；7—封堵头；8—旁通三通；9—旁通夹板阀；10—旁通管道

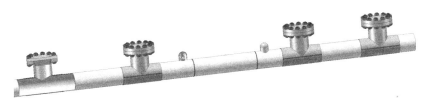

图 15-4 带压封堵过程示意图（三）

15.5 产品用途及适用范围介绍

（1）用途 开孔机是在输送不同介质压力管道上，做不停输带压开孔的专用施工机具。用于管道带压分支线开孔、接旁通开孔、管道封堵前的开孔、做阀门两侧的压力平衡开孔、在管道上置入检测器开孔和注入介质开孔等。

（2）适用管道　用于石油、石化、成品油、水汽、天然气、城市燃气及多种气、液管道等。

（3）适用管材

① 金属类：钢管、合金管（铬钢管、锰钢管）、不锈钢管、铸铁、球墨铸铁灯管材。

② 有色金属类：紫铜管、黄铜管、铝合金管。

③ 其他：复合管、塑料管灯。

15.6　应用实例

① 江苏沙钢 $DN1600$ 带压开孔现场图片（图 15-5）。

图 15-5　沙钢 $DN1600$ 带压开孔

② $DN2000$ 煤气管道带压开孔现场图片（图 15-6）。

③ $DN250$ 天然气管道开孔封堵现场图片（图 15-7）。

④ 生产现场开孔封堵现场图片（图 15-8）。

图 15-6　DN2000 煤气管道带压开孔

图 15-7　DN250 天然气管道开孔封堵

图 15-8　开孔封堵现场图片

第16章　管道在线机械加工修复技术

在线机械加工修复技术利用便捷式机械加工机器对生产现场出现的管道法兰或设备法兰密封面、圆孔、平面出现的缺陷，进行法兰密封面加工，镗孔加工，平面铣削等现场机械加工，恢复元件使用功能的一种在线修复新技术。由于是在生产现场直接对缺陷元件进行修复，不必更新设备或拆除设备后运达专业加工厂进行加工修复，因此可以有效缩短设备检修时间、节省了人力资源、极大地降低了检修成本。

16.1　在线机械加工修复技术原理

在生产现场利用便捷式机械加工机器对坏损的生产设备元件表面切除缺陷材料部分，使之达到规定的修复几何形状、尺寸精度和表面质量要求的一种加工方法。

16.2　现场密封面加工

（1）适用范围　各种管道、容器、压力罐、锅炉、加氢反应器等设备上的法兰端面、内孔、外圆、凸面凹槽（RF、RTJ、M、F等）、椭圆面等多种形式的密封面车削加工，并可加工大型压力容器的法兰、阀座、压缩机用法兰、换热器封头等。

（2）技术参数　法兰加工直径范围：$\Phi 0 \sim 6000mm$；表面粗糙度：$Ra3.2$，精加工可达 $Ra1.6$；精度：$\pm 0.03mm$。

（3）加工设备特性

① 模块化设计，操作方便，易于安装、拆卸；

② 刀架在 360°范围内可作任意角度调整；

③ 独立的内、外卡固定系统使对中更精确；

④ 预载制动系统可以使得间歇切割平衡；

⑤ 速变三速变速箱为全程切割输出最适宜的速度；

⑥ 强大可逆的动力使得切削更平衡；

⑦ 持续切割速度上升或下降时有反向平衡；

⑧ 水平、垂直、倒置安装均可，稳定性好；

⑨ 配有二套底盘安装，适用于不同的管径；

⑩ 平衡起吊环便于搬运；

⑪ 三种动力系统供选用：伺服电机、气动马达、液压马达；

⑫ 配备远程电路控制系统，操作方便、安全系数高。密封面加工设备结构及现场加工应用如图 16-1 所示。

图 16-1　密封面加工设备结构及现场加工应用图

16.3　现场铣削加工

（1）适用范围　消除磨损部位，去除焊缝以及恢复设备表面，在现场复杂的工况条件下进行平面、凸凹槽、方形法兰面以及各种直线密封槽、模具 T 型槽、倒角面加工，主要用于换热器、泵和电机、起重机的衬垫、底座、舱门盖、凹槽、凸台接合面、轴和防护罩键槽的加工，也可以用于各种滑动轨道系统的加工；在轴、平板以及管件上加工键槽，条形孔、通孔处加工键槽，也可以加工轴端、轴中的键槽以及加工大型管道内孔键槽。

（2）技术参数　XY 铣削平面：泵、压缩机、电机底座等最大尺寸 2000mm×4000mm；键槽：如热交换器管板分区槽最长尺寸 2032mm。

（3）加工设备特性

① 分体组装式结构，便于现场安装、拆卸；

② 重负荷线性导轨、双滚珠丝杠保证了走刀的精度；

③ 强大可逆的动力使得切削更平衡；

④ 精确的燕尾槽和可调导轨使得调节平滑精确；

⑤ X、Y 二方向自动进给，垂直方向手动进给；

⑥ 加工精度高，单位平方米平面度可达 0.02mm；

⑦ 加工范围广，铣削宽度可达 5000mm；

⑧ 安装方便，可水平安装、垂直安装、倒置安装；

⑨ 可配备磁力底座，适用于特殊工作条作，稳定性高；

⑩ 三种动力系统供选择：气马达、电马达、液压马达。便携式铣床结构及现场加工应用如图 16-2 所示。

图 16-2　便携式铣床结构及现场加工应用图

16.4　现场镗孔

（1）适用范围　主要用于管道内孔的加工，各种机械部件上的回转孔、轴削孔、安装固定孔的加工及修复；适用于挖掘机、起重机等重型机械上的挖斗、主臂上的轴削孔、同心孔磨损后的修复，泵体、阀体、阀座、涡轮机组以及船艄舵系孔、轴孔、舵叶孔等加工；现场的钻孔、扩孔、孔修复（补焊后加工）、攻螺纹、水平镗孔、垂直镗孔、直线镗孔、锥度镗孔、断头螺栓取出等。

（2）技术参数　镗孔直径范围：$\Phi 45 \sim 1000\text{mm}$，最大深度 5000mm；表面粗糙度：$Ra3.2$，精加工抛光可达 $Ra1.6$。

（3）加工设备特性

① 整机部件采用模块设计，可在现场快捷安装、拆卸；

② 高强度合金结构钢镗杆，强度高，不易变形；

③ 可水平镗孔、垂直镗孔、端面铣削；

④ 恒扭矩动力，切削量大，单边切削量最大可达到 8mm。动力系统有电马达、气马达、液压马达；

⑤ 具有微调功能的镗刀座，可调整进刀量，轴向、径向切削平衡，无振动；

⑥ 可配备端面铣装置，加工管道的密封面、V 形槽等；

⑦ 加工精度高，表面粗糙度可达 $Ra1.6\mu m$；

⑧ 具有快速退刀系统，操作方便、快捷；

⑨ 多种形式支撑固定装置满足了不同工作环境的需要，有单臂支撑、十字支撑、丁字支撑、一字支撑、落地支撑、中心支撑、轴端保护支撑可供选择；

⑩ 配备远程电路控制系统，操作方便、安全系数高。携式镗孔机结构及现场加工应用如图 16-3 所示。

图 16-3　携式镗孔机结构及现场加工应用图

16.5　现场轴颈加工

（1）适用范围　旧轴颈、已破损轴颈的重新改造、轴焊接与表面修复、轴套安装、轴承位修复。

（2）技术参数　加工轴直径范围为 $\Phi150\sim825.5\text{mm}$。

（3）加工设备特性　即使旋转臂在最远的距离，高速旋转臂及反向平衡体也提供了平滑的旋转和最小的振动。标准形式工具头提供了精确的深度调整，自动轴向进给可在 $0\sim0.635\text{mm}$ 内变化。

可调整的工具头和圆形刀头可以使工具快速定位，精确旋转，安装在轴端，仅需拆除齿轮或轴承就可以露出轴端进行加工。即使轴面不是方形，可调整螺钉也可达到精确对心和对中。轴颈车床结构及现场加工应用如图 16-4 所示。

图 16-4　轴颈车床结构及现场加工应用图

16.6　现场厚壁管道切割坡口

（1）适用范围　分裂式框架设计冷管道切割坡口机可用来割断厚壁管道。还可以进行各种坡口的切割；用于各种焊接筹备阶段的修坡口坡度修改，切管和坡口加工可同时进行。

（2）技术参数　可切割范围为 60.3mm（2in）～1524mm（60in）的碳钢、不锈钢、球墨铸铁、铸铁及大部分合金材料。甚至直径达 100m 的油罐都可以切割和坡口。

（3）加工设备特性

① 由气动或者液压驱动，它可以在管子水平或者垂直方向作业，可以在壕沟和 180m 深水下作业。

② 切割方式。该铣削切割机/坡口机可以切下 75mm 的金属，而且不改变机加工表面的物理性能，此方法有利于现场工地的截面切割。

③ 精度高。一般情况下，端面垂直度在 1/16in 范围内。如果使用导轨附件可将加工精度保持在 0.005 以内。采用导轨和特殊导轨轮可在零能见度下进行垂直切割、水下切割及多道切割。

④ 安全防爆的冷割：切割机在易爆的环境下可以在天然气、原油及燃料管上作业，它曾经用于切割导弹燃料系统。

⑤ 快速、可靠。一分钟完成切割一个 1in 壁厚的管道。当然切割时间随管子的壁厚及合金的坚硬程度而相应变化。该机结构坚固，寿命可达 10～20 年。

⑥ 安装简单。它所需要的径向占空高度为 10～12in，安装时间不到 10min。将可调节的驱动链条连接起来并扣紧在管道上，便可开动机器。

⑦ 切断同时可以加工沟槽。把切割刀和开槽刀安装在一起，就可以一次完成上述作业。

⑧ 海上管道维护。液压型的切割机采用全封闭液压系统，特别适合恶劣环境（风沙、污泥、水下）工作。适合海上钻井、铺管及各种水上安装工程。

⑨ 抗腐蚀。使用不锈钢螺丝、特殊轴承、铅封及锌层等附件，可防止盐水作业下的腐蚀。切割坡口机结构及现场加工应用如图16-5 所示。

图 16-5　切割坡口机结构及现场加工应用图

第 17 章　管道碳纤维复合材料修复技术

碳纤维复合材料（CFRP）修复技术主要是利用碳纤维复合材料的高强度特性，采用黏结树脂在缺陷管道上缠绕一定厚度的纤维层，树脂固化后与管道结成一体，从而恢复缺陷管道的强度。由于碳纤维复合材料修复具有不需动火焊接、工艺简单、施工迅速、操作安全、可实现不停输修复，并且成本相对较低等优势，已被管道行业普遍接受。1997 年，国外成功地将碳纤维复合材料修复技术应用在埋地钢质管道上。

17.1　碳纤维复合材料修复技术原理

使用填平树脂对设备缺陷进行填平修复，再利用碳纤维材料在纤维方向上具有高强度的特性，配合专用粘结剂在服役设备外包覆一个复合材料修复层，补强层固化后，与设备形成一体，代替设备材料承载内部压力，恢复含缺陷设备的服役强度，从而达到恢复甚至超过设备设计运行压力的目的。如图 17-1 所示。

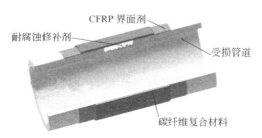

图 17-1　碳纤维复合材料修复技术原理示意

17.2 施工材料及主要用途

（1）高强度碳纤维 碳纤维具有极高的弹性模量与抗拉强度，从而提高待修补部位的承压能力和材料强度。

（2）碳纤维浸渍胶 双组分高性能改性热固性聚合物。用于碳纤维布与待修补部位的紧密粘结，同时使碳纤维材料均匀受力。

（3）耐腐蚀修补剂 双组分，固化后具有很高的强度和模量，耐腐蚀、收缩小。用于修补由于机械损伤或腐蚀而造成的待修补部位的缺陷。

（4）CFRP界面剂 双组分，提高待修补部位与碳纤维材料的黏结强度，均匀传递载荷，防止电化学腐蚀的发生。

（5）快速固化抗紫外线树脂 耐紫外线照射，抗腐蚀性能好，快速固化，适用于暴露在日光下的管道结构，适用于各种形状的管道结构。

（6）聚乙烯胶粘带 适用于较规则的管道结构。使用标准：SY/T 0414—2007《钢质管道聚乙烯胶粘带防腐层技术标准》。

（7）抗老化防腐涂料 与碳纤维复合材料结合性能好，耐腐蚀和抗老化性能好，适用于无法用聚乙烯胶粘带进行防腐的不规则形状的结构。

17.3 碳纤维复合材料修复技术特点

① 免焊不动火，可在管道带压运行状态下修复，安全可靠；

② 施工简便快捷，操作时间短（常温下复合材料可在两小时内固化）；

③ 碳纤维复合材料具有高弹性模量、高抗拉强度、高抗蠕变性，且碳纤维弹性模量与钢的弹性模量十分接近，有利于复合材料尽可能多地承载管道压力，从而可以降低管道缺陷处的应力和应变，限制管道的膨胀变形，恢复/提高管道的承压能力，其强度随

着服役时间增加基本保持不变；

④ 碳纤维补强缠绕、铺设方式灵活。可对环焊缝和螺旋焊缝缺陷（包括高焊缝余高和严重错边）补强；还可对弯管、三通、大小头等不规则管件修复；

⑤ 可以用于腐蚀、机械损伤和裂纹等缺陷修复补强，也可用于整个管段的提压增强处理，应用范围广；

⑥ 耐腐蚀性能优异，能够耐受各种介质，与各种材质粘接性能好，永久性修复，设计寿命长达 50 年；

⑦ 碳纤维复合材料补强层厚度小，方便后续的保温和防腐处理。

17.4 碳纤维复合材料修复工艺及实例

（1）管道表面处理 通过对管道进行喷砂除锈、机械或手工打磨除锈，使管道表面达到 St3 级标准。如图 17-2 所示。

图 17-2 管道表面喷砂与打磨除锈处理

（2）管道缺陷修补 使用专用修补剂将管道表面缺陷处填平，或在进行带压堵漏作业后将待修补部位抹平。如图 17-3 所示。

（3）涂刷 CFRP 界面剂 在管道外表面涂刷 CFRP 界面剂，涂抹均匀之后即可进行下一步操作。界面剂和碳纤维浸渍胶的固化速度基本相同。如图 17-4 所示。

（4）铺设碳纤维复合材料 采用湿铺工艺铺设碳纤维复合材

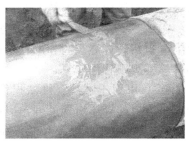

图 17-3　管道缺陷修补处理

图 17-4　管道外表面涂刷 CFRP 界面剂

料，铺设时间大概在 30min 内完成。碳纤维复合材料初步固化时间为 0.5～4h，可以通过辐射加温的方式加速固化。基本固化之后可以进行下一步处理。如图 17-5 所示。

图 17-5　铺设碳纤维复合材料

（5）增加外保护层（可选）　对于钢管，应在碳纤维复合材料外部缠绕聚乙烯胶粘带或者涂刷外保护层。建议使用抗紫外线涂层、防腐冷缠带或其他抗老化防腐材料，在补强层外进行处理，减少紫外线长期照射对碳纤维复合材料强度的负面影响。如图 17-6 所示。现场应用情况如图 17-7 所示。

缠绕冷缠带　　　　　　　　沥青玻璃布防腐　　　　　　　涂刷金属漆

图 17-6　增加外保护层方法

图 17-7　碳纤维复合材料修复应用实例

第 18 章　管道安全阀在线检测技术

管道安全阀在线检测技术是在安全阀与泄压阀领域内新发展起来的一项专业化技术,迄今已有十余年的历史。由于在线检测和整定安全阀开启压力时装置无须停车,生产照常进行,因此,这项技术一出现,就立即在业内引起极大关注,尤其对诸如石化、电力、化工等现代化连续生产的流程工业更具吸引力。

18.1　安全阀在线检测原理

安全阀在线检测系统一般由机械、液压及检测处理 3 大部分组成,如图 18-1 所示。机械部分由一个可调框架构成,该框架可以方便地安放在被校验的安全阀上,液压油缸、力传感器及位移传感器都安装在框架上。液压部分由液压动力箱和液压缸构成,提供校验过程中开启安全阀所需的力。检测处理部分由位移传感器、压力传感器、数据采集器和便携式计算机组成,用以对校验过程中的力和位移信号进行实时采集,并对采集的数据进行处理,输出校验结果。

安全阀校验时由液压动力箱产生一定的压力供给液压缸,使液压缸对安全阀的阀杆产生提升力,直至安全阀开启,然后降低液压动力箱的压力直至为零,在安全阀弹簧的作用下,安全阀关闭。检测处理部分对整个过程中的提升力及阀杆的位移信号进行采集,并由计算机根据采集的数据自动判别开启拐点和回坐拐点,计算出开启压力、回坐压力、开启高度等安全阀工作参数,供管理者确认安全阀是否满足工艺要求。

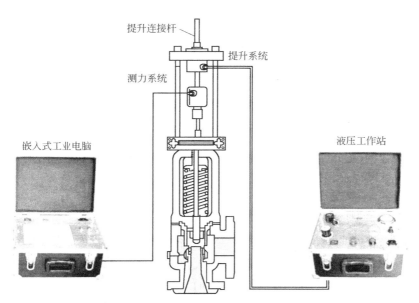

提升连接杆

提升系统

测力系统

嵌入式工业电脑

液压工作站

图 18-1　安全阀在线检测原理图

18.2　安全阀在线检测装置

安全阀在线检测仪，是对安全阀进行检测、调校和整定的一种在线测试装置。它在检测安全阀时，不需要升高设备的工作压力，测试过程中生产可正常继续进行。特别是当管线上的压力不能升高时，就更显示出它的优越性。对于新装备的或大修后的安全阀，安装到管线上以后整定压力会发生改变，即和不带压时的整定参数不同。这时安全阀在线检测仪可对其进行在线带压调试，通过电脑显示出安全阀的开启压力和回坐压力。该仪器也可对安全阀进行不带压试验，根据记录下的曲线，确定出安全阀的开启压力、回坐压力和开启高度。并通过计算机比较整定时和使用中的测试结果，从而判断安全阀是否满足技术要求。

在线检测装置样机由硬件和软件两部分组成。硬件部分主要有压力源及压力传输系统、压力传感器、检测记录仪和测量变送仪等，如图 18-2 所示。压力源为便携式铝质气瓶，最高气压力可达 15MPa。压力传感器为一次测量元件，将被测的压力信号转换成电信号。测量变送仪的作用是将电信号进行模拟处理，以满足检测记录仪输入端的要求。检测记录仪将输入的模拟信号转换成数字信号，由笔记本电脑实现数据的采集、记录与处理。依据安全阀检测过程编写的软件建立在 Windows 操作系统之上，具有对话框式操作、提示充分、图形显示、智能判断、实时性好、精度高、操作简便、易学易用的特点。

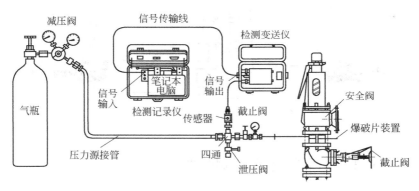

图 18-2　安全阀在线检测仪示意图

18.3　安全阀在线检测步骤

（1）安全阀外观检测　检测前应对安全阀进行以下几个方面目测检查：

① 安全阀的状态，检查铭牌，其规格型号和性能应符合使用要求；

② 安全阀有无泄漏，安全阀各部件应齐全、无裂纹，无严重腐蚀和无影响性能的机械损伤；

③ 泄放管道状况；

④ 铅封是否完好；

⑤ 安全阀的安装是否正确。

（2）在线检测仪的操作

① 根据拉力的大小，挑选 50kN 或 100kN 的机架和传感器并组装好；

② 检查电脑：连接好电路，插上电源，打开控制电脑开关，启动正常。点击图标可以进入相应的安全阀在线检测程序；

③ 检查液压动力箱：插上电源，打开开关，按"上升"按钮，电机运转，油压表能稳定即可；

④ 拆下安全阀的阀帽。将机架安装到安全阀上，把连接头旋入阀门连杆至少 4 扣。插入提升杆，将传感器拧到接头上，深度以刚能看到接头螺纹为好。也可以先将传感器与提升杆连接好，然后和接头连好；

⑤ 安装位移传感器到机架上，将托板装到连接头的螺孔中。连接两根传感器线，注意不能连错，一般情况下两根传感器线插头会不同；

⑥ 将液压动力箱和电气控制箱放到一个合适的位置，热态时距被测阀门不少于 5 米。将油管一端连接到油缸上，另一端插到液压控制箱的输出端。同样连接传感器线到电气控制箱，注意分清三芯和五芯的连接线；

⑦ 将液压动力箱和电气控制箱的电源连好，打开电源，输入必要的参数，注意选择量程。然后，调电气系统零点；

⑧ 调整完零点，最后一次检查整个系统，确认无误后，就可以测试。如系统带压力测试，阀门周围 5 米内不要有人员停留；

⑨ 检测时，计算机自动进入结果显示窗体，显示测试曲线、测试时间、整定压力、调整高度等参数。每次测试完成后及时存盘。每个阀门至少记录两组数据：第一次和最后一次。

对于刚进厂的新阀门，一般采用冷态的方法校核开启压力即可。

（3）整定压力校验　对初校不合格的安全阀根据计算机提示的

调整高度调节定压螺母，重新启动测试程序，得出新的测试曲线和结果。反复执行上述步骤，直至整定压力不大于"测量允许误差"时，此时计算机显示"调整完毕"，表示测量结束。

整定压力校验一般不少于三次，且均满足要求为合格。各次测定数据填入校验记录。

（4）校验结果处理

① 校验合格的安全阀应挂牌铅封，并出具《安全阀在线校验报告书》，报告书中校验人员及审核人员均应签字。

② 外观不合格、零部件不齐全、整定压力不稳定、启闭压差超极限值及有卡阻的安全阀均为不合格，不合格安全阀一般不允许在现场修理，校验人员应及时出具《安全阀校验意见通知书》。

18.4　安全阀在线检测的意义及应用

安全阀在运行过程中，在操作压力、温度以及介质侵蚀等物理和化学因素的作用下，其性能，特别是整定压力（也称开启压力）和密封性能会发生改变，导致安全阀不能按规定压力开启或发生严重泄漏，从而威胁安全生产。我国特种设备安全技术规范 TSG ZF001—2006《安全阀安全技术监察规程》规定："安全阀一般每年至少校验一次"。目前对安全阀进行校验的做法是，将安全阀从被保护装置上拆下后，送到专用校验台上进行校验。这种做法存在以下缺点。

① 在进行安全阀校验期间，被保护装置就处于无保护状态或停车。而石化装置的大修周期在逐渐延长，一般为两年左右。安全阀的检验周期与大修周期的不一致，造成了石化装置的安全运行与经济运行间的矛盾。

② 由于安装及使用条件的限制，有些安全阀的拆卸、安装及运输较为困难，校验成本高。

③ 在校验台上已校验合格的安全阀，由于安装运输等方面的原因，其整定压力及密封性能可能发生变化，从而影响设备的安全

和经济运行。

④ 目前的检测过程主要是检测人员眼看、耳听、手记，检测结果误差较大、依据不充分，结果的可靠性也完全取决于检测人员的责任心。

因此采用安全阀在线检测技术势在必行。安全阀在线检测现场应用如图 18-3 所示。

图 18-3　安全阀在线检测现场应用实例

第 19 章　带压断管技术

当管道突然发生破裂，或由于自然灾害造成管道破裂时，易引发灾难性的后果。而第 13 章介绍的带压密封技术也不是万能的。当管道爆裂或人员无法靠近泄漏点时，带压密封作业就无法完成。在这种情况下可以采用带压断管技术来消除泄漏事故。

19.1　带压断管技术的基本原理

带压断管技术是利用液压油缸产生的强大推力，通过夹扁头使其工作间隙逐渐缩小，从而实现夹扁管道的目的。带压断管器的结构如图 19-1 所示，带压断管器总成如图 19-2 所示。

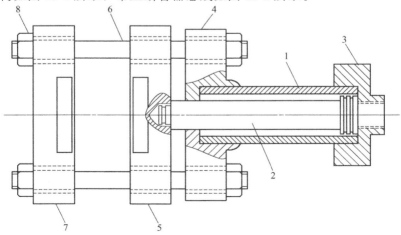

图 19-1　带压断管器结构图

1—液压油缸；2—活塞；3—缸盖螺母；4—上固定板；
5—移动压板；6—连接螺栓；7—下固定板；8—连接螺母

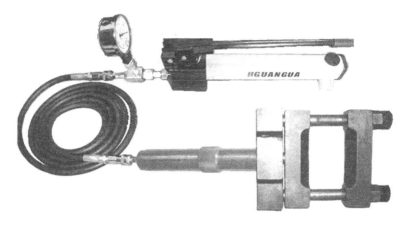

图 19-2　带压断管器总成示意图

19.2　带压断管技术使用方法

① 选择好适合带压断管技术作业的管道部位。

② 安装带压断管工具。

③ 进行一次断管作业。

④ 选择二次断管部位，重新安装断管工具。

⑤ 进行二次断管作业。

⑥ 按断管管道的公称尺寸选择 G 形卡具型号。

⑦ 试装，确定钻孔位置，并打样冲眼窝。

⑧ 用 φ10 的钻头在样冲眼窝处钻一定位密封孔，深度按 G 形卡具螺栓头部形状确定。

⑨ 安装 G 形卡具，检查眼窝处的密封情况。

⑩ 安装注剂专用旋塞阀。

⑪ 用 φ3 的长杆钻头将余下的管道壁厚钻透，引出泄漏介质。

⑫ 安装高压注剂枪，如图 19-3 所示。

⑬ 进行注剂作业，详见第 13 章内容。如图 19-4 所示。

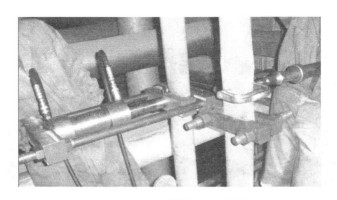

图 19-3　带压断管作业现场图

图 19-4　带压断管注剂作业现场图

⑭ 泄漏停止后，G 形卡具以不拆除为好。

19.3　PE 管带压断管方法

PE 管带压断管原理详见本章第 19.1 节内容。PE 管带压断管器结构如图 19-5 所示。现场使用情况如图 19-6 所示和图 19-7 所示。

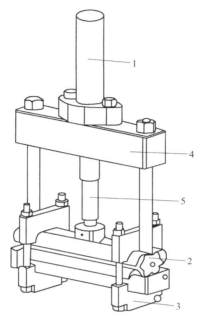

图 19-5　PE 管带压断管器结构图

1—螺旋杆；2—上固定块；3—下固定块；4—横梁；5—顶杆

图 19-6　PE 管带压断管作业现场图（一）

图 19-7　PE 管带压断管作业现场图（二）

参 考 文 献

[1] TSG D0001—2009 压力管道安全技术监察规程—工业管道.

[2] TSG-21-2016 固定式压力容器安全技术监察规程.

[3] TSG R6003-2006 压力容器压力管道带压密封作业人员考核大纲.

[4] GB 150—2011 压力容器.

[5] GB/T 1047—2005 管道元件 DN (公称尺寸) 的定义和选用.

[6] GB/T 1048—2005 管道元件 PN (公称压力) 的定义和选用.

[7] GB 7231—2016 基本识别色、识别符号和安全标识.

[8] GB/T 6567.5—2008 管路系统的图形符号管路、管件和阀门等图形符号的轴测图画法.

[9] GB/T 20801—2006 压力管道规范—工业管道.

[10] GB/T 1414—2013 普通螺纹 管路系列.

[11] GB 50316—2008 工业金属管道设计规范.

[12] SH 3059—2012 石油化工管道设计器材选用通则.

[13] SH/T 3051—2014 石油化工企业配管工程术语.

[14] GB 50235—2010 工业金属管道工程施工规范.

[15] GB 50236—2010 现场设备、工业管道焊接工程施工规范.

[16] SH 3501—2011 石油化工有毒、可燃介质钢制管道工程施工及验收规范.

[17] SH 3533—2013 石油化工给水排水管道工程施工及验收规范.

[18] GB 50184—2010 工业金属管道工程施工质量验收规范.

[19] GB/T 17395—2008 无缝钢管尺寸、外形、质量及允许偏差.

[20] SH 3405—2012 石油化工企业钢管尺寸系列.

[21] GB/T 3091—2008 低压流体输送用焊接钢管.

[22] GB/T 14291—2006 矿山流体输送用电焊钢管.

[23] GB/T 8163—2008 输送流体用无缝钢管.

[24] GB 3087—2008 低中压锅炉用无缝钢管.

[25] GB 6479—2013 高压化肥设备用无缝钢管.

[26] GB/T 18984—2003 低温管道用无缝钢管.

[27] GB/T 12771—2008 流体输送用不锈钢焊接钢管.

[28] GB/T 14976—2012 流体输送用不锈钢无缝钢管.

[29] GB/T 10002.1—2006 给水用硬聚氯乙烯 (PVC-U) 管材.

[30] GB/T 5836.1—2006 建筑排水用硬聚氯乙烯 (PVC-U) 管材.

[31] GB/T 20207.1—2006 丙烯腈-丁二烯-苯乙烯 (ABS) 管材.

[32] GB/T 12459—2005 钢制对焊无缝管件.

[33] GB/T 13401—2005 钢板制对焊管件．

[34] GB/T 14383—2008 锻钢制承插焊管件．

[35] GB/T 13295—2013 水及燃气管道用球墨铸铁管、管件和附件．

[36] GB/T 10002.2—2003 给水用硬聚氯乙烯（PVC-U）管件．

[37] GB/T 5836.2—2006 建筑排水用硬聚氯乙烯（PVC-U）管件．

[38] GB/T 12777—2008 金属波纹管膨胀节通用技术条件．

[39] GB/T 13304.1—2008 钢分类 第1部分 按化学成分分类．

[40] GB/T 15574—1995 钢产品分类．

[41] GB/T 221—2008 钢铁产品牌号表示方法．

[42] GB/T 699—2015 优质碳素结构钢．

[43] GB/T 9112—2010 钢制管法 类型与参数．

[44] GB/T 9113.1—2010 平面、突面整体钢制管法兰．

[45] GB/T 9113.2—2010 凹凸面整体钢制管法兰．

[46] GB/T 9113.3—2010 榫槽面整体钢制管法兰．

[47] GB/T 9113.4—2D10 环连接面整体钢制管法．

[48] GB/T 9115.1—2010 平面、突面对焊钢制管法兰．

[49] GB/T 9115.2—2010 凹凸面对焊钢制管法兰．

[50] GB/T 9115.3—2010 榫槽面对焊钢制管法兰．

[51] GB/T 9115.4—2010 环连接面对焊钢制管法兰．

[52] GB/T 9116.1—2010 平面、突面带颈平焊钢制管法兰．

[53] GB/T 9116.2—2010 凹凸面带颈平焊钢制管法兰．

[54] GB/T 9116.3—2010 榫槽面带颈平焊钢制管法兰．

[55] GB/T 9116.4—2010 环连接面带颈平焊钢制管法兰．

[56] GB/T 9117.1—2010 突面带颈承插焊钢制管法兰．

[57] GB/T 9117.2—2010 凹凸面带颈承插焊钢制管法兰．

[58] GB/T 9117.3—2010 榫槽面带颈承插焊钢制管法兰．

[59] GB/T 9117.4—2010 环连接面带颈承插焊钢制管法兰．

[60] GB/T 9118.1—2010 突面对焊环带颈松套钢制管法兰．

[61] GB/T 9118.2—2010 环连接面对焊环带颈松套钢制管法兰．

[62] GB/T 9119—2010 平面、突面板式平焊钢制管法兰．

[63] GB/T 9120.1—2010 突面对焊环板式松套钢制管法兰．

[64] GB/T 9120.2—2010 凹凸面对焊环板式松套钢制管法兰．

[65] GB/T 9120.3—2010 榫槽面对焊环板式松套钢制管法兰．

[66] GB/T 9121.1—2010 突面平焊环板式松套钢制管法兰．

[67] GB/T 9121.2—2010 凹凸面平焊环板式松套钢制管法兰．

[68] GB/T 9121.3—2010 榫槽面平焊环板式松套钢制管法兰．

[69]　GB/T 9122—2010 翻边环板式松套钢制管法兰.

[70]　GB/T 9123.1—2010 平面、突面钢制管法兰盖.

[71]　GB/T 9123.2—2010 凹凸面钢制管法兰盖.

[72]　GB/T 9123.3—2010 榫槽面钢制管法兰盖.

[73]　GB/T 9123.4—2010 环连接面钢制管法兰盖.

[74]　GB/T 9124—2010 钢制管法兰　技术条件.

[75]　GB/T 17241.1—1998 铸铁管法兰类型.

[76]　GB/T 17241.2—1998 铸铁管法兰盖.

[77]　GB/T 17241.3—1998 带颈螺纹铸铁管法兰.

[78]　GB/T 17241.4—1998 带颈平焊和带颈承插焊铸铁管法兰.

[79]　GB/T 17241.5—1998 管端翻边带颈松套铸铁管法兰.

[80]　GB/T 17241.6—2008 整体铸铁管法兰.

[81]　GB/T 17241.7—1998 铸铁管法兰技术条件.

[82]　GB/T 4622.1—2009 缠绕式垫片　分类.

[83]　GB/T 4622.2—2008 缠绕式垫片　管法兰用垫片尺寸.

[84]　GB 4622.3—2007 缠绕式垫片　技术条件.

[85]　GB/T 9126—2008 管法兰用非金属平垫片　尺寸.

[86]　GB/T 9128—2003 钢制管法兰用金属环垫　尺寸.

[87]　GB/T 9129—2003 管法兰用非金属平垫片　技术条件.

[88]　GB 9130—2007 钢制管法兰连接用金属环垫技术条件.

[89]　GB/T 13403—2008 大直径碳钢管法兰用垫片.

[90]　GB/T 13404—2008 管法兰用聚四氟乙烯包覆垫片.

[91]　GB/T 15601—2013 管法兰用金属包覆垫片.

[92]　GB/T 19066.1—2008 柔性石墨金属波齿复合垫片　分类.

[93]　GB/T 19066.2—2003 柔性石墨金属波齿复合垫片管法兰用垫片尺寸.

[94]　GB/T 19066.3—2003 柔性石墨金属波齿复合垫片技术条件.

[95]　GB/T 19675.1—2005 管法兰用金属冲齿板柔性石墨复合垫片　尺寸.

[96]　GB/T 19672—2005 管线阀门技术条件.

[97]　GB/T 12224—2015 钢制阀门一般要求.

[98]　GB/T 20173—2006 石油天然气工业管道输送系统管道阀门.

[99]　GB/T 12221—2005 金属阀门　结构长度.

[100]　GB/T 12241—2005 安全阀　一般要求.

[101]　GB/T 12250—2005 蒸汽疏水阀　术语　标志　结构长度.

[102]　GB/T 13927—2008 工业阀门　压力试验.

[103]　SH 3518—2013 石油化工阀门检验与管理规程.

[104]　GB/T 17116.1—1997 管道支吊架　第1部分技术规范.

[105]　GB/T 17116.2—1997 管道支吊架　第2部分管道连接部件.

[106]　GB/T 17116.3—1997 管道支吊架　第3部分中间连接件和建筑结构连接件.

[107]　GB/T 5117—2012 非合金钢及细晶粒钢焊条碳钢焊条.

[108]　GB 324—2008 焊缝符号表示法.

[109]　GB 12212—2012 技术制图　焊缝符号的尺寸、比例及简化表示法.

[110]　胡忆沩，鲁国良编.管工（高级工）.北京：化学工业出版社，2005.

[111]　胡忆沩，梁亮良编.管工（实训教材）.北京：化学工业出版社，2006.

[112]　GB/T 15237——2000 术语工作　词汇　第1部分：理论与应用.北京：中国标准出版社，2001.

[113]　胡忆沩.注剂式带压密封技术.北京：机械工业出版社，1998.

[114]　胡忆沩.危险化学品抢险技术与器材.北京：化学工业出版社，2016.

[115]　胡忆沩.实用带压密封夹具图集.北京：机械工业出版社，1998.

[116]　胡忆沩等.压力容器压力管道带压密封安全技术.北京：中国劳动社会保障出版社，2012.

[117]　胡忆沩等.中高压管道带压堵漏工程.北京：化学工业出版社，2011.

[118]　胡忆沩等.设备管理与维修.北京：化学工业出版社，2014.

[119]　胡忆沩.带压密封工程概论.润滑与密封.2006，(2)：79-82.

[120]　胡忆沩.带压密封工程基本术语研究.润滑与密封，2006，(3)：81-83.

[121]　胡忆沩.带压密封工程适用范围研究.润滑与密封，2006，(4)：57-59.

[122]　胡忆沩.带压密封工程安全防护研究.润滑与密封，2006，(5)：71-73.

[123]　胡忆沩.带压密封工程泄漏现场勘测方法研究.润滑与密封，2006，(6)：38-40.

[124]　胡忆沩.密封注剂性能指标的定义及测试方法.润滑与密封，2006，(8)：112-114.

[125]　胡忆沩.泄漏与密封的术语化研究.润滑与密封，2006，(8)：120-122.

[126]　胡忆沩.压力容器和管道的带压焊接密封技术.压力容器，2004，(5)：49-53.

[127]　胡忆沩.承压设备的带压引流焊接密封.压力容器，2006，(3)：49-53.

[128]　张椿宜.快速磁力橡胶堵漏块.消防技术与产品信息，2013，(12)：32-33.

[129]　胡忆沩.一种永磁开关.ZL 201210491931.7.

[130]　胡忆沩.一种磁吸式带压密封装置.ZL 201210491875.7.

[131]　胡忆沩.一种可组合的板式带压密封装置.ZL 201220641083.9.